高职数学基础

主　编　吴建春
副主编　许　军　王彦军
参　编　章俊成　尹天寿

重庆大学出版社

内 容 提 要

为了适应高职高专教育人才培养目标的要求，结合近年来高职高专教育改革研究成果，根据高职高专数学教学创新的特点和需求，我们本着“以应用为目的，以必须够用为度”的原则，以及重能力培养、重知识应用、重素质教育、求创新的总体思路，在教学给观念上解放思想，编写了这本教材。全书共12章，内容包括函数与极限、导数与微分、导数的应用、积分及其应用、常微分方程、多元函数微分学、级数、矩阵及线性方程组、概率等基础知识。

本书可供高职高专院校工科类、经济类学生使用，也可供其他专业的教师和学生参考。

图书在版编目(CIP)数据

高职数学基础/吴建春主编.—重庆：重庆大学出版社，2014.8(2020.10 重印)

ISBN 978-7-5624-8451-6

Ⅰ.①高… Ⅱ.①吴… Ⅲ.①高等数学—高等职业教育—教材 Ⅳ.①O13

中国版本图书馆 CIP 数据核字(2014)第159128号

高职数学基础

主 编 吴建春

副主编 许 军 王彦军

策划编辑：鲁 黎

责任编辑：李定群 高鸿宽 版式设计：鲁 黎

责任校对：谢 芳 责任印制：张 策

*

重庆大学出版社出版发行

出版人：饶帮华

社址：重庆市沙坪坝区大学城西路21号

邮编：401331

电话：(023) 88617190 88617185(中小学)

传真：(023) 88617186 88617166

网址：http://www.cqup.com.cn

邮箱：fxk@cqup.com.cn (营销中心)

全国新华书店经销

重庆升光电力印务有限公司印刷

*

开本：787mm×1092mm 1/16 印张：23.25 字数：580千

2014年8月第1版 2020年10月第7次印刷

ISBN 978-7-5624-8451-6 定价：46.00元

前言

“高等数学”教学既是科学的基础教育，又是文化基础教育，是学生核心能力培养的一个重要的方面，它在培养学生的综合素质和创新意识方面起着十分重要的作用。“高等数学”课程在高职教学中应承担两方面的任务：一是满足学历教育的必需，体现数学的基础性地位，使学生通过数学课程的学习具有较坚实的数学基础，为适应形势的变化和企业技术更新的需要而具有较强的自我学习、可持续发展的能力；二是满足专业的需要，为专业服务，充分利用数学的工具性作用，为学生在后继专业基础课和专业课程的学习扫清障碍、做好铺垫。现在，全国高职高专教育教学改革正在如火如荼地展开，广大高职教育工作者都在积极探索高职教育的新思路和方法。

根据高职高专数学教学创新的特点、需求及高职高专教育培养目标，以及重能力培养、重知识应用、重素质教育、求创新的总体思路，在教学观念上解放思想，编写了这本教学教材，供高职高专院校工科类、经济类学生使用。本教材在许多方面都具有明显的高职特色，具体反映在：

1. 从重知识传授转变为注重学生数学能力的培养。在教材编写过程中，注重加强学生应用意识和应用能力的培养，融合“高等数学”必需的基础部分、专业拓展部分和强化应用能力部分内容，整合为《高职数学基础》。充分融合各专业必须部分，以“加强基础，强化应用，整体优化，注重效果”为原则，将微积分、线性代数及概率统计基本知识有机地整合在一起，根据学生的认知水平、数学的认知规律，设计、组织和编排全书内容，力求实现基础性、实用性和可持续发展3方面需求的和谐与统一。

2. 从重理论推导、技巧强化转变为注重实际应用及数学思想的培养。在教材的编排上着重讲解基本概念、基本理论和基本方法，对基本理论和结论一般不作论证，尽量用几何图形、数表、案例说明其实际背景和应用价值。由此加深对基本理论和概念的理解，立足于实践和应用，使传授数学知识和培养学生的数学素养得到很好的结合。

3. 教材从数学应用广泛性这一特点出发，从现实生活题材中引入数学概念；加强数学和专业的联系；打破传统学科限制格局，提倡在数学课程中研究与数学有关的其他问题。用"与学生所学专业密切联系的应用性课题"培养学生学数学、用数学的兴趣，进而训练学生用数学解决实际问题的能力。

注重加强数学的实际应用。注重与实际应用联系较多的基础知识、基本方法和基本技能的训练，强化应用数学知识解决实际问题的能力训练，培养学生举一反三、融会贯通的能力，以及创新能力和职业能力，以适应新时代对经济、管理人才的培养要求。

4. 注重以实例引入概念，并最终回到数学应用的思想。加强对学生的数学应用意识、兴趣及能力培养，培养学生用数学的原理和方法消化吸收工程概念、工程原理的能力以及消化吸收专业知识的能力，加强数学建模思想的教学内容，将工程问题转化为数学问题的思想贯穿各章，注意与实际应用联系较多的基础知识、基本方法和基本技能的训练。

5. 本教材精简实用，条理清楚，叙述通俗易懂，深入浅出，便于自学。

教材编写过程中，编者做过大量的调查和调研，以确定本教材内容是相关专业必需的基本要求。本书的内容设计有利于提高学生的应用能力，培养学生的数学意识，形成学生较高的知识水平，实现以下目标：使学生具有较好的量化分析基础、数学知识基础、数学素养基础、数学应用意识。对学生在后续课程学习中，数学知识也基本够用。

这本书是为工科类、经济类专业的高职高专学生编写的，也可供其他专业的高职高专教师、学生或初学者参考。本书内容约120课时，不同专业可选取所需内容进行教学，一般在60~90课时，目录中标注有"*"的小节可作选学内容。

本书由酒泉职业技术学院吴建春教授担任主编、许军教授、王彦军副教授担任副主编，酒泉职业技术学院基础课教学部数学教研室的老师参加了本书大部分内容的教学研究，并提出了良好的修改意见和建议。编者一并谨致谢忱！

由于编写时间仓促，经验不足，书中疏漏之处在所难免，恳请同仁和读者批评指正。

编　者

2014年5月

目录

第 1 章 函数、极限与连续

函数是高等数学的基础,是现实生活和生产实践中量与量之间的依从关系在数学中的反映,是现代数学的基本概念之一,是高等数学的主要研究对象.极限概念是微积分的理论基础,极限方法是微积分的基本分析方法.因此,掌握、运用好极限方法是学好微积分的关键.连续是函数的一个重要性态.本章将介绍函数、极限与连续的基本知识和有关的基本方法.

1.1 函数的概念

在现实世界中,一切事物都在一定的空间中运动着.17 世纪初,数学首先从对运动(如天文、航海问题等)的研究中引出了函数这个基本概念.在那以后的 200 多年来,这个概念在几乎所有的科学研究工作中占据了中心位置.本节将介绍函数的概念、函数关系的结构与函数的特性.

1.1.1 常量与变量

(1)变量的定义

在观察某一现象的过程时,常常会遇到各种不同的量,其中有的量在过程中不起变化,故将其称为**常量**;有的量在过程中是变化的,也就是可以取不同的数值,则将其称为**变量**.

注:在过程中还有一种量,它虽然是变化的,但是它的变化相对于所研究的对象是极其微小的,则把它看作常量.

(2)邻域

定义 设 a 与 δ 是两个实数,且 $\delta>0$,数集$\{x\,|\,|x-a|<\delta\}$称为**点 a 的 δ 邻域**,记作 $U(a,\delta)$,即

$$U(a,\delta)=\{x|a-\delta<x<a+\delta\}$$

其中,点 a 称为该**邻域的中心**,δ 称为该**邻域的半径**,如图 1.1 所示.

将数集$\{x|0<|x-a|<\delta\}$称为**点 a 的 δ 空心邻域**,记作 $U^0(a,\delta)$,如图 1.2 所示.

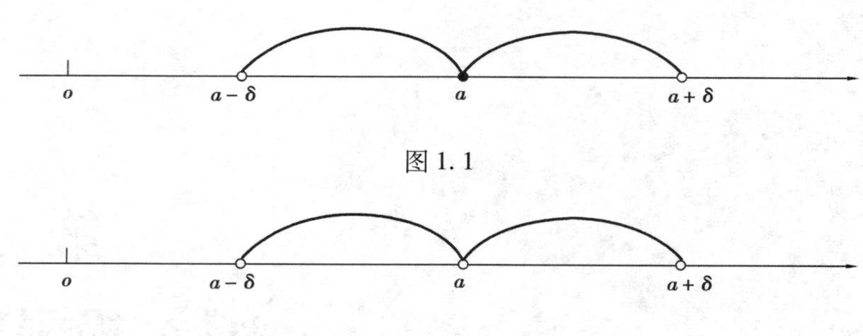

图 1.1

图 1.2

$$U^0(a,\delta)=\{x|a-\delta<x<a \text{ 或 } a<x<a+\delta\}$$

例 1.1 写出下列各点的邻域或空心邻域所表示的数集:

1) $U(0,0.1)$ 2) $U(1,0.01)$ 3) $U(3,0.02)$ 4) $U^0(-1,0.1)$

解 1) $U(0,0.1)$ 这里 $a=0,\delta=0.1$,因为

$$U(0,0.1)=\{x|,0-0.1<x<0+0.1\}$$

因此,$U(0,0.1)$ 表示区间 $(-0.1,0.1)$.

2) $U(1,0.01)$ 这里 $a=1,\delta=0.01$,因为

$$U(0,0.1)=\{x|1-0.01<x<1+0.01\}$$

因此,$U(1,0.01)$ 表示区间 $(0.99,1.01)$.

3) $U(3,0.02)$ 这里 $a=3,\delta=0.02$,因为

$$U(3,0.02)=\{x|3-0.02<x<3+0.02\}$$

因此,$U(3,0.02)$ 表示区间 $(2.98,3.02)$.

4) $U^0(-1,0.1)$ 这里 $a=-1,\delta=0.1$,因为

$$U^0(0,0.1)=\{x|-1-0.01<x<-1\}\cup\{x|-1<x<-1+0.01\}$$

因此,$U^0(-1,0.1)$ 表示区间 $(-1.1,-1)\cup(-1,-0.9)$.

1.1.2 函数的概念

(1) 函数的定义

定义 设有两个非空集合 D,M,如果当变量 x 在 D 内任意取定一个数值时,按照确定的法则 f,在 M 内有唯一的 y 与它相对应,则称 y 是 x 的**函数**. 通常 D 称为这个**函数的定义域**,x 称为**自变量**,y 称为**函数值(或因变量)**,变量 y 的变化范围称为这个**函数的值域**. 其中,定义域 D 和对应法则 f 称为函数的两要素.

为了表明 y 是 x 的函数,可用记号 $y=f(x)$,$y=F(x)$ 等来表示. 这里的字母"f""F"表示 y 与 x 之间的对应法则,即函数关系,它们是可任意用不同的字母来表示的. 如果自变量在定义域内任取一个确定的值时,函数只有一个确定的值和它对应,这种函数称为单值函数,否则称为多值函数. 这里只讨论单值函数.

例 1.2 设函数 $f(x)=x^3-x+3$,求 $f(0)$,$f(a)$,$f(a^2)$,$f\left(\dfrac{1}{a}\right)$.

解

$$f(0)=3$$

$$f(a)=a^3-a+3$$

$$f(a^2)=(a^2)^3-(a^2)+3=a^6-a^2+3$$

$$f\left(\frac{1}{a}\right)=\left(\frac{1}{a}\right)^3-\left(\frac{1}{a}\right)+3=\frac{1}{a^3}-\frac{1}{a}+3$$

(2)函数的定义域

函数的定义域通常按以下两种情形来确定：一种是对有实际背景的函数，其定义域根据实际背景中变量的实际意义确定；另一种是对抽象地用算式表达式的函数，通常约定这种函数的定义域是使得算式有意义的一切实数组成的集合.

例1.3　确定下列函数的定义域：

1) $f(x)=\sqrt{3+2x-x^2}$　　　2) $y=\ln(x-2)$

解　1)要使得解析式有意义，x 应满足不等式

$$3+2x-x^2\geqslant 0$$

即

$$x^2-2x-3\leqslant 0$$

解此不等式，得其定义域为$\{x\mid -1\leqslant x\leqslant 3\}$，即$[-1,3]$.

2)要使得解析式有意义，x 应满足不等式

$$x-2>0$$

有 $x>2$，即函数的定义域为$(2,+\infty)$.

例1.4　求下列函数的定义域：

1) $f(x)=\dfrac{\sqrt{x-1}}{x^2-4}+\sqrt{5-x}$　　　2) $g(x)=\arccos \mathrm{e}^{x-1}$

3) $h(x)=\sqrt{\ln(\ln x)}$

解　1)该函数的定义域应满足

$$\begin{cases}x-1\geqslant 0\\x^2-4\neq 0\\5-x\geqslant 0\end{cases}$$

解方程组得

$$\begin{cases}x\geqslant 1\\x\neq \pm 2\\x\leqslant 5\end{cases}$$

在数轴上画出区间，取其交集便得$f(x)$的定义域为$[1,2)\cup(2,5]$.

2)该函数的定义域满足

$$-1\leqslant \mathrm{e}^{x-1}\leqslant 1$$

因为 $\mathrm{e}^{x-1}>0$，上述不等式左边总是成立的，故

$$\mathrm{e}^{x-1}\leqslant 1=\mathrm{e}^0$$

所以函数 $g(x)=\arccos \mathrm{e}^{x-1}$ 的定义域为 $x-1\leqslant 0$，即 $x\leqslant 1$.

3)由 $h(x)$ 的表达式可知，函数应满足

$$\ln(\ln x)\geqslant 0$$

也就是 $\ln x\geqslant 1$，即 $x\geqslant 10$.

此即为 $h(x)$ 的定义域.

由此例1.4可知，求复合函数的定义域时，一般是由外层向里层逐步求解.

例 1.5　1)已知$f(x)$的定义域为$[0,1]$,求$f(\ln(x+1))$的定义域.

2)已知$f(e^x)$的定义域为$(-1,1)$,求$f(x)$的定义域.

解　1)记$g(x)=f(u)$,$u=\ln(x+1)$. 由外层函数的定义域$0\leqslant u\leqslant 1$它限制了内层函数$u=\ln(x+1)$的取值范围

$$0\leqslant \ln(x+1)\leqslant 1$$

即

$$e^0\leqslant x+1\leqslant e^1$$

即

$$0\leqslant x\leqslant e-1$$

故$g(x)=f(\ln(x+1)$的定义域为$[0,e-1]$.

2)由$f(x)$的定义域为$-1<x<1$,记$u=e^x$,从而知$f(u)$的定义域为

$$e^{-1}<u<e^1$$

于是可知,$f(x)$的定义域为

$$e^{-1}<x<e$$

由此例1.5可知,已知某函数定义域求另一与此有关的函数的定义域的方法,可称为变量变换法. 作一个适当的变量变换,将已知的定义域转化为欲求的定义域.

(3)函数相等

由函数的定义可知,一个函数的构成要素为:定义域、对应关系和值域. 由于值域是由定义域和对应关系决定的,因此,如果两个函数的定义域和对应关系完全一致,就称两个**函数相等**.

例 1.6　判断下列函数是否为相同函数:

1)$y=|x|$和$y=\sqrt{v^2}$　　2)$y=1$ 和 $y=\sin^2x+\cos^2x$

3)$y=x+1$ 和 $y=\dfrac{x^2-1}{x-1}$　　4)$y=\ln x^2$ 和 $y=2\ln x$

5)$y=\cos x$ 和 $y=\sqrt{1-\sin^2x}$　　6)$y=\ln 5x$ 和 $y=\ln 5\cdot\ln x$

解　因为1)与2)中两函数的两要素分别相同,所以是相同函数.

因为3)与4)中两函数的定义域不同,所以是不同函数.

因为5)和6)的对应法则不同,所以是不同函数.

(4)函数的表示方法

1)解析法

用数学式表示自变量和因变量之间的对应关系的方法即是解析法. 例如,直角坐标系中,半径为r、圆心在原点的圆的方程为:

$$x^2+y^2=r^2$$

根据函数的解析表达式的形式不同,函数也可分为显函数、隐函数、参数方程表示的函数和分段函数4种:

①显函数:函数y由x的解析表达式直接表示. 例如

$$y=(x+1)^2$$

②隐函数:函数的自变量x与因变量y的对应关系由方程$F(x,y)=0$来确定. 例如

$$e^{xy}=x+y$$

③参数方程表示的函数：函数自变量 x 与因变量 y 的对应关系通过第三个变量联系起来，例如

$$\begin{cases} x = v_0 t \\ y = \dfrac{1}{2}gt^2 \end{cases} \quad (t\ 为参变量)$$

④分段函数：函数在定义域的不同范围内，具有不同的解析表达式. 下面来看几个分段函数的例子.

引例 1.1　绝对值函数

$$y = |x| = \begin{cases} x, & x \geqslant 0 \\ -x, & x < 0 \end{cases}$$

的定义域为 $D = (-\infty, +\infty)$，值域 $M = [0, +\infty)$，图形如图 1.3 所示.

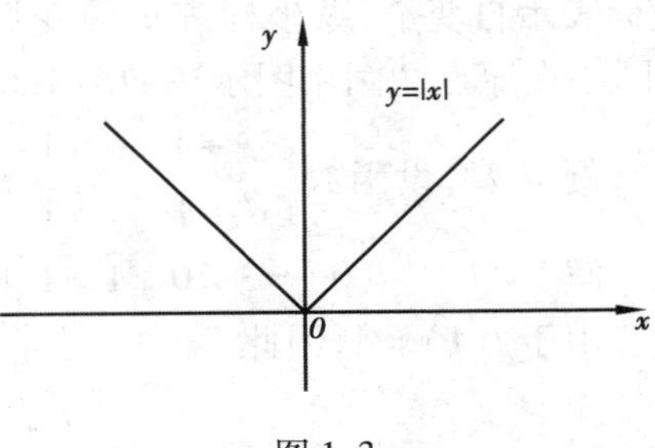

图 1.3

引例 1.2　符号函数

$$y = \operatorname{sgn} x = \begin{cases} 1 & x > 0 \\ 0 & x = 0 \\ -1 & x < 0 \end{cases}$$

的定义域为 $D = (-\infty, +\infty)$，值域 $M = \{-1, 0, 1\}$，图形如图 1.4 所示.

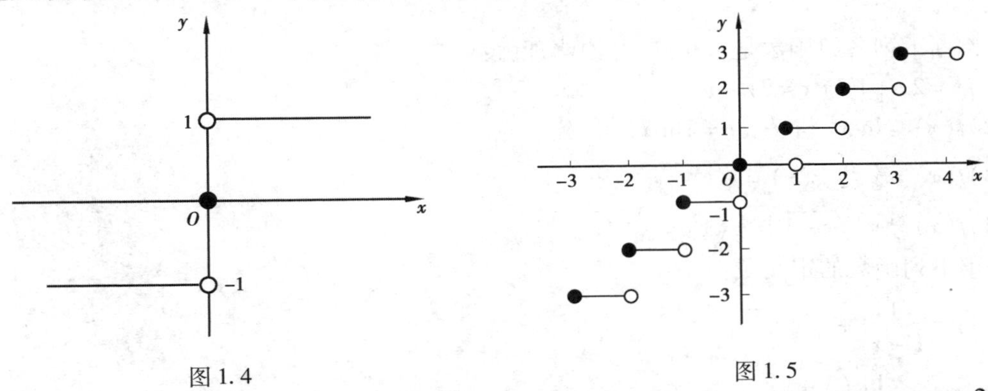

图 1.4　　　　图 1.5

引例 1.3　取整函数 $y = [x]$，其中，$[x]$ 表示不超过 x 的最大整数. 例如，$\left[\dfrac{2}{3}\right] = 0$，$[\sqrt{3}] = 1$，$[\pi] = 3$，$[-2] = -2$，$[-2.3] = -3$.

取整函数的定义域为 $D = (-\infty, +\infty)$，值域 $M = Z$，图形如图 1.5 所示.

引例 1.4　狄利克雷函数

$$y = D(x) = \begin{cases} 1 & 当\ x\ 是有理数时 \\ 0 & 当\ x\ 是无理数时 \end{cases}$$

的定义域为 $D = (-\infty, +\infty)$，值域为 $M = \{0, 1\}$.

2）表格法

将一系列的自变量值与对应的函数值列成表来表示函数关系的方法，即是表格法. 例如，某地某一天的气温每隔两个小时的数据记录见表 1.1.

表 1.1

时间	0	2	4	6	8	10	12
温度/℃	6	7	7	8	12	16	24

3)图示法

用坐标平面上曲线来表示函数的方法,即是图示法. 一般用横坐标表示自变量,纵坐标表示因变量. 例如,直角坐标系中,半径为r、圆心在原点的圆用图示法如图 1.6 所示.

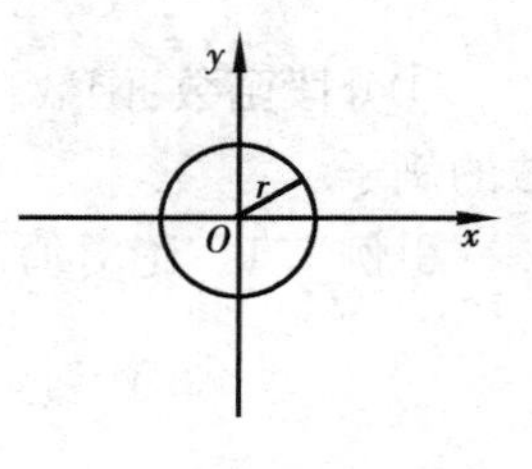

图 1.6

例 1.7 设函数$\begin{cases}3x+1 & x\leqslant 1\\ x^2-1 & x>1\end{cases}$,求$f(0)$,$f(2)$,$f[f(1)]$的值.

解 $f(0)=3\times 0+1=1$,$f(2)=2^2-1=3$

由于$f(1)=4$,因此

$$f[f(1)]=f(4)=4^2-1=15$$

习题 1.1

1. 判断下列各组函数是否相同,并说明理由:

(1)$y=2x+1$ 与 $x=2y+1$

(2)$f(x)=\ln x^2$ 与 $g(x)=2\ln x$

(3)$f(x)=x$ 与 $g(x)=\sqrt{x^2}$

(4)$f(x)=x\sqrt[3]{x-1}$与 $g(x)=\sqrt[3]{x^4-x^3}$

2. 求下列函数的定义域:

(1)$y=\dfrac{1}{1-x^2}+\sqrt{x+2}$

(2)$f(x)=\dfrac{\ln(3-x)}{\sin x}$

(3)$f(x)=\sqrt{5+4x-x^2}$

(4)$y=\arcsin\dfrac{x-1}{2}$

3. 设

$$f(x)=\begin{cases}1 & 0\leqslant x\leqslant 1\\ -2 & 1<x\leqslant 2\end{cases}$$

求函数$f(x+3)$的定义域.

4. 某运输公司规定货物的吨公里运价为:在a公里以内,每公里k元,超过部分每公里为$\dfrac{4}{5}k$元. 求运价m和里程s之间的函数关系.

1.2　函数的几种性质

这一节将考察函数的性质，一般来说，主要考察函数的有界性、奇偶性、单调性和周期性.

1.2.1　函数的有界性

设有函数 $y=f(x)$，如果对属于某一区间内 I 的所有 x 的值总有 $|f(x)|\leqslant M$ 成立，其中 M 是一个与 x 无关的正数，那么就称函数 $y=f(x)$ 在区间 I 有界，否则便称无界.

例如，函数 $y=\cos x$ 在 $(-\infty,+\infty)$ 内是有界的（见图1.7）.

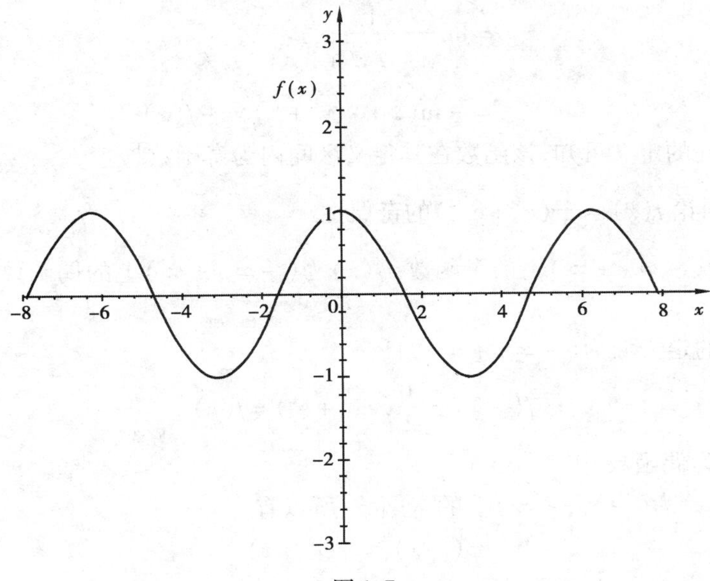

图1.7

又如，当 $x\in(-\infty,+\infty)$ 时，恒有 $|\sin x|\leqslant 1$，所以函数 $f(x)=\sin x$ 在 $(-\infty,+\infty)$ 内是有界函数. 这里 $M=1$（当然，也可取大于1的任何数作为 M 而使 $|f(x)|<M$ 成立）. 有界函数图像位于直线 $y=-M$ 与 $y=M$ 之间的带状区域内.

1.2.2　函数的单调性

如果函数 $f(x)$ 在区间 (a,b) 内随着 x 增大而增大，即：对于 (a,b) 内任意两点 x_1 及 x_2，当 $x_1<x_2$ 时，有 $f(x_1)<f(x_2)$，则称函数 $f(x)$ 在区间 (a,b) 内是**单调增加**的. 如果函数 $f(x)$ 在区间 (a,b) 内随着 x 增大而减小，即对于 (a,b) 内任意两点 x_1 及 x_2，当 $x_1<x_2$ 时，有 $f(x_1)>f(x_2)$，则称函数 $f(x)$ 在区间 (a,b) 内是**单调减小**的.

例如，函数 $y=\sin x$ 在区间 $\left[-\dfrac{\pi}{2},\dfrac{\pi}{2}\right]$ 上是单调增加的，在区间 $\left[\dfrac{\pi}{2},\dfrac{3\pi}{2}\right]$ 上是减少的.

又如，函数 $f(x)=x^2$ 在区间 $(-\infty,0)$ 上是单调减小的，在区间 $(0,+\infty)$ 上是单调增加的.

1.2.3 函数的奇偶性

如果函数$f(x)$对于定义域$(-a,a)$内的任意x都满足$f(-x)=f(x)$，则$f(x)$称为**偶函数**；如果函数$f(x)$对于定义域内的任意x都满足$f(-x)=-f(x)$，则$f(x)$称为**奇函数**.

注：偶函数的图形是关于y轴对称的，如函数$y=\cos x$；奇函数的图形是关于原点对称的，如$y=\sin x$.

例1.8 判断函数$y=\ln(x+\sqrt{x^2+1})$的奇偶性.

解
$$\begin{aligned}f(-x)&=\ln(-x+\sqrt{(-x)^2+1})\\&=\ln(-x+\sqrt{x^2+1})\\&=\ln\frac{1}{x+\sqrt{x^2+1}}\\&=-\ln(x+\sqrt{x^2+1})=-f(x)\end{aligned}$$

由函数奇偶性的定义可知，该函数在其定义区间内为奇函数.

例1.9 1)讨论$f(x)=\frac{1}{2}(e^x+e^{-x})$的奇偶性.

2)设$\varphi(x)$为$(-\infty,+\infty)$上的奇函数，$\psi(x)$为$(-\infty,+\infty)$上的偶函数，讨论$\psi(\varphi(x))$的奇偶性.

解 1)$f(x)$的定义域为$(-\infty,+\infty)$，且
$$f(-x)=\frac{1}{2}(e^{-x}+e^x)=f(x)$$
所以由定义$f(x)$为偶函数.

2)因为设$\varphi(x)$为$(-\infty,+\infty)$上的奇函数，所以有
$$\varphi(-x)=-\varphi(-x)$$
$\psi(x)$为$(-\infty,+\infty)$上的偶函数
$$\psi(-x)=\psi(x)$$
所以
$$\psi(\varphi(-x))=\psi(-\varphi(x))=\psi(\varphi(x))$$
所以$\psi(\varphi(x))$为偶函数.

1.2.4 函数的周期性

对于函数$f(x)$，若存在一个不为零的数l，使得关系式$f(x+l)=f(x)$对于定义域内任何x值都成立，则$f(x)$称为**周期函数**，l是$f(x)$的周期.

注：一般周期函数的周期是指最小正周期，并非每一个函数都有最小正周期，如常数函数$y=a$及狄利克雷函数.

求三角函数的周期，可利用已知周期的一些结论. 例如，$\sin x$与$\cos x$的周期都是2π，$\tan$与$\cot x$的周期都是π，$A\sin(wt+\varphi)$（A,w,φ均为常数，$A\neq0,w>0$）的周期为$\frac{2\pi}{w}$.

对于一般的周期函数，设$f(x)$是$(-\infty,+\infty)$上以T为周期的周期函数，a,b是常数且

$a>0$,则函数$f(ax+b)$的周期是$\frac{T}{a}$.

如果某个函数可分解成两个函数$f_1(x)$与$f_2(x)$之和,设$f_1(x)$与$f_2(x)$分别以T_1与T_2为周期,并且如果存在T_1,T_2的(正整数倍的)最小公倍数T,则函数$f_1(x)+f_2(x)$以T为周期.

例1.10　求下列函数的周期:

1)$f(x)=\sin\left(5x-\frac{\pi}{7}\right)$　　2)$g(x)=\sin\frac{x}{2}-7\cos\frac{x}{3}$

3)$h(x)=\sin x\cos 3x$　　4)$k(x)=\tan\frac{x}{2}$

解　1)对照以上分析,$\omega=5$,故$f(x)$以$\frac{2\pi}{5}$为周期.

2)$\sin\frac{x}{2}$以4π为周期,$\cos\frac{x}{3}$以6π为周期,4π与6π的最小公倍数为12π,故$g(x)$以12π为周期.

3)由三角公式

$$h(x)=\sin x\cos 3x=\frac{1}{2}(\sin 4x-\sin 2x)$$

$\sin 4x$的周期是$\frac{\pi}{2}$,$\sin 2x$的周期是π,所以$h(x)$的周期是π.

4)$\tan x$的周期是π,所以$\tan\frac{x}{2}$的周期是2π.

1.2.5　反函数

设$y=f(x)$为定义在D上的函数,其值域为M.若对于数集M中的每个数y,数集D中都有唯一的一个数x使$f(x)=y$,这就是说变量x是变量y的函数.这个函数称为函数$y=f(x)$的反函数,记作$x=f^{-1}(y)$.其定义域为M,值域为D.

相对于反函数,函数$y=f(x)$称为原函数.

注:

①习惯上,常用x表示自变量,y表示因变量,因此,函数$y=f(x)$的反函数$x=f^{-1}(y)$常改写为

$$y=f^{-1}(x)$$

②在同一坐标平面内,函数$y=f(x)$与$x=f^{-1}(y)$两者的图形是相同的,$y=f(x)$与$y=f^{-1}(x)$两者的图形关于直线$y=x$对称(见图1.8).

③函数$y=f(x)$与其反函数$y=f^{-1}(x)$之间存在的关系为

$$f^{-1}(f(x))=x,f(f^{-1}(x))=x$$

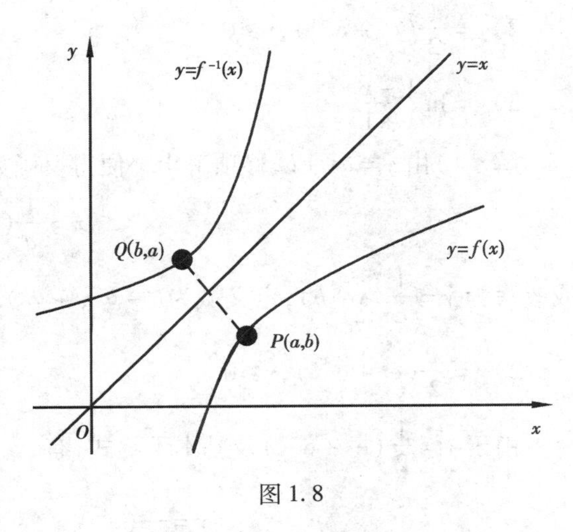

图1.8

例1.11　函数$y=2^x$与函数$y=\log_2 x$互

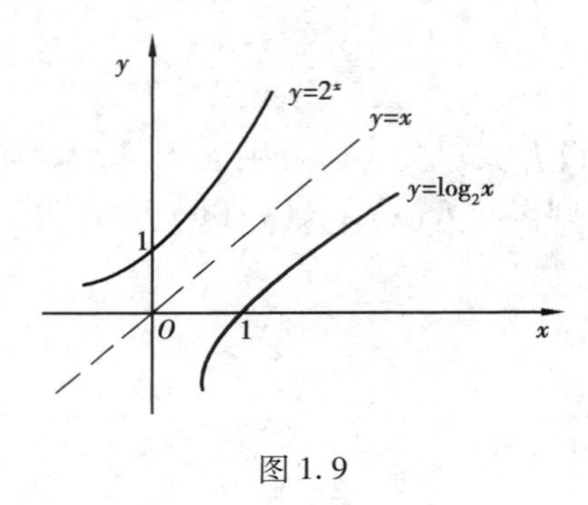

图 1.9

为反函数,则它们的图形在同一直角坐标系中是关于直线 $y=x$ 对称的. 如图 1.9 所示.

例 1.12 求函数 $y=\dfrac{e^x-e^{-x}}{2}$ 的反函数.

解 由 $y=\dfrac{e^x-e^{-x}}{2}$,可得

$$e^x=y\pm\sqrt{y^2+1}$$

显然 $e^x>0$,故只有

$$e^x=y+\sqrt{y^2+1}$$

从而

$$x=\ln\left(y+\sqrt{y^2+1}\right)$$

即所求的反函数为

$$y=\ln\left(x+\sqrt{x^2+1}\right)$$

只有单调函数才存在反函数. 对于在定义域内不单调的函数,应限定在某一单调区间内才可求反函数. 例如,$y=\sin x$ 在 $(-\infty,+\infty)$ 内无反函数,在 $\left(-\dfrac{\pi}{2},\dfrac{\pi}{2}\right)$ 上的反函数为

$$y=\arcsin x$$

引例 1.5 $y=x^2$,其定义域为 $(-\infty,+\infty)$,值域为 $[0,+\infty)$. 对于 y 取定的非负值,可求得

$$x=\pm\sqrt{y}$$

若不加条件,由 y 的值就不能唯一确定 x 的值,也就是在区间 $(-\infty,+\infty)$ 上,函数的反对应关系不是单值的,故其没有反函数. 如果加上条件,要求 $x\geqslant0$,则对 $y\geqslant0$,$x=\sqrt{y}$ 就是 $y=x^2$ 在要求 $x\geqslant0$ 时的反函数.

例 1.13 求下列函数的反函数及其定义域:

1) $y=ax+b$,(a,b 是常数,$a\neq0$)

2) $y=\dfrac{1}{2}(e^x+e^{-x})$,$x\geqslant0$

3) $y=\ln\dfrac{1-x}{x+1}$

解 1) 由 $y=ax+b$,移项解出 x 便得反函数,即

$$x=\frac{1}{a}(y-b)$$

或改写为 $y=\dfrac{1}{a}(x-b)$,定义域为 $(-\infty,+\infty)$.

2) $y=\dfrac{1}{2}(e^x+e^{-x})$,$x\geqslant0$

由于 $y=\dfrac{1}{2}(e^x+e^{-x})$ 及基本不等式,有

$$y=\frac{1}{2}(e^x+e^{-x})\geqslant\frac{1}{2}\cdot2e^xe^{-x}=1$$

再由 $y=\frac{1}{2}(e^x+e^{-x})$，得

$$e^{2x}-2ye^x+1=0 \quad (y\geqslant 1)$$

将上式看成 e^x 的二次方程，解出

$$e^x=y\pm\sqrt{y^2-1} \quad (y\geqslant 1)$$

$$x=\ln(y\pm\sqrt{y^2-1}) \quad (y\geqslant 1)$$

当"±"号中取"-"号时

$$x=\ln(y-\sqrt{y^2-1})=\ln\frac{1}{y+\sqrt{y^2-1}}$$

$$=-\ln(y+\sqrt{y^2-1})\leqslant 0\ (当\ y\geqslant 1\ 时)$$

显然不合题意，应舍去.

因此，$y=\frac{1}{2}(e^x+e^{-x})\ (x\geqslant 0)$ 的反函数为

$$x=\ln(y+\sqrt{y^2-1}) \quad (y\geqslant 1)$$

改换记号，得到反函数 $y=\ln(x+\sqrt{x^2-1})$，定义域为 $x\geqslant 1$.

3）由 $y=\ln\frac{1-x}{1+x}$，有

$$e^y=\frac{1-x}{1+x} \quad (-1<x<1)$$

解出

$$x=\frac{1-e^y}{1+e^y} \quad (-\infty<y<+\infty)$$

改换 x 与 y 的记号，得反函数

$$y=\frac{1-e^x}{1+e^x} \quad (-\infty<y<+\infty)$$

习题 1.2

1. 已知 $f(x)=\begin{cases}\sqrt[3]{x^3+2x+2} & x\in(-\infty,1)\\ x^3+x^{-3} & x\in(1,+\infty)\end{cases}$，求 $f[f(0)]$ 的值.

2. 讨论函数 $f(x)=\frac{ax}{x^2-1}\ (a\neq 0)$，在 $-1<x<1$ 上的单调性.

3. 求下列函数的反函数：

(1) $y=x^2+4x+3, x\in(-\infty,-2]$

(2) $y=x^2$，其定义域为 $(-\infty,0)$

(3) $y=\frac{2x+1}{x-1} \quad (x\in\mathbf{R}，且\ x\neq 1)$

(4) $y=\begin{cases} x^2+1 & 0\leqslant x\leqslant 1 \\ x^2 & -1\leqslant x<0 \end{cases}$

4. 判断下列函数的奇偶性：

(1) $y=\ln\left(x+\sqrt{1+x^2}\right)$

(2) $f(x)=\dfrac{e^x-1}{e^x+1}\ln\dfrac{1-x}{1+x}\quad(-1<x<1)$

1.3 初等函数

1.3.1 复合函数

(1)定义

若 y 是 u 的函数：$y=f(u)$，而 u 又是 x 的函数：$u=\varphi(x)$，且 $\varphi(x)$ 的函数值的全部或部分在 $f(u)$ 的定义域内，那么，y 通过 u 的联系也是 x 的函数，则称后一个函数是由函数 $y=f(u)$ 及 $u=\varphi(x)$ 复合而成的函数，简称复合函数，记作 $y=f[\varphi(x)]$，其中 u 称为中间变量.

例 1.14 设 $y=f(u)=3^u$，$u=\varphi(x)=\sin x$，求 $y=f[\varphi(x)]$.

解 $$y=f[\varphi(x)]=f(u)=f(\sin x)=3^{\sin x}$$

例 1.15 设 $f(x)=\dfrac{1}{1+x}$，$\varphi(x)=\sqrt{\sin x}$，求 $f[\varphi(x)]$，$\varphi[f(x)]$.

解 求 $f[\varphi(x)]$ 时，应将 $f(x)$ 中的 x 视为 $\varphi(x)$，因此

$$f[\varphi(x)]=\frac{1}{1+\varphi(x)}=\frac{1}{1+\sqrt{\sin x}}$$

求 $\varphi[f(x)]$ 时，应将 $\varphi(x)$ 中的 x 视为 $f(x)$，因此

$$\varphi[f(x)]=\sqrt{\sin f(x)}=\sqrt{\sin\frac{1}{1+x}}$$

例 1.16 求 $y=2u^2+1$ 与 $u=\cos x$ 构成的复合函数.

解 将 $u=\cos x$ 代入 $y=2u^2+1$ 中，即为所求的复合函数

$$y=2\cos^2 x+1$$

定义域为 $(-\infty,+\infty)$.

(2)复合函数的分解

复合函数的分解是指把一个复合函数分解成基本初等函数或基本初等函数的四则运算.

例 1.17 分解下列复合函数：

1) $y=\cos x^2$

2) $y=\sin^2 2x$

3) $y=\ln\left(\arctan\sqrt{1+x^2}\right)$

4) $y=\ln\left(1+\sqrt{1+x^2}\right)$

解 1)所给函数可分解为

$$y=\cos u,\ u=x^2$$

2)所给函数可分解为

$$y=u^2, u=\sin v, v=2x$$

3)所给函数可分解为

$$y=\ln u, u=\arctan v, v=\sqrt{w}, w=1+x^2$$

4)所给函数可分解为

$$y=\ln u, u=1+\sqrt{v}, v=1+x^2$$

必须注意:①复合函数还可由更多函数构成.

②并不是任意两个函数就能复合. 例如,函数 $y=\arcsin u$ 与函数 $u=2+x^2$ 是不能复合成一个函数的. 因为对于 $u=2+x^2$ 的定义域 $(-\infty,+\infty)$ 中的任何 x 值所对应的 u 值(都大于或等于2),使 $y=\arcsin u$ 都没有定义.

1.3.2　初等函数

最常用的有6种基本初等函数,分别是常数函数、指数函数、对数函数、幂函数、三角函数及反三角函数,即:

①常数函数

$$y=C(C\text{ 为常数})$$

②幂函数

$$y=x^{\mu}(\mu\text{ 为实常数})$$

③指数函数

$$y=a^x(a>0,a\neq 1,a\text{ 为常数})$$

④对数函数

$$y=\log_a x(a>0,a\neq 1,a\text{ 为常数})$$

⑤三角函数

$$y=\sin x, y=\cos x, y=\tan x, y=\cot x, y=\sec x, y=\csc x$$

⑥反三角函数

$$y=\arcsin x, y=\arccos x, y=\arctan x, y=\text{arccot}\, x$$

这6种基本初等函数的定义、图形及简单性质见附录1.

由基本初等函数经过有限次的有理运算及有限次的函数复合所产生并且能用一个解析式表出的函数,称为**初等函数**.

例如

$$y=\lg\left(x+\sqrt{1+x^2}\right), y=\sqrt[3]{\ln 3x+3^x}, y=\frac{\sin(2x+1)}{\sqrt{1+x^2}}$$

等都是初等函数.

1.3.3　函数关系的建立

为解决实际问题,首先应将该问题量化,从而建立起该问题的数学模型,即建立数学关系. 要把实际问题中的函数关系正确的抽象出来,首先应分析哪个是常量,哪个是变量;然后确定选取哪个为自变量,哪个为因变量;最后根据题意建立它们之间的函数关系,同时给出函数的定义域.

例 1.18 旅客乘火车可免费携带不超 20 kg 的物品,超过 20 kg 而不超过 50 kg 的部分每千克交费 a 元,超过 50 kg 的部分每千克交费 b 元. 求运费与携带物品质量的函数关系.

解 设物品质量为 x kg,应交运费为 y 元. 由题意可知,这时应考虑 3 种情况:

1)质量不超过 20 kg,这时

$$y=0 \quad (x \in [0,20])$$

2)质量大于 20 kg,但不超过 50 kg,这时

$$y=(x-20)\times a \quad (x \in [20,50])$$

3)质量超过 50 kg,这时

$$y=(50-20)\times a+(x-50)\times b \quad (x>50)$$

因此,所求的函数是一个分段函数,即

$$y=\begin{cases} 0 & 0 \leqslant x \leqslant 20 \\ a(x-20) & 20<x \leqslant 50 \\ a(50-20)+b(x-50) & x>50 \end{cases}$$

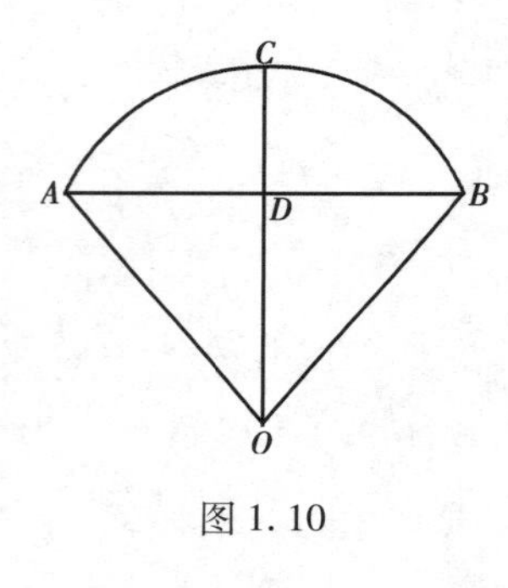

图 1.10

例 1.19 要使火车安全行驶,按规定,铁道转弯处的圆弧半径不允许小于 600 m,如果某段铁路两端相距 156 m,弧所对的圆心角小于 180°(见图 1.10),试确定圆弧弓形的高所允许的取值范围.

解 设圆的半径为 R,圆形弓形高 $CD=x$ m.

在 $\mathrm{Rt}\triangle BOD$ 中,$DB=78$,$OD=R-x$,所以

$$(R-x)^2+78^2=R^2$$

解得

$$R=\frac{x^2+6\ 084}{2x}$$

由题意可知,$R \geqslant 600$,故

$$\frac{x^2+6\ 084}{2x} \geqslant 600$$

得

$$x^2-1\ 200x+6\ 084 \geqslant 0 \quad (x>0)$$

解得 $x \leqslant 5.1$ 或 $x \geqslant 1\ 194.9$(舍).

因此,圆弧弓形高的允许值范围是$(0,5.1)$.

例 1.20 某设备公司将进价 80 元的设备按每台 100 元售出,每天可销售 200 台. 若每台售价每提高 5 元,其销售量就减少 10 台. 问将售价定为多少时,才能使所赚利润最大,并求出这个最大利润.

解 设每台售价提高 $5x$ 元,则每件得利润$(20+5x)$元,每天销售量变为$(200-10x)$件,所获利润

$$\begin{aligned} y &= (20+5x)(200-10x) \\ &= -50(x-8)^2+4\ 800 \end{aligned}$$

显然由上式可知，当 $x=8$ 时，即售价定为140元时，y 最大，每天可获最大利润为4 800元.

习题 1.3

1. 下列函数能否复合为函数 $y=f[g(x)]$. 若能，写出其解析式、定义域、值域：

(1) $y=f(u)=\sqrt{u}, u=g(x)=x-x^2$

(2) $y=f(u)=\ln u, u=g(x)=\sin x-1$

2. 分析函数 $y=\sqrt[3]{\text{arctancos e}^{2x}}$ 的复合结构.

3. 指出下列复合函数是由哪些简单函数复合而成：

(1) $y=(3x-1)^5$　　(2) $y=\sqrt{\ln(1+x)}$

(3) $y=\cos\sqrt{2x+1}$　　(4) $y=e^{\sqrt{1-x^2}}$

1.4　函数的极限

从极限产生的历史背景来看，极限是从解决微分学与积分学的实际问题中产生的. 在人们的日常生活中，经常用到这样的描述：用市场变化趋势来研究产品需求量的状况；用学校发展的趋势来分析学校未来的前途，等等. 这种趋势用在数学上就是极限，极限是变量变化的终极状态.

极限是微积分学中一个基本概念，微分学与积分学的许多概念都是由极限引入的，并且最终由极限知识来解决. 因此，它在微积分学中占有非常重要的地位.

我国春秋战国时期的《庄子 · 天下篇》中说："一尺之棰，日取其半，万世不竭."这就是极限的最朴素思想，是现代极限思想的萌芽.

1.4.1　数列极限

(1) 数列的概念

定义1　自变量为正整数的函数 $u_n=f(n)\ (n=1,2,3,\cdots)$ 称为整标函数. 把它的函数值一次写出来就构成一列数，即

$$u_1, u_2, \cdots, u_n, \cdots$$

成为一个数列，简记为 $\{u_n\}$. 数列中的每一个数称为数列的项，其中第一项 u_1 称为数列的首项，第 n 项称为数列的通项或一般项.

注：

①数列分有穷数列和无穷数列，如1,3,5,7,9这5项数值构成一个有穷数列；1,3,5,7,$\cdots$,$2n-1$,$\cdots$就是无穷数列. 本书所讨论的数列都是无穷数列.

②对于数列 $\{u_n\}$，若对任何正整数 n，都有 $u_n\leqslant u_{n+1}$ 成立，则称数列 $\{u_n\}$ 为单调递增数列；若对任何正整数 n，都有 $u_n\geqslant u_{n+1}$ 成立，则称数列 $\{u_n\}$ 为单调递减数列.

例如,数列 $1,\frac{1}{2},\frac{1}{3},\cdots,\frac{1}{n},\cdots$ 其通项为$\frac{1}{n}$,可简记为$\left\{\frac{1}{n}\right\}$.

数列$\{u_n\}$的通项 $u_n=n^2+1$,则数列$\{u_n\}$为

$$1^2+1,2^2+1,\cdots,n^2+1,\cdots$$

(2)极限

极限的概念是求实际问题的精确解答而产生的.

引例 1.6 通过作圆的内接正多边形,近似求出圆的面积.

设有一单位圆,首先作圆内接正六边形,把它的面积记作 A_1;再作圆的内接正十二边形,其面积记作 A_2;再作圆的内接正二十四边形,其面积记作 A_3;依次循环下去(一般把内接正 $6\times2^{n-1}$边形的面积记作 A_n)可得一系列内接正多边形的面积:$A_1,A_2,A_3,\cdots,A_n,\cdots$,它们就构成一列有序数列. 可知,当内接正多边形的边数无限增加时,A_n 也无限接近某一确定的数值(圆的面积),这个确定的数值在数学上被称为数列 $A_1,A_2,A_3,\cdots,A_n,\cdots$ 当 $n\to\infty$(读作 n 趋近于无穷大)的极限.

注: 上面这个例子就是我国古代数学家刘徽(公元 3 世纪)发现的割圆术.

(3)数列的极限

引例 1.7

1) $\{x_n\}:1,2,3,4,5,\cdots,n,\cdots$

2) $\{x_n\}:1,-1,1,-1,\cdots,(-1)^{n+1},\cdots$

3) $\{x_n\}:\frac{1}{2},\frac{1}{2^2},\frac{1}{2^3},\cdots,\frac{1}{2^n},\cdots$

4) $\{x_n\}:1,\frac{4}{3},\frac{6}{4},\frac{8}{5},\cdots,\frac{2n}{n+1},\cdots$

根据引例 1.7 列举的几个数列来看,当 n 无限增大时,相应项的值的变化情况各不相同,在变化过程中:

数列 1)的一般项 n 趋近于无穷大时,它没有一个确定的终极趋势,其值无限增大.

数列 2)的一般项 $x_n=(-1)^{n+1}$在 1 与 -1 与之间交替变化,不趋向于一个确定的值.

数列 3)的一般项 $x_n=\frac{1}{2^n}$的值无限地趋向于 0.

数列 4)的一般项 $x_n=\frac{2n}{n+1}$最终无限趋向于 2.

从上面引例 1.7 可知,当 n 无限增大时,有的数列的值无限地接近一个定数,有的数列则在 n 无限增大的过程中飘浮不定. 对于这些现象,用数学语言描述出来就有下面的定义.

定义 2 对于数列$\{u_n\}$,如果当 n 无限增大时,通项 u_n 无限趋近于一个确定的常数 A,则称数 A 为数列$\{u_n\}$的极限,或称数列 u_n 收敛于 A. 记作

$$\lim_{n\to\infty}u_n=A \text{ 或 } u_n\to A,\ (n\to\infty)$$

这时也简称$\{u_n\}$收敛.

如果数列$\{u_n\}$没有极限(当 $n\to\infty$ 时),称数列$\{u_n\}$发散.

如引例 1.7 中数列 3)的极限为 0,记作$\lim\limits_{n\to\infty}x_n=0$;数列 4)的极限为 2,可记作$\lim\limits_{n\to\infty}x_n=2$. 而数列 1)与 2)没有极限,即是发散的.

关于极限,有一点是必须明确的,极限是变量变化的终极趋势,也可以说是变量变化的最终结果. 因此,可以说,数列极限的值与数列前面有限项的值无关.

例1.21　观察以下数列的变化趋势,确定它们的敛散性,对收敛数列,写出其极限.

1) $u_n = \frac{n}{n+1}$　　2) $u_n = (-1)^n \frac{1}{2n+1}$　　3) $u_n = (-1)^{n+1}$

解　1) $u_n = \frac{n}{n+1}$,即

$$\frac{1}{2},\frac{2}{3},\frac{3}{4},\cdots,\frac{n}{n+1},\cdots$$

当自变量 n 无限增大时,相应的项 u_n 无限趋近于1,故数列$\{u_n\}$收敛,且

$$\lim_{n\to\infty}\frac{n}{n+1}=1$$

2) $u_n = (-1)^n \frac{1}{2n+1}$,即

$$-\frac{1}{3},\frac{1}{5},-\frac{1}{7},\cdots,(-1)^n\frac{1}{2n+1},\cdots$$

当自变量 n 无限增大时,相应项 u_n 无限趋近于0,故数列$\{u_n\}$收敛,且

$$\lim_{n\to\infty}(-1)^n\frac{1}{2n+1}=0$$

3) $u_n = (-1)^{n+1}$,即

$$1,-1,1,-1,\cdots,(-1)^{n+1},\cdots$$

当 n 为奇数时,$u_n=1$;当 n 为偶数时,$u_n=-1$. 即当 n 无限增大时,奇数项等于1,而偶数项等于 -1,u_n 没有一个固定的终极趋势,因此,该数列发散.

(4)数列的有界性

对于数列$\{x_n\}$,若存在一个正数 M,使得一切 x_n 都满足不等式 $|x_n| \leqslant M$,则称数列$\{x_n\}$是有界的;若正数 M 不存在,则可说数列 x_n 是无界的.

定理1　若数列 x_n 收敛,那么数列 x_n 一定有界.

推论　无界函数必定发散.

注:有界的数列不一定收敛,例如,$\{x_n\}$:$x_n=(-1)^n$,即:数列有界是数列收敛的必要条件,但不是充分条件. 例如,数列 $1,-1,1,-1,\cdots,(-1)^{n+1},\cdots$是有界的,但它是发散的.

前面已学习了数列的极限,已经知道数列可看作一类特殊的函数,即自变量取 $1\to\infty$ 内的正整数,若自变量不再限于正整数的顺序,而是连续变化的,就成了函数. 下面来学习函数的极限.

函数的极限有两种情况:

①自变量无限增大.

②自变量无限接近某一定点 x_0.

1.4.2　函数的极限

(1)自变量趋于无穷时的极限

1) $x\to+\infty$ 时的极限

为了和数列的极限相对应,首先给出自变量趋于正无穷大时极限定义.

定义3　若存在常数 $M>0$,函数 $f(x)$ 在 $x>M$ 时有定义. 当自变量 x 沿 x 轴正方向无限远离原点时,相应的函数值 $f(x)$ 无限趋近于常数 A,则称函数 $f(x)$. 当 x 趋向正无穷大时,以 A 为极限,记作

$$\lim_{x\to+\infty} f(x)=A \text{ 或 } f(x)\to A(x\to+\infty)$$

例如

$$\lim_{x\to+\infty}\frac{1}{x}=0,\ \lim_{x\to+\infty}\left(1+\frac{1}{x}\right)=1,\ \lim_{x\to+\infty}2^{-x}=0$$

这个概念描述的是当自变量朝正无穷远方向变化时,相应的函数值趋近于某个常数的变化趋势. 当然,不是所有的函数都有这种性质,如函数 $f(x)=x+1$. 可知,当自变量 x 朝正无穷远方向变化时(即 $x\to+\infty$),相应的函数值 $f(x)=x+1$ 也随之无限增大,不会趋于任何常数,因此,这个函数在 x 趋于正无穷大时没有极限.

2) $x\to-\infty$ 时的极限

定义4　若存在常数 $M>0$,函数 $f(x)$ 在 $x<-M$ 时有定义,当自变量 x 沿 x 轴负方向无限远离原点时,相应的函数值 $f(x)$ 无限趋近于常数 A,则称函数 $f(x)$ 当 x 趋向负无穷大时以 A 为极限,记作

$$\lim_{x\to-\infty} f(x)=A \text{ 或 } f(x)\to A,(x\to-\infty)$$

例如

$$\lim_{x\to-\infty}\frac{1}{x}=0\qquad \lim_{x\to-\infty}\left(1+\frac{1}{x}\right)=1,\qquad \lim_{x\to-\infty}2^{-x}=+\infty$$

3) $x\to\infty$ 时的极限

定义5　若存在常数 $M>0$,函数 $f(x)$ 在 $|x|>M$ 时有定义,当自变量无限远离原点时,相应的函数值 $f(x)$ 无限趋近于常数 A,则称函数 $f(x)$ 当 x 趋向无穷大时以 A 为极限,记作

$$\lim_{x\to\infty} f(x)=A \text{ 或 } f(x)\to A,(x\to\infty)$$

例如

$$\lim_{x\to\infty}\frac{1}{x}=0,\qquad \lim_{x\to\infty}\left(1+\frac{1}{x}\right)=1,\qquad \lim_{x\to\infty}\frac{1}{1+x^2}=0$$

定理2　$\lim\limits_{x\to\infty} f(x)=A$ 的充分必要条件是

$$\lim_{x\to-\infty} f(x)=\lim_{x\to+\infty} f(x)=A$$

例如

$$\lim_{x\to+\infty}\frac{1}{x}=0,\ \lim_{x\to-\infty}\frac{1}{x}=0,\text{故}\lim_{x\to\infty}\frac{1}{x}=0$$

$$\lim_{x\to+\infty}\left(1+\frac{1}{x}\right)=1,\ \lim_{x\to-\infty}\left(1+\frac{1}{x}\right)=1,\text{故}\lim_{x\to\infty}\left(1+\frac{1}{x}\right)=1$$

但是,$\lim\limits_{x\to+\infty}2^{-x}=0$,$\lim\limits_{x\to-\infty}2^{-x}=+\infty$,所以 $\lim\limits_{x\to\infty}2^{-x}$ 不存在.

$\lim\limits_{x\to\infty} f(x)=A$ 的几何解释如下:

在 xOy 平面上,对于任给的两条直线 $y=A-\varepsilon$ 与 $y=A+\varepsilon$(其中 $\varepsilon>0$),可找到两条直线 $x=M$ 和 $x=-M$,使得这两条直线外侧的函数曲线 $y=f(x)$ 完全落在 $y=A-\varepsilon$ 与 $y=A+\varepsilon$ 两条直线之间(见图1.11).

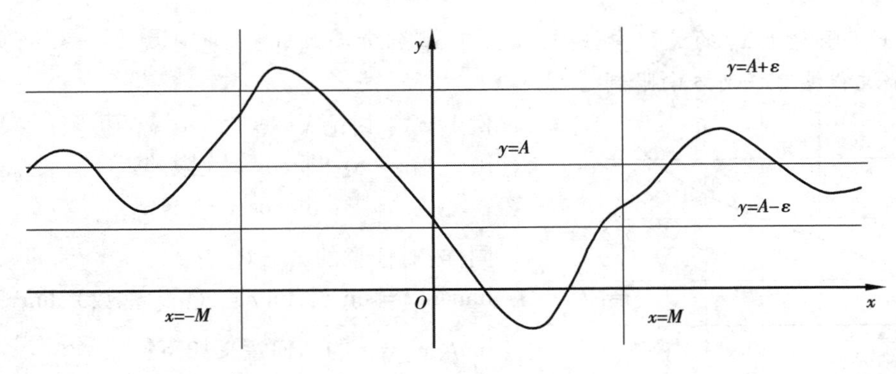

图1.11

(2) $x \to x_0$ 时自变量趋于有限值时函数的极限

在引入概念之前,首先看一个例子.

设函数 $y=f(x)=\dfrac{x^2-1}{x-1}$, 函数的定义域是 $x \neq 1$,也就是说在 $x=1$ 这点没有定义.但人们关心的是,当自变量 x 从1的附近无限地趋近于1时,相应的函数值的变化情况,它的值趋向于什么?

x 从左边趋向于1时,见表1.2.

表1.2

x	0	0.5	0.9	0.99	0.999	0.999 9	0.999 99	…	→1
y	1	1.5	1.9	1.99	1.999	1.999 9	1.999 99	…	→2

x 从右边趋向于1时,见表1.3.

表1.3

x	2	1.5	1.1	1.01	1.001	1.000 1	1.000 01	…	→1
y	3	2.5	2.1	2.01	2.001	2.000 1	2.000 01	…	→2

从表1.2、表1.3可知,当 x 无限趋近于1时,相应函数值无限趋近于2,如图1.12所示.这时,称 $f(x)$ 当 $x \to 1$ 时以2为极限.

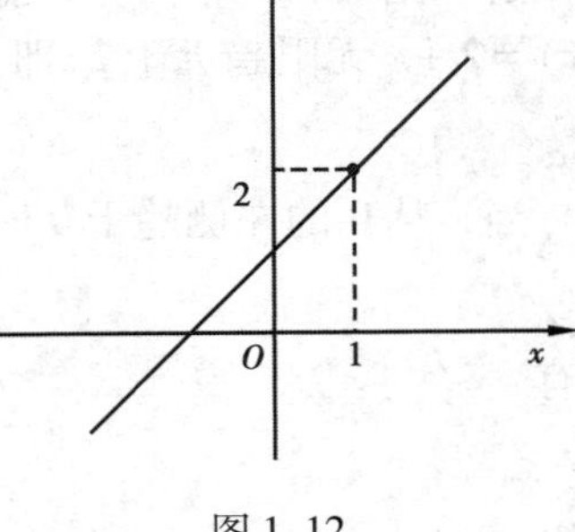

图1.12

为此可给出函数在某定点的极限的定义.

定义6　设函数 $f(x)$ 在 x_0 的某一去心邻域 $U^0(x_0,\delta)$ 内有定义,当 x 在 $U^0(x_0,\delta)$ 内无限趋近 x_0 时,相应的函数值 $f(x)$ 无限趋近于常数 A,则称 $f(x)$ 当 $x \to x_0$ 时以 A 为极限,记作

$$\lim_{x \to x_0} f(x)=A \quad 或 \quad f(x) \to A(x \to x_0)$$

注:

①$\lim\limits_{x \to x_0} f(x)=A$ 描述的是当自变量 x 无限接近 x_0 时,相应的函数值 $f(x)$ 无限趋近于常数 A 的一种变化趋势,与函数 $f(x)$ 在 x_0 点是否有定义无关.

②在 x 无限趋近 x_0 的过程中，既可从大于 x_0 的方向趋近 x_0，也可从小于 x_0 的方向趋近于 x_0，整个过程没有任何方向限制.

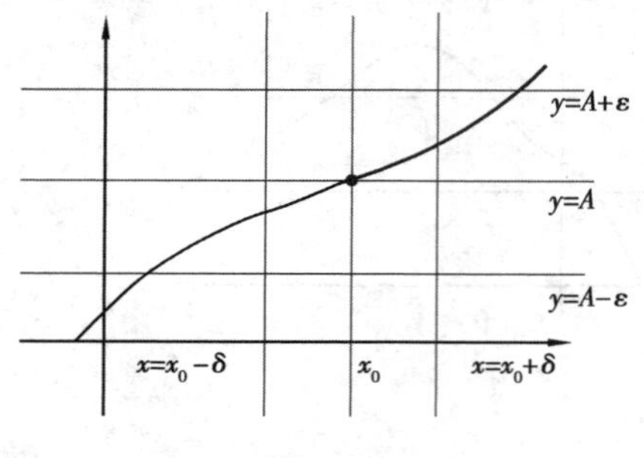

图 1.13

例 1.22 讨论 $x\to x_0$ 时 $\cos x$ 的极限.

解 当 $x\to x_0$，即 $\cos x$ 无限趋近于 $\cos x_0$. 因此

$$\lim_{x\to x_0}\cos x=\cos x_0$$

同样：对任意的 $x_0\in\mathbf{R}$，有

$\lim\limits_{x\to x_0}\sin x=\sin x_0$，$\lim\limits_{x\to x_0}c=c$（$c$ 为常数），$\lim\limits_{x\to x_0}x=x_0$

$\lim\limits_{x\to x_0}f(x)=A$ **的几何意义如下：**

对任意正数 ε，在 xOy 平面上，作两条直线 $y=A+\varepsilon$ 与 $y=A-\varepsilon$. 总可找到另外两条直线 $x=x_0+\delta$ 和 $x=x_0-\delta$，使得在这两条直线之间的曲线 $y=f(x)$ 完全落在两条水平直线之间（见图 1.13）.

有时在考察函数时只考虑在 x_0 点左邻域（或它的右邻域内）有定义的情况，为此给出函数当 x 从 x_0 的左侧无限接近于 x_0 和从 x_0 的右侧无限接近于 x_0 时的极限定义.

定义 7 设函数 $f(x)$ 在 x_0 的某个右半邻域 $(x_0,x_0+\delta)$（或左半邻域 $(x_0-\delta,x_0)$）内有定义，当对 $\forall x\in(x_0,x_0+\delta)$（或对 $\forall x\in(x_0-\delta,x_0)$）与 x_0 无限接近时，相应的函数值 $f(x)$ 无限趋近于常数 A，则称函数 $f(x)$ 在 x_0 点存在右（或左）极限，记作

$$\lim_{x\to x_0^+}f(x)=A\left(\text{或}\ \lim_{x\to x_0^-}f(x)=A\right)$$

或记为

$$f_+(x_0)\left(\text{或}\quad f_-(x_0)\right)$$

这时，称 A 为 $f(x)$ 在 x_0 的右极限（或左极限）的值.

定理 3 $\lim\limits_{x\to x_0}f(x)=A$ 的充分必要条件是

$$\lim_{x\to x_0^+}f(x)=A\ \text{且}\ \lim_{x\to x_0^-}f(x)=A$$

例 1.23 讨论函数 $f(x)=\begin{cases}2+x & 0<x\leqslant 1\\ 2 & x=0\\ 2-x & -1\leqslant x<0\end{cases}$ 在 $x=0$ 的极限.

解 函数 $f(x)$ 在 $x=0$ 点的 $U^0(0,1)$ 内有定义，当 x 从 0 的右侧趋于 0 时，相应的函数值 $f(x)=2+x$ 无限趋近于 2，即

$$\lim_{x\to 0^+}f(x)=2$$

当 x 从 0 的左侧趋于 0 时，相应的函数值 $f(x)=2-x$ 无限趋近于 2，即

$$\lim_{x\to 0^-}f(x)=2$$

则有

$$\lim_{x\to 0^+}f(x)=\lim_{x\to 0^-}f(x)=2$$

所以

$$\lim_{x\to 0}f(x)=2$$

而对于函数 $f(x)=\begin{cases}2+x & 0<x<1\\ 1 & x=0\\ -2-x & -1<x<0\end{cases}$，容易知道

$$\lim_{x\to 0^-}f(x) = -2 \quad \lim_{x\to 0^+}f(x) = 2$$

所以 $\lim\limits_{x\to 0}f(x)$ 不存在.

1.4.3　极限的性质

性质1(唯一性)　若 $\lim\limits_{x\to x_0}f(x)=A$, $\lim\limits_{x\to x_0}f(x)=B$,则

$$A=B$$

性质2(局部有界性)　若 $\lim\limits_{x\to x_0}f(x)=A$,则存在 x_0 去心邻域 $U^0(x_0,\delta)$ 和 $M>0$,使得对任意 $x\in U^0(x_0,\delta)$,有

$$|f(x)|\leqslant M$$

性质3(保号性)　若 $\lim\limits_{x\to x_0}f(x)=A$,且 $A>0$(或 $A<0$),则存在 $\delta>0$,使得对任意 $x\in U^0(x_0,\delta)$,有

$$f(x)>0\text{(或}f(x)<0\text{)}$$

推论　若在 x_0 某个邻域 $U^0(x_0,\delta)$ 内,有

$$f(x)\geqslant 0\text{(或}f(x)\leqslant 0\text{)}$$

且

$$\lim_{x\to x_0}f(x)=A$$

则

$$A\geqslant 0\text{(或}A\leqslant 0\text{)}$$

习题1.4

1. 观察下列数列的变化,写出它们的极限:

(1) $u_n=\dfrac{n+(-1)^n}{n}$　　(2) $u_n=\dfrac{n-1}{n+1}$　　(3) $u_n=3+\dfrac{1}{n^3}$　　(4) $u_n=(-1)^n\dfrac{1}{n+1}$

2. 利用函数的图形求下列极限:

(1) $\lim\limits_{x\to 0}\cos x$　　(2) $\lim\limits_{x\to +\infty}\operatorname{arccot} x$

3. 求下列函数极限:

(1) $\lim\limits_{x\to 3}(3x-1)$　　(2) $\lim\limits_{x\to -3}\dfrac{x^2-9}{x+3}$　　(3) $\lim\limits_{x\to\infty}\dfrac{1+x^3}{x^3}$

4. 求 $f(x)=\dfrac{x}{x}$, $\varphi(x)=\dfrac{|x|}{x}$ 当 $x\to 0$ 时的左、右极限,并说明它们在 $x\to 0$ 时的极限是否存在.

1.5　函数极限的运算

函数极限运算法则如下:

只以 $x\to x_0$ 方式给出,它对任何其他方式,如 $x\to x_0^+$, $x\to x_0^-$, $x\to\infty$, $x\to+\infty$, $x\to-\infty$ 都成立.

设若 $\lim\limits_{x\to x_0}f(x)=A$, $\lim\limits_{x\to x_0}g(x)=B$,则:

①$\lim\limits_{x\to x_0}(f(x)\pm g(x))=\lim\limits_{x\to x_0}f(x)\pm\lim\limits_{x\to x_0}g(x)=A\pm B$

②$\lim\limits_{x\to x_0}(f(x)\cdot g(x))=\lim\limits_{x\to x_0}f(x)\cdot\lim\limits_{x\to x_0}g(x)=A\cdot B$

③$\lim\limits_{x\to x_0}\dfrac{f(x)}{g(x)}=\dfrac{\lim\limits_{x\to x_0}f(x)}{\lim\limits_{x\to x_0}g(x)}=\dfrac{A}{B}\quad(B\neq0)$

注: 函数 $f(x)$ 与 $g(x)$ 的极限必须存在;参与运算的项数必须有限;分母的极限必须不为零等。否则,结论不成立. 例如,$\lim\limits_{x\to0}x\sin\dfrac{1}{x}=\lim\limits_{x\to0}x\cdot\lim\limits_{x\to0}\sin\dfrac{1}{x}=0$ 这个做法是错误的,因为在 $x\to0$ 时,函数 $\sin\dfrac{1}{x}$ 没有极限.

推论 1 若 $\lim\limits_{x\to x_0}f(x)=A$,$c$ 为常数,则

$$\lim_{x\to x_0}cf(x)=c\lim_{x\to x_0}f(x)$$

推论 2 若 $\lim\limits_{x\to x_0}f(x)=A$,$n\in\mathrm{N}$,则

$$\lim_{x\to x_0}(f(x))^n=(\lim_{x\to x_0}f(x))^n=A^n$$

如 $\lim\limits_{x\to x_0}x=x_0$,则

$$\lim_{x\to x_0}x^n=x_0^n$$

定理 4 设函数 $f(\varphi(x))$ 是由函数 $y=f(u)$,$u=\varphi(x)$ 复合而成,如果 $\lim\limits_{x\to x_0}\varphi(x)=u_0$,且在 x_0 的一个邻域内(除 x_0 外)$\varphi(x)\neq u_0$,又 $\lim\limits_{u\to u_0}f(u)=A$,则

$$\lim_{x\to x_0}f(\varphi(x))=A$$

如,$\lim\limits_{x\to x_0}\sin x=\sin x_0$,$\lim\limits_{x\to x_0}x^n=x_0^n$,则

$$\lim_{x\to x_0}\sin x^n=\sin x_0^n$$

例 1.24 设多项式函数 $Q_n(x)=a_0x^n+a_1x^{n-1}+\cdots+a_{n-1}x+a_n$,其中 $x\in\mathbf{R}$,证明

$$\lim_{x\to x_0}Q_n(x)=Q_n(x_0)$$

证

$$\begin{aligned}\lim_{x\to x_0}Q_n(x)&=\lim_{x\to x_0}(a_0x^n+a_1x^{n-1}+\cdots+a_{n-1}x+a_n)\\&=\lim_{x\to x_0}a_0x^n+\lim_{x\to x_0}a_1x^{n-1}+\cdots+\lim_{x\to x_0}a_{n-1}x+\lim_{x\to x_0}a_n\\&=a_0x_0^n+a_1x_0^{n-1}+\cdots+a_{n-1}x_0+a_n\\&=Q_n(x_0)\end{aligned}$$

例 1.24 说明当 $x\to x_0$ 时,多项式函数 $Q_n(x)=a_0x^n+a_1x^{n-1}+\cdots+a_{n-1}x+a_n$ 的极限就等于这个函数在 x_0 的函数值 $Q_n(x_0)$.

例 1.25 求 $\lim\limits_{x\to3}(4x^2-5x+1)$.

解 $\lim\limits_{x\to3}(4x^2-5x+1)=4\times3^2-5\times3+1=22$

例1.26　设函数 $P(x)=\dfrac{Q_m(x)}{Q_n(x)}$,其中,$Q_m(x)$表示 m 次多项式函数,$Q_n(x)$表示 n 多项式函数,且 $Q_n(x_0)\neq 0$,证明$\lim\limits_{x\to x_0}P(x)=P(x_0)$.

证　由极限的运算法则及例1.24有

$$\lim_{x\to x_0}P(x)=\frac{\lim\limits_{x\to x_0}Q_m(x)}{\lim\limits_{x\to x_0}Q_n(x)}=\frac{Q_m(x_0)}{Q_n(x_0)}=P(x_0)$$

例1.27　求$\lim\limits_{x\to 1}\dfrac{x^2+4x-3}{2x^4-3}$.

解　首先看分母的极限

$$\lim_{x\to 1}(2x^4-3)=2\cdot 1^4-3=-1\neq 0$$

因此,同由本节例1.25可知

$$\lim_{x\to 1}\frac{x^2+4x-3}{2x^4-3}=\frac{1^2+4\cdot 1-3}{2\cdot 1^4-3}=-2$$

例1.28　求$\lim\limits_{x\to 1}\dfrac{x^2+2x-3}{x^2-1}$.

解　首先看分母的极限$\lim\limits_{x\to 1}(x^2-1)=0$,显然不能运用商的极限的运算法则,再看看分子的极限,$\lim\limits_{x\to 1}(x^2+2x-3)=0$,由于分子、分母在 $x=1$ 的函数值都为0,说明分子、分母都含有因式 $x-1$,记作"$\dfrac{0}{0}$"型.注意到,函数在一点的极限值与函数在这一点的函数值无关,对本例来说,在整个变化过程中,x 始终不等于1.因此,可先消去因式 $x-1$,然后,再运用极限的运算法则进行计算,即

$$\lim_{x\to 1}\frac{x^2+2x-3}{x^2-1}=\lim_{x\to 1}\frac{(x-1)(x+3)}{(x-1)(x+1)}=\lim_{x\to 1}\frac{x+3}{x+1}=\frac{1+3}{1+1}=2$$

例1.29　求$\lim\limits_{x\to\infty}\dfrac{x^2+2x-3}{x^2-1}$.

解　当 $x\to\infty$ 时分子、分母都是无穷大量,不能运用商的极限的运算法则,这种两个无穷大量之比的极限,也称为不定式,记作"$\dfrac{\infty}{\infty}$"型,对这种形式的极限,首先将分子分母的 x 的最高次幂提出,再进行运算,即

$$\lim_{x\to\infty}\frac{x^2+2x-3}{x^2-1}=\lim_{x\to\infty}\frac{x^2\left(1+\dfrac{2}{x}-\dfrac{3}{x^2}\right)}{x^2\left(1-\dfrac{1}{x^2}\right)}=\lim_{x\to\infty}\frac{1+\dfrac{2}{x}-\dfrac{3}{x^2}}{1-\dfrac{1}{x^2}}=1$$

例1.30　求$\lim\limits_{x\to\infty}\dfrac{x^2+2x-3}{2x^3+x^2-1}$.

解　当 $x\to\infty$ 时分子、分母都是无穷大量,显然不能运用商的极限的运算法则,这种两个无穷大量之比的极限,仍然是"$\dfrac{\infty}{\infty}$"型不定式,首先将分子分母的 x 的最高次幂提出,则有

$$\lim_{x\to\infty}\frac{x^2+2x-3}{2x^3+x^2-1}=\lim_{x\to\infty}\frac{x^2\left(1+\frac{2}{x}-\frac{3}{x^2}\right)}{x^3\left(2+\frac{1}{x}-\frac{1}{x^2}\right)}=\lim_{x\to\infty}\frac{1}{x}\frac{1+\frac{2}{x}-\frac{3}{x^2}}{2+\frac{1}{x}-\frac{1}{x^2}}=0$$

例 1.31 求$\lim\limits_{x\to\infty}\frac{x^3+x^2+2x-3}{x^2+1}$.

解 当 $x\to\infty$ 时分子、分母都是无穷大量,仍然是"$\frac{\infty}{\infty}$"型不定式,首先将分子分母的 x 的最高次幂提出,则有

$$\lim_{x\to\infty}\frac{x^3+x^2+2x-3}{x^2+1}=\lim_{x\to\infty}\frac{x^2\left(1+\frac{1}{x}+\frac{2}{x^2}-\frac{3}{x^3}\right)}{x^2\left(1-\frac{1}{x^2}\right)}=\lim_{x\to\infty}x\cdot\frac{1+\frac{2}{x}-\frac{3}{x^2}}{2+\frac{1}{x}-\frac{1}{x^2}}=\infty$$

由例 1.29—例 1.30 可知,当 $a_n\neq 0,b_m\neq 0$, m,n 为正整数时,有以下结果:

$$\lim_{x\to\infty}\frac{a_nx^n+a_{n-1}x^{n-1}+\cdots+a_1x+a_0}{b_mx^m+b_{m-1}x^{m-1}+\cdots+b_1x+b_0}=\begin{cases}0 & \text{当 } n<m\\ \frac{a_n}{a_m} & \text{当 } n=m\\ \infty & \text{当 } n>m\end{cases}$$

例 1.32 求$\lim\limits_{x\to\infty}(\sqrt{x^2+1}-\sqrt{x^2-1})$.

解 这是"$\infty-\infty$"型,先分子有理化,再进行运算,即

$$\lim_{x\to\infty}(\sqrt{x^2+1}-\sqrt{x^2-1})=\lim_{x\to\infty}\frac{(\sqrt{x^2+1}-\sqrt{x^2-1})(\sqrt{x^2+1}+\sqrt{x^2-1})}{\sqrt{x^2+1}+\sqrt{x^2-1}}$$

$$=\lim_{x\to\infty}\frac{2}{\sqrt{x^2+1}+\sqrt{x^2-1}}=0$$

例 1.33 设函数$f(x)=\begin{cases}2x^2+1 & x>0\\ x+b & x\leqslant 0\end{cases}$,当 b 取什么值时,$\lim\limits_{x\to 0}f(x)$存在?

解 函数$f(x)$在 $x=0$ 点左、右两侧的表达式不同,而求 $x\to 0$ 时 $f(x)$的极限,要考察 x 从 0 的两侧趋于 0 时相应的函数值的变化情况,因此要分别求在 $x=0$ 这点的左(右)极限

$$\lim_{x\to 0^-}f(x)=\lim_{x\to 0^-}(x+b)=b,\ \lim_{x\to 0^+}f(x)=\lim_{x\to 0^+}(2x^2+1)=1$$

因为$\lim\limits_{x\to 0}f(x)=A$ 存在充分必要条件是

$$\lim_{x\to 0^+}f(x)=\lim_{x\to 0^-}f(x)=A$$

所以当 $b=1$ 时,$\lim\limits_{x\to 0}f(x)$存在.

由以上例题,可得出求函数极限一般方法. 在求极限的过程中,分母的极限不能为零, 若为零则想办法去掉使分母为零的因式;有根式的要设法有理化. 要注意的是,$x\to x_0$ 是表示 x 无限地接近于 x_0,但永远不等于 x_0. 还有很多求极限的方法和技巧在以后课程中会有介绍.

习题 1.5

1. 求下列极限:

(1) $\lim\limits_{x\to 2}\frac{2x^2+1}{x-3}$　　(2) $\lim\limits_{x\to 1}\frac{x^2-2x+1}{x^2-1}$

(3) $\lim\limits_{x\to 0}\frac{x^3-2x^2+x}{2x^2+3x}$　　(4) $\lim\limits_{h\to 0}\frac{(x+h)^3-x^3}{h}$

(5) $\lim\limits_{x\to\infty}\frac{x^2-3}{2x^2-x+1}$　　(6) $\lim\limits_{x\to\infty}\left(3-\frac{1}{x}+\frac{1}{x^2}\right)$

(7) $\lim\limits_{x\to 3}\frac{x^2-9}{x^2-4x+3}$　　(8) $\lim\limits_{n\to\infty}\left(1+\frac{1}{2}+\frac{1}{4}+\cdots+\frac{1}{2^n}\right)$

(9) $\lim\limits_{n\to\infty}\frac{n(n+1)(n+2)}{2n^3}$　　(10) $\lim\limits_{n\to\infty}\frac{1+2+3+\cdots+(n-1)}{2n^2}$

(11) $\lim\limits_{x\to 1}\left(\frac{1}{x-1}-\frac{3-x^2}{x^2-1}\right)$　　(12) $\lim\limits_{x\to\infty}\frac{3x^2-x+5}{5x^2+2x-3}$

2. 计算下列极限：

(1) $\lim\limits_{x\to 1}\frac{x^2+1}{x-2}$　　(2) $\lim\limits_{x\to\infty}\frac{x^2}{2x+1}$

3. 求 a 的值，使函数 $f(x)=\begin{cases}\frac{1}{2}x^2-2a & x<0\\ x^2+a & x\geqslant 0\end{cases}$，在 $x=0$ 处的极限存在.

1.6　两个重要极限

在极限理论中，有两个重要极限：

①$\lim\limits_{x\to 0}\frac{\sin x}{x}$.

②$\lim\limits_{x\to\infty}\left(1+\frac{1}{x}\right)^x$.

本节主要讨论它们的存在性及其基本应用.

1.6.1　收敛准则

收敛准则1（夹逼定理）　设 $f(x)$，$g(x)$，$h(x)$ 在 x_0 点的去心邻域 $U^0(x_0,\delta)$ 内有定义，且满足：

①对 $\forall x\in U^0(x_0,\delta)$，有

$$g(x)\leqslant f(x)\leqslant h(x)$$

②$\lim\limits_{x\to x_0}g(x)=\lim\limits_{x\to x_0}h(x)=A$，则

$$\lim_{x\to x_0}f(x)=A$$

收敛准则2　单调有界数列必有极限.

下面运用收敛准则证明两个重要极限的存在性.

1.6.2 两个重要极限

极限Ⅰ $\lim\limits_{x\to 0}\frac{\sin x}{x}=1$.

证 因为函数$\frac{\sin x}{x}$是偶函数,所以只证明$\lim\limits_{x\to 0^+}\frac{\sin x}{x}=1$的情形.

先考虑$0<x<\frac{\pi}{2}$的情形,如图1.14所示.在单位圆中

$\triangle OAB$的面积 < 扇形OAB的面积 < $\triangle OAE$的面积,
所以有

$$\frac{1}{2}\sin x<\frac{1}{2}x<\frac{1}{2}\tan x$$

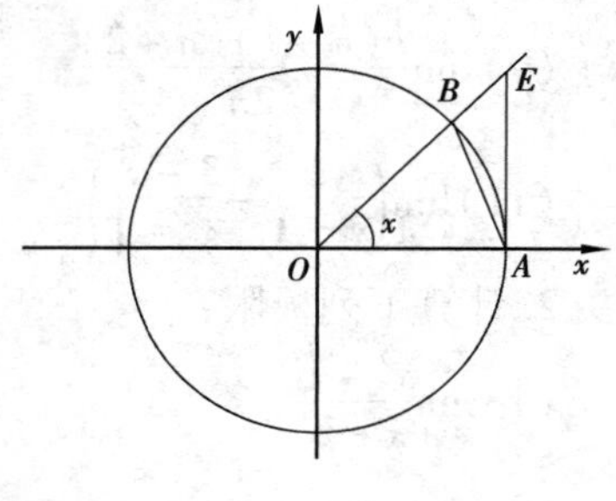

图1.14

从而有

$$1<\frac{x}{\sin x}<\frac{1}{\cos x},\cos x<\frac{\sin x}{x}<1$$

又$\lim\limits_{x\to 0^+}\cos x=1$,所以

$$\lim_{x\to 0^+}\frac{1}{\cos x}=1$$

根据夹逼定理,有

$$\lim_{x\to 0^+}\frac{\sin x}{x}=1$$

当$-\frac{\pi}{2}<x<0$,令$y=-x$,则

$$0<y<\frac{\pi}{2}$$

并且$x\to 0^-$有$y\to 0^+$,所以

$$\lim_{x\to 0^-}\frac{\sin x}{x}=\lim_{y\to 0^+}\frac{\sin y}{y}=1$$

综合上述,有

$$\lim_{x\to 0}\frac{\sin x}{x}=1$$

这个极限在形式上的特点如下:

①它是“$\frac{0}{0}$”型.

②自变量x的趋向性应与函数$\frac{\sin x}{x}$的x变化趋势一致.

例1.34 求$\lim\limits_{x\to 0}\frac{\sin 3x}{x}$.

解 令$u=3x$,则$x=\frac{u}{3}$,当$x\to 0$时,$u\to 0$有

$$\lim_{x\to 0}\frac{\sin 3x}{x}=\lim_{u\to 0}\frac{\sin u}{\frac{u}{3}}=3\lim_{u\to 0}\frac{\sin u}{u}=3$$

注：函数$\frac{\sin 3x}{x}$通过变量替换成为$\frac{\sin u}{u}$，极限中的 $x\to0$ 同时要变为 $u\to0$. 即$\lim\limits_{u\to0}\frac{\sin u}{u}=1$ 的形式.

因此，上题可以直接计算为

$$\lim_{x\to0}\frac{\sin3x}{x}=\lim_{x\to0}3\ \frac{\sin3x}{3x}=3\lim_{3x\to0}\frac{\sin3x}{3x}=3$$

例 1.35　求$\lim\limits_{x\to0}\frac{\sin \alpha x}{\sin \beta x}(\alpha\neq0,\beta\neq0)$.

解　$\lim\limits_{x\to0}\frac{\sin \alpha x}{\sin \beta x}=\lim\limits_{x\to0}\left(\frac{\sin \alpha x}{\alpha x}\cdot\frac{\beta x}{\sin \beta x}\cdot\frac{\alpha}{\beta}\right)=\frac{\alpha}{\beta}\cdot\lim\limits_{x\to0}\frac{\sin \alpha x}{\alpha x}\cdot\lim\limits_{x\to0}\frac{\beta x}{\sin \beta x}$

$$=\frac{\alpha}{\beta}\cdot\lim_{\alpha x\to0}\frac{\sin \alpha x}{\alpha x}\cdot\lim_{\beta x\to0}\frac{\beta x}{\sin \beta x}=\frac{\alpha}{\beta}$$

例 1.36　求$\lim\limits_{x\to\pi}\frac{\sin x}{\pi-x}$.

解　虽然这是“$\frac{0}{0}$”型的，但不是 $x\to0$，因此不能直接运用这个重要极限.

令 $t=\pi-x$，则 $x=\pi-t$，而 $x\to\pi\Leftrightarrow t\to0$，因此

$$\lim_{x\to\pi}\frac{\sin x}{\pi-x}=\lim_{t\to0}\frac{\sin(\pi-t)}{t}=\lim_{t\to0}\frac{\sin t}{t}=1$$

例 1.37　求$\lim\limits_{x\to0}\frac{1-\cos x}{x^2}$.

解　$\lim\limits_{x\to0}\frac{1-\cos x}{x^2}=\lim\limits_{x\to0}\frac{2\sin^2\left(\frac{x}{2}\right)}{x^2}=\lim\limits_{x\to0}\frac{1}{2}\cdot\left(\frac{\sin\frac{x}{2}}{\frac{x}{2}}\right)^2=\frac{1}{2}$

例 1.38　求$\lim\limits_{x\to0}\frac{\tan kx}{x}$（$k$ 为非零常数）.

解　$\lim\limits_{x\to0}\frac{\tan kx}{x}=\lim\limits_{x\to0}\frac{\sin kx}{x\cdot\cos kx}=\lim\limits_{x\to0}\left(\frac{\sin kx}{kx}\cdot\frac{k}{\cos kx}\right)=k$

极限Ⅱ　$\lim\limits_{x\to\infty}\left(1+\frac{1}{x}\right)^x=\mathrm{e}$（证明略）.

在上式中，令 $t=\frac{1}{x}$，则 $x\to\infty$ 时，$t\to0$，可得到重要极限的另一种形式

$$\lim_{t\to0}(1+t)^{\frac{1}{t}}=\mathrm{e}$$

重要极限Ⅱ的一般形式为

$$\lim_{x\to\infty}\left(1+\frac{1}{x}\right)^x=\mathrm{e}\ \text{或}\lim_{x\to0}(1+x)^{\frac{1}{x}}=\mathrm{e}$$

例 1.39　求$\lim\limits_{x\to\infty}\left(1+\frac{1}{x}\right)^{kx}$.

解

$$\lim_{x\to\infty}\left(1+\frac{1}{x}\right)^{kx}=\left[\lim_{x\to\infty}\left(1+\frac{1}{x}\right)^x\right]^k=\mathrm{e}^k$$

例 1.40　求$\lim\limits_{x\to\infty}\left(1-\frac{1}{x}\right)^x$.

解　解法1：令 $t=-\frac{1}{x}$，则 $x=-\frac{1}{t}$；当 $x\to\infty$ 时，$t\to 0$，则

$$\lim_{x\to\infty}\left(1-\frac{1}{x}\right)^{x}=\lim_{t\to 0}(1+t)^{\frac{-1}{t}}=\lim_{t\to 0}\left[(1+t)^{\frac{1}{t}}\right]^{-1}=\mathrm{e}^{-1}$$

解法2：

$$\lim_{x\to\infty}\left(1-\frac{1}{x}\right)^{x}=\lim_{x\to\infty}\left[1+\left(\frac{1}{-x}\right)\right]^{-x\cdot(-1)}=\mathrm{e}^{-1}$$

例 1.41　求 $\lim\limits_{x\to\infty}\left(\frac{2x+1}{2x-1}\right)^{x}$.

解　$\lim\limits_{x\to\infty}\left(\frac{2x+1}{2x-1}\right)^{x}=\lim\limits_{x\to\infty}\left(1+\frac{2}{2x-1}\right)^{x}$

令 $\frac{1}{u}=\frac{2}{2x-1}$，则 $x=u+\frac{1}{2}$；当 $x\to\infty$ 时，$u\to\infty$，则

$$\lim_{x\to\infty}\left(\frac{2x+1}{2x-1}\right)^{x}=\lim_{u\to\infty}(1+u)^{u+\frac{1}{2}}=\lim_{u\to\infty}\left(1+\frac{1}{u}\right)^{u}\cdot\lim_{u\to\infty}\left(1+\frac{1}{u}\right)^{\frac{1}{2}}=\mathrm{e}$$

例 1.42　证明 $\lim\limits_{x\to 0}\frac{\ln(1+x)}{x}=1$.

证　$\lim\limits_{x\to 0}\frac{\ln(1+x)}{x}=\lim\limits_{x\to 0}\ln(1+x)^{\frac{1}{x}}=\ln\lim\limits_{x\to 0}(1+x)^{\frac{1}{x}}=\ln \mathrm{e}=1$

例 1.43　证明 $\lim\limits_{x\to 0}\frac{\mathrm{e}^{x}-1}{x}=1$.

证　令 $t=\mathrm{e}^{x}-1$，则 $x=\ln(1+t)$；当 $x\to 0$ 时，$t\to 0$，则

$$\lim_{x\to 0}\frac{\mathrm{e}^{x}-1}{x}=\lim_{t\to 0}\frac{1}{\ln(1+t)^{\frac{1}{t}}}=1\text{（利用例 1.42 的结果）}$$

例 1.44　求 $\lim\limits_{x\to 0}\frac{a^{x}-a^{-x}}{x}$.

解

$$\lim_{x\to 0}\frac{a^{x}-a^{-x}}{x}=\lim_{x\to 0}\frac{a^{2x}-1}{x\cdot a^{x}}=\lim_{x\to 0}\frac{a^{2x}-1}{x}\cdot\lim_{x\to 0}\frac{1}{a^{x}}=\lim_{x\to 0}\frac{a^{2x}-1}{x}$$

令 $u=a^{2x}-1$，则

$$x=\frac{1}{2}\log_a(1+u)=\frac{1}{2}\frac{\ln(1+u)}{\ln a}$$

当 $x\to 0$ 时，$u\to 0$，则

$$\lim_{x\to 0}\frac{a^{x}-a^{-x}}{x}=\lim_{u\to 0}\frac{2u\ln a}{\ln(1+u)}=2\ln a$$

习题 1.6

1. 求下列各极限：

(1) $\lim\limits_{x\to 0}\frac{\sin 3x}{4x}$　　(2) $\lim\limits_{x\to 0}x\cot 2x$

(3) $\lim\limits_{x\to 0}\frac{\sin 3x}{\sin 5x}$　　(4) $\lim\limits_{x\to 2}\frac{\sin(x-2)}{x^{2}-4}$

(5) $\lim\limits_{x\to0}\dfrac{1-\cos x}{x^2}$　　(6) $\lim\limits_{x\to0}\dfrac{\sin 2x}{\sin 3x}$

2. 求下列各极限：

(1) $\lim\limits_{x\to\infty}\left(\dfrac{x+1}{x}\right)^{4x}$　　(2) $\lim\limits_{x\to0}(1-3x)^{\frac{1}{x}}$

(3) $\lim\limits_{x\to\frac{\pi}{2}}(1+2\cos x)^{\sec x}$　　(4) $\lim\limits_{x\to\infty}\left(\dfrac{2x-1}{2x+1}\right)^{x+\frac{3}{2}}$

1.7　无穷小量与无穷大量及其性质

1.7.1　无穷小量

(1)定义

定义8

若$\lim\limits_{x\to x_0}f(x)=0$，则称函数$f(x)$是$x\to x_0$时的无穷小量(或无穷小)．

注：

①同一个函数，在不同的趋向下，可能是无穷小量，也可能不是无穷小量．如对于$f(x)=x-1$，在$x\to1$时$f(x)$的极限为0，所以在$x\to1$时，$f(x)$是一个无穷小量；当$x\to0$时，$f(x)$的极限为-1，因而当$x\to0$时，$f(x)$不是一个无穷小量．故称一个函数为无穷小量．一定要明确指出其自变量的趋向．

②无穷小量不是一个量的概念，不能把它看作一个很小很小的(常)量，它是一个变化过程中的变量，最终在自变量的某一趋向下，函数以零为极限．

③特别的，常数中只有零本身可看作无穷小量．

④此定义中可将自变量的趋向换成其他任何一种情形($x\to x_0^-$，$x\to x_0^+$，$x\to x_0$，$x\to\infty$，$x\to-\infty$或$x\to+\infty$)，结论同样成立．

例1.45　指出自变量x在怎样的趋向性下，下列函数为无穷小量：

1) $y=\dfrac{1}{x+1}$　　2) $y=x^2-1$　　3) $y=a^x\,(a>0,a\neq1)$

解　1)因为$\lim\limits_{x\to\infty}\dfrac{1}{x+1}=0$，所以当$x\to\infty$时，函数$y=\dfrac{1}{x+1}$是一个无穷小量．

2)因为$\lim\limits_{x\to1}(x^2-1)=0$与$\lim\limits_{x\to-1}(x^2-1)=0$，所以当$x\to1$与$x\to-1$时函数$y=x^2-1$都是无穷小量．

3)对于$a>1$，因为$\lim\limits_{x\to-\infty}a^x=0$，所以当$x\to-\infty$时，$y=a^x$为一个无穷小量；而对于$0<a<1$，因为$\lim\limits_{x\to+\infty}a^x=0$，所以当$x\to+\infty$时，$y=a^x$为一个无穷小量．

(2)函数的极限与无穷小量之间具有密切的关系

若$\lim\limits_{x\to x_0}f(x)=A$，即当$x\to x_0$时，相应的函数值$f(x)$无限趋近于常数$A$，即当$x\to x_0$时，相应的函数值$f(x)-A$无限趋近于常数0，即

$$\lim_{x \to x_0}(f(x) - A) = 0$$

若令 $\alpha(x) = f(x) - A$,则当 $x \to x_0$ 时,相应的函数值 $\alpha(x)$ 无限趋近于常数0. 所以有

$$f(x) = A + \alpha(x)(\text{当 } x \to x_0 \text{ 时 } \alpha(x) \text{ 是一个无穷小量})$$

反之,若函数 $f(x)$ 可表示为 $f(x) = A + \alpha(x)$(当 $x \to x_0$ 时,$\alpha(x)$ 是一个无穷小量),易知 $\lim\limits_{x \to x_0}(f(x) - A) = 0$,当 $x \to x_0$ 时,相应的函数值 $f(x) - A$ 无限趋近于常数0,即相应的函数值 $f(x)$ 无限趋近于常数 A,故有 $\lim\limits_{x \to x_0} f(x) = A$. 于是有:

定理5 $\lim\limits_{x \to x_0} f(x) = A$ 的充分必要条件是

$$f(x) = A + \alpha(x)$$

其中,当 $x \to x_0$ 时 $\alpha(x)$ 是一个无穷小量.

(3)无穷小量具有的性质

设 $f(x)$,$g(x)$ 都是 $x \to x_0$ 时的无穷小量,即

$$\lim_{x \to x_0} f(x) = 0, \ \lim_{x \to x_0} g(x) = 0$$

其中,c 为常数,$h(x)$ 是一有界函数,则有:

性质1 两个无穷小量的和差仍为无穷小量,即

$$\lim_{x \to x_0}(f(x) \pm g(x)) = \lim_{x \to x_0} f(x) \pm \lim_{x \to x_0} g(x) = 0$$

性质2 无穷小量与有界变量的乘积仍为无穷小,即

$$\lim_{x \to x_0} f(x) h(x) = 0$$

性质3 两个无穷小量的乘积仍为无穷小量,即

$$\lim_{x \to x_0} f(x) g(x) = \lim_{x \to x_0} f(x) \cdot \lim_{x \to x_0} g(x) = 0$$

性质4 常数与无穷小的乘积仍为无穷小,即

$$\lim_{x \to x_0} c f(x) = c \lim_{x \to x_0} f(x) = 0$$

推论1 有限个无穷小量的和(差)仍为无穷小量.

推论2 有限个无穷小量的积是无穷小量.

有限个无穷小量的和(差)仍为无穷小量,但无穷多个无穷小量之和不一定是无穷小量. 例如,当 $n \to \infty$ 时,$\frac{1}{n^2}, \frac{2}{n^2}, \cdots, \frac{n}{n^2}$ 都是无穷小量,但

$$\lim_{n \to \infty}\left(\frac{1}{n^2} + \frac{2}{n^2} + \cdots + \frac{n}{n^2}\right) = \lim_{n \to \infty} \frac{n(n+1)}{2n^2} = \frac{1}{2}$$

两个无穷小量的商不一定是无穷小量. 例如,当 $x \to 0$ 时,x 与 $2x$ 都是无穷小量,但 $\lim\limits_{x \to 0} \frac{2x}{x} = 2$,所以当 $x \to 0$ 时 $\frac{2x}{x}$ 不是无穷小量.

有界函数与无穷小量的乘积仍为无穷小. 例如,当 $x \to \infty$,函数 $\frac{1}{x}$ 是无穷小量,而函数 $\cos x, \cos \frac{1}{x}, \sin x, \sin \frac{1}{x}$ 都是有界函数,根据定理知:

$$\lim_{x \to \infty} \frac{1}{x} \cos x = 0, \ \lim_{x \to \infty} \frac{1}{x} \cos \frac{1}{x} = 0,$$

$$\lim_{x\to\infty}\frac{1}{x}\sin x=0,\lim_{x\to\infty}\frac{1}{x}\sin\frac{1}{x}=0$$

1.7.2　无穷大量

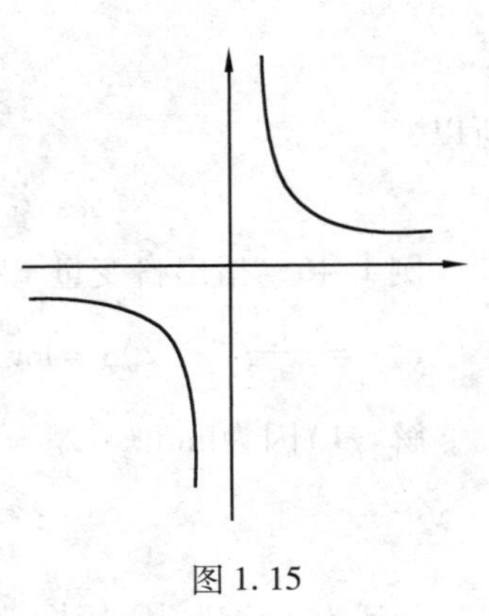
图1.15

考察当 $x\to0$ 时，函数 $f(x)=\frac{1}{x}$ 的变化情况. 在自变量无限接近于0时，函数值的绝对值 $\left|\frac{1}{x}\right|$ 无限增大，则有下面的定义（见图1.15）.

定义9　设函数 $f(x)$ 在 x_0 点的去心邻域 $U^0(x_0,\delta)$ 内有定义，当自变量 x 无限地趋近于 x_0 时，相应的函数绝对值 $|f(x)|$ 无限增大，则称函数 $f(x)$ 在 x 趋近于 x_0 时为一个无穷大量. 若相应的函数值 $f(x)$（或 $-f(x)$）无限增大，则称函数 $f(x)$ 在 x 趋近于 x_0 时为一个正（或负）无穷大量. 分别记作 $\lim\limits_{x\to x_0}f(x)=\infty,\lim\limits_{x\to x_0}f(x)=+\infty,\lim\limits_{x\to x_0}f(x)=-\infty$ 等.

显然

$$\lim_{x\to1^+}\frac{1}{x-1}=+\infty,\lim_{x\to1^-}\frac{1}{x-1}=-\infty,\lim_{x\to1}\frac{1}{x-1}=\infty$$

无穷大量描述的是一个函数在自变量的某一趋向下，相应的函数值的变化趋势，即 $|f(x)|$ 无限增大. 同一个函数在自变量的不同趋向下，相应的函数值有不同的变化趋势. 如对函数 $\frac{1}{x}$，当 $x\to0$ 时，它为无穷大量，；当 $x\to1$ 时，它以1为极限. 因此称一个函数为无穷大量时，必须明确指出其自变量的变化趋向，否则毫无意义.

注：

①无穷大量也不是一个量的概念，它是一个变化的过程，反映了自变量在某个趋近过程中，函数的绝对值无限地增大的一种趋势.

②无穷大量与无界函数的区别：一个无穷大量一定是一个无界函数，但一个无界函数不一定是一个无穷大量.

1.7.3　无穷大量与无穷小量之间的关系

定理6　若 $\lim\limits_{x\to x_0}f(x)=0$，且对 $\forall x\in U^0(x_0,\delta)f(x)\neq0$，则 $\lim\limits_{x\to x_0}\frac{1}{f(x)}=\infty$；反之，若 $\lim\limits_{x\to x_0}f(x)=\infty$，则 $\lim\limits_{x\to x_0}\frac{1}{f(x)}=0$.

定理7　$\lim\limits_{x\to x_0}f(x)=A(A\neq0)$ 且 $\lim\limits_{x\to x_0}g(x)=\infty$，则

$$\lim_{x\to x_0}f(x)g(x)=\infty$$

证　由 $\lim\limits_{x\to x_0}f(x)=A(A\neq0)$，根据定理可知

$$\lim_{x\to x_0}\frac{1}{f(x)}=\frac{1}{A}$$

由$\lim\limits_{x\to x_0}g(x)=\infty$,根据定理可知

$$\lim_{x\to x_0}\frac{1}{g(x)}=0$$

由定理可知,有

$$\lim_{x\to x_0}\frac{1}{f(x)\cdot g(x)}=0$$

所以

$$\lim_{x\to x_0}f(x)g(x)=\infty$$

例 1.46 指出自变量 x 在怎样的趋向下,下列函数为无穷大量.

1) $y=\dfrac{1}{x-2}$ 2) $y=\log_a x$ $(a>0,a\neq 1)$

解 1)因为$\lim\limits_{x\to 2}(x-2)=0$,根据无穷小量与无穷大量之间的关系有

$$\lim_{x\to 2}\frac{1}{x-2}=\infty$$

2)若 $0<a<1$,因为当 $x\to 0^+$ 时,$\log_a x\to +\infty$;当 $x\to +\infty$ 时,$\log_a x\to -\infty$,所以当 $x\to 0^+$ 时,函数 $\log_a x$ 为正无穷大量,当 $x\to +\infty$ 时,函数 $\log_a x$ 为负无穷大量. 若 $a>1$,因为当 $x\to 0^+$ 时,$\log_a x\to -\infty$;当 $x\to +\infty$ 时,$\log_a x\to +\infty$,所以当 $x\to 0^+$ 时,函数 $\log_a x$ 为负无穷大量,当 $x\to +\infty$ 时,函数 $\log_a x$ 为正无穷大量.

1.7.4 无穷小量的比较

无穷小量的比较是研究两个无穷小量趋于零的快慢速度问题. 根据两个无穷小量比值的极限来判定这两个无穷小量趋向零的快慢程度. 先观察表 1.4.

表 1.4

x	1	0.1	0.01	0.001	0.000 1	$\to 0$
$3x$	3	0.3	0.03	0.003	0.000 3	$\to 0$
x^2	1	0.01	0.000 1	0.000 001	0.000 000 01	$\to 0$

当 $x\to 0$ 时,3 个量 $x,3x,x^2$ 都趋向于 0,但是它们趋近于 0 的速度却不一样,$x,3x$ 趋近于 0 的速度基本一样,x^2 显然比 $x,3x$ 能更快地趋向于 0. 因此,有下面的定义.

定义 10 设$\lim\limits_{x\to x_0}\alpha(x)=0,\lim\limits_{x\to x_0}\beta(x)=0$,若

$$\lim_{x\to x_0}\frac{\alpha(x)}{\beta(x)}=l \qquad (l\text{ 为常数})$$

①若 $l=0$,则称 $\alpha(x)$ 较 $\beta(x)$ 当 $x\to x_0$ 时的高阶无穷小,记作

$$\alpha(x)=O(\beta(x)),x\to x_0$$

同时,也称 $\beta(x)$ 是 $\alpha(x)$ 的低价无穷小.

②若 $l\neq 0$,则称 $\alpha(x)$ 与 $\beta(x)$ 当 $x\to x_0$ 时是同阶无穷小量,记作

$$\alpha(x)=O(\beta(x)) \qquad (\text{当 } x\to x_0)$$

特别,当 $l=1$ 时,则称 $\alpha(x)$ 与 $\beta(x)$ 当 $x\to x_0$ 时是等价无穷小量,记作

$$\alpha(x) \sim \beta(x) \qquad (\text{当 } x \to x_0)$$

上面的定义都是对自变量 x 无限地趋近于 x_0 来叙述的，对其他情形如 $x \to x_0^+$，$x \to x_0^-$，$x \to \infty$，$x \to +\infty$，$x \to -\infty$ 同样适用.

例如，当 $x \to 0$ 时，$1-\cos x$ 与 x 都为无穷小量.

由于

$$\lim_{x \to 0} \frac{1-\cos x}{x} = 0$$

$$\lim_{x \to 0} \frac{1-\cos x}{x^2} = \lim_{x \to 0} \frac{2\sin^2 \frac{x}{2}}{x^2} = \lim_{x \to 0} \frac{1}{2}\left(\frac{\sin \frac{x}{2}}{\frac{x}{2}}\right)^2 = \frac{1}{2}$$

$$\lim_{x \to 0} \frac{1-\cos x}{\frac{1}{2}x^2} = 1$$

因此当 $x \to 0$ 时，$1-\cos x$ 是 x 的高阶无穷小量，x 是 $1-\cos x$ 的低阶无穷小量，$1-\cos x$ 与 x^2 是同阶无穷小量，$1-\cos x$ 与 $\frac{1}{2}x^2$ 是等价无穷小量.

因此当 $x \to 0$ 时，$1-\cos x$ 是 x 的高阶无穷小量，x 是 $1-\cos x$ 的低阶无穷小量，$1-\cos x$ 与 x^2 是同阶无穷小量，$1-\cos x$ 与 $\frac{1}{2}x^2$ 是等价无穷小量.

本书中常用的等价无穷小量有：

当 $x \to 0$ 时，$\sin x \sim x$，$\tan x \sim x$，$\arcsin x \sim x$，则

$$\ln(1+x) \sim x, \mathrm{e}^x - 1 \sim x, 1-\cos x \sim \frac{1}{2}x^2$$

例 1.47　证明 $x \to 0$ 时，$(1+x)^n - 1 \sim nx (n \in \mathbf{N})$.

证

$$\begin{aligned}
\lim_{x \to 0} \frac{(1+x)^n - 1}{nx} &= \lim_{x \to 0} \frac{C_n^n x^n + C_n^{n-1} x^{n-1} + \cdots + C_n^1 x + C_n^0 - 1}{nx} \\
&= \lim_{x \to 0} \frac{C_n^n x^n + C_n^{n-1} x^{n-1} + \cdots + C_n^1 x}{nx} \\
&= \lim_{x \to 0} \frac{C_n^n x^{n-1} + C_n^{n-1} x^{n-2} + \cdots + C_n^2 x + C_n^1}{n} = 1
\end{aligned}$$

因此当 $x \to 0$ 时，$(1+x)^n - 1 \sim nx$.

这个结论可当成一个公式，如当 $x \to 0$ 时

$$(1+\sin x)^n - 1 \sim n\sin x$$

一般地，当 $\Delta \to 0$ 时

$$(1+\Delta)^n - 1 \sim n\Delta$$

等价无穷小量在计算极限的问题中有着重要的作用. 在以下定理中，$\alpha, \alpha', \beta, \beta'$ 都为无穷小量.

定理 8　设 $\alpha \sim \alpha'$，$\beta \sim \beta'$，当 $x \to x_0$ 时：

①若 $\lim\limits_{x \to x_0} \frac{\alpha'}{\beta'}$ 存在（或为无穷大量），则

$$\lim_{x \to x_0} \frac{\alpha}{\beta} = \lim_{x \to x_0} \frac{\alpha'}{\beta'} \text{（或为无穷大量）}$$

②若$\lim\limits_{x \to x_0} \dfrac{\alpha' \cdot f(x)}{\beta' \cdot g(x)}$存在（或为无穷大量），则

$$\lim_{x \to x_0} \frac{\alpha \cdot f(x)}{\beta \cdot g(x)} = \lim_{x \to x_0} \frac{\alpha' \cdot f(x)}{\beta' \cdot g(x)} \text{（或为无穷大量）}$$

即在乘积的因子中，可用等价无穷小量替换.

例 1.48 求$\lim\limits_{x \to 0} \dfrac{\tan x - \sin x}{x^3}$.

解

$$\lim_{x \to 0} \frac{\tan x - \sin x}{x^3} = \lim_{x \to 0} \frac{\sin x\left(\dfrac{1}{\cos x} - 1\right)}{x^3}$$

$$= \lim_{x \to 0} \frac{\sin x(1 - \cos x)}{x^3 \cdot \cos x} = \lim_{x \to 0} \frac{x \cdot \dfrac{x^2}{2}}{x^3 \cdot 1} = \frac{1}{2}$$

在计算极限过程中，可把乘积因子中极限不为零的部分用其极限值替代，如例 1.48 中的乘积因子 $\cos x$ 用其极限值 1 替代，以简化计算.

下列做法是错误的：

当 $x \to 0$ 时，$\sin x \sim x, \tan x \sim x$，所以

$$\lim_{x \to 0} \frac{\tan x - \sin x}{x^3} = \lim_{x \to 0} \frac{x - x}{x^3} = 0$$

因为 $\tan x$ 与 $\sin x$ 不是乘积因子，当 $x \to 0$ 时，$\tan x - \sin x$ 与 $x - x$ 不是等价无穷小量.

例 1.49 求$\lim\limits_{x \to 0} \dfrac{\sin 2x \cdot (e^x - 1) \cdot x^2}{\ln(1 + x) \cdot \tan 3x \cdot (1 - \cos x)}$.

解 因为当 $x \to 0$ 时，$\sin x \sim 2x, \tan 3x \sim 3x, \ln(1 + x) \sim x, e^x - 1 \sim x, 1 - \cos x \sim \dfrac{1}{2}x^2$，所以

$$\lim_{x \to 0} \frac{\sin 2x \cdot (e^x - 1) \cdot x^2}{\ln(1 + x) \cdot \tan 3x \cdot (1 - \cos x)} = \lim_{x \to 0} \frac{2x \cdot x \cdot x^2}{x \cdot 3x \cdot \dfrac{1}{2}x^2} = \frac{4}{3}$$

习题 1.7

1. 试比较下列各组无穷小阶数的高低：

(1) $\ln(1 - x)$ 与 $x(x \to 0)$　　(2) $3x^3 - 2x^2$ 与 $x^2(x \to 0)$

(3) $\dfrac{1}{2x^2}$ 与 $\dfrac{2}{x}(x \to \infty)$　　(4) $x - 4$ 与 $4(\sqrt{x} - 2)(x \to 4)$

2. 求下列函数的极限：

(1) $\lim\limits_{x \to 0} \dfrac{1 - \cos ax}{\sin^2 x}$　　(2) $\lim\limits_{x \to 0} \dfrac{e^x - e^{\sin x}}{x - \sin x}$

(3) $\lim\limits_{x \to -\infty} e^x \sin x$　　(4) $\lim\limits_{x \to +\infty} (\sqrt{x^2 + 1} - x)$

(5) $\lim\limits_{x \to -1}(4x^3+3x^2-2x+1)$　　　(6) $\lim\limits_{x \to 2}\dfrac{x^2-4}{x^2+x-6}$

1.8　函数的连续性

1.8.1　连续函数的概念

在自然界中有许多现象都是连续不断地变化的. 例如,气温随着时间的变化而连续变化;又如金属轴的长度随气温有极微小的改变也是连续变化的,等等. 这些现象反映在数量关系上就是人们所说的连续性. 函数的连续性反映在几何上就是看作一条不间断的曲线. 下面给出连续函数的概念.

定义 11　若自变量从初值 x_0 变为终值 x 时,差值 $x-x_0$ 称为自变量 x 的增量(通常称为改变量),记作 Δx,增量 Δx 可正可负.

设函数 $y=f(x)$,当自变量 x 在 x_0 点有一个改变量 Δx 时,即自变量由 x_0 变化到 $x_0+\Delta x$ 时,相应的函数 $f(x)$ 的值从 $f(x_0)$ 变为 $f(x_0+\Delta x)$,则称 $f(x_0+\Delta x)-f(x_0)$ 为函数的增量(或改变量),记作 Δy,或 $\Delta f(x)$. 即

$$\Delta y=f(x_0+\Delta x)-f(x_0)$$

通常使用改变量时,用下列形式:若 $\Delta x=x-x_0$,则

$$x=x_0+\Delta x$$

$$\Delta y=f(x)-f(x_0) \text{ 或 } \Delta y=f(x_0+\Delta x)-f(x_0)$$

定义 12　设函数 $y=f(x)$ 在 x_0 的某一个邻域 $U(x_0,\delta)$ 内有定义,若当自变量的增量趋向于 0 时,函数的增量也趋向于 0,即

$$\lim_{\Delta x \to 0}\Delta y=0\left(\text{或}\lim_{\Delta x \to 0}[f(x_0+\Delta x)-f(x_0)]=0\right)$$

则称函数 $f(x)$ 在点 x_0 处连续.

因为

$$\begin{aligned}\lim_{\Delta x \to 0}[f(x_0+\Delta x)-f(x_0)] &= \lim_{x \to x_0}[f(x)-f(x_0)]\\ &= \lim_{x \to x_0}f(x)-f(x_0)=0\end{aligned}$$

即

$$\lim_{x \to x_0}f(x)=f(x_0)$$

也就是说,函数在一点处的极限值等于该点处的函数值.

于是,可得到函数 $y=f(x)$ 在点 x_0 处连续的下列等价定义:

定义 13　设函数 $y=f(x)$ 在 x_0 的某一个邻域 $U(x_0,\delta)$ 内有定义,若 $\lim\limits_{x \to x_0}f(x)=f(x_0)$,则称函数 $y=f(x)$ 在点 x_0 处连续.

由定义 13 可知,一个函数 $f(x)$ 在点 x_0 连续必须满足下列 3 个条件(通常称为三要素):

①函数 $y=f(x)$ 在 x_0 及其邻域有定义,即有确定的函数值.

② $\lim\limits_{x \to x_0^-}f(x)=\lim\limits_{x \to x_0^+}f(x)=A$,即函数的极限值存在.

③$A=f(x_0)$,即函数值等于极限值.

注:

①函数 $y=f(x)$ 在 x_0 点有极限并不要求其在 x_0 点有定义,而函数 $y=f(x)$ 在点 $x=x_0$ 连续,则要求其在 x_0 点本身和它的邻域内有定义.

②如果3个条件有一个不满足,则函数 $f(x)$ 在 x_0 点不连续.

由于函数的区间有开区间、闭区间、半开区间等,需要考虑闭区间上端点处的连续性,因此有下面的定义.

定义14 设函数 $f(x)$ 在点 x_0 点左邻域(或右邻域)内有定义,若

$$\lim_{x\to x_0^-}f(x)=f(x_0)\quad(\text{即} f_-(x_0)=f(x_0))$$

或

$$\lim_{x\to x_0^+}f(x)=f(x_0)\quad(\text{即} f_+(x_0)=f(x_0))$$

则称函数 $y=f(x)$ 在点 x_0 处左(右)连续.

定理9 函数 $f(x)$ 在点 x_0 处连续的充分必要条件是:函数 $f(x)$ 在点 x_0 处左连续且右连续.即

$$\lim_{x\to x_0}f(x)=f(x_0)\Leftrightarrow\lim_{x\to x_0^+}f(x)=\lim_{x\to x_0^-}f(x)=f(x_0)$$

定义15 若函数 $f(x)$ 在开区间 (a,b) 内每一点都连续,则称函数 $f(x)$ 在开区间 (a,b) 内连续.若函数 $f(x)$ 在开区间 (a,b) 内连续,且在左端点 a 处右连续,在右端点 b 处左连续,则称函数 $f(x)$ 在闭区间 $[a,b]$ 上连续.

若函数 $f(x)$ 在它的定义域内每一点都连续,则称 $f(x)$ 为连续函数.

例1.50 证明函数 $f(x)=\begin{cases}x^2 & x\geqslant 1\\ \dfrac{1}{x} & 0<x<1\end{cases}$ 在 $x=1$ 处连续.

证 因为

$$\lim_{x\to 1^+}f(x)=\lim_{x\to 1^+}x^2=1,\lim_{x\to 1^-}f(x)=\lim_{x\to 1^-}\frac{1}{x}=1,f(1)=1\text{ 故有}$$

$$\lim_{x\to 1}f(x)=f(1)=1$$

所以函数 $f(x)$ 在1处连续.

例1.51 证明函数 $f(x)=\begin{cases}x\cos\dfrac{1}{x}+1 & x\neq 0\\ 1 & x=0\end{cases}$ 在 $x=0$ 处连续.

证 因为 $\lim\limits_{x\to 0}f(x)=\lim\limits_{x\to 0}\left(x\cos\dfrac{1}{x}+1\right)=1,f(0)=1$

有

$$\lim_{x\to 0}f(x)=1=f(0)$$

所以函数 $f(x)$ 在 $x=0$ 处连续.

例1.52 证明函数 $f(x)=\begin{cases}x^2 & x\geqslant 1\\ \dfrac{\sin x}{x} & 0<x<1\end{cases}$ 在 $x=1$ 处不连续.

证 因为

$$\lim_{x\to1^+}f(x)=\lim_{x\to1^+}x^2=1,\lim_{x\to1^-}f(x)=\lim_{x\to1^-}\frac{\sin x}{x}=\sin 1$$

所以$\lim\limits_{x\to1}f(x)$不存在,故函数$f(x)$在 1 处不连续.

注:对于讨论分段函数$f(x)$在分段点$x=a$处连续性问题,如果函数$f(x)$在$x=a$左、右两边的表达式相同,则直接计算函数$f(x)$在$x=a$处的极限,如果函数$f(x)$在$x=a$左、右两边的表达式不相同,则要分别计算函数$f(x)$在$x=a$处的左、右极限,再确定函数$f(x)$在$x=a$处的极限.

1.8.2　连续函数的运算性质

定理 10(四则运算)　设函数$f(x)$与$g(x)$在x_0处连续,则:

①函数的和(或差)$f(x)\pm g(x)$在x_0处连续.

②函数的积$f(x)\cdot g(x)$在x_0处连续.

③当$g(x_0)\neq0$时,函数的商$\dfrac{f(x)}{g(x)}$在x_0处连续.

上述运算法则可推广到有限个函数的情况.

1.8.3　初等函数的连续性

定理 11　若函数$u=\varphi(x)$在x_0处连续,$u_0=\varphi(x_0)$,函数$y=f(u)$在u_0处连续,则复合函数$y=f(\varphi(x))$在x_0处连续.

如$u=x^2$在$x=1$处连续,$y=e^u$在 1 处连续,则复合函数$y=e^{x^2}$在$x=1$处连续.

定理 12　若函数$y=f(x)$在某区间上单调且连续,则其反函数$y=f^{-1}(x)$在相应的区间上也单调且连续.

由以上可得出结论:基本初等函数、初等函数在其定义区间内连续.

推论　若$\lim\limits_{x\to x_0}\varphi(x)=u_0$,函数$y=f(u)$在$u_0$处连续,则

$$\lim_{x\to x_0}f[\varphi(x)]=f[\lim_{x\to x_0}\varphi(x)]$$

例 1.53　求$\lim\limits_{x\to1}\sqrt{x^2+x-1}$.

解　因为函数$y=\sqrt{x^2+x-1}$是由$y=\sqrt{u}$与$u=x^2+x-1$复合而成的,又

$$\lim_{x\to1}(x^2+x-1)=1,y=\sqrt{u}$$

在$u=1$处连续,所以

$$\lim_{x\to1}\sqrt{x^2+x-1}=\sqrt{\lim_{x\to1}(x^2+x-1)}=\sqrt{1}=1$$

例 1.54　$\lim\limits_{x\to\infty}\ln\dfrac{2x^2-x}{x^2+1}$.

解　$y=\ln\dfrac{2x^2-x}{x^2+1}$是由$y=\ln u$与$u=\dfrac{2x^2-x}{x^2+1}$复合而成,因为

$$\lim_{x\to\infty}\frac{2x^2-x}{x^2+1}=2,y=\ln u$$

在$u=2$处连续,所以

$$\lim_{x\to\infty}\ln\frac{2x^2-x}{x^2+1}=\ln\lim_{x\to\infty}\frac{2x^2-x}{x^2+1}=\ln 2$$

注：

①说函数在某点连续，一定是在该点的邻域内讨论的，在孤立的点不存在连续的概念. 如 $y=\sqrt{\sin x-1}$.

②分段函数不一定是初等函数，因此，其连续性必须要考查分段点的连续性，但分段函数在每一段上是连续的.

例 1.55 已知 $f(x)=\begin{cases}\sqrt{x} & x\geqslant 1\\ \dfrac{1}{x-1} & x<1\end{cases}$，求 $\lim\limits_{x\to 0}f(x)$.

解 当 $x<1$ 时，$f(x)=\dfrac{1}{x-1}$ 在 $x=0$ 处连续，所以

$$\lim_{x\to 0}f(x)=\lim_{x\to 0}\frac{1}{x-1}=\frac{1}{0-1}=-1$$

1.8.4 间断点

定义 16 若函数 $f(x)$ 在点 x_0 处不连续，则称点 x_0 是函数 $f(x)$ 一个间断点或不连续点.

由函数 $f(x)$ 在点 x_0 连续的定义可知，函数 $f(x)$ 在点 x_0 处不连续应至少有下列 3 种情形之一：

① $f(x)$ 在点 x_0 无定义.

② $\lim\limits_{x\to x_0}f(x)$ 不存在.

③ $\lim\limits_{x\to x_0}f(x)\neq f(x_0)$.

下面以具体的例子说明函数间断点的类型.

例 1.56 设函数 $f(x)=\dfrac{1}{x}$，讨论在点 $x=0$ 处的连续性.

解 函数 $f(x)$ 在 $x=0$ 无定义，$x=0$ 是函数 $f(x)$ 的间断点，又 $\lim\limits_{x\to 0}\dfrac{1}{x}=\infty$，称这类间断点为**无穷间断点**.

例 1.57 设函数 $f(x)=\sin\dfrac{1}{x}$，讨论 $f(x)$ 在点 $x=0$ 处的连续性.

解 函数 $f(x)$ 在 $x=0$ 无定义，$x=0$ 是函数 $f(x)$ 的间断点. 当 $x\to 0$ 时，相应的函数值在 -1 与 1 之间振荡，$\lim\limits_{x\to 0}\sin\dfrac{1}{x}$ 不存在，这种类型的间断点称为**振荡间断点**.

例 1.58 设函数 $f(x)=\begin{cases}x+1 & x\geqslant 0\\ x-1 & x<0\end{cases}$，讨论在点 $x=0$ 处的连续性.

解 虽然 $f(0)=0$，但

$$\lim_{x\to 0^-}f(x)=\lim_{x\to 0^-}(x-1)=-1$$

$$\lim_{x\to 0^+}f(x)=\lim_{x\to 0^+}(x+1)=1$$

即 $f(x)$ 在 $x=0$ 处左、右极限存在，但不相等，故 $\lim\limits_{x\to 0}f(x)$ 不存在，函数 $f(x)$ 在点 x_0 处是间断的，

如图1.16(a)所示.

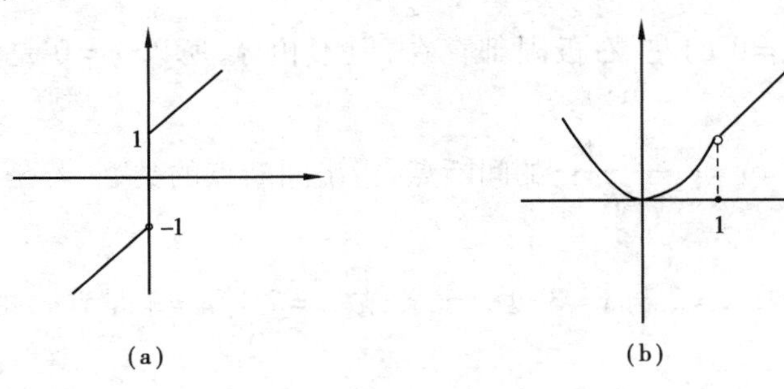

图1.16

这种类型的间断点称为**跳跃间断点**.

例1.59　设函数$f(x)=\begin{cases}x & x>1\\0 & x=1\\x^2 & x<1\end{cases}$,讨论在点$x=1$处的连续性.

解　函数$f(x)$在$x=1$有定义,则

$$f(1)=0,\ \lim_{x\to1^-}f(x)=\lim_{x\to1^-}x^2=1$$

$$\lim_{x\to1^+}f(x)=\lim_{x\to1^+}x=1$$

故

$$\lim_{x\to1}f(x)=1$$

但$\lim\limits_{x\to1}f(x)\neq f(1)$,所以$x=1$是函数$f(x)$的间断点(见图1.16(b)).

如果重新定义$f(1)$,使$f(1)=1$,函数$f(x)$将成为一个新函数$g(x)$,即

$$g(x)=\begin{cases}x & x>1\\1 & x=1\\x^2 & x<1\end{cases}$$

显然$g(x)$在点$x=1$处是连续的.

这种左、右极限相等的间断点,称为**可去间断点**. 函数$g(x)$称为函数$f(x)$的连续延拓函数. 一般,若x_0是函数$f(x)$一个可去间断点,可通过重新定义在间断点的值(若函数在这间断点没有定义,可补充定义这点的函数值),生成$f(x)$的连续延拓函数$g(x)$,即

$$g(x)=\begin{cases}f(x) & x\neq x_0\\ \lim\limits_{x\to x_0}f(x) & x=x_0\end{cases}$$

一般情况下,函数$f(x)$的间断点x_0分为两类:若$f(x)$在x_0的左、右极限都存在,则称x_0为$f(x)$**第一类间断点**,在第一类间断点中,若$f(x)$在x_0的左、右极限相等,则x_0为可去间断点;若$f(x)$在x_0的左、右极限不相等,则x_0为跳跃间断点. 不是第一类间断点的点,称为**第二类间断点**. 例如,无穷间断点,振荡间断点.

例1.60　求函数$f(x)=\begin{cases}\sin x & x\geqslant0\\x+1 & x<0\end{cases}$的间断点,并指出间断点的类型.

解　函数$f(x)$的定义域为$\mathbf{R}$,考察$f(x)$在分段点的极限.

$$\lim_{x\to0^-}f(x)=\lim_{x\to0^-}(x+1)=1$$

$$\lim_{x \to 0^+} f(x) = \lim_{x \to 0^+} \sin x = 0$$

因为函数$f(x)$在$x=0$的左、右极限都存在，但不相等，所以$x=0$是$f(x)$的第一类间断点.

例1.61 求函数$f(x)=\dfrac{x^2-4}{x^2-5x+6}$的间断点，指出间断点的类型，若是可去间断点，写出函数的连续延拓函数.

解 初等函数$f(x)$在$x=2$与$x=3$处无定义，故$x=2$与$x=3$是$f(x)$的间断点. 对于$x=2$，有

$$\lim_{x \to 2} \frac{x^2-4}{x^2-5x+6} = \lim_{x \to 2} \frac{(x-2)(x+2)}{(x-2)(x-3)} = \lim_{x \to 2} \frac{x+2}{x-3} = -4$$

因此$x=2$是$f(x)$的可去间断点. 其连续延拓函数为

$$g(x) = \begin{cases} f(x) & x \neq 2 \\ -4 & x = 2 \end{cases}$$

对于$x=3$，有

$$\lim_{x \to 3^+} \frac{x^2-4}{x^2-5x+6} = \lim_{x \to 3^+} \frac{(x-2)(x+2)}{(x-2)(x-3)} = \lim_{x \to 3^+} \frac{x+2}{x-3} = +\infty$$

所以$x=3$是$f(x)$的第二类间断点.

1.8.5 闭区间上连续函数的性质

定理13（最值性） 若函数$f(x)$在闭区间$[a,b]$上连续，则$f(x)$在闭区间$[a,b]$上可同时取得最大值与最小值.

显然函数$f(x)$在闭区间$[a,b]$上有界. 这个定理中重要的两个条件是“闭区间$[a,b]$”与“连续”，缺一不可. 如函数$y=\dfrac{1}{x}$在区间$(0,1)$连续，但不能取得最大值与最小值. 必须注意定理的条件是充分而非必要的条件. 即不满足这两个条件的函数也可取得最大值与最小值. 例如，狄利克雷函数，处处不连续，但它有最大值1，也有最小值0.

定理14（零点定理） 若函数$f(x)$在闭区间$[a,b]$上连续，且$f(a)\cdot f(b)<0$，则在(a,b)内至少存在一点ξ，使得$f(\xi)=0$.

定理15（介值定理） 若函数$f(x)$在闭区间$[a,b]$上连续，且$f(a)\neq f(b)$，c为介于$f(a)$与$f(b)$的任意数，则在(a,b)内至少存在一点ξ，使得$f(\xi)=c$.

由定理14与定理15可知，对于在闭区间$[a,b]$上连续函数$f(x)$，可取得介于其在闭区间$[a,b]$上的最大值与最小值之间的任意一个数.

例1.62 证明方程$x-2\sin x=1$至少有一个小于3的正根.

证 设$f(x)=x-2\sin x-1$，因为$f(x)$为初等函数，在其定义区间$(-\infty,+\infty)$内连续，所以，$f(x)$在$[0,3]$上连续. 又

$$f(0)=-1<0, \quad f(3)=3-2\sin 3-1>0$$

根据零点定理，在$(0,3)$内至少存在一个ξ，使得$f(\xi)=0$，即方程$x-2\sin x=1$至少有一个正根小于3.

习题 1.8

1. 已知$f(x)=\begin{cases}1 & x<-1\\ x & -1\leqslant x\leqslant 1\\ 1 & x>1\end{cases}$，证明$f(x)$在$x=1$处连续，在$x=-1$处间断.

2. 求下列函数的连续区间和间断点，并指出间断点的类型：

(1)$f(x)=\dfrac{x^3+3x^2-x-3}{x^2+x-6}$　　(2)$f(x)=\begin{cases}\dfrac{1}{x} & x<0\\ x^2 & 0\leqslant x\leqslant 1\\ 2x-1 & x>1\end{cases}$

3. 已知函数$f(x)=\begin{cases}x & x<1\\ ax^2+b & 1\leqslant x\leqslant 2\\ 3x & x>2\end{cases}$在$(-\infty,+\infty)$内连续，试求$a$与$b$的值.

4. 证明方程$x\ln x=2$在$[1,\mathrm{e}]$至少有一个根.

【阅读材料】

函数概念的发展

17 世纪伽利略(G. Galileo，意，1564—1642)在《两门新科学》一书中，几乎从头到尾包含着函数或称为变量的关系这一概念，用文字和比例的语言表达函数的关系. 1673 年前后笛卡尔(Descartes，法，1596—1650)在他的解析几何中，已经注意到了一个变量对于另一个变量的依赖关系，但由于当时尚未意识到需要提炼一般的函数概念，因此直到 17 世纪后期牛顿、莱布尼兹建立微积分的时候，数学家还没有明确函数的一般意义，绝大部分函数是被当作曲线来研究的.

1718 年约翰·贝努利(Bernoulli Johann，瑞，1667—1748)才在莱布尼兹函数概念的基础上，对函数概念进行了明确定义：由任一变量和常数的任一形式所构成的量，贝努利把变量x和常量按任何方式构成的量称为"x的函数"，表示为$f(x)$，其在函数概念中所说的任一形式，包括代数式子和超越式子.

18 世纪中叶欧拉(L. Euler，瑞，1707—1783)就给出了非常形象的、一直沿用至今的函数符号. 欧拉给出的定义是：一个变量的函数是由这个变量和一些数即常数以任何方式组成的解析表达式. 他把约翰·贝努利给出的函数定义称为解析函数，并进一步把它区分为代数函数(只有自变量间的代数运算)和超越函数(三角函数、对数函数以及变量的无理数幂所表示的函数)，还考虑了"随意函数"(表示任意画出曲线的函数). 不难看出，欧拉给出的函数定义比约翰·贝努利的定义更普遍、更具有广泛意义.

1822 年傅里叶(Fourier，法，1768—1830)发现某些函数可用曲线表示，也可用一个式子表示，或用多个式子表示，从而结束了函数概念是否以唯一一个式子表示的争论，把对函数的认识又推进了一个新的层次. 1823 年柯西(Cauchy，法，1789—1857)从定义变量开始给出了函数的定义，同时指出，虽然无穷级数是规定函数的一种有效方法，但是对函数来说不一定要有解析表达式,不过他仍然认为函数关系可用多个解析式来表示,这是一个很大的局限,突破这一局限的是杰出数学家狄利克雷.

1837 年狄利克雷(Dirichlet,德,1805—1859)认为怎样去建立 x 与 y 之间的关系无关紧要,他拓广了函数概念,指出:"对于在某区间上的每一个确定的 x 值,y 都有一个或多个确定的值,那么 y 称为 x 的函数."狄利克雷的函数定义,出色地避免了以往函数定义中所有的关于依赖关系的描述,简明精确,以完全清晰的方式为所有数学家无条件地接受.至此,我们可以说,函数概念、函数的本质定义已经形成,这就是人们常说的经典函数定义.

等到康托尔(Cantor,德,1845—1918)创立的集合论在数学中占有重要地位之后,维布伦(Veblen,美,1880—1960)用"集合"和"对应"的概念给出了近代函数定义,通过集合概念,把函数的对应关系、定义域及值域进一步具体化了,且打破了"变量是数"的极限,变量可以是数,也可以是其他对象(点、线、面、体、向量、矩阵等).

1930 年新的现代函数定义为,若对集合 M 的任意元素 x,总有集合 N 确定的元素 y 与之对应,则称在集合 M 上定义一个函数,记作 $y=f(x)$.元素 x 称为自变元,元素 y 称为因变元.

函数概念的定义经过 300 多年的锤炼、变革,形成了函数的现代定义形式,但这并不意味着函数概念发展的历史终结,20 世纪 40 年代,物理学研究的需要发现了一种称为 Dirac—δ 函数,它只在一点处不为零,而它在全直线上的积分却等于 1,这在原来的函数和积分的定义下是不可思议的,但由于广义函数概念的引入,把函数、测度及以上所述的 Dirac—δ 函数等概念统一了起来.因此,随着以数学为基础的其他学科的发展,函数的概念还会继续扩展.

复习题 1

一、写出下列函数的定义域,并求其反函数及定义域:

1. $y=\sqrt[3]{x-2}$

2. $y=-\sqrt{x+1}$

3. $y=\dfrac{1-x}{1+x}$

二、求下列极限:

1. $\lim\limits_{x\to\infty}\dfrac{(1-2x)^3}{(x+1)(x+2)(x+3)}$

2. $\lim\limits_{x\to1}\dfrac{\sqrt{x}-1}{x^2-1}$

3. $\lim\limits_{x\to\infty}\dfrac{1+2+3+\cdots+n}{n^2}$

4. $\lim\limits_{x\to\infty}\dfrac{(x-1)^{20}(3x+2)^{30}}{(2x-3)^{50}}$

5. $\lim\limits_{x\to0}\sqrt{|x|}\cdot\cos^2 x$

6. $\lim\limits_{x\to0}\dfrac{\sqrt{1+x}-\sqrt{1-x}}{x}$

7. $\lim\limits_{x\to0}\dfrac{1-\cos 2x}{x\sin x}$

8. $\lim\limits_{x\to1}\left(\dfrac{2}{x^2-1}-\dfrac{1}{x-1}\right)$

9. $\lim\limits_{x\to1}(2-x)^{\frac{2}{1-x}}$

10. $\lim\limits_{x\to\infty}\left(\dfrac{2x+3}{2x+1}\right)^{2x}$

11. $\lim\limits_{x\to+\infty}[\ln(1+x)-\ln(x-1)]x$

12. $\lim\limits_{x\to0}\dfrac{\ln\cos x}{x^2}$

三、解答题：

1. 设$f(x)=x^2$，求$\lim\limits_{h\to0}\dfrac{f(x+h)-f(x)}{h}$.

2. 求下列函数的连续区间和间断点，并指出间断点的类型.

(1)$f(x)=\dfrac{x^2+3x+2}{x^2-1}$

(2)$f(x)=\begin{cases}(x+\pi)^2-1 & x<-\pi \\ \cos x & -\pi\leqslant x\leqslant\pi \\ (x-\pi)\sin\dfrac{1}{x-\pi} & x>\pi\end{cases}$

(3)$y=\dfrac{1}{x^2+3x-4}$

3. 已知$\lim\limits_{x\to0}\dfrac{\sqrt{ax+b}-2}{x}=1$，求常数$a,b$之值.

4. 已知$f(x)=\begin{cases}e^{\frac{1}{x}}+1 & x<0 \\ a & x=0 \\ b+\arctan\dfrac{1}{x} & x>0\end{cases}$在$x=0$处连续，求$a$与$b$.

5. 下列函数在指出点处间断，说明这些间断点属于哪一类. 如是可去间断点，则补充或改变函数的定义使它连续：

(1)$y=\dfrac{x^2-1}{x^2-3x+2}$，$x=1$，$x=2$　　(2)$f(x)=\begin{cases}e^{\frac{1}{x}} & x\neq0 \\ 0 & x=0\end{cases}$，$x=0$

6. 考察函数$f(x)=\begin{cases}\dfrac{1}{1+e^x} & x\neq0 \\ 1 & x=0\end{cases}$在$x=0$点的连续性.

7. 设有函数$f(x)=\begin{cases}\sin ax & x<1 \\ a(x-1)-1 & x\geqslant1\end{cases}$，试确定$a$的值使$f(x)$在$x=1$连续.

8. 求无穷递缩等比数列$\dfrac{1}{2}$，$-\dfrac{1}{4}$，$\dfrac{1}{8}$，$-\dfrac{1}{16}$，…的所有项之和.

第 2 章
导数与微分

在本章，将在函数与极限的基础上学习微积分的两个基本概念及其运算——导数和微分. 其中，导数是反映函数相对于自变量的变化的快慢程度的概念，即变化率问题. 例如，物理上的物体运动的速度、电流强度、线密度、化学反应速度、物体冷却速度等；社会经济上人口增长率、经济增长率等；几何上曲线切线的斜率，等等. 另一概念微分反映的是当自变量有微小改变时，函数的变化是多少，即函数增量的近似值的求法. 本章将从实际问题引入导数和微分的概念，重点学习导数与微分的基本概念及运算方法.

2.1 导数的概念

2.1.1 导数的定义

在学习导数的概念之前，首先来讨论一下物理学中变速直线运动的瞬时速度的问题.

引例 2.1 变速直线运动速度问题

设某点沿直线运动. 设动点于时刻 t 在直线上的位置的坐标为 s（简称位置 s）. 这样，运动完全由某个函数 $s=f(t)$ 所确定. 如果该点作匀速运动，则动点的速度为整个运动的平均速度，即

$$v=\frac{s}{t}$$

如果运动不是匀速的，那么在运动的不同时间间隔内，比值 v 会有不同的值. 这样，把比值 v 笼统地称为该动点的速度就不合适了，而需要按不同时刻来考虑. 那么，这种非匀速运动的动点在某一时刻（设为 t_0）的速度应如何理解而又如何求得呢？

首先取从时刻 t_0 到 $t_0+\Delta t$ 这样一个时间间隔，在这段时间内，动点从位置 $s_0=f(t_0)$ 移动到 $s_t=f(t)$. 显然，动点从时刻 t_0 到时刻 t 这段时间内经过的路程为

$$\Delta s=f(t)-f(t_0)$$

则其函数增量 Δs 与时间增量 Δt 的比值

$$\bar{v}=\frac{\Delta s}{\Delta t}=\frac{f(t)-f(t_0)}{t-t_0}$$

表示动点在上述时间间隔内的平均速度. 如果时间间隔选得较短,这个比值在实践中也可用来说明动点在时刻 t_0 的速度. 但对于动点在时刻 t_0 的速度的精确概念来说,这样做是不够的,而更确切地应当这样,当 Δt 越小时,其比值越接近于时刻 t_0 的速度. 因此,令 $\Delta t \to 0$ 取这个比值极限,如果这个极限存在,设为 v_0,即

$$v_0 = \lim_{\Delta t \to 0} \bar{v} = \lim_{\Delta t \to 0} \frac{\Delta s}{\Delta t} = \lim_{t \to t_0} \frac{f(t) - f(t_0)}{t - t_0}$$

这时就把这个极限值 v_0 称为动点在时刻 t_0 的(瞬时)速度.

引例 2.2　几何中的切线问题

设 $M(x_0, y_0)$ 是曲线 C 上的一个点,则 $y_0 = f(x_0)$. 在点 M 外另取 C 上的一点 $N(x, y)$,于是割线 MN 的斜率为

$$\tan \varphi = \frac{\Delta y}{\Delta x} = \frac{y - y_0}{x - x_0} = \frac{f(x) - f(x_0)}{x - x_0}$$

其中,φ 为割线 MN 的倾斜角如图 2.1 所示. 当点 N 沿曲线 C 趋向于点 M 时,$x \to x_0$. 如果当 $x \to x_0$ 时,上式的极限存在,设为 k,即

$$k = \lim_{\varphi \to \alpha} \tan \varphi = \lim_{x \to x_0} \frac{\Delta y}{\Delta x} = \lim_{x \to x_0} \frac{f(x) - f(x_0)}{x - x_0}$$

存在,则此极限 k 是割线斜率的极限,也就是切线的斜率. 这里 $k = \tan \alpha$,其中,α 是切线 MT 的倾斜角. 于是,通过点 $M(x_0, f(x_0))$ 且以 k 为斜率的直线 MT 便是曲线 C 在点 M 处的切线. 事实上,由 $\angle NMT = \varphi - \alpha$ 以及 $x \to x_0$ 时 $\varphi \to \alpha$,可见 $x \to x_0$ 时(这时 $|MN| \to 0$),$\angle NMT \to 0$. 因此,直线 MT 确为曲线 C 在点 M 处的切线,如图 2.2 所示.

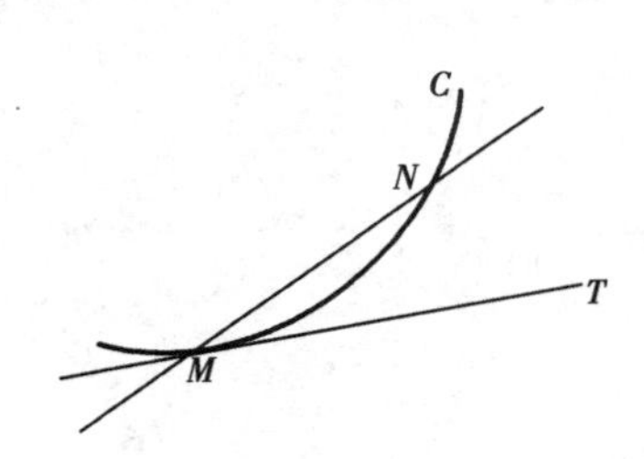

图 2.1

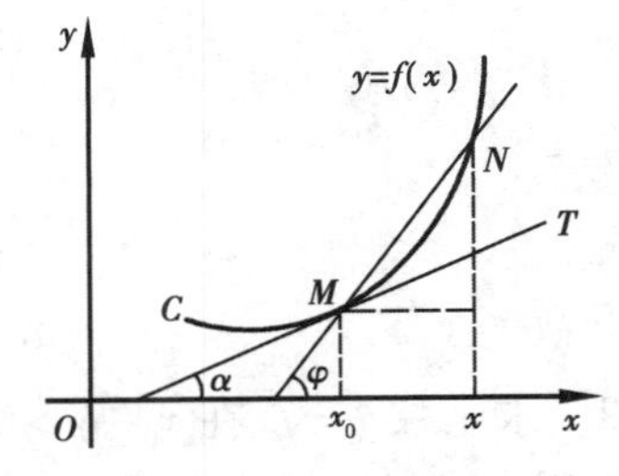

图 2.2

综合以上几个问题,它们均归纳为这一极限 $\lim\limits_{x \to x_0} \frac{f(x) - f(x_0)}{x - x_0}$(其中,$x - x_0$ 为自变量 x 在 x_0 的增量,$f(x) - f(x_0)$ 为相应的因变量的增量),若该极限存在,权称它为 $y = f(x)$ 在 x_0 点的导数.

定义 1　设函数 $y = f(x)$ 在点 x_0 的某一邻域内有定义,当自变量 x 在 x_0 处有增量 Δx 时,相应地函数有增量 $\Delta y = f(x_0 + \Delta x) - f(x_0)$,若 Δy 与 Δx 之比当 $\Delta x \to 0$ 时极限存在,则称这个极限值为 $y = f(x)$ 在 x_0 处的**导数**. 记作

$$y'|_{x = x_0} = \lim_{\Delta x \to 0} \frac{\Delta y}{\Delta x} = \lim_{\Delta x \to 0} \frac{f(x_0 + \Delta x) - f(x)}{\Delta x}$$

此时,称函数 $f(x)$ 在点 x_0 处**可导**;否则,称函数 $f(x)$ 在点 x_0 处不可导.

导数也可记作

$$\left.\frac{\mathrm{d}y}{\mathrm{d}x}\right|_{x = x_0}, f'(x_0)$$

若设 $x=x_0+\Delta x$,则上式变为

$$y'\big|_{x=x_0}=\lim_{\Delta x\to 0}\frac{\Delta y}{\Delta x}=\lim_{x\to x_0}\frac{f(x)-f(x)}{x-x_0}$$

有了导数的定义,引例 2.1 和引例 2.2 就可以分别表示为 $v=s'$和 $k=y'$.

2.1.2 求导数举例

根据导数的定义,求函数 $y=f(x)$在 x 的导数可分为以下 3 步:

①求函数的增量:$\Delta y=f(x_0+\Delta x)-f(x_0)$.

②求比值:$\frac{\Delta y}{\Delta x}$.

③求极限:$\lim\limits_{\Delta x\to 0}\frac{\Delta y}{\Delta x}$.

下面根据这 3 个步骤来求一些简单函数的导数.

例 2.1 求函数 $y=bx+c$ 在 x_0 的导数(其中 b 与 c 为常数).

解 求出函数的改变量

$$\Delta y=b(x_0+\Delta x)+c-(bx_0+c)=b\Delta x$$

算出$\frac{\Delta y}{\Delta x}=\frac{b\Delta x}{\Delta x}=b$,则

$$y'=\lim_{\Delta x\to 0}\frac{\Delta y}{\Delta x}=\lim_{\Delta x\to 0}=b$$

即

$$(bx+c)'=b$$

特别有

$$x'=1,c'=0(c\text{ 为常数})$$

即常数的导数等于零.

例 2.2 求函数 $y=\sqrt{x}$在 $x_0(x_0>0)$处的导数.

解 对于自变量 x 的改变量 Δx,相对应的函数改变量为

$$\Delta y=f(x_0+\Delta x)-f(x_0)=\sqrt{x_0+\Delta x}-\sqrt{x_0}$$

于是

$$\frac{\Delta y}{\Delta x}=\frac{\sqrt{x_0+\Delta x}-\sqrt{x_0}}{\Delta x}$$

$$f'(x_0)=\lim_{\Delta x\to 0}\frac{\Delta y}{\Delta x}=\lim_{\Delta x\to 0}\frac{\sqrt{x_0+\Delta x}-\sqrt{x_0}}{\Delta x}=\lim_{\Delta x\to 0}\frac{1}{\sqrt{x_0+\Delta x}+\sqrt{x_0}}=\frac{1}{2\sqrt{x_0}}$$

即

$$(\sqrt{x})'\big|_{x=x_0}=\frac{1}{2\sqrt{x_0}}$$

若函数$f(x)$在区间(a,b)内每一点都可导,就称函数$f(x)$在区间(a,b)内可导. 这时,函数 $y=f(x)$对于区间(a,b)内的每一个确定的 x 值都对应着一个确定的导数,这就构成一个新的函数,就称这个函数为原来函数 $y=f(x)$的**导函数**.

即

$$y' = \lim_{\Delta x \to 0}\frac{\Delta y}{\Delta x} = \lim_{\Delta x \to 0}\frac{f(x+\Delta x)-f(x)}{\Delta x} \text{或} \frac{\mathrm{d}y}{\mathrm{d}x}, f'(x)$$

在不发生混淆的情况下,导函数也简称导数.

例2.3　求函数 $y=3x^2$ 的导数.

解　$\Delta y = 3(x+\Delta x)^2 - 3x^2 = 6x \cdot \Delta x + 3(\Delta x)^2 = 3\Delta x(2x+\Delta x)$

算出

$$\frac{\Delta y}{\Delta x} = \frac{3\Delta x(2x+\Delta x)}{\Delta x} = 6x + 3\Delta x$$

则

$$y' = \lim_{\Delta x \to 0}\frac{\Delta y}{\Delta x} = \lim_{\Delta x \to 0}(6x + 3\Delta x) = 6x$$

即

$$(3x^2)' = 6x$$

例2.4　求函数 $y=x^3$ 的导数.

解　$\Delta y = (x+\Delta x)^3 - x^3 = 3x^2\Delta x + 3x(\Delta x)^2 + (\Delta x)^3$

算出

$$\frac{\Delta y}{\Delta x} = 3x^2 + 3x(\Delta x) + (\Delta x)^2$$

则

$$y' = \lim_{\Delta x \to 0}\frac{\Delta y}{\Delta x} = \lim_{\Delta x \to 0}[3x^2 + 3x(\Delta x) + (\Delta x)^2] = 3x^2$$

即

$$(x^3)' = 3x^2$$

此结果对一般的幂函数 $y=x^\mu$(μ 为实数)均成立,即

$$(x^\mu)' = \mu x^{\mu-1}$$

求出了函数的导(函)数,若要求函数在某一点的导数值,只需要将自变量的值代入导数即可.

例2.5　讨论函数 $y=\sin x$,求$(\sin x)'$及$(\sin x)'\big|_{x=\frac{\pi}{3}}$.

解　$\Delta y = \sin(x+\Delta x) - \sin x = 2\sin\frac{\Delta_x}{2}\cos\left(x+\frac{\Delta x}{2}\right)$

于是

$$\frac{\Delta y}{\Delta x} = \frac{2\sin\frac{\Delta x}{2}\cos\left(x+\frac{\Delta x}{2}\right)}{\Delta x} = \left(\frac{\sin\frac{\Delta x}{2}}{\frac{\Delta x}{2}}\right) \cdot \cos\left(x+\frac{\Delta x}{2}\right)$$

所以

$$y' = \lim_{\Delta x \to 0}\frac{\Delta y}{\Delta x} = \lim_{\Delta x \to 0}\left(\frac{\sin\frac{\Delta x}{2}}{\frac{\Delta x}{2}}\right) \cdot \lim_{\Delta x \to 0}\cos\left(x+\frac{\Delta x}{2}\right) = \cos x$$

即

$$(\sin x)'=\cos x$$

所以

$$(\sin x)'\big|_{x=\frac{\pi}{3}}=\cos x\big|_{x=\frac{\pi}{3}}=\frac{1}{2}$$

读者可类似地推导出$(\cos x)'=-\sin x$.

例 2.6 求函数 $y=\log_a x(a>0,a\neq1)$的导数.

解 $\Delta y=\log_a(x+\Delta x)-\log_a x=\log_a\left(1+\frac{\Delta x}{x}\right)=\frac{\ln\left(1+\frac{\Delta x}{x}\right)}{\ln a}$

于是

$$\frac{\Delta y}{\Delta x}=\frac{\ln\left(1+\frac{\Delta x}{x}\right)}{\ln a\cdot\Delta x}=\frac{\ln\left(1+\frac{\Delta x}{x}\right)}{x\ln a\cdot\frac{\Delta x}{x}}$$

当 $\Delta x\to0$ 时

$$\ln\left(1+\frac{\Delta x}{x}\right)\sim\frac{\Delta x}{x}$$

所以

$$y'=\lim_{\Delta x\to0}\frac{\Delta y}{\Delta x}=\lim_{\Delta x\to0}\frac{\ln\left(1+\frac{\Delta x}{x}\right)}{\frac{\Delta x}{x}}\cdot\frac{1}{x\ln a}=\frac{1}{x\ln a}$$

即

$$(\log_a x)'=\frac{1}{x\ln a}$$

当 $a=\mathrm{e}$ 时,由上式得到自然对数函数的导数为$(\ln x)'=\frac{1}{x}$.

2.1.3 导数的几何意义

由引例 2.2 可知,$f'(x_0)=\lim\limits_{\Delta x\to0}\frac{\Delta y}{\Delta x}=\lim\limits_{\Delta x\to0}\tan\varphi=\lim\limits_{\varphi\to\alpha}\tan\varphi=\tan\alpha$,这就是说,函数在点 x_0 处的导数$f'(x_0)$的几何意义表示曲线 $y=f(x)$在点 $M(x_0,f(x_0))$处切线的斜率.

若函数 $y=f(x)$在点 x_0 处连续,且$\lim\limits_{\Delta x\to0}\frac{\Delta y}{\Delta x}=\infty$,此时$f(x)$在点 x_0 处不可导,但曲线 $y=f(x)$在点 $M(x_0,f(x_0))$处有垂直于 x 轴的切线 $x=x_0$.

过切点 $M(x_0,f(x_0))$且垂直于切线的直线称为曲线 $y=f(x)$在点 M 处的法线. 若函数$y=f(x)$在点 x_0 处可导,则曲线 $y=f(x)$在点 $M(x_0,f(x_0))$处切线方程与法线方程分别为

$$y-y_0=f'(x_0)(x-x_0)$$

$$y-y_0=-\frac{1}{f'(x_0)}(x-x_0)\quad(f'(x_0)\neq0)$$

例 2.7 求等边双曲线 $y=\frac{1}{x}$在点$\left(\frac{1}{2},2\right)$处的切线的斜率,并写出在该点处的切线方程

和法线方程.

解　根据导数的几何意义可知,所求切线的斜率为

$$k=y'\Big|_{x=\frac{1}{2}}=\left(\frac{1}{x}\right)'\Big|_{x=\frac{1}{2}}=-\frac{1}{x^2}\Big|_{x=\frac{1}{2}}=-4$$

所求切线方程为

$$y-2=-4\left(x-\frac{1}{2}\right)$$

即

$$4x+y-4=0$$

法线方程为

$$y-2=\frac{1}{4}\left(x-\frac{1}{2}\right)$$

即

$$2x-8y+15=0$$

例2.8　如果曲线 $y=x^3$ 的某一点的切线与直线 $y=3x+1$ 平行,求切点坐标与切线方程.

解　因为切线与直线 $y=3x+1$ 平行,斜率为3.

又切线在点 x_0 的斜率为

$$y'|_{x_0}=(x^3)'|_{x_0}=3x_0^2$$

因为

$$3x_0^2=3$$

所以

$$x_0=\pm 1$$

$$\begin{cases}x_0=1\\y_0=1\end{cases}\text{或}\begin{cases}x_0=-1\\y_0=-1\end{cases}$$

故切点为(1,1)或(-1,-1).

切线方程为

$$y+1=3(x-1)\text{或}y+1=3(x+1)$$

即

$$y=3x-4\text{ 或 }y=3x+2$$

2.1.4　可导与连续的关系

前面有了左、右极限的概念,导数是差商的极限,因此可给出左、右导数的概念.

若极限 $\lim\limits_{\Delta x\to 0^-}\frac{\Delta y}{\Delta x}$存在,就称它为函数 $y=f(x)$ 在 $x=x_0$ 处的**左导数**. 若极限 $\lim\limits_{\Delta x\to 0^+}\frac{\Delta y}{\Delta x}$存在,就称它为函数 $y=f(x)$ 在 $x=x_0$ 处的**右导数**.

定理1　函数 $y=f(x)$ 在 x_0 处的可导的充分必要条件是函数 $y=f(x)$ 在 x_0 处的左右导数存在且相等.

定理2　若函数 $f(x)$ 在点 x_0 处的左导数、右导数存在且相等,则函数 $f(x)$ 在点 x_0 可导,

反之也成立.

注:左、右导数主要用在求分段函数分界点的导数.

定理 3　若函数 $f(x)$ 在点 x_0 处可导,则 $f(x)$ 在点 x_0 处连续.

例 2.9　讨论函数 $y=|x|$ 在 $x=0$ 的连续性与可导性(见图 2.3).

解　1)连续性

因为 $\lim\limits_{\Delta x\to 0^-} f(x)=0$

$\lim\limits_{\Delta x\to 0^+} f(x)=0$

$f(0)=0$

故

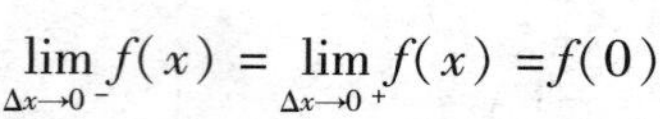

$$\lim_{\Delta x\to 0^-} f(x)=\lim_{\Delta x\to 0^+} f(x)=f(0)$$

故函数在 $x=0$ 连续.

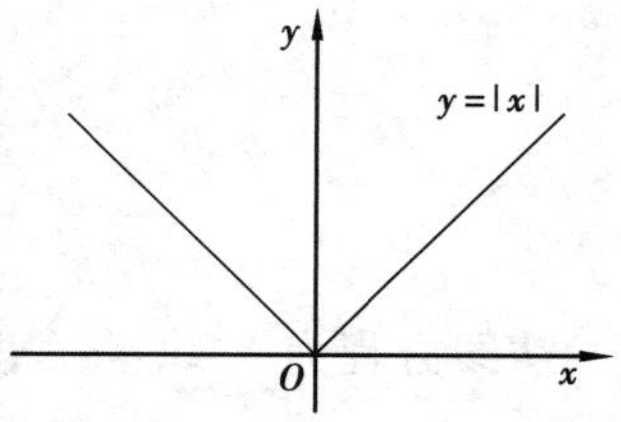

图 2.3

2)可导性

$$f(x)=\begin{cases} x & x\geqslant 0 \\ -x & x<0 \end{cases},f(0)=0$$

因为

$$f'_+(0)=\lim_{x\to 0^+}=\frac{f(x)-f(0)}{x-0}=\lim_{x\to 0^+}\frac{x}{x}=1$$

$$f'_-(0)=\lim_{x\to 0^-}=\frac{f(x)-f(0)}{x-0}=\lim_{x\to 0^-}\frac{-x}{x}=-1$$

又因为

$$f'_+(0)\neq f'_-(0)$$

故在 $x=0$ 点不可导.

由上面的讨论可知,函数在某点连续是函数在该点可导的必要条件,但不是充分条件. 也可简单地说,函数可导必连续,但连续不一定可导.

习题 2.1

1. 利用导数的定义:

(1)求函数 $y=\sqrt{x}$ 在 $x=1$ 处的导数.

(2)求函数 $y=x^2+ax+b$(a,b 为常数)的导数.

2. 设函数 $f(x)$ 在点 x_0 处可导,试求下列各极限的值:

(1) $\lim\limits_{\Delta x\to 0}\dfrac{f(x_0-\Delta x)-f(x_0)}{\Delta x}$.

(2) $\lim\limits_{h\to 0}\dfrac{f(x_0+h)-f(x_0-h)}{2h}$.

(3)若 $f'(x_0)=2$,则 $\lim\limits_{k\to 0}\dfrac{f(x_0-k)-f(x_0)}{2k}$ 等于多少.

3. 已知曲线 $y=\frac{1}{x}$ 上一点 $A(2,\frac{1}{2})$，用斜率定义求：

(1)点 A 的切线的斜率.

(2)点 A 处的切线方程.

4. 证明：若函数 $f(x)$ 在点 x_0 处可导，则函数 $f(x)$ 在点 x_0 处连续.

2.2　初等函数的导数

2.2.1　导数的四则运算法则

设函数 $u=u(x)$，$v=v(x)$ 均在点 x 可导，其导数分别为 u' 和 v'，则有以下法则：

法则1　两个可导函数的和(差)的导数等于这两个函数的导数的和(差). 用公式可写为：$(u\pm v)'=u'\pm v'$. 其中 u,v 为可导函数.

法则2　两个可导函数乘积的导数等于第一个因子的导数乘以第二个因子，加上第一个因子乘以第二个因子的导数. 用公式可写为：$(uv)'=u'v+uv'$

证　设 $y=f(x)=u(x)v(x)$

$$\Delta y=u(x+\Delta x)v(x+\Delta x)-u(x)v(x)$$

$$=u(x+\Delta x)v(x+\Delta x)-u(x)v(x+\Delta x)+u(x)v(x+\Delta x)-u(x)v(x)$$

$$\frac{\Delta y}{\Delta x}=\frac{u(x+\Delta x)-u(x)}{\Delta x}v(x+\Delta x)+u(x)\frac{v(x+\Delta x)-v(x)}{\Delta x}$$

因为 $v(x)$ 在点 x 处可导，所以它在点 x 处连续，于是当 $\Delta x\to 0$ 时，$v(x+\Delta x)\to v(x)$，从而

$$\lim_{\Delta x\to 0}\frac{\Delta y}{\Delta x}=\lim_{\Delta x\to 0}\frac{u(x+\Delta x)-u(x)}{\Delta x}v(x+\Delta x)+u(x)\lim_{\Delta x\to 0}\frac{v(x+\Delta x)-v(x)}{\Delta x}$$

$$=u'(x)v(x)+u(x)v'(x)$$

乘积的导数可推广到有限个函数的情形，例如：

$$(uvw)'=u'vw+uv'w+uvw'$$

$$(uvwh)'=u'vwh+uv'wh+uvw'h+uvwh'$$

推论1　在求一个常数与一个可导函数的乘积的导数时，常数因子可以提到求导记号外面去. 用公式可写为

$$(cu)'=cu'$$

法则3　两个可导函数之商的导数等于分子的导数与分母导数乘积减去分母导数与分子导数的乘积，再除以分母导数的平方，即

$$\left(\frac{u}{v}\right)'=\frac{u'v-uv'}{v^2}$$

证　设 $f(x)=\frac{u(x)}{v(x)}$，由于 $\Delta u=u(x+\Delta x)-u(x)$，所以 $u(x+\Delta x)=u(x)+\Delta u$，

同理 $v(x+\Delta x)=v(x)+\Delta v$，且

$$\lim_{\Delta x\to 0}\frac{\Delta u}{\Delta x}=u',\lim_{\Delta x\to 0}\frac{\Delta v}{\Delta x}=v'$$

又

$$\lim_{\Delta x\to 0}\Delta v=0$$

所以有

$$\lim_{\Delta x\to 0}\frac{f(x+\Delta x)-f(x)}{\Delta x}=\lim_{\Delta x\to 0}\frac{\dfrac{u(x+\Delta x)}{v(x\Delta x)}-\dfrac{u(x)}{v(x)}}{\Delta x}$$

$$=\lim_{\Delta x\to 0}\frac{u(x+\Delta x)v(x)-u(x)v(x+\Delta x)}{\Delta xv(x+\Delta x)v(x)}$$

$$=\lim_{\Delta x\to 0}\frac{u(x+\Delta x)v(x)-u(x)v(x+\Delta x)}{\Delta xv(x+\Delta x)v(x)}$$

$$=\lim_{\Delta x\to 0}\frac{[u(x)+\Delta u]v(x)-u(x)[v(x)+\Delta v]}{\Delta x[v(x)+\Delta v]v(x)}$$

$$=\lim_{\Delta x\to 0}\frac{[u(x)v(x)+\Delta uv(x)-u(x)v(x)-u(x)\Delta v]}{\Delta x[v(x)+\Delta v]v(x)}$$

$$=\lim_{\Delta x\to 0}\frac{[\Delta uv(x)-u(x)\Delta v]}{\Delta x[v(x)+\Delta v]v(x)}$$

$$=\lim_{\Delta x\to 0}\left\{\frac{\Delta u}{\Delta x}\frac{v(x)}{[v(x)+\Delta v]v(x)}-u(x)\frac{\Delta v}{\Delta x}\frac{1}{[v(x)+\Delta v]v(x)}\right\}$$

$$=u'(x)\frac{1}{v(x)}-u(x)v'(x)\frac{1}{v^2(x)}$$

$$=\frac{u'(x)v(x)-u(x)v'(x)}{v^2(x)}$$

即

$$f'(x)=\frac{u'(x)v(x)-u(x)v'(x)}{v^2(x)}$$

特别的

$$\left(\frac{1}{u}\right)'=-\frac{u'}{u^2}$$

2.2.2 应用举例

例 2.10 求函数 $y=3x^3+4x^2-2x+8$ 的导数.

解 $y'=(3x^3)'+4(x^2)'-2x'+(8)'$

$=9x^2+8x-2$

例 2.11 设 $f(x)=xe^x\ln x$,求 $f'(x)$.

解 $f'(x)=(xe^x\ln x)'=(x)'e^x\ln x+x(e^x)'\ln x+xe^x(\ln x)'$

$$=e^x\ln x+xe^x\ln x+xe^x\cdot\frac{1}{x}$$

$$=e^x(1+\ln x+x\ln x)$$

例 2.12　求函数 $y=\tan x$ 的导数.

解
$$y'=(\tan x)'=\left(\frac{\sin x}{\cos x}\right)'$$
$$=\frac{(\sin x)'\cdot\cos x-\sin x\cdot(\cos x)'}{\cos^2 x}$$
$$=\frac{\cos^2 x+\sin^2 x}{\cos^2 x}=\frac{1}{\cos^2 x}=\sec^2 x$$

即

$$(\tan x)'=\sec^2 x$$

用类似的方法,可得

$$(\cot x)'=-\frac{1}{\sin^2 x}=-\csc^2 x$$

例 2.13　求函数 $y=\sec x$ 的导数.

解　$$y'=(\sec x)'=\left(\frac{1}{\cos x}\right)'=-\frac{(\cos x)'}{\cos^2 x}=\frac{\sin x}{\cos^2 x}=\tan x\cdot\sec x$$

即

$$(\sec x)'=\tan x\,.\,\sec x$$

用类似的方法,得

$$(\csc x)'=-\cot x\cdot\csc x$$

2.2.3　复合函数的求导法则

定理 4(复合函数的求导法则)　设函数 $y=f(u)$ 和 $u=\varphi(x)$ 分别是 u 和 x 的可导函数,则其复合而成的复合函数 $y=f[\varphi(x)]$ 的导数等于函数对中间变量的导数 y'_u 乘上中间变量对自变量的导数 u'_x. 用公式表示为

$$y'_x=y'_u u'_x,\text{或}\frac{\mathrm{d}y}{\mathrm{d}x}=\frac{\mathrm{d}y}{\mathrm{d}u}\cdot\frac{\mathrm{d}u}{\mathrm{d}x}$$

其中,u 为中间变量.

例 2.14　已知 $y=\sin^2 x$,求$\frac{\mathrm{d}y}{\mathrm{d}x}$.

解　设 $u=\sin x$,则 $y=\sin^2 x$ 可分解为 $y=u^2$,$u=\sin x$ 因此

$$\frac{\mathrm{d}y}{\mathrm{d}x}=\frac{\mathrm{d}y}{\mathrm{d}u}\cdot\frac{\mathrm{d}u}{\mathrm{d}x}=(u^2)'(\sin x)'=2u\cos x=2\sin x\cos x=\sin 2x$$

例 2.15　求函数 $y=\ln\cos\frac{x}{2}$的导数.

解　函数 $y=\ln\cos\frac{x}{2}$,有 $y=\ln u$,$u=\cos v$,$v=\frac{x}{2}$复合而成,因此有

$$y'_x=y'_u u'_v v'_x=(\ln u)'_u(\cos v)'_v\left(\frac{x}{2}\right)'_x=\frac{1}{u}(-\sin v)\frac{1}{2}$$
$$=-\frac{1}{2}\,\frac{1}{\cos\frac{x}{2}}\sin\frac{x}{2}=-\frac{1}{2}\tan\frac{x}{2}$$

注:复合函数求导的关键在于把复合函数的复合过程搞清楚.在对每一个函数求导后,将引进的中间变量代换成原来的自变量的式子.在熟练以后,可将中间步骤省去.如本例可写为

$$y'=\left(\ln\cos\frac{x}{2}\right)'=\frac{1}{\cos\frac{x}{2}}\left(\cos\frac{x}{2}\right)'=\frac{1}{\cos\frac{x}{2}}\left(-\sin\frac{x}{2}\right)\left(\frac{x}{2}\right)'=\frac{1}{\cos\frac{x}{2}}\left(-\sin\frac{x}{2}\right)\frac{1}{2}$$

$$=-\frac{1}{2}\tan\frac{x}{2}$$

例 2.16 求函数 $y=\sin 5x^2$ 的导数.

解 由于函数 $y=\sin 5x^2$ 由 $y=\sin u, u=5x^2$ 复合而成,所以

$$y'=(\sin 5x^2)'=\cos 5x^2(5x^2)'=\cos 5x^2\cdot 10x=10x\cos 5x^2$$

由此可知,初等函数的求导数必须熟悉:

①基本初等函数的求导.

②复合函数的分解.

③复合函数的求导公式.

只有这样才能做到准确无误.在解题时,若对复合函数的分解非常熟悉,可不必写出中间变量,而直接写出结果.

例 2.17 $y=\sqrt{1-x^2}$,求 y'.

解 $y'=(\sqrt{1-x^2})'=[(1-x^2)^{\frac{1}{2}}]'=\frac{1}{2}\cdot\frac{1}{\sqrt{1-x^2}}\cdot(-2x)=-\frac{x}{\sqrt{1-x^2}}$

例 2.18 求函数 $y=\ln\sqrt{a^2-x^2}$ 的导数.

解 解法 1:直接用复合函数求导法,则求导

$$y'=(\ln\sqrt{a^2-x^2})'=\frac{1}{\sqrt{a^2-x^2}}\frac{1}{2\sqrt{a^2-x^2}}(-2x)=-\frac{x}{a^2-x^2}$$

解法 2:先化简,再求导,因为

$$y=\ln\sqrt{a^2-x^2}=\frac{1}{2}\ln[(a+x)(a-x)]=\frac{1}{2}[\ln(a+x)+\ln(a-x)]$$

所以

$$y'=\frac{1}{2}\left[\frac{1}{a+x}+\frac{1}{a-x}(-1)\right]=-\frac{x}{a^2-x^2}$$

例 2.19 $y=\ln\left(\ln\left(\ln\tan\frac{x}{2}\right)\right)$,求 y'.

解:
$$y'=\frac{1}{\ln\left(\ln\tan\frac{x}{2}\right)}\cdot\frac{1}{\ln\tan\frac{x}{2}}\cdot\frac{1}{\tan\frac{x}{2}}\cdot\frac{1}{\cos^2\frac{x}{2}}\cdot\left(\frac{1}{2}\right)$$

$$=\frac{1}{2}\cdot\frac{1}{\cos^2\frac{x}{2}}\cdot\frac{1}{\tan\frac{x}{2}}\cdot\frac{1}{\ln\tan\frac{x}{2}}\cdot\frac{1}{\ln\ln\tan\frac{x}{2}}=\frac{1}{2\sin x}\cdot\frac{1}{\ln\tan\frac{x}{2}}\cdot\frac{1}{\ln\left(\ln\tan\frac{x}{2}\right)}$$

2.2.4 反函数求导法则

根据反函数的定义,函数 $y=f(x)$ 为单调连续函数,则它的反函数 $x=\varphi(y)$,它也是单调

连续的. 为此可给出反函数的求导法则如下：

定理5　若 $x=\varphi(y)$ 是单调连续的，且 $\varphi(y)\neq 0$，则它的反函数 $y=f(x)$ 在点 x 可导，且有

$$f'(x)=\frac{1}{\varphi'(y)}$$

即反函数的导数等于原来函数导数的倒数.

注：这里的反函数是以 y 为自变量的，没有对它作记号变换. 即：$\varphi'(y)$ 是对 y 求导，$f'(x)$ 是对 x 求导.

例2.20　求函数 $y=a^x(a>0$，且 $a\neq 1)$ 的导数 $y=\log_a x(a>0,a\neq 1)$.

解　由于 $y=a^x$ 是 $x=\log_a y(a>0,a\neq 1)$ 的反函数.

它的导数为

$$x'_y=(\log_a y)'=\frac{1}{y\ln a}$$

因此

$$y'_x=\frac{1}{x'_y}=y\ln a=a^x\ln a$$

即

$$(a^x)'=a^x\ln a$$

特别的，当 $a=\mathrm{e}$ 时，有 $(\mathrm{e}^x)'=\mathrm{e}^x$.

现在来证明幂函数的求导公式.

例2.21　求 $y=x^\mu$（μ 为常数）的导数.

解　$y=x^\mu=\mathrm{e}^{\mu\ln x}$ 是 $y=\mathrm{e}^u,u=\mu\cdot v,v=\ln x$ 复合而成的. 所以

$$y'=(x^\mu)'=(\mathrm{e}^\mu)'\cdot(\mu v)'\cdot(\ln x)'=\mathrm{e}^u\cdot\mu\cdot\frac{1}{x}=\mu\cdot\frac{1}{x}\cdot x^\mu=\mu\cdot x^{\mu-1}$$

例2.22　求下列函数的导数：

1) $\arcsin x$　　2) $y=\arccos x$　　3) $\arctan x$　　4) $\operatorname{arccot} x$

解　1) 由于函数 $y=\arcsin x(x\in(-1,1))$ 是函数 $x=\sin y(y\in(-\frac{\pi}{2}\frac{\pi}{2}))$ 的反函数，所以

$$(\arcsin x)'=\frac{1}{(\sin y)'}=\frac{1}{\cos y}=\frac{1}{\sqrt{1-\sin^2 y}}=\frac{1}{\sqrt{1-x^2}}\quad(x\in(-1,1))$$

2) 由于函数 $y=\arccos x(x\in(-1,1))$ 是函数 $x=\cos y(y\in(0,\pi))$ 的反函数，所以

$$(\arccos x)'=\left(\frac{1}{\cos y}\right)'=-\frac{1}{-\sin y}=\frac{1}{\sqrt{1-\cos^2 y}}=-\frac{1}{\sqrt{1-x^2}}\quad(x\in(-1,1))$$

3) 由于函数 $y=\arctan x(x\in\mathbf{R})$ 是函数 $x=\tan y(y\in(-\frac{\pi}{2},\frac{\pi}{2}))$ 的反函数，所以

$$(\arctan x)'=\frac{1}{(\tan y)'}=\frac{1}{\sec^2 y}=\frac{1}{1+\tan^2 y}=\frac{1}{1+x^2}\quad(x\in(-\infty,+\infty))$$

4) 由于函数 $y=\operatorname{arccot} x(x\in\mathbf{R})$ 是函数 $x=\cot y(y\in(0,\frac{\pi}{2}))$ 的反函数，所以

$$(\operatorname{arccot} x)'=\frac{1}{(\cot y)'}=\frac{1}{-\csc^2 y}=-\frac{1}{1+\cot^2 y}=-\frac{1}{1+x^2}\quad(x\in(-\infty,+\infty))$$

于是,又得到公式:

$$(\arcsin x)'=\frac{1}{\sqrt{1-x^2}};\qquad (\arccos x)'=-\frac{1}{\sqrt{1-x^2}};$$

$$(\arctan x)'=\frac{1}{1+x^2};\qquad (\text{arccot } x)'=-\frac{1}{1+x^2}$$

例 2.23 $y=\arcsin(2\cos(x^2-1))$,求 y'.

解 $y'=(\arcsin(2\cos(x^2-1)))'=\dfrac{1}{\sqrt{1-[2\cos(x^2-1)]^2}}(2\cos(x^2-1))'$

$$=\frac{1}{\sqrt{1-4\cos^2(x^2-1)}}\cdot 2[-\sin(x^2-1)]\cdot(x^2-1)'$$

$$=\frac{-2\sin(x^2-1)}{\sqrt{1-4\cos^2(x^2-1)}}\cdot 2x=-\frac{4x\sin(x^2-1)}{\sqrt{1-4\cos^2(x^2-1)}}$$

由以上可归纳基本初等函数的导数公式如下:

①$(c)'=0$(c 为常数) ②$(x^\mu)'=\mu x^{\mu-1}$

③$(\log_a x)'=\dfrac{1}{x\ln a}$ ④$(\ln x)'=\dfrac{1}{x}$

⑤$(a^x)'=a^x\cdot\ln a$ ⑥$(\mathrm{e}^x)'=\mathrm{e}^x$

⑦$(\sin x)'=\cos x$ ⑧$(\cos x)'=-\sin x$

⑨$(\tan x)'=\sec^2 x$ ⑩$(\cot x)'=-\csc^2 x$

⑪$(\sec x)'=\tan x\sec x$ ⑫$(\csc x)'=-\cot x\csc x$

⑬$(\arcsin x)'=\dfrac{1}{\sqrt{1-x^2}}$ ⑭$(\arccos x)'=-\dfrac{1}{\sqrt{1-x^2}}$

⑮$(\arctan x)'=\dfrac{1}{1+x^2}$ ⑯$(\text{arccot } x)'=-\dfrac{1}{1+x^2}$

习题 2.2

求下列各题的导数:

(1)$y=x^4-3x^2-5x+6$ (2)$y=\ln(\ln\sin x)$

(3)$y=(x+1)(x+2)(x+3)$ (4)$y=(3x^2+5)^{10}$

(5)$y=x\tan x$ (6)$y=x\sqrt{1+x^2}$

(7)$y=\dfrac{1+\sqrt{x}}{1-\sqrt{x}}+\dfrac{1-\sqrt{x}}{1+\sqrt{x}}$ (8)$y=-\sin\dfrac{x}{2}\left(1-2\cos^2\dfrac{x}{4}\right)$

(9)$y=\left(2x^3-x+\dfrac{1}{x}\right)^4$ (10)$y=\dfrac{1}{\sqrt{1-2x^2}}$

(11)$y=\sin^2\left(x+\dfrac{\pi}{3}\right)$ (12)$y=\dfrac{\sqrt{x^5}+\sqrt{x^7}+\sqrt{x^9}}{\sqrt{x}}$

(13)$y=2\arcsin x^2$ (14)$y=x^2\arcsin x$

(15) $y=\arccos(1-x)$

(16) $y=\arctan\dfrac{x}{a}$

(17) $y=\sin^4\dfrac{x}{4}+\cos^4\dfrac{x}{4}$

(18) $y=(4+x^2)\arctan\dfrac{x}{2}$

(19) $y=\tan^2\dfrac{1}{x}$

(20) $y=(\arctan x^3)^2$

(21) $y=\operatorname{arccot}\dfrac{1+x}{1-x}$

(22) $y=\ln(x+\sqrt{1+x^2})$

(23) $y=\dfrac{\arcsin x}{\sqrt{1-x^2}}$

(24) $y=\dfrac{x-1}{x+1}$

2.3　高阶导数

已知在物理学上变速直线运动的速度 $v(t)$ 是位置函数 $s(t)$ 对时间 t 的导数，即 $v=\dfrac{\mathrm{d}s}{\mathrm{d}t}$，而加速度 a 又是速度 v 对时间 t 的变化率，即速度 v 对时间 t 的导数：$a=\dfrac{\mathrm{d}v}{\mathrm{d}t}=\dfrac{\mathrm{d}}{\mathrm{d}t}\left(\dfrac{\mathrm{d}s}{\mathrm{d}t}\right)$，或 $a=(s')'$. 这种导数的导数 $\dfrac{\mathrm{d}}{\mathrm{d}t}\left(\dfrac{\mathrm{d}s}{\mathrm{d}t}\right)$ 称为 s 对 t 的二阶导数. 下面给出它的定义：

定义 2　函数 $y=f(x)$ 的导数 $y'=f'(x)$ 仍然是 x 的函数. 可将 $y'=f'(x)$ 的导数称为函数 $y=f(x)$ 的二阶导数，记作

$$y''\quad 或\quad \frac{\mathrm{d}^2y}{\mathrm{d}x^2}$$

即

$$y''=(y')'\quad 或\quad \frac{\mathrm{d}^2y}{\mathrm{d}x^2}=\frac{\mathrm{d}}{\mathrm{d}x}\left(\frac{\mathrm{d}y}{\mathrm{d}x}\right)$$

相应地，把 $y=f(x)$ 的导数 $y'=f'(x)$ 称为函数 $y=f(x)$ 的**一阶导数**. 类似的，二阶导数的导数，称为**三阶导数**，三阶导数的导数，称为**四阶导数**，……一般 $n-1$ 阶导数的导数称为 ***n* 阶导数**. 分别记作

$$y''',y^{(4)},\cdots,y^{(n)}\quad 或\quad \frac{\mathrm{d}^3y}{\mathrm{d}x^3},\frac{\mathrm{d}^4y}{\mathrm{d}x^4},\cdots,\frac{\mathrm{d}^ny}{\mathrm{d}x^n}$$

二阶及二阶以上的导数统称**高阶导数**. 由此可知，求高阶导数就是多次接连地求导，因此，在求高阶导数时可运用前面所学的求导方法.

例 2.24　已知 $y=ax+b$，求 y''.

解　因为 $y'=a$，故 $y''=0$.

例 2.25　求对数函数 $y=\ln(1+x)$ 的 n 阶导数.

解

$$y'=\frac{1}{1+x},y''=-\frac{1}{(1+x)^2},y'''=\frac{1\cdot2}{(1+x)^3},y^{(4)}=-\frac{1\cdot2\cdot3}{(1+x)^4},\cdots$$

一般，可得

$$y^{(n)}=(-1)^{n-1}\frac{(n-1)!}{(1+x)^n}$$

例 2.26 求幂函数 $y=x^n(n\in\mathbf{N}_+)$ 的各阶导数.

解 $y'=(x^n)'=nx^{n-1}$

$y''=(nx^{n-1})'=n(n-1)x^{n-2}$

$y'''=(n(n-1)x^{n-2})'=n(n-1)(n-2)x^{n-3}$

$\vdots$

$y(n-1)=n(n-1)(n-2)\cdots 2x$

$y^{(n)}=n(n-1)(n-2)\cdots 2\cdot 1=n!$

$y^{(n+1)}=y^{(n+2)}=\cdots=0$

容易看出,导数的阶数每增加一阶,则导数表达式中自变量 x 的幂次就降低一次,且其系数就增加一个因子,求 n 阶导数时,导数表达式中自变量 x 的幂次就共降低 n 次,等于 $n-n=0$,而系数为前 n 个正整数的连乘积,等于 $n!$,所以 n 阶导数

$$y^{(n)}=n!$$

注意到 n 导数为常数,所以 $n+1$ 阶导数

$$y^{(n+1)}=0$$

得到的结论可以表达为

$$(x^n)^{(n)}=n! \qquad (x^m)^{(n)}=0 \quad (正整数\ m<n)$$

例 2.27 求指数函数 $y=\mathrm{e}^x$ 的各阶导数.

解 $y^{(n)}=(\mathrm{e}^x)^{(n)}=\mathrm{e}^x(n\in\mathbf{N}_+)$

例 2.28 求函数 $y=\mathrm{e}^{ax}$(a 为常数)的各阶导数.

解 $y'=(\mathrm{e}^{ax})'=a\mathrm{e}^{ax}$

$y''=(a\mathrm{e}^{ax})'=a^2\mathrm{e}^{ax}$

$y'''=(a^2\mathrm{e}^{ax})'=a^3\mathrm{e}^{ax}$

$\vdots$

$y^{(n)}=(a^{n-1}\mathrm{e}^{ax})'=a^n\mathrm{e}^{ax}(n\in\mathbf{N}_+)$

例 2.29 求三角函数 $y=\sin x$ 与 $y=\cos x$ 的各阶导数.

解 $y'=(\sin x)'=\cos x=\sin\left(x+\frac{\pi}{2}\right)$

$y''=(\cos x)'=-\sin x=\sin(x+\pi)=\sin\left(x+2\cdot\frac{\pi}{2}\right)$

$y'''=(-\sin x)'=-\cos x=\sin\left(x+\frac{3\pi}{2}\right)=\sin\left(x+3\cdot\frac{\pi}{2}\right)$

$y^{(4)}=(-\cos x)'=\sin x=\sin(x+2\pi)=\sin\left(x+4\cdot\frac{\pi}{2}\right)$

$\vdots$

一般

$$(\sin x)^{(n)}=\sin\left(x+n\cdot\frac{\pi}{2}\right)$$

类似的可得

$$(\cos x)^{(n)}=\cos\left(x+n\cdot\frac{\pi}{2}\right)(n\in\mathbf{N}_+)$$

例 2.30　* 研究函数 $f(x)=\begin{cases}x^2 & x\geqslant 0\\ -x^2 & x<0\end{cases}$ 的高阶导数.

解

$$f'(x)=\begin{cases}2x & x>0 \quad f'_+(0)=\lim\limits_{x\to 0^+}\dfrac{f(x)-f(0)}{x-0}=\lim\limits_{x\to 0^+}\dfrac{x^2-0}{x-0}=0\\ 0 & x=0\\ -2x & x<0 \quad f'_-(0)=\lim\limits_{x\to 0^-}\dfrac{f(x)-f(0)}{x-0}=\lim\limits_{x\to 0^-}\dfrac{-x^2-0}{x-0}=0\end{cases}$$

$$f''(x)=\begin{cases}2 & x>0 \quad f''_+(0)=\lim\limits_{x\to 0^+}\dfrac{f'(x)-f'(0)}{x-0}=\lim\limits_{x\to 0^+}\dfrac{2x-0}{x-0}=2\\ \text{不存在} & x=0\\ -2 & x<0 \quad f''_-(0)=\lim\limits_{x\to 0^-}\dfrac{f'(x)-f'(0)}{x-0}=\lim\limits_{x\to 0^-}\dfrac{-2x-0}{x-0}=-2\end{cases}$$

$$f^{(k)}(x)=\begin{cases}0 & x\neq 0\\ \text{不存在} & x=0\end{cases}\quad (k\geqslant 3)$$

注:此题的解法对分段函数是具有一般性的.

习题 2.3

1. 求下列函数的二阶导数:

(1) $y=e^x\cos x$　　(2) $y=x^3+2x^2-1$

(3) $y=\arcsin x$　　(4) $y=a\sin(wx+\varphi)$ (w,φ 是常数)

(5) $y=xe^{-x^2}$　　(6) $y=x^2\cos 3x$

2. 求下列各题的 n 阶导数:

(1) $y=\arctan x$　　(2) $y=\ln(1+x)$

(3) $y=(1+x)^n$　　(4) $y=xe^x$

3. 设 $f'(x)$,$f''(x)$ 存在,求下列函数的二阶导数 $\dfrac{d^2y}{dx^2}$:

(1) $y=f(x^3)$　　(2) $y=\ln\sin x^2$

2.4　隐函数的导数

2.4.1　隐函数的求导

已知用解析法表示函数,可以有不同的形式. 若函数 y 可用含自变量 x 的算式表示,如 $y=\sin x$, $y=1+3x$ 等,这样的函数称为**显函数**. 前面所遇到的函数大多都是显函数.

一般,如果方程 $F(x,y)=0$ 中,令 x 在某一区间内任取一值时,相应地总有满足此方程的 y 值存在,则称方程 $F(x,y)=0$ 所确定的函数称为**隐函数**.

有些隐函数是很容易化为显函数的,但有些隐函数并不是很容易就化为显函数的,那么在求其导数时该如何呢？下面来解决这个问题.

若已知 $F(x,y)=0$,求$\frac{dy}{dx}$时,一般按下列步骤进行求解:

①若方程 $F(x,y)=0$ 能化为 $y=f(x)$ 的形式,则用前面所学的方法进行求导.

②若方程 $F(x,y)=0$ 不能化为 $y=f(x)$ 的形式,则将方程两边对 x 进行求导,并把 y 看成 x 的函数 $y=f(x)$,用复合函数求导法则进行.

例 2.31 已知 $x^2+y^2-3xy=3$,求$\frac{dy}{dx}$.

解 此方程不易显化,故运用隐函数求导法. 两边对 x 进行求导. 得

$$\frac{d}{dx}(x^2+y^2-3xy)=\frac{d}{dx}(3)$$

$$2x+2yy'-3y-3xy'=0$$

故

$$\frac{dy}{dx}=y'=\frac{2x-3y}{3x-2y}$$

注:对隐函数两边的 x 进行求导时,一定要把变量 y 看成 x 的函数,然后利用复合函数求导法则进行求导.

例 2.32 求由方程 $\sin(x+y)=\ln y$ 所确定的隐函数 y 的导数$\frac{dy}{dx}$.

解 两边同时对 x 求导,得

$$\cos(x+y)(1+y')=\frac{y'}{y}$$

所以

$$y\cos(x+y)+y\cos(x+y)y'=y'$$

解得

$$y'=\frac{y\cos(x+y)}{1-y\cos(x+y)}$$

例 2.33 由 $xy+e^y=e$,确定了 y 是 x 的隐函数,求 $y'(0)$.

解 两边同时对 x 求导,得

$$y+xy'+e^yy'=0$$

$$y'=-\frac{y}{x+e^y}$$

因为 $x=0$ 时 $y=1$,故

$$y'(0)=-\frac{1}{e}$$

2.4.2 对数求导法及幂指数函数的导数

有些函数在求导数时,若对其直接求导有时很不方便,如对某些幂函数进行求导时,有没有一种比较直观的方法呢？下面再来学习一种求导的方法:对数求导法.

对数求导的法则 根据隐函数求导的方法,对某一函数先取函数的自然对数,然后再求导.

注:此方法特别适用于幂函数的求导问题.

例2.34　求 $y=x^{\sin x}(x>0)$ 的导数.

解　这函数既不是幂函数也不是指数函数,通常称为幂指函数.为了求这函数的导数,可先在两边取对数,得

$$\ln y=\sin x\cdot\ln x$$

上式两边对 x 求导,注意到 y 是 x 的函数,得

$$\frac{1}{y}y'=\cos x\cdot\ln x+\sin x\cdot\frac{1}{x}$$

于是

$$y'=y\left(\cos x\cdot\ln x+\frac{\sin x}{x}\right)=x^{\sin x}\left(\cos x\cdot\ln x+\frac{\sin x}{x}\right)$$

由于对数具有化积商为和差的性质,因此可将多因子乘积开方的求导运算,通过取对数得到化简.

例2.35　求 $y=\sqrt{\dfrac{(x-1)(x-2)}{(x-3)(x-4)}}(x>4)$ 的导数.

解　先在两边取对数,得

$$\ln y=\frac{1}{2}[\ln(x-1)+\ln(x-2)-\ln(x-3)-\ln(x-4)]$$

上式两边对 x 求导,注意到 y 是 x 的函数,得

$$\frac{1}{y}y'=\frac{1}{2}\left(\frac{1}{x-1}+\frac{1}{x-2}-\frac{1}{x-3}-\frac{1}{x-4}\right)$$

于是

$$y'=\frac{1}{2}\sqrt{\frac{(x-1)(x-2)}{(x-3)(x-4)}}\left(\frac{1}{x-1}+\frac{1}{x-2}-\frac{1}{x-3}-\frac{1}{x-4}\right)$$

注:关于幂指函数求导,除了取对数的方法也可采取化指数的办法.例如,$x^x=e^{x\ln x}$,这样就可把幂指函数求导转化为复合函数求导;又如,求 $y=x^{e^x}+e^{x^e}$ 的导数时,化指数方法比取对数方法来得简单,且不容易出错.

2.4.3　参数方程求导法

平面曲线参数方程的一般形式

$$\begin{cases}x=\varphi(t)\\y=\psi(t)\end{cases}\qquad t\in[\alpha,\beta]\text{为参数}$$

则其导数为

$$\frac{\mathrm{d}y}{\mathrm{d}x}=\frac{\psi'(t)\mathrm{d}t}{\varphi'(t)\mathrm{d}t}=\frac{\psi'(t)}{\varphi'(t)}=\frac{\dfrac{\mathrm{d}y}{\mathrm{d}t}}{\dfrac{\mathrm{d}x}{\mathrm{d}t}}$$

例2.36　已知椭圆的参数方程为

$$\begin{cases}x=a\cos\theta\\y=b\sin\theta\end{cases}\quad(0\leqslant\theta\leqslant2\pi)$$

求椭圆在$\theta=\frac{\pi}{2}$相应的点处切线方程.

解 当$\theta=\frac{\pi}{2}$时,椭圆上的相应点的坐标为

$$x_0=a\cos\frac{\pi}{2}=0$$

$$y_0=b\sin\frac{\pi}{2}=b$$

曲线在该点的切线斜率为

$$y_x'\Big|_{\theta=\frac{\pi}{2}}=\frac{(b\sin\theta)'}{(a\cos\theta)'}\Big|_{\theta=\frac{\pi}{2}}=\frac{b\cos\theta}{-a\sin\theta}\Big|_{\theta=\frac{\pi}{2}}=0$$

由于$y_x'|_{\theta=\frac{\pi}{2}}=0$,因此椭圆在该点处有水平切线,且切线方程为$y=b$.

例 2.37 *设由方程

$$\begin{cases}x=t^2+2t\\t^2-y+\varepsilon\sin y=1\end{cases}\quad(0<\varepsilon<1)$$

确定函数$y=y(x)$,求$\frac{dy}{dx}$.

解 方程组两边对t求导

$$\begin{cases}\frac{dx}{dt}=2t+2\\2t-\frac{dy}{dt}+\varepsilon\cos y\frac{dy}{dt}=0\end{cases}$$

化简得

$$\begin{cases}\frac{dx}{dt}=2(t+1)\\\frac{dy}{dt}=\frac{2t}{1-\varepsilon\cos y}\end{cases}$$

所以

$$\frac{dy}{dx}=\frac{\frac{dy}{dt}}{\frac{dx}{dt}}=\frac{1}{(t+1)(1-\varepsilon\cos y)}$$

习题 2.4

1. 求由下列方程所确定的函数的导数:

(1)$y\sin x-\cos(x-y)=0$

(2)$\sqrt{x^2+y^2}=e^{\arctan\frac{y}{x}}$

2. 求由方程$xy-e^x+e^y=0$所确定的隐函数y的导数$\frac{dy}{dx},\frac{dy}{dx}\big|_{x=0}$.

3. 用对数求导法则求下列函数的导数：

(1) $y = x^{x^2}$

(2) $y = \dfrac{\sqrt{x+2}(3-x)^4}{(x+1)^5}$

(3) $y = \sqrt{x \sin x \sqrt{1-e^x}}$

4. 求由参数方程$\begin{cases} x = \arctan t \\ y = \ln(1+t^2) \end{cases}$所表示的函数 $y=y(x)$ 的导数.

2.5　函数的微分

学习函数的微分之前，首先来分析一个具体问题：一块正方形金属薄片受温度变化的影响时，其边长由 x_0 变到了 $x_0+\Delta x$，则此薄片的面积改变了多少？

设此薄片的边长为 x，面积为 A，则 A 是 x 的函数：$A=x^2$ 薄片受温度变化的影响面积的改变量，可看成是当自变量 x 从 x_0 取的增量 Δx 时，函数 A 相应的增量 ΔA，即：

$$\Delta A = (x_0+\Delta x)^2 - x_0^2 = 2x_0\Delta x + (\Delta x)^2$$

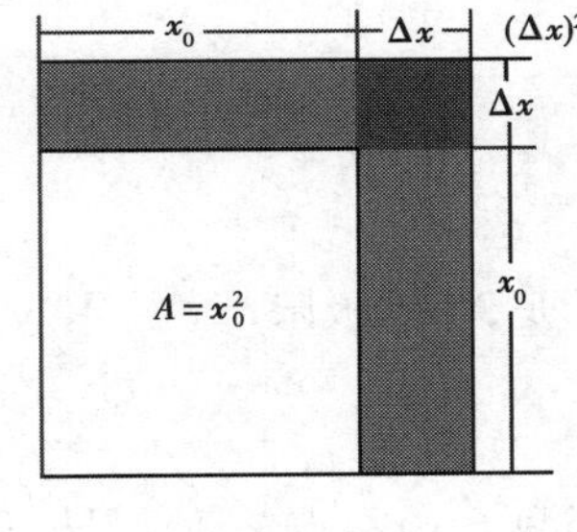

图 2.4

从上式可知，ΔA 分成两部分：第一部分 $2x_0\Delta x$ 是 Δx 的线性函数，即图 2.4 中浅灰部分；第二部分 $(\Delta x)^2$，即图 2.4 中的深灰部分，当 $\Delta x\to 0$ 时，它是 Δx 的高阶无穷小，表示为 $O(\Delta x)$.

由此可知，如果边长变化得很小时，面积的改变量可近似地用第一部分来代替. 下面给出微分的数学定义.

2.5.1　函数微分的定义

设函数在某区间内有定义，x_0 及 $x_0+\Delta x$ 在这区间内，若函数的增量可表示为 $\Delta y = A\Delta x + O(\Delta x)$，其中，$A$ 是不依赖于 Δx 的常数，$O(\Delta x)$ 是 Δx 的高阶无穷小，则称函数 $y=f(x)$ 在点 x_0 是可微的. $A\Delta x$ 称为函数 $y=f(x)$ 在点 x_0 相应于自变量增量 Δx 的微分，记作 dy，即

$$dy = A\Delta x$$

通过上面的学习已知，微分 dy 是自变量改变量 Δx 的线性函数，dy 与 Δy 的差 $O(\Delta x)$ 是关于 Δx 的高阶无穷小量，则将 dy 称为 Δy 的**线性主部**. 于是又得出：当 $\Delta x\to 0$ 时，$\Delta y \approx dy$. 导数记为

$$\frac{dy}{dx} = f'(x)$$

现在可知，它不仅表示导数的记号，而且还可表示两个微分的比值（把 Δx 看成 dx，即定义自变量的增量等于自变量的微分），还可表示为

$$dy = f'(x)dx$$

由此得出：**若函数在某区间上可导，则它在此区间上一定可微，反之也成立.**

定理 6　函数 $f(x)$ 在点 x_0 可微的充要条件是在点 x_0 可导，且微分

$$dy|_{x=x_0}=f'(x_0)\Delta x$$

证　充分性:若函数$f(x)$在点x_0处可导,则有极限值

$$\lim_{\Delta x\to 0}\frac{\Delta y}{\Delta x}=f'(x_0)(\text{有限值})$$

所以

$$\lim_{\Delta x\to 0}\left[\frac{\Delta y}{\Delta x}-f'(x_0)\right]=0$$

即

$$\lim_{\Delta x\to 0}\frac{\Delta y-f'(x_0)\Delta x}{\Delta x}=0$$

这说明当$\Delta x\to 0$时,存在常数$A=f'(x_0)$,使得差$\Delta y-f'(x_0)\Delta x$是比Δx高阶的无穷小,由微分定义,函数$y=f(x)$在点x_0处可微,且微分

$$dy|_{x=x_0}=f'(x_0)\Delta x$$

必要性:若函数$f(x)$在点x_0处的可微,存在常数A,使得差$\Delta y-f'(x_0)\Delta x$是比Δx高阶的无穷小,即有极限

$$\lim_{\Delta x\to 0}\frac{\Delta y-A\Delta x}{\Delta x}=0$$

因而有

$$\lim_{\Delta x\to 0}\left(\frac{\Delta y}{\Delta x}-A\right)=0$$

于是,得到极限

$$\lim_{\Delta x\to 0}\frac{\Delta y}{\Delta x}=A$$

所以函数$f(x)$在点x_0处可导,且一阶导数值是$f'(x_0)=A$.

由于自变量x的微分$dx=(x)'\Delta x=\Delta x$,为此函数$f(x)$在点x_0处的微分又可记作

$$dy|_{x=x_0}=f'(x_0)dx$$

函数$f'(x)$在某区间内每一点都可微,则称$f(x)$是该区间的可微函数.函数在任意一点的微分可记作

$$dy=f'(x)dx$$

由上式可得$f'(x)=\frac{dy}{dx}$,所以导数可看作是函数的微积分dy与自变量的微积分dx的商,故导数也称为微商.

例2.38　求函数$y=x^3+3^x+\log_3 x-\sqrt[3]{3}$的微分.

解　$y'=(x^3+3^x+\log_3 x-\sqrt[3]{3})'=(x^3)'+(3^x)'+(\log_3 x)'-(\sqrt[3]{3})'$

$=3x^2+3^x\ln 3+\frac{1}{x\ln 3}-0=3x^2+3^x\ln 3+\frac{1}{x\ln 3}$

所以微分

$$dy=\left(3x^2+3^x\ln 3+\frac{1}{x\ln 3}\right)dx$$

例2.39　求函数$y=\ln(x-\sqrt{1+x^2})$的微分.

解　$$\begin{aligned}dy&=d\left(\frac{1}{x-\sqrt{x^2+1}}\right)\\&=\frac{1}{x-\sqrt{x^2+1}}d(x-\sqrt{x^2+1})\\&=\frac{1}{x-\sqrt{x^2+1}}\left[1-\frac{1}{2\sqrt{x^2+1}}(x^2+1)'\right]dx\\&=\frac{1}{x-\sqrt{x^2+1}}\left(1-\frac{2x}{2\sqrt{x^2+1}}\right)dx=-\frac{1}{\sqrt{x^2+1}}dx\end{aligned}$$

2.5.2　微分形式不变性

设 $y=f(u)$，$u=\varphi(x)$，则复合函数 $y=f[\varphi(x)]$ 的微分为

$$dy=y'_x dx=f'(u)\varphi'(x)dx$$

由于 $\varphi'(x)dx=du$，故可将复合函数的微分写为

$$d'y=f'(u)du$$

由此可知，不论 u 是自变量还是中间变量，$y=f(u)$ 的微分 dy 总可用 $f'(u)$ 与 du 的乘积来表示. 因此，把这一性质称为**微分形式不变性**.

例 2.40　已知 $y=\sin(2x+1)$，求 dy.

解　把 $2x+1$ 看成中间变量 u，根据微分形式不变性，则

$$\begin{aligned}dy&=d(\sin u)=\cos u\,du=\cos(2x+1)d(2x+1)\\&=\cos(2x+1)\cdot 2dx=2\cos(2x+1)dx\end{aligned}$$

2.5.3　基本初等函数的微分公式与微分的运算法则

通过上面的学习已知，微分与导数有着不可分割的联系，于是通过基本初等函数导数的公式可得出基本初等函数微分的公式. 下面用表格来把基本初等函数的导数公式与微分公式进行对比(部分公式)，见表 2.1.

表 2.1

导数公式	微分公式
$(C)'=0$	$d(C)=0$
$(x)'=1$	$d(x)=dx$
$(x^n)'=nx^{n-1}$	$d(x^n)=nx^{n-1}dx$
$(\sin x)'=\cos x$	$d(\sin x)=\cos x\,dx$
$(e^x)'=e^x$	$d(e^x)=e^x dx$
$(\ln x)'=\frac{1}{x}$	$d(\ln x)=\frac{dx}{x}$

由函数和、差、积、商的求导法则，可推出相应的微分法则. 为了便于理解，下面用表格来把微分的运算法则与导数的运算法则进行对照，见表 2.2.

表 2.2

函数和、差、积、商的求导法则	函数和、差、积、商的微分法则
$(u \pm v)' = u' \pm v'$	$d(u \pm v) = du \pm dv$
$(Cu)' = Cu'$	$d(Cu) = Cdu$
$(uv)' = u'v + uv'$	$d(uv) = vdu + udv$
$\left(\dfrac{u}{v}\right)' = \dfrac{u'v - uv'}{v^2}$	$d\left(\dfrac{u}{v}\right) = \dfrac{vdu - udv}{v^2}$

复合函数的微分法则就是前面学到的微分形式不变性,在此不再详述.

例 2.41 求函数 $y = xe^{\ln\tan x}$ 的微分.

解 利用一阶微分形式不变性和微分运算法则求微分,得

$$\begin{aligned} dy &= d(xe^{\ln\tan x}) = e^{\ln\tan x}dx + xd\,e^{\ln\tan x} \\ &= e^{\ln\tan x}dx + xe^{\ln\tan x}d(\ln\tan x) \\ &= e^{\ln\tan x}dx + xe^{\ln\tan x} \cdot \frac{1}{\tan x}d(\tan x) \\ &= e^{\ln\tan x}dx + xe^{\ln\tan x}\frac{1}{\tan x} \cdot \frac{1}{\cos^2 x}dx \\ &= e^{\ln\tan x}\left(1 + \frac{2x}{\sin 2x}\right)dx \end{aligned}$$

例 2.42 *求函数 $y = e^{\sin\frac{1}{x}}$ 的微分.

解 利用微分的形式不变性

$$\begin{aligned} dy &= e^{\sin\frac{1}{x}}d\left(\sin\frac{1}{x}\right) = e^{\sin\frac{1}{x}}\cos\frac{1}{x}d\left(\frac{1}{x}\right) \\ &= e^{\sin\frac{1}{x}}\cos\frac{1}{x}\left(-\frac{1}{x^2}\right)dx = -\frac{1}{x^2}e^{\sin\frac{1}{x}}\cos\frac{1}{x}dx \end{aligned}$$

所以微分

$$dy = -\frac{1}{x^2}e^{\sin\frac{1}{x}}\cos\frac{1}{x}dx$$

例 2.43 由方程 $x^2 + y^2 + xy = 0$ 确定变量 y 为 x 的函数,求微分 dy, y'.

解 方程式 $x^2 + y^2 + xy = 0$ 等号两端皆对自变量 x 求导,得

$$2x + 2yy' + (y + xy') = 0$$

即

$$(x + 2y)y' = -(y + 2x)$$

得到

$$y' = -\frac{y + 2x}{x + 2y}$$

所以微分

$$dy = y'dx = -\frac{y + 2x}{x + 2y}dx$$

2.5.4　微分的应用

微分是表示函数增量的线性主部. 计算函数的增量,有时比较困难,但计算微分则比较简单,为此可用函数的微分来近似地代替函数的增量,这就是微分在近似计算中的应用.

设 $y=f(x)$ 在点 x_0 可导,且 $|\Delta x|$ 很小时,则有

$$\Delta y \approx \mathrm{d}y = f'(x_0)\Delta x$$

利用上式可求 Δy 的近似值,即

$$\Delta y \approx f'(x_0)\Delta x$$

另一方面

$$\Delta y = f(x_0+\Delta x) - f(x_0) \approx f'(x_0)\Delta x$$

则

$$f(x_0+\Delta x) \approx f(x_0) + f'(x_0)\Delta x$$

在上式中,令

$$x_0 + \Delta x = x$$

则又有

$$f(x) \approx f(x_0) + f'(x_0)(x - x_0)$$

利用上述近似公式又可求 Δy, $f(x_0+\Delta x)$ 或 $f(x)$ 的近似值.

例 2.44　求 $\sqrt{1.05}$ 的近似值.

解　转化为求微分的问题.

设 $f(x)=\sqrt{x}$,故 $\sqrt{x+\Delta x}=f(x+\Delta x)$,这里 $x=1$, $\Delta x=0.05$,

$$f(x+\Delta x) \approx f(x) + f'(x)\Delta x = \sqrt{x} + \frac{1}{2\sqrt{x}}\Delta x = 1 + \frac{1}{2}\times 0.05 = 1.025$$

故其近似值为 1.025(精确值为 1.024 695).

例 2.45　求 $\sin 30°30'$ 的近似值.

解　设函数 $f(x)=\sin x$,故 $f'(x)=\cos x$(x 为弧度)

因

$$x_0 = \frac{\pi}{6}, \qquad \Delta x = \frac{\pi}{360}$$

故

$$f\left(\frac{\pi}{6}\right) = \frac{1}{2}, \qquad f'\left(\frac{\pi}{6}\right) = \frac{\sqrt{3}}{2}$$

故

$$\sin 30°30' = \sin\left(\frac{\pi}{6} + \frac{\pi}{360}\right) \approx \sin\frac{\pi}{6} + \cos\frac{\pi}{6}\cdot\frac{\pi}{360}$$

$$= \frac{1}{2} + \frac{\sqrt{3}}{2}\times\frac{\pi}{360} \approx 0.507\ 6$$

例 2.46　有一批半径为 1 cm 的球,为了提高球面的光洁度,要镀上一层铜,厚度定为 0.01 cm. 估计一下每只球需要用铜多少克(铜的密度是 8.9 $\mathrm{g/cm^3}$)?

解　先求出镀层的体积,再求相应的质量.

因为镀层的体积等于两个球体体积之差 ΔV,可用微分近似代替增量.

设 $V=\frac{4}{3}\pi R^3$,则

$$\Delta V = \mathrm{d}V = V(R_0)\mathrm{d}R$$

$$V'\big|_{R=R_0}=\left(\frac{4}{3}\pi R^3\right)'\big|_{R=R_0}=4\pi R_0{}^2$$

$$\Delta V \approx 4\pi R_0{}^2\cdot\Delta R$$

将 $R_0=1,\Delta R=0.01$ 代入上式,得

$$\Delta V\approx 4\times 3.14\times 1^2\times 0.01\ \mathrm{cm}^3=0.13\ \mathrm{cm}^3$$

因此,镀每只球需要用的铜为 $0.13\ \mathrm{cm}^3\times 8.9\ \mathrm{g/cm}^3=1.16\ \mathrm{g}$.

习题 2.5

1. 求下列函数的微分:

(1)设 $y=x^3+3^x+\log_3 x-\sqrt[3]{3}$,求 $\mathrm{d}y$.

(2)设 $y=\frac{x-2}{\sqrt[3]{x^2}}$,求 $\mathrm{d}y$.

(3)设 $y=\frac{\sin x}{1+\cos x}$,求 $\mathrm{d}y\big|_{x=\frac{\pi}{3}}$.

2. 求下列函数的微分:

(1)设 $y=\mathrm{e}^{\sin\frac{1}{x}}$,求 $\mathrm{d}y$.

(2)设 $y=\ln(x-\sqrt{1+x^2})$,求 $\mathrm{d}y$.

(3)设 $y=\left(\frac{x}{x^2+1}\right)^{10}$,求 $\mathrm{d}y$.

3. 求下列方程所确定的隐函数的微分 $\mathrm{d}y$:

(1)$x^2+y^2+xy=0$

(2)$e^{xy}+y\ln x=\cos 2x$

4. 求由曲线 $x^2+xy+y^2=4$ 在点 $M(2,-2)$的切线方程.

【阅读材料】

微积分的诞生

微积分的产生是数学上的伟大创造.它从生产技术和理论科学的需要中产生,又反过来广泛影响着生产技术和科学的发展.如今,微积分已是广大科学工作者以及技术人员不可缺少的工具.

微积分是微分学和积分学的统称,它的萌芽、发生与发展经历了漫长的时期.早在古希腊时期,欧多克斯提出了穷竭法.这是微积分的先驱,而我国庄子的《天下篇》中也有“一尺之锤,日取其半,万世不竭”的极限思想.公元263年,刘徽为《九间算术》作注时提出了“割圆术”,用正多边形来逼近圆周.这是极限论思想的成功运用.

积分概念是由求某些面积、体积和弧长引起的，古希腊数学家阿基米德在《抛物线求积法》中用穷竭法求出抛物线弓形的面积，阿基米德的贡献真正成为积分学的萌芽.

微分是联系到对曲线作切线的问题和函数的极大值、极小值问题而产生的.微分方法的第一个真正值得注意的先驱工作起源于 1629 年费尔玛陈述的概念，他给出了如何确定极大值和极小值的方法.其后英国剑桥大学三一学院的教授巴罗又给出了求切线的方法，进一步推动了微分学概念的产生.前人的工作终于使牛顿和莱布尼茨在 17 世纪下半叶各自独立创立了微积分. 1605 年 5 月 20 日，在牛顿手写的一面文件中开始有“流数术”的记载，微积分的诞生不妨以这一天为标志.牛顿关于微积分的著作很多写于 1665—1676 年间，他完整地提出微积分是一对互逆运算，并且给出换算的公式，就是后来著名的牛顿—莱而尼茨公式.

1666 年，牛顿(1642—1727 年)发现了微积分，世界科学界公认为近代物理学从这一年开始.然而美国科学家根据一本失传 2000 多年的古希腊遗稿发现，早在公元前 200 年左右，古希腊数学家阿基米德(公元前 287—前 212 年)就阐述了现代微积分学理论的精粹，并发明出了一种用于微积分计算的特殊工具.美国科学家克里斯·罗里斯称，如果这本阿基米德“失传遗稿”早牛顿 100 年被世人发现，那么人类科技进程可能就会提前 100 年，人类现在说不定都已经登上了火星.

复习题 2

一、选择题：

(1)设 $f(x)$ 可导，则 $\lim\limits_{\Delta x\to 0}\dfrac{f^2(x+\Delta x)-f^2(x)}{\Delta x}=$(　　).

A. 0　　B. $2f(x)$　　C. $2f'(x)$　　D. $2f(x)\cdot f'(x)$

(2)设 $f(x)$ 在点 x_0 处可导，则 $\lim\limits_{h\to 0}\dfrac{f(x_0-2h)-f(x_0)}{h}=$(　　).

A. $-2f'(x_0)$　　B. $2f'(x_0)$　　C. $-\dfrac{1}{2}f'(x_0)$　　D. $\dfrac{1}{2}f'(x_0)$

(3)曲线 $y=2x^2+3x-26$ 上点 M 处的切线斜率是 15，则点 M 的坐标是(　　).

A. $(3,15)$　　B. $(3,1)$　　C. $(-3,15)$　　D. $(-3,1)$

(4)已知 a 是大于零的常数，$f(x)=\ln(1+a^{-2x})$，则 $f'(0)=$(　　).

A. $-\ln a$　　B. $\ln a$　　C. $\dfrac{1}{2}\ln a$　　D. $\dfrac{1}{2}$

(5)已知三次抛物线 $y=x^3$ 在点 M_1 和 M_2 处的切线斜率都等于 3，则点 M_1 和 M_2 分别为(　　).

A. $(-1,-1)$ 及 $(1,1)$　　B. $(-1,1)$ 及 $(1,1)$

C. $(1,-1)$ 及 $(1,1)$　　D. $(-1,-1)$ 及 $(1,-1)$

(6)设方程 $e^x-e^y=xy$ 确定 y 是 x 的函数，则 $y'(0)=$(　　).

A. e^{-y}　　B. 1　　C. $\dfrac{1-y}{e^y}$　　D. 0

(7)设$\begin{cases}x=\arctan t\\y=\ln(1+t^2)\end{cases}$,则$\dfrac{d^2y}{dx^2}=$(　　).

A. $\dfrac{2}{1+t^2}$　　B. $2(1+t^2)$　　C. 2　　D. $\dfrac{2(1-t^2)}{(1+t^2)^2}$

二、填空题:

1. 设函数$f(x)=\sin 2+x^2+2^x$,则$f'(x)=$______.

2. 已知$f'(x_0)=-1$,则$\lim\limits_{x\to 0}\dfrac{x}{f(x_0-2x)-f(x_0-x)}=$______.

3. 设函数$y=\ln \arcsin\sqrt{x}$,则$y'=$______.

4. 已知曲线$y=x^3-3a^2x+b$与x轴相切,则b^2可通过a表示为$b^2=$______.

5. 设函数$f(x)=x^3\ln x$,则$f''(1)=$______.

6. $f(x)$二阶可导,$y=f(1+\sin x)$,则$y'=$______;$y''=$______.

7. 设$y=xe^x$,则$dy=$______.

8. 设方程$x=y^y$确定y是x的函数,则$dy=$______.

三、解答题:

1. 讨论函数$f(x)=\begin{cases}x^2 & x\leqslant 1\\2x-1 & x>1\end{cases}$在$x=1$处的连续性和可导性(提示:先用定义计算$f'_-(1)$,$f'_+(1)$).

2. 设函数$g(x)$连续,在$x=0$处可导且$g(0)=0$,$g'(0)=-1$,若$f(x)=\begin{cases}\dfrac{g(x)+2x}{x} & x\neq 0\\a & x=0\end{cases}$在$x=0$连续,求$a$的值.

3. 求下列各函数的导数:

(1)$y=3^{\sin x}+(\sin x)^{-3}+e^{\frac{1}{3}}$　　(2)$y=\log_5\sqrt[8]{x}$

(3)$y=x^2\arctan\dfrac{1}{x}\cdot\sec(2x)$　　(4)$y=\left(\dfrac{x}{1+x}\right)^x$

(5)$y=\dfrac{1}{\sin^n x}$　　(6)$y=\left(f\left(\dfrac{x}{2}\right)\right)^3$

4. 求下列函数的二阶导数:

(1)$y=\arctan\dfrac{x}{2}$　　(2)$y=f(a^x)$

(3)$y=xe^{-x}$　　(4)$y=\dfrac{x}{2}[\sin(\ln x)+\cos(\ln x)]$

5. 求隐函数的导数:

(1)$x^y=y^x$　　(2)$xy-y^2+\sin y=0$

(3)$\sin(xy)-\dfrac{1}{y-x}=1$,求$y'|_{x=0}$　　(4)$y+\sqrt{2xy}-x=x^2y$

6. 求下列函数的微分：

(1) $y = e^{-\arctan\frac{2}{x}}$，求 $dy, dy|_{x=2}$.　　(2) 设 $y = \ln(x + \sqrt{x^2 + 3})$，求 $dy|_{x=1}$.

(3) $y = x^y$，求 dy.　　(4) $y = \dfrac{\arcsin x}{\sqrt{1 - x^2}}$，求 dy.

7. 计算近似值(精确到 10^{-3})：

(1) $e^{1.01}$　　(2) $\sqrt[3]{1.02}$

8. 设 $\begin{cases} x = f(t) - \pi \\ y = f(e^{3t} - 1) \end{cases}$，其中 f 均为可导的奇函数，且 $f'(0) \neq 0$，求相应于 $t = 0$ 的点处的切线方程.

9. 设 $y = e^{\arctan x} \sin \dfrac{1}{x}$，求 y'.

10. 试确定常数 a, b 之值，使函数 $f(x) = \begin{cases} b(1 + \sin x) + a + 2 & x \geqslant 0 \\ e^{ax} - 1 & x < 0 \end{cases}$ 处处可导.

11. 一截面为倒置等边三角形的水槽，长 20 m，若以 3 m^3/s 的速度将水注入，求当水面高度为 4 m 时，水面上升的速度.

第3章 导数的应用

在自然科学与工程技术的所有领域几乎都有导数的运用,而且导数作为自然科学与工程技术的运算和理论工具显得越来越重要.本章将在建立了导数概念和解决了导数计算的基础上学习微分中值定理,并由此引出计算未定型极限的方法——洛必塔法则,并以导数为工具,讨论函数及其性态,解决一些实际问题.

3.1 中值定理及函数的单调性

中值定理是微分学中最重要的定理之一.这一章中的许多结果都是建立在中值定理的基础上的,本节学习中值定理及如何利用导数来判断函数的单调性.

3.1.1 罗尔(Rolle)定理

引例3.1 如图3.1所示,曲线弧 AB 是函数$y=f(x)$ $(x\in[a,b])$的图形,这是一条连续的曲线弧,除端点外处处有不垂直于 x 轴的切线,且两个端点的纵坐标相等,即 $f(a)=f(b)$.可发现在曲线弧的最高点或最低点 C 处,曲线有水平切线.如果记 C 点的横坐标为 ξ,那么就有 $f'(\xi)=0$.

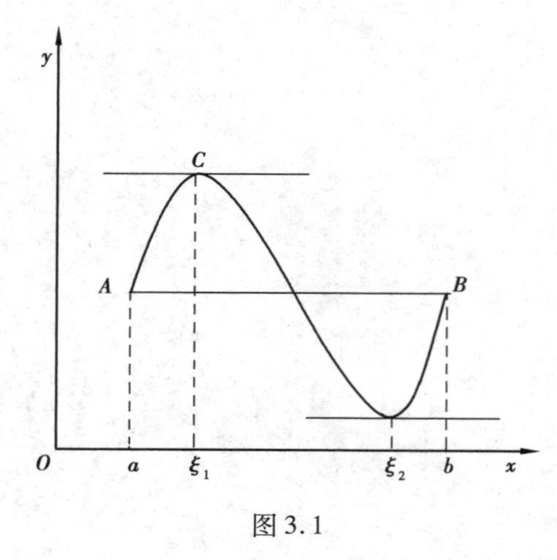

图3.1

定理1(Rolle定理) 若函数 $y=f(x)$满足:

①在闭区间$[a,b]$上连续.

②在开区间(a,b)内可导.

③在区间$[a,b]$的端点处的函数值相等,即 $f(a)=f(b)$.

则至少存在一点 $\xi\in(a,b)$使 $f'(\xi)=0$.

罗尔定理的几何意义是:如果连续曲线弧 $y=f(x)$在端点 A,B 处的纵坐标相等,且除端点 A,B 外处处具有不垂直于 x 轴的切线,则在弧 AB 上至少有一点 C,使 C 点处的切线平行于 x 轴.

例3.1　验证罗尔定理对$f(x)=x^2-x-2$在区间$[-1,2]$上的正确性.

解　显然$f(x)=x^2-x-2$在$[-1,2]$连续,在$(-1,2)$上可导,且

$$f(-1)=f(2)=0$$

又

$$f'(x)=2x-1$$

令$f'(x)=0$,有点$\xi=\frac{1}{2}$,而$\frac{1}{2}\in(-1,2)$,满足$f'(\xi)=0$满足罗尔定理的条件及结论.

关于罗尔中值定理应该注意以下4点:

①定理中的条件是充分的,但非必要的.

②罗尔定理的前提条件缺一不可,当缺少条件时,罗尔定理不一定成立.

③罗尔定理的结论只强调点ξ的存在性.

④罗尔定理结论中满足$f'(\xi)=0$的点并不一定是唯一的.

罗尔定理中,$f(a)=f(b)$这个条件比较特殊,它使罗尔定理的应用受到限制.如果把$f(a)=f(b)$这个条件取消,但仍保留其余两个条件,会有什么结论呢?那么,就得到微分学中十分重要的拉格朗日中值定理.

3.1.2　拉格朗日(Lagrange)中值定理

引例3.2　如图3.2所示,曲线弧AB是把引例3.1中的曲线旋转一定角度所得,即这时两端点处的函数值不再相等,$f(a)\neq f(b)$,从而过A,B的直线不再平行于x轴.然而,当把该直线向上或向下平行移动,也会发现总可与曲线上某个点(如点C)有一个交点,使移动后的直线成为该点的切线,即曲线在该点的切线平行于弦AB.

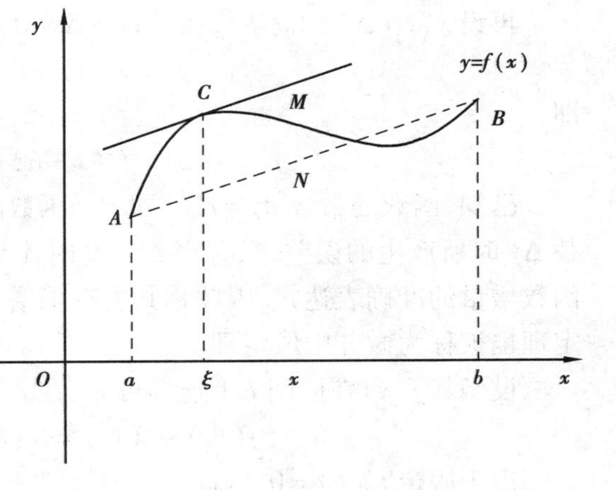

图3.2

若记点C的横坐标为ξ,则曲线在点C处切线的斜率为$f'(\xi)$,而弦AB的斜率为

$$\frac{f(b)-f(a)}{b-a}$$

即

$$f'(\xi)=\frac{f(b)-f(a)}{b-a}$$

综合上述结果,就得到拉格朗日中值定理.

定理2(拉格朗日中值定理)　若函数$f(x)$满足条件:

①在闭区间$[a,b]$上连续.

②在开区间(a,b)内可导.

则至少存在一点$\xi\in(a,b)$,使得

$$f(b)-f(a)=f'(\xi)(b-a)$$

或

$$f'(\xi)=\frac{f(b)-f(a)}{b-a}$$

拉格朗日中值定理的几何意义:如果在闭区间$[a,b]$上连续的一条曲线弧$y=f(x)$除端点外处处具有不垂直于x轴的切线,则曲线上至少存在一点C,使得曲线在点C处的切线平行于连接曲线两端点的弦AB.

显然,在拉格朗日中值定理中,如果令$f(a)=f(b)$,则上式变为$f'(\xi)=0$,即定理转化为罗尔定理.因此,拉格朗日中值定理是罗尔定理的推广,罗尔定理是拉格朗日中值定理的特殊情形.

若将上式写为

$$f(a)-f(b)=f'(\xi)(a-b)\quad \xi\in(a,b)$$

由于$\xi\in(a,b)$,故

$$0<\theta=\frac{\xi-a}{b-a}<1$$

于是ξ可表示为

$$\xi=a+\theta(b-a)\qquad(0<\theta<1)$$

因此有

$$f(a)-f(b)=f'[a+\theta(b-a)](a-b)\qquad(0<\theta<1)$$

再设$x,x+\Delta x\in[a,b]$,在$[x,x+\Delta x]$上应用拉格朗日中值定理,得

$$f(x+\Delta x)-f(x)=f'(x+\theta\Delta x)\Delta x$$

即

$$\Delta y=f'(x+\theta\Delta x)\Delta x\qquad(0<\theta<1)$$

已知,函数的微分$dy=f'(x)\Delta x$是函数的增量Δy的近似表达式.一般来说,以dy近似代替Δy时所产生的误差,只有当$\Delta x\to 0$时才趋于零;而上式却给出了自变量取得有限增量时,函数增量的准确表达式.因此称其为有限增量定理,上式也称有限增量公式.故拉格朗日中值定理也被称为微分中值定理.

设函数$f(x)$在区间I上连续可导,在I上任取$x_1,x_2,(x_1<x_2)$,由拉格朗日中值定理得

$$f(x_2)-f(x_1)=f'(\xi)(x_2-x_1)\quad \xi\in(x_1,x_2)$$

由于假定$f'(\xi)=0$,因此

$$f(x_2)-f(x_1)=0$$

即

$$f(x_2)=f(x_1)$$

由此可得拉格朗日中值定理的两个推论:

推论1 若函数$f(x)$在区间(a,b)上可导,且对任意的$x\in(a,b)$,都有

$$f'(x)=0$$

则$f(x)$为(a,b)上的一个常数.

推论2 若对于区间(a,b)上的任一点x,都有$f'(x)=g'(x)$,则$f(x)$和$g(x)$在(a,b)上最多相差一个常数,即

$$f(x)=g(x)+C$$

其中,C为常数.

证　设函数 $F(x)=f(x)-g(x)$,则

$$f'(x)=f'(x)-g'(x)=0$$

所以有

$$F(x)=f(x)-g(x)=C$$

即

$$f(x)=g(x)+C$$

其中,C 为常数.

例 3.2　验证拉格朗日中值定理对函数 $y=x^3-1$ 在[1,3]上的正确性.

解　显然 $y=x^3-1$ 在[1,3]上连续,在区间(1,3)内可导,满足拉格朗日中值定理的条件,又因为 $f(1)=0$, $f(3)=26$,若设

$$f(3)-f(1)=f'(\xi)(3-1)$$

则有

$$6\xi^2=26,\xi=\pm\frac{\sqrt{39}}{3}$$

其中,$\xi=\frac{\sqrt{39}}{3}$ 在(1,3)内,即当 $\xi=\frac{\sqrt{39}}{3}$ 时,能使 $f(3)-f(1)=f'(\xi)(3-1)$ 成立.

3.1.3　柯西中值定理

定理 3(柯西中值定理)　设函数 $f(x)$ 和 $g(x)$ 满足:

①在 $[a,b]$ 上都连续.

②在 (a,b) 上都可导.

③$f'(x)$ 和 $g'(x)$ 不同时为零.

④$g(a)\neq g(b)$.

则存在 $\xi\in(a,b)$,使得

$$\frac{f'(\xi)}{g'(\xi)}=\frac{f(b)-f(a)}{g(b)-g(a)}$$

显然,柯西中值定理有着与前两个中值定理相类似的几何意义. 令定理中的 $g(x)=x$,则柯西中值定理变化为拉格朗日中值定理. 因此,柯西中值定理是拉格朗日中值定理的推广,拉格朗日中值定理是柯西中值定理的特殊情况.

例 3.3　设函数 $f(x)$ 在 $[a,b]$ $(a>0)$ 上连续,在 (a,b) 内可导,则存在 $\xi\in(a,b)$,使得

$$f(b)-f(a)=\xi f'(\xi)\ln\frac{b}{a}$$

证　设 $g(x)=\ln x$,显然它在 $[a,b]$ 上与 $f(x)$ 一起满足柯西中值定理条件,于是存在 $\xi\in(a,b)$,使得

$$\frac{f(b)-f(a)}{\ln b-\ln a}=\frac{f'(\xi)}{\frac{1}{\xi}}$$

即

$$f(b)-f(a)=\xi f'(\xi)\ln\frac{b}{a}$$

3.1.4 函数的单调性

在初等数学中已学过函数的单调性,利用初等函数单调性的定义只能判定比较简单的函数的单调性,对复杂的函数则不好判断.下面介绍利用函数的导数来研究函数的单调性.

定理4(函数单调性的判断定理) 设函数$f(x)$在区间$[a,b]$上连续,在区间(a,b)内可导.

①若函数$f(x)$在(a,b)内$f'(x)>0$,则函数$y=f(x)$在区间$[a,b]$上单调增加.

②若函数$f(x)$在(a,b)内$f'(x)<0$,则函数$y=f(x)$在区间$[a,b]$上单调减少.

证 任取$x_1,x_2\in(a,b)$且$x_1<x_2$,由拉格朗日中值定理得

$$f(x_2)-f(x_1)=f'(\xi)(x_2-x_1)\quad \xi\in(x_1,x_2)$$

显然,若$f'(\xi)>0$,则有

$$f(x_2)-f(x_1)>0$$

即函数$f(x)$在(a,b)上单调递增(见图3.3(a)).

同理,若$f'(\xi)<0$,则有

$$f(x_2)-f(x_1)<0$$

即函数$f(x)$在(a,b)上单调递减(见图3.3(b)).

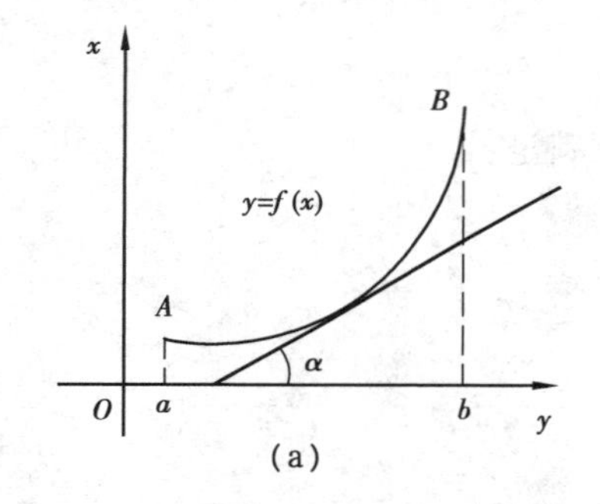

(a)

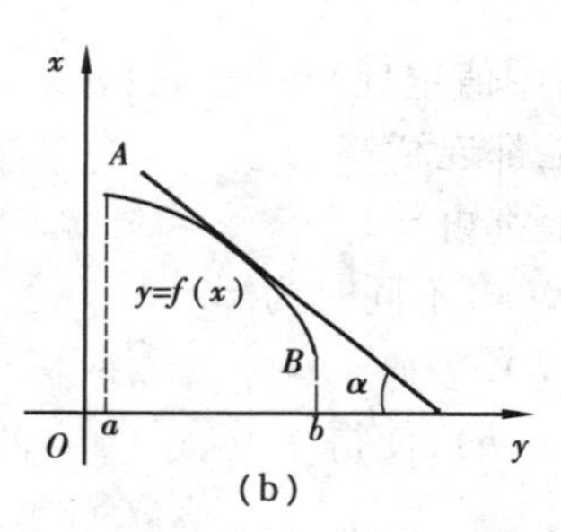

(b)

图3.3

由此,若函数在某区间上单调递增(或减少),则在此区间内函数图形上任意一点切线的斜率均为正(或负),也就是函数的导数在此区间上均取正值(或负值).因此,可通过判定函数导数的正负来判定函数的增减性.

例3.4 确定下列函数的单调区间:

1)$f(x)=x^3$　　2)$f(x)=2x^2-\ln x$　　3)$f(x)=\sqrt{2x-x^2}$

解 1)$f(x)=3x^2$,令$f'(x)=0$,得

$$x=0$$

当$x<0$时,$f'(x)>0$,$f(x)$递增;当$x>0$时,$f'(x)>0$,$f(x)$递增,见表3.1.

表3.1

x	$(-\infty,0)$	0	$(0,\infty)$
$f'(x)$	+	0	+
$f(x)$	↗		↗

2) $f(x)$的定义域为$x>0$. $f'(x)=4x-\frac{1}{x}=\frac{4x^2-1}{x}$,令$f'(x)=0$,得

$$x=\frac{1}{2}$$

当$0<x<\frac{1}{2}$时,$f'(x)<0$,$f(x)$递减;当$x>\frac{1}{2}$时,$f'(x)>0$,$f(x)$递增,见表3.2.

表3.2

x	$\left(0,\frac{1}{2}\right)$	$\frac{1}{2}$	$\left(\frac{1}{2},\infty\right)$
$f'(x)$	$-$	0	$+$
$f(x)$	↘		↗

3) $f(x)$的定义域为$0\leqslant x\leqslant 2$. $f'(x)=\frac{1-x}{\sqrt{2x-x^2}}$,令$f'(x)=0$,得

$$x=1$$

当$0<x<1$时,$f'(x)>0$,$f(x)$递增;当$1<x<2$时,$f'(x)<0$,$f(x)$递减,见表3.3.

表3.3

x	$(0,1)$	1	$(1,2)$
$f'(x)$	$+$	0	$-$
$f(x)$	↗		↘

注意到,在例3.4中,有的使$f'(x)=0$的点是函数单调递增区间和递减区间的分界点,如2)、3);有的使$f'(x)=0$的点则不是函数单调递增区间和递减区间的分界点,如1).

因此,当用导数为零的点和导数不存在的点将函数的定义域划分为若干个子区间以后,就可判断函数在各个子区间上的单调性.这个结论对于在对应区间上具有连续导数的函数都是成立的.

显然,使函数的导数$f'(x)=0$的点是一类较特殊的点,可给出如下定义:

定义1　使函数的导数$f'(x)=0$的点称为函数的驻点.

由以上讨论,总结给出判定函数$y=f(x)$单调性具体步骤如下:

①确定函数的$y=f(x)$定义域.

②求$f'(x)$.

③$f'(x)=0$,求出函数$f(x)$在定义域内的驻点和不可导点.

④用驻点和不可导点将定义域分成若干子区间,列表分析.

⑤写出函数$y=f(x)$的单调区间.

例3.5　判定函数$f(x)=x^2e^{-x}$的单调性.

解　函数的定义域是$(-\infty,+\infty)$,则

$$f'(x)=2xe^{-x}-x^2e^{-x}=x(2-x)e^{-x}$$

令 $f'(x)=0$,求得 $f(x)$ 的驻点为

$$x=0, x=2$$

用这两个驻点将 $f(x)$ 的定义域分成 3 个子区间,并列表判断 $f'(x)$ 在这些子区间上的符号以及 $f(x)$ 的情况,见表 3.4.

表 3.4

x	$(-\infty,0)$	0	$(0,2)$	2	$(2,+\infty)$
$f'(x)$	-	0	+	0	-
$f(x)$	↘		↗		↘

因此,函数在区间 $(-\infty,0)$ 和 $(2,+\infty)$ 上是单调递减的;在区间 $(0,2)$ 上是单调递增的.

下面列举一个利用函数的单调性来证明不等式的例子.

例 3.6 证明当 $x>0$ 时,有 $e^x>1+x$.

证 设 $f(x)=e^x-1-x$,则 $f(x)$ 在 $(-\infty,+\infty)$ 上可导,即

$$f'(x)=e^x-1$$

且

$$f(0)=0$$

当 $x>0$ 时,$f'(x)=e^x-1>0$,$f(x)=e^x-1-x$ 是递增函数,于是有

$$f(x)=e^x-1-x>0$$

即当 $x>0$ 时

$$e^x>1+x$$

习题 3.1

1. 填空题:

(1) 设 $f(x)=x-\sin x$,因为 $f'(x)=$________,所以在区间________函数单调________.

(2) 函数 $f(x)=x^3-6x^2+9x+2$ 在区间________________单调增加,在区间__________单调减少.

(3) 函数 $f(x)=e^{-x^2}$ 的单调增区间是________,单调减区间是________.

2. 验证拉格朗日定理对函数 $y=x^2-x+2$ 在区间 $[0,2]$ 上的正确性.

3. 判定下列函数的单调性:

(1) $f(x)=\arctan x-x$　　(2) $f(x)=\ln x$

(3) $y=x^4-2x^3+x^2+2$　　(4) $y=xe^x$

4. 求下列函数的单调区间:

(1) $y=2x^3-\ln x$　　(2) $f(x)=(x-1)(x+1)^3$

(3) $y=x-\ln(1+x)+5$　　(4) $y=2x^3-6x^2-18x-7$

3.2　函数的极值和最值

3.2.1　函数的极值

首先观察图3.4,函数 $y=f(x)$ 在 a_1,a_4,a_6 的函数值比它们左右近旁各点的函数值都大,在点 a_2,a_5 的函数值比它们左右近旁的函数值都小,且在这几个点的左右函数的单调性也有变化.对于这种性质的点和函数值,可给出如下的定义:

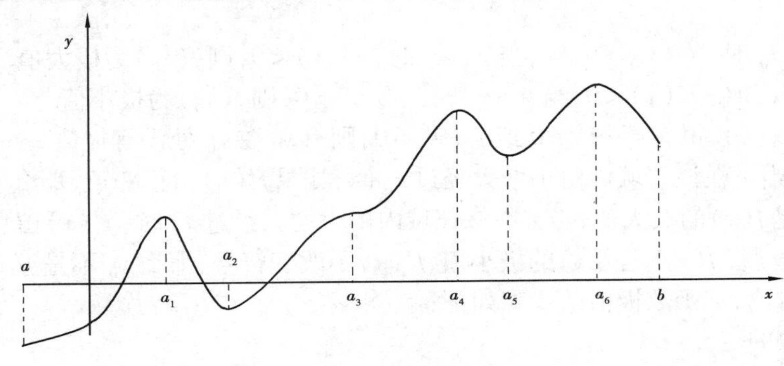

图3.4

(1)极值的定义

定义2　设 $y=f(x)$ 在 x_0 的某个邻域内有定义,且除 x_0 外,如果:

①恒有 $f(x)<f(x_0)$,则称 $f(x_0)$ 为 $f(x)$ 的极大值,点 x_0 称为 $f(x)$ 的一个极大值点.

②恒有 $f(x)>f(x_0)$,则称 $f(x_0)$ 为 $f(x)$ 的极小值,点 x_0 称为 $f(x)$ 的一个极小值点.

函数的极大值与极小值统称为极值,使函数取得极值的点称为极值点.

例如,图3.4中的 a_1,a_4,a_6 都是函数极大值点,其相应的函数值 $f(a_1)$, $f(a_4)$, $f(a_6)$ 都是函数 $y=f(x)$ 的极大值;a_2,a_5 都是函数极小值点,其相应的函数值 $f(a_2)$, $f(a_5)$ 都是函数 $y=f(x)$ 的极小值.

注:

①极值是一个局部的概念,它是与极值点邻近局部范围内的所有点的函数值相比较而言,并不意味着它在函数的整个定义域内最大或最小;图3.4中函数的最大值为 $f(a_6)$,而最小值是 $f(a)$.

②函数的极大值未必比函数的极小值大,极小值也不一定比极大值小.显然,图3.4中 $f(a_5)>f(a_1)$.

③函数的极值一定出现在区间的内部,不可能出现在区间的端点处;而函数的最大值和最小值可能出现在区间的内部,也可能出现在区间的端点处.

(2)函数极值的判定和求法

由图3.4可知,在函数取得极值的点上,曲线在该点的切线是水平的,即在极值点处函数的导数为零;反之,曲线上有水平切线的点处,即在使导数为零的点处,函数不一定取得极值.例如,在 a_3 处虽有 $f'(a_3)=0$,但在该点不取得极值.根据上一节的内容可知,使导数为零的点称为函数的驻点,也就是说,函数的驻点不一定是函数的极值点.

由此可知,$f(x)$的极值点只能是$f(x)$的驻点或导数不存在的点.通常将函数$f(x)$的驻点和导数不存在的点,称为$f(x)$的可能极值点.可能极值点未必一定是极值点.例如,函数$y=x^3$,$x=0$是函数的驻点,但函数在$(-\infty,+\infty)$内单调增加,$x=0$不是极值点.

又如,函数$f(x)=\begin{cases}2x & x\geqslant 0\\ x & x<0\end{cases}$在$x=0$处不可导,由于函数在$(-\infty,+\infty)$内单调增加,$x=0$不是极值点.

下面给出极值判断的条件.

定理5(极值的第一充分条件) 设函数$f(x)$在点x_0的某δ邻域内连续,且在x_0的某一邻域内可导.

①若当$x<x_0$时,$f'(x)>0$,则,当$x>x_0$时,$f'(x)<0$,则$f(x_0)$为极大值.

②若当$x<x_0$时,$f'(x)<0$,当$x>x_0$时,$f'(x)>0$,则$f(x_0)$为极小值.

③若当$x\neq x_0$时,恒有$f'(x)<0$或$f'(x)>0$,则$f(x)$在x_0处没有极值.

也就是说,当x在该邻域内由小增大经过x_0时,如果$f'(x)$由正变负,那么x_0是$f(x)$的极大值点,$f(x_0)$是$f(x)$的极大值;当x在该邻域内由小增大经过x_0时,$f'(x)$由负变正,那么x_0是$f(x)$的极小值点,$f(x_0)$是$f(x)$的极小值;$f'(x)$不改变符号,那么x_0不是$f(x)$的极值点.

根据以上讨论,求函数极值的步骤如下:

①确定函数的定义域.

②求$f'(x)$,并求出函数的驻点及不可导点.

③以上面求得的点为界,将定义域分割成若干个子区间,列表讨论每一子区间内$f'(x)$,从而确定曲线$y=f(x)$在每一子区间内的单调性,确定极值点.

例3.7 求函数$f(x)=x^3-3x^2-9x+3$的极值.

解 $f'(x)=3x^2-6x-9=3(x+1)(x-3)$

令$f'(x)=0$,得

$$x_1=-1,x_2=3\quad(\text{无}f'(x)\text{不存在的点})$$

用$x_1=-1$,$x_2=3$作为界点将定义域分成几个子区间,并列表,见表3.5.

表3.5

x	$(-\infty,-1)$	-1	$(-1,3)$	3	$(3,+\infty)$
y'	+	0	−	0	+
$y=f(x)$	↗	极大值	↘	极小值	↗

故$f(x)$在$x=-1$取得极大值为

$$f(-1)=8$$

因此,$f(x)$在$x=3$取得极小值为

$$f(3)=-24$$

例3.8 求$f(x)=x^{\frac{2}{3}}(x-5)$的极值和单调区间.

解 显然函数定义域为$(-\infty,+\infty)$,则

$$f'(x)=\frac{2}{3}x^{-\frac{1}{3}}(x-5)+x^{\frac{2}{3}}=\frac{1}{3}x^{-\frac{1}{3}}(2x-10+3x)=\frac{5x-10}{3\sqrt[3]{x}}$$

令$f'(x)=0$,解得

$$x=2$$

另有$f'(x)$不存在的点$x=0$(即求出可能的极值点).

用$x=0$和2作为分界点将$(-\infty,+\infty)$分区列表(见表3.6).

表3.6

x	$(-\infty,0)$	0	$(0,2)$	2	$(2,+\infty)$
$f'(x)$	+	不存在	−	0	+
$y=f(x)$	↗	极大值	↘	极小值	↗

因此,函数的极大值为$f(0)=0$;极小值为$f(2)=-3\sqrt[3]{4}$;函数在$(-\infty,0)$和$(2,+\infty)$单调递增,在$(0,2)$单调递减.

定理6(极值的第二充分条件)　设函数$f(x)$在点x_0的某一邻域内二阶可导,且$f'(x)=0,f''(x)\neq 0$,则:

①当$f''(x_0)<0$时,函数$f(x)$在x_0处取得极大值.

②当$f''(x_0)>0$时,函数$f(x)$在x_0处取得极小值.

下面用极值的第二充分条件来求解例3.7.

因为

$$f'(x)=3x^2-6x-9,\ f''(x)=6x-6$$

令$f'(x)=0$,得

$$x_1=-1,x_2=3$$

因为

$$f''(-1)=-12<0$$

故$f(-1)=8$为极大值.

又

$$f''(3)=12>0$$

故$f(3)=-24$为极小值.

3.2.2　函数的最大值和最小值

在生产实践及科学实验中,常遇到"用料最少""成本最低""利润最大"和"投入最小"等问题.这类问题在数学上常常归结为求函数的最大值或最小值问题.

(1)闭区间[a,b]上的最大值和最小值

如果函数$f(x)$在闭区间$[a,b]$上连续,则$f(x)$在$[a,b]$上必有**最大值和最小值**.连续函数在闭区间$[a,b]$上的最大值和最小值仅可能在区间内的极值点和区间的端点处取得.因此,为了求出函数$f(x)$在闭区间$[a,b]$上的最大值与最小值,可先求出函数在$[a,b]$内的一切可能的极值点(所有驻点和导数不存在的点)处的函数值和区间端点处的函数值$f(a)$,$f(b)$,比较这些函数值的大小,其中最大的就是最大值,最小的就是最小值.

例3.9　求函数$f(x)=(x-1)\sqrt[3]{x^2}$在$\left[-1,\frac{1}{2}\right]$上的最大值和最小值.

解 当 $x\neq 0$ 时

$$f'(x)=\frac{5x-2}{3\sqrt[3]{x}}$$

由 $f'(x)=0$,得 $x=\frac{2}{5}$. 则 $x=0$ 为 $f'(x)$ 不存在的点.

由于

$$f(-1)=-2,f\left(\frac{1}{2}\right)=-\frac{1}{4}\sqrt[3]{2},f(0)=0,f\left(\frac{2}{5}\right)=-\frac{3}{5}\sqrt[3]{\frac{4}{25}}$$

因此,函数的最大值是 $f(0)=0$,最小值是 $f(-1)=-2$.

例 3.10 求函数 $f(x)=x^3-3x+2$,在区间[0,3]上的最大值和最小值.

解 $f(x)=x^3-3x+2$ 在区间[0,3]处处可导.

先来求函数的驻点,$f'(x)=3x^2-3$,令 $f'(x)=0$,解得

$$x=\pm 1(舍去负值)$$

再来比较端点与极值点的函数值,取出最大值与最小值即为所求.

因为

$$f(0)=2,f(3)=20,f(1)=0$$

故函数的最大值为 $f(3)=20$,函数的最小值为 $f(1)=0$.

若 $f(x)$ 在一个区间内(开区间、闭区间或无穷区间)只有一个极大值点,而无极小值点,则该极大值点一定是最大值点. 若 $f(x)$ 在一个区间内(开区间、闭区间或无穷区间)只有一个极小值点,而无极大值点,则该极小值点一定是最小值点. 若函数 $f(x)$ 在 $[a,b]$ 上单调增加(或减少),则 $f(x)$ 必在区间 $[a,b]$ 的两端点上达到最大值和最小值.

例 3.11 求函数 $f(x)=\frac{1}{x}+\frac{1}{1-x}$ 在(0,1)内的最小值.

解 $f'(x)=-\frac{1}{x^2}+\frac{1}{(1-x)^2}=\frac{2x-1}{x^2(1-x)^2}$

在(0,1)上,令 $f'(x)=0$ 得

$$x=\frac{1}{2}$$

当 $0<x<\frac{1}{2}$ 时

$$f'(x)<0$$

当 $\frac{1}{2}<x<1$ 时

$$f'(x)>0$$

故 $f(x)$ 在 $x=\frac{1}{2}$ 处取得极小值.

由上面的讨论可知,函数 $f(x)$ 在点 $x=\frac{1}{2}$ 处取得最小值 $f\left(\frac{1}{2}\right)=4$.

(2)最大值、最小值应用举例

在实际问题中,如果函数 $f(x)$ 在某区间 (a,b) 内只有一个驻点 x_0,而且从实际问题本身

又可以知道$f(x)$在该区间内必定有最大值或最小值,则$f(x_0)$就是所要求的最大值或最小值.

例3.12　现有一批材料,可以修建20 m长的墙,现要在一个靠墙的地方修建一个矩形的房子(不考虑门),问其长和宽应为多少时房子的面积最大?

解　设房子的宽为x,长为$20-2x$,则其面积为

$$s=x(20-2x)\quad(0<x<10)$$

因为

$$s'=(20-2x)+x(-2)=20-4x$$

令$s'=0$,解得

$$x=5,s''=-4<0$$

又因为实际问题中,面积的最大值一定存在,所以$x=5$是其最大值点.也就是说,当$x=5$ m宽,长为10 m时,面积最大,面积为50 m^2.

例3.13　一条边长为$2a$的正方形薄片,从四角各截去一个小方块,然后折成一个无盖的方盒子,问截取的小方块的边长等于多少时,方盒子的容量最大?

解　设截取的小方块的边长为$x(0<x<a)$,则方盒子的容积为

$$V(x)=x(2a-2x)^2=4a^2x-8ax^2+4x^3$$

$$V'(x)=4a^2-16ax+12x^2=4(a^2-4ax+3x^2)=(x-a)(3x-a)$$

令$V'(x)=0$,得驻点

$$x_1=\frac{a}{3},x_2=a\quad(不合题意,舍去)$$

由于在$(0,a)$内只有一个驻点,由实际意义可知,无盖方盒的容积一定有最大值.因此,当$x=\frac{a}{3}$时$v(x)$取得最大值.

故当正方形薄片四角各截去一个边长是$\frac{a}{3}$的小方块后,折成一个无盖方盒子的容积最大.

习题3.2

1. 填空题:

(1)函数$f(x)=2x^3+3x^2-12x+1$在$x=$______取得极小值______,在$x=$______取得极大值______.

(2)函数$y=\sqrt[3]{(x-1)^2}$在$x=$______取得极______值______.

(3)函数$y=ax^2+bx\quad(a>0,b>0)$在$\left[0,\frac{b}{a}\right]$上的最大值是______,最小值是______.

(4)函数$y=|x^3|$在$[-3,1]$上的最小值是______.

(5)函数$y=\sqrt[3]{(x^2-2x)^2}$在$[0,3]$上的最大值是______,最小值是______.

2. 求下列函数的极值点和极值:

(1)$y=2x^3-3x^2$　　(2)$y=x-\ln(1+x)$

3. 已知函数$f(x)=e^{-x}\ln ax$在$x=\frac{1}{2}$处有极值,求a的值.

4. 要做一个容积为 V 的圆柱形罐头盒,怎样设计才能使所用材料最省?
5. 证明:周长一定的长方形中正方形的面积最大.

3.3 洛必达法则

3.3.1 洛必达法则

如果当 $x \to x_0$(或 $x \to \infty$, $x \to \pm\infty$)时,函数 $f(x)$ 和 $g(x)$ 都趋于零或无穷大,那么极限 $\lim\limits_{\substack{x \to x_0 \\ (x \to \infty)}} \dfrac{f(x)}{g(x)}$,可能存在,也可能不存在,通常称这类极限为未定式,记作 $\dfrac{0}{0}$ 或 $\dfrac{\infty}{\infty}$ 型. 对于未定式,不能直接用"商的极限等于极限的商"这一法则. 下面介绍计算这种未定式极限的洛必达法则.

(1)$\dfrac{0}{0}$型未定式

洛必达法则 若函数 $f(x)$ 和 $g(x)$ 在点 x_0 的某去心邻域有定义,且满足:

①$\lim\limits_{x \to x_0} f(x) = \lim\limits_{x \to x_0} g(x) = 0$.

②在点 x_0 的某空心邻域内两者都可导,且 $g'(x) \neq 0$,即

$$\lim_{x \to x_0} \frac{f'(x)}{g'(x)} = A \quad (A \text{ 可为实数,也可为} \pm\infty \text{或} \infty)$$

则

$$\lim_{x \to x_0} \frac{f(x)}{g(x)} = \lim_{x \to x_0} \frac{f'(x)}{g'(x)} = A$$

证 因为 $f(x)$ 和 $g(x)$ 在 $[x_0, x]$ 满足柯西定理的条件,故由柯西定理得

$$\frac{f(x) - f(x_0)}{g(x) - g(x_0)} = \frac{f'(\xi)}{g'(\xi)}$$

因为

$$f(x_0) = g(x_0) = 0$$

故

$$\frac{f(x)}{g(x)} = \frac{f'(\xi)}{g'(\xi)} \quad (\xi \text{ 介于 } x_0 \text{ 与 } x \text{ 之间})$$

当令 $x \to x_0$ 时,也有 $\xi \to x_0$,使得

$$\lim_{x \to x_0} \frac{f(x)}{g(x)} = \lim_{x \to x_0} \frac{f'(\xi)}{g'(\xi)} = \lim_{x \to x_0} \frac{f'(x)}{g'(x)} = A$$

注:若将定理中 x 换成 $x \to x_0^+$, $x \to x_0^-$, $x \to \pm\infty$, $x \to \infty$,只要相应地修正条件②中的邻域,也可得到同样的结论.

例 3.14 求下列函数的极限:

1)$\lim\limits_{x \to 0} \dfrac{1 - \cos x}{x^2}$　2)$\lim\limits_{x \to 0} \dfrac{x^2}{1 - \sqrt{1 + x^2}}$　3)$\lim\limits_{x \to 1} \dfrac{x^3 - 3x + 2}{x^3 - x^2 - x + 1}$　4)$\lim\limits_{x \to 0} \dfrac{\ln(1 + x)}{x^2}$

解　1)是$\frac{0}{0}$型未定式,故

$$\lim_{x\to 0}\frac{1-\cos x}{x^2}=\lim_{x\to 0}\frac{(1-\cos x)'}{(x^2)'}=\frac{1}{2}\lim_{x\to 0}\frac{\sin x}{x}=\frac{1}{2}$$

2)是$\frac{0}{0}$型未定式,故

$$\lim_{x\to 0}\frac{x^2}{1-\sqrt{1+x^2}}=\lim_{x\to 0}\frac{2x}{-\frac{2x}{2\sqrt{1+x^2}}}=\lim_{x\to 0}(-2\sqrt{1+x^2})=-2$$

3)同理,得

$$\lim_{x\to 1}\frac{x^3-3x+2}{x^3-x^2-x+1}=\lim_{x\to 1}\frac{3x^2-3}{3x^2-2x-1}=\lim_{x\to 1}\frac{6x}{6x-2}=\frac{3}{2}$$

注:若用一次罗比达法则后,极限还是$\frac{0}{0}$型未定式,则可多次使用罗比达法则.

4)同理,得

$$\lim_{x\to 0}\frac{\ln(1+x)}{x^2}=\lim_{x\to 0}\frac{\frac{1}{1+x}}{2x}=\lim_{x\to 0}\frac{1}{2x(1+x)}=\infty$$

(2)$\frac{\infty}{\infty}$型未定式

若函数$f(x)$和$g(x)$在点x_0的某去心邻域有定义,且满足:

①$\lim\limits_{x\to x_0}f(x)=\lim\limits_{x\to x_0}g(x)=\infty$.

②在某去心邻域内两者都可导,且$g'(x)\neq 0$.

③$\lim\limits_{x\to x_0}\frac{f'(x)}{g'(x)}=A$($A$可为实数,也可为$\pm\infty,\infty$).

则

$$\lim_{x\to x_0}\frac{f(x)}{g(x)}=\lim_{x\to x_0}\frac{f'(x)}{g'(x)}=A$$

例3.15　求下列函数的极限:

1)$\lim\limits_{x\to+\infty}\frac{\ln x}{x^a}(a>0)$　　2)$\lim\limits_{x\to\frac{\pi}{2}}\frac{\tan x}{\tan 3x}$

3)$\lim\limits_{x\to 0^+}\frac{\ln\sin 2x}{\ln\sin x}$　　4)$\lim\limits_{x\to\infty}\frac{x+\sin x}{x}$

解　1)$\lim\limits_{x\to+\infty}\frac{\ln x}{x^a}=\lim\limits_{x\to+\infty}\frac{\frac{1}{x}}{ax^{(a-1)}}=\lim\limits_{x\to+\infty}\frac{1}{ax^a}=0$

2)$\lim\limits_{x\to\frac{\pi}{2}}\frac{\tan x}{\tan 3x}=\lim\limits_{x\to\frac{\pi}{2}}\frac{\frac{1}{\cos^2 x}}{\frac{3}{\cos^2 3x}}=\lim\limits_{x\to\frac{\pi}{2}}\frac{\cos^2 3x}{3\cos^2 x}=\lim\limits_{x\to\frac{\pi}{2}}\frac{2\cos 3x(-3\sin 3x)}{6\cos x(-\sin x)}$

$$= \lim_{x \to \frac{\pi}{2}} \frac{\cos 3x \sin 3x}{\cos x \sin x} = \lim_{x \to \frac{\pi}{2}} \frac{\sin 6x}{\sin 2x} = \lim_{x \to \frac{\pi}{2}} \frac{6 \cos 6x}{2 \cos 2x} = 3$$

3) $\lim\limits_{x \to 0^+} \dfrac{\ln \sin 2x}{\ln \sin x} = \lim\limits_{x \to 0^+} \dfrac{\dfrac{2 \cos 2x}{\sin 2x}}{\dfrac{\cos x}{\sin x}} = \lim\limits_{x \to 0^+} \dfrac{2x}{\sin 2x} \cdot \dfrac{\sin x}{x} \cdot \lim\limits_{x \to 0^+} \dfrac{\cos 2x}{\cos x} = 1$

4) $\lim\limits_{x \to \infty} \dfrac{x + \sin x}{x} = \lim\limits_{x \to \infty} \dfrac{1 + \cos x}{1}$

后一极限不存在，不能用洛必达法则计算，改用其他方法求

$$\lim_{x \to \infty} \frac{x + \sin x}{x} = \lim_{x \to \infty} \left(1 + \frac{\sin x}{x}\right) = 1 + 0 = 1$$

注：

①使用洛必达法则，必须分母和分子分别求导，不是整个表达式求导.

②只要满足条件，可多次使用洛必达法则.

3.3.2 其他类型不定式极限

不定式极限还有 $0 \cdot \infty$，1^{∞}，0^0，∞^0，$\infty - \infty$ 等类型. 它们一般均可化为$\dfrac{0}{0}$型或$\dfrac{\infty}{\infty}$型的极限.

例 3.16 求 $\lim\limits_{x \to 0^+} x \ln x$.

解 这是一个 $0 \cdot \infty$ 型不定式极限；用恒等变形 $x \ln x = \dfrac{\ln x}{\dfrac{1}{x}}$将它转化为$\dfrac{\infty}{\infty}$型的不定式极限，并应用洛必达法则得到，即

$$\lim_{x \to 0^+} x \ln x = \lim_{x \to 0^+} \frac{\ln x}{\dfrac{1}{x}} = \lim_{x \to 0^+} \frac{\dfrac{1}{x}}{-\dfrac{1}{x^2}} = \lim_{x \to 0^+} (-x) = 0$$

例 3.17 求 $\lim\limits_{x \to 0} (\cos x)^{\frac{1}{x^2}}$.

解 这是一个 1^{∞} 型不定式极限. 利用对数恒等式作恒等变形

$$(\cos x)^{\frac{1}{x^2}} = e^{\frac{1}{x^2} \ln \cos x}$$

其指数部分的极限 $\lim\limits_{x \to 0} \dfrac{1}{x^2} \ln \cos x$ 是$\dfrac{0}{0}$型不定式极限，可先求得

$$\lim_{x \to 0} \frac{\ln \cos x}{x^2} = \lim_{x \to 0} \frac{-\tan x}{2x} = -\frac{1}{2}$$

从而得到

$$\lim_{x \to 0} (\cos x)^{\frac{1}{x^2}} = e^{-\frac{1}{2}}$$

例 3.18 求 $\lim\limits_{x \to 1} \left(\dfrac{1}{x-1} - \dfrac{1}{\ln x}\right)$.

解 这是一个 $\infty - \infty$ 型不定式极限，通分后化为$\dfrac{0}{0}$型的极限，即

$$\lim_{x\to 1}\left(\frac{1}{x-1}-\frac{1}{\ln x}\right)=\lim_{x\to 1}\frac{\ln x-x+1}{(x-1)\ln x}$$

$$=\lim_{x\to 1}\frac{\frac{1}{x}-1}{\frac{x-1}{x}+\ln x}=\lim_{x\to 1}\frac{1-x}{x-1+x\ln x}$$

$$=\lim_{x\to 1}\frac{-1}{2+\ln x}=-\frac{1}{2}$$

例3.19　求 $\lim\limits_{x\to 0^+}x^x$.

解　这是"0^0"型未定式,利用对数恒等式,有

$$\lim_{x\to 0^+}x^x=\lim_{x\to 0^+}\mathrm{e}^{x\ln x}=\mathrm{e}^{\lim\limits_{x\to 0^+}x\ln x}$$

$$\lim_{x\to 0^+}x\ln x=\lim_{x\to 0^+}\frac{\ln x}{\frac{1}{x}}=\lim_{x\to 0^+}\frac{\frac{1}{x}}{-\frac{1}{x^2}}=\lim_{x\to 0^+}(-x)=0$$

所以

$$\lim_{x\to 0^+}x^x=\lim_{x\to 0^+}\mathrm{e}^0=1$$

习题3.3

1. 判断题:

(1)在运用洛必达法则时,如果 $\lim\frac{f'(x)}{g'(x)}$不存在,则 $\lim\frac{f(x)}{g(x)}$也不存在.　(　　)

(2) $\lim\limits_{x\to 1}\frac{x^2+1}{x}=\lim\limits_{x\to 1}\frac{(x^2+1)'}{x'}=\lim\limits_{x\to 1}\frac{2x}{1}=2$.　(　　)

(3) $\lim\limits_{x\to 1}\frac{x^3-2x+1}{x-1}=\lim\limits_{x\to 1}\frac{(x^3-2x+1)'}{(x-1)'}=\lim\limits_{x\to 1}\frac{3x^2-2}{1}=1$.　(　　)

2. 填空题:

(1)极限 $\lim\limits_{x\to 0^+}\frac{\sin ax}{\sin bx}$ 是________型,所以 $\lim\limits_{x\to 0^+}\frac{\sin ax}{\sin bx}=\lim\limits_{x\to 0^+}$________$=$________.

(2)极限 $\lim\limits_{x\to 0^+}\frac{\ln x}{\ln\sin x}$ 是________型,所以 $\lim\limits_{x\to 0^+}\frac{\ln x}{\ln\sin x}=\lim\limits_{x\to 0^+}$________$=$________.

(3)极限 $\lim\limits_{x\to 0}\frac{x+\sin x}{x^2}$ 是________型,所以 $\lim\limits_{x\to 0}\frac{x+\sin x}{x^2}=\lim\limits_{x\to 0}\frac{1+\cos x}{2x}$________.

3. 计算题:

(1) $\lim\limits_{x\to 0}\frac{\mathrm{e}^x-\mathrm{e}^{-x}-2x}{x-\sin x}$

(2) $\lim\limits_{x\to 0}\frac{x^2}{\sin x}$

(3) $\lim\limits_{x\to 1}(1-x)\tan\frac{\pi x}{2}$

(4) $\lim\limits_{x\to 1}\left(\frac{1}{\ln x}-\frac{1}{x-1}\right)$

(5) $\lim\limits_{x\to+\infty}\dfrac{x^n}{e^{ax}}\quad(a>0,n>0)$　　(6) $\lim\limits_{x\to1^-}\ln x\ln(1-x)$

(7) $\lim\limits_{x\to0}\left(\dfrac{1}{x}-\dfrac{1}{e^x-1}\right)$　　(8) $\lim\limits_{x\to a}\dfrac{a^x-x^a}{x-a}\quad(a>0)$

(9) $\lim\limits_{x\to+\infty}\dfrac{e^x-e^{-x}}{e^x+e^{-x}}$　　(10) $\lim\limits_{x\to0}\dfrac{(3^x-5^x)\sin x}{x^2}$

*3.4　曲线的凹凸和拐点

3.4.1　曲线的凹凸及判别

为了较准确地描出函数的图形，仅仅知道函数的单调区间和极值是不行的. 例如，$f(x)$在$[a,b]$上单调，这时会出现图3.5中的3种情况：在图3.5(a)的曲线上任意点处作切线，切线都位于曲线弧的上方，是一段凸弧；在图3.5(b)的曲线上任意点处作切线，切线都位于曲线弧的下方，是一段凹弧. 曲线具有这种凸和凹的性质，称为凸凹性.

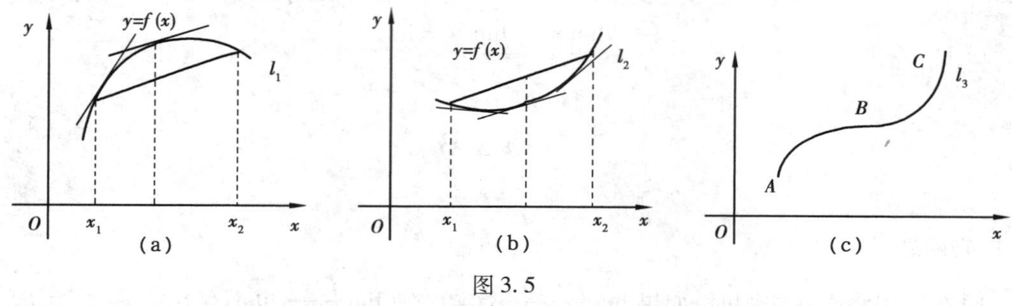

图3.5

定义3　若曲线$y=f(x)$在区间(a,b)内各点的切线都位于该曲线弧的下方，则称此曲线在(a,b)内是凹的；若曲线$y=f(x)$各点的切线都位于曲线弧的上方，则称此曲线在(a,b)内是凸的.

从几何意义上看，凸弧具有这种特点：从中任取两点，连此两点的弦总在曲线的下方. 进而不难知道，在$[a,b]$中任意取两个点函数在这两点处的函数值的平均值小于这两点的中点处的函数值. 凹弧也有相仿的特点.

如果$f(x)$在$[a,b]$内具有二阶导数，那么，可利用二阶导数的符号来判定曲线的凹凸性. 下面不加证明地给出曲线凹凸性的判定定理.

定理7　设$f(x)$在$[a,b]$上连续，在(a,b)内具有一阶和二阶导数.

①若在(a,b)内，$f''(x)<0$，则$f(x)$在$[a,b]$上的图形是凸的.

②若在(a,b)内，$f''(x)>0$，则$f(x)$在$[a,b]$上的图形是凹的.

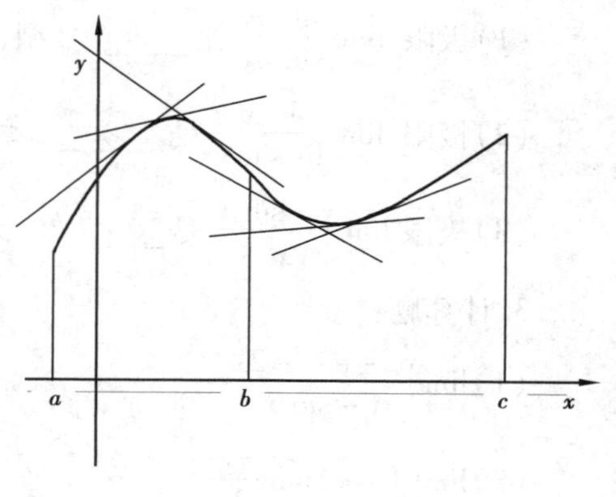

图3.6

由图3.6可知，在区间(a,b)上，切线位于曲线弧的上方，曲线弧是凸的. 在这一段上，切线的斜率逐渐减小，因此，函数的二阶导数小于零；在区间(b,c)上，切线位于曲线弧的下方，曲线弧是凹的. 在这一段上，切线的斜率逐渐增大，因此，函数的二阶导数大于零.

例3.20　判别曲线$y=2x^2+3x+1$的凹凸性.

解　因为

$$y'=4x+3, y''=4>0$$

所以曲线$y=2x^2+3x+1$在其定义域$(-\infty,+\infty)$上是凹的.

例3.21　判别曲线$y=x^3$的凹凸性.

解　因为

$$y'=3x^2, y''=6x$$

当$x<0$时，$y''<0$，曲线在$(-\infty,0]$是凸的.

当$x>0$时，$y''>0$，曲线在$[0,+\infty)$是凹的.

注意到，点$(0,0)$是曲线由凸变凹的分界点.

3.4.2　曲线的拐点及其求法

从例3.21中不难知道点$(0,0)$为曲线的上凹部分与下凹部的分界点.

(1)定义

连续曲线上凹曲线弧和凸曲线弧的分界点称为曲线的**拐点**.

注：拐点处的切线必在拐点处穿过曲线.

(2)拐点的求法

定理8　如果$f(x)$在$(x_0-\delta,x_0+\delta)$内存在二阶导数，则点$(x_0,f(x_0))$是拐点的必要条件是

$$f''(x_0)=0$$

若$f(x)$在(a,b)内有二阶导数，x_0是拐点，则有$f''(x_0)=0$，且在x_0左右两边，$f''(x_0)=0$异号，由此得到求函数拐点的步骤如下：

①求出$f''(x_0)=0$在(a,b)中的所有解$x=x_0$及不存在的点.

②对①中所求的每一个x_0，观察$f''(x)$在x_0左右两边的符号. 若异号，则x_0为拐点；若同号，则x_0不是拐点.

例3.22　求$y=xe^{-x}$的拐点和凹凸性.

解

$$y'=(1-x)e^{-x}, y''=(x-2)e^{-x}$$

令$y''=0$，得

$$x=2$$

当$x<2$时，$y''<0$；当$x>2$时，$y''>0$. 并列表讨论，见表3.7.

表3.7

x	$(-\infty,2)$	2	$(2,+\infty)$
y''	−	0	+
$y=f(x)$	∩	拐点$(2,2e^{-x})$	∪

所以 $x=2$ 为拐点. 在 $(-\infty,2)$ 是凸的,表 3.7 中用"∩"表示,在 $(2,+\infty)$ 是凹的,表 3.7 中用"∪"表示.

例 3.23 讨论函数 $f(x)=(2x-5)\sqrt{x}$ 的单调性和凹凸性.

解 定义域为 $(0,+\infty)$,则

$$f'(x)=2\sqrt{x}+(2x-5)\frac{1}{2\sqrt{x}}=\frac{6x-5}{2\sqrt{x}}$$

令 $f'(x)=0$,得

$$x=\frac{5}{6}$$

$$f''(x)=\frac{12\sqrt{x}-(6x-5)\frac{1}{\sqrt{x}}}{4x}=\frac{6x+5}{4x\sqrt{x}}$$

令 $f''(x)=0$,得

$$x=-\frac{5}{6}\quad(\text{不在定义域内,舍去})$$

列表讨论,见表 3.8.

表 3.8

x	$\left(0,\frac{5}{6}\right)$	$\frac{5}{6}$	$\left(\frac{5}{6},+\infty\right)$
$f'(x)$	−	0	+
$f''(x)$	+	+	+
$f(x)$	↘(凹)	极小值	↗(凹)

综合表 3.8 可知,函数在 $\left(0,\frac{5}{6}\right)$ 单调递减且凹;函数在 $\left(\frac{5}{6},+\infty\right)$ 单调递增且凹.

习题 3.4

1. 判断题:

(1)极值点也是拐点. ( )

(2)若点 $(x_0,f(x_0))$ 是拐点,则 $f''(x_0)=0$. ( )

(3)若 $f''(x_0)$ 不存在,则点 $(x_0,f(x_0))$ 不是拐点. ( )

(4)如果 $f''(x_0)=0$ 或 $f''(x_0)$ 不存在,则点 $(x_0,f(x_0))$ 可能是拐点. ( )

2. 填空题:

(1)若点 $(1,2)$ 是曲线 $y=ax^3+bx^2+4x$ 的拐点,则 $a=$______,$b=$______.

(2)曲线 $y=x^{\frac{5}{3}}$ 的拐点是______.

(3)曲线 $y=xe^x$ 的凹区间是______,凸区间是______,拐点是______.

3. 选择题:

(1)曲线 $y=x^3-3x^2+3$ 在区间$(-\infty,-1)$和$(-1,1)$内分别为(　　).

A. 凹的,凹的　　B. 凸的,凸的

C. 凹的,凸的　　D. 凸的,凹的

(2)曲线 $y=\ln x+1$ 在区间$(0,1)$和$(1,2)$内分别为(　　).

A. 凹的,凹的　　B. 凸的,凸的

C. 凹的,凸的　　D. 凸的,凹的

(3)曲线 $y=e^{-x}$区间$(-1,0)$和$(0,1)$内分别为(　　).

A. 凹的,凹的　　B. 凸的,凸的

C. 凹的,凸的　　D. 凸的,凹的

4. 计算题:

(1)求曲线 $y=x^4-2x^3+1$ 的凹凸区间和拐点.

(2)a,b 为何值时,点$(1,3)$为曲线 $y=ax^3+bx^2$ 的拐点?

*3.5　函数图形的描绘

3.5.1　函数的渐近线

定义4　当曲线 $y=f(x)$上的一动点 P 沿着曲线移向无穷远时,如果点 P 到某指定直线 L 的距离趋向于零,那么直线 L 就称为曲线 $y=f(x)$的一条渐近线.

(1)铅直渐近线(垂直于 x 轴的渐近线)

如果

$$\lim_{x\to x_0}f(x)=\infty\ (\text{或}\ \lim_{x\to x_0^+}f(x)=\infty,\ \lim_{x\to x_0^-}f(x)=\infty)$$

则 $x=x_0$ 就是 $y=f(x)$的一条铅直渐近线.

例如,$y=\dfrac{1}{(x+2)(x-3)}$ 因为

$$\lim_{x\to -2}\frac{1}{(x+2)(x-3)}=\infty,\lim_{x\to 3}\frac{1}{(x+2)(x-3)}=\infty$$

有铅直渐近线两条,即

$$x=-2,x=3$$

如图3.7所示.

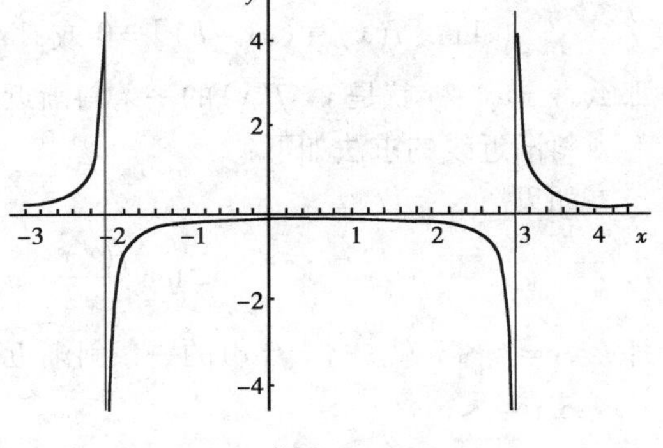

图3.7

(2)水平渐近线(平行于 x 轴的渐近线)

如果

$$\lim_{x\to\infty}f(x)=b\quad (\text{或}\ \lim_{x\to+\infty}f(x)=b\ \text{或}\ \lim_{x\to-\infty}f(x)=b\ (b\ \text{为常数}))$$

那么,$y=b$ 就是 $y=f(x)$的一条水平渐近线,如图3.8所示.

例如,$y=\arctan x$,因为

$$\lim_{x \to +\infty} \arctan x = \frac{\pi}{2}, \lim_{x \to -\infty} \arctan x = -\frac{\pi}{2}$$

有水平渐近线两条,即

$$y = \frac{\pi}{2}, y = -\frac{\pi}{2}$$

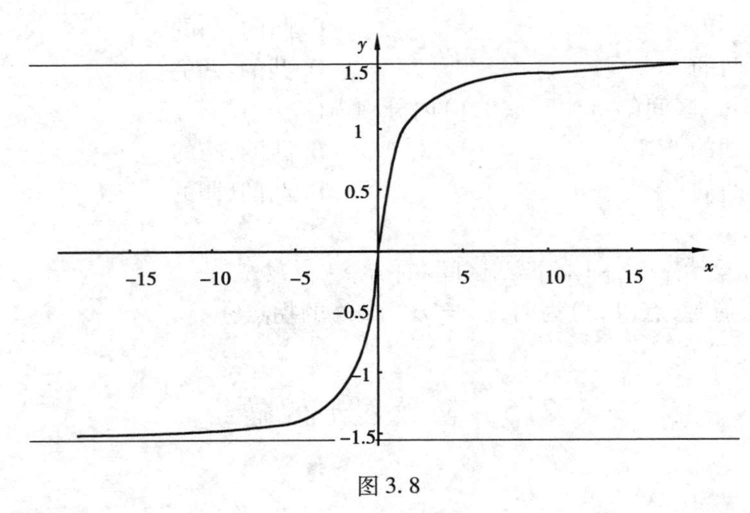

图 3.8

(3)斜渐近线(*)

如果

$$\lim_{x \to +\infty} [f(x) - (ax+b)] = 0 \text{ 或 } \lim_{x \to -\infty} [f(x) - (ax+b)] = 0 \quad (a, b \text{ 为常数})$$

那么,$y = ax + b$ 就是 $y = f(x)$ 的一条斜渐近线.

斜渐近线的求法如下:

如果

$$\lim_{x \to \infty} \frac{f(x)}{x} = a, \lim_{x \to \infty} [f(x) - ax] = b$$

那么,$y = ax + b$ 就是 $y = f(x)$ 的一条斜渐近线.

注:如果:

①$\lim\limits_{x \to \infty} \frac{f(x)}{x}$ 不存在.

②$\lim\limits_{x \to \infty} \frac{f(x)}{x} = a$ 存在,但 $\lim\limits_{x \to \infty} [f(x) - ax]$ 不存在.

可断定 $y = f(x)$ 不存在渐近线.

例 3.24 求 $y = \frac{1}{x-1} + 2$ 的渐近线.

解 因为

$$\lim_{x \to \infty} \left(\frac{1}{x-1} + 2 \right) = 2$$

所以 $y = 2$ 为水平渐近线.

又因为

$$\lim_{x\to1}\left(\frac{1}{x-1}+2\right)=\infty$$

所以 $x=1$ 为铅直渐近线.

*例 3.25　求 $f(x)=\dfrac{2(x-2)(x+3)}{x-1}$ 的渐近线.

解　定义域为 $(-\infty,1)\cup(1,+\infty)$,因为

$$\lim_{x\to1^+}f(x)=-\infty,\lim_{x\to1^-}f(x)=+\infty$$

所以 $x=1$ 是曲线的铅直渐近线.

又因为

$$\lim_{x\to\infty}\frac{f(x)}{x}=\lim_{x\to\infty}\frac{2(x-2)(x+3)}{x(x-1)}=2$$

$$\lim_{x\to\infty}\left[\frac{2(x-2)(x+3)}{x(x-1)}-2x\right]=\lim_{x\to\infty}\frac{2(x-2)(x+3)-2x(x-1)}{x-1}=4$$

所以 $y=2x+4$ 是曲线的一条斜渐近线.

3.5.2　函数图形描绘的步骤和方法

(1)步骤

利用函数特性描绘函数图形.

①确定函数 $y=f(x)$ 的定义域,对函数进行奇偶性、周期性、曲线与坐标轴交点等性态的讨论.

②求出函数的一阶导数 $f'(x)$ 和二阶导数 $f''(x)$.

③求出方程 $f'(x)=0$ 和 $f''(x)=0$ 在函数定义域内的全部实根,用这些根同函数的间断点或导数不存在的点把函数的定义域划分成几个子区间.

④确定在这些部分区间内 $f'(x)$ 和 $f''(x)$ 的符号,并由此确定函数在各个子区间上的单调性、极值、拐点等.

⑤确定函数图形的水平、铅直渐近线、斜渐近线以及其他变化趋势.

⑥描出与方程 $f'(x)=0$ 和 $f''(x)=0$ 的根对应的曲线上的点,有时还需要补充一些点,再综合前4步讨论的结果画出函数的图形.

(2)作图举例

例 3.26　描绘方程 $y=\dfrac{(x-3)^2}{4(x-1)}$ 的图形.

解　1) $y=\dfrac{(x-3)^2}{4(x-1)}$,定义域为 $(-\infty,1),(1,+\infty)$.

2)求出函数的一阶导数 $f'(x)$ 和二阶导数 $f''(x)$,所以

$$y'=\frac{(x-3)(x+1)}{4(x-1)^2},y''=\frac{2}{(x-1)^3}$$

令 $y'=0$,得 $x=-1,3$,在 $x=1$ 一阶导数不存在;令 $y''=0$,不存在使其为零的点,在 $x=1$ 二阶导数不存在.

3)用 $-1,1,3$ 划分区间,列表判别曲线形态,见表3.9.

表 3.9

x	$(-\infty,-1)$	-1	$(-1,1)$	1	$(1,3)$	3	$(3,+\infty)$
y'	+	0	−	不存在	−	0	+
y''	−	−	−	不存在	+	+	+
y	↗	极大值 $(-1,-2)$	↘		↘	极小值 $(3,0)$	↗

4)求渐近线. 因为 $\lim\limits_{x\to1}y=\infty$ 所以 $x=1$ 为铅直渐近线.

因为

$$y=\frac{(x-3)^2}{4(x-1)},\lim_{x\to\infty}\frac{f(x)}{x}=\lim_{x\to\infty}\frac{(x-3)^2}{4x(x-1)}=\frac{1}{4}$$

$$\lim_{x\to\infty}[f(x)-ax]=\lim_{x\to\infty}\left[\frac{(x-3)^2}{4(x-1)}-\frac{1}{4}x\right]=-\frac{5}{4}$$

所以 $y=\frac{1}{4}x-\frac{5}{4}$ 为斜渐近线.

5)绘图,如图 3.9 所示.

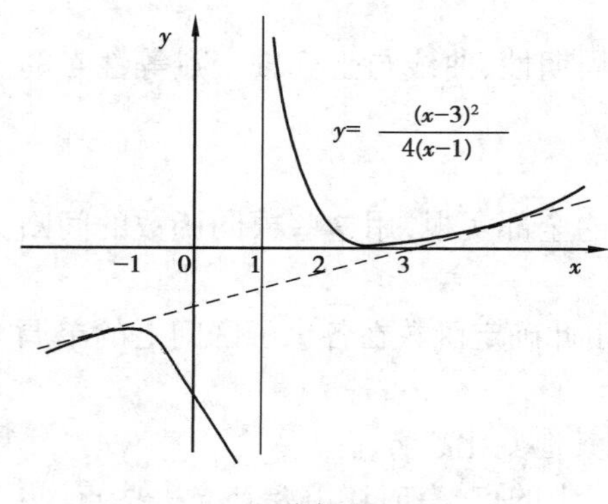

图 3.9

例 3.27 描绘方程 $f(x)=\frac{4(x+1)}{x^2}-2$ 的图形.

解 1)定义域为 $x\neq0$,非奇非偶函数,且无对称性.

2)求出函数的一阶导数 $f'(x)$ 和二阶导数 $f''(x)$ 确定函数的关键点及单调性和凹凸性,则

$$f'(x)=-\frac{4(x+2)}{x^3},\qquad f''(x)=\frac{8(x+3)}{x^4}$$

令 $f'(x)=0$ 得 $x=-2$;令 $f''(x)=0$ 得 $x=-3$.

3)用 $-3,-2,0$ 划分函数区间,列表判别曲线形态,见表 3.10.

表 3.10

x	$(-\infty,-3)$	-3	$(-3,2)$	-2	$(-2,0)$	0	$(0,+\infty)$
$f'(x)$	−	−	−	0	+	不存在	−
$f''(x)$	−	0	+		+	不存在	+
$f(x)$	↘	拐点 $\left(-3,-\frac{26}{9}\right)$	↘	极小值 $(-2,-3)$	↗	间断点	↘

4)求渐近线. 因为

$$f(x)=\lim_{x\to\infty}\left[\frac{4(x+1)}{x^2}-2\right]=-2$$

得水平渐近线 $y=-2$.

又因为

$$\lim_{x\to 0} f(x)=\lim_{x\to 0}\left[\frac{4(x+1)}{x^2}-2\right]=+\infty$$

得铅直渐近线 $x=0$.

5)绘图,如图3.10所示.

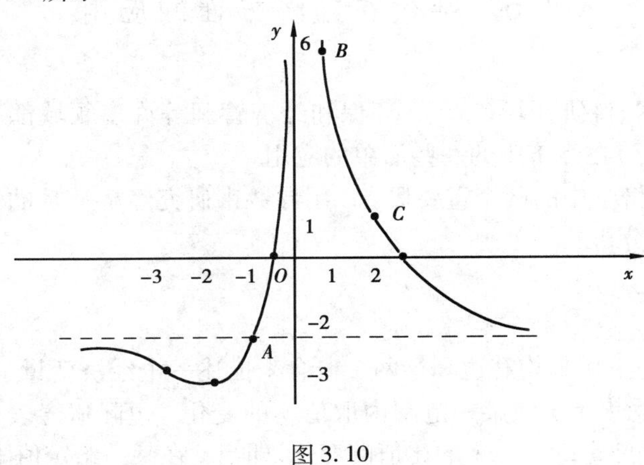

图3.10

习题3.5

1. 判断题:

(1)每一条曲线都有渐近线.　　(　　)

(2)因为 $\lim\limits_{x\to\infty}\arctan x$ 不存在,所以曲线 $y=\arctan x$ 没有渐近线.　　(　　)

(3)因为 $\lim\limits_{x\to\frac{\pi}{2}}\tan x=\infty$,所以 $x=\dfrac{\pi}{2}$ 是曲线 $y=\tan x$ 的一条垂直渐近线.　　(　　)

2. 填空题:

(1)设 $y=e^{\frac{1}{x}}$,因为 $x\to 0^+$ 时,$y\to+\infty$,所以________是曲线的垂直渐近线.

(2)设 $y=2+\dfrac{1}{x}$,因为 $\lim\limits_{x\to\infty}\left(2+\dfrac{1}{x}\right)=2$,所以________是曲线的水平渐近线.

3. 选择题:

(1)曲线 $y=\dfrac{5}{(x-3)^2}$ 的水平渐近线是(　　).

A. $y=0$　　B. $x=3$　　C. $y=5$　　D. $y=\dfrac{5}{3}$

(2)设曲线 $y=\ln x$,则 $x=0$ 是曲线的(　　).

A. 水平渐近线　　B. 垂直渐近线　　C. 极值点　　D. 驻点

(3)曲线 $y=x\ln\left(e+\dfrac{1}{x}\right)$ 的垂直渐近线是(　　).

A. $x=0$　　B. $x=-e^{-1}$　　C. $x=e^{-1}$　　D. $x=\ln e^{-1}$

4. 作出下列函数的图像：

(1) $y=(x+1)(x-2)^2$　　(2) $y=\frac{1}{x^2-1}$

*3.6 导数在经济方面的应用

导数在工程、技术、科研、国防、医学、环保和经济管理等许多领域都有十分广泛的应用. 下面介绍导数(或微分)在经济中的一些简单的应用.

边际和弹性是经济学中的两个重要概念. 用导数来研究经济变量的边际与弹性的方法，称为边际分析与弹性分析.

3.6.1 边际分析

在经济学中，习惯上用平均和边际这两个概念来描述一个经济变量 y 对于另一个经济变量 x 的变化. 平均概念表示 x 在某一范围内取值 y 的变化. 边际概念表示当 x 的改变量 Δx 趋于0时，y 的相应改变量 Δy 与 Δx 的比值的变化，即当 x 在某一给定值附近有微小变化时，y 的瞬时变化.

(1) 边际函数

根据导数的定义，导数 $f'(x_0)$ 表示 $f(x)$ 在点 $x=x_0$ 处的变化率，在经济学中，称其为 $f(x)$ 在点 $x=x_0$ 处的**边际函数值**.

(2) 边际成本

成本函数 $C=C(x)$ (x 是产量)的导数 $C'(x)$，称为边际成本函数.

(3) 边际收入与边际利润

在估计产品销售量 x 时，给产品所定的价格 $P(x)$ 称为价格函数，可以期望 $P(x)$ 应是 x 的递减函数. 于是

收入函数为

$$R(x)=xP(x)$$

利润函数为

$$L(x)=R(x)-C(x)\quad (C(x)\text{是成本函数})$$

收入函数的导数 $R'(x)$ 称为边际收入函数；利润函数的导数 $L'(x)$ 称为边际利润函数.

3.6.2 弹性分析

(1) 函数弹性的概念

在边际分析中，所研究的是函数的绝对改变量与绝对变化率，经济学中常需研究一个变量对另一个变量的相对变化情况，为此引入下面定义.

定义5　设函数 $y=f(x)$ 可导，函数的相对改变量

$$\frac{\Delta y}{y}=\frac{f(x+\Delta x)-f(x)}{f(x)}$$

与自变量的相对改变量$\frac{\Delta x}{x}$之比$\frac{\Delta y/y}{\Delta x/x}$,称为函数$f(x)$从$x$到$x+\Delta x$两点间的弹性(或相对变化率). 而极限

$$\lim_{\Delta x\to 0}\frac{\frac{\Delta y}{y}}{\frac{\Delta x}{x}}$$

称为函数$f(x)$在点x的**弹性**(或相对变化率),记作

$$\frac{Ey}{Ex}=\lim_{\Delta x\to 0}\frac{\frac{\Delta y}{y}}{\frac{\Delta x}{x}}=\lim_{\Delta x\to 0}\frac{\Delta y}{\Delta x}\cdot\frac{x}{y}=y'\frac{x}{y}$$

注: 函数$f(x)$在点x的弹性$\frac{Ey}{Ex}$反映随x的变化$f(x)$变化幅度的大小,即$f(x)$对x变化反应的强烈程度或灵敏度. 数值上,$\frac{E}{Ex}f(x)$表示$f(x)$在点x处,当x产生1%的改变时,函数$f(x)$近似地改变$\frac{E}{Ex}f(x)$%,在应用问题中,解释弹性的具体意义时,通常略去"近似"二字.

(2)需求弹性

设需求函数$Q=f(P)$,这里P表示产品的价格. 于是,可具体定义该产品在价格为P时的需求弹性为

$$\eta=\eta(P)=\lim_{\Delta P\to 0}\frac{\Delta Q/Q}{\Delta P/P}=\lim_{\Delta P\to 0}\frac{\Delta Q}{\Delta P}\cdot\frac{P}{Q}=P\cdot\frac{f'(P)}{f(P)}$$

当ΔP很小时,有

$$\eta=P\cdot\frac{f'(P)}{f(P)}\approx\frac{P}{f(P)}\cdot\frac{\Delta Q}{\Delta P}$$

故需求弹性η近似地表示在价格为P时,价格变动1%,需求量将变化η%.

注: 一般,需求函数是单调减少函数,需求量随价格的提高而减少(当$\Delta P>0$时,$\Delta Q<0$),故需求弹性一般是负值,它反映产品需求量对价格变动反应的强烈程度(灵敏度).

(3)用需求弹性分析总收益的变化

总收益R是商品价格P与销售量Q的乘积,即

$$R=P\cdot Q=P\cdot f(P)$$

由

$$\begin{aligned}R'&=f(P)+Pf'(P)=f(P)\left(1+f'(P)\frac{P}{f(P)}\right)\\&=f(P)(1+\eta)\end{aligned}$$

可知:

①若$|\eta|<1$,需求变动的幅度小于价格变动的幅度. $R'>0$,R递增. 即价格上涨,总收益增加;价格下跌,总收益减少.

②若$|\eta|>1$,需求变动的幅度大于价格变动的幅度. $R'<0$,R递减. 即价格上涨,总收益减少;价格下跌,总收益增加.

③若$|\eta|=1$,需求变动的幅度等于价格变动的幅度. $R'=0$,R取得最大值.

综上所述，总收益的变化受需求弹性的制约，随商品需求弹性的变化而变化.

例 3.28　某机械厂，生产某种机器配件的最大生产能力为每日 100 件，假设日产品的总成本 C(元)与日产量 x (件)的函数为

$$C(x)=\frac{1}{4}x^2+60x+2\ 050$$

求:1)日产量 75 件时的总成本和平均成本.

2)当日产量由 75 件提高到 90 件时，总成本的平均改变量.

3)当日产量为 75 件时的边际成本.

解　1)日产量 75 件时的总成本和平均成本为

$$C(75)=7\ 956.25\text{ 元}$$

$$C(75)/75=106.08\text{ 元/件}$$

2)当日产量由 75 件提高到 90 件时,总成本的平均改变量为

$$\frac{\Delta C}{\Delta x}=\frac{C(90)-C(75)}{90-75}=101.25\text{ 元/件}$$

3)当日产量为 75 件时的边际成本. 因为

$$C'(x)=\frac{1}{2}x+60$$

所以

$$C'(75)=C'(x)\big|_{x=75}=97.5\text{ 元}$$

注: 当销售量为 x，总利润为 $L=L(x)$ 时，称 $L'(x)$ 为销售量为 x 时的边际利润,它近似等于销售量为 x 时再多销售一个单位产品所增加或减少的利润.

例 3.29　某商品的需求量为 2 660 单位，需求价格弹性为 -1.4. 若该商品价格计划上涨 8%(假设其他条件不变),问该商品的需求量会降低多少?

解　设该商品的需求量为 Q，在价格上涨时的改变量为

$$\Delta Q=Q-2\ 660$$

且

$$\frac{\Delta P}{P}=80\%,\ \varepsilon_p=-1.4$$

$$\Delta Q\approx\varepsilon_p\frac{\Delta P}{P}\cdot Q=-1.4\cdot 80\%\cdot 2\ 660=-298$$

习题 3.6

1. 设某产品的成本函数和价格函数分别为

$$C(x)=3\ 800+5x-\frac{x^2}{1\ 000},P(x)=50-\frac{x}{100}$$

试确定产品的生产量 x，以使利润达到最大.

2. 设商品需求函数为

$$Q=f(P)=12-P/2$$

(1)求需求弹性函数.

(2)求 $P=6$ 时的需求弹性.

(3)在 $P=6$ 时，若价格上涨1%，总收益增加还是减少？将变化百分之几？

(4)P 为何值时，总收益最大？最大的总收益是多少？

【阅读材料】

中国古代数学领域曾有过许多极为辉煌的成就. 现代数学的发端则起始于一些留美的学生,熊庆来就是其中之一. 熊庆来(1893—1969),字迪之,云南弥勒人. 他早年留学法国,毕生追求"科学救国、教育救国"思想,以数学为终生专业,致力于为国家培育人才,如华罗庚、陈省身等. 他是中国近代数学研究和教育的奠基人.

1921年春,风尘仆仆的熊庆来从法国学在归来,怀着为桑梓服务的热望,他回到了故乡云南,任教于云南甲种工业学校和云南路政学校. 同年,才开办的国立东南大学(今南京大学前身)寄来聘书,请熊庆来去创办算学系. 英雄有了用武之地,熊庆来带着妻子和8岁的儿子秉信来到了龙盘虎踞的南京,一展宏图. 年仅28岁的熊庆来不仅被聘为教授,还被任为系主任. 誉满当代中国科坛的严济慈、胡坤陞等都曾得到熊老的帮助. 从严济慈起,法国才开始承认中国的大学毕业文凭与法国大学毕业文凭具有同等效力.

1926年,清华学校改办大学,又聘请熊庆来去创办算学系. 他在任清华算学系系主任的9年间,又辛勤培养了一大批在国内外享有盛誉的优秀人才. 1930年,他在清华大学当数学系主任时,从学术杂志上发现了华罗庚的名字,了解到华罗庚的自学经历和数学才华以后,毅然打破常规,请只有初中文化程度的19岁的华罗庚到清华大学. 在熊庆来的培养下,华罗庚后来成为著名的数学家. 有人说:"中国的数学家约有一半出自清华算学系."

1931年,熊庆来代表中国出席在瑞士苏黎世召开的世界数学会议. 这是中国代表第一次出席数学会议. 世界数学界的先进行列中,从此有了中国人！会议结束后,熊庆来利用清华规定的5年一次的例假,前往巴黎专攻函数论,于1933年获得法国国家理科博士学位,他定义的无穷级被国际上称为"熊氏无穷级",列入了世界数学史册. 1934年,他返回清华大学,仍任算学系主任. 翌年,他聘请法国数学家H. 阿达玛和美国数学家"控制论"的奠基人N. 威纳来清华讲学. 1936年,在熊庆来和其他数学界前辈的倡议下、创办了中国数学会会刊,熊庆来任编辑委员. 这个会刊即是现今的《数学学报》的前身,可称是中国的第一个数学学报.

1937年,应云南省政府之请,熊庆来回到阔别16年的家乡,担任云南大学校长. 熊庆来任校长的12年中,云大从原有的3个学院发展到5个学院,共18个系,另附专修班和先修科各3个,为民族培养了大批有用之才,为改变云南文化落后的状况做出了重要贡献.

周总理于1955年视察云南大学时,还特别提到这位当时尚在国外的大数学家、大教育家. 他说:"熊庆来培养了华罗庚,这些具有真才实学的人,我们要尊重他们."

复习题3

一、判断题(正确的打"√",错误的打"×"):

1. 如果曲线 $y=f(x)$ 在 x_0 不可导,则曲线在点 $(x_0, f(x_0))$ 处的切线不存在.　　(　　)

2. 函数 $y=f(x)$ 的自变量 x 的增量不一定大于 0. ( )

3. 若 $f(x)$ 在 (a,b) 内可导，则 $f(x)$ 在 (a,b) 必有极值. ( )

4. 可导函数 $f(x)$ 在极值点 x_0 处必有 $f'(x_0)=0$. ( )

5. 若 $f'(x_0)=0$，则 $f(x_0)$ 必是极值. ( )

6. 若 $f(x)$ 在 x_0 处可导，则 $f'(x_0)=0$ 是 $f(x_0)$ 为极值的必要条件. ( )

7. $\lim \dfrac{f'(x)}{y'(x)}$ 存在时，$\lim \dfrac{f(x)}{y(x)}$ 不一定存在. ( )

8. $\lim \dfrac{f(x)}{y(x)}$ 存在时，$\lim \dfrac{f'(x)}{y'(x)}$ 不一定存在. ( )

9. 如果 $f(x)$ 在 $[a,b]$ 连续，在 (a,b) 可导，ξ 为介于 a,b 之间的任意一点，则在 (a,b) 内必能找到两点 x_2 与 x_1，使 $f(x_2)-f(x_1)=f'(\xi)(x_2-x_1)$ 成立. ( )

二、填空题：

1. 函数 $y=(x-1)^2$ 的单调增加区间是________，单调减少区间是_______，极值点是______，它是极________值点.

2. 函数 $y=ax^2+1$ 在 $(0,+\infty)$ 内单调减少，则 a ________.

3. 极限 $\lim\limits_{x\to 1}\dfrac{\ln x}{1-x}=$ ________.

4. 函数 $y=\dfrac{x^2}{1+x^2}$ 在区间________单调增加，在区间________单调减少，在区间________曲线是凹的，在区间________曲线是凸的，极值点是________，拐点是________，渐近线是______.

5. 函数 $f(x)=|x-1|+2$ 的最小值点是 $x=$ ________.

6. 函数 $f(x)=e^{|x-3|}$ 在 $[-4,4]$ 上的最大值是________，最小值是________.

7. 函数 $f(x)=\dfrac{1}{2}(e^x+e^{-x})$ 的极小值点为________.

三、选择题：

1. 在 $(0,1)$ 内，下列函数中为单调增函数的是( ).

A. $f(x)=e^x-x$　　B. $f(x)=x-2\sin x$　　C. $f(x)=x^3-x$　　D. $f(x)=\ln x+\dfrac{1}{x}$

2. 下列结论中，( )是正确的.

A. 函数的极值点一定是驻点　　B. 函数的驻点一定是极值点

C. 函数在极值点一定连续　　D. 函数的极值点不一定可导

3. 设 $\lim\limits_{x\to\infty}f(x)=+\infty$，$\lim\limits_{x\to\infty}g(x)=+\infty$，且 $\lim\limits_{x\to\infty}\dfrac{f'(x)}{g'(x)}=k(k>0)$，则 $\lim\limits_{x\to\infty}\dfrac{\ln f(x)}{\ln g(x)}=$ ( ).

A. k　　B. $\dfrac{1}{k}$　　C. 1　　D. 不存在

4. 下列函数中，( )在指定区间内是单调减少的函数.

A. $y=2^{-x}$ $(-\infty,+\infty)$　　B. $y=e^x$ $(-\infty,0)$

C. $y=\ln x$ $(0,+\infty)$　　D. $y=\sin x$ $(0,\pi)$

5. $y=x^3-x$ 的两个驻点是( ).

A. $x=\pm1$　　B. $x=0,1$　　C. $x=-1,0$　　D. $x=\pm\frac{1}{\sqrt{3}}$

6. 函数 $y=c(x^2+1)^2\quad(c>0)$的极小值是(　　).

A. c　　B. 0　　C. $4c$　　D. 无法确定

7. 函数 $y=x^4-2x^3$ 在其定义域内(　　).

A. 有一个极值点　　B. 有两个极值点　　C. 有3个极值点　　D. 无极值点

8. 满足方程 $f'(x)=0$ 的点是函数 $y=f(x)$的(　　).

A. 极值点　　B. 拐点　　C. 驻点　　D. 间断点

9. 设函数 $f(x)$ 在 (a,b) 内连续，$x_0\in(a,b)$，且 $f'(x_0)=f''(x_0)=0$，则函数在 $x=x_0$处(　　).

A. 一定有拐点$(x_0,f'(x_0))$　　B. 取得极小值

C. 取得极大值　　D. 可能有极值，也可能有拐点

10. 函数 $y=x^{\frac{2}{3}}$在$[-1,2]$上没有(　　).

A. 最大值　　B. 最小值　　C. 极大值　　D. 极小值

四、计算题：

1. 求函数 $y=x-\ln(1+x)+5$ 的单调区间.

2. 求函数 $y=x^2(1+x)^{-1}$的单调区间和极值.

3. 求函数$f(x)=x-\sqrt{1-x^2}$的极值.

4. 求函数$f(x)=3\sqrt{x}-4x$ 的凹凸性和拐点.

5. 求曲线 $y=x^3-9x^2+16$ 的凹凸性.

6. 求函数 $y=x^3-6x^2-15x+1$ 的单调性、凹凸性、极值点和拐点.

五、求下列各极限：

1. $\lim\limits_{x\to0}\dfrac{\cos x-1}{e^x+e^{-x}-2}$　　2. $\lim\limits_{x\to1^+}\dfrac{\ln(x-1)-x}{\tan\dfrac{\pi}{2x}}$

3. $\lim\limits_{x\to0}\dfrac{e^{x^3}-1-x^3}{x^6}$　　4. $\lim\limits_{x\to0}\dfrac{\ln(x+e^x)}{2x}$

六、应用题：

1. 欲做一个底为正方形、容积为125 m^3 的长方体开口容器，怎样的做法所用材料最省？

2. 制造一种无盖的圆柱形金属薄板容器，其容积为$\frac{3}{2}\pi$ cm^3，用以作底的金属板的价格为6元/m^2；作侧面的金属板的价格为4元/m^2，为使造价最低，求容器的底半径和高应是多少？

七、描绘下列函数图像：

1. $y=x^3-x-2$　　2. $y=\dfrac{2x-1}{(x-1)^2}$

第 4 章

不定积分

前面已经介绍已知函数求导数的问题,现在要考虑其反问题:已知一个函数的导数求其原来的函数,即求一个未知函数,使其导数恰好是某一已知函数.这种由导数或微分求原来函数的逆运算称为不定积分.本章将介绍不定积分的概念及其计算方法.

4.1 不定积分的概念

4.1.1 不定积分的概念

定义1 设$f(x)$是定义某区间 I 上的已知函数,若存在一个函数$F(x)$,对于该区间上每一点都满足:

$$F'(x)=f(x) \text{或} \mathrm{d}F(x)=f(x)\mathrm{d}x$$

则称$F(x)$是$f(x)$在该区间I上的一个原函数.

如已知$f(x)=2x$,由于$F(x)=x^2$满足$F'(x)=(x^2)'=2x$,所以$F(x)=x^2$是$f(x)=2x$的一个原函数.同理,x^2+1,x^2-1,x^2+10等也都是$f(x)=2x$的原函数.

由此可知,已知函数的原函数不止一个.

那么,一个函数在什么情况下存在原函数?其原函数究竟有多少?下面的定理回答了这个问题.

定理1 若函数$f(x)$在某一区间内连续,则函数在该区间内存在原函数.(证明略)

定理2 若$F(x)$是$f(x)$的一个原函数,则$F(x)+C$(C为任意常数)是$f(x)$所有的原函数.

由于$(F(x)+C)'=f(x)$,所以函数$F(x)+C$(C为任意常数)是$f(x)$所有的原函数.

定理3 若$F(x)$,$G(x)$,都是$f(x)$的原函数,则$F(x)$和$G(x)$只相差一个常数.因为

$$F'(x)=f(x),G'(x)=f(x)$$

$$(F(x)-G(x))'=F'(x)-G'(x)=f(x)-f(x)=0$$

可知$F(x)-G(x)=C$,即它们仅相差一个常数,因此,若$F(x)$是$f(x)$的一个原函数,则$f(x)$的所有原函数可以表示为$F(x)+C$(C是任意常数).

定义2　函数$f(x)$的所有原函数,称为函数$f(x)$的不定积分,记作$\int f(x)\mathrm{d}x$. 其中,$f(x)$称为被积函数,$f(x)\mathrm{d}x$称为被积表达式,x称为积分变量,"$\int$"称为积分号.

因此,求函数$f(x)$的不定积分,只需求出$f(x)$的一个原函数$F(x)$,再加上任意常数C即可. 例如:

因为$(x^3)'=3x^2$,所以有$\int 3x^2\mathrm{d}x = x^3 + C$($C$为任意常数).

因为$(\cos x)' = -\sin x$,所以有$\int \sin x\mathrm{d}x = -\cos x + C$($C$为任意常数).

因为$(\mathrm{e}^x)'=\mathrm{e}^x$,所以有$\int \mathrm{e}^x\mathrm{d}x = \mathrm{e}^x + C$($C$为任意常数).

由不定积分的定义可知,不定积分与求导数(或微分)互为逆运算,即

$$\left(\int f(x)\mathrm{d}x\right)' = f(x) \quad 或 \quad \mathrm{d}\left(\int f(x)\mathrm{d}x\right) = f(x)\mathrm{d}x$$

$$\int f'(x)\mathrm{d}x = f(x) + C \quad 或 \quad \int \mathrm{d}f(x) = f(x) + C$$

4.1.2　基本积分表

由不定积分的定义,很容易从导数的基本公式对应地可以得到以下基本不定积分公式:

① $\int k\mathrm{d}x = kx + C$($C$为常数)

② $\int x^{\mu}\mathrm{d}x = \dfrac{1}{\mu+1}x^{\mu+1} + C(\mu \neq -1)$

③ $\int \dfrac{1}{x}\mathrm{d}x = \ln|x| + C$

④ $\int \mathrm{e}^x\mathrm{d}x = \mathrm{e}^x + C$

⑤ $\int a^x\mathrm{d}x = \dfrac{a^x}{\ln a} + C$($a>0$且$a\neq 1$)

⑥ $\int \cos x\mathrm{d}x = \sin x + C$

⑦ $\int \sin x\mathrm{d}x = -\cos x + C$

⑧ $\int \dfrac{1}{\cos^2 x}\mathrm{d}x = \int \sec^2 x\mathrm{d}x = \tan x + C$

⑨ $\int \dfrac{1}{\sin^2 x}\mathrm{d}x = \int \csc^2 x\mathrm{d}x = -\cot x + C$

⑩ $\int \sec x \cdot \tan x\mathrm{d}x = \sec x + C$

⑪ $\int \csc x \cdot \cot x\mathrm{d}x = -\csc x + C$

⑫ $\int \dfrac{1}{1+x^2}\mathrm{d}x = \arctan x + C$

⑬ $\int \frac{1}{\sqrt{1-x^2}}\mathrm{d}x = \arcsin x + C$

对函数 $f(x)=\frac{1}{x}$，因为当 $x>0$ 时，$(\ln x)'=\frac{1}{x}$，所以

$$\int \frac{1}{x}\mathrm{d}x = \ln x + C \quad (x>0) \tag{1}$$

当 $x<0$ 时，$-x>0$，$[\ln(-x)]'_x=\frac{1}{-x}\cdot(-x)'=\frac{1}{x}$，所以

$$\int \frac{1}{-x}\mathrm{d}x = \ln(-x) + C \quad (x<0) \tag{2}$$

合并式(1)、式(2)可得

$$\int \frac{1}{x}\mathrm{d}x = \ln|x| + C \quad (x\neq 0)$$

以上的不定积分公式是基本积分公式，是求不定积分的基础，必须熟记.

4.1.3 不定积分的几何意义

$y=F(x)$ 是 $f(x)$ 的一个原函数，则称 $y=F(x)$ 的图形是 $f(x)$ 的积分曲线，由于不定积分

$$\int f(x)\mathrm{d}x = F(x) + C$$

是 $f(x)$ 的所有原函数，所以它对应的图形是一族积分曲线，称它们为积分曲线族. 积分曲线族 $y=F(x)+C$ 的特点如下.

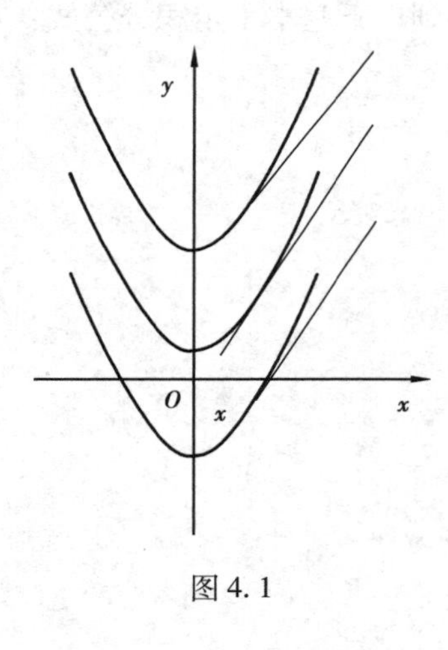

图 4.1

①积分曲线族中任意一条曲线，可由其中某一条沿 y 轴平行移动而得到，例如曲线 $y=x^2$ 沿 y 平行移动 $|C|$ 单位而得到.

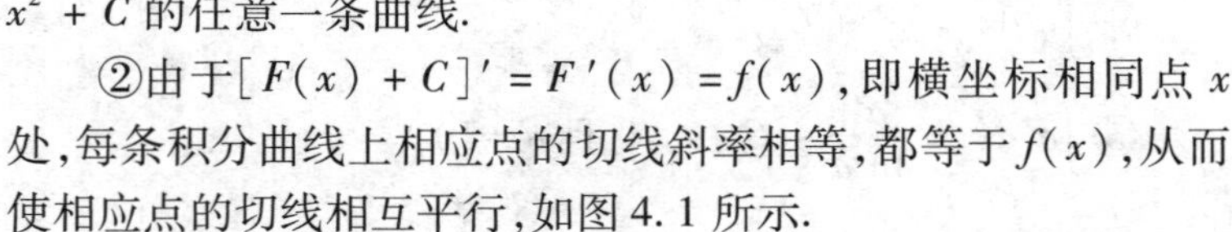

当 $C>0$ 时，向上移动；$C<0$ 时，向下移动. 从而得到 $\int 2x\mathrm{d}x = x^2 + C$ 的任意一条曲线.

②由于 $[F(x)+C]'=F'(x)=f(x)$，即横坐标相同点 x 处，每条积分曲线上相应点的切线斜率相等，都等于 $f(x)$，从而使相应点的切线相互平行，如图 4.1 所示.

当需要从积分曲线族中求出过点 (x_0, y_0) 的一条积分曲线时，只要把 x_0, y_0 代入 $y=F(x)+C$ 中解出 C 即可.

4.1.4 不定积分的性质

性质 1 函数代数和的不定积分等于各个函数的不定积分的代数和，即

$$\int [f(x) \pm g(x)]\mathrm{d}x = \int f(x)\mathrm{d}x \pm \int g(x)\mathrm{d}x$$

性质 2 求不定积分时，被积函数中不为零的常数因子可提到积分号外面来，即

$$\int kf(x)\mathrm{d}x = k\int f(x)\mathrm{d}x \quad (k\text{ 是常数且 } k\neq 0)$$

例 4.1 求 $\int \sqrt{x}(x^2-5)\mathrm{d}x$.

解 $\int\sqrt{x}(x^2-5)\mathrm{d}x=\int(x^{\frac{5}{2}}-5x^{\frac{1}{2}})\mathrm{d}x$

$$=\int x^{\frac{5}{2}}\mathrm{d}x-\int 5x^{\frac{1}{2}}\mathrm{d}x=\int x^{\frac{5}{2}}\mathrm{d}x-5\int x^{\frac{1}{2}}\mathrm{d}x$$

$$=\frac{2}{7}x^{\frac{7}{2}}-5\times\frac{2}{3}x^{\frac{3}{2}}+C=\frac{2}{7}x^{\frac{7}{2}}-\frac{10}{3}x^{\frac{3}{2}}+C$$

例4.2 求$\int(\mathrm{e}^x-3\cos x)\mathrm{d}x$.

解 $\int(\mathrm{e}^x-3\cos x)\mathrm{d}x=\int\mathrm{e}^x\mathrm{d}x-3\int\cos x\mathrm{d}x=\mathrm{e}^x-3\sin x+C$

例4.3 求$\int 2^x\mathrm{e}^x\mathrm{d}x$.

解 $\int 2^x\mathrm{e}^x\mathrm{d}x=\int(2\mathrm{e})^x\mathrm{d}x=\frac{(2\mathrm{e})^x}{\ln(2\mathrm{e})}+C=\frac{2^x\mathrm{e}^x}{1+\ln 2}+C$

例4.4 求$\int\frac{1+x+x^2}{x(1+x^2)}\mathrm{d}x$.

解 $\int\frac{1+x+x^2}{x(1+x^2)}\mathrm{d}x=\int\frac{x+(1+x^2)}{x(1+x^2)}\mathrm{d}x=\int\left(\frac{1}{1+x^2}+\frac{1}{x}\right)\mathrm{d}x$

$$=\int\frac{1}{1+x^2}\mathrm{d}x+\int\frac{1}{x}\mathrm{d}x=\arctan x+\ln|x|+C$$

例4.5 求$\int\frac{x^4}{1+x^2}\mathrm{d}x$.

解 $\int\frac{x^4}{1+x^2}\mathrm{d}x=\int\frac{x^4-1+1}{1+x^2}\mathrm{d}x=\int\frac{(x^2+1)(x^2-1)+1}{1+x^2}\mathrm{d}x$

$$=\int\left(x^2-1+\frac{1}{1+x^2}\right)\mathrm{d}x=\int x^2\mathrm{d}x-\int\mathrm{d}x+\int\frac{1}{1+x^2}\mathrm{d}x$$

$$=\frac{1}{3}x^3-x+\arctan x+C$$

例4.6 求$\int\sin^2\frac{x}{2}\mathrm{d}x$.

解 $\int\sin^2\frac{x}{2}\mathrm{d}x=\int\frac{1-\cos x}{2}\mathrm{d}x=\frac{1}{2}\int(1-\cos x)\mathrm{d}x$

$$=\frac{1}{2}(x-\sin x)+C$$

习题4.1

1. 填空:

(1)已知$\int f(x)\mathrm{d}x=x^2+\cos x+C$($C$为任意常数),则$f(x)=$________.

(2)若$f'(x)=\cos x+\mathrm{e}^x$,则$f(x)=$________.

(3)在积分曲线族$y=\int 4x\mathrm{d}x$中,与直线$y=2x+1$相切的曲线经过切点________,其方程为________.

(4)若$f(x)$的一个原函数为$\sin x$,则$\left[\int f(x)\,\mathrm{d}x\right]'$ ________.

2. 判断下列式子的对错:

(1) $\int f'(x)\,\mathrm{d}x = f(x)$ ( )

(2) $\int kf(x)\,\mathrm{d}x = k\int f(x)\,\mathrm{d}x$ ( )

(3) $\int 2^x\,\mathrm{d}x = \frac{1}{x+1}2^{x+1} + C$ ( )

(4)设$F_1(x)$,$F_2(x)$是区间I内连续函数$f(x)$的两个不同的原函数,且$f(x)\neq 0$,则在区间I内必有$F_1(x) - F_2(x) = C$,C为常数. ( )

3. 计算下列不定积分:

(1) $\int x^5\,\mathrm{d}x$

(2) $\int \frac{1}{1+x^2}\,\mathrm{d}x$

(3) $\int \frac{1}{x}\,\mathrm{d}x$

(4) $\int \frac{1}{\sqrt{x}}\,\mathrm{d}x$

(5) $\int (4x^3 + 3x^2 + 2x - 1)\,\mathrm{d}x$

(6) $\int \frac{x^3 - 2x^2 + 5x - 3}{x^2}\,\mathrm{d}x$

(7) $\int \frac{1}{x^2(1+x^2)}\,\mathrm{d}x$

(8) $\int \frac{\cos 2x}{\cos x + \sin x}\,\mathrm{d}x$

(9) $\int \frac{x^2+2}{x^2(1+x^2)}\,\mathrm{d}x$

(10) $\int \sqrt{x\sqrt{x\sqrt{x}}}\,\mathrm{d}x$

4.2 不定积分的换元积分法

利用基本不定积分公式及性质只能求一些简单的不定积分,对于比较复杂的不定积分,需要进一步建立一些基本方法.下面简单介绍第一类换元积分法、第二类换元积分法和分部积分法.

4.2.1 第一类换元积分法(凑微分法)

例 4.7 求$\int \mathrm{e}^{3x}\,\mathrm{d}x$.

解 e^{3x}是一个复合函数,设中间变量$u = 3x$,因$\mathrm{d}u = \mathrm{d}(3x) = 3\mathrm{d}x$

故

$$\mathrm{d}x = \frac{1}{3}\mathrm{d}u$$

有

$$\int \mathrm{e}^{3x}\,\mathrm{d}x = \int \mathrm{e}^u \frac{1}{3}\mathrm{d}u = \frac{1}{3}\mathrm{e}^u + C = \frac{1}{3}\mathrm{e}^{3x} + C$$

经验证,计算正确,也就是说,将前一节积分公式中的自变量变换成一个中间变量公式也是成立的.

一般有以下定理:

定理4　若 $\int f(x)\mathrm{d}x = F(x) + C$,则 $\int f(u)\mathrm{d}u = F(u) + C$ 其中 $u=\varphi(x)$ 可导函数.

定理5　设 $f(u)$ 具有原函数,$u=\phi(x)$ 可导,则有换元公式

$$\int f[\varphi(x)]\varphi'(x)\mathrm{d}x = \int f[\varphi(x)]\mathrm{d}\varphi(x) \xlongequal{u=\varphi(x)} \int f(u)\mathrm{d}u \xlongequal{\text{积分}} F(u) + C$$

$$\xlongequal{\text{回代}} F[\varphi(x)] + C$$

在比较熟练后,可直接将 $\varphi(x)$ 作为中间变量,从而使运算更加简洁.

$$\int f[\varphi(x)]\varphi'(x)\mathrm{d}x = \int f[\varphi(x)]\mathrm{d}\varphi(x) = F[\varphi(x)] + C$$

将这种变量代换方法称为第一类换元积分法. 因为第一类换元积分法的特点在一个"凑"上,故又称凑微分法. 就是如何将 $\int f[\varphi(x)]\varphi'(x)\mathrm{d}x$ 凑成 $\int f[\varphi(x)]\mathrm{d}\varphi(x)$.

例4.8　求 $\int (3x-2)^5\mathrm{d}x$.

解　如将 $(3x-2)^5$ 展开是很麻烦的,不妨把 $3x-2$ 作为中间变量,因 $\mathrm{d}(3x-2)=3\mathrm{d}x$,所以有

$$\int (3x-2)^5\mathrm{d}x = \int (3x-2)^5 \times \frac{1}{3}\mathrm{d}(3x-2)$$

$$= \frac{1}{3}\int (3x-2)^5 \times \mathrm{d}(3x-2) = \frac{1}{18}(3x-2)^6 + C$$

例4.9　求 $\int \frac{\mathrm{d}x}{\sqrt{a^2-x^2}}(a>0)$.

解　$\int \frac{\mathrm{d}x}{\sqrt{a^2-x^2}} = \int \frac{\mathrm{d}x}{a\sqrt{1-\frac{x}{a}}} = \int \frac{1}{\sqrt{1-\left(\frac{x}{a}\right)^2}}\mathrm{d}\left(\frac{x}{a}\right) = \arcsin\frac{x}{a} + C$

例4.10　求 $\int \frac{\mathrm{d}x}{a^2+x^2}(a>0)$.

解　$\int \frac{\mathrm{d}x}{a^2+x^2} = \frac{1}{a}\int \frac{1}{1+\left(\frac{x}{a}\right)^2}\mathrm{d}\left(\frac{x}{a}\right) = \frac{1}{a}\arctan\frac{x}{a} + C$

例4.11　求 $\int \frac{\mathrm{d}x}{x^2-x-12}$.

解　因 $\frac{1}{x^2-x-12} = \frac{1}{7} \times \frac{(x+3)-(x-4)}{(x+3)(x-4)} = \frac{1}{7} \times \left(\frac{1}{x-4} - \frac{1}{x+3}\right)$

故

$$\int \frac{\mathrm{d}x}{x^2-x-12} = \int \frac{1}{7}\left(\frac{1}{x-4} - \frac{1}{x+3}\right)\mathrm{d}x$$

$$= \frac{1}{7}\left(\int \frac{1}{x-4}\mathrm{d}x - \int \frac{1}{x+3}\mathrm{d}x\right)$$

$$= \frac{1}{7}\left(\int \frac{1}{x-4}\mathrm{d}(x-4) - \int \frac{1}{x+3}\mathrm{d}(x+3)\right)$$

$$= \frac{1}{7}(\ln|x-4| - \ln|x+3|) + C$$

$$= \frac{1}{7}\ln\left|\frac{x-4}{x+3}\right| + C$$

例 4.12 求 $\int \frac{x}{1+x^2}\mathrm{d}x$.

解 设中间变量 $u=1+x^2$,因 $\mathrm{d}(x^2+1)=2x\mathrm{d}x$,即

$$x\mathrm{d}x = \frac{1}{2}\mathrm{d}(x^2+1)$$

故

$$\int \frac{x}{1+x^2}\mathrm{d}x = \frac{1}{2}\int \frac{\mathrm{d}(x^2+1)}{x^2+1} = \frac{1}{2}\ln(x^2+1) + C$$

例 4.13 求 $\int x\mathrm{e}^{x^2}\mathrm{d}x$.

解 设 $u=x^2$,$\mathrm{d}(x^2)=2x\mathrm{d}x$,即

$$\frac{1}{2}x\mathrm{d}x = \mathrm{d}(x^2)$$

故

$$\int x\mathrm{e}^{x^2}\mathrm{d}x = \frac{1}{2}\int \mathrm{e}^{x^2}\mathrm{d}x^2 = \frac{1}{2}\int \mathrm{e}^{x^2}\mathrm{d}(x^2)$$

$$= \frac{1}{2}\mathrm{e}^{x^2} + C$$

例 4.14 求 $\int \frac{\sin\frac{1}{x}}{x^2}\mathrm{d}x$.

解 因 $\mathrm{d}\left(\frac{1}{x}\right) = -\frac{1}{x^2}\mathrm{d}x$

故

$$\int \frac{\sin\frac{1}{x}}{x^2}\mathrm{d}x = -\int \sin\frac{1}{x}\mathrm{d}\left(\frac{1}{x}\right) = \cos\frac{1}{x} + C$$

例 4.15 求 $\int \frac{\mathrm{d}x}{x\ln x}$.

解 因为 $\frac{1}{x}\mathrm{d}x = \mathrm{d}(\ln x)$

所以

$$\int \frac{\mathrm{d}x}{x\ln x} = \int \frac{\mathrm{d}(\ln x)}{\ln x} = \ln|\ln x| + C$$

例 4.16 求 $\int \frac{1}{x}(2\ln x+5)^4\mathrm{d}x$.

解 因为$\frac{1}{x}\mathrm{d}x = \mathrm{d}(\ln x)$

故

$$\begin{aligned}\int \frac{1}{x}(2\ln x + 5)^4 \mathrm{d}x &= \int (2\ln x + 5)^4 \mathrm{d}(\ln x) \\ &= \int (2\ln x + 5)^4 \frac{1}{2}\mathrm{d}(2\ln x + 5) \\ &= \frac{1}{10}(2\ln x + 5)^5 + C\end{aligned}$$

利用三角函数的微分公式：

$$\mathrm{d}(\sin x) = \cos x\mathrm{d}x$$
$$\mathrm{d}(\cos x) = -\sin x\mathrm{d}x$$
$$\mathrm{d}(\tan x) = \sec^2 x\mathrm{d}x$$
$$\mathrm{d}(\cot x) = -\mathrm{cec}^2 x\mathrm{d}x$$

例4.17 求$\int \tan x\mathrm{d}x$.

解 $\int \tan x\mathrm{d}x = \int \frac{\sin x}{\cos x}\mathrm{d}x = -\int \frac{\mathrm{d}(\cos x)}{\cos x} = -\ln|\cos x| + C$

例4.18 求$\int \cos x\mathrm{e}^{\sin x}\mathrm{d}x$.

解 $\int \cos x\mathrm{e}^{\sin x}\mathrm{d}x = \int \mathrm{e}^{\sin x}\mathrm{d}(\sin x) = \mathrm{e}^{\sin x} + C$

例4.19 求$\int \tan^3 x\mathrm{d}x$.

解 解法1：$\int \tan^3 x\mathrm{d}x = \int \tan x(\sec^2 x - 1)\mathrm{d}x = \int \tan x\sec^2 x\mathrm{d}x - \int \frac{\sin x}{\cos x}\mathrm{d}x$

$$= \int \tan x\mathrm{d}(\tan x) + \int \frac{\mathrm{d}(\cos x)}{\cos x} = \frac{1}{2}\tan^2 x + \ln|\cos x| + C$$

解法2：$\int \tan^3 x\mathrm{d}x = \int \frac{\sin^3 x}{\cos^3 x}\mathrm{d}x = \int \frac{\sin^2 x\sin x}{\cos^3 x}\mathrm{d}x$

$$= \int \frac{1 - \cos^2 x}{\cos^3 x}\mathrm{d}(\cos x) = \frac{1}{2\cos^2 x} + \ln|\cos x| + C$$

利用反三角函数的微分公式：

$$\mathrm{d}(\arcsin x) = \frac{\mathrm{d}x}{\sqrt{1 - x^2}}$$
$$\mathrm{d}(\arctan x) = \frac{\mathrm{d}x}{1 + x^2}$$

例4.20 求$\int \frac{\mathrm{d}x}{\sqrt{(1 - x^2)\arcsin x}}$.

解 $\int \frac{\mathrm{d}x}{\sqrt{(1 - x^2)\arcsin x}} = \int \frac{\mathrm{d}(\arcsin x)}{\sqrt{\arcsin x}} = 2\sqrt{\arcsin x} + C$

通过上面的例题可知，第一类换元积分法的关键在于“凑”微分，即将$\varphi'(x)\mathrm{d}x$凑成

$d\varphi(x)$，因此需要熟记以下等式：

$$dx=\frac{1}{a}d(ax+b);\ -\frac{1}{x^2}dx=d\left(\frac{1}{x}\right);\cos x dx=d(\sin x);\ -\sin x dx=d(\cos x);$$

$$\sec^2 x dx=d(\tan x);\csc^2 x dx=-d(\cot x);x dx=\frac{1}{2}d(x^2);$$

$$\frac{1}{\sqrt{x}}dx=2d(\sqrt{x});\frac{1}{x}dx=d\ln|x|;e^x dx=de^x;\frac{dx}{1+x^2}=d(\arctan x);$$

$$\frac{1}{n}d(x^n+b)=x^{n-1}dx;\frac{dx}{\sqrt{1-x^2}}=d(\arcsin x)$$

等. 利用上述等式可对下列类型的积分凑微分进行计算：

$$\int f(ax+b)dx=\frac{1}{a}\int f(ax+b)d(ax+b)$$

$$\int xf(x^2)dx=\frac{1}{2}\int f(x^2)d(x^2)$$

$$\int x^{n-1}f(ax^n+b)dx=\frac{1}{na}\int f(ax^n+b)d(ax^n+b)$$

$$\int f(e^x)e^x dx=\int f(e^x)d(e^x)$$

$$\int \frac{f(\ln x)}{x}dx=\int f(\ln x)d(\ln x)$$

$$\int f(\sin x)\cos x dx=\int f(\sin x)d(\sin x)$$

$$\int f(\cos x)\sin x dx=-\int f(\cos x)d(\cos x)$$

$$\int f(\tan x)\sec^2 x dx=\int f(\tan x)d(\tan x)$$

$$\int f(\cot x)\csc^2 x dx=-\int f(\cot x)d(\cot x)$$

$$\int f(\arcsin x)\frac{1}{\sqrt{1-x^2}}dx=\int f(\arcsin x)d(\arcsin x)$$

$$\int f(\arctan x)\frac{1}{1+x^2}dx=\int f(\arctan x)d(\arctan x)$$

4.2.2 第二类换元法

定理 6 设 $x=\varphi(t)$ 是单调可导的函数，并且 $\varphi'(t)\neq 0$. 又设 $f[\varphi(t)]\varphi'(t)$ 具有原函数 $F(t)$，则有换元公式

$$\int f(x)dx \xlongequal{x=\varphi(t)} \int f[\varphi(t)]\varphi'(t)dt=F(t)+C \xlongequal{t=\varphi^{-1}(x)} F[\varphi^{-1}(x)]+C$$

其中，$t=\varphi^{-1}(x)$ 是 $x=\varphi(t)$ 的反函数.

例 4.21 求 $\int x\sqrt{x+1}dx$.

解 令 $t=\sqrt{x+1}$，则 $x=t^2-1$，$dx=2tdt$，故

$$原式 = \int (t^2 - 1) \cdot t \cdot 2t\mathrm{d}t = 2\int (t^4 - t^2)\mathrm{d}t$$
$$= \frac{2}{5}t^5 - \frac{2}{3}t^3 + C$$
$$= \frac{2}{5}(x+1)^{\frac{5}{2}} - \frac{2}{3}(x+1)^{\frac{3}{2}} + C \quad (回代\ t = \sqrt{x+1})$$

例 4.22　求 $\int \frac{1}{1+\sqrt{x}}\mathrm{d}x$.

解　令 $t=\sqrt{x}$，则 $x=t^2$，$\mathrm{d}x=2t\mathrm{d}t$

$$原式 = \int \frac{1}{1+t}\cdot 2t\mathrm{d}t = 2\int \frac{t}{1+t}\mathrm{d}t$$
$$= 2\int \frac{1+t-1}{1+t}\mathrm{d}t = 2\int \left(1 - \frac{1}{1+t}\right)\mathrm{d}t$$
$$= 2(t - \ln|1+t|) + C$$
$$= 2(\sqrt{x} - \ln|1+\sqrt{x}|) + C \quad (回代\ t = \sqrt{x})$$

例 4.23　求 $\int \sqrt{a^2 - x^2}\mathrm{d}x\ (a>0)$.

解　设 $x = a\sin t$，$-\frac{\pi}{2}<t<\frac{\pi}{2}$，则

$$\sqrt{a^2-x^2} = \sqrt{a^2 - a^2\sin^2 t} = a\cos t, \mathrm{d}x = a\cos t\mathrm{d}t$$

于是

$$\int \sqrt{a^2-x^2}\mathrm{d}x = \int a\cos t\cdot a\cos t\mathrm{d}t$$
$$= a^2\int \cos^2 t\mathrm{d}t = a^2\left(\frac{1}{2}t + \frac{1}{4}\sin 2t\right) + C$$

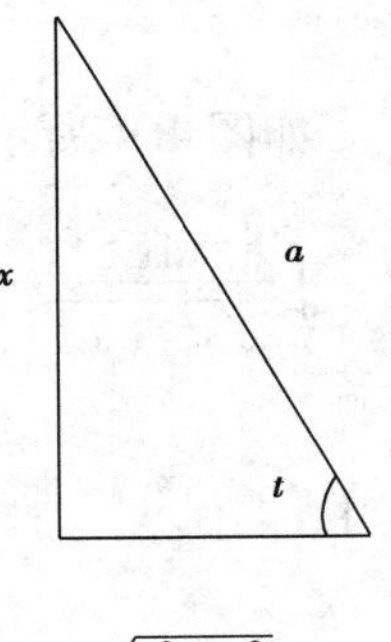

图 4.2

因为 $t = \arctan\frac{x}{a}$，可做如图 4.2 所示的辅助三角形，求出相应的函数值

所以 $\sin 2t = 2\sin t\cos t = 2\,\frac{x}{a}\cdot\frac{\sqrt{a^2-x^2}}{a}$ 于是有

$$\int \sqrt{a^2-x^2}\mathrm{d}x = a^2\left(\frac{1}{2}t + \frac{1}{4}\sin 2t\right) + C = \frac{a^2}{2}\arctan\frac{x}{a} + \frac{1}{2}x\sqrt{a^2-x^2} + C$$

例 4.24　求 $\int \frac{\mathrm{d}x}{\sqrt{x^2+a^2}}\quad(a>0)$.

解　设 $x = a\tan t$，$-\frac{\pi}{2}<t<\frac{\pi}{2}$，则

$$\sqrt{x^2+a^2} = \sqrt{a^2+a^2\tan^2 t} = a\sqrt{1+\tan^2 t} = a\sec t,\ \mathrm{d}x = a\sec^2 t\mathrm{d}t$$

于是

$$\int \frac{\mathrm{d}x}{\sqrt{x^2+a^2}} = \int \frac{a\sec^2 t}{a\sec t}\mathrm{d}t = \int \sec t\mathrm{d}t = \ln|\sec t + \tan t| + C$$

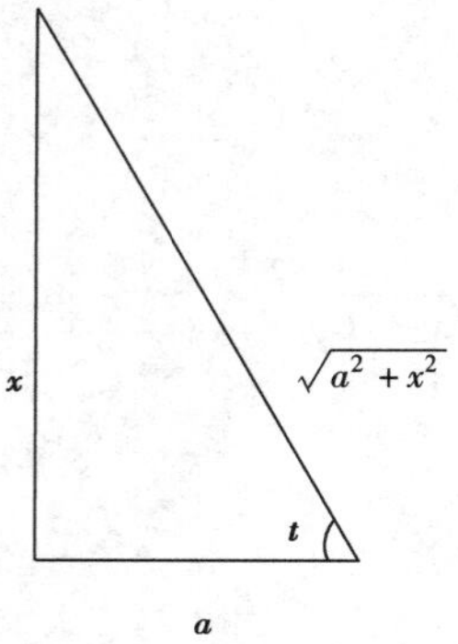

做如图4.3所示的辅助三角形,因为 $\tan t=\frac{x}{a}$,$\sec t=\frac{\sqrt{x^2+a^2}}{a}$,所以

$$\int\frac{\mathrm{d}x}{\sqrt{x^2+a^2}}=\ln\left|\sec t+\tan t\right|+C=\ln\left(\frac{x}{a}+\frac{\sqrt{x^2+a^2}}{a}\right)+C$$

$$=\ln(x+\sqrt{x^2+a^2})+C_1$$

其中

$$C_1=C-\ln a$$

图4.3

例4.25 求 $\int\frac{\mathrm{d}x}{\sqrt{x^2-a^2}}\quad(a>0)$.

解 当 $x>a$ 时设 $x=a\sec t\left(0<t<\frac{\pi}{2}\right)$,那么

$$\sqrt{x^2-a^2}=\sqrt{a^2\sec^2 t-a^2}=a\sqrt{\sec^2 t-1}=a\tan t$$

于是

$$\int\frac{\mathrm{d}x}{\sqrt{x^2-a^2}}=\int\frac{a\sec t\tan t}{a\tan t}\mathrm{d}t=\int\sec t\mathrm{d}t=\ln\left|\sec t+\tan t\right|+C$$

如图4.4所示,因为 $\tan t=\frac{\sqrt{x^2-a^2}}{a}$,$\sec t=\frac{x}{a}$,所以

$$\int\frac{\mathrm{d}x}{\sqrt{x^2-a^2}}=\ln\left|\sec t+\tan t\right|+C=\ln\left|\frac{x}{a}+\frac{\sqrt{x^2-a^2}}{a}\right|+C$$

$$=\ln(x+\sqrt{x^2-a^2})+C_1$$

其中

$$C_1=C-\ln a$$

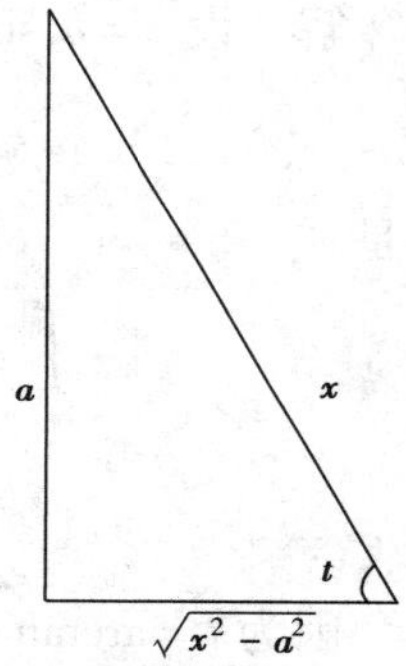

当 $x<-a$ 时,令 $x=-u$,则 $u>a$, 于是

$$\int\frac{\mathrm{d}x}{\sqrt{x^2-a^2}}=-\int\frac{\mathrm{d}u}{\sqrt{u^2-a^2}}=-\ln(u+\sqrt{u^2-a^2})+C$$

$$=-\ln(-x+\sqrt{x^2-a^2})+C$$

$$=\ln\frac{-x-\sqrt{x^2-a^2}}{a^2}+C$$

$$=\ln(-x-\sqrt{x^2-a^2})+C_1$$

图4.4

其中

$$C_1=C-2\ln a$$

综合起来有

$$\int\frac{\mathrm{d}x}{\sqrt{x^2-a^2}}=\ln\left|x+\sqrt{x^2-a^2}\right|+C$$

综上所述,被积函数为下列情况时,通常采用下面的方法:

当被积分函数含有根式 $\sqrt{a^2-x^2}$ 时,可令 $x=a\sin t$.

当被积分函数含有根式 $\sqrt{a^2+x^2}$时,可令 $x=a\tan t$.

当被积分函数含有根式 $\sqrt{x^2-a^2}$时,可令 $x=a\sec t$.

当被积分函数含有根式$\sqrt{x}$, $\sqrt{x+a}$, $\sqrt[3]{ax+b}$等时,可令 $x=t^2(t\geqslant 0)$, $x+a=t^2(t\geqslant 0)$, $ax+b=t^3(t\geqslant 0)$.

以下是补充的积分公式:

⑭ $\int \tan x\mathrm{d}x=-\ln|\cos x|+C$

⑮ $\int \cot x\mathrm{d}x=\ln|\sin x|+C$

⑯ $\int \sec x\mathrm{d}x=\ln|\sec x+\tan x|+C$

⑰ $\int \csc x\mathrm{d}x=\ln|\csc x-\cot x|+C$

⑱ $\int \frac{1}{a^2+x^2}\mathrm{d}x=\frac{1}{a}\arctan\frac{x}{a}+C$

⑲ $\int \frac{1}{x^2-a^2}\mathrm{d}x=\frac{1}{2a}\ln\left|\frac{x-a}{x+a}\right|+C$

⑳ $\int \frac{1}{\sqrt{a^2-x^2}}\mathrm{d}x=\arcsin\frac{x}{a}+C$

㉑ $\int \frac{\mathrm{d}x}{\sqrt{x^2+a^2}}=\ln(x+\sqrt{x^2+a^2})+C$

㉒ $\int \frac{\mathrm{d}x}{\sqrt{x^2-a^2}}=\ln|x+\sqrt{x^2-a^2}|+C$

习题4.2

1. 填入适当的系数,使下列等式成立:

(1) $\sin\frac{2}{3}x\mathrm{d}x=$ ________ $\mathrm{d}\left(\cos\frac{2}{3}x\right)$　　(2) $\frac{1}{x}\mathrm{d}x=$ ________ $\mathrm{d}(3-5\ln x)$

(3) $\frac{\mathrm{d}x}{1+9x^2}=$ ________ $\mathrm{d}(\arctan 3x)$　　(4) $\int x\sqrt{4-3x^2}\mathrm{d}x$ ________

2. $\frac{x\mathrm{d}x}{\sqrt{1-x^2}}=$ ________ $\mathrm{d}(\sqrt{1-x^2})$.

3. 若 $\int f(x)\mathrm{d}x=F(x)+C$,则 ________________ $=F[g(x)]+C$.

4. 计算下列积分:

(1) $\int \sin^5 x\mathrm{d}(\sin x)$　　(2) $\int \cos^3 x\mathrm{d}x$　　(3) $\int\left(x+\frac{\sin\sqrt{x}}{\sqrt{x}}\right)\mathrm{d}x$

(4) $\int x\mathrm{e}^{x^2}\mathrm{d}x$　　(5) $\int \frac{x\mathrm{d}x}{\sqrt{1-x^2}}$　　(6) $\int \frac{x\mathrm{d}x}{\sqrt{1-x^4}}$

(7) $\int \frac{\ln 2x}{x}\mathrm{d}x$　(8) $\int (2x+3)^2\mathrm{d}x$　(9) $\int \frac{1}{\arcsin x}\cdot\frac{1}{\sqrt{1-x^2}}\mathrm{d}x$

(10) $\int \frac{1}{(1+x^2)\arctan x}\mathrm{d}x$　(11) $\int \frac{\mathrm{d}x}{2+x^2}$　(12) $\int \frac{\mathrm{d}x}{\sqrt{4-x^2}}$

5. 计算下列不定积分：

(1) $\int \sqrt{16-x^2}\,\mathrm{d}x$　(2) $\int \frac{\mathrm{d}x}{(4+x^2)^{\frac{3}{2}}}$

(3) $\int \frac{\mathrm{d}x}{x^4\sqrt{1+x^2}}$　(4) $\int \frac{\sqrt{a^2-x^2}}{x^4}\mathrm{d}x$　$(a>0)$

(5) $\int \frac{\mathrm{d}x}{\sqrt{(x^2+1)^3}}$　(6) $\int \frac{x^2}{\sqrt{1-x^2}}\mathrm{d}x$

(7) $\int \frac{x}{\sqrt{1-x^2}}\mathrm{d}x$　(8) $\int \frac{\sqrt{1-x^2}}{x^2}\mathrm{d}x$

4.3　分部积分法

定理 7　设函数 $u=u(x)$ 及 $v=v(x)$ 具有连续导数. 那么(两个函数乘积的导数公式为

$$(uv)'=u'v+uv'$$

移项,得

$$uv'=(uv)'-u'v$$

对这个等式两边求不定积分,得

$$\int uv'\mathrm{d}x=uv-\int u'v\mathrm{d}x \text{ 或 } \int u\mathrm{d}v=uv-\int v\mathrm{d}u$$

这个公式称为分部积分公式.

分部积分过程为

$$\int uv'\mathrm{d}x=\int u\mathrm{d}v=uv-\int v\mathrm{d}u=uv-\int u'v\mathrm{d}x=\cdots$$

例 4.26　求不定积分 $\int x\cos x\mathrm{d}x$.

解　设 $u=x,\cos x\mathrm{d}x=\mathrm{d}v$,则

$$\mathrm{d}u=\mathrm{d}x, v=\sin x$$

因此

$$\int x\cos x\mathrm{d}x=\int x\mathrm{d}\sin x=x\sin x-\int \sin x\mathrm{d}x=x\sin x-\cos x+C$$

注:此题若设 $u=\cos x,x\mathrm{d}x=\mathrm{d}v$,则有

$$\mathrm{d}u=-\sin x\mathrm{d}x, v=\frac{1}{2}x^2$$

代入公式 ,则

$$\int x\cos x\mathrm{d}x = \frac{1}{2}x^2\cos x + \frac{1}{2}\int x^2\sin x\mathrm{d}x$$

显然右端的积分比原来的更复杂. 因此, 正确选择 $u, \mathrm{d}v$ 对分部积分法非常重要. 其选择的原则如下:

①函数 v 要容易求出.

②积分 $\int v\mathrm{d}u$ 要比原积分 $\int u\mathrm{d}v$ 容易积出.

例4.27　求不定积分 $\int x\mathrm{e}^x\mathrm{d}x$.

解　设 $u = x, \mathrm{e}^x\mathrm{d}x = \mathrm{d}v$, 则 $\mathrm{d}u = \mathrm{d}x, v = \mathrm{e}^x$, 故

$$\int x\mathrm{e}^x\mathrm{d}x = \int x\mathrm{d}\mathrm{e}^x = x\mathrm{e}^x - \int \mathrm{e}^x\mathrm{d}x = x\mathrm{e}^x - \mathrm{e}^x + C$$

在熟悉了以后, 所设的 $u, \mathrm{d}v$ 等不必写出来, 但是一定要知道. 直接变换, 代公式即可.

例4.28　求不定积分 $\int x^2\mathrm{e}^x\mathrm{d}x$.

解

$$\begin{aligned}\int x^2\mathrm{e}^x\mathrm{d}x &= \int x^2\mathrm{d}\mathrm{e}^x = x^2\mathrm{e}^x - \int \mathrm{e}^x\mathrm{d}x^2 \\ &= x^2\mathrm{e}^x - 2\int x\mathrm{e}^x\mathrm{d}x = x^2\mathrm{e}^x - 2\int x\mathrm{d}\mathrm{e}^x = x^2\mathrm{e}^x - 2x\mathrm{e}^x + 2\int \mathrm{e}^x\mathrm{d}x \\ &= x^2\mathrm{e}^x - 2x\mathrm{e}^x + 2\mathrm{e}^x + C = \mathrm{e}^x(x^2 - 2x + 2) + C\end{aligned}$$

用一次不定积分后, 若还是两个函数积的形式, 可再次使用分部积分方法.

例4.29　求不定积分 $\int x\ln x\mathrm{d}x$.

解

$$\begin{aligned}\int x\ln x\mathrm{d}x &= \frac{1}{2}\int \ln x\mathrm{d}x^2 = \frac{1}{2}x^2\ln x - \frac{1}{2}\int x^2\cdot\frac{1}{x}\mathrm{d}x \\ &= \frac{1}{2}x^2\ln x - \frac{1}{2}\int x\mathrm{d}x = \frac{1}{2}x^2\ln x - \frac{1}{4}x^2 + C\end{aligned}$$

例4.30　求不定积分 $\int x\arctan x\mathrm{d}x$.

解

$$\begin{aligned}\int x\arctan x\mathrm{d}x &= \frac{1}{2}\int \arctan x\mathrm{d}x^2 = \frac{1}{2}x^2\arctan x - \frac{1}{2}\int x^2\cdot\frac{1}{1+x^2}\mathrm{d}x \\ &= \frac{1}{2}x^2\arctan x - \frac{1}{2}\int\left(1 - \frac{1}{1+x^2}\right)\mathrm{d}x \\ &= \frac{1}{2}x^2\arctan x - \frac{1}{2}x + \frac{1}{2}\arctan x + C\end{aligned}$$

例4.31　求 $\int \ln x\mathrm{d}x$.

解

$$\begin{aligned}\int \ln x\mathrm{d}x &\overset{令u=\ln x, v=x}{=} x\ln x - \int x\mathrm{d}\ln x \quad (利用第二个公式) \\ &= x\cdot\ln x - \int x\cdot\frac{1}{x}dx \\ &= x\ln x - x + C\end{aligned}$$

例4.32　求不定积分 $\int \arccos x\mathrm{d}x$.

解 $\int \arccos x\mathrm{d}x = x\arccos x - \int x\mathrm{d}\arccos x$

$$= x\arccos x + \int x\frac{1}{\sqrt{1-x^2}}\mathrm{d}x$$

$$= x\arccos x - \frac{1}{2}\int (1-x^2)^{-\frac{1}{2}}\mathrm{d}(1-x^2)$$

$$= x\arccos x - \sqrt{1-x^2} + C$$

例 4.33 求 $\int \mathrm{e}^x\sin x\mathrm{d}x$.

解 $\int \mathrm{e}^x\sin x\mathrm{d}x = \int \sin x\mathrm{d}(\mathrm{e}^x) = \mathrm{e}^x\sin x - \int \mathrm{e}^x\mathrm{d}(\sin x)$ （分部积分法）

$$= \mathrm{e}^x\sin x - \int \mathrm{e}^x\cos x\mathrm{d}x = \mathrm{e}^x\sin x - \int \cos x\mathrm{d}\mathrm{e}^x$$

$$= \mathrm{e}^x\sin x - \mathrm{e}^x\cos x + \int \mathrm{e}^x\mathrm{d}\cos x \quad \text{（分部积分法）}$$

$$= \mathrm{e}^x\sin x - \mathrm{e}^x\cos x - \int \mathrm{e}^x\sin x\mathrm{d}x$$

由于上式右端的第三项就是所求的积分 $\int \mathrm{e}^x\sin x\mathrm{d}x$，将它移到等式左端去，两端再同除以 2，即得

$$\int \mathrm{e}^x\sin x\mathrm{d}x = \frac{1}{2}\mathrm{e}^x(\sin x - \cos x) + C$$

例 4.34 求 $\int \sec^3 x\mathrm{d}x$.

解 因为

$$\int \sec^3 x\mathrm{d}x = \int \sec x\cdot\sec^2 x\mathrm{d}x = \int \sec x\mathrm{d}\tan x$$

$$= \sec x\tan x - \int \sec x\tan^2 x\mathrm{d}x$$

$$= \sec x\tan x - \int \sec x(\sec^2 x - 1)\mathrm{d}x$$

$$= \sec x\tan x - \int \sec^3 x\mathrm{d}x + \int \sec x\mathrm{d}x$$

$$= \sec x\tan x + \ln|\sec x + \tan x| - \int \sec^3 x\mathrm{d}x$$

所以

$$\int \sec^3 x\mathrm{d}x = \frac{1}{2}(\sec x\tan x + \ln|\sec x + \tan x|) + C$$

例 4.35 求 $\int \mathrm{e}^{\sqrt{x}}\mathrm{d}x$.

解 令 $x = t^2$，则 $\mathrm{d}x = 2t\mathrm{d}t$. 于是

$$\int \mathrm{e}^{\sqrt{x}}\mathrm{d}x = 2\int t\mathrm{e}^t\mathrm{d}t = 2\mathrm{e}^t(t-1) + C = 2\mathrm{e}^{\sqrt{x}}(\sqrt{x}-1) + C$$

此题看似简单，但是用到了换元积分法和分部积分法，说明多种积分方法可以联合使用.

通过以上例题可以总结出分部积分法选择 u 和 $\mathrm{d}v$ 的方法，一般情况下，使用分步积分法设 u 的顺序是**"反(三角函数)、对(数)、幂(函数)、三(角函数)、指(数函数)"**. 将排在前面的函数选作 u，如 $\int \arcsin x\mathrm{d}x$ 应设 $u=\arcsin x$. $\int x\ln x\mathrm{d}x$ 应选 $u=\ln x$ 等.

习题4.3

计算下列不定积分：

(1) $\int x\sin x\mathrm{d}x$

(2) $\int xe^{-x}\mathrm{d}x$

(3) $\int x^2\ln x\mathrm{d}x$

(4) $\int e^x\cos 2x\mathrm{d}x$

(5) $\int \sin\sqrt{x}\mathrm{d}x$

(6) $\int \dfrac{\arctan e^x}{e^x}\mathrm{d}x$

(7) $\int e^x\cos x\mathrm{d}x$

(8) $\int \arcsin x\mathrm{d}x$

(9) $\int (\ln x)^2\mathrm{d}x$

*4.4　简易积分表的应用

4.4.1　简易积分表

积分的计算要比导数的计算来得灵活、复杂，为了实用、方便，往往把常用的积分公式汇集成表，这种表称为积分表. 积分表共有14个大类，136个公式. 求积分时，可根据被积函数的类型直接地或经过简单变形后，在表内查得公式，代入相关参数，求得结果即可.

4.4.2　简易积分表的应用

已知，本书后面列出的"简易积分表"是按积分函数的类型加以编排的，其中包括了最常用的一些积分公式. 下面举例说明表的使用方法.

例4.36　查表求 $\int \dfrac{x}{(3+4x)^2}\mathrm{d}x$.

解　被积函数含有形如 $a+bx$ 的因式，在积分表(1)中查得公式⑦，即

$$\int \frac{x\mathrm{d}x}{(a+bx)^2}=\frac{1}{b^2}\left[\ln|a+bx|+\frac{a}{a+bx}\right]+C$$

当 $a=4,b=3$ 时，就有

$$\int \frac{x}{(3+4x)^2}\mathrm{d}x=\frac{1}{9}\left[\ln|3x+4|+\frac{4}{3x+4}\right]+C$$

例4.37　查表求 $\int \sqrt{x^2-4x+8}\,\mathrm{d}x$.

解 被积函数为 $\sqrt{c+bx+ax^2}$ 型，在积分表(9)中查得公式㉔，即

$$\int\sqrt{a+bx+cx^2}\,\mathrm{d}x=\frac{2cx+b}{4c}\sqrt{a+bx+cx^2}-\frac{b^2-4ac}{8\sqrt{c^3}}\ln\left|2cx+b+2\sqrt{c}\sqrt{a+bx+cx^2}\right|+C$$

当 $a=1,b=-4,c=8$ 时，就有

$$\int\sqrt{x^2-4x+8}\,\mathrm{d}x=\int\sqrt{8-4x+x^2}\,\mathrm{d}x$$

$$=\frac{x-2}{2}\sqrt{x^2-4x+8}+2\ln\left|x-2+\sqrt{x^2-4x+8}\right|+C$$

例 4.38 查表求 $\int\frac{1}{x\sqrt{3+5x}}\mathrm{d}x$.

解 被积函数含有形如 $\sqrt{ax+b}$ 的因式，这个积分属于表中(3)类含有 $\sqrt{ax+b}$ 的积分. 按照公式⑮，当 $a=5>0,b=3$ 时，有

$$\int\frac{1}{x\sqrt{3+5x}}\mathrm{d}x=\frac{1}{\sqrt{3}}\ln\frac{\left|\sqrt{3+5x}-\sqrt{3}\right|}{\sqrt{3+5x}+\sqrt{3}}+C$$

例 4.39 查表求 $\int\frac{\mathrm{d}x}{5-3\sin x}$.

解 被积函数含有三角函数，在积分表第(11)类中，查得公式

⑩③： $$\int\frac{\mathrm{d}x}{a+b\sin x}=\frac{2}{\sqrt{a^2-b^2}}\arctan\frac{a\tan\frac{x}{2}+b}{\sqrt{a^2-b^2}}+C\quad(a^2>b^2)$$

⑩④： $$\int\frac{\mathrm{d}x}{a+b\sin x}=\frac{1}{\sqrt{b^2-a^2}}\ln\left|\frac{a\tan\frac{x}{2}+b-\sqrt{b^2-a^2}}{a\tan\frac{x}{2}+b+\sqrt{b^2-a^2}}\right|+C\quad(a^2<b^2)$$

关于 $\int\frac{\mathrm{d}x}{a+b\sin x}$ 的公式有两个，要看 $a^2>b^2$ 还是 $a^2<b^2$ 来决定采用哪一个.

现在 $a=5,b=-3$，$a^2>b^2$，所以用公式⑩③，得

$$\int\frac{\mathrm{d}x}{5-3\sin x}=\frac{2}{\sqrt{5^2-(-3)^2}}\arctan\frac{5\tan\frac{x}{2}-3}{\sqrt{5^2-(-3)^2}}+C$$

$$=\frac{1}{2}\arctan\frac{5\tan\frac{x}{2}-3}{4}+C$$

例 4.40 查表求 $\int\frac{\mathrm{d}x}{1+x+x^2}$.

解 这个积分属于积分表(5)类含有 $ax^2+bx\pm c(a>0)$ 的积分. 其中

公式㉘： $$\int\frac{\mathrm{d}x}{x\sqrt{a+bx}}=\begin{cases}\frac{1}{\sqrt{a}}\ln\frac{\left|\sqrt{a+bx}-\sqrt{a}\right|}{\sqrt{a+bx}+\sqrt{a}}+C & (a>0)\\ \frac{2}{\sqrt{-a}}\arctan\sqrt{\frac{a+bx}{-a}}+C & (a<0)\end{cases}$$

关于$\int \frac{dx}{x\sqrt{a+bx}}$有两个结果,要看$b^2<4ac$还是$b^2>4ac$来决定采用哪一个.

现在,$a=1,b=1,c=1,b^2=1,4ac=4$,即$b^2<4ac$,所以应采用公式

$$\int \frac{dx}{x\sqrt{a+bx}}=\frac{1}{\sqrt{a}}\ln\frac{\left|\sqrt{a+bx}-\sqrt{a}\right|}{\sqrt{a+bx}+\sqrt{a}}+C(a>0)$$

得

$$\int \frac{dx}{1+x+x^2}=\frac{2}{\sqrt{3}}\arctan\frac{2x+1}{\sqrt{3}}+C$$

例4.41　查表求$\int \frac{dx}{(2+7x^2)^2}$.

解　从积分表第(3)类中,查得

公式⑳:$$\int \frac{dx}{(a+bx^2)^2}=\frac{x}{2a(a+bx^2)}+\frac{1}{2a}\int \frac{dx}{a+bx^2}$$

得

$$\int \frac{dx}{(2+7x^2)^2}=\frac{x}{4(2+7x^2)}+\frac{1}{4}\int \frac{dx}{2+7x^2}$$

上式右端的积分,再用

公式⑲:$$\int \frac{dx}{x^2(a+bx^2)}=-\frac{1}{ax}-\frac{b}{a}\int \frac{dx}{a+bx^2},$$得

$$\int \frac{dx}{(2+7x^2)^2}=\frac{x}{4(2+7x^2)}+\frac{1}{4\sqrt{14}}\arctan\sqrt{\frac{7}{2}}x+C$$

例4.42　查表求$\int x^3\ln^2 x\,dx$.

解　在积分表第(14)类中,查得

公式㊱:$$\int x^m\ln^n x\,dx=\frac{x^{m+1}}{m+1}\ln^n x-\frac{n}{m+1}\int x^m\ln^{n-1}x\,dx,$$得

$$\int x^3\ln^2 x\,dx=\frac{x^{m+1}}{m+1}\ln^n x-\frac{n}{m+1}\int x^m\ln^{n-1}x\,dx$$

就本例而言,利用这个公式并不能求出最后结果,但是可使被积函数中$\ln x$的幂指数减少一次,重复使用这个公式可使$\ln x$的幂指数继续减少,直到求出最后结果.这个公式称为递推公式.现在$m=3,n=2$,两次运用公式㊱,得

$$\begin{aligned}\int x^3\ln^2 x\,dx&=\frac{x^4}{4}\ln^2 x-\frac{1}{2}\int x^3\ln x\,dx\\&=\frac{x^4}{4}\ln^2 x-\frac{1}{2}\left[\frac{x^4}{4}\ln x-\frac{1}{4}\int x^3\,dx\right]\\&=\frac{x^4}{4}\ln^2 x-\frac{1}{2}x^4\left(\frac{\ln x}{4}-\frac{1}{16}\right)+C\\&=\frac{x^4}{32}(8\ln^2 x-4\ln x+1)+C\end{aligned}$$

一般来说,查积分表可节省计算积分的时间.但是,只有掌握了前面学过的基本积分方法后,才能灵活地使用积分表,而且有时对一些比较简单的积分,应用基本积分方法来计算比查

表更快些. 例如,对 $\int \sin^2 x\cos^3 x\mathrm{d}x$ 用凑微分 $\cos x\mathrm{d}x=\mathrm{d}(\sin x)$,很快就可得到结果. 因此,求积分时是直接计算还是查表,或是两者结合使用,应该作具体分析,不能一概而论. 但是,在学习高等数学的阶段,最好不要查积分表(学习本节时例外),这样有利于掌握基本积分公式和基本积分方法.

关于不定积分还要指出,对初等函数来说,在其定义区间内,它的原函数一定存在,但有些原函数不一定是初等函数,例如:

$$\int \mathrm{e}^{-x^2}\mathrm{d}x,\int \frac{\sin x}{x}\mathrm{d}x,\int \frac{\mathrm{d}x}{\ln x},\int \frac{\mathrm{d}x}{\sqrt{1+x^4}}$$

$$\int \sqrt{1-k^2\cos^2 t}\,\mathrm{d}t \quad (0<k<1)$$

等,它们都不能用初等函数来表达,因此,通常这些积分是"积不出来"的.

习题 4.4

1 求下列积分:

(1) $\int \frac{x}{(3x+4)^2}\mathrm{d}x$　　(2) $\int \frac{\mathrm{d}x}{x\sqrt{4x^2+9}}$

(3) $\int \frac{\mathrm{d}x}{5-4\cos x}$　　(4) $\int \sin^4 x\mathrm{d}x$

2. 计算下列不定积分

(1) $\int \frac{x+6\cos^2 x}{1+\cos 2x}\mathrm{d}x$　　(2) $\int \sqrt{1+\sin x}\,\mathrm{d}x$

(3) $\int \frac{1}{\sqrt{(x^2+1)^3}}\mathrm{d}x$　　(4) $\int \frac{1}{(1+\mathrm{e}^x)^2}\mathrm{d}x$

(5) $\int \frac{x\mathrm{e}^x}{\sqrt{1+\mathrm{e}^x}}\mathrm{d}x$　　(6) $\int \cos(\ln x)\mathrm{d}x$

(7) $\int \frac{\arctan\sqrt{x}}{\sqrt{x}(1+x)}\mathrm{d}x$　　(8) $\int \frac{x\arcsin x}{\sqrt{1-x^2}}\mathrm{d}x$

(9) $\int \frac{x}{\cos^2 x\tan^3 x}\mathrm{d}x$　　(10) $\int x^2\mathrm{e}^{3x}\mathrm{d}x$

3. 计算下列不定积分:

(1) $\int \frac{\cos x-\sin x}{1+\sin x\cos x}\mathrm{d}x$　　(2) $\int \frac{\sin x}{\sin x+\cos x}\mathrm{d}x$

(3) $\int \frac{1}{\sin^4 x+\cos^4 x}\mathrm{d}x$　　(4) $\int (\cos^3 x+\cos^2 x)\mathrm{d}x$

【阅读材料】

数学教育的发展

18世纪的数学研究活动，大部分是与欧洲各国的科学院相联系的，尤其是大陆国家的科学院. 它们不仅评议研究成果，促进科学通讯，而且掌握着聘用专门成员的财政经费.

莱布尼茨1700年创立的柏林科学院，在普鲁士国王弗里德里克时代曾拥有欧拉和拉格朗日为院士；欧拉其余的生涯是在彼得堡科学院奉职；拉格朗日在弗里德里克死后被路易十六请到巴黎. 而巴黎科学院也许是18世纪欧洲最重要的学术中心，与它相联系的法国最卓越的数学家还有克莱罗、达朗贝尔、孔多塞、拉普拉斯、蒙日以及勒让德等.

这种主要靠宫廷支持的科学院，在推动数学研究职业化方面起了一定的但却是有限的作用. 在18世纪的晚期，人们开始注意并努力改变大学中数学教育与研究分离、脱节的现象.

格丁根大学最先强调教学与研究的结合，但对当时的数学并未发生影响. 真正的冲击来自法国. 法国大革命时期建立的巴黎综合工科学校和巴黎高等师范学校，不仅提供为培养工程师和教师所必需的数学教育，对数学研究也给予同样的重视，它们作为新型的科学教育和研究机构的典范，对19世纪数学研究职业化运动有极大的影响.

社会政治对18世纪数学发展的影响值得注意. 18世纪数学研究活动中心的转移，明显地与资产阶级革命中心的转移现象相吻合. 英国学术界的保守气氛，同拥教保王的政治环境不无关系，而在启蒙思想熏陶下的法国学派，却自觉地接过了发展牛顿自然科学理论的任务.

法国大革命本身提供了社会变革影响数学事业的史例. 这个国家当时最优秀的数学家，几乎都被革命政权吸收到度量衡改革、教育改革、军事工程建设等活动中去.

对于数学发展特别重要的是他们在新成立的巴黎综合工科学校与巴黎高等师范学校中的作用. 拉格朗日、拉普拉斯、蒙日、勒让德等均受聘出任那里的数学教授，蒙日还是综合工科学校的积极创建者并兼校长. 他们的任职，使这两所学校特别是综合工科学校成为新一代数学家的摇篮，如柯西和泊松都是毕业于综合工科学校. 这些学校为适应培养新人才的需要而采用的数学新教材，酿成了“教科书的革命”，其中勒让德的《几何学基础》、蒙日的《画法几何学》、拉克鲁瓦的《微积分学》以及毕奥和勒弗朗索瓦的解析几何教程，都是反复再版，并被译成了多国语言. 在法国所进行的改革，到19世纪初即已扩及旁国，特别是德国，并刺激了英国数学的复苏，成为数学发展新时代的序幕.

留给后人的思考

从始创微积分的时间说牛顿比莱布尼茨大约早10年，但从正式公开发表的时间说牛顿却比莱布尼茨要晚. 牛顿系统论述“流数术”的重要著作《流数术和无穷极数》是1671年写成的，但因1676年伦敦大火殃及印刷厂，致使该书1736年才发表，这比莱布尼茨的论文要晚半个世纪. 另外，也有书中记载：牛顿于1687年7月，用拉丁文发表了他的巨著《自然哲学的数学原理》，在此文中提出了微积分的思想. 他用“0”表示无限小增量，求出瞬时变化率，后来他把变量 X 称为流量，X 的瞬时变化率称为流数，整个微积分学称为“流数学”，事实上，他们二人是各自独立地建立了微积分. 最后还应当指出的是，牛顿的“流数术”在概念上是不够清晰的，理论上也不够严密，在运算步骤中具有神秘的色彩，还没有形成无穷小及极限概念. 牛顿和莱布尼茨的特殊功绩在于，他们站在更高的角度，分析和综合了前人的工作，将前人解决各种具体问题的特殊技巧，统一为两类普通的算法——微分与积分，并发现了微分和积分互为逆运算,建立了所谓的微积分基本定理(现今称为牛顿-莱布尼茨公式),从而完成了微积分发明中最关键的一步,并为其深入发展和广泛应用铺平了道路. 由于受当时历史条件的限制,牛顿和莱布尼茨建立的微积分的理论基础还不十分牢靠,有些概念比较模糊,因此引发了长期关于微积分的逻辑基础的争论和探讨. 经过 18,19 世纪一大批数学家的努力,特别是在法国数学家柯西首先成功地建立了极限理论之后,以极限的观点定义了微积分的基本概念,并简洁而严格地证明了微积分基本定理即牛顿-莱布尼茨公式,才给微积分建立了一个基本严格的完整体系.

不幸的是牛顿和莱布尼茨各自创立了微积分之后,历史上发生了优先权的争论,从而使数学家分为两派. 欧洲大陆的数学家,尤其是瑞士数学家雅科布 · 贝努利(1654—1705)和约翰 · 贝努利(1667—1748)兄弟支持莱布尼茨,而英国数学家捍卫牛顿,两派争吵激烈,甚至尖锐到互相敌对、嘲笑. 牛顿死后,经过调查核实,事实上,他们各自独立地创立了微积分. 这件事的结果致使英国和欧洲大陆的数学家停止了思想交流,使英国人在数学上落后了 100 多年,因为牛顿在《自然哲学的数学原理》中使用的是几何方法,英国人差不多在 100 多年中照旧使用几何工具,而大陆的数学家继续使用莱布尼茨的分析方法,并使微积分更加完善,在这 100 年中英国甚至连大陆通用的微积分都不认识.

复习题 4

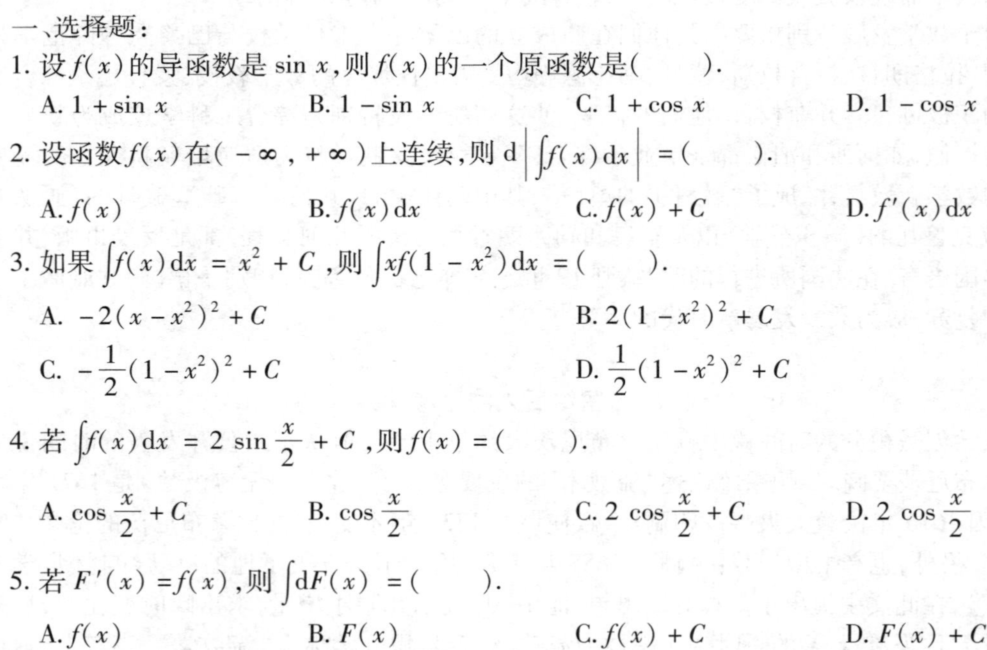

一、选择题:

1. 设 $f(x)$ 的导函数是 $\sin x$,则 $f(x)$ 的一个原函数是(　　).

A. $1+\sin x$　　B. $1-\sin x$　　C. $1+\cos x$　　D. $1-\cos x$

2. 设函数 $f(x)$ 在 $(-\infty,+\infty)$ 上连续,则 $\mathrm{d}\left|\int f(x)\mathrm{d}x\right|=$(　　).

A. $f(x)$　　B. $f(x)\mathrm{d}x$　　C. $f(x)+C$　　D. $f'(x)\mathrm{d}x$

3. 如果 $\int f(x)\mathrm{d}x=x^2+C$,则 $\int xf(1-x^2)\mathrm{d}x=$(　　).

A. $-2(x-x^2)^2+C$　　B. $2(1-x^2)^2+C$

C. $-\dfrac{1}{2}(1-x^2)^2+C$　　D. $\dfrac{1}{2}(1-x^2)^2+C$

4. 若 $\int f(x)\mathrm{d}x=2\sin\dfrac{x}{2}+C$,则 $f(x)=$(　　).

A. $\cos\dfrac{x}{2}+C$　　B. $\cos\dfrac{x}{2}$　　C. $2\cos\dfrac{x}{2}+C$　　D. $2\cos\dfrac{x}{2}$

5. 若 $F'(x)=f(x)$,则 $\int \mathrm{d}F(x)=$(　　).

A. $f(x)$　　B. $F(x)$　　C. $f(x)+C$　　D. $F(x)+C$

6. 若 $\int \mathrm{d}f(x)=\int \mathrm{d}g(x)$,则下列结论错误的是(　　).

A. $f'(x)=g'(x)$　　B. $\mathrm{d}f(x)=\mathrm{d}g(x)$

C. $f(x)=g(x)$　　D. $\mathrm{d}\int f'(x)\mathrm{d}x=\mathrm{d}\int g'(x)\mathrm{d}x$

7. 下列等式中正确的是(　　).

A. $\int f'(x)\mathrm{d}x = f(x)$　　B. $\int \mathrm{d}f(x) = f(x)$

C. $f(x) = \frac{\mathrm{d}}{\mathrm{d}x}\int f(x)\mathrm{d}x$　　D. $\mathrm{d}\int f(x)\mathrm{d}x = f(x)$

8. 设$f(x)$的一个原函数是$\ln(2x)$,则$f'(x)=$(　　).

A. $-\frac{1}{x^2}$　　B. $\frac{1}{x}$　　C. $\ln(2x)$　　D. $x-\ln(2x)$

9. 若$f(x)=\mathrm{e}^{-2x}$,则$\int \frac{f'(\ln x)}{x}\mathrm{d}x =$(　　).

A. $\frac{1}{x^2}+C$　　B. $-\frac{1}{x^2}+C$　　C. $-\ln x+C$　　D. $\ln x+C$

10. $\int \frac{\ln x}{x^2}\mathrm{d}x =$(　　).

A. $-\frac{1}{x}(\ln x+1)+C$　　B. $\frac{1}{x}(\ln x+1)+C$

C. $-\frac{1}{x}(\ln x-1)+C$　　D. $\frac{1}{x}(\ln x-1)+C$

11. 如果$\int f(x)\mathrm{d}x = F(x)+C$,则$\int \mathrm{e}^{-x}f(\mathrm{e}^{-x})\mathrm{d}x =$(　　).

A. $F(\mathrm{e}^{x})+C$　　B. $F(\mathrm{e}^{-x})+C$　　C. $\frac{F(\mathrm{e}^{-x})}{x}+C$　　D. $-F(\mathrm{e}^{-x})+C$

12. 设$f(x)$的一个原函数是$\sin x$,则$\int xf(x)\mathrm{d}x =$(　　).

A. $x\sin x-\cos x+C$　　B. $x\sin x+\cos x+C$

C. $x\cos x-\sin x+C$　　D. $x\cos x+\sin x+C$

13. $\int \frac{1}{x^2-a^2}\mathrm{d}x =$(　　).

A. $\frac{1}{2a}\ln\left|\frac{x+a}{x-a}\right|+C$　　B. $\ln|x^2-a^2|+C$

C. $\frac{1}{2a}\ln\left|\frac{x-a}{x+a}\right|+C$　　D. $\frac{1}{a}\arctan\frac{x}{a}+C$

14. $\int \frac{1}{(1+x)\sqrt{x}}\mathrm{d}x =$(　　).

A. $2\arctan\sqrt{x}+C$　　B. $\arctan x+C$

C. $\frac{1}{2}\arctan\sqrt{x}+C$　　D. $2\operatorname{arccot}\sqrt{x}+C$

二、填空题:

1. $\frac{\mathrm{d}}{\mathrm{d}x}\int \sec x\mathrm{d}x =$______________________.

2. $\mathrm{d}\int \arctan\sqrt{x}\mathrm{d}x =$______________________.

3. $\int \mathrm{d}\ln(1-x) =$ ____________; $\left[\int \frac{\sin x}{x}\mathrm{d}x\right]' =$ ____________.

4. $\int f'\left(\frac{2}{3}x\right)\mathrm{d}x =$ ____________; $\int \frac{f'(\ln x)}{x}\mathrm{d}x =$ ____________.

5. 已知$f'(x)=\frac{1}{1+x^2}$,且$f(1)=\frac{\pi}{2}$,则$f(x)=$ ____________.

6. 如果$\int f(x)\mathrm{d}x = F(x)+C$,则$\int xf(2-x^2)\mathrm{d}x =$ ____________.

7. 如果$\int f(x)\mathrm{d}x = F(x)+C$,则$\int \frac{f(\ln x)}{x}\mathrm{d}x =$ ____________.

8. 如果$\int f(x)\mathrm{d}x = \frac{x}{1-x^2}+C$,则$\int \sin x f(\cos x)\mathrm{d}x =$ ____________.

9. 设$f(x)$的一个原函数是$\frac{\cos x}{x}$,则$\int xf'(x)\mathrm{d}x =$ ____________.

10. 设$f(x)$的一个原函数是e^{-x^2},则$\int f(\tan x)\sec^2 x\mathrm{d}x =$ ____________.

三、求下列不定积分:

1. $\int \frac{1}{\sqrt{x-3}-\sqrt{x-4}}\mathrm{d}x$

2. $\int \frac{\sqrt[4]{x}-2\sqrt[3]{x}+1}{\sqrt{x^3}}\mathrm{d}x$

3. $\int \frac{2^{x+1}-5^{x-1}}{10^x}\mathrm{d}x$

4. $\int \frac{1}{x^2(1+x^2)}\mathrm{d}x$

5. $\int \frac{1+\cos x}{x+\sin x}\mathrm{d}x$

6. $\int \frac{\sin(\ln x)}{x}\mathrm{d}x$

7. $\int \frac{\sec^2 x}{1+\tan x}\mathrm{d}x$

8. $\int \frac{1}{x(1-2x)}\mathrm{d}x$

9. $\int \frac{2}{(2+x)x}\mathrm{d}x$

10. $\int \frac{\sin 2x}{\sqrt{1-\cos^2 x}}\mathrm{d}x$

11. $\int \frac{\arctan\sqrt{x}}{(1+x)\sqrt{x}}\mathrm{d}x$

12. $\int \frac{1}{x(1+x^3)}\mathrm{d}x$

13. $\int \frac{f'(x)}{\sqrt{f(x)}}\mathrm{d}x$

14. $\int \frac{1}{(4+x)\sqrt{x}}\mathrm{d}x$

15. $\int \frac{\ln\tan x}{\cos x\sin x}\mathrm{d}x$

16. $\int \sin^3 x\mathrm{d}x$

17. $\int \cos^4 x\mathrm{d}x$

18. $\int \frac{1+x^4}{1+x^6}\mathrm{d}x$

19. $\int \frac{1}{1+x^4}\mathrm{d}x$

20. $\int \frac{2x+5}{x^2+2x-3}\mathrm{d}x$

21. $\int \frac{1}{\sqrt{x-x^2}}\mathrm{d}x$

22. $\int \frac{1}{\sqrt{4x+4x^2}}\mathrm{d}x$

23. $\int x\sqrt{\frac{1-x}{1+x}}\mathrm{d}x$

24. $\int \frac{\sqrt{a^2-x^2}}{x^2}\mathrm{d}x$

25. $\int \frac{a-x}{\sqrt{a^2-x^2}}dx$

26. $\int \sqrt{9-x^2}\,dx$

27. $\int \frac{x^2}{\sqrt{1-x^2}}dx$

28. $\int \frac{1}{x^2\sqrt{1+x^2}}dx$

29. $\int \frac{\sqrt{x^2-9}}{x}dx$

30. $\int \frac{1}{1+\sqrt[3]{x}}dx$

31. $\int \frac{1}{1+\sqrt{2x+3}}dx$

32. $\int \frac{1}{(1-x^2)^{\frac{3}{2}}}dx$

33. $\int \frac{1}{(a^2+x^2)^{\frac{3}{2}}}dx$

34. $\int \frac{1}{\sqrt{x+3}-\sqrt[3]{x+3}}dx$

35. $\int \frac{1}{\sqrt{x}-\sqrt[3]{x^2}}dx$

四、解答题:

1. 已知$f'(\sin x)=1+x$,求$f(x)$.

2. 已知$f(x)$的一个原函数为$\sin x$,求$\int xf'(x)\,dx$.

3. 已知$f(x)$的一个原函数为e^x,求$\int xf''(x)\,dx$.

4. 设$f(x)=\ln(1+ax^2)-b\int\frac{dx}{1+ax^2}$,问$a,b$分别取何值时,$f''(0)=4$.

第 5 章

定积分及其应用

定积分是积分学中的另一个重要概念. 本章首先从几何学与力学问题出发引进定积分的概念,然后讨论它的性质和计算方法,最后介绍定积分在几何、物理、经济方面的一些应用.

5.1 定积分的概念

5.1.1 实例

引例 5.1 曲边梯形的面积

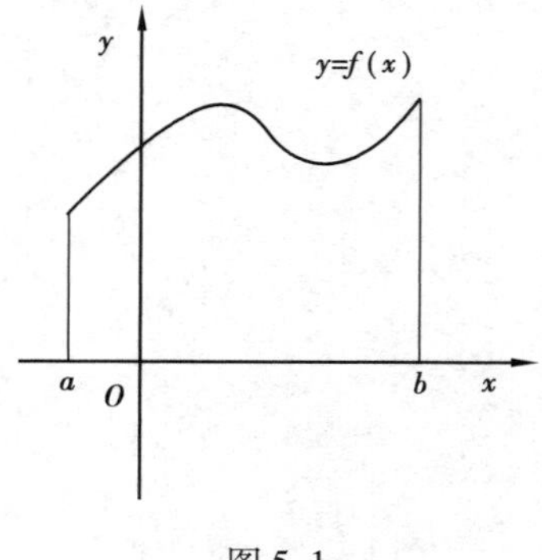

图 5.1

设 $y=f(x)$ 是区间 $[a,b]$ 上的非负连续函数,由直线 $x=a,x=b,y=0$ 及曲线 $y=f(x)$ 所围成的图形(见图 5.1),称为**曲边梯形**,曲线 $y=f(x)$ 称为曲边. 现在求其面积 A.

由于曲边梯形的高 $f(x)$ 在区间 $[a,b]$ 上是变动的,无法直接用已有的梯形面积公式去计算. 但曲边梯形的高 $f(x)$ 在区间 $[a,b]$ 上是连续变化的,当区间很小时,高 $f(x)$ 的变化也很小,近似不变. 因此,如果把区间 $[a,b]$ 分成许多小区间,在每个小区间上用某一点处的高度近似代替该区间上的小曲边梯形的变高. 那么,每个小曲边梯形就可近似看成这样得到的小矩形,从而所有小矩形面积之和就可作为曲边梯形面积的近似值. 如果将区间 $[a,b]$ 无限细分下去,即让每个小区间的长度都趋于零,这时所有小矩形面积之和的极限就可定义为曲边梯形的面积. 其具体做法如下:

1)分割

首先在区间 $[a,b]$ 内插入 $n-1$ 个分点

$$a=x_0<x_1<x_2<x_3<\cdots<x_{n-1}<x_n=b$$

把区间 $[a,b]$ 分成 n 个小区间 $[x_{i-1},x_i]$ $(i=1,2,\cdots,n)$,各小区间 $[x_{i-1},x_i]$ 的长度依次记作 $\Delta x_i=x_i-x_{i-1}$ $(i=1,2,\cdots,n)$. 过各个分点作垂直于 x 轴的直线,将整个曲边梯形分成 n 个小曲边梯形(见图 5.2),第 i 个小曲边梯形的面积记作 ΔA_i $(i=1,2,\cdots,n)$.

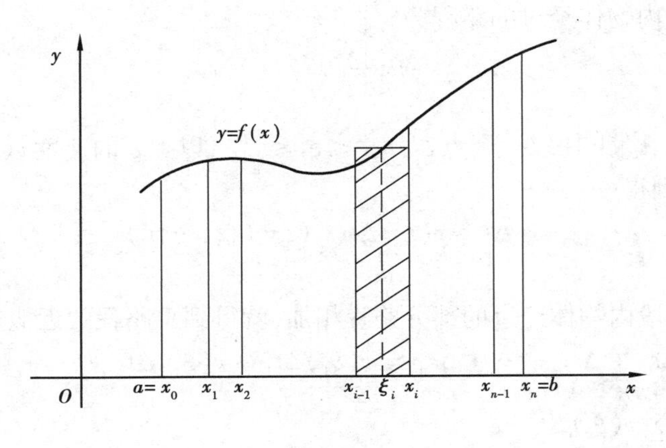

图5.2

2)近似替代

在每个小区间$[x_{i-1},x_i]$上任意取一点$\xi_i(x_{i-1}\leqslant\xi_i\leqslant x_i)$,作以$f(\xi_i)$为高,底边为$\Delta x_i$的小矩形,其面积为$f(\xi_i)\Delta x_i$,它可作为同底的小曲边梯形的近似值,即

$$\Delta A_i\approx f(\xi_i)\Delta x_i\quad(i=1,2,\cdots,n)$$

3)求和

把n个小矩形的面积加起来,就得到整个曲边梯形面积A的近似值,即

$$A=\sum_{i=1}^{n}\Delta A_i\approx\sum_{i=1}^{n}f(\xi_i)\Delta x_i$$

4)求极限

记$\lambda=\max\{\Delta x_1,\Delta x_2,\cdots,\Delta x_n\}$(即最大的小区间的长度),则当$\lambda\to 0$时,每个小区间$[x_{i-1},x_i]$的长度$\Delta x_i$也趋于零.此时和式$\sum\limits_{i=1}^{n}f(\xi_i)\Delta x_i$的极限便是所求曲边梯形面积$A$的精确值,即

$$A=\lim_{\lambda\to 0}\sum_{i=1}^{n}f(\xi_i)\Delta x_i$$

引例5.2　变速直线运动的路程

若物体是匀速运动的,则路程$s=vt$可直接计算.变速直线运动物体的路程,由于速度$v=v(t)$是随时间变化的,不能用$s=vt$直接计算.但是,物体运动的速度$v=v(t)$是连续变化的,在很短的一段时间内,速度的变化很小,近似于等速.因此,如果把时间间隔分得很小,在一小段时间内,以等速运动代替变速运动,就可算出部分路程的近似值;再求和,得到整个路程的近似值;最后,通过对时间间隔无限细分的极限过程,这时所有部分路程的近似值之和的极限,就是所求变速直线运动的路程的精确值.

设某物体作直线运动,速度为$v=v(t)$,计算在时间段$[T_1,T_2]$内物体所经过的路程s.

1)分割

在时间段$[T_1,T_2]$内任意插入若干个分点

$$T_1=t_0<t_1<t_2<\cdots<t_{n-1}<t_n=T_2$$

把$[T_1,T_2]$分为n个小时间段$[t_0,t_1],[t_1,t_2],\cdots,[t_{n-1},t_n]$,各小时间段的长依次为

$$\Delta t_1=t_1-t_0,\Delta t_2=t_2-t_1,\cdots,\Delta t_n=t_n-t_{n-1}$$

相应各段时间内物体经过的路程为

$$\Delta S_1, \Delta S_2, \cdots, \Delta S_n$$

2)求近似值

在小区间$[t_{i-1}, t_i]$上任取一个点$\xi_i(t_{i-1} \leqslant \xi_i \leqslant t_i)$，以点$\xi$的速度$v(\xi_i)$来代替$[t_{i-1}, t_i]$上各个时刻的速度,则得

$$\Delta s_i \approx v(\xi_i)\Delta t_i \quad (i=1,2,\cdots,n)$$

3)求和

把各个小时间段内物体经过的部分路程相加,就得到总路程的近似值,即

$$s \approx \Delta s_1 + \Delta s_2 + \cdots + \Delta s_n = v(\xi_1)\Delta t_1 + v(\xi_2)\Delta t_2 + \cdots + v(\xi_n)\Delta t_n$$
$$= \sum_{i=1}^{n} v(\xi_i)\Delta t_i$$

4)求极限

设$\lambda = \max\{\Delta t_1, \Delta t_2, \cdots, \Delta t_n\}$，当$\lambda \to 0$时,上述和式的极限就是总路程的精确值,即

$$s = \lim_{\lambda \to 0} \sum_{i=1}^{n} v(\xi_i)\Delta t_i$$

5.1.2 定积分的概念

虽然求曲边梯形面积和求变速直线运动路程的实际意义不同,但解决问题的方法却完全相同. 概括起来就是**分割、近似替代、求和、取极限**. 抛开它们各自所代表的实际意义,抓住共同本质与特点加以概括,就可得到下述定积分的定义.

定义1 设函数$y=f(x)$在区间$[a,b]$上连续,在$[a,b]$上插入若干个分点

$$a=x_0<x_1<x_2<x_3<\cdots<x_{n-1}<x_n=b$$

将区间$[a,b]$分成n个小区间$[x_0,x_1]$,$[x_1,x_2]$,$\cdots$,$[x_{n-1},x_n]$,各小区间的长度依次记作$\Delta x_i = x_i - x_{i-1}(i=1,2,\cdots,n)$,在每个小区间上任取一点$\xi_i(x_{i-1} \leqslant \xi_i \leqslant x_i)$,求出小曲边梯形的面积$f(\xi_i)\Delta x_i(i=1,2,\cdots,n)$，并作出和式$\sum\limits_{i=1}^{n} f(\xi_i)\Delta x_i$.

记$\lambda = \max\limits_{1 \leqslant i \leqslant n}\{\Delta x_i\}$，如果不论对区间$[a,b]$怎样分,也不论在小区间$[x_{i-1},x_i]$上点$\xi_i$怎样取,只要当$\lambda \to 0$时,和式$\sum\limits_{i=1}^{n} f(\xi_i)\Delta x_i$总趋于确定的值$I$,则称$f(x)$在$[a,b]$上可积,称此极限值$I$为函数$f(x)$在$[a,b]$上的定积分,记作$\int_a^b f(x)\,dx$，即

$$\int_a^b f(x)\,dx = \lim_{\lambda \to 0} \sum_{i=1}^{n} f(\xi_i)\Delta x_i$$

其中,$f(x)$称为**被积函数**,$f(x)\,dx$称为**被积表达式**,x称为**积分变量**,a称为**积分下限**,b称为**积分上限**,$[a,b]$称为**积分区间**.

前面两个引例可分别写为

$$A = \int_a^b f(x)\,dx \quad 和 \quad S = \int_{T_1}^{T_2} v(t)\,dt$$

注1:定积分是一个依赖于被积函数$f(x)$及积分区间$[a,b]$的常量,与积分变量采用什么字母无关. 即

$$\int_a^b f(x)\mathrm{d}x = \int_a^b f(t)\mathrm{d}t = \int_a^b f(u)\mathrm{d}u$$

注2:定义中要求 $a<b$,为方便起见,允许 $b\leqslant a$,并规定

$$\int_a^b f(x)\mathrm{d}x = -\int_b^a f(x)\mathrm{d}x \quad 及 \quad \int_a^a f(x)\mathrm{d}x = 0$$

函数 $f(x)$ 在 $[a,b]$ 上满足什么条件一定可积?这个问题这里不作深入讨论,仅给出以下两个充分条件.

定理1　若 $f(x)$ 在区间 $[a,b]$ 上连续,则 $f(x)$ 在 $[a,b]$ 上可积;若 $f(x)$ 在区间 $[a,b]$ 上有界,且仅有有限个第一类间断点,则 $f(x)$ 在 $[a,b]$ 上可积.

例5.1　用定义计算 $\int_0^1 2x\mathrm{d}x$.

解　被积函数 $f(x)=2x$,在区间 $[0,1]$ 上连续,所以 $2x$ 在 $[0,1]$ 上可积,为了计算方便,把区间 $[0,1]$ 等分为 n 份,分点依次为

$$x_0 = 0, x_1 = \frac{1}{n}, x_2 = \frac{2}{n}, \cdots, x_i = \frac{i}{n}, \cdots, x_n = \frac{n}{n} = 1$$

每个小区间的长度都是 $\Delta x_i = \frac{1}{n}$,在每个小区间 $\left[\frac{i-1}{n}, \frac{i}{n}\right]$ 上都取左端点为 ξ_i,即 $\xi_i = \frac{i-1}{n}$,于是,和式为

$$A \approx \sum_{i=1}^{n} f(\xi_i)\Delta x_i = \sum_{i=1}^{n} 2\left(\frac{i-1}{n}\right)\frac{1}{n}$$

$$= \frac{2}{n^2}(1+2+3+\cdots+n-1)$$

当 $\lambda = \max(\Delta x_i)\to 0$ 时,即 $n\to\infty$ 有

$$\lim_{n\to+\infty} \frac{2}{n^2}\cdot\frac{n(n-1)}{2} = 1$$

于是有

$$\int_0^1 2x\mathrm{d}x = 1$$

显然,由定义求定积分的值非常烦琐,对于较为复杂的函数,利用定义计算是不可想象的.在后面将会解决这个问题.

5.1.3　定积分的几何意义

①若在 $[a,b]$ 上 $f(x)\geqslant 0$,则由曲边梯形的面积问题知,定积分 $\int_a^b f(x)\mathrm{d}x$ 等于以 $y=f(x)$ 为曲边的 $[a,b]$ 上的曲边梯形的面积 A,即

$$\int_a^b f(x)\mathrm{d}x = A$$

由此可知,图5.3(a)、(b)中阴影部分的面积可分别归结为

$$\int_a^b x\mathrm{d}x = \frac{1}{2}(b^2 - a^2), \quad \int_{-R}^{+R} \sqrt{R^2 - x^2}\mathrm{d}x = \frac{\pi}{2}R^2$$

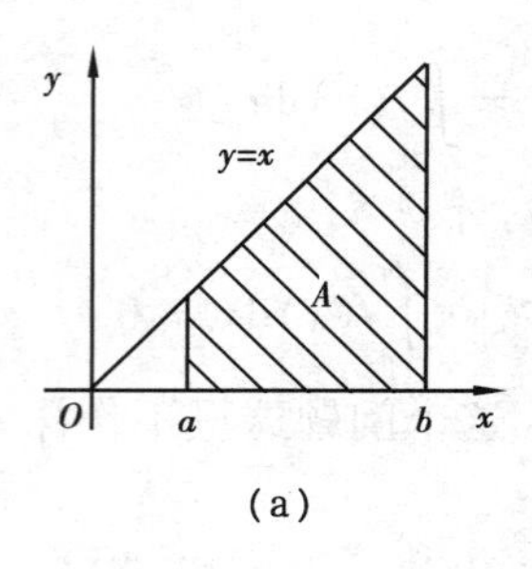

(a)

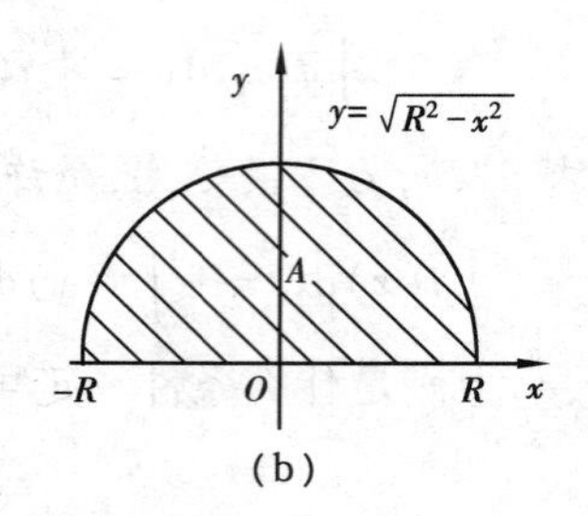

(b)

图 5.3

②若在 $[a,b]$ 上 $f(x)\leqslant 0$，因 $f(\xi_i)\leqslant 0$，从而 $\sum\limits_{i=1}^{n}f(\xi_i)\Delta x_i\leqslant 0$，$\int_a^b f(x)\mathrm{d}x\leqslant 0$．此时，$\int_a^b f(x)\mathrm{d}x$ 的绝对值与由直线 $x=a,x=b,y=0$ 及曲线 $y=f(x)$ 所围成的曲边梯形的面积 A 相等(见图 5.4)，即

$$\int_a^b f(x)\mathrm{d}x=-A$$

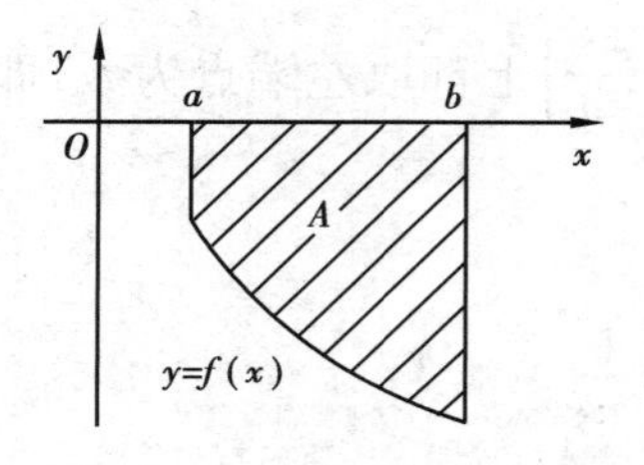

图 5.4

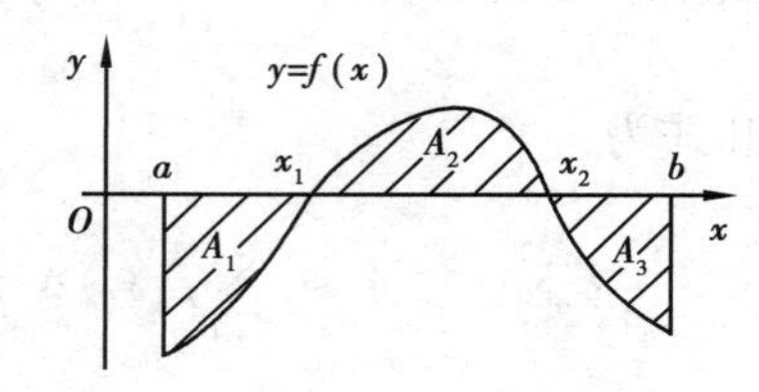

图 5.5

③若在 $[a,b]$ 上 $f(x)$ 有正有负，则 $\int_a^b f(x)\mathrm{d}x$ 等于 $[a,b]$ 上位于 x 轴上方的图形面积减去 x 轴下方的图形面积. 例如，对图 5.5 有

$$\int_a^b f(x)\mathrm{d}x=\int_a^{x_1}f(x)\mathrm{d}x+\int_{x_1}^{x_2}f(x)\mathrm{d}x+\int_{x_2}^{b}f(x)\mathrm{d}x=-A_1+A_2-A_3$$

由此可知，定积分的几何意义表示曲边梯形的面积的代数和.

5.1.4 定积分的性质

性质 1 被积函数中的常数因子可提到积分号外面，即

$$\int_a^b kf(x)\mathrm{d}x=k\int_a^b f(x)\mathrm{d}x\quad(k\text{ 为常数})$$

性质 2 函数的定积分等于它们定积分的代数和，即

$$\int_a^b[f(x)\pm g(x)]\mathrm{d}x=\int_a^b f(x)\mathrm{d}x\pm\int_a^b g(x)\mathrm{d}x$$

性质 3(区间可加性) 对于任意 3 个数 a,b,c，恒有

$$\int_a^b f(x)\mathrm{d}x=\int_a^c f(x)\mathrm{d}x+\int_c^b f(x)\mathrm{d}x$$

由定积分几何意义可知上式成立.

性质4　如果在$[a,b]$上$f(x)\geqslant 0$,则$\int_a^b f(x)\mathrm{d}x\geqslant 0$;如果在$[a,b]$上$f(x)\leqslant 0$,则

$$\int_a^b f(x)\mathrm{d}x\leqslant 0$$

性质5　如果在$[a,b]$上$f(x)\leqslant g(x)$,则

$$\int_a^b f(x)\mathrm{d}x\leqslant\int_a^b g(x)\mathrm{d}x$$

证　因为在$[a,b]$上$f(x)\leqslant g(x)$,则

$$f(x)-g(x)\leqslant 0$$

两端同时积分,可得

$$\int_a^b[f(x)-g(x)]\mathrm{d}x\leqslant 0$$

于是

$$\int_a^b f(x)\mathrm{d}x\leqslant\int_a^b g(x)\mathrm{d}x$$

性质6　如果在$[a,b]$上,$f(x)=1$,则

$$\int_a^b f(x)\mathrm{d}x=\int_a^b 1\mathrm{d}x=b-a$$

性质7(估值性质)　设M,m分别是函数$f(x)$在区间$[a,b]$上的最大值与最小值,则

$$m(b-a)\leqslant\int_a^b f(x)\mathrm{d}x\leqslant M(b-a)$$

证　因为$m\leqslant f(x)\leqslant M$,由性质5,得

$$\int_a^b m\mathrm{d}x\leqslant\int_a^b f(x)\mathrm{d}x\leqslant\int_a^b M\mathrm{d}x$$

所以

$$m(b-a)\leqslant\int_a^b f(x)\mathrm{d}x\leqslant M(b-a)$$

性质8(积分中值定理)　设函数$f(x)$在$[a,b]$上连续,则在$[a,b]$上至少存在一点ξ使得

$$\int_a^b f(x)\mathrm{d}x=f(\xi)(b-a)\quad(a\leqslant\xi\leqslant b)$$

该公式称为**积分中值公式**.

证　因为$f(x)$在$[a,b]$上连续,所以$f(x)$在$[a,b]$上一定有最小值m和最大值M,由性质7

$$m(b-a)\leqslant\int_a^b f(x)\mathrm{d}x\leqslant M(b-a)$$

即

$$m \leqslant \frac{1}{b-a}\int_a^b f(x)\,\mathrm{d}x \leqslant M$$

$\frac{1}{b-a}\int_a^b f(x)\,\mathrm{d}x$ 是介于 $f(x)$ 的最小值与最大值之间的一个数，根据闭区间连续函数的介值定理，至少存在一点 $\xi \in [a,b]$，使得 $f(\xi) = \frac{1}{b-a}\int_a^b f(x)\,\mathrm{d}x$ 成立，即

$$\int_a^b f(x)\,\mathrm{d}x = f(\xi)(b-a)$$

$\frac{1}{b-a}\int_a^b f(x)\,\mathrm{d}x$ 也称连续函数 $f(x)$ 在区间$[a,b]$上的**平均值**.

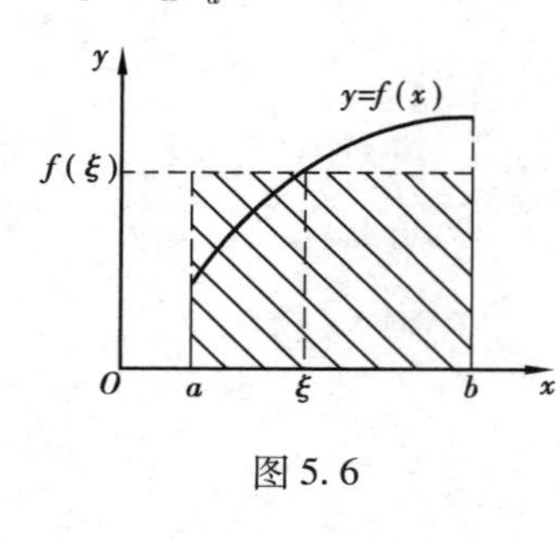

图 5.6

积分中值公式的几何解释：在区间$[a,b]$上至少存在一点 ξ，使得以区间$[a,b]$为底，以曲线 $y=f(x)$ 为曲边的曲边梯形面积等于与之同一底边而高为 $f(\xi)$ 的一个矩形的面积（见图 5.6）.

例 5.2 设 $f(x)$ 在$[0,1]$上连续，在$(0,1)$内可导，且 $f(0)=3\int_{\frac{2}{3}}^1 f(x)\,\mathrm{d}x$. 证明：在$(0,1)$内有一点 c 使 $f'(c)=0$.

证 对于 $f(x)$，在$\left[\frac{2}{3},1\right]$上利用性质 8，至少存在一点$\xi \in \left[\frac{2}{3},1\right]$使得

$$f(\xi) = \frac{1}{1-\frac{2}{3}}\int_{\frac{2}{3}}^1 f(x)\,\mathrm{d}x = 3\int_{\frac{2}{3}}^1 f(x)\,\mathrm{d}x = f(0)$$

在$[0,\xi]$上利用罗尔定理可得，至少存在一点 $c \in (0,\xi)$ 使 $f'(c)=0$.

例 5.3 估计定积分 $\int_0^1 (\mathrm{e}^{x^2} - \arctan x^2)\,\mathrm{d}x$ 的值.

解 令

$$f(x) = \mathrm{e}^{x^2} - \arctan x^2$$

则

$$f'(x) = 2x\left(\mathrm{e}^{x^2} - \frac{1}{1+x^4}\right)$$

在$[0,1]$上，$f'(x) \geqslant 0$，即 $f(x)$ 在$[0,1]$上单调增加，故

$$1 = f(0) \leqslant f(x) \leqslant f(1) = \mathrm{e} - \frac{\pi}{4}$$

从而

$$\int_0^1 \mathrm{d}x \leqslant \int_0^1 f(x)\,\mathrm{d}x \leqslant \int_0^1 \left(\mathrm{e} - \frac{\pi}{4}\right)\mathrm{d}x$$

即

$$1 \leqslant \int_0^1 (\mathrm{e}^{x^2} - \arctan x^2)\,\mathrm{d}x \leqslant \mathrm{e} - \frac{\pi}{4}$$

例5.4　比较下列两组积分的大小.

1) $\int_1^2 x\mathrm{d}x$ 和 $\int_1^2 x^3\mathrm{d}x$　　2) $\int_1^{\mathrm{e}} \ln x\mathrm{d}x$ 和 $\int_1^{\mathrm{e}} (\ln x)^3\mathrm{d}x$

解　1)因为在[1,2]内,$x\leqslant x^3$,由性质5知,

$$\int_1^2 x\mathrm{d}x \leqslant \int_1^2 x^3\mathrm{d}x$$

2)因为x在[1,e]内

$$0\leqslant \ln x\leqslant 1,\quad \ln x\geqslant (\ln x)^3$$

因此

$$\int_1^{\mathrm{e}} \ln x\mathrm{d}x \geqslant \int_1^{\mathrm{e}} (\ln x)^3\mathrm{d}x$$

习题5.1

1. 利用定积分的定义计算定积分 $y=\int_0^1 x^2\mathrm{d}x$.

2. 利用定积分的几何意义,写出下列定积分的值:

(1) $\int_{-\pi}^{\pi} \cos x\mathrm{d}x$　　(2) $\int_0^1 \sqrt{1-x^2}\mathrm{d}x$

3. 利用定积分的性质比较下列积分的值的大小:

(1) $\int_0^1 x^2\mathrm{d}x$ 和 $\int_0^1 x^3\mathrm{d}x$　　(2) $\int_0^1 x\mathrm{d}x$ 和 $\int_0^1 \ln(1+x)\mathrm{d}x$

(3) $\int_{\mathrm{e}}^4 \ln x\mathrm{d}x$ 和 $\int_{\mathrm{e}}^4 (\ln x)^3\mathrm{d}x$　　(4) $\int_1^2 x^2\mathrm{d}x$ 和 $\int_1^2 x^3\mathrm{d}x$

4. 估计下列定积分的值:

(1) $\int_0^2 (x^2+1)\mathrm{d}x$　　(2) $\int_{-\frac{\sqrt{3}}{3}}^{\sqrt{3}} x\arctan x\mathrm{d}x$

5.2　微积分基本公式

在5.1节中,学习了利用定积分定义计算积分.从之前的例子可知,即使对于被积函数很简单的定积分已经不是很容易的事.如果被积函数是其他复杂函数,其困难就更大了.因此,必须寻求简便而有效的计算定积分的方法.

由定积分的定义可知,以速度 $v=v(t)$ 作变速直线运动的质点,在时间间隔$[T_1,T_2]$上经过的路程

$$s=\int_{T_1}^{T_2} v(t)\mathrm{d}t$$

因为在时间间隔$[T_1,T_2]$上经过的路程又可以表示为

$$s=s(T_2)-s(T_1)$$

因此,可得

$$\int_{T_1}^{T_2} v(t)\mathrm{d}t = s(T_2) - s(T_1)$$

又因 $s'(t)=v(t)$，即 $s(t)$ 是 $v(t)$ 的一个原函数. 因此，函数 $v(t)$ 在区间 $[T_1,T_2]$ 上的定积分等于它的一个原函数 $s(t)$ 在区间 $[T_1,T_2]$ 上的改变量 $s(T_2)-s(T_1)$.

上述从变速直线运动的路程这个特殊问题中得出来的关系，是否具有普遍意义？如果具有，这就说明了定积分与原函数之间有密切关系，而更重要的是提供了用原函数计算定积分的方法. 为此首先来研究一个函数.

5.2.1 积分变上限函数

设函数 $f(x)$ 在区间 $[a,b]$ 上连续，设 x 为 $[a,b]$ 上的一点，则函数 $f(x)$ 在部分区间 $[a,x]$ 上的定积分 $\int_a^x f(x)\mathrm{d}x$ 存在且连续，记作

$$\Phi(x) = \int_a^x f(t)\mathrm{d}t \quad (a \leqslant x \leqslant b)$$

（为了区分积分变量，可用 t 表示积分变量）

称为积分变上限函数.

定理 2（微积分基本定理） 如果函数 $f(x)$ 在区间 $[a,b]$ 上连续，则积分变上限函数

$$\Phi(x) = \int_a^x f(t)\mathrm{d}t$$

在 $[a,b]$ 上具有导数，并且它的导数为

$$\Phi'(x) = \frac{\mathrm{d}}{\mathrm{d}x}\int_a^x f(t)\mathrm{d}t = f(x) \quad (a \leqslant x \leqslant b)$$

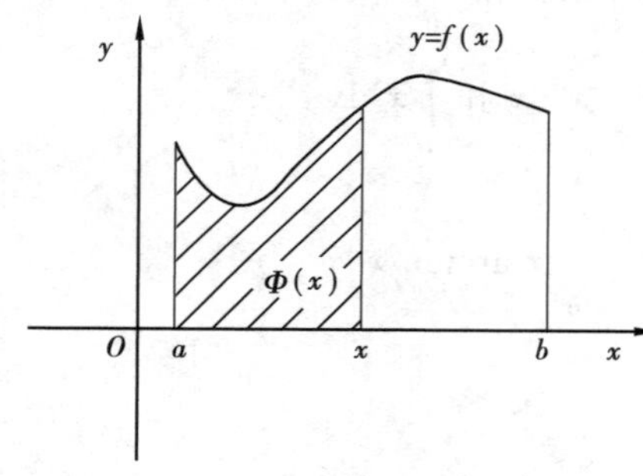

图 5.7

证 若 $x \in (a,b)$，使自变量 x 变化到 $x+\Delta x \in (a,b)$（见图 5.7），则 $\Phi(x)$ 的增量为

$$\begin{aligned}\Delta\Phi &= \Phi(x+\Delta x) - \Phi(x) = \int_a^{x+\Delta x} f(t)\mathrm{d}t - \int_a^x f(t)\mathrm{d}t \\ &= \int_a^x f(t)\mathrm{d}t + \int_x^{x+\Delta x} f(t)\mathrm{d}t - \int_a^x f(t)\mathrm{d}t \\ &= \int_x^{x+\Delta x} f(t)\mathrm{d}t = f(\xi)\Delta x\end{aligned}$$

应用积分中值定理，即有等式

$$\Delta\Phi = f(\xi)\Delta x$$

这里，ξ 在 x 与 $x+\Delta x$ 之间. 把上式两端各除以 Δx，得函数增量与自变量增量的比值

$$\frac{\Delta\Phi}{\Delta x} = f(\xi)$$

当 $\Delta x \to 0$ 时，必有 $\xi \to x$，又由于 $f(x)$ 在 $[a,b]$ 上连续，于是

$$\Phi'(x) = \lim_{\Delta x\to 0}\frac{\Delta\Phi}{\Delta x} = \lim_{\Delta x\to 0} f(\xi) = \lim_{\xi\to x} f(\xi) = f(x)$$

定理 1 表明，$\Phi(x)$ 是连续函数 $f(x)$ 的一个原函数，因此可得：

定理 3（原函数存在定理） 如果 $f(x)$ 在区间 $[a,b]$ 上连续，则它的原函数一定存在，且其中的一个原函数为

$$\Phi(x) = \int_a^x f(t)\,\mathrm{d}t$$

注:这个定理一方面肯定了闭区间$[a,b]$上连续函数$f(x)$一定有原函数,另一方面初步地揭示出积分学中的定积分与原函数之间的联系.

例5.5　求$\frac{\mathrm{d}}{\mathrm{d}x}\int_0^x \mathrm{e}^{-t}\sin t\mathrm{d}t$.

解
$$\frac{\mathrm{d}}{\mathrm{d}x}\int_0^x \mathrm{e}^{-t}\sin t\mathrm{d}t = \left[\int_0^x \mathrm{e}^{-t}\sin t\mathrm{d}t\right]' = \mathrm{e}^{-x}\sin x$$

例5.6　求$\frac{\mathrm{d}}{\mathrm{d}x}\int_1^{x^2}(t^2+1)\mathrm{d}t$.

解　此处的变上限积分的上限是x^2,记$u=x^2$,则函数$\int_1^{x^2}(t^2+1)\mathrm{d}t$可以看成是由$y=\int_1^u(t^2+1)\mathrm{d}t$与$u=x^2$复合而成. 根据复合函数的求导法则得

$$\begin{aligned}\frac{\mathrm{d}}{\mathrm{d}x}\int_1^{x^2}(t^2+1)\mathrm{d}t &= \left[\frac{\mathrm{d}}{\mathrm{d}u}\int_1^u(t^2+1)\mathrm{d}t\right]\frac{\mathrm{d}u}{\mathrm{d}x} = (u^2+1)2x \\ &= (x^4+1)2x = 2x^5+2x\end{aligned}$$

一般,如果$g(x)$可导,则

$$\frac{\mathrm{d}}{\mathrm{d}x}\left[\int_a^{g(x)} f(t)\mathrm{d}t\right] = \left[\int_a^{g(x)} f(t)\mathrm{d}t\right]_x' = f[g(x)]g'(x)$$

上式可作为公式直接使用.

例5.7　求$\frac{\mathrm{d}}{\mathrm{d}x}\int_x^0 \mathrm{e}^{-t}\cos t\mathrm{d}t$.

解　此题的下限为函数,所以先将上、下限变换,然后求导

$$\begin{aligned}\frac{\mathrm{d}}{\mathrm{d}x}\int_{x^2}^0 \mathrm{e}^{-t}\cos t\mathrm{d}t &= \left(-\int_0^{x^2}\mathrm{e}^{-t}\cos t\mathrm{d}t\right)' \\ &= -\mathrm{e}^{-x^2}\cos x^2\cdot 2x \\ &= -2x\mathrm{e}^{-x^2}\cos x^2\end{aligned}$$

例5.8　求极限$\lim\limits_{x\to 0}\frac{\int_0^{x^2}\sin t\mathrm{d}t}{x^4}$.

解　因为$\lim\limits_{x\to 0}x^4=0$, $\lim\limits_{x\to 0}\int_0^{x^2}\sin t\mathrm{d}t = \int_0^0\sin t\mathrm{d}t = 0$,所以这个极限是$\frac{0}{0}$型的未定式,利用洛必达法则得

$$\begin{aligned}\lim_{x\to 0}\frac{\int_0^{x^2}\sin t\mathrm{d}t}{x^4} &= \lim_{x\to 0}\frac{\sin x^2\cdot 2x}{4x^3} = \lim_{x\to 0}\frac{\sin x^2}{2x^2} \\ &= \frac{1}{2}\lim_{x\to 0}\frac{\sin x^2}{x^2} = \frac{1}{2}\end{aligned}$$

例5.9　求$\lim\limits_{x\to 0}\frac{1}{x^2}\int_0^x\ln(1+t)\mathrm{d}t$.

解　当$x\to 0$时,此极限为$\frac{0}{0}$型不定式,两次利用洛必达法则有

$$\lim_{x \to 0} \frac{1}{x^2} \int_0^x \ln(1+t)\mathrm{d}t = \lim_{x \to 0} \frac{\int_0^x \ln(1+t)\mathrm{d}t}{x^2} = \lim_{x \to 0} \frac{\ln(1+x)}{2x}$$

$$= \lim_{x \to 0} \frac{\frac{1}{1+x}}{2} = \frac{1}{2}$$

5.2.2 牛顿-莱布尼兹公式(Newton-Leibniz)公式

定理4 如果函数$f(x)$在区间$[a,b]$上连续,且$F(x)$是$f(x)$的任意一个原函数,那么

$$\int_a^b f(x)\mathrm{d}x = F(b) - F(a)$$

证 由定理3可知,$\Phi(x) = \int_a^x f(t)\mathrm{d}t$是$f(x)$在区间$[a,b]$的一个原函数,则$\Phi(x)$与$F(x)$相差一个常数$C$,即

$$\int_a^x f(t)\mathrm{d}t = F(x) + C$$

又因为$0 = \int_a^a f(t)\mathrm{d}t = F(a) + C$,所以$C = -F(a)$. 于是有

$$\int_a^x f(t)\mathrm{d}t = F(x) - F(a)$$

所以$\int_a^b f(x)\mathrm{d}x = F(b) - F(a)$成立.

为方便起见,通常把$F(b)-F(a)$简记为$F(x)\Big|_a^b$或$[F(x)]_a^b$,所以公式可改写为

$$\int_a^b f(x)\mathrm{d}x = F(x)\Big|_a^b = F(b) - F(a)$$

上述公式称为**牛顿-莱布尼兹(Newton-Leibniz)公式**,又称为**微积分基本公式**.

定理4揭示了定积分与被积函数的原函数之间的内在联系,它把求定积分的问题转化为求原函数的问题. 确切地说,要求连续函数$f(x)$在$[a,b]$上的定积分,只需要求出$f(x)$在区间$[a,b]$上的一个原函数$F(x)$,然后计算$F(b)-F(a)$就可以了.

例5.10 计算$\int_0^1 x^2\mathrm{d}x$.

解 因为$\int x^2\mathrm{d}x = \frac{1}{3}x^3 + C$,所以

$$\int_0^1 x^2\mathrm{d}x = \frac{1}{3}x^3\Big|_0^1 = \frac{1}{3}\times 1^3 - \frac{1}{3}\times 0^3 = \frac{1}{3}$$

例5.11 计算$\int_0^\pi \cos x\mathrm{d}x$.

解 因为

$$\int \cos x\mathrm{d}x = \sin x + C$$

所以

$$\int_0^\pi \cos x\mathrm{d}x = \sin x\Big|_0^\pi = \sin \pi - \sin 0 = 0$$

例5.12　求$\int_{-1}^{3}|2-x|dx$.

解　根据定积分性质3,得

$$\begin{aligned}\int_{-1}^{3}|2-x|dx &= \int_{-1}^{2}|2-x|dx+\int_{2}^{3}|2-x|dx\\&=\int_{-1}^{2}(2-x)dx+\int_{2}^{3}(x-2)dx\\&=\left(2x-\frac{1}{2}x^{2}\right)\Big|_{-1}^{2}+\left(\frac{1}{2}x^{2}-2x\right)\Big|_{2}^{3}\\&=\frac{9}{2}+\frac{1}{2}=5\end{aligned}$$

例5.13　利用定积分求极限$\lim\limits_{n\to\infty}\frac{(1+2^{3}+3^{3}+\cdots+n^{3})}{n^{4}}$.

解　根据定积分定义,得

$$\begin{aligned}\lim_{n\to\infty}\frac{(1+2^{3}+3^{3}+\cdots+n^{3})}{n^{4}} &= \lim_{n\to\infty}\sum_{i=1}^{n}\frac{1}{n}\left(\frac{i}{n}\right)^{3}\\&=\int_{0}^{1}x^{3}dx=\frac{1}{4}x^{4}\Big|_{0}^{1}=\frac{1}{4}\end{aligned}$$

习题5.2

1. 计算下列各导数:

(1) $\frac{d}{dx}\int_{0}^{x}\sin 2tdt$　　(2) $\frac{d}{dx}\int_{0}^{x^{3}}\sqrt{1+t^{2}}dt$

(3) $\frac{d}{dx}\int_{x}^{2}2tdt$　　(4) $\frac{d}{dx}\int_{x}^{x^{2}}tdt$

2. 求下列各极限:

(1) $\lim\limits_{x\to0}\frac{\int_{0}^{x}\sin tdt}{x}$　　(2) $\lim\limits_{x\to0}\frac{\left(\int_{0}^{x}e^{t^{2}}dt\right)^{2}}{\int_{0}^{x}te^{2t^{2}}dt}$

(3) $\lim\limits_{x\to0}\frac{\int_{0}^{x}\ln(1-t)dt}{x^{4}}$

3. 利用牛顿-莱布尼兹公式求下列定积分:

(1) $\int_{1}^{2}(x^{2}+1)dx$　　(2) $\int_{2}^{3}(3x^{2}+x-2)dx$

(3) $\int_{0}^{\pi}\sin xdx$　　(4) $\int_{0}^{\frac{\pi}{4}}\cos 2xdx$

(5) $\int_{0}^{1}\frac{dx}{1+4x^{2}}$　　(6) $\int_{1}^{3}x^{3}dx$

(7) $\int_{-\frac{\sqrt{2}}{2}}^{\frac{\sqrt{2}}{2}} \frac{dx}{\sqrt{1-x^2}}$　　(8) $\int_{-1}^{-2} \frac{dx}{x}$

(9) $\int_{-1}^{2} |x| dx$　　(10) $\int_{0}^{1} 3^x dx$

(11) $\int_{-\frac{\pi}{4}}^{\frac{\pi}{4}} \csc^2 x dx$　　(12) $\int_{0}^{2} (e^x - x) dx$

4. 求 $\int_{0}^{\frac{\pi}{2}} (2\cos x + \sin x - 1) dx$.

5. 设 $f(x) = \begin{cases} 2x & 0 \leqslant x \leqslant 1 \\ e^x & 1 \leqslant x \leqslant 2 \end{cases}$,求 $\int_{0}^{2} f(x) dx$.

5.3 定积分的积分方法

由上节结果知道,计算定积分 $\int_a^b f(x) dx$ 简便的方法是把它转化为求 $f(x)$ 的原函数的增量. 由第 4 章可知,用换元积分法和分部积分法可求出一些函数的原函数. 因此,在一定条件下,可用换元积分法和分部积分法来计算定积分. 下面就来讨论定积分的这两种计算方法.

5.3.1 定积分的换元积分法

定理 5 设 $f(u)$ 具有原函数,$u = \phi(x)$ 可导,则有换元公式

$$\int_a^b f[\phi(x)]\phi'(x) dx = \int_a^b f[\phi(x)] d\phi(x) = F[\phi(x)] \Big|_a^b$$

例 5.14 求 $\int_{-1}^{1} \frac{e^x}{1+e^x} dx$.

解 $\int_{-1}^{1} \frac{e^x}{1+e^x} dx = \int_{-1}^{1} \frac{d(e^x+1)}{1+e^x} = \ln(1+e^x) \Big|_{-1}^{1}$

$= \ln(1+e) - \ln(1+e^{-1}) = 1$

例 5.15 计算 $\int_{0}^{\ln 2} e^x \sqrt{e^x - 1} dx$.

解 $\int_{0}^{\ln 2} e^x \sqrt{e^x - 1} dx = \int_{0}^{\ln 2} \sqrt{e^x - 1} d(e^x - 1)$

$= \frac{2}{3}(e^x - 1)^{\frac{2}{3}} \Big|_{0}^{\ln 2} = \frac{2}{3}$

例 5.16 求 $\int_{1}^{e^2} \frac{1}{x(1+3\ln x)} dx$.

解 $\int_{1}^{e^2} \frac{1}{x(1+3\ln x)} dx = \frac{1}{3}\int_{1}^{e^2} \frac{1}{1+3\ln x} d(1+3\ln x)$

$= \frac{1}{3}\ln\left|1+3\ln x\right| \Big|_{1}^{e^2} = \frac{1}{3}\ln 7$

注:利用“凑微分”法积分,这时因没有引入新变量,积分上、下限就不需要改变.

定理6　设函数$f(x)$在$[a,b]$上连续,函数$x=\varphi(t)$满足条件:

①$\varphi(\alpha)=a,\varphi(\beta)=b$.

②$\varphi(t)$在$[\alpha,\beta]$或$[\beta,\alpha]$上有连续导数,且其值域$R_\varphi\subset[a,b]$,则有

$$\int_a^b f(x)\mathrm{d}x = \int_\alpha^\beta f(\varphi(t))\varphi'(t)\mathrm{d}t$$

例5.17　求$\int_1^4 \frac{1}{x+\sqrt{x}}\mathrm{d}x$.

解　设$\sqrt{x}=t\quad(t>0)$,则

$$x=t^2,\mathrm{d}x=2t\mathrm{d}t$$

当$x=1$时,$t=1$;当$x=4$时,$t=2$.

因此有

$$\int_1^4 \frac{1}{x+\sqrt{x}}\mathrm{d}x = \int_1^2 \frac{2t}{t^2+t}\mathrm{d}t = 2\int_1^2 \frac{1}{t+1}\mathrm{d}t$$

$$= 2\ln(t+1)\Big|_1^2 = 2\ln\frac{3}{2}$$

例5.18　求$\int_0^a \sqrt{a^2-x^2}\mathrm{d}x(a>0)$.

解　设$x=a\sin t\left(0\leqslant t\leqslant\frac{\pi}{2}\right)$,则

$$\mathrm{d}x=a\cos t\mathrm{d}t$$

当$x=0$时,$t=0$;当$x=a$时,$t=\frac{\pi}{2}$.

因此有

$$\int_0^a \sqrt{a^2-x^2}\mathrm{d}x = a^2\int_0^{\frac{\pi}{2}}\cos^2 t\mathrm{d}t = \frac{a^2}{2}\int_0^{\frac{\pi}{2}}(1+\cos 2t)\mathrm{d}t$$

$$= \frac{a^2}{2}\left[t+\frac{1}{2}\sin 2t\right]_0^{\frac{\pi}{2}} = \frac{\pi}{4}a^2$$

例5.19　求$\int_0^a \frac{1}{\sqrt{x^2+a^2}}\mathrm{d}x(a>0)$.

解　设$x=a\tan t$,则

$$\mathrm{d}x=a\sec^2 t\mathrm{d}t$$

当$x=0$时,$t=0$;当$x=a$时,$t=\frac{\pi}{4}$.

因此有

$$\int_0^a \frac{1}{\sqrt{x^2+a^2}}\mathrm{d}x = \int_0^{\frac{\pi}{4}} \frac{a\sec^2 t}{a\sec t}\mathrm{d}t = \int_0^{\frac{\pi}{4}}\sec t\mathrm{d}t$$

$$= \ln|\sec t+\tan t|\Big|_0^{\frac{\pi}{4}} = \ln(1+\sqrt{2})$$

关于应用换元积分公式时还应做以下两点说明:

①公式从左往右,相当于不定积分的第二类换元积分法;公式从右往左相当于不定积分的第一类换元积分法.

②应用定理时,要注意"换元必换限,上限对上限,下限对下限,变量不还原".即在作积分变量代换的同时,也要相应地更换积分的上下限,若没有明显写出新变量,积分的上下限就不必更换.求出 $f[\varphi(t)]\varphi'(t)$ 的一个原函数 $F(t)$ 后,不必像计算不定积分那样再把 $F(t)$ 变换成原来变量 x 的函数,而只要把相应于新变量 t 的积分上、下限分别代入 $F(t)$,然后相减即可.

例 5.20 设 $f(x)$ 在 $[-a,a]$ 上连续,证明:

1) 如果 $f(x)$ 是 $[-a,a]$ 上的偶函数,则 $\int_{-a}^{a} f(x)\,\mathrm{d}x = 2\int_{0}^{a} f(x)\,\mathrm{d}x$.

2) 如果 $f(x)$ 是 $[-a,a]$ 上的奇函数,则 $\int_{-a}^{a} f(x)\,\mathrm{d}x = 0$.

证 因为

$$\int_{-a}^{a} f(x)\,\mathrm{d}x = \int_{-a}^{0} f(x)\,\mathrm{d}x + \int_{0}^{a} f(x)\,\mathrm{d}x$$

对积分 $\int_{-a}^{0} f(x)\,\mathrm{d}x$ 作变量代换 $x=-t$,则

$$\int_{-a}^{0} f(x)\,\mathrm{d}x = -\int_{a}^{0} f(-t)\,\mathrm{d}t = \int_{0}^{a} f(-t)\,\mathrm{d}t = \int_{0}^{a} f(-x)\,\mathrm{d}x$$

于是

$$\int_{-a}^{a} f(x)\,\mathrm{d}x = \int_{0}^{a} f(-x)\,\mathrm{d}x + \int_{0}^{a} f(x)\,\mathrm{d}x = \int_{0}^{a} [f(-x)+f(x)]\,\mathrm{d}x$$

当 $f(x)$ 为偶函数时,即 $f(-x)=f(x)$,则

$$f(x)+f(-x)=2f(x)$$

所以

$$\int_{-a}^{a} f(x)\,\mathrm{d}x = 2\int_{0}^{a} f(x)\,\mathrm{d}x$$

当 $f(x)$ 为奇函数,即 $f(-x)=-f(x)$,则

$$f(x)+f(-x)=0$$

所以

$$\int_{-a}^{a} f(x)\,\mathrm{d}x = 0$$

由例 5.20 可知,关于原点对称的区间上的奇函数或偶函数的定积分计算可以简化,如

$$\int_{-3}^{3} x^5 \cos x\,\mathrm{d}x = 0$$

$$\int_{-2}^{2} x^2\,\mathrm{d}x = 2\int_{0}^{2} x^2\,\mathrm{d}x = 2\left.\frac{x^3}{3}\right|_{0}^{2} = \frac{16}{3}$$

例 5.21 求 $\int_{-\frac{\pi}{4}}^{\frac{\pi}{4}} \frac{x^3}{2+\cos x}\mathrm{d}x$.

解 因为 $\frac{x^3}{2+\cos x}$ 是奇函数,所以

$$\int_{-\frac{\pi}{4}}^{\frac{\pi}{4}} \frac{x^3}{2+\cos x}\mathrm{d}x = 0$$

5.3.2 定积分的分部积分法

定理7 如果 $u=u(x)$，$v=v(x)$，在 $[a,b]$ 上具有连续导数，则

$$\int_a^b u\mathrm{d}v = [uv]_a^b - \int_a^b v\mathrm{d}u$$

证 设 $u=u(x)$，$v=v(x)$，在 $[a,b]$ 上具有连续导数，则 $(uv)'=u'v+uv'$，对等式两端在 $[a,b]$ 上积分，得

$$\int_a^b (uv)'\mathrm{d}x = \int_a^b v\mathrm{d}u + \int_a^b u\mathrm{d}v$$

即

$$[uv]_a^b = \int_a^b v\mathrm{d}u + \int_a^b u\mathrm{d}v$$

移项得

$$\int_a^b u\mathrm{d}v = [uv]_a^b - \int_a^b v\mathrm{d}u$$

例5.22 求 $\int_0^{\pi} x\cos x\mathrm{d}x$.

解 设 $u=x$，$\mathrm{d}v=\cos x\mathrm{d}x$，则 $\mathrm{d}u=\mathrm{d}x$，$v=\sin x$，于是

$$\int_0^{\pi} x\cos x\mathrm{d}x = x\sin x\Big|_0^{\pi} - \int_0^{\pi}\sin x\mathrm{d}x = -\int_0^{\pi}\sin x\mathrm{d}x = \cos x\Big|_0^{\pi} = -2$$

例5.23 求 $\int_0^1 \arctan x\mathrm{d}x$.

解
$$\int_0^1 \arctan x\mathrm{d}x = x\arctan x\Big|_0^1 - \int_0^1 x\frac{1}{1+x^2}\mathrm{d}x = \frac{\pi}{4} - \frac{1}{2}\int_0^1\frac{1}{1+x^2}\mathrm{d}(x^2+1)$$
$$= \frac{\pi}{4} - \frac{1}{2}\ln(x^2+1)\Big|_0^1 = \frac{\pi}{4} - \frac{1}{2}\ln 2 = \frac{\pi}{4} - \ln\sqrt{2}$$

例5.24 求 $\int_0^1 \mathrm{e}^{\sqrt{x}}\mathrm{d}x$.

解 令 $t=\sqrt{x}\,(t>0)$，则 $x=t^2$，$\mathrm{d}x=2t\mathrm{d}t$. 当 $x=0$ 时，$t=0$；当 $x=1$ 时，$t=1$.
因此有

$$\int_0^1 \mathrm{e}^{\sqrt{x}}\mathrm{d}x = 2\int_0^1 t\mathrm{e}^t\mathrm{d}t = 2t\mathrm{e}^t\Big|_0^1 - 2\int_0^1\mathrm{e}^t\mathrm{d}t = 2\mathrm{e} - 2\mathrm{e}^t\Big|_0^1 = 2$$

例5.25 求 $I_n = \int_0^{\frac{\pi}{2}}\cos^n x\mathrm{d}x$（$n$ 为大于1的正整数）.

解
$$I_n = \int_0^{\frac{\pi}{2}}\cos^n x\mathrm{d}x = \int_0^{\frac{\pi}{2}}\cos^{n-1}x\cos x\mathrm{d}x$$
$$= [\sin x\cos^{n-1}x]_0^{\frac{\pi}{2}} + (n-1)\int_0^{\frac{\pi}{2}}\sin^2 x\cos^{n-2}x\mathrm{d}x$$
$$= (n-1)\int_0^{\frac{\pi}{2}}(1-\cos^2 x)\cos^{n-2}x\mathrm{d}x$$
$$= (n-1)\int_0^{\frac{\pi}{2}}\cos^{n-2}x\mathrm{d}x - (n-1)\int_0^{\frac{\pi}{2}}\cos^n x\mathrm{d}x$$

即

$$I_n = (n-1)I_{n-2} - (n-1)I_n$$

移项得

$$I_n = \frac{n-1}{n}I_{n-2}$$

这个等式称为积分 I_n 关于下标的递推公式.

连续使用此公式可使 $\cos^n x$ 的幂次 n 逐渐降低. 当 n 为奇数时,可降到1;当 n 为偶数时,可降到0. 再由

$$I_1 = \int_0^{\frac{\pi}{2}} \cos x\mathrm{d}x = 1, \quad I_0 = \int_0^{\frac{\pi}{2}} \mathrm{d}x = \frac{\pi}{2}$$

得

$$I_n = \int_0^{\frac{\pi}{2}} \cos^n x\mathrm{d}x = \begin{cases} \frac{n-1}{n}\frac{n-3}{n-2}\frac{n-5}{n-4}\cdots\frac{4}{5}\frac{2}{3} & (n\text{ 为奇数}) \\ \frac{n-1}{n}\frac{n-3}{n-2}\frac{n-5}{n-4}\cdots\frac{3}{4}\frac{1}{2}\frac{\pi}{2} & (n\text{ 为偶数}) \end{cases}$$

对例5.22中的 $\int_0^{\frac{\pi}{2}} \cos^n x\mathrm{d}x$ 作变量代换 $x = \frac{\pi}{2} - t$,则有

$$\int_0^{\frac{\pi}{2}} \cos^n x\mathrm{d}x = \int_{\frac{\pi}{2}}^0 \cos^n\left(\frac{\pi}{2} - t\right)(-\mathrm{d}t) = \int_0^{\frac{\pi}{2}} \sin^n t\mathrm{d}t = \int_0^{\frac{\pi}{2}} \sin^n x\mathrm{d}x$$

因此,$\int_0^{\frac{\pi}{2}} \cos^n x\mathrm{d}x$ 与 $\int_0^{\frac{\pi}{2}} \sin^n x\mathrm{d}x$ 有相同的计算结果.

例5.26 求:

1) $\int_0^{\frac{\pi}{2}} \cos^5 x\mathrm{d}x$　　2) $\int_0^{\frac{\pi}{2}} \sin^6 x\mathrm{d}x$

解 由例5.25中的递推公式可知:

1) $\int_0^{\frac{\pi}{2}} \cos^5 x\mathrm{d}x = \frac{4}{5}\cdot\frac{2}{3} = \frac{8}{15}$

2) $\int_0^{\frac{\pi}{2}} \sin^6 x\mathrm{d}x = \frac{5}{6}\cdot\frac{3}{4}\cdot\frac{1}{2}\cdot\frac{\pi}{2} = \frac{15}{96}\pi$

习题5.3

1. 求下列各定积分:

(1) $\int_0^{\ln 2} \mathrm{e}^{-x}\mathrm{d}x$　　(2) $\int_0^1 x\mathrm{e}^{x^2}\mathrm{d}x$

(3) $\int_{\pi}^{2\pi} \cos 4x\mathrm{d}x$　　(4) $\int_1^2 (3-2x)^3\mathrm{d}x$

(5) $\int_0^1 x^3 a^{x^3}\mathrm{d}x$　　(6) $\int_1^2 \frac{\mathrm{d}x}{1-2x}$

(7) $\int_{0}^{1}(x^{2}-3x+2)^{2}(2x-3)\mathrm{d}x$

(8) $\int_{0}^{\pi}\frac{\sin x}{\cos^{2}x}\mathrm{d}x$

(9) $\int_{1}^{0}\frac{x^{2}}{\sqrt{1+x^{3}}}\mathrm{d}x$

(10) $\int_{\pi}^{\frac{\pi}{2}}\mathrm{e}^{\sin x}\cos x\mathrm{d}x$

(11) $\int_{1}^{2}\frac{1}{\mathrm{e}^{\frac{1}{x}}x^{2}}\mathrm{d}x$

(12) $\int_{0}^{1}\frac{1}{x\sqrt{1-\ln^{2}x}}\mathrm{d}x$

(13) $\int_{\mathrm{e}}^{\frac{1}{\mathrm{e}}}\frac{1}{x\ln^{3}x}\mathrm{d}x$

(14) $\int_{\frac{\pi}{4}}^{\frac{\pi}{6}}\sec xa\tan x\mathrm{d}x$

2. 利用定积分的换元积分法求下列积分:

(1) $\int_{\frac{\pi}{6}}^{\frac{\pi}{4}}\csc x\cot x\mathrm{d}x$

(2) $\int_{\frac{\pi}{3}}^{0}\tan x\mathrm{d}x$

(3) $\int_{\frac{\pi}{6}}^{\frac{\pi}{2}}\cot x\mathrm{d}x$

(4) $\int_{0}^{1}\frac{x^{2}}{1+x^{6}}\mathrm{d}x$

(5) $\int_{1}^{\mathrm{e}^{2}}\frac{1}{x\sqrt{1+\ln x}}\mathrm{d}x$

(6) $\int_{\frac{\pi}{4}}^{\frac{\pi}{2}}\frac{1}{1-\cos x}\mathrm{d}x$

(7) $\int_{8}^{3}\frac{1}{x\sqrt{x+1}}\mathrm{d}x$

(8) $\int_{-1}^{0}\frac{\sqrt{x+1}-1}{\sqrt{x+1}+1}\mathrm{d}x$

(9) $\int_{1}^{64}\frac{\sqrt[3]{x}}{x(\sqrt{x}+\sqrt[3]{x})}\mathrm{d}x$

(10) $\int_{0}^{1}\frac{1}{\sqrt{(x^{2}+1)^{3}}}\mathrm{d}x$

(11) $\int_{\sqrt{2}-1}^{0}\frac{1}{\sqrt{1-2x-x^{2}}}\mathrm{d}x$

(12) $\int_{0}^{2}\frac{1}{\sqrt{9+4x^{2}}}\mathrm{d}x$

(13) $\int_{0}^{a}x^{2}\sqrt{a^{2}-x^{2}}\mathrm{d}x$

(14) $\int_{0}^{\ln 2}\sqrt{\mathrm{e}^{x}-1}\mathrm{d}x$

3. 利用定积分的分部积分法计算下列各定积分:

(1) $\int_{0}^{1}\arccos x\mathrm{d}x$

(2) $\int_{0}^{2\pi}x^{2}\cos x\mathrm{d}x$

(3) $\int_{0}^{\pi}x\sin x\mathrm{d}x$

(4) $\int_{0}^{\sqrt{3}}x\arctan x\mathrm{d}x$

(5) $\int_{1}^{\mathrm{e}}x\ln x\mathrm{d}x$

(6) $\int_{0}^{2\pi}x|\sin x|\mathrm{d}x$

(7) $\int_{1}^{2\mathrm{e}}x^{2}\ln x\mathrm{d}x$

(8) $\int_{0}^{\frac{\pi}{2}}x\cos\frac{x}{2}\mathrm{d}x$

(9) $\int_{0}^{\pi}x\sin x\cos x\mathrm{d}x$

(10) $\int_{0}^{1}\frac{\ln x}{\sqrt{x}}\mathrm{d}x$

(11) $\int_{0}^{\sqrt{\pi}}x^{5}\sin x^{2}\mathrm{d}x$

4. 求下列对称于原点的区间上的定积分:

(1) $\int_{-\pi}^{\pi}\sin^{7}x\cos 2x\mathrm{d}x$

(2) $\int_{-3}^{3}x^{9}(x^{2}+1)^{50}\mathrm{d}x$

(3) $\int_{-\mathrm{e}}^{\mathrm{e}}x^{8}\mathrm{e}^{x^{2}}\sin^{3}x\mathrm{d}x$

5.4 无穷区间上的广义积分

在一些实际问题中,通常遇到积分区间为无穷区间,或者被积函数为无界函数的积分,它们已经不属于前面所说的定积分了.因此,对定积分作如下两种推广,从而形成反常积分的概念.

引例 5.3 单位脉冲函数

在电学与信号分析中,常常会遇到脉冲函数

$$\delta(t)=\begin{cases}0 & t\neq 0\\ \infty & t=0\end{cases},\quad \int_{-\infty}^{+\infty}\delta(t)\,\mathrm{d}t=1$$

这里积分 $\int_{-\infty}^{+\infty}\delta(t)\,\mathrm{d}t$ 的上、下限就不是确定的常数.

5.4.1 无穷区间上的广义积分

(1) 函数 $f(x)$ 在 $[a,+\infty)$ 上的广义积分

定义 2 设函数 $f(x)$ 在 $[a,+\infty)$ 上连续,取 $b>a$,如果极限

$$\lim_{b\to+\infty}\int_a^b f(x)\,\mathrm{d}x$$

存在,则称此极限为函数 $f(x)$ 在区间 $[a,+\infty)$ 上的广义积分,记作 $\int_a^{+\infty}f(x)\,\mathrm{d}x$,即

$$\int_a^{+\infty}f(x)\,\mathrm{d}x=\lim_{b\to+\infty}\int_a^b f(x)\,\mathrm{d}x$$

这时,也称广义积分 $\int_a^{+\infty}f(x)\,\mathrm{d}x$ 存在或收敛;如果上述极限不存在,函数 $f(x)$ 在区间 $[a,+\infty)$ 上的广义积分 $\int_a^{+\infty}f(x)\,\mathrm{d}x$ 就没有意义,就称广义积分 $\int_a^{+\infty}f(x)\,\mathrm{d}x$ 发散(这时虽仍用同样的记号,但已不表示数值).

例 5.27 计算 $\int_0^{+\infty}\frac{1}{1+x^2}\mathrm{d}x$.

解 $\int_0^{+\infty}\frac{1}{1+x^2}\mathrm{d}x=\lim\limits_{b\to+\infty}\int_0^b\frac{\mathrm{d}x}{1+x^2}=\lim\limits_{b\to+\infty}\arctan x\Big|_0^b=\lim\limits_{b\to+\infty}\arctan b=\frac{\pi}{2}$

例 5.28 计算 $\int_1^{+\infty}\frac{\mathrm{d}x}{x^2}$.

解 $\int_1^{+\infty}\frac{\mathrm{d}x}{x^2}=\lim\limits_{b\to+\infty}\int_1^b\frac{\mathrm{d}x}{x^2}=\lim\limits_{b\to+\infty}\left(-\frac{1}{x}\right)\Big|_1^b=\lim\limits_{b\to+\infty}\left(1-\frac{1}{b}\right)=1$

例 5.29 计算 $\int_2^{+\infty}\frac{\mathrm{d}x}{x^3}$.

解 $\int_2^{+\infty}\frac{\mathrm{d}x}{x^3}=\lim\limits_{b\to+\infty}\int_2^b\frac{\mathrm{d}x}{x^3}=\lim\limits_{b\to+\infty}\left(-\frac{1}{2x^2}\right)\Big|_2^b=\lim\limits_{b\to+\infty}\left(\frac{1}{8}-\frac{1}{2b^2}\right)=\frac{1}{8}$

例 5.30 计算 $\int_1^{+\infty}\frac{1}{\sqrt{x}}\mathrm{d}x$.

解 $\int_1^{+\infty}\frac{1}{\sqrt{x}}dx=\lim\limits_{b\to+\infty}2\sqrt{x}\Big|_1^b=2\lim\limits_{b\to+\infty}(\sqrt{b}-1)=+\infty$（发散）

例5.31 讨论广义积分$\int_a^{+\infty}\frac{1}{x^p}dx(a>0)$.

解 1)当$p=1$时

$$\int_a^{+\infty}\frac{1}{x}dx=\lim_{b\to+\infty}\int_a^b\frac{dx}{x}=\lim_{b\to+\infty}\ln x\Big|_a^b=\lim_{b\to+\infty}(\ln b-\ln a)=+\infty$$

积分发散.

2)当$P\neq1$时

$$\int_a^{+\infty}\frac{1}{x^p}dx=\lim_{b\to+\infty}\int_a^b\frac{dx}{x^p}=\lim_{b\to+\infty}\frac{x^{-p+1}}{-p+1}\Big|_a^b=\lim_{b\to+\infty}\frac{b^{-p+1}-a^{-p+1}}{1-p}$$

当$P>1$时

$$\int_a^{+\infty}\frac{1}{x^p}dx=\frac{a^{1-p}}{p-1};\quad\int_a^{+\infty}\frac{1}{x^p}dx(a>0)$$

收敛,其值等于$\frac{a^{1-p}}{p-1}$.

当$p<1$时

$$\int_a^{+\infty}\frac{1}{x^p}dx=+\infty;\quad\int_a^{+\infty}\frac{1}{x^p}dx(a>0)$$

发散.

综上所述,$P>1$时,广义$\int_a^{+\infty}\frac{1}{x^p}dx(a>0)$收敛;$p\leqslant1$时,广义$\int_a^{+\infty}\frac{1}{x^p}dx(a>0)$发散.

(2)函数$f(x)$在$(-\infty,b]$上的广义积分

定义3 设函数$f(x)$在$(-\infty,b]$上连续,取$a<b$,如果极限

$$\lim_{a\to-\infty}\int_a^b f(x)dx$$

存在,则称此极限为函数$f(x)$在区间$(-\infty,b]$上的广义积分,记作$\int_{-\infty}^b f(x)dx$,即

$$\int_{-\infty}^b f(x)dx=\lim_{a\to-\infty}\int_a^b f(x)dx$$

这时,也称广义积分$\int_{-\infty}^b f(x)dx$存在或收敛;如果上述极限不存在,函数$f(x)$在区间$(-\infty,b]$上的广义积分$\int_{-\infty}^b f(x)dx$就没有意义,就称广义积分$\int_{-\infty}^b f(x)dx$发散.

例5.32 求$\int_{-\infty}^0 xe^{-x^2}dx$.

解
$$\int_{-\infty}^0 xe^{-x^2}dx=-\frac{1}{2}\lim_{a\to-\infty}\int_a^0 e^{-x^2}d(-x^2)=-\frac{1}{2}\lim_{a\to-\infty}e^{-x^2}\Big|_a^0$$
$$=-\frac{1}{2}\lim_{a\to-\infty}(1-e^{-a^2})=-\frac{1}{2}$$

(3)函数$f(x)$在$(-\infty,+\infty)$上的广义积分

对于在$(-\infty,+\infty)$上的广义积分,由定义2,3,得到

$$\int_{-\infty}^{+\infty} f(x)\,\mathrm{d}x = \int_{-\infty}^{c} f(x)\,\mathrm{d}x + \int_{c}^{+\infty} f(x)\,\mathrm{d}x$$
$$= \lim_{a\to-\infty}\int_{a}^{c} f(x)\,\mathrm{d}x + \lim_{b\to+\infty}\int_{c}^{+\infty} f(x)\,\mathrm{d}x$$

其中,c 是任一指定的常数,通常取 $c=0$. 当右边两个广义积分同时收敛时,称广义积分 $\int_{-\infty}^{+\infty} f(x)\,\mathrm{d}x$ 收敛,否则称为发散.

广义积分的计算就是先计算常义积分,再计算极限.

例 5.33 求 $\int_{-\infty}^{+\infty} \frac{1}{1+x^2}\mathrm{d}x$.

解 解法 1:$\int_{-\infty}^{+\infty} \frac{1}{1+x^2}\mathrm{d}x = \int_{-\infty}^{0} \frac{\mathrm{d}x}{1+x^2} + \int_{0}^{+\infty} \frac{\mathrm{d}x}{1+x^2} = \lim\limits_{a\to-\infty} \arctan x \Big|_{a}^{0} + \frac{\pi}{2}$

$$= -\lim_{a\to-\infty}\arctan a + \frac{\pi}{2} = -\left(-\frac{\pi}{2}\right) + \frac{\pi}{2} = \pi$$

解法 2:由于被积函数是偶函数,因此

$$\int_{-\infty}^{+\infty} \frac{1}{1+x^2}\mathrm{d}x = 2\int_{0}^{+\infty} \frac{1}{1+x^2}\mathrm{d}x = \pi$$

5.4.2 无界函数的广义积分

(1) 函数 $f(x)$ 在区间 $(a,b]$ 上的广义积分

定义 4 设函数 $f(x)$ 在 $(a,b]$ 上连续,而 $\lim\limits_{x\to a^+} f(x) = \infty$,取 $\varepsilon>0$,如果极限

$$\lim_{\varepsilon\to0^+}\int_{a+\varepsilon}^{b} f(x)\,\mathrm{d}x$$

存在,则称此极限为函数 $f(x)$ 在区间 $(a,b]$ 上的广义积分,仍记作 $\int_{a}^{b} f(x)\,\mathrm{d}x$,即

$$\int_{a}^{b} f(x)\,\mathrm{d}x = \lim_{\varepsilon\to0^+}\int_{a+\varepsilon}^{b} f(x)\,\mathrm{d}x$$

这时,也说广义积分 $\int_{a}^{b} f(x)\,\mathrm{d}x$ 存在或收敛;如果上述极限不存在,就说此广义积分发散.

也可以定义

$$\int_{a}^{b} f(x)\,\mathrm{d}x = \lim_{c\to a^+}\int_{c}^{b} f(x)\,\mathrm{d}x$$

例 5.34 求 $\int_{0}^{1} \frac{1}{\sqrt{x}}\mathrm{d}x$.

解

$$\lim_{x\to0^+}\frac{1}{\sqrt{x}} = +\infty$$

故 $x=0$ 为被积函数的间断点.

因此,得

$$\int_{0}^{1} \frac{1}{\sqrt{x}}\mathrm{d}x = \lim_{\varepsilon\to0^+} 2\sqrt{x}\Big|_{\varepsilon}^{1} = 2\lim_{\varepsilon\to0^+}(1-\sqrt{\varepsilon}) = 2$$

(2) 函数 $f(x)$ 在区间 $[a,b)$ 上的广义积分

由定义可得

$$\int_a^b f(x)\,dx = \lim_{\varepsilon\to 0^+}\int_a^{b-\varepsilon} f(x)\,dx \text{ 或 } \int_a^b f(x)\,dx = \lim_{c\to b^-}\int_a^c f(x)\,dx$$

例5.35　**求** $\int_0^a \frac{dx}{\sqrt{a^2-x^2}}(a>0)$.

解

$$\lim_{c\to a^-}\frac{1}{\sqrt{a^2-x^2}}=+\infty$$

故 $x=a$ 为被积函数的无穷间断点.

因此,得

$$\int_0^a \frac{dx}{\sqrt{a^2-x^2}} = \lim_{\varepsilon\to 0^+}\int_0^{a-\varepsilon}\frac{dx}{\sqrt{a^2-x^2}} = \lim_{\varepsilon\to 0^+}\arcsin\frac{x}{a}\Big|_0^{a-\varepsilon}$$

$$= \lim_{\varepsilon\to 0^+}\arcsin\frac{a-\varepsilon}{a} = \frac{\pi}{2}$$

(3)函数 $f(x)$ 在区间 $[a,b]$ 上有无穷间断点 $c(a<c<b)$ 的广义积分

由定义可得

$$\int_a^b f(x)\,dx = \int_a^c f(x)\,dx + \int_c^b f(x)\,dx = \lim_{\varepsilon_1\to 0^+}\int_a^{c-\varepsilon_1} f(x)\,dx + \lim_{\varepsilon_2\to 0^+}\int_{c+\varepsilon_2}^b f(x)\,dx$$

当右边两个广义积分同时收敛时,称广义积分 $\int_a^b f(x)\,dx$ 收敛,否则称为发散.

例5.36　求 $\int_{-1}^1 \frac{1}{x^2}dx$.

解　因为

$$\lim_{x\to 0}\frac{1}{x^2}=+\infty$$

故 $x=0$ 为被积函数的无穷间断点.

因此,得

$$\int_{-1}^1 \frac{1}{x^2}dx = \int_{-1}^0 \frac{1}{x^2}dx + \int_0^1 \frac{1}{x^2}dx$$

$$\int_0^1 \frac{1}{x^2}dx = \lim_{\varepsilon\to 0^+}\int_\varepsilon^1 \frac{1}{x^2}dx = \lim_{\varepsilon\to 0^+}\left(-\frac{1}{x}\right)\Big|_\varepsilon^1 = \lim_{\varepsilon\to 0^+}\left(-1+\frac{1}{\varepsilon}\right) = +\infty\ (\text{发散})$$

所以 $\int_{-1}^1 \frac{1}{x^2}dx$ 发散.

习题5.4

1. 计算无穷区间上的广义积分:

(1) $\int_1^{+\infty}\frac{1}{x^2}dx$　　(2) $\int_0^{+\infty} e^{-4x}dx$

(3) $\int_1^{+\infty}\frac{1}{\sqrt[3]{x}}dx$　　(4) $\int_{-\infty}^1 \frac{1}{x^2(x^2+1)}dx$

(5) $\int_{-\infty}^{1} e^{2x}dx$　　(6) $\int_{-\infty}^{+\infty} \frac{1}{x^2}dx$

2. 计算无界函数的广义积分:

(1) $\int_{0}^{1}\ln x dx$　　(2) $\int_{1}^{2}\frac{x}{\sqrt{x-1}}dx$

(3) $\int_{-1}^{1}\frac{x}{\sqrt{1-x^2}}dx$　　(4) $\int_{0}^{2}\frac{1}{(1-x)^3}dx$

3. 设$f(x)$单调下降趋于0,$f'(x)$在$[0,+\infty)$连续,求证:$\int_{0}^{+\infty}f'(x)\sin^2 x dx$收敛.

5.5　定积分在几何上的应用

5.5.1　定积分的元素法(微元法)

在定积分的应用中,经常采用所谓的元素法.为此,回顾一下之前讨论过的曲边梯形的面积.

设$f(x)$在区间$[a,b]$上连续,且$f(x)\geqslant 0$,求以曲线$y=f(x)$为曲边,底为$[a,b]$的曲边梯形的面积A.

具体步骤如下:

1)分割

用任意一组分点

$$a=x_0<x_1<\cdots<x_{i-1}<x_i<\cdots<x_n=b$$

将区间分成n个小区间$[x_{i-1},x_i]$,其长度为

$$\Delta x_i=x_i-x_{i-1}\quad(i=1,2,\cdots,n)$$

2)近似替换

曲边梯形被划分成n个小曲边梯形,第i个小曲边梯形的面积记作$\Delta A_i, i=1,2,\cdots,n$,则

$$\Delta A_i\approx f(\xi_i)\Delta x_i\qquad \forall\xi_i\in[x_{i-1},x_i]\quad(i=1,2,\cdots,n)$$

3)求和

得面积的近似值

$$A=\sum_{i=1}^{n}\Delta A_i\approx\sum_{i=1}^{n}f(\xi_i)\Delta x_i$$

4)求极限

得面积A的精确值

$$A=\lim_{\lambda\to 0}\sum_{i=1}^{n}f(\xi_i)\Delta x_i=\int_{a}^{b}f(x)dx\quad(\text{其中},\lambda=\max\{\Delta x_1,\Delta x_2,\cdots,\Delta x_n\})$$

由上述过程可知,若将$[a,b]$分成n个小区间时,所求面积A(总量)相应地分成n个小曲边梯形(部分量),所求总量等于各部分量之和(即$A=\sum_{i=1}^{n}\Delta A_i$).这一性质称为所求总量对于

区间$[a,b]$具有可加性.

通过对求曲边梯形面积问题的回顾、分析、提炼可发现,其中几个步骤中第二步是关键.因为最后的被积表达式的形式就是这一步确定的,为方便起见,可省略下标 i,把近似式 $f(\xi_i)\Delta x_i$中的 ξ_i 换成 x,Δx_i 换成 dx,这样可给出用定积分计算某个量的条件与步骤.

(1)计算 A 的定积分表达式步骤

1) 由分割写出微元

根据问题,选取一个变量 x 为积分变量,并确定它的变化区间$[a,b]$;任取其中的一小的区间微元$[x,x+dx]$,求出它所对应的部分量 ΔA 的近似值,即所求总量 A 的微元

$$dA=f(x)dx$$

2) 由微元写出积分

根据 $dA=f(x)dx$,写出表示总量 A 的定积分

$$A=\int_a^b dA=\int_a^b f(x)dx$$

(2)应用微元法解决实际问题时的注意事项

①所求总量 A 关于区间$[a,b]$具有可加性.

②使用微元法的关键在于正确给出部分量 ΔA 的近似表达式 $f(x)dx$.

5.5.2　定积分在几何上的应用

由曲线 $y=f(x)(f(x)\geqslant 0)$及直线 $x=a$ 与 $x=b(a<b)$与 x 轴所围成的曲边梯形面积 A(见图5.8),即

$$A=\int_a^b f(x)dx$$

其中,$f(x)dx$ 为面积微元 dA.

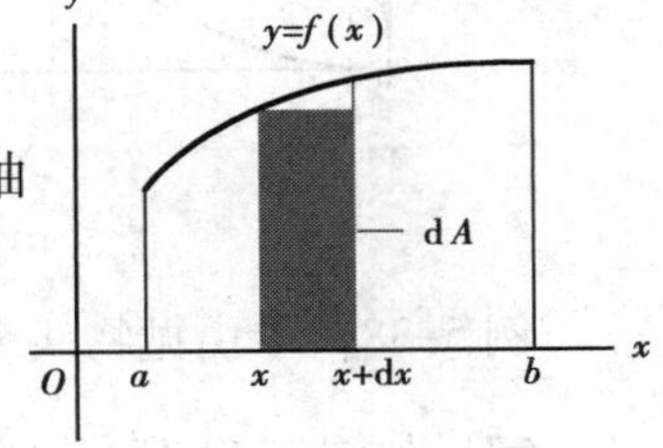

图5.8

若 $y=f(x)$不是非负的,则所围图形的面积应为

$$A=\int_a^b |f(x)|dx$$

一般由曲线 $y=f(x)$与 $y=g(x)$及直线 $x=a,x=b(a<b)$所围成的图形面积 A 为(见图5.9)

$$A=\int_a^b |f(x)-g(x)|dx$$

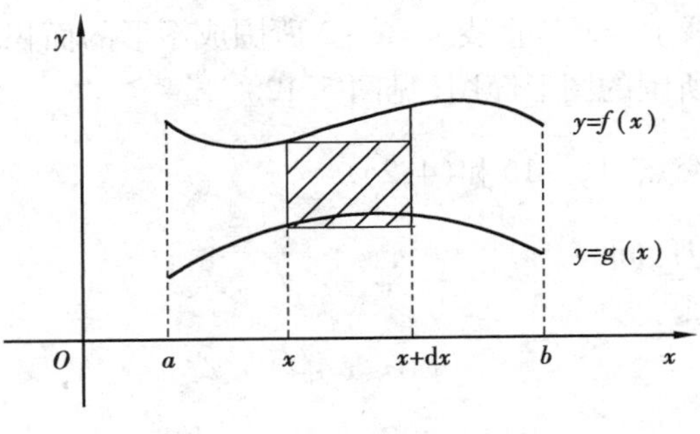

图5.9

例5.37　求由 $y^2=x,y=x^2$ 所围成图形的面积.

解 如图 5.10 所示,由方程组$\begin{cases}y^2=x\\y=x^2\end{cases}$解得它们的交点为(0,0),(1,1).

选 x 为积分变量,则 x 的变化范围是[0,1],任取其上的一个区间微元$[x,x+\Delta x]$,则可得到相应于$[x,x+\Delta x]$的面积微元

$$dA=(\sqrt{x}-x^2)\,dx$$

从而所求面积为

$$A=\int_0^1(\sqrt{x}-x^2)\,dx=\frac{1}{3}$$

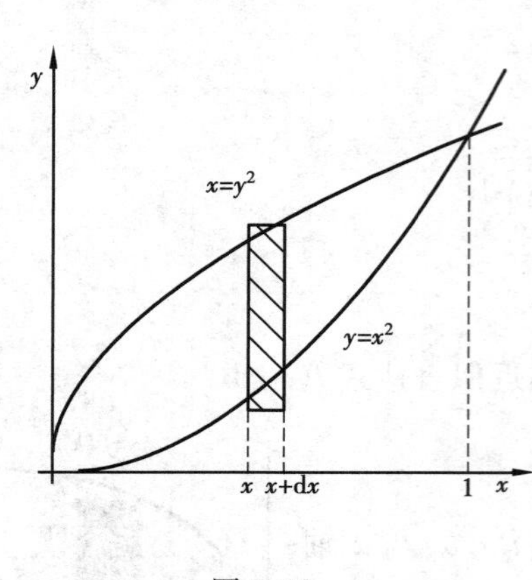

图 5.10

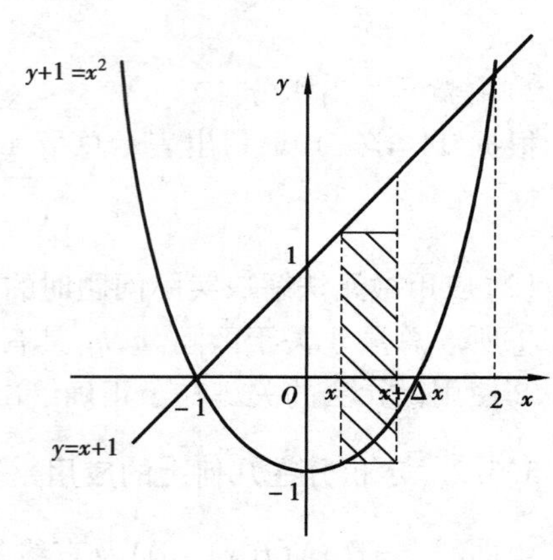

图 5.11

例 5.38 求由抛物线 $y+1=x^2$ 与直线 $y=1+x$ 所围成图形的面积.

解 如图 5.11 所示,由方程组$\begin{cases}y+1=x^2\\y=1+x\end{cases}$解得它们的交点为(−1,0),(2,3).

选 x 为积分变量,则 x 的变化范围是[−1,−2],任取其上的一个区间微元$[x,x+\Delta x]$,则可得到相应于$[x,x+\Delta x]$的面积微元

$$dA=[(1+x)-(x^2-1)]\,dx$$

从而所求面积为

$$A=\int_{-1}^2[(1+x)-(x^2-1)]\,dx=\frac{9}{2}$$

例 5.39 计算抛物线 $y^2=x$ 与直线 $y=x-2$ 所围成图形的面积.

解 解法 1:1)先画所围的图形简图(见图 5.12)

解方程$\begin{cases}y^2=x\\y=x-2\end{cases}$得交点(1,−1)和(4,2).

2)选择积分变量并定区间

选取 x 为积分变量,则

$$0\leqslant x\leqslant 4$$

3)给出面积元素

在 $0\leqslant x\leqslant 1$ 上

$$dA=[\sqrt{x}-(-\sqrt{x})]\,dx=2\sqrt{x}\,dx$$

在 $1\leqslant x\leqslant 4$ 上

$$dA=[\sqrt{x}-(x-2)]dx=(2+\sqrt{x}-x)dx$$

4)列定积分表达式

$$A=\int_0^1 2\sqrt{x}\,dx+\int_1^4(2+\sqrt{x}-x)dx$$

$$=\left[\frac{4}{3}x^{\frac{3}{2}}\Big|\right]_0^2+\left[2x+\frac{2}{3}x^{\frac{3}{2}}-\frac{1}{2}x^2\right]_1^4$$

$$=4.5$$

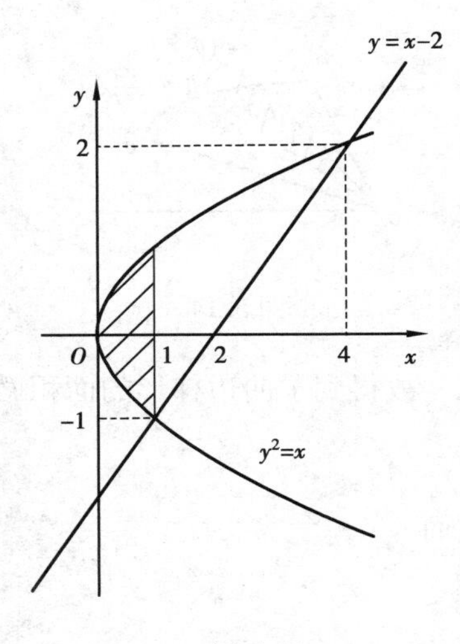

图 5.12

解法2:若选取 y 为积分变量,则

$$-1\leqslant y\leqslant 2$$

$$dA=[(y+2)-y^2]dy$$

$$A=\int_{-1}^{2}(y+2-y^2)dy=\left(\frac{1}{2}y^2+2y-\frac{1}{3}y^3\right)\Big|_{-1}^{2}=\frac{9}{2}$$

显然,解法2较简洁,这表明积分变量的选取有个合理性的问题.

例 5.40 求椭圆 $\frac{x^2}{a^2}+\frac{y^2}{b^2}=1$ 所围成的面积 $(a>0,b>0)$.

解 根据椭圆图形的对称性,整个椭圆面积应为位于第一象限内面积的4倍,如图5.13所示.

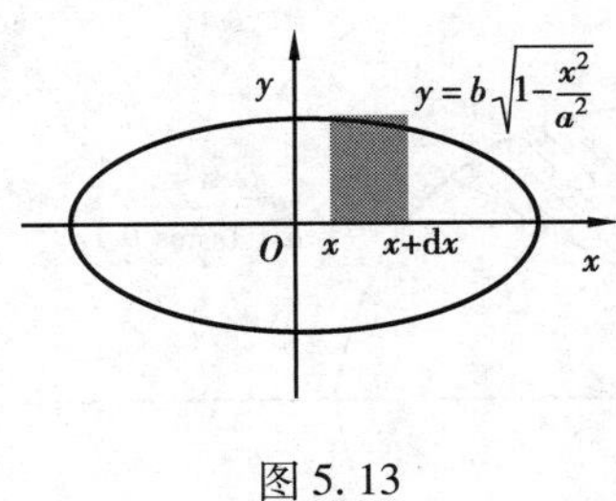

图 5.13

取 x 为积分变量,则

$$0\leqslant x\leqslant a,\quad y=b\sqrt{1-\frac{x^2}{a^2}}$$

$$dA=ydx=b\sqrt{1-\frac{x^2}{a^2}}dx$$

故

$$A=4\int_0^a ydx=4\int_0^a b\sqrt{1-\frac{x^2}{a^2}}dx$$

作变量替换

$$x=a\cos t\quad\left(0\leqslant t\leqslant\frac{\pi}{2}\right)$$

则

$$y=b\sqrt{1-\frac{x^2}{a^2}}=b\sin t,\quad dx=-a\sin t dt$$

$$A=4\int_{\frac{\pi}{2}}^{0}(b\sin t)(-a\sin t)dt$$

$$=4ab\int_0^{\frac{\pi}{2}}\sin^2 t dt=4ab\cdot\frac{2-1}{2}\cdot\frac{\pi}{2}=\pi ab$$

5.5.3 极坐标系下平面图形的面积

设平面图形是由曲线 $r=r(\theta)$ 及射线 $\theta=\alpha,\theta=\beta$ 所围成的曲边扇形.

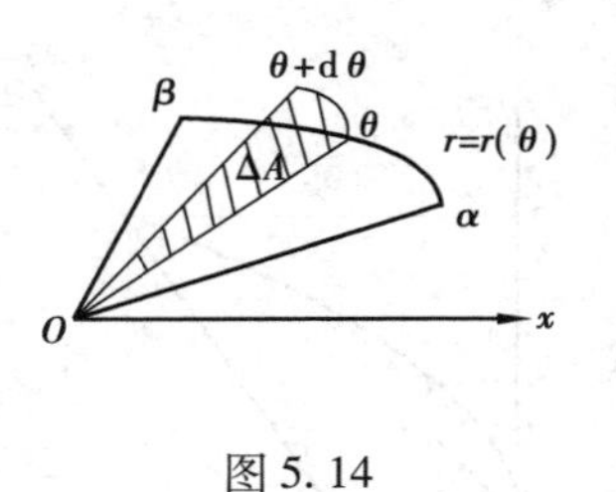

图 5.14

取极角 θ 为积分变量，则 $\alpha \leqslant \theta \leqslant \beta$，在平面图形中任意截取一典型的面积元素 ΔA，它是极角变化区间为$[\theta,\theta+\mathrm{d}\theta]$的小曲边扇形(见图 5.14).

ΔA 的面积可近似地用半径为 $r=r(\theta)$，中心角为 $\mathrm{d}\theta$ 的窄圆边扇形的面积来代替，即

$$\Delta A \approx \frac{1}{2}[r(\theta)]^2\mathrm{d}\theta$$

故得到了曲边梯形的面积微元

$$\mathrm{d}A=\frac{1}{2}[\varphi(\theta)]^2\mathrm{d}\theta$$

从而

$$A=\int_{\alpha}^{\beta}\frac{1}{2}[r(\theta)]^2\mathrm{d}\theta$$

例 5.41 求双纽线 $r^2=a^2\cos 2\theta$ 所围平面图形的面积.

解 如图 5.15 所示，因为 $r^2>0$，故 θ 的变化范围是$\left[-\frac{\pi}{4},\frac{\pi}{4}\right]$，$\left[\frac{3\pi}{4},\frac{5\pi}{4}\right]$，由于图形关于极点极轴均对称，因此，只需计算$\left[0,\frac{\pi}{4}\right]$上的图形面积，再乘以 4 倍即可. 任取其上的一个区间微元$[\theta,\theta+\mathrm{d}\theta]$，相应于的面积微元

$$\mathrm{d}A=\frac{1}{2}a^2\cos 2\theta\mathrm{d}\theta$$

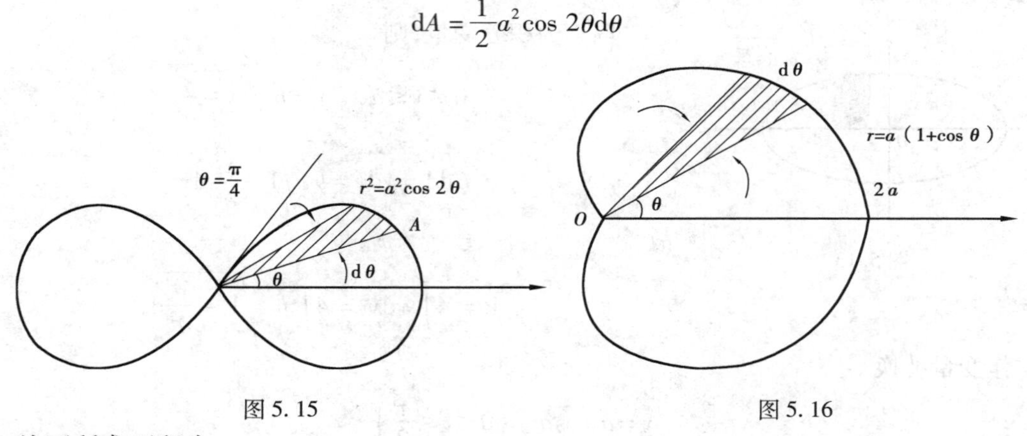

图 5.15　　图 5.16

从而所求面积为

$$A=4\int_0^{\frac{\pi}{4}}\mathrm{d}A=4\int_0^{\frac{\pi}{4}}\frac{1}{2}a^2\cos 2\theta\mathrm{d}\theta=a^2$$

例 5.42 求心形线 $r=a(1+\cos\theta)(a>0)$所围平面图形面积.

解 如图 5.16 所示，由于心形线关于极轴对称，所求面积是$[0,\pi]$上的图形面积的 2 倍. 任取其上的一个区间微元$[\theta,\theta+\mathrm{d}\theta]$，相应于的面积微元

$$\mathrm{d}A=\frac{1}{2}a^2(1+\cos\theta)^2\mathrm{d}\theta$$

从而所求面积为

$$\mathrm{A}=2\int_0^{\pi}\frac{1}{2}a^2(1+\cos\theta)^2\mathrm{d}\theta=a^2\int_0^{\pi}\left(\frac{3}{2}+2\cos\theta+\frac{1}{2}\cos 2\theta\right)\mathrm{d}\theta$$

$$= \frac{3}{2}a^2\pi$$

5.5.4　旋转体的体积

旋转体是由一个平面图形绕该平面内一条定直线旋转一周而生成的立体,该定直线称为旋转轴.

计算由曲线 $y=f(x)$ 直线 $x=a,x=b$ 及 x 轴所围成的曲边梯形,绕 x 轴旋转一周而生成的立体的体积.

如图 5.17 所示,取 x 为积分变量,则 $x\in[a,b]$,对于区间$[a,b]$上的任一区间$[x,x+dx]$,它所对应的窄曲边梯形绕 x 轴旋转而生成的薄片(见图 5.18)的立体的体积近似等于以 $f(x)$为底半径,dx 为高的圆柱体体积,即体积元素为

$$dV=\pi[f(x)]^2dx$$

所求的旋转体的体积为

$$V=\int_a^b \pi[f(x)]^2dx$$

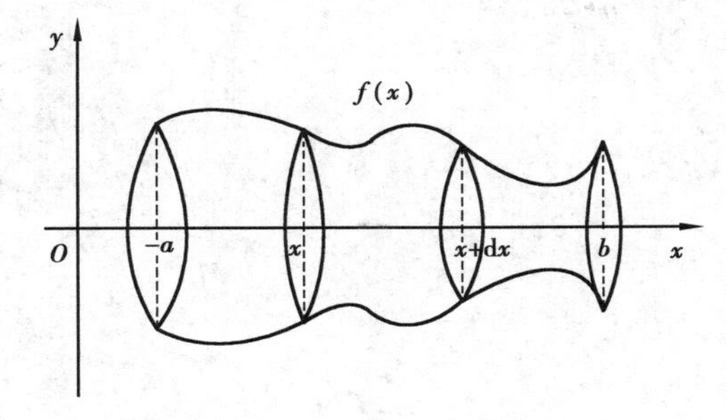

图 5.17

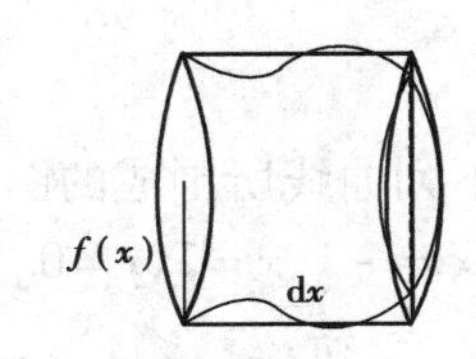

图 5.18

相似的,由曲线 $x=\varphi(y)$,直线 $y=c,y=d$ 及 y 轴所围成的曲边梯形,绕 y 轴旋转一周而生成的立体的体积为(见图 5.19)

$$V=\int_c^d \pi[\varphi(y)]^2dy$$

例 5.43　求由曲线 $y=\frac{r}{h}\cdot x$ 及直线 $x=0,x=h(h>0)$和 x 轴所围成的三角形绕 x 轴旋转而生成的立体的体积,即底面半径为 r,高为 h 的圆锥的体积.

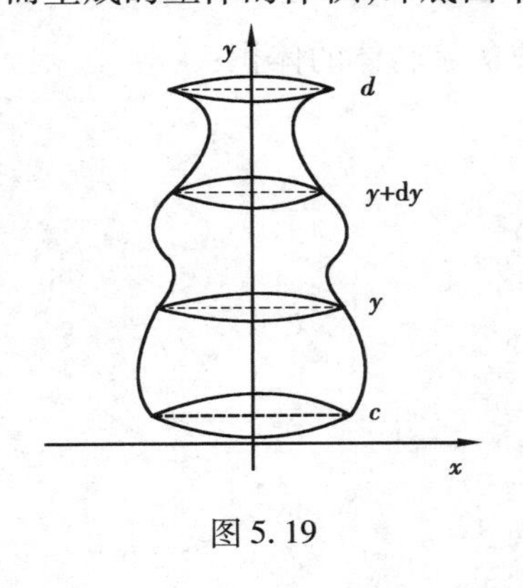

图 5.19

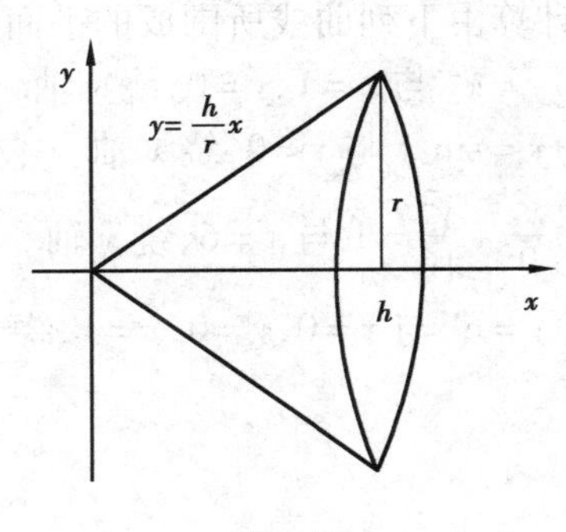

图 5.20

解 如图5.20所示，取x为积分变量，则

$$x \in [0,h]$$

$$V = \int_0^h \pi\left(\frac{r}{h}x\right)^2 dx = \frac{\pi \cdot r^2}{h^2}\int_0^h x^2 dx = \frac{\pi}{3}r^2 h$$

例5.44 计算椭圆$\frac{x^2}{a^2}+\frac{y^2}{b^2}=1$所围成的图形绕$x$轴旋转而成的立体体积.

解 这个旋转体可看作是由上半个椭圆$y=\frac{b}{a}\sqrt{a^2-x^2}$及$x$轴所围成的图形绕$x$轴旋转所生成的旋转体的体积(见图5.21).

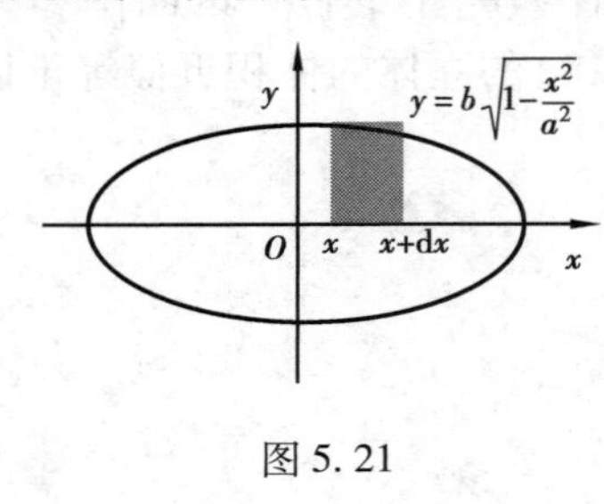

图5.21

取x为积分变量，则体积元素为

$$dV = \pi \cdot \left(\frac{b}{a}\sqrt{a^2-x^2}\right)^2 dx$$

$$V = \int_{-a}^{a} \pi \cdot \left(\frac{b}{a}\ \sqrt{a^2-b^2}\right)^2 dx$$

$$= \frac{\pi b^2}{a^2}\int_{-a}^{a}(a^2-x^2)dx = \frac{4}{3}\pi ab^2$$

习题5.5

1. 计算由下列曲线所围成的图形的面积：

(1)$y=x^2, x=-1, x=2, y=0$.

(2)$y=\cos x, -\frac{\pi}{2}\leqslant x\leqslant\pi, x=\pi, y=0$.

(3)$y=x^2, x+y=2$.

(4)$y=2x-x^2, x+y=0$.

(5)$y=e^x, y=e^{2x}, y=2$.

2. 求抛物线$y^2=2x$将圆$x^2+y^2=8$分成的两部分的图形的面积之比.

3. 求曲线$y=x^2$在点(1,1)处的切线与曲线$x=y^2$所围成的图形的面积.

4. 求由$\rho=\sin\theta, \rho=2\sin\theta, \theta=\frac{\pi}{3}, \theta=\frac{\pi}{2}$所围成的图形的面积.

5. 计算由下列曲线所围成的平面图形绕指定轴旋转而成的旋转体的体积：

(1)$y=x^2$与$x=1, y=0$，绕x轴.

(2)$y=\sin x$与$y=0$，绕x轴.

(3)$\frac{x^2}{9}+\frac{y^2}{16}=1$与$x=6$，绕$x$轴.

(4)$y=e^x$与$x=0, y=0, x=1$，绕y轴.

5.6 定积分在物理上的应用

定积分的应用非常广泛,自然科学中有许多问题都可以转化成定积分这一数学模型来解决.下面列举一些物理上的应用实例.

5.6.1 变力沿直线所做的功

由物理学可知,如果物体在作直线运动的过程中有一个不变的力 F 作用在这物体上,且这力的方向与物体的运动方向一致,那么,在物体移动了距离 s 时,力 F 对物体所做的功为

$$W=F\cdot s$$

如果物体在运动的过程中所受的力是变化的,就不能直接使用此公式.下面采用微元法思想来解决这个问题.

例5.45 把一个带正 q 电量的点电荷放在 r 轴上坐标原点处,它产生一个电场.这个电场对周围的电荷有作用力.由物理学可知,如果一个单位正电荷放在这个电场中距离原点为 r 的地方,那么电场对它的作用力的大小为 $F=k\dfrac{q}{r^2}$(k 是常数),当这个单位正电荷在电场中受力从 $r=a$ 处沿 r 轴移动到 $r=b$ 处时,计算电场力 F 对它所做的功.若将单位电荷移到无穷远处,电场力 F 对它所做的功又是多少?

解 取 r 为积分变量

$$r\in[a,b]$$

取任一小区间 $[r,r+\mathrm{d}r]$,功元素

$$\mathrm{d}W=\frac{kq}{r^2}\mathrm{d}r$$

所求功为

$$W=\int_a^b\frac{kq}{r^2}\mathrm{d}r=kq\left[-\frac{1}{r}\right]_a^b=kq\left(\frac{1}{a}-\frac{1}{b}\right)$$

如果将单位电荷移到无穷远处即 $b\to\infty$,于是

$$W=\lim_{b\to+\infty}\int_a^b\frac{kq}{r^2}\mathrm{d}r=\lim_{b\to+\infty}kq\left[-\frac{1}{r}\right]_a^b=\frac{kq}{a}$$

例5.46 修建一座大桥的桥墩时要先下围囹,并且抽尽其中的水以便施工.已知围囹的直径为30 m,水深37 m,围囹高出水面3 m,求抽尽水所做的功.

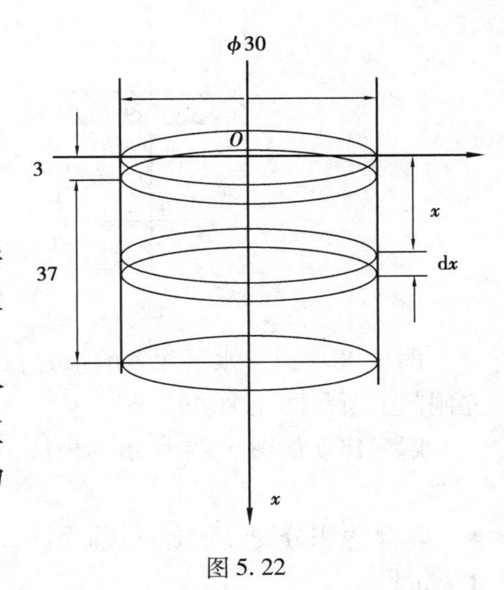

图5.22

解 建立如图5.22所示的直角坐标系,x 为积分变量,积分区间为 $[3,40]$ 在区间 $[3,40]$ 上任取一小区间 $[x,x+\mathrm{d}x]$,与它相对应的一薄层(圆柱)水的质量为 $\Delta G=9.8(\pi15^2\mathrm{d}x)\rho\mathrm{N}$,其中,$\rho$ 是水的密度.

从而得功微元

$$\mathrm{d}W=9.8\times15^2\times10^3\pi x\mathrm{d}x$$

故所求做功为

$$W = \int_3^{40} 9.8 \times 15^2 \times 10^3 \pi x \mathrm{d}x = 9.8 \times 15^2 \times 10^3 \pi \left[\frac{x^2}{2}\right]_3^{40} \mathrm{J} \approx 5.51 \times 10^9 \mathrm{J}$$

5.6.2 液体的压力

由物理学可知,在水深为 h 处的压强为 $p=\gamma h$,这里 γ 是水的比重. 如果有一面积为 A 的平板水平地放置在水深为 h 处,那么,平板一侧所受的水压力为

$$P = p \cdot A = \gamma A h g$$

如果平板垂直放置在水中,由于水深不同的点处压强 p 不相等,压强随水的深度的增大而增大,平板一侧所受的水压力就不能直接使用此公式求解,而是采用“微元法”思想求解.

例 5.47 干渠有一长方形闸门,宽为 4 m,高为 6 m. 当闸门上边正好位于水面时,求闸门一侧受到的水压力(水密度为 $\rho = 10^3\ \mathrm{kg/m^3}$).

解 建立如图 5.23 所示的坐标系,AB 的方程为

$$y = 2$$

取 x 为积分变量,在变化区间[0,6]上任取小区间[x,$x+\mathrm{d}x$],在水下深 xm 处的压强为 $9.8x\ \mathrm{kN/m^2}$,因此,压力微元为

$$\mathrm{d}P = 9.8x \cdot 2 \cdot \rho \mathrm{d}x = 9.8 \cdot 2x\rho \mathrm{d}x$$

则闸门受到的水压力为

$$P = \int_0^6 9.8 \cdot 2x\rho \mathrm{d}x = 9.8\rho \times 2 \times \frac{1}{2}x^2 \Big|_0^6 = 9.8\rho \times 36\ \mathrm{N} \approx 3.528 \times 10^5\ \mathrm{N}$$

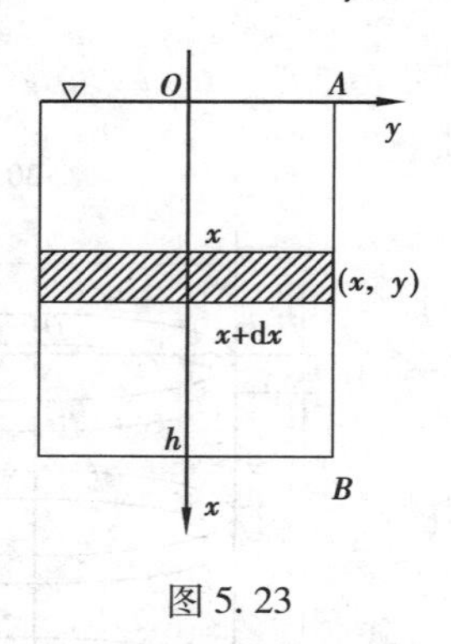

图 5.23

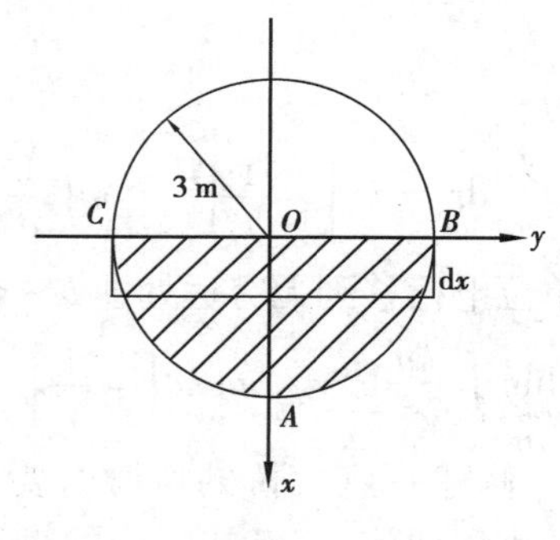

图 5.24

例 5.48 设一水平放置的水管,其断面是直径为 6 m 的圆. 求当水半满时,水管一端的竖立闸门上所承的压力.

解 建立如图 5.24 所示的坐标系,则圆的方程为

$$x^2 + y^2 = 9$$

取 x 为积分变量,积分区间为[0,3],在区间[0,3]上任取一小区间[x,$x+\mathrm{d}x$]. 在该区间上,由于

$$\gamma = 9.8 \times 10^3, \quad \mathrm{d}A = 2\sqrt{9-x^2}\mathrm{d}x, \quad h = x$$

所受的压力微元为

$$dp = 2 \times 9.8 \times 1\,000x\sqrt{9 - x^2}\,dx$$

从而所求水压力为

$$p = \int_0^3 19\,600x\sqrt{9 - x^2}\,dx = -9\,800 \times \frac{2}{3}\left[(9 - x^2)^{\frac{3}{2}}\right]_0^3 \text{ N}$$
$$= 1.76 \times 10^5 \text{ N}$$

习题5.6

1. 建筑工地上有一备用的圆柱形水罐，其高3 m，底半径为2 m，里面注满水，现要将水罐中的水全部抽出来，需要做多少功？

2. 一干渠有一梯形闸门，下底宽为4 m，上底宽为6 m，高为6 m，当闸门上边正好位于水面时，求闸门一侧受到的水压力（水密度为$\rho = 10^3 \text{kg/m}^3$）.

3. 已知弹簧拉长0.01 m要用10 N的力，求把弹簧拉长0.1 m所做的功.

4. 一蓄满水的圆柱形水桶高为5 m，底圆半径为3 m，试问要把桶中的水全部吸出需做多少功？

【阅读材料】

微积分学的发展

在18世纪，无限小算法的推广在英国和欧洲大陆国家是循着不同的路线进行的. 不列颠数学家们在剑桥、牛津、伦敦、爱丁堡等著名的大学里传授和研究牛顿的流数术，代表人有科茨、泰勒、麦克劳林、棣莫弗及斯特林等.

泰勒发现的著名公式使人们有可能通过幂级数展开来研究函数；马克劳林的《流数论》可以说是对微积分最早的系统处理，该书是为反驳伯克利主教《分析学家》一文而作，后者出于宗教的动机，对牛顿流数论中存在的无限小概念混乱提出了尖锐批评，引起了关于微积分基础的论战.

泰勒、马克劳林之后，英国数学陷入了长期停滞、僵化的状态. 18世纪初即已爆发的微积分发明权的争论，滋长了不列颠数学家们浓厚的民族保守情绪，他们囿于牛顿的传统，难以摆脱其迂回的几何手法等弱点的束缚. 与此相对照，在海峡的另一边，新分析却在莱布尼茨的后继者们的推动下蓬勃发展起来.

推广莱布尼茨学说的任务，主要由他的学生、瑞士巴塞尔的雅各布·伯努利和约翰·伯努利两兄弟担当，而这方面最重大的进步则是由欧拉作出的.

欧拉于1748年出版了《无穷小分析引论》，这部巨著与他随后发表的《微分学》《积分学》标志着微积分历史上的一个转折：以往的数学家们都以曲线作为微积分的主要研究对象，而欧拉则第一次把函数放到了中心的地位，并且是建立在函数的微分的基础之上. 函数概念本身正是由于欧拉等人的研究而大大丰富了. 数学家们开始明确区分代数函数与超越函数、隐函数与显函数、单值函数与多值函数等；通过一些困难积分问题的求解，如B函数、椭圆不定积分等一系列新的超越函数被纳入函数的范畴；已有的对数、指数和三角函数的研究不仅进一步系统化，而且被推广到复数领域.

在18世纪，数学家们对于函数、导数、微分、连续性和级数收敛性等概念还没有形成统一的见解，他们往往不顾基础问题的薄弱而大胆前进. 尽管如此，许多人对建立微积分的严格基础仍作出了重要的尝试. 除了欧拉的函数理论外，另一位天才的分析大师拉格朗日采取了所谓“代数的途径”. 他在1797年出版的《解析函数论》一书中，主张用泰勒级数来定义导数，并以此作为整个微分、积分理论之出发点.

达朗贝尔则发展了牛顿的“首末比方法”，但用极限的概念代替了含糊的“最初与最终比”的说法. 如果说欧拉和拉格朗日的著作引入了分析的形式化趋势，那么，达朗贝尔则为微积分的严格表述提供了合理的内核. 19世纪的严格化运动，正是这些不同方向融会发展的结果.

复习题5

一、选择题:

1. 已知$f(x)=\int_x^2 \sqrt{2+t^2}\,dt$，则$f'(1)$(　　).

A. $-\sqrt{3}$　　B. $\sqrt{6}-\sqrt{3}$　　C. $\sqrt{3}$　　D. $\sqrt{3}-\sqrt{6}$

2. 下列各式中正确的有(　　).

A. $\frac{1}{2}<\int_0^1 x^2 dx<1$　　B. $0<\int_{-1}^0 \sqrt{-x}\,dx<1$

C. $\frac{1}{2}<\int_1^0 x^2 dx<1$　　D. $0<\int_{-1}^0 \sqrt{-x}\,dx<\frac{1}{2}$

3. 下列式子中，正确的是(　　).

A. $\int_2^2 f(x)dx=0$　　B. $\int_a^b f(x)dx=\int_b^a f(x)dx$

C. $\int_0^1 x^2 dx \geqslant \int_0^1 x dx$　　D. $\left[\int_0^{\frac{\pi}{2}} \cos x dt\right]'=\cos x$

4. 若函数$f(x)$可积，则$\int_a^b f(x)dx=\int_c^b f(x)dx+$(　　).

A. $\int_a^c f(x)dx$　　B. $\int_c^a f(x)dx$　　C. $\int_b^c f(x)dx$　　D. $\int_a^b f(x)dx$

5. $\int_{-3}^3 (x^3\cos x-5x+2)dx=$(　　).

A. 0　　B. 2　　C. 6　　D. 12

6. 下列广义积分收敛的是(　　).

A. $\int_0^{+\infty} e^x dx$　　B. $\int_1^{+\infty} \frac{1}{x}dx$　　C. $\int_0^{+\infty} \cos x dx$　　D. $\int_1^{+\infty} \frac{1}{x^2}dx$

7. 若$f(x)$是$[-a,a]$上的连续偶函数，则$\int_{-a}^a f(x)dx=$(　　).

A. $\int_{-a}^0 f(x)dx$　　B. 0　　C. $2\int_{-a}^0 f(x)dx$　　D. $\int_0^a f(x)dx$

8. 下列广义积分发散的是(　　).

A. $\int_{0}^{1}\frac{1}{\sqrt{x}}\mathrm{d}x$　　B. $\int_{-\infty}^{+\infty}\frac{1}{1+x^2}\mathrm{d}x$　　C. $\int_{0}^{1}\frac{1}{x}\mathrm{d}x$　　D. $\int_{1}^{+\infty}\frac{1}{x^2}\mathrm{d}x$

9. 若 $f(x)$ 与 $g(x)$ 是 $[a,b]$ 上的两条光滑曲线，则由这两条曲线及直线 $x=a$，$x=b$ 所围图形的面积是(　　).

A. $\int_{a}^{b}|f(x)-g(x)|\mathrm{d}x$　　B. $\int_{a}^{b}(f(x)-g(x))\mathrm{d}x$

C. $\int_{a}^{b}(g(x)-f(x))\mathrm{d}x$　　D. $\left|\int_{a}^{b}(f(x)-g(x))\mathrm{d}x\right|$

二、填空题：

1. $\frac{\mathrm{d}}{\mathrm{d}x}\int_{1}^{\mathrm{e}}\ln(x^2+2)\mathrm{d}x=$ ________.

2. $\lim\limits_{x\to 0}\frac{\int_{0}^{x}\cos t\mathrm{d}t}{x^2}=$ ________.

3. $\int_{2}^{+\infty}\frac{1}{x^2}\mathrm{d}x=$ ________.

4. 在区间 $[0,\pi]$ 上，曲线 $y=\sin x$ 和 x 轴所围图形的面积为________.

5. $\int_{0}^{3}\sqrt{9-x^2}\mathrm{d}x=$ ________.

三、计算题：

1. $\int_{1}^{4}\frac{1}{1+\sqrt{x}}\mathrm{d}x$　　2. $\int_{0}^{1}x\arctan x\mathrm{d}x$

3. $\lim\limits_{x\to 0}\frac{1}{x}\int_{x}^{0}\frac{\sin t}{t}\mathrm{d}t$

四、试用定积分表示由曲线 $y=\cos x$，直线 $x=-1$，$x=\frac{3}{2}$ 及 x 轴围成图形的面积.

五、计算下列定积分：

1. $\int_{-1}^{1}(\sin x\cos 2x-x^2)\mathrm{d}x$　　2. $\int_{0}^{\ln 2}\mathrm{e}^x(1+\mathrm{e}^x)^2\mathrm{d}x$

3. $\int_{0}^{1}x\mathrm{e}^x\mathrm{d}x$　　4. $\int_{0}^{\frac{\pi}{2}}x\sin x\mathrm{d}x$

5. $\int_{1}^{\mathrm{e}}\frac{1+5\ln x}{x}\mathrm{d}x$　　6. $\int_{-\infty}^{0}\mathrm{e}^{2x}\mathrm{d}x$

六、求下列曲边梯形的面积：

1. 由曲线 $y=x^2-1$ 及直线 $y=0$ 所围成的平面图形.

2. 由曲线 $y=x^3$ 及直线 $x=-1$，$x=-2$，$y=0$ 所围成的平面图形.

第6章 常微分方程

在许多问题中，往往不能直接找出所需要的函数关系，但是根据问题所提供的条件，有时可列出含有要找的函数及其导数的关系式.这样的关系式就是微分方程.微方程建立以后，对它进行研究，并找出未知函数，这就是解微分方程.本章主要介绍微分方程的一些基本概念和几种常用的微分方程的解法.

6.1 微分方程的基本概念

6.1.1 微分方程的数学模型

引例6.1 已知一条曲线上任意一点处的切线的斜率等于该点的横坐标，且该曲线通过$\left(1,\frac{3}{2}\right)$点，求该条曲线的方程.

解 设曲线方程为$y=f(x)$，且曲线上任意一点的坐标为(x,y).根据题意以及导数的几何意义可得

$$y'=f'(x)=x \qquad y\big|_{x=1}=\frac{3}{2}$$

两边同时求不定积分得

$$y=\int x\mathrm{d}x$$

$$y=\frac{1}{2}x^2+C \quad (C\text{ 为任意的积分常数})$$

又因为曲线通过$\left(1,\frac{3}{2}\right)$点，即当$x=1$时，则

$$y=\frac{3}{2}$$

将它代入方程式$y=\frac{1}{2}x^2+C$，可得$C=1$，所以

$$y=\frac{1}{2}x^2+1$$

这就是所求的曲线方程.

而 $y=\frac{1}{2}x^2+C$ 从几何学上看它就表示为一族曲线,通常称为积分曲线族.

它是将曲线 $y=\frac{1}{2}x^2+1$ 沿着 y 轴上下平移而得到的.

引例 6.2　在如图 6.1 所示的 RL 电路中,它包含电感 L,电阻 R 和电源 E. 设 $t=0$,电路中没有电流. 当开关 K 合上后,电流 I 应该满足的关系式(R,L,E 都是常数).

解　要建立电路的微分方程,引用关于电路的基尔霍夫第二定律;在闭合回路中,所有支路上的电压的代数和等于零.

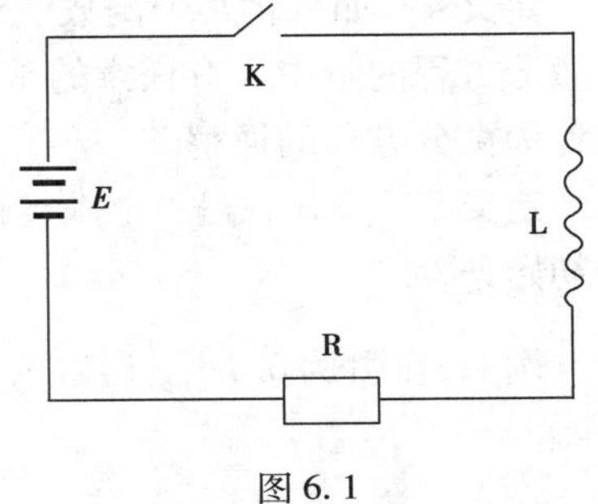

图 6.1

所以有

$$E-L\frac{\mathrm{d}I}{\mathrm{d}t}-RI=0$$

即

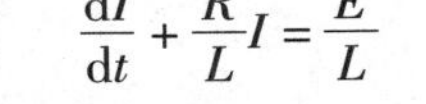

$$\frac{\mathrm{d}I}{\mathrm{d}t}+\frac{R}{L}I=\frac{E}{L}$$

求出的 $I=I(t)$ 应满足条件:当 $t=0$ 时,$I=0$.

以上仅以几何学、物理学引出关于变量之间微分方程的关系,其实在化学、生物学、自动控制、电子技术等学科中,都提出了许多有关微分方程的问题,从而要探讨解决这些问题的方法. 本章介绍有关微分方程基本概念、基本理论和几种常用类型微分方程的求解方法.

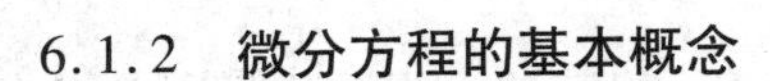

6.1.2　微分方程的基本概念

定义 1　含有未知函数以及未知函数的导数(或微分)的方程,称为**微分方程**.

在微分方程中,若自变量只有一个时,则称为**常微分方程**;若自变量是两个或两个以上的,则称为**偏微分方程**. 本书只讨论常微分方程.

例如:

①$y'+2y-3x=1$

②$\mathrm{d}y+y\tan x\mathrm{d}x=0$

③$y''+\frac{1}{x}(y')^2+\sin x=0$

④$\frac{\partial^2 u}{\partial x^2}+\frac{\partial^2 u}{\partial y^2}+\frac{\partial^2 u}{\partial z^2}=0$

⑤$\frac{\mathrm{d}y}{\mathrm{d}x}+\cos y=3x$

⑥$\left(\frac{\mathrm{d}y}{\mathrm{d}x}\right)^2+\ln y+\cot x=0$

以上 6 个方程都是微分方程,其中①、②、③、⑤、⑥是常微分方程,④是偏微分方程.

定义 2　微分方程中含未知函数的导数的最高阶数称为**微分方程的阶**.

n 阶微分方程一般记作

$$F(x,y,y',\cdots,y^{(n)})=0 \quad (*)$$

其中,x 是自变量,y 是 x 的未知函数,而 $y',y'',\cdots,y^{(n)}$ 依次是未知函数的一阶、二阶,…,n 阶导数.

例如,以上 4 个方程中,①、②、⑤、⑥是一阶常微分方程,③是二阶常微分方程,④是二阶偏微分方程.

定义 3 如果微分方程中含的未知函数以及它的所有的导数都是一次多项式,则称该方程为**线性方程**,否则称为**非线性方程**.

例如,①、②、④都是线性方程,③、⑤、⑥都是非线性方程.

定义 4 如果将某个函数代入方程($*$)中使之恒成立,则称此函数为微分方程的**解**. 如果微分方程的解中含有任意的常数,且任意的独立常数的个数与微分方程的阶相同,这样的解称为微分方程的**通解**.

定义 5 微分方程一个满足特定条件的解,称为该微分方程的一个**特解**;所给特定条件称为**初始条件**.

例如,在引例 6.1 中,通解为 $y=\frac{1}{2}x^2+C$,满足初始条件 $y|_{x=1}=\frac{3}{2}$的特解为

$$y=\frac{1}{2}x^2+1$$

$y'=y$ 满足 $y|_{x=0}=1$ 的特解为

$$y=e^x$$

其中,$y|_{x=0}=1$ 就是初始条件.

定义 6 微分方程的特解的图形是一条积分曲线,称为微分方程的积分曲线;通解的图形是一族积分曲线,称为积分曲线族.

两个函数 y_1,y_2 在满足什么样的条件下,才能使得 C_1,C_2,相互独立呢?也即是说使得 $y=C_1y_1+C_2y_2$ 是②的通解呢?为此引入两个函数的线性相关与线性无关的概念.

6.1.3 线性相关和线性无关

定义 7 设函数 $y_1(x)$ 和 $y_2(x)$ 是定义在区间(a,b)内的函数,如果存在两个不全为零的常数 C_1,C_2,使得 $C_1y_1+C_2y_2\equiv 0$ 对任意的 $x\in(a,b)$ 都成立,则称函数 $y_1(x)$ 与 $y_2(x)$ 在区间(a,b)内**线性相关**;否则,称函数 $y_1(x)$ 与 $y_2(x)$ 在区间(a,b)内**线性无关**.

例如,函数 $y_1=\cos x,y_2=\frac{1}{3}\cos x$,存在不全为零的常数 C_1,C_2,使得 $C_1\cos x+C_2\frac{1}{3}\cos x=0$,因此,在任何区间内都是线性相关的.

又如,$\cos^2x$ 与 $\sin^2x-1$,存在不全为零的常数 C_1,C_2,使得 $C_1\cos^2x+C_2(\sin^2x-1)=0$,因此,在任何区间内也是线性相关.

再如,函数 $\cos x$ 与 $\sin x$;函数 t 与 t^2,不存在不全为零的常数 C_1,C_2,使得 $C_1y_1+C_2y_2\equiv 0$ 成立,因此,在任何区间内都是线性无关的.

由以上例子可知,两个函数 $y_1(x)$ 和 $y_2(x)$ 中任何一个都不是另一个的倍数时,即$\frac{y_1(x)}{y_2(x)}\neq C$($C$为常数),则称 $y_1(x)$ 和 $y_2(x)$ 线性无关. 否则就称为线性相关. 这就为人们提供了判断两

个函数在区间内是否线性相关的一种简便方法.

在表达式 $y=C_1y_1(x)+C_2y_2(x)$（C_1,C_2 为任意常数）中，C_1,C_2 为独立的任意常数的充分必要条件为 $y_1(x),y_2(x)$ 线性无关.

例 6.1　判定下列各题中的两个函数是线性相关还是线性无关：

1) $y_1=e^{-x},y_2=2xe^x$

2) $y=6-2x,y_2=x-3$

解　1) 因为 $\frac{y_1}{y_2}=\frac{e^{-x}}{2xe^x}=\frac{1}{2x}e^{-2x}$，不恒为常数，所以 y_1 与 y_2 在 $(-\infty,0)\cup(0,+\infty)$ 内线性无关.

2) 因为 $\frac{y_1}{y_2}=\frac{6-2x}{x-3}=-2$，因此 y_1 与 y_2 在 R 内线性相关.

例 6.2　验证 $y=C_1e^x+C_2e^{-x}$ 是否是微分方程 $y''-y=0$ 的解？若是，是通解还是特解？

解　由于 $y'=C_1e^x-C_2e^{-x}$，$y''=C_1e^x+C_2e^{-x}$，因此，将 $y=C_1e^x+C_2e^{-x}$ 和 $y''=C_1e^x+C_2e^x$ 代入微分方程 $y''-y=0$，有

$$C_1e^x+C_2e^{-x}-(C_1e^x+C_2e^{-x})=0$$

成立，所以 $y=C_1e^x+C_2e^{-x}$ 是微分方程 $y''-y=0$ 的解.

又因为 $\frac{e^x}{e^{-x}}=e^{2x}$，不是常数，所以 e^x,e^{-x} 线性无关，因此，$y=C_1e^x+C_2e^{-x}$ 是微分方程 $y''-y=0$ 的通解.

习题 6.1

1. 选择题：

(1) 下列微分方程中的线性微分方程为(　　).

A. $y''-y^2=0$　　B. $y'=5^{x+y}$

C. $y''=\frac{1}{x^2}$　　D. $y''+2y'y=e^x$

(2) 微分方程 $y''=0$ 的通解为________.

A. $y=C_1x^2+C_2x$　　B. $y=C_1x+C_2$

C. $y=C_1x$　　D. $y=0$

(3) 微分方程 $y^2y'''+(xy'')^2=x\ln y$ 的阶数为(　　).

A. 3　　B. 5　　C. 4　　D. 2

2. 指出下列微分方程的阶数：

(1) $y''+3y'+2y^3=\sin x$　　(2) $(7x-6y)dx+dy=0$

(3) $(y''')^3+5(y')^4-y^2+x=0$

3. 指出下列函数是否是已给方程的通解或特解（其中，C_1,C_2 为任意常数）：

(1) $y''+4y'+3y=0,y=C_1e^x+C_2e^{3x}$

(2) $xy'=y\left(1+\ln\frac{y}{x}\right),y=x$

(3) $y''-(\lambda_1+\lambda_2)y'+\lambda_1\lambda_2 y=0, y=C_1\mathrm{e}^{\lambda_1 x}+C_2\mathrm{e}^{\lambda_2 x}$

6.2 可分离变量的微分方程与齐次方程

下面来学习用积分法解一阶微分方程的问题.

并不是所有的一阶微分方程都可以用积分法求解,只有一些特殊形式的一阶微分方程可用积分法求解,并且解法也各不相同.因此,学习时要认清各种微分方程的特点及它们的解法.

6.2.1 可分离变量的微分方程

这种方程的形式为

$$y'=f(x)g(y) \quad 或 \quad \frac{\mathrm{d}y}{\mathrm{d}x}=f(x)g(y)$$

有时往往会以为将上式两端积分即可求解,其实是不对的.因为两端积分后,得 $y=\int f(x)g(y)\mathrm{d}x$,右端是什么也求不出的,所以求不出 y 来.

其正确解法如下:

①分离变量,设 $y=y(x)$ 为所求的解,于是当 $y=y(x)$ 时,有

$$\mathrm{d}y=y'\mathrm{d}x=f(x)g(y)\mathrm{d}x$$

即

$$\frac{1}{g(y)}\mathrm{d}y=f(x)\mathrm{d}x$$

②两端积分,得

$$\int\frac{1}{g(y)}\mathrm{d}y=\int f(x)\mathrm{d}x$$

③求出积分,即得通解

$$G(y)=F(x)+C$$

其中,$G(y)$,$F(x)$分别为$\frac{1}{g(y)}$,$f(x)$的一个原函数,C 是任意常数.

例 6.3 求微分方程 $\frac{\mathrm{d}y}{\mathrm{d}x}-y\sin x=0$ 的通解.

解 将方程分离变量,得到

$$\frac{\mathrm{d}y}{y}=\sin x\mathrm{d}x$$

两边积分,即得

$$\int\frac{\mathrm{d}y}{y}=\int\sin x\mathrm{d}x$$

$$\ln|y|=-\cos x+C_1 \quad 或 \quad |y|=\mathrm{e}^{-\cos x+C_1}$$

所以

$$y=\pm\mathrm{e}^{C_1}\mathrm{e}^{-\cos x}$$

即

$$y = Ce^{-\cos x} \quad (令 C = \pm e^{C_1})$$

因而方程的通解为

$$y = Ce^{-\cos x} \quad (C 为任意常数)$$

注:在解这个微分方程时没有说明 $y \neq 0$,还是 $y=0$. 通常情况下不加讨论,都看作在有意义的情况下求解;其实本题中 $y=0$ 也是方程的解. 以后遇到类似的情况,可作同样的处理.

例 6.4　求微分方程 $(y-1)dx-(xy-y)dy=0$ 的通解.

解　将方程分离变量为

$$(x-1)ydy=(y-1)dx$$

$$\frac{y}{y-1}dy=\frac{1}{x-1}dx$$

两边积分,得

$$\int \frac{y}{y-1}dy=\int \frac{1}{x-1}dx$$

$$y+\ln|y-1|=\ln|x|+C \quad (C 为任意常数)$$

这个解就是方程的隐式通解,在此没有必要再进行化简.

例 6.5　求微分方程 $(1+e^x)yy'=e^x$ 满足初始条件 $y|_{x=0}=1$ 的特解.

解　将方程分离变量为

$$ydy=\frac{e^x}{1+e^x}dx$$

两边积分,得

$$\int ydy=\int \frac{e^x}{1+e^x}dx$$

得通解为

$$\frac{1}{2}y^2=\ln(1+e^x)+C \quad (C 为任意常数)$$

将初始条件 $y|_{x=0}=1$ 代入上式,得

$$C=\frac{1}{2}-\ln 2$$

故所求特解为

$$y^2=2\ln(1+e^x)+1-2\ln 2$$

6.2.2　齐次微分方程

这种微分方程的形式为

$$y'=f\left(\frac{y}{x}\right)$$

它也不能由两端积分求解. 其求解步骤如下:

令 $u=\frac{y}{x}$,则

$$y=ux, \quad y'=xu'+u$$

y 的微分方程就化成了 u 的微分方程

$$xu' + u = f(u)$$

即

$$u' = \frac{f(u) - u}{x}$$

这就化成了可分离变量的微分方程,再由上面所学的方法就可求出方程的通解.在求得积分结果后再回代,就得到原方程的通解.

例 6.6 求方程$\frac{dy}{dx} = \frac{xy}{x^2 - y^2}$满足 $y|_{x=0} = 1$ 的特解.

解 将方程分子、分母同时除以 x^2,则方程变为

$$\frac{dy}{dx} = \frac{\frac{y}{x}}{1 - \left(\frac{y}{x}\right)^2}$$

这是一个齐次方程.

令 $y = ux, \frac{dy}{dx} = u + x\frac{du}{dx}$代入,得

$$u + x\frac{du}{dx} = \frac{u}{1 - u^2}$$

分离变量后,得

$$\frac{1 - u^2}{u^3}du = \frac{1}{x}dx$$

两端分别积分,得

$$-\frac{1}{2u^2} - \ln|u| = \ln|x| + C_1 \quad 或 \quad ux = Ce^{-\frac{1}{2u^2}}$$

其中

$$C = \pm e^{-C_1}$$

代回 $u = \frac{y}{x}$,得原方程的通解为

$$y - Ce^{-\frac{x^2}{2y^2}} = 0$$

将初始条件 $y(0) = 1$ 代入,得

$$C = 1$$

所以满足初始条件的特解为

$$y - e^{-\frac{x^2}{2y^2}} = 0$$

例 6.7 求微分方程 $xy' = y(1 + \ln y - \ln x)$的通解.

解 将方程化为齐次方程的形式

$$\frac{dy}{dx} = \frac{y}{x}\left(1 + \ln\frac{y}{x}\right)$$

令 $u = \frac{y}{x}$, $y = ux, \frac{dy}{dx} = u + x\frac{du}{dx}$ 则方程化为

$$u+x\frac{du}{dx}=u(1+\ln u)$$

分离变量后,得

$$\frac{du}{u\ln u}=\frac{1}{x}dx$$

两边积分,得

$$\ln\ln u=\ln x+\ln C$$

即

$$\ln u=Cx,\quad u=e^{cx}\quad (C\text{ 为任意的常数})$$

代回原来的变量，得通解为

$$y=xe^{cx}$$

例6.8　求方程 $x\frac{dy}{dx}+2\sqrt{xy}=y(x<0)$ 的通解.

解　首先将方程进行变形,化为比较熟悉的形式.

方程的两边同时除以 x,得

$$\frac{dy}{dx}-2\sqrt{\frac{y}{x}}=\frac{y}{x}\quad (x<0)$$

令 $u=\frac{y}{x}$将$\frac{dy}{dx}=u+x\frac{du}{dx}$代入以上方程,得

$$x\frac{du}{dx}=2\sqrt{u}$$

分离变量得

$$\frac{du}{2\sqrt{u}}=\frac{1}{x}dx$$

两边积分得

$$\sqrt{u}=\ln(-x)+C$$

即

$$u=[\ln(-x)+C]^2$$

再代回原来的变量,得到原方程的解为

$$y=x[\ln(-x)+C]^2$$

注:这里 C 为任意的常数,还要满足

$$\ln(-x)+C>0$$

其实在解一阶微分方程时,本书中不管用什么方法,最终都是将它化为变量分离方程来求解. 对不同形式的微分方程,有不同的变量替代方法,这里就不一一介绍了.

习题6.2

1. 求下列可分离变量微分方程的通解:

(1) $\frac{dy}{dx}=y\ln y$ (2) $\tan y dx-\cot x dy=0$

(3) $y'\sin x=y\ln y$ (4) $y'=10^{x+y}$

(5) $(x+xy^2)dx-(x^2y+y)dy=0$

2. 求下列方程满足给定初值条件的解：

(1) $\sec^2 x\tan y dx+\sec^2 y\tan x dy=0, y\left(\frac{\pi}{4}\right)=\frac{\pi}{4}$

(2) $(x^2-1)y'+2xy^2=0, y(0)=1$

(3) $(1+e^x)yy'=e^x, y\big|_{x=1}=1$

3. 求下列齐次方程的通解：

(1) $(y^2-2xy)dx+x^2dy=0$ (2) $xy'-\left(y+x\sin\frac{y}{x}\right)=0$

(3) $(x^2+2xy-y^2)dx+(y^2+2xy-x^2)dy=0$

(4) $y^2+x^2\frac{dy}{dx}=xy\frac{dy}{dx}$ (5) $xy'=\sqrt{x^2-y^2}+y$

6.3 一阶线性微分方程

6.3.1 线性微分方程

这种微分方程的形式为

$$y'+p(x)y=q(x)$$

其中，p,q 与 y,y' 无关，但可与 x 有关. 它对 y 与 y' 而言是一次的，故被称为**一阶线性微分方程**. 当 $q(x)=0$ 时，称为**一阶齐次线性微分方程**；当 $q(x)\neq 0$ 时，称为**一阶非齐次线性微分方程**.

6.3.2 一阶齐次线性微分方程的解法

齐次线性微分方程的形式为

$$y'+p(x)y=0$$

显然，此方程是可分离变量的微分方程.

分离变量后，得

$$\frac{1}{y}dy=-p(x)dx$$

两边积分，得

$$\int\frac{1}{y}dy=-\int p(x)dx$$

所以

$$\ln|y|=-\int p(x)dx \qquad y=Ce^{-\int p(x)dx}$$

这就是一阶齐次线性微分方程的一般解.

例 6.9　求 $y'+\frac{y}{x+1}=0$ 的一般解.

解　由此方程可得

$$\frac{1}{y}dy=-\frac{1}{x+1}dx$$

故

$$\ln y=\ln(x+1)^{-1}+\ln C_1$$

因此,该方程的一般解为

$$y=C(x+1)^{-1}$$

6.3.3　非齐次线性微分方程的解法

非齐次线性微分方程的形式为

$$y'+p(x)y=q(x)$$

先求出其对应的齐次线性微分方程 $y'+p(x)y=0$ 的一般解 $y=Ce^{-\int p(x)dx}$,然后把 C 看作 x 的函数 $C(x)$,再代入非齐次线性微分方程中来决定 C.

即令

$$y=C(x)e^{-\int p(x)dx}$$

为非齐次微分方程 $y'+p(x)y=q(x)$ 的解,则

$$y'=C'(x)e^{-\int p(x)dx}+C(x)e^{-\int p(x)dx}\cdot[-p(x)]$$

代入 $y'+p(x)y=q(x)$,得

$$C'(x)e^{-\int p(x)dx}-C(x)e^{-\int p(x)dx}\cdot p(x)+p(x)\cdot C(x)e^{-\int p(x)dx}=q(x)$$

$$C'(x)e^{-\int p(x)dx}=q(x)$$

即

$$C'(x)=q(x)e^{\int p(x)dx}$$

两边积分,得

$$C(x)=\int q(x)e^{\int p(x)dx}dx+C$$

代入 $y=C(x)e^{-\int p(x)dx}$,得到非齐次线性微分方程的一般解为

$$y=\left[\int q(x)e^{\int p(x)dx}dx+C\right]\cdot e^{-\int p(x)dx}$$

上面所学的这种解法被称为**常数变易法**.

例 6.10　求微分方程 $y'\cos x+y\sin x=1$ 的通解.

解　解法 1: 原方程可化为

$$y'+y\tan x=\sec x$$

用常数变易法,先求 $y'+y\tan x=0$ 的通解.

分离变量后,得

$$\frac{dy}{y}=-\tan x dx$$

两边积分,得

$$\ln y=\ln\cos x+\ln C_1$$

故

$$y=C_1\cos x$$

变换常数 c_1,令 $y=c(x)\cos x$ 是原方程的解,则

$$y'=c'(x)\cos x-c(x)\sin x$$

把 y,y'代入原方程,得

$$[c'(x)\cos x-c(x)\sin x]+c(x)\cos x\tan x=\sec x$$

整理得

$$c'(x)=\sec^2 x$$

于是

$$c(x)=\tan x+C$$

把 $c(x)=\tan x+C$ 代入所令的 $y=c(x)\cos x$ 中,得到该非齐次方程的通解为

$$y=(\tan x+C)\cos x$$

解法2:利用通解公式求解,这时必须把方程化成标准形式,即

$$y'+y\tan x=\sec x$$

则

$$P(x)=\tan x,q(x)=\sec x$$

故

$$\begin{aligned}y&=e^{-\int p(x)dx}\left[\int q(x)e^{\int p(x)dx}dx+C\right]\\&=e^{-\int \tan x dx}\left[\int \sec x e^{\int \tan x dx}dx+C\right]\\&=e^{\ln\cos x}\left[\int \sec x e^{-\ln\cos x}dx+C\right]\\&=\cos x\left[\int \sec^2 x dx+C\right]\\&=(\tan x+C)\cos x\end{aligned}$$

例6.11 求微分方程$\dfrac{dy}{dx}=\dfrac{y}{2x-y^2}$的通解.

解 观察这个方程可知,它不是未知数 y 的线性微分方程,因为自变量和因变量是可以相互转换的,所以可把 y 看作自变量,x 看作未知函数.

化简得

$$\frac{dx}{dy}=\frac{2x-y^2}{y}$$

即

$$\frac{dx}{dy}-\frac{2}{y}x=-y$$

先求它所对应的齐次方程$\dfrac{dx}{dy}=\dfrac{2}{y}x$ 的解.

分离变量后,得

$$\frac{dx}{x}=\frac{2}{y}dy$$

两端积分,得

$$\ln x=2\ln y+\ln C$$

因此,方程的通解为

$$x=Cy^2$$

再利用常数变易法求出原非齐次方程的通解.

设原非齐次方程的通解为

$$x^*=C(x)y^2$$

因为

$$(x^*)'=C'(x)y^2+2C(x)y$$

将 $x^*=C(x)y^2,(x^*)'=C'(x)y^2+2C(x)y$ 代入原非齐次方程

$$C'(x)y^2+2C(x)y-\frac{2}{y}C(x)y^2=-y$$

得

$$C'(x)y^2=-y$$

所以有

$$C(x)=\int\left(-\frac{1}{y}\right)dy=-\ln y+C$$

$$x^*=y^2(C-\ln|y|)$$

也可以直接用公式求它的解.

注:在解微分方程时,要灵活应用,注意方程的特点,对不同形式的方程采用不同的思维和方法.

习题 6.3

1. 解下列微分方程:

(1) $xy'-y=1+x^3$

(2) $y'+y\tan x=\cos x$

(3) $(x^2-1)dy+(2xy-\cos x)dx=0$

(4) $\dfrac{dy}{dx}=\dfrac{y}{x+y^3e^y}$

(5) $y'-\dfrac{1}{x-2}y=2(x-2)^2$

2. 求下列微分方程满足初始条件的特解:

(1) $(x^2-1)y'+2xy-\cos x=0,y|_{x=0}=0$

(2) $\cos x\dfrac{dy}{dx}+y\sin x=\cos^2x,y|_{x=\pi}=1$

(3) $xy'=x-y,y|_{x=\sqrt{2}}=0$

(4) $\dfrac{dy}{dx}+y\cot x=5e^{\cos x},y|_{x=\frac{\pi}{2}}=-4$

3. 求满足 $f(x)=\mathrm{e}^x+\mathrm{e}^x\int_0^x f^2(t)\,\mathrm{d}t$ 的连续函数 $f(x)$.

6.4 可降阶的高阶方程

求解高阶微分方程的方法之一是设法降低方程的阶数. 下面以二阶方程为例来学习 3 种可以降阶的方程.

6.4.1 右端仅含 x 的方程:$y''=f(x)$

对这类方程,只需两端分别积分一次就可化为一阶方程

$$y'=\int f(x)\,\mathrm{d}x+C_1$$

再次积分,即可求出方程的通解为

$$y=\int\left[\int f(x)\,\mathrm{d}x\right]\mathrm{d}x+C_1x+C_2$$

例 6.12 求方程 $y''=\cos x$ 的通解.

解 一次积分得

$$y'=\int\cos x\mathrm{d}x=\sin x+C_1$$

二次积分即得到方程的通解为

$$y=-\cos x+C_1x+C_2$$

一般对于 $y^{(n)}=f(x)$ 型的微分方程只需要逐次积分即可.

6.4.2 右端不显含 y 的方程:$y''=f(x,y')$

为了把方程降阶,可令 $y'=p$,即 $\frac{\mathrm{d}y}{\mathrm{d}x}=p$ 将 p 看作是新的未知函数,x 仍是自变量,于是 $\frac{\mathrm{d}p}{\mathrm{d}x}=y''$,代入原方程得

$$\frac{\mathrm{d}p}{\mathrm{d}x}=f(x,p)$$

这就是一个一阶方程,然后即可由前面学的方法进行求解了.

例 6.13 求方程 $y''=\frac{1}{x}y'$ 的通解.

解 令 $y'=p$,所以 $\frac{\mathrm{d}p}{\mathrm{d}x}=y''$,代入方程,得

$$\frac{\mathrm{d}p}{\mathrm{d}x}=\frac{1}{x}p$$

分离变量后,得

$$\frac{\mathrm{d}p}{p}=\frac{\mathrm{d}x}{x}$$

两端积分,得

$$\int \frac{dp}{p} = \int \frac{dx}{x}$$

得

$$\ln p = \ln x + \ln C$$

所以

$$p = Cx$$

即

$$\frac{dy}{dx} = Cx$$

再积分,即得原方程的通解为

$$y = \frac{1}{2}Cx^2 + C_1$$

6.4.3　右端不显含 x 的方程: $y''=f(y,y')$

为了把方程降阶,可令 $y'=p(y)$,将 p 看作是自变量 y 的函数,有

$$y''=\frac{dp}{dx}=\frac{dp}{dy}\cdot\frac{dy}{dx}=p\frac{dp}{dy}$$

代入原方程,得

$$p\frac{dp}{dy}=f(y,p)$$

这是关于 p 的一阶方程,可由此解出通解,然后再代入原方程求解,即可.

例 6.14　求方程 $y=\frac{d^2y}{dx^2}-\left(\frac{dy}{dx}\right)^2=0$ 的通解.

解　令 $y'=p(y)$, $y''=p\frac{dp}{dy}$代入原方程得

$$yp\frac{dp}{dy}-p^2=0$$

它相当于两个方程

$$p=0 \text{ 与 } y\frac{dp}{dy}-p=0$$

由第一个方程解得

$$y=C$$

第二个方程可用分离变量法解得

$$p=C_1y$$

从而

$$\frac{dy}{dx}=C_1y$$

由此再分离变量,解得

$$y=C_2e^{C_1x}$$

这就是原方程的通解(显然解 $y=C$ 包含在这个解中).

例 6.15　求方程 $yy''-2(y')^2=0$ 的通解.

解 令 $y'=p(y)$，则 $y''=p\dfrac{\mathrm{d}p}{\mathrm{d}y}$代入原方程得

$$yp\frac{\mathrm{d}p}{\mathrm{d}y}=2p^2$$

分离变量后，得

$$\frac{\mathrm{d}p}{p}=\frac{2}{y}\mathrm{d}y$$

解得

$$p=C_1y^2$$

再代入原变量替换

$$y'=p(y)$$

得

$$y'=C_1y^2$$

原方程的通解为

$$y=\frac{1}{3}C_1y^3+C_2$$

习题 6.4

1. 求下列微分方程的通解：

(1) $y''=\mathrm{e}^{2x}-\sin 2x$

(2) $y''+(y')^2=y'$

(3) $y''=(y')^3+y'$

(4) $xy''+y'=0$

(5) $xy''=y'\ln\dfrac{y'}{x}$

(6) $y''+\dfrac{2}{1-y}y'^2=0$

2. 求下列微分方程满足初始条件的特解：

(1) $y''=\sin 2x, y|_{x=0}=0, y'|_{x=0}=1$

(2) $(1+x^2)y''=2xy', y|_{x=0}=1, y'|_{x=0}=3$

(3) $y''=3\sqrt{y}, y|_{x=0}=1, y'|_{x=0}=2$

3. 试求 $y''=x$ 的经过点 $M(0,1)$ 且在此点与直线 $y=\dfrac{x}{2}+1$ 相切的积分曲线.

*6.5 二阶常系数线性微分方程

定义 8 形如

$$y''+py'+qy=f(x) \tag{1}$$

的方程，称为**二阶线性微分方程**. 其中，p,q 都是常数，$f(x)$是 x 的已知连续函数.

①若 $f(x)\equiv 0$，方程(1)变为

$$y''+py'+qy=0 \tag{2}$$

称方程(2)为**二阶常系数线性齐次微分方程**.

②若$f(x)\neq 0$,称方程(1)为**二阶常系数线性非齐次微分方程**.

6.5.1 二阶常系数线性齐次方程解的结构

定理1 若y_1,y_2是二阶常系数线性齐次微分方程(2)的两个解,则$y=y_1+y_2$也是方程(2)的解.

定理2 若y_1是二阶常系数线性齐次微分方程(2)的一个解,则$y=Cy_1$也是方程(2)的解.

定理3(叠加原理) 若y_1,y_2是二阶常系数线性齐次微分方程(2)的两个解,则$y=C_1y_1+C_2y_2$仍是方程(2)的解(以上C,C_1,C_2均为任意常数).

以上3个定理都可通过代入法去进行验证,这里留给读者自己练习.但必须指出,定理3中$y=C_1y_1+C_2y_2$是二阶常系数线性齐次方程(2)的解,若含有的两个任意常数C_1,C_2是相互独立的,则它一定是(2)的通解.因为根据通解的定义,只有当C_1,C_2这两个常数是相互独立的时候才是(2)的通解.

定理4(通解结构定理) 若y_1,y_2是二阶常系数线性齐次方程(2)的两个线性无关的解,则$y=C_1y_1+C_2y_2$是该方程的通解,其中C_1,C_2为任意常数.

由定理4可知,对于二阶常系数线性齐次微分方程,只要求得它的两个线性无关的特解,就可求得它的通解.例如,方程$y''-y=0$是一个二阶常系数线性齐次方程,可以验证$y_1=\mathrm{e}^x$,$y_2=\mathrm{e}^{-x}$都是它的解,且$\dfrac{y_1}{y_2}=\mathrm{e}^{2x}\neq$常数,即$y_1,y_2$是线性无关的,因此$y=C_1\mathrm{e}^x+C_2\mathrm{e}^{-x}$是方程$y''-y'=0$的通解.

6.5.2 二阶常系数齐次线性方程的解法

前面已经知道了二阶常系数线性齐次方程的通解结构,只要求出它的两个线性无关的特解y_1和y_2,则$y=C_1y_1+C_2y_2$就是该方程的通解.现在的问题是如何求出它的两个特解?

二阶常系数线性齐次方程的一般形式为

$$y''+py+qy=0$$

其中,p,q为实常数.知道指数函数e^{rx}求导后仍为指数函数,只是系数的不同.于是令:$y=\mathrm{e}^{rx}$代入上面的方程得

$$\mathrm{e}^{rx}(r^2+pr+q)=0$$

因为$\mathrm{e}^{rx}\neq 0$,所以

$$r^2+pr+q=0$$

显然,只要r是方程$r^2+pr+q=0$的根,函数$y=\mathrm{e}^{rx}$就是方程$y''+py'+qy=0$的一个解.因此,$r^2+pr+q=0$就被称为方程$y''+py'+qy=0$的**特征方程**.根据这个代数方程的根的不同性质,可分3种不同的情况来讨论:

设r_1,r_2为特征方程$r^2+pr+q=0$的解.

①当$r_1\neq r_2$时,e^{r_1x},e^{r_2x}是方程的两个特解,显然线性无关,因此$y=C_1\mathrm{e}^{r_1x}+C_2\mathrm{e}^{r_2x}$为其通解.

②当$r_1=r_2=r$时,特征方程只有一个解r,此时方程的通解为$y=(C_1+C_2x)\mathrm{e}^{rx}$.

③当 $r=\alpha \pm i\beta$ 时,方程的通解为 $y=e^{\alpha x}(C_1\cos\beta x+C_2\sin\beta x)$.

求二阶常系数齐次线性微分方程

$$y''+py'+qy=0 \tag{2}$$

的通解的步骤如下:

①写出微分方程(2)的特征方程

$$r^2+pr+q=0 \tag{3}$$

②求出特征方程(3)的两个根 r_1,r_2.

③根据特征方程(3)的两个根的不同情形,按照下列表格写出微分方程(2)的通解(见表6.1).

表 6.1

特征方程 $r^2+pr+q=0$ 的两个根 r_1,r_2	微分方程 $y''+py'+qy=0$ 的通解
两个不相等的实根 r_1,r_2	$y=C_1e^{r_1x}+C_2e^{r_2x}$
两个相等的实根 r_1,r_2	$y=(C_1+C_2x)e^{r_1x}$
一对共轭复根 $r_{1,2}=\alpha \pm i\beta$	$y=e^{\alpha x}(C_1\cos\beta x+C_2\sin\beta x)$

例 6.16 求方程 $y''-4y'+3y=0$ 的通解.

解 此方程的特征方程为

$$r^2-4r+3=0$$

它有两个不相同的实根 $r_1=1,r_2=3$,显然 e^x,e^{3x} 线性无关,因此,所求的通解为

$$y=C_1e^x+C_2e^{3x}$$

例 6.17 求方程 $y''-6y'+9y=0$.

解 此方程的特征方程为

$$r^2-6r+9=0$$

它有两个相同的实根 $r_1=3,r_2=3$,显然 e^x,e^{3x} 线性相关,因此,所求的通解为

$$y=(C_1+C_2x)e^{3x}$$

例 6.18 求方程 $y''-2y'+5y=0$.

解 此方程的特征方程为

$$r^2-2r+5=0$$

它有两个共轭复根 $r_1=1+2i,r_2=1-2i$,因此所求的通解为

$$y=(C_1\cos 2x+C_2\sin 2x)e^x$$

6.5.3 二阶常系数线性非齐次方程解的结构

以上讨论了二阶常系数线性齐次方程的通解结构,为此不难得出关于二阶常系数线性非齐次方程的通解结构问题.

首先给出两条性质:

性质 1 若 y 是方程(2)的解,而 y^* 是方程(1)的解,则 $y+y^*$ 也是方程(1)的解.

下面给出关于二阶常系数线性非齐次方程解的结构.

定理 5 若 y^* 是二阶常系数线性非齐次方程

$$y''+py'+qy=f(x)$$

的一个特解，$Y=C_1y+C_2y_2$ 是方程(1)对应的二阶常系数线性齐次方程

$$y''+py'+qy=0$$

的通解，则

$$y=Y+y^*$$

是方程(1)的通解.

证 因为 y^* 与 Y 分别是方程(1)和(2)的解，所以有

$$y^{*}{}''+py^{*}{}'+qy^*=f(x)$$

$$Y''+pY'+qY=0$$

又因为

$$y'=Y'+y^{*}{}',\quad y''=Y''+y^{*}{}''$$

所以有

$$\begin{aligned}y''+py'+qy&=(Y''+y^{*}{}'')+p(Y'+y^{*}{}')+q(Y+y^*)\\&=[Y'+pY'+qY]+[y^{*}{}''+py^{*}{}'+qy^*]\\&=f(x)\end{aligned}$$

这说明 $y=Y+y^*$ 是方程(1)的解，又因为 Y 是(2)的通解，Y 中含有两个独立的任意常数，所以 $y=Y+y^*$ 中也含有两个独立的任意常数，从而它是方程(1)的通解.

6.5.4 二阶常系数非齐次线性方程的解法

现在来学习二阶常系数线性非齐次方程 $y''+py'+qy=f(x)$ 的求解方法. **由前面我们知道线性非齐次方程的通解，等于它的任一特解与对应齐次方程的通解之和.** 前面已知，对应齐次方程的通解的解法，现在的关键是怎样求得特解.

二阶常系数线性非齐次方程的一般形式为

$$y''+py'+qy=f(x)$$

下面根据 $f(x)$ 具有下列两种特殊情形时，给出求其特解的公式：

①设 $f(x)=\varphi_m(x)e^{\mu x}$，其中 μ 为一常数，$\varphi_m(x)$ 为一 m 次多项式.

a. 当 μ 不是特征方程的根时，可设 $y^*=p_m(x)e^{\mu x}$ ($p_m(x)$ m 次多项式).

b. 当 μ 是特征方程的单根时，$y^*=p_m(x)xe^{\mu x}$

c. 当 μ 是特征方程的重根时，可设 $y^*=p_m(x)x^2e^{\mu x}$.

例6.19 求方程 $y''+4y'+3y=x-2$ 的通解.

解 方程对应的齐次方程为 $y''+4y'+3y=0$，其特征方程为

$$y^2+4r+3=0$$

特征根为 $r_1=-1,r_2=-3$，所以齐次方程的通解为

$$Y=C_1e^{-x}+C_2e^{-3x}$$

下面求非齐次方程的一个特解.

原方程右端为 $(x-2)$，即 $\mu=0$.

因为 $\mu=0$ 不是特征方程的根，所以设特解为 $y^*=A_0x+A_1$，代入原方程

$$4A_0+3(A_0x+A_1)=x-2$$

由待定系数法求得

$$A_0=\frac{1}{3},\quad A_1=-\frac{10}{9}$$

所以特解为

$$y^*=\frac{1}{3}x-\frac{10}{9}$$

所以方程 $y''+4y'+3y=x-2$ 的通解为

$$y=C_1\mathrm{e}^{-x}+C_2\mathrm{e}^{-3x}+\frac{1}{3}x-\frac{10}{9}$$

例 6.20 求方程 $y''-5y'+6y=x\mathrm{e}^{3x}$ 的通解.

解 方程对应的齐次方程为 $y''-5y'+6y=0$,其特征方程为

$$y^2-5r+6=0$$

特征根为 $r_1=2,r_2=3$,所以齐次方程的通解为

$$Y=C_1\mathrm{e}^{2x}+C_2\mathrm{e}^{3x}$$

下面求非齐次方程的一个特解.

由于 $m=1,\mu=3$. 其中,$\mu=3$ 是特种方程的单根,所以应设方程的特解为

$$y^*=(A_0x+A_1)x\mathrm{e}^{3x}$$

代入原方程得 $A_0x+A_0-A_1=x$,由待定系数法求得

$$A_0=\frac{1}{2},\quad A_1=\frac{1}{2}$$

所以特解为

$$y^*=\left(\frac{1}{2}x-\frac{1}{2}\right)x\mathrm{e}^{3x}$$

因此方程 $y''-5y'+6y=x\mathrm{e}^{3x}$ 的通解为

$$y=C_1\mathrm{e}^{2x}+C_2\mathrm{e}^{3x}+\left(\frac{1}{2}x-\frac{1}{2}\right)x\mathrm{e}^{3x}$$

②$f(x)=\mathrm{e}^{\mu x}[p_l(x)\cos\omega x+p_n(x)\sin\omega x]$ 型,其中 μ,ω 是常数,$p_l(x),p_n(x)$ 是 x 的 l 次、n 次多项式.

此时,可设方程具有形如

$$y^*=x^k\mathrm{e}^{\mu x}[Q_m(x)\cos\omega x+R_m(x)\sin\omega x]$$

的特解,其中 $Q_m(x),R_m(x)$ 都是 x 的 m 次多项式. $m=\max\{l,n\}$,k 按 $\mu\pm\omega i$ 不是特征方程的根或是特征方程的根分别取 0 或 1 即可.

例 6.21 求方程 $y''+3y=\sin 2x$ 的特解.

解 对应的齐次方程的特征方程为 $r^2+3=0$,求得特征根为

$$r=\pm\sqrt{3i}$$

其对应的齐次方程的通解为

$$Y=C_1\cos\sqrt{3}x+C_2\sin\sqrt{3}x$$

显然可设特解为

$$y^*=A\sin 2x$$

代入原方程得

$$(-4A+3A)\sin 2x=\sin 2x$$

由此,得

$$A = -1$$

从而原方程的特解为

$$y^* = -\sin 2x$$

因此方程 $y'' + 3y = \sin 2x$ 的通解为

$$y = C_1 \cos \sqrt{3} x + C_2 \sin \sqrt{3} x - \sin 2x$$

习题6.5

1. 写出下列微分方程:

(1)写出以 $r^5 + 6r^3 - 2r^2 + r + 5 = 0$ 为特征方程的常微分方程.

(2)写出以 $y = C_1 e^{\frac{x}{3}} + C_2 x e^{\frac{x}{3}}$ 为通解的微分方程.

2. 写出下列微分方程的通解:

(1) $y'' - 2y' + y = 0$ (2) $y' + 8y = 0$

3. 求下列微分方程的通解:

(1) $y'' - 5y' = 0$ (2) $y^{(5)} + 2y^{(3)} + y' = 0$

(3) $y'' - 2y' + 5y = e^x \sin x$ (4) $y'' + 3y' + 2y = 3xe^{-x}$

(5)设 $y = e^{2x} + (1 + x)e^x$ 是方程 $y'' + \alpha y'' + \beta y = \gamma e^x$ 的解,试确定常数 α,β,γ,并求出方程的通解.

4. 求下列微分方程满足初始条件的特解:

(1) $y'' + 2y' + 10y = 0, y|_{x=0} = 1, y'|_{x=0} = 2$

(2) $4y'' + 4y' + y = 0, y|_{x=0} = 2, y'|_{x=0} = 0$

(3)求微分方程 $y'' + 9y = \cos x$ 满足 $y'' + 2y' + 10y = 0, y|_{x=\frac{\pi}{2}} = y'|_{x=\frac{\pi}{2}} = 0$ 的特解.

(4) $y'' - y' = 4xe^x, y|_{x=0} = 0, y'|_{x=0} = 1$

【阅读材料】

微分方程差不多是和微积分同时产生的,苏格兰数学家耐普尔创立对数的时候,就讨论过微分方程的近似解. 牛顿在建立微积分的同时,对简单的微分方程用级数来求解. 后来瑞士数学家雅各布·贝努利、欧拉、法国数学家克雷洛、达朗贝尔、拉格朗日等人又不断地研究和丰富了微分方程的理论.

现在,常微分方程在很多学科领域内有着重要的应用,自动控制、各种电子学装置的设计、弹道的计算、飞机和导弹飞行的稳定性的研究、化学反应过程稳定性的研究等,这些问题都可化为求常微分方程的解,或者化为研究解的性质的问题.

在很长一段时间里,人们致力于求微分方程的通解. 后来的发展表明,能够求出通解的情况不多,在实际应用中所需要的多是求满足某种指定条件的特解. 求齐次方程的特解,当系数是变数时,则只有两种极特殊的情况(欧拉方程、拉普拉斯方程)可以求得. 欧拉和拉普拉斯都是数学史上影响深重的数学家.

欧　拉

莱昂哈德·欧拉于1707年出生在瑞士巴塞尔.1720他13岁时就考入了巴塞尔大学,起初他学习神学,不久改学数学.他17岁在巴塞尔大学获得硕士学位,20岁受凯瑟林一世的邀请加入圣彼得斯堡科学院.他23岁成为该院物理学教授,26岁就接任著名数学家但尼尔·伯努利的职务,成为数学所所长.两年后,他有一只眼睛失明,但仍以极大的热情继续工作,写出了许多杰出的论文.

1741年普鲁士弗雷德里克大帝把欧拉从俄国引诱出来,让他加入了柏林科学院.他在柏林待了25年后于1766年返回俄国.不久他的另一只眼睛也失去了光明.即使这样的灾祸降临,他也没有停止研究工作.欧拉具有惊人的心算才能,他不断地发表一流的数学论文,直到生命的最后一息.1783年他在圣彼得斯堡去世,终年76岁.

尽管欧拉身体上有着严重疾患,但是他是18世纪最多产的一位数学家,他几乎对每个数学分支都做出了重要贡献.除了写给各种学会的几乎难以计数的研究报告和论文外,欧拉还有5本主要论著:《无穷小分析引论》《微分学原理》《积分学原理》《求证最大和最小值的曲线的方法,或等周问题的解答》《力学,或运动学分析》.其中,《微分学原理》《积分学原理》对当时的微积分方法作了最详尽、最系统的解说.前者是从仅含一个变数的代数函数的微分开始,以后又讨论了超越函数.接着是欧拉对二阶微分方程的研究,以及对他所发明的β函数和γ函数的讨论,在这里也可以看到欧拉关于齐次函数的理论,即若z是x和y的n次齐次函数,则

$$x\frac{\partial z}{\partial x}+y\frac{\partial z}{\partial y}=nz$$

为纪念欧拉对科学的伟大贡献,世界上许多与欧拉有关的科学成果都以欧拉为名,著名的有欧拉公式、欧拉函数、欧拉角、欧拉定理、欧拉方程,除此之外,2002年发现的一颗小行星也以欧拉为名.

复习题6

一、选择题:

1. 方程$\frac{dy}{dx}-\frac{y}{x}=0$的通解为$y=$(　　).

A. Cx　　B. $\frac{C}{x}$　　C. $\frac{1}{x}+C$　　D. $x+C$

2. 微分方程$y'''-x^2y''-x^5=1$的通解是$y=$(　　).

A. $\frac{C}{x}$　　B. Cx　　C. $\frac{1}{x}+C$　　D. $x+C$

3. 已知函数$y=f(x)$在任意点处的增量$\Delta y=\frac{y\Delta x}{1+x^2}+a$,且当$\Delta x\to 0$时,$a$是$\Delta x$的高阶无穷小,$y|_{x=0}=\pi$,则$y|_{x=1}=$(　　).

A. 2π　　B. π　　C. $e^{\frac{\pi}{4}}$　　D. $\pi e^{\frac{\pi}{4}}$

4. 微分方程$(1+x^2)\mathrm{d}y+(1+y^2)\mathrm{d}x=0$ 的通解是(　　).

A. $\arctan x+\arctan y=C$　　B. $\tan x+\tan y=C$

C. $\ln x+\ln y=C$　　D. $\cot x+\cot y=C$

5. 下列方程为线性微分方程的是(　　).

A. $(y'')^2+2y+\cos x=0$　　B. $y''-y'\sin(xy)+8=0$

C. $y'+\sin(xy')=0$　　D. $y''+y'\cos x+xy-\cos x=0$

6. 函数 $y=3\mathrm{e}^{2x}$ 是方程 $y''-4y=0$ 的(　　).

A. 通解　　B. 特解

C. 解,但既非通解也非特解　　D. 以上都不对

7. 微分方程 $y''-y=\mathrm{e}^x+1$ 的一个特解应具有形式(式中 a,b 为常数)(　　).

A. $a\mathrm{e}^x+b$　　B. $ax\mathrm{e}^x+b$

C. $a\mathrm{e}^x+bx$　　D. $ax\mathrm{e}^x+bx$

8. 下列方程中可利用 $p=y',p'=y''$降为 p 的一阶微分方程的是(　　).

A. $(y'')^2+xy'-x=0$　　B. $y''+yy'+y^2=0$

C. $y''+y^2y'-y^2x=0$　　D. $y''+yy'+x=0$

9. 在下列微分方程中,其通解为 $y=C_1\cos x+C_2\sin x$ 的是(　　).

A. $y''-y'=0$　　B. $y''+y'=0$　　C. $y''-2y'=0$　　D. $y''-4y'=0$

10. 方程 $xy(\mathrm{d}x-\mathrm{d}y)=y^2\mathrm{d}x+x^2\mathrm{d}y$ 是(　　).

A. 可分离变量的方程　　B. 一阶齐次方程

C. 一阶线性方程　　D. 全微分方程

二、填空题:

1. 微分方程$(y''')^3-y''+xy^5+3=0$ 的阶数是____________.

2. 已知曲线 $y=f(x)$过点$(0,1)$且其上任意一点(x,y)处的切线斜率为 $\ln(1+x)$,则$f(x)$ ____________.

3. 微分方程 $y\mathrm{d}x+(x^2-4x)\mathrm{d}x=0$ 的通解是____________.

4. 方程 $y''-y=x^2-1$ 的通解中,应含有独立常数的个数为____________.

5. 以 $\mathrm{e}^x,\mathrm{e}^x\sin x,\mathrm{e}^x\cos x$ 为特解的阶数函数最低的常系数线性齐次微分方程是________.

6. 微分方程 $y''+py'+qy=0$ 的特征方程为____________.

7. 微分方程$\dfrac{\mathrm{d}y}{\mathrm{d}x}=\dfrac{y}{x}+\left(\dfrac{y}{x}\right)^2$ 的通解是____________.

8. 微分方程 $xy'+y=3$ 满足初始条件 $y(1)=0$ 的特解是____________.

9. 若二阶常系数齐次微分方程的特征根为 $r_{1,2}=-1\pm 2i$,则该微分方程为____________.

三、解答题:

1. 求下列方程的通解:

(1)$\dfrac{\mathrm{d}y}{\mathrm{d}x}-\dfrac{2y}{x+1}=(x+1)^{\frac{5}{2}}$　　(2)$\dfrac{\mathrm{d}y}{\mathrm{d}x}+3y=\mathrm{e}^{2x}$

(3)$xy'+y=3$　　(4)$xy'+x+\sin(x+y)=0$

(5)$y''-4y'+y=\mathrm{e}^x$　　(6)$y-xy'=y'+y^2$

(7)$x^2y'+y(x-y)=0$　　(8)$(2xy-\cos x)\mathrm{d}x+(x^2-1)\mathrm{d}y=0$

2. 求下列方程满足初始条件的特解.

(1)求微分方程$(x^2-1)\mathrm{d}y+(3xy-\cos x)\mathrm{d}x=0$满足初始条件$y|_{x=0}=1$的特解.

(2)求微分方程$\left(x+y\cos\dfrac{y}{x}\right)\mathrm{d}x-x\cos\dfrac{y}{x}\mathrm{d}y=0$满足初始条件$y(1)=0$的特解.

(3)$y''+y+\sin 2x=0$满足初始条件$y(\pi)=1,y'(\pi)=1$的特解.

(4)求微分方程$xy-y=x\tan\dfrac{y}{x}$满足$y|_{x=1}=\dfrac{\pi}{2}$的特解.

(5)$y''(x+y'^2)=y',y|_{x=1}=1,y'|_{x=1}=1$.

3. 设$y=\mathrm{e}^x$是方程$xy'+p(x)y=x$的一个解,求此方程满足$y(\ln 2)=0$的特解.

4. 已知函数$y=f(x)$的图形经过原点和点$M(1,2)$,且满足微分方程$y''+\dfrac{2}{1-y}y'^2=0$,求$f(x)$.

5. 设$y=\mathrm{e}^x$是微分方程$xy'+p(x)y=x$的一个解,求此微分方程满足条件$y|_{x=\ln 2}=0$的特解.

6. 设$F(x)=f(x)g(x)$,其中函数$f(x),g(x)$在$(-\infty,+\infty)$内满足以下条件:$f'(x)=g(x),g'(x)=f(x)$,且$f(0)=0,f(x)+g(x)=2\mathrm{e}^x$.

(1)求$F(x)$所满足的一阶微分方程;

(2)求出$F(x)$的表达式.

7. 枪弹垂直射穿厚度为δ的钢板,如板速度为a,出板速度为b,$a>b$. 设枪弹在板内受到的阻力与速度成正比,问枪弹穿过钢板的时间是多少?

8. 设$f(x)$具有二阶连续导数,$f(0)=0,f'(0)=1$,且

$$[xy(x+y)-f(x)y]\mathrm{d}x+[f'(x)+x^2y]\mathrm{d}y=0$$

为一全微分方程,求$f(x)$及此全微分方程的通解.

9. 在LC串联的电路中,如果在$t=0$时,电容的初始电压为$u_0(0)=u_0$,电路中初始电流为$i(0)=0$,求$t>0$时,电路中电流$i(t)$和电容上电压$u_C(t)$.

第 7 章 空间向量与解析几何

向量是解决生活、生产实践中的数学、物理力学及工程技术问题的有力工具;空间解析几何是用代数的方法研究空间图形的一门数学学科,它对其他学科有重要的意义,特别在工程技术上的应用非常广泛. 此外,在讨论多元函数微积分及力学问题时,空间解析几何能提供直观的几何解释.

因此,本章先介绍空间直角坐标系,建立向量及其代数运算,最后以向量为工具研究空间解析几何.

7.1 空间直角坐标系与向量的概念

7.1.1 空间直角坐标系

在空间,使3 条具有相同单位长度的数轴相互垂直且相交于一点 O,这3 条数轴分别称为 x 轴、y 轴和 z 轴. 一般是把 x 轴和 y 轴放置在水平面上,z 轴垂直于水平面. z 轴的正向按下述右手法则规定如下:伸出右手,让四指与大拇指垂直,并使四指先指向 x 轴的正向,然后让四指沿握拳方向旋转 90°指向 y 轴的正向,这时大拇指所指的方向就是 z 轴的正向. 这样就组成了右手空间直角坐标系 $Oxyz$(见图 7.1).

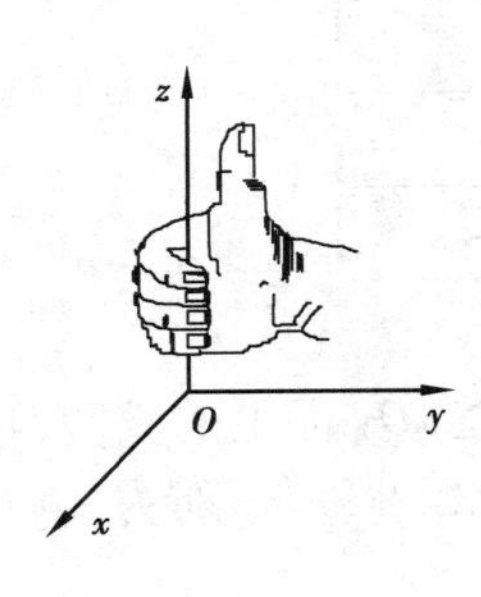

图 7.1

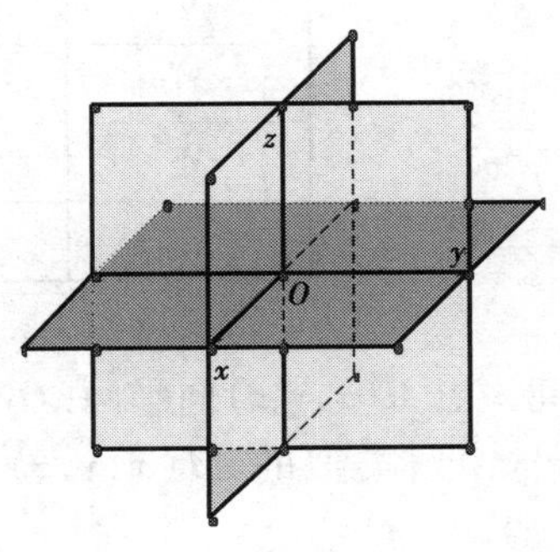

图 7.2

在此空间直角坐标系中,x 轴称为横轴,y 轴称为纵轴,z 轴称为竖轴,O 称为坐标原点;每两轴所确定的平面称为**坐标平面**,简称**坐标面**. x 轴与 y 轴所确定的坐标面称为 xOy 坐标面,类似有 yOz 坐标面,zOx 坐标面. 这 3 个坐标面把空间分为 8 个部分,每一部分称为一个卦限(见图 7.2). x,y,z 的正半轴的卦限称为第 Ⅰ 卦限,从 Oz 轴的正向向下看,按逆时针方向先后出现的卦限依次称为第 Ⅱ,Ⅲ,Ⅳ 卦限. 第 Ⅰ,Ⅱ,Ⅲ,Ⅳ 卦限下面的空间部分依次称为第Ⅴ,Ⅵ,Ⅶ,Ⅷ卦限.

设点 M 为空间的一个定点,过点 M 分别作垂直于 x,y,z 轴的平面,依次交 x,y,z 轴于点 P,Q,R. 设点 P,Q,R 在 x,y,z 轴上的坐标分别为 x,y,z,那么就得到与点 M 对应唯一确定的有序实数组(x,y,z);反之,已知有序数组有序实数组(x,y,z),依次在 x,y,z 轴上找出坐标是 x,y,z 的 3 点 P,Q,R,分别过这 3 点作垂直于 3 个坐标轴的平面,必然相交于空间一点 M,则有序实数组有唯一对应空间一点 M,由此,空间任意一点与有序实数组(x,y,z)之间存在着一一对应关系. (x,y,z)称为点 M 的坐标,记作 $M(x,y,z)$,这样就确定了 M 点的空间坐标了. 其中,x,y,z 分别称为点 M 的横坐标、纵坐标、竖坐标(见图 7.3).

由上述规定可知,图 7.3 中的顶点 O,P,Q,R 的坐标分别为 $O(0,0,0)$,$P(x,0,0)$,$Q(0,y,0)$,$R(0,0,z)$.

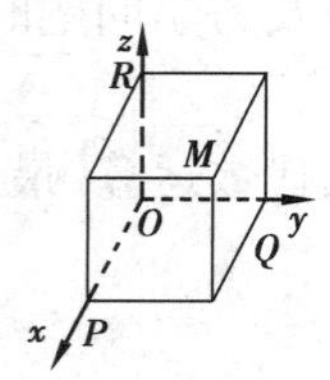

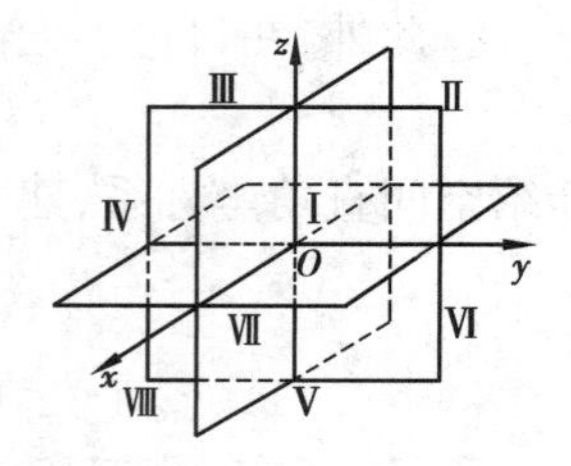

图 7.3

这样,在空间中的每一个卦限中,点的坐标(x,y,z)的特点见表 7.1.

表 7.1

卦　限	x	y	z
Ⅰ	+	+	+
Ⅱ	−	+	+
Ⅲ	−	−	+
Ⅳ	+	−	+
Ⅴ	+	+	−
Ⅵ	−	+	−
Ⅶ	−	−	−
Ⅷ	+	−	−

从空间一点 $M(x,y,z)$向平面 xOy 面做垂线,垂足称为点 M 在 xOy 面上的投影,其投影坐标为 $M_1(x,y,0)$;类似的,$M(x,y,z)$在 yOz 面和 xOz 面上的投影坐标分别为 $M_2(0,y,z)$和$M_3(x,0,z)$.

从空间一点 $M(x,y,z)$向平面 x 轴做垂线,垂足称为点 M 在 x 轴上的投影,其坐标为 $D_1(x,0,0)$;类似的,$M(x,y,z)$在 y 轴和 z 轴上的投影坐标分别为 $D_2(0,y,0)$和 $D_3(0,0,z)$.

例7.1　已知空间中的一点 $M(3,2,4)$.

1)分别写出点 M 在 xOy,yOz,zOx 平面上的投影坐标.

2)分别写出点 M 在 x,y,z 轴上的投影坐标.

3)写出点 M 关于原点对称的点的坐标.

解　由空间直角坐标系的点的知识可知:

1)点 M 在 xOy,yOz,zOx 平面上的投影坐标分别是 $M_1(3,2,0),M_2(0,2,4),M_3(3,0,4)$.

2)点 M 在 x,y,z 轴上的投影坐标 $N_1(3,0,0),N_2(0,2,0),N_3(0,0,4)$.

3)点 M 关于原点对称的点的坐标 $L(-3,-2,-4)$.

7.1.2　空间两点间的距离公式

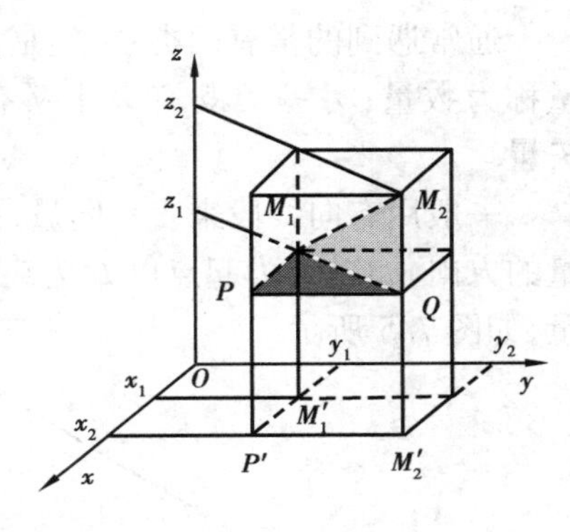

图7.4

设空间两点的直角坐标为 $M_1(x_1,y_1,z_1),M_2(x_2,y_2,z_2)$,如何求它们之间的距离 $d=|M_1M_2|$呢?如图7.4所示,过点 M_1 和 M_2 各作3个平面分别垂直于3个坐标轴,则6个平面围成一个以$|M_1M_2|$为对角线的长方体.易知,此长方体的3条相邻棱长分别是$|x_2-x_1|,|y_2-y_1|,|z_2-z_1|$,使用勾股定理可得

$$d^2=|M_1M_2|^2=(x_2-x_1)^2+(y_2-y_1)^2+(z_2-z_1)^2$$

即

$$d=|M_1M_2|=\sqrt{(x_2-x_1)^2+(y_2-y_1)^2+(z_2-z_1)^2}$$

此即为空间两点间的距离公式.

特别的,点 $M(x,y,z)$ 与原点 $O(0,0,0)$ 的距离为

$$d=|MO|=\sqrt{x^2+y^2+z^2}$$

例7.2　试证以点 $A(1,2,3),B(-2,4,1),C(-5,6,-1)$是等腰三角形.

解　由空间两点间的距离公式

$$d=|M_1M_2|=\sqrt{(x_2-x_1)^2+(y_2-y_1)^2+(z_2-z_1)^2}$$

得

$$|AB|=\sqrt{(-2-1)^2+(4-2)^2+(1-3)^2}=\sqrt{17}$$

$$|BC|=\sqrt{(-5+2)^2+(6-4)^2+(-1-1)^2}=\sqrt{17}$$

于是,由$|AB|=|BC|$得$\triangle ABC$是等腰三角形.

例7.3　求空间一点 $M(3,5,-2)$到坐标轴及点到坐标面的距离.

解　为了利用两点间的距离公式,将点到坐标轴的距离转化为空间两点间的距离来进行计算.设点 M 在 x,y,z 3个坐标轴上的投影分别是 A,B,C,其坐标分别是 $A(3,0,0),B(0,5,0),C(0,0,-2)$,则由两点间的距离公式得

$$|MA|=\sqrt{(3-3)^2+(0-5)^2+(0+2)^2}=\sqrt{29}$$

同理,可得

$$|MB|=\sqrt{13},\quad |MC|=\sqrt{34}$$

将点到平面的距离转化为点到平面的投影两点间的距离.设点 M 在 xOy,yOz,zOx 3个坐

标上的投影分别是 D,E,F,其坐标分别是 $D(3,5,0)$,$E(0,5,-2)$,$F(3,0,-2)$,则由两点间的距离公式得

$$|MD|=\sqrt{(3-3)^2+(5-5)^2+(0+2)^2}=2$$
$$|ME|=\sqrt{(0-3)^2+(5-5)^2+(-2+2)^2}=3$$
$$|MF|=\sqrt{(3-3)^2+(0-5)^2+(-2+2)^2}=5$$

7.1.3 向量的基本概念

通常遇到的量有两类:一类是只有大小没有方向的量,如长度、面积、体积温度等,这一类量称为数量;另一类既有大小又有方向的量,如力、速度、位移等,这类量称为**向量**或称为**矢量**.

一般用有向线段来表示向量,有向线段的长度表示向量的大小,有向线段的方向表示向量的方向,如以 A 为起点以 B 为终点的向量,记作 $\overrightarrow{AB}$,也可用粗体字母 $\boldsymbol{a},\boldsymbol{b},\boldsymbol{c},\boldsymbol{e},\boldsymbol{f},\cdots$ 表示向量,如图 7.5 所示.

图 7.5　　图 7.6

向量的大小称为向量的**模**(或长度),如图 7.6 所示的向量,记作 $|\overrightarrow{AB}|$,向量 $\boldsymbol{a}$ 的模,记作 $|\boldsymbol{a}|$;模为 1 的向量称为**单位向量**,与 $\boldsymbol{a}$ 同向的单位向量记作 $\boldsymbol{a}^0$. **模等于 0 的向量称为零向量**,记作 0,零向量没有确定的方向. 与向量 $\boldsymbol{a}$ 的模相等而方向相反的向量称为 $\boldsymbol{a}$ 的负向量,记作 $-\boldsymbol{a}$. 两个向量 $\boldsymbol{a}$ 与 $\boldsymbol{b}$ 不论起点是否一致,只要大小相等,方向相同,就称 $\boldsymbol{a}$ 与 $\boldsymbol{b}$ 相等,记作 $\boldsymbol{a}=\boldsymbol{b}$. 即向量在方向和大小不变的情况下,可以在空间自由移动,称为**自由向量**. 本书若不特别说明,向量均指自由向量.

定义 1　将空间中的两个非零向量的起点平移在一起时,两个向量正向之间的夹角定义为向量 $\boldsymbol{a}$ 与 $\boldsymbol{b}$ 的夹角,记作 $\langle\boldsymbol{a},\boldsymbol{b}\rangle$. 显然,有 $\langle\boldsymbol{a},\boldsymbol{b}\rangle\in[0,\pi]$.

这样当 $\langle\boldsymbol{a},\boldsymbol{b}\rangle=0$ 或 π 时,两个向量方向相同或相反,称向量 $\boldsymbol{a}$ 与 $\boldsymbol{b}$ 平行,记作 $\boldsymbol{a}\,/\!/\,\boldsymbol{b}$. 当 $\langle\boldsymbol{a},\boldsymbol{b}\rangle=\pi/2$ 时,称向量 $\boldsymbol{a}$ 与 $\boldsymbol{b}$ 垂直,记作 $\boldsymbol{a}\perp\boldsymbol{b}$. 由于零向量的方向为任意方向,因此,零向量与任意向量平行或垂直.

$|\overrightarrow{OA}|=|\boldsymbol{a}|\cos\langle\boldsymbol{a},\boldsymbol{b}\rangle$ 称为向量 $\boldsymbol{a}$ 在向量 $\boldsymbol{b}$ 上的投影,记作 $Prj_b\,\boldsymbol{a}$,即 $Prj_b\,\boldsymbol{a}=|\boldsymbol{a}|\cos\langle\boldsymbol{a},\boldsymbol{b}\rangle$;$|\overrightarrow{OB}|=|\boldsymbol{b}|\cos\langle\boldsymbol{a},\boldsymbol{b}\rangle$ 称为向量 $\boldsymbol{b}$ 在向量 $\boldsymbol{a}$ 上的投影,记作 $Prj_a\,\boldsymbol{b}$,即 $Prj_a\,\boldsymbol{b}=|\boldsymbol{a}|\cos\langle\boldsymbol{a},\boldsymbol{b}\rangle$,如图 7.7 所示.

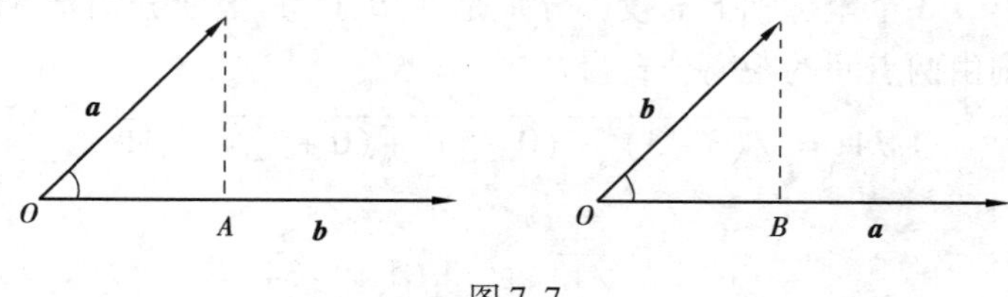

图 7.7

7.1.4　向量的线性运算

两个向量的加法,减法和数与向量的乘法通称为向量的线性运算.

(1)向量的和

三角形法则　若将向量 $\boldsymbol{a}$ 的终点与向量 $\boldsymbol{b}$ 的起点放在一起,则以 $\boldsymbol{a}$ 的起点为起点,以 $\boldsymbol{b}$ 的终点为终点的向量称为向量 $\boldsymbol{a}$ 与 $\boldsymbol{b}$ 的和向量,记作 $\boldsymbol{a}+\boldsymbol{b}$. 这种求向量和的方法称为向量加法的三角形法则,如图 7.8 所示.

平行四边形法则　将两个向量 $\boldsymbol{a}$ 和 $\boldsymbol{b}$ 的起点放在一起,并以 $\boldsymbol{a}$ 和 $\boldsymbol{b}$ 为邻边作平行四边形,则从起点到对角顶点的向量称为 $\boldsymbol{a}+\boldsymbol{b}$. 这种求向量和的方法称为向量加法的平行四边形法则,如图 7.9 所示.

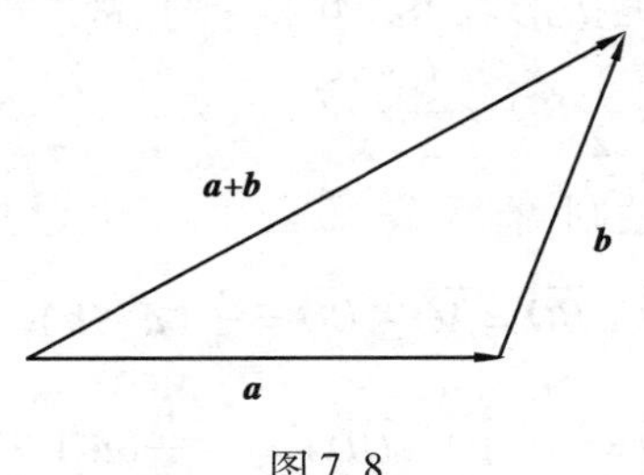

图 7.8

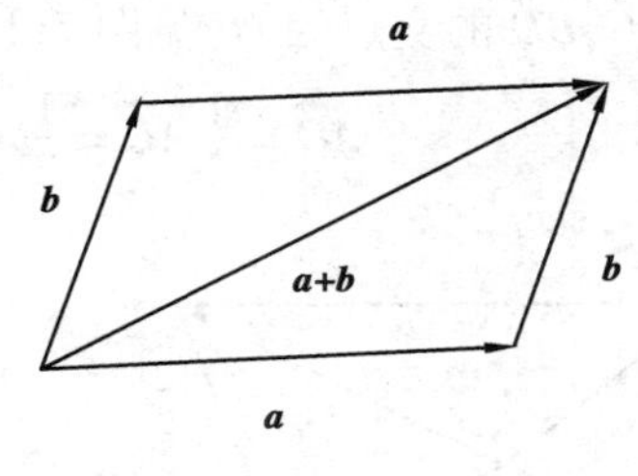

图 7.9

显然,向量的加法满足下列运算律:

交换律:$\boldsymbol{a}+\boldsymbol{b}=\boldsymbol{b}+\boldsymbol{a}$.

结合律:$(\boldsymbol{a}+\boldsymbol{b})+\boldsymbol{c}=\boldsymbol{a}+(\boldsymbol{b}+\boldsymbol{c})$.

(2)向量的减法

两向量的减法(即向量的差)规定为 $\boldsymbol{a}-\boldsymbol{b}=\boldsymbol{a}+(-1)\boldsymbol{b}$.

向量的减法也可按三角形法则进行,只要把 $\boldsymbol{a}$ 与 $\boldsymbol{b}$ 的起点放在一起,$\boldsymbol{a}-\boldsymbol{b}$ 即是以 $\boldsymbol{b}$ 的终点为起点,以 $\boldsymbol{a}$ 的终点为终点的向量,如图 7.10 所示.

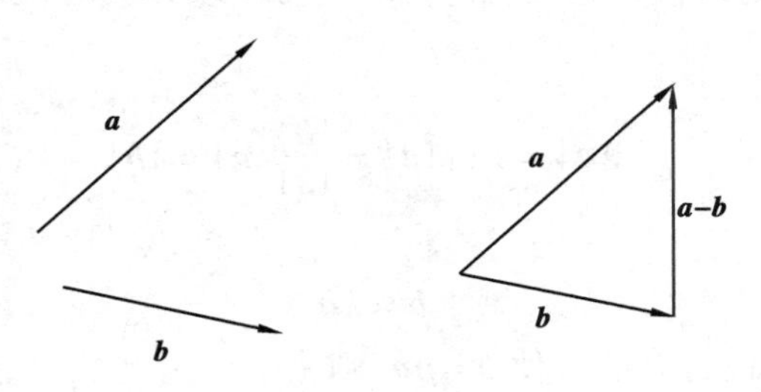

图 7.10

(3)数与向量的乘法运算

实数 λ 与向量 $\boldsymbol{a}$ 的乘积是一个向量,称为向量 $\boldsymbol{a}$ 与数 λ 的乘积,记作 $\lambda\boldsymbol{a}$,并且规定:

①$|\lambda\boldsymbol{a}|=|\lambda||\boldsymbol{a}|$.

②当 $\lambda>0$ 时,$\lambda\boldsymbol{a}$ 与 $\boldsymbol{a}$ 的方向相同;当 $\lambda<0$ 时,$\lambda\boldsymbol{a}$ 与 $\boldsymbol{a}$ 的方向相反; $\lambda=0$ 时,$\lambda\boldsymbol{a}$ 是零向量.

设 λ,μ 都是实数,则数与向量的乘法满足下列运算律:

结合律:$\lambda(\mu\boldsymbol{a})=(\lambda\mu)\boldsymbol{a}=\mu(\lambda\boldsymbol{a})$.

分配律：$(\lambda+\mu)\boldsymbol{a}=\lambda\boldsymbol{a}+\mu\boldsymbol{a}$，$\lambda(\boldsymbol{a}+\boldsymbol{b})=\lambda\boldsymbol{a}+\lambda\boldsymbol{b}$.

(4)根据数与向量相乘的定义

对于任意向量，可将其表示为数与向量的乘积，即

$$\boldsymbol{a}=|a|\boldsymbol{a}^0$$

此式称为向量基本表示式. 其中，$\boldsymbol{a}$ 表示任意向量，$|a|$表示向量的模，$\boldsymbol{a}^0$ 表示与 $\boldsymbol{a}$ 同向的单位向量. 则与 $\boldsymbol{a}$ 同向的单位向量即为

$$\boldsymbol{a}^0=\frac{\boldsymbol{a}}{|\boldsymbol{a}|}$$

例 7.4 已知平行四边形 $ABCD$ 的对角线向量为 $\overrightarrow{AC}=\boldsymbol{a}$，$\overrightarrow{BD}=\boldsymbol{b}$，试用向量 $\boldsymbol{a}$ 和 $\boldsymbol{b}$ 表示向量 $\overrightarrow{AB}$ 和 $\overrightarrow{DA}$.

解 设 $\overrightarrow{AC}$，$\overrightarrow{BD}$ 的交点为 O(见图 7.11)，由于平行四边形对角线互相平分，故

$$\overrightarrow{AO}=\frac{1}{2}\overrightarrow{AC}=\frac{1}{2}\boldsymbol{a},\quad \overrightarrow{BO}=\overrightarrow{OD}=\frac{1}{2}\overrightarrow{BD}=\frac{1}{2}\boldsymbol{b}$$

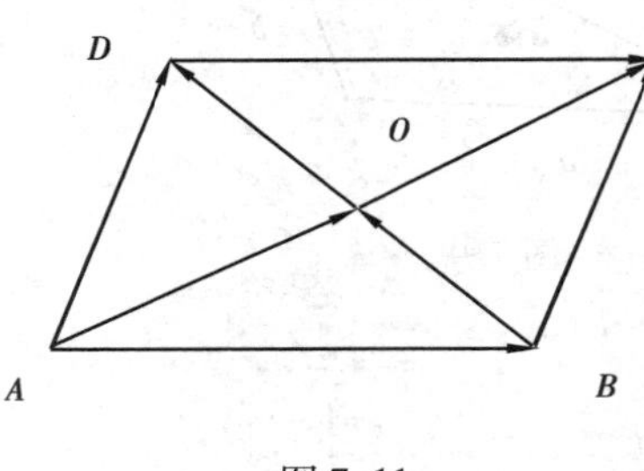

图 7.11

根据三角形法则，有

$$\overrightarrow{AB}=\overrightarrow{AO}+\overrightarrow{BO}=\overrightarrow{AO}-\overrightarrow{BO}=\frac{1}{2}(\boldsymbol{a}-\boldsymbol{b})$$

$$\overrightarrow{DA}=-\overrightarrow{AD}=-(\overrightarrow{AO}-\overrightarrow{OD})=-\frac{1}{2}(\boldsymbol{a}+\boldsymbol{b})$$

(5)定理

向量 $\boldsymbol{b}$ 与非零向量 $\boldsymbol{a}$ 平行的充分必要条件是存在唯一的数，使

$$\boldsymbol{b}=\lambda\boldsymbol{a}$$

证 充分性是显然的.

以下证明必要性.

设 $\boldsymbol{a}/\!/\boldsymbol{b}$. 当 $\boldsymbol{b}$ 与 $\boldsymbol{a}$ 同方向时，取 $\lambda=\frac{|\boldsymbol{b}|}{|\boldsymbol{a}|}$；当 $\boldsymbol{b}$ 与 $\boldsymbol{a}$ 反方向时，取 $\lambda=-\frac{|\boldsymbol{b}|}{|\boldsymbol{a}|}$. 则 $\lambda\boldsymbol{a}$ 与 $\boldsymbol{b}$ 同方向，且

$$|\lambda\boldsymbol{a}|=|\lambda||\boldsymbol{a}|=\frac{|\boldsymbol{b}|}{|\boldsymbol{a}|}|\boldsymbol{a}|=|\boldsymbol{b}|$$

因此

$$\boldsymbol{b}=\lambda\boldsymbol{a}$$

再证数 λ 的唯一性. 设另有数 μ 使 $\boldsymbol{b}=\mu\boldsymbol{a}$，则

$$\lambda\boldsymbol{a}-\mu\boldsymbol{a}=\boldsymbol{b}-\boldsymbol{b}=0$$

即

$$(\lambda-\mu)\boldsymbol{a}=\boldsymbol{0}$$

因 $\boldsymbol{a}\neq\boldsymbol{0}$，故 $\lambda-\mu=0$，即 $\lambda=\mu$.

习题 7.1

1. 在空间直角坐标系中，说明下列各点的位置：

$A(-3,1,2)$　　$B(1,3,-2)$　　$C(1,-3,-2)$

$D(-3,0,-4)$　　$E(0,2,2)$　　$F(-2,4,-2)$

2. 求点 $M(1,2,3)$ 关于下列条件的对称点的坐标：

(1)各坐标面　　(2)各坐标轴　　(3)坐标原点

3. 已知空间中的一点 $M(2,5,4)$.

(1)分别写出点 M 在 xOy，yOz，zOx 平面上的投影坐标.

(2)分别写出点 M 在 x，y，z 轴上的投影坐标.

(3)写出点 M 关于原点对称的点的坐标.

4. 已知点 $A(5,-1,1)$，分别画出点 A 与 z 轴、y 轴和 x 轴的距离的线段，并计算其距离值.

5. 已知平行四边形 $ABCD$，M 是对角线 AC 和 BD 的交点，设 $AB=\boldsymbol{a}$，$AD=\boldsymbol{b}$，试用 $\boldsymbol{a}$，$\boldsymbol{b}$ 表示向量 $\overrightarrow{MA}$，$\overrightarrow{MB}$，$\overrightarrow{MC}$，$\overrightarrow{MD}$，$\overrightarrow{AC}$ 和 $\overrightarrow{BD}$.

6. 求顶点为 $A(-1,1,4)$，$B(2,-1,2)$，$C(4,0,7)$ 的三角形各边长.

7.2　向量的坐标表示及其线性运算

7.2.1　向量的坐标表示

(1)向径的坐标表示

将空间向量引入空间直角坐标系，把起点坐标在原点 O 而终点坐标在空间直角坐标系的点 $M(x,y,z)$ 的向量 $\overrightarrow{OM}$ 称为该向量的**向径**. 在空间直角坐标系中，规定：$\boldsymbol{i},\boldsymbol{j},\boldsymbol{k}$ 分别为与 x 轴、y 轴、z 轴同向的单位向量. $\boldsymbol{i},\boldsymbol{j},\boldsymbol{k}$ 称为基本单位向量.

由图 7.12 可知

$$\overrightarrow{OM}=\overrightarrow{OP}+\overrightarrow{OQ}+\overrightarrow{OR}$$

其中

$$\overrightarrow{OP}=x\boldsymbol{i},\quad \overrightarrow{OQ}=y\boldsymbol{j},\quad \overrightarrow{OR}=z\boldsymbol{k}$$

因此 $\overrightarrow{OM}=x\boldsymbol{i}+y\boldsymbol{j}+z\boldsymbol{k}$，$x,y,z$ 称为向量 $\overrightarrow{OM}$ 的坐标，也记作 $\overrightarrow{OM}=\{x,y,z\}$，称为向量 $\overrightarrow{OM}$ 的坐标式.

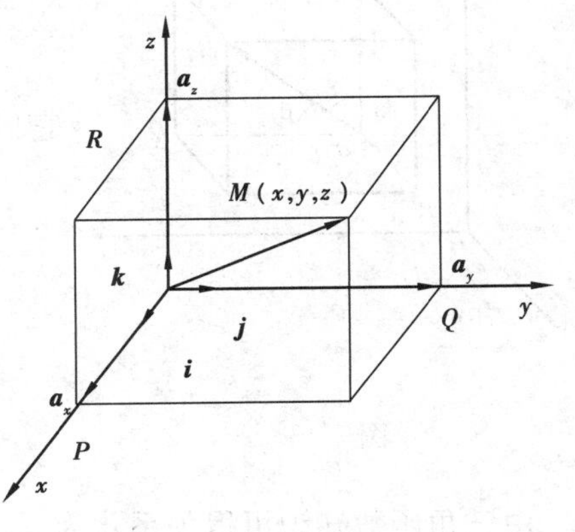

图 7.12

(2)向量的坐标表示

当向量的起点不是坐标原点时，仍可以用坐标表示. 设向量 $\overrightarrow{M_1M_2}$ 是以 $M_1(x_1,y_1,z_1)$ 为起点，以 $M_2(x_2,y_2,z_2)$ 为终点的向量，由向量的减法可知

$$\overrightarrow{M_1M_2} = \overrightarrow{OM_2} - \overrightarrow{OM_1} = \{x_2\boldsymbol{i} + y_2\boldsymbol{j} + z_2\boldsymbol{k}\} - \{x_1\boldsymbol{i} + y_1\boldsymbol{j} + z_1\boldsymbol{k}\}$$
$$= (x_2 - x_1)\boldsymbol{i} + (y_2 - y_1)\boldsymbol{j} + (z_2 - z_1)\boldsymbol{k}$$

$\overrightarrow{M_1M_2}$的坐标表达式为

$$\{x_2 - x_1, y_2 - y_1, z_2 - z_1\}$$

即向量$\overrightarrow{M_1M_2}$的坐标等于终点与起点的对应的坐标之差.

7.2.2 坐标表示下的向量的线性运算

向量 $\boldsymbol{a}$ 唯一确定有序数组 a_x, a_y, a_z. 给定有序数组 a_x, a_y, a_z,又能确定一个向量的模和方向,也就是唯一确定一个向量 $\boldsymbol{a}$,因此,有序数组 a_x, a_y, a_z 与向量 $\boldsymbol{a}$ 之间存在着一一对应关系,可以用它来表示向量 $\boldsymbol{a}$,记作

$$\boldsymbol{a} = (a_x, a_y, a_z)$$

称为向量 $\boldsymbol{a}$ 的坐标表示式. 数 a_x, a_y, a_z 称为向量 $\boldsymbol{a}$ 的坐标. 它们就是向量在 3 条坐标轴上的投影.

设两个向量 $\boldsymbol{a} = a_1\boldsymbol{i} + a_2\boldsymbol{j} + a_3\boldsymbol{k}, b = b_1\boldsymbol{i} + b_2\boldsymbol{j} + b_3\boldsymbol{k}$,则线性运算有

①$\boldsymbol{a} + \boldsymbol{b} = (a_1 + b_1)\boldsymbol{i} + (a_2 + b_2)\boldsymbol{j} + (a_3 + b_3)\boldsymbol{k}$.

②$\boldsymbol{a} - \boldsymbol{b} = (a_1 - b_1)\boldsymbol{i} + (a_2 - b_2)\boldsymbol{j} + (a_3 - b_3)\boldsymbol{k}$.

③$\lambda\boldsymbol{a} = \lambda(a_1\boldsymbol{i} + a_2\boldsymbol{j} + a_3\boldsymbol{k}) = \lambda a_1\boldsymbol{i} + \lambda a_2\boldsymbol{j} + \lambda a_3\boldsymbol{k}$.

7.2.3 向量的模、方向余弦及坐标表示

(1)向量的模

由向量的投影概念知,向量 $\boldsymbol{a} = \overrightarrow{M_1M_2}$在 3 条坐标轴上的投影分别为

$$a_x = x_2 - x_1, \quad a_y = y_2 - y_1, \quad a_z = z_2 - z_1$$

根据两点距离公式,向量 $\boldsymbol{a}$ 的模$|\boldsymbol{a}|$与它在 3 条坐标轴上的投影有以下关系:

$$|\boldsymbol{a}| = \sqrt{a_x^2 + a_y^2 + a_z^2}$$

(2)向量的方向余弦

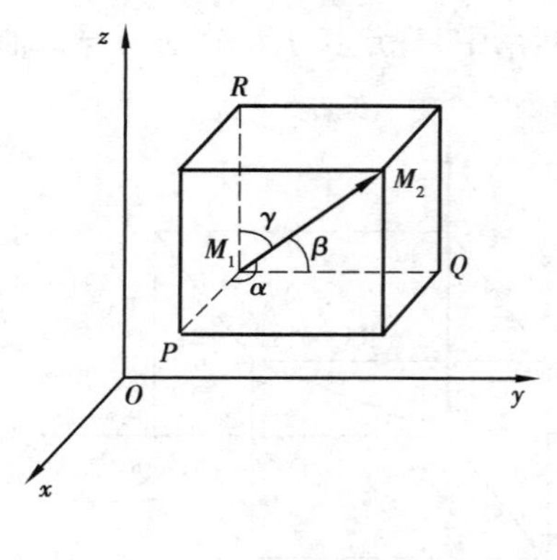

图 7.13

设向量与 3 条坐标轴的夹角 α, β, γ 称为向量$|\boldsymbol{a}|$的方向角,如图 7.13 所示. 方向角的余弦 $\cos\alpha, \cos\beta, \cos\gamma$ 称为方向余弦.

显然,给定 3 个方向角,向量的方向也随之确定,因此它们表示了向量的方向. 由几何的知识可得

$$a_x = |\boldsymbol{a}|\cos\alpha, \quad a_y = |\boldsymbol{a}|\cos\beta, \quad a_z = |\boldsymbol{a}|\cos\gamma$$

因此,3 个方向余弦也可用坐标表示为

$$\cos\alpha \frac{a_x}{\sqrt{a_x^2 + a_y^2 + a_z^2}}, \quad \cos\beta = \frac{a_y}{\sqrt{a_x^2 + a_y^2 + a_z^2}},$$

$$\cos\gamma = \frac{a_z}{\sqrt{a_x^2 + a_y^2 + a_z^2}}$$

由三角函数知识可得关系式为

$$\cos^2\alpha + \cos^2\beta + \cos^2\gamma = 1$$

例 7.5　已知两点 $A(4,2\ ,1)$ 与 $B(3,0,3)$，求向量 $\overrightarrow{AB}$ 的模、方向余弦和方向角.

解　由定义知 $\overrightarrow{AB}=\{3-4,0-2,3-1\}=\{-1,-2,2\}$

则

$$|\overrightarrow{AB}|=3$$

于是

$$\cos\alpha\frac{a_x}{\sqrt{a_x^2+a_y^2+a_z^2}}=\frac{-1}{3}=-\frac{1}{3}$$

$$\cos\beta=\frac{a_y}{\sqrt{a_x^2+a_y^2+a_z^2}}=-\frac{2}{3}$$

$$\cos\gamma=\frac{a_z}{\sqrt{a_x^2+a_y^2+a_z^2}}=\frac{2}{3}$$

$$\alpha=\arccos\left(-\frac{1}{3}\right),\quad \beta=\arccos\left(-\frac{2}{3}\right),\quad \gamma=\arccos\frac{2}{3}$$

7.2.4　用坐标表示向量的平行

由上节可知向量 $\boldsymbol{a}$ 与非零向量 $\boldsymbol{b}$ 平行的充要条件为，存在数 λ，使 $\boldsymbol{a}=\lambda\boldsymbol{b}$，即

$$\{a_x,a_y,a_z\}=\{\lambda b_x,\lambda b_y,\lambda b_z\}$$

故上述充要条件又可表示为

$$a_x=\lambda b_x,\quad a_y=\lambda b_y,\quad a_z=\lambda b_z$$

或写作

$$\frac{a_x}{b_x}=\frac{a_y}{b_y}=\frac{a_z}{b_z}=\lambda$$

$\Big($若 b_x,b_y,b_z 中某一项或两项为零，应理解为相应的分子也为零. 例如，$\frac{a_x}{0}=\frac{a_y}{b_y}=\frac{a_z}{b_z}$，应理解为 $a_x=0,\frac{a_y}{b_y}=\frac{a_z}{b_z}\Big)$

例如，设 $i=(1,0,0)$，因为 i 的模为

$$|\boldsymbol{i}|=\sqrt{1^2+0^2+0^2}=1$$

于是 i 的方向余弦为

$$\cos\alpha=\frac{1}{1}=1,\cos\beta=\frac{0}{1}=0,\cos\gamma=\frac{0}{1}=0$$

故方向角 $\alpha=0,\beta=\frac{\pi}{2},\gamma=\frac{\pi}{2}$，向量 $\boldsymbol{i}$ 是与 x 轴正向一致的单位向量.

例 7.6　已知点 $M_1(2,-1,3)$ 和 $M_2(3,2,1)$，求向量 $\overrightarrow{M_1M_2}$ 的模、方向余弦及 $\overrightarrow{M_1M_2}$ 与方向相同的单位向量.

解　由定义

$$\overrightarrow{M_1M_2}=\{3-2,2-(-1),1-3\}=\{1,3,-2\}$$

故

$$|\overrightarrow{M_1M_2}|=\sqrt{1^2+3^2+(-2)^2}=\sqrt{14}$$

$$\cos\alpha = \frac{1}{\sqrt{14}}, \quad \cos\beta = \frac{3}{\sqrt{14}}, \quad \cos\gamma = \frac{-2}{\sqrt{14}}$$

向量 $\boldsymbol{a}^0 = \{\cos\alpha, \cos\beta, \cos\gamma\}$ 是与 a 方向相同的单位向量，所以与 $\overrightarrow{M_1M_2}$ 方向相同的单位向量为

$$\boldsymbol{a}^0 = \left\{\frac{1}{\sqrt{14}}, \frac{3}{\sqrt{14}}, \frac{-2}{\sqrt{14}}\right\}$$

例 7.7 设向量 $\boldsymbol{a}$ 的方向角 $\alpha = \frac{\pi}{4}, \beta = \frac{\pi}{2}, \gamma$ 为锐角，且 $|\boldsymbol{a}| = 6$，求向量 $\boldsymbol{a}$ 的坐标表示式.

解 因为

$$\cos^2\frac{\pi}{4} + \cos^2\frac{\pi}{2} + \cos^2\gamma = 1$$

于是有

$$\cos\gamma = \pm\frac{2}{\sqrt{2}}(\gamma \text{ 是锐角，负的舍去})$$

故

$$a_x = |\boldsymbol{a}|\cos\alpha = 6\cos\frac{\pi}{4} = 3\sqrt{2}$$

$$a_y = |\boldsymbol{a}|\cos\beta = 6\cos\frac{\pi}{2} = 0$$

$$a_z = |\boldsymbol{a}|\cos\gamma = 6\frac{\sqrt{2}}{2} = 3\sqrt{2}$$

因此，向量 $\boldsymbol{a}$ 的坐标表示为

$$a = \{3\sqrt{2}, 0, 3\sqrt{2}\}$$

例 7.8 设向量 $\boldsymbol{a} = \lambda\boldsymbol{i} + 2\boldsymbol{j} - 2\boldsymbol{k}, \boldsymbol{b} = -3\boldsymbol{j} + \mu\boldsymbol{k}$. 问数 λ, μ 为何值时，$\boldsymbol{a}$ 与 $\boldsymbol{b}$ 平行.

解 由向量平行的坐标表示式，得

$$\frac{\lambda}{0} = \frac{2}{-3} = \frac{-2}{\mu}$$

所以

$$\lambda = 0, \mu = 3$$

习题 7.2

1. 已知向量 $\boldsymbol{a} = (6, 1, -1), \boldsymbol{b} = (1, 2, -3)$，求：

(1) 向量 $\boldsymbol{a} - \boldsymbol{b}, \boldsymbol{a} + \boldsymbol{b}, 3\boldsymbol{a} - 2\boldsymbol{b}$.

(2) 向量 $\boldsymbol{a} + \boldsymbol{b}$ 的方向余弦及与它平行的单位向量.

2. 设向量 $\boldsymbol{a} = 2\boldsymbol{i} - 3\boldsymbol{j} + \boldsymbol{k}, \boldsymbol{b} = \boldsymbol{i} + 2\boldsymbol{j} + 3\boldsymbol{k}, \boldsymbol{c} = 5\boldsymbol{i} - \boldsymbol{j} - 2\boldsymbol{k}$ 求向量 $\boldsymbol{d} = \boldsymbol{a} + 2\boldsymbol{b} - 2\boldsymbol{c}$ 在 x 轴和 y 轴上的投影及在 z 轴的分向量.

3. 设向量 $\boldsymbol{a} = \lambda\boldsymbol{i} + 5\boldsymbol{j} - \boldsymbol{k}, \boldsymbol{b} = 3\boldsymbol{i} - 3\boldsymbol{j} + \mu\boldsymbol{k}$. 问数 λ, μ 为何值时，$\boldsymbol{a}$ 与 $\boldsymbol{b}$ 平行.

4. 已知向量 $\boldsymbol{a} = (3, 4, 1), \boldsymbol{b} = (-2, 2, 2), \boldsymbol{c} = (3, 1, -3)$，试求以下各题：

(1) $\boldsymbol{a}+\boldsymbol{b}$　　(2) $2\boldsymbol{a}-3\boldsymbol{b}+4\boldsymbol{c}$　　(2) $m\boldsymbol{a}+n\boldsymbol{b}$　(m,n 为数量)

5. 设 A,B 两点为 $A(2,-7,1)$, $B(-2,2,z)$, 它们之间的距离为 $|AB|=7$, 求点 B 的未知坐标 z.

7.3　数量积与向量积

7.3.1　向量的数量积(点积)

引例 7.1　在物理中,物体在常力作用下,移动了 s,则力 $\boldsymbol{F}$ 所做的功为 $W=|\boldsymbol{F}|\cdot|\boldsymbol{s}|\cos(\boldsymbol{F},\boldsymbol{s})$(见图 7.14). 其中,$(\boldsymbol{F},\boldsymbol{s})$ 表示 $\boldsymbol{F}$ 与 $\boldsymbol{s}$ 之间的夹角. 向量间的这种运算关系在其他实际问题中也会遇到. 在数学上,抛开它的实际意义,将其抽象为向量间的数量积,给出以下具体定义:

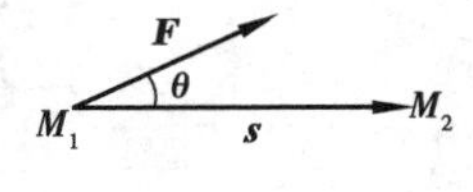

图 7.14

(1)数量积的定义

设向量 $\boldsymbol{a},\boldsymbol{b}$ 之间的夹角为 $\theta(0\leqslant\theta\leqslant\pi)$,则称 $|\boldsymbol{a}||\boldsymbol{b}|\cos\theta$ 为向量 $\boldsymbol{a}$ 与 $\boldsymbol{b}$ 的数量积,记作 $\boldsymbol{a}\cdot\boldsymbol{b}$,即 $\boldsymbol{a}\cdot\boldsymbol{b}=|\boldsymbol{a}||\boldsymbol{b}|\cos\theta$,向量的数量积又称"点积"或"内积".

由于当 $\boldsymbol{a}\neq 0$ 时 $Prj_{\boldsymbol{a}}\boldsymbol{b}=|\boldsymbol{b}|\cos\theta$ 是向量 $\boldsymbol{b}$ 在向量 $\boldsymbol{a}$ 上的投影,因此向量的数量积可用投影表示为

$$\boldsymbol{a}\cdot\boldsymbol{b}=|\boldsymbol{a}|Prj_{\boldsymbol{a}}\boldsymbol{b}$$

同理,当 $\boldsymbol{b}\neq 0$ 时

$$\boldsymbol{a}\cdot\boldsymbol{b}=|\boldsymbol{b}|Prj_{\boldsymbol{b}}\boldsymbol{a}$$

即两个向量的数量积等于其中一个向量的模和另一个向量在这个向量的方向上的投影的乘积.

显然,由向量的数量积的定义容易推出以下结果:

① $\boldsymbol{a}\cdot\boldsymbol{a}=|\boldsymbol{a}|^2$.

② $\boldsymbol{a}\cdot\boldsymbol{a}=0\Leftrightarrow a\perp b$.

可以验证,向量的数量积还满足下列运算律:

交换律: $\boldsymbol{a}\cdot\boldsymbol{b}=\boldsymbol{b}\cdot\boldsymbol{a}$.

分配律: $(\boldsymbol{a}+\boldsymbol{b})\cdot\boldsymbol{c}=\boldsymbol{a}\cdot\boldsymbol{c}+\boldsymbol{b}\cdot\boldsymbol{c}$.

结合律: $\lambda(\boldsymbol{a}\cdot\boldsymbol{b})=(\lambda\boldsymbol{a})\cdot\boldsymbol{b}$(其中,$\lambda$ 为常数).

例 7.9　已知 $\langle\boldsymbol{a},\boldsymbol{b}\rangle=\dfrac{1}{3}\pi$, $|\boldsymbol{a}|=3$, $|\boldsymbol{b}|=5$. 求向量 $\boldsymbol{c}=3\boldsymbol{a}+2\boldsymbol{b}$ 的模.

解　根据数量积的定义和性质,有

$$\begin{aligned}|\boldsymbol{c}|^2&=\boldsymbol{c}\cdot\boldsymbol{c}=(3\boldsymbol{a}+2\boldsymbol{b})\cdot(3\boldsymbol{a}+2\boldsymbol{b})\\&=(3\boldsymbol{a}+2\boldsymbol{b})\cdot(3\boldsymbol{a})+(3\boldsymbol{a}+2\boldsymbol{b})\cdot(2\boldsymbol{b})\\&=9\boldsymbol{a}\cdot\boldsymbol{a}+6\boldsymbol{b}\cdot\boldsymbol{a}+6\boldsymbol{a}\cdot\boldsymbol{b}+4\boldsymbol{b}\cdot\boldsymbol{b}\\&=9|\boldsymbol{a}|^2+12|\boldsymbol{a}||\boldsymbol{b}|\cos\langle\boldsymbol{a},\boldsymbol{b}\rangle+4|\boldsymbol{b}|^2\\&=9\times 3^2+12\times 3\times 5\cos\frac{1}{3}\pi+4\times 5^2\end{aligned}$$

$$=81-90+100=91$$

所以

$$|\boldsymbol{c}|=\sqrt{91}$$

(2)用向量的坐标来表示数量积

设 $\boldsymbol{a}=a_x\boldsymbol{i}+a_y\boldsymbol{j}+a_z\boldsymbol{k},\boldsymbol{b}=b_x\boldsymbol{i}+b_y\boldsymbol{j}+b_z\boldsymbol{k}$ 利用数量的运算性质,可得

$$\begin{aligned}\boldsymbol{a}\cdot\boldsymbol{b}&=(a_x\boldsymbol{i}+a_y\boldsymbol{j}+a_z\boldsymbol{k})\cdot(b_x\boldsymbol{i}+b_y\boldsymbol{j}+b_z\boldsymbol{k})\\&=a_xb_x(\boldsymbol{i}\cdot\boldsymbol{i})+a_yb_x(\boldsymbol{j}\cdot\boldsymbol{i})+a_zb_x(\boldsymbol{k}\cdot\boldsymbol{i})+a_xb_y(\boldsymbol{i}\cdot\boldsymbol{j})+\\&\quad a_yb_y(\boldsymbol{j}\cdot\boldsymbol{j})+a_zb_y(\boldsymbol{k}\cdot\boldsymbol{j})+a_xb_z(\boldsymbol{i}\cdot\boldsymbol{k})+a_yb_z(\boldsymbol{j}\cdot\boldsymbol{k})+a_zb_z(\boldsymbol{k}\cdot\boldsymbol{k})\end{aligned}$$

由于 $\boldsymbol{i},\boldsymbol{j},\boldsymbol{k}$ 是两两互相垂直的单位向量,故有

$$\boldsymbol{i}\cdot\boldsymbol{i}=|\boldsymbol{i}|^2=1,\quad \boldsymbol{j}\cdot\boldsymbol{j}=|\boldsymbol{j}|^2=1,\quad \boldsymbol{k}\cdot\boldsymbol{k}=|\boldsymbol{k}|^2=1$$
$$\boldsymbol{i}\cdot\boldsymbol{j}=\boldsymbol{j}\cdot\boldsymbol{i}=0,\quad \boldsymbol{i}\cdot\boldsymbol{k}=\boldsymbol{k}\cdot\boldsymbol{i}=0,\quad \boldsymbol{j}\cdot\boldsymbol{k}=\boldsymbol{k}\cdot\boldsymbol{j}=0$$

所以

$$\boldsymbol{a}\cdot\boldsymbol{b}=a_xb_x+a_yb_y+a_zb_z$$

称为数量积的坐标表示式.

例 7.10 已知 3 点 $A(-1,2,3),B(1,1,1),C(0,0,5)$,求 $\angle ABC$.

解 作向量 $\overrightarrow{BA},\overrightarrow{BC}$,则 $\overrightarrow{BA}$ 与 $\overrightarrow{BC}$ 的夹角就是 $\angle ABC$.

因为

$$\overrightarrow{BA}=\{-1-1,2-1,3-1\}=\{-2,1,2\}$$
$$\overrightarrow{BC}=\{0-1,0-1,5-1\}=\{-1,-1,4\}$$

故

$$\overrightarrow{BA}\cdot\overrightarrow{BC}=(-2)\times(-1)+1\times(-1)+2\times4=9$$
$$|\overrightarrow{BA}|\sqrt{(-2)^2+1^2+2^2}=3,\quad |\overrightarrow{BC}|\sqrt{(-1)^2+(-1)^2+4^2}=3\sqrt{2}$$

于是由定义得

$$\cos\angle ABC=\frac{\overrightarrow{BA}\cdot\overrightarrow{BC}}{|\overrightarrow{BA}||\overrightarrow{BC}|}=\frac{9}{3\times3\sqrt{2}}=\frac{\sqrt{2}}{2}$$

所以

$$\angle ABC=\frac{\pi}{4}$$

例 7.11 设 $\boldsymbol{a}=3\boldsymbol{i}-2\boldsymbol{j}+\boldsymbol{k},\boldsymbol{b}=2\boldsymbol{i}+\boldsymbol{j}+4\boldsymbol{k}$,求 $\boldsymbol{a}\cdot\boldsymbol{b}$ 及 $\boldsymbol{a}$ 在 $\boldsymbol{b}$ 上的投影.

解 由向量积的定义得

$$\boldsymbol{a}\cdot\boldsymbol{b}=3\times2+(-2)\times1+1\times2=6$$

因为

$$\boldsymbol{a}\cdot\boldsymbol{b}=|\boldsymbol{b}|Prj_{\boldsymbol{b}}\boldsymbol{a}$$

而

$$|\boldsymbol{b}|=\sqrt{2^2+1^2+4^2}=\sqrt{21}$$

所以 $\boldsymbol{a}$ 在 $\boldsymbol{b}$ 上的投影为

$$|\boldsymbol{a}|\cos\langle\boldsymbol{a},\boldsymbol{b}\rangle=\frac{\boldsymbol{a}\cdot\boldsymbol{b}}{|\boldsymbol{b}|}=\frac{6}{\sqrt{21}}=\frac{6\sqrt{21}}{21}=\frac{2\sqrt{21}}{7}$$

例7.12　设△ABC的3个顶点为$A(0,1,-1)$,$B(1,3,4)$,$C(-1,-1,0)$,证明△ABC为直角三角形.

解　各边所在的向量为$\overrightarrow{AB}=\boldsymbol{i}+2\boldsymbol{j}+5\boldsymbol{k}$,$\overrightarrow{AC}=-\boldsymbol{i}-2\boldsymbol{j}+\boldsymbol{k}$,$\overrightarrow{BC}=-2\boldsymbol{i}-4\boldsymbol{j}-4\boldsymbol{k}$

因为

$$\overrightarrow{AB}\cdot\overrightarrow{AC}=1\times(-1)+2\times(-2)+5\times1=0$$

所以

$$\overrightarrow{AB}\perp\overrightarrow{AC}$$

故△ABC为直角三角形.

(3)向量$\boldsymbol{a}$与$\boldsymbol{b}$的夹角余弦

由向量定义及向量的坐标表示法,设$\boldsymbol{a}=a_1\boldsymbol{i}+a_2\boldsymbol{j}+a_3\boldsymbol{k}$,$\boldsymbol{b}=b_1\boldsymbol{i}+b_2\boldsymbol{j}+b_3\boldsymbol{k}$,均为非零向量,则

$$\cos\langle\boldsymbol{a},\boldsymbol{b}\rangle=\frac{\boldsymbol{a}\cdot\boldsymbol{b}}{|\boldsymbol{a}||\boldsymbol{b}|}=\frac{a_1b_1+a_2b_2+a_3b_3}{\sqrt{a_1^2+a_2^2+a_3^2}\sqrt{b_1^2+b_2^2+b_3^2}}.$$

例7.13　已知$\boldsymbol{a}=\{2,-1,0\}$,$\boldsymbol{b}=\{1,0,2\}$求$\boldsymbol{a}\cdot\boldsymbol{b}$,$\cos\langle\boldsymbol{a},\boldsymbol{b}\rangle$.

解　$\boldsymbol{a}\cdot\boldsymbol{b}=\{2,-1,0\}\times\{1,0,2\}=2+0+0=2$

$$\cos\langle\boldsymbol{a},\boldsymbol{b}\rangle=\frac{\boldsymbol{a}\cdot\boldsymbol{b}}{|\boldsymbol{a}||\boldsymbol{b}|}=\frac{2}{\sqrt{2^2+(-1)^2+0^2}\sqrt{1^2+0^2+2^2}}=\frac{2}{5}$$

7.3.2　向量的向量积(叉积)

在实际问题中,经常用到两个向量的另一种乘法运算.例如,物体受力作用而产生的力矩等.

引例7.2　设为一杠杆的支点,有一个力$\boldsymbol{F}$作用于杠杆P点处,$\boldsymbol{F}$与L的夹角为θ,如图7.15所示.由物理学的知识可知,力$\boldsymbol{F}$对支点O的力矩$\boldsymbol{m}$是一个向量,其模

$$|\boldsymbol{m}|=|OQ||\boldsymbol{F}|=|\overrightarrow{OP}||\boldsymbol{F}|\sin\theta$$

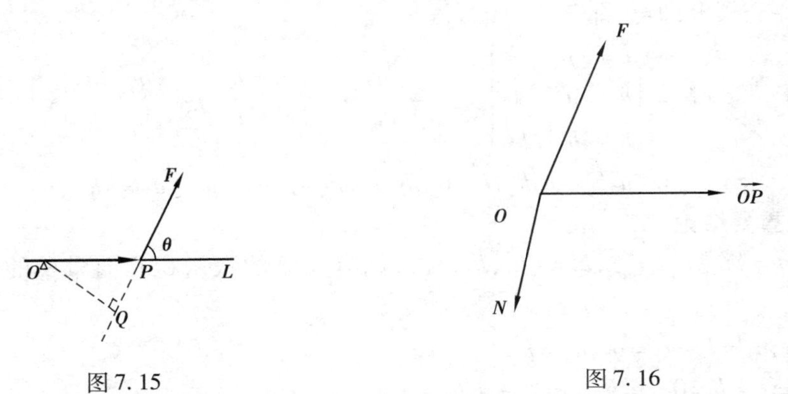

图7.15　　　　图7.16

方向垂直于$\boldsymbol{F}$和L所确定的平面,由右手法则确定,即当右手的4个手指从$\overrightarrow{OP}$以不超过π的角度转向$\boldsymbol{F}$握拳时,大拇指的指向就是其方向(见图7.16).

在这个问题中,两个向量的乘积仍然是一个向量,其方向垂直于这两个向量所在的平面,并由右手法则确定,大小等于这两个向量的模与向量间夹角的正弦的乘积.由于此向量具有普遍的意义,因此,可将其定义为两个向量的向量积.下面给出向量积的定义.

(1)定义

两个向量 $\boldsymbol{a}$ 与 $\boldsymbol{b}$ 的向量积仍是一个向量,记作 $\boldsymbol{a}\times\boldsymbol{b}$,它的模和方向分别规定如下:

①$\boldsymbol{a}\times\boldsymbol{b}=|\boldsymbol{a}||\boldsymbol{b}|\sin\theta$. 其中,$\theta$ 是向量 $\boldsymbol{a}$ 与 $\boldsymbol{b}$ 的夹角.

②$\boldsymbol{a}\times\boldsymbol{b}$ 的方向为既垂直于 $\boldsymbol{a}$ 又垂直于 $\boldsymbol{b}$,并且按顺序 $\boldsymbol{a},\boldsymbol{b},\boldsymbol{a}\times\boldsymbol{b}$ 符合右手法则.

显然,由向量积的定义可得

①$\boldsymbol{a}\times\boldsymbol{a}=0$.

②若 $\boldsymbol{a},\boldsymbol{b}$ 为非零向量,则 $\boldsymbol{a}/\!/\boldsymbol{b}$ 的充要条件是 $\boldsymbol{a}\times\boldsymbol{b}=0$.

由于零向量方向可看作是任意的,故可认为零向量与任意向量都平行. 因此,上述结论也可叙述为:向量 $\boldsymbol{a}/\!/\boldsymbol{b}$ 的充要条件是 $\boldsymbol{a}\times\boldsymbol{b}=0$.

向量的向量积满足如下运算律:

反交换律:$\boldsymbol{a}\times\boldsymbol{b}=-\boldsymbol{b}\times\boldsymbol{a}$.

分配律:$(\boldsymbol{a}+\boldsymbol{b})\times\boldsymbol{c}=\boldsymbol{a}\times\boldsymbol{c}+\boldsymbol{b}\times\boldsymbol{c}$.

结合律:$\lambda(\boldsymbol{a}\times\boldsymbol{b})=(\lambda\boldsymbol{a})\times\boldsymbol{b}=\boldsymbol{a}\times(\lambda\boldsymbol{b})$(其中 λ 为常数).

(2)向量积的坐标表示

设 $\boldsymbol{a}=a_1\boldsymbol{i}+a_2\boldsymbol{j}+a_3\boldsymbol{k},\boldsymbol{b}=b_1\boldsymbol{i}+b_2\boldsymbol{j}+b_3\boldsymbol{k}$,则有

$$\begin{aligned}\boldsymbol{a}\times\boldsymbol{b}&=(a_1\boldsymbol{i}+a_2\boldsymbol{j}+a_3\boldsymbol{k})\times(b_1\boldsymbol{i}+b_2\boldsymbol{j}+b_3\boldsymbol{k})\\&=a_1b_1\boldsymbol{i}\times\boldsymbol{i}+a_1b_2\boldsymbol{i}\times\boldsymbol{j}+a_1b_3\boldsymbol{i}\times\boldsymbol{k}+a_2b_1\boldsymbol{j}\times\boldsymbol{i}+a_2b_2\boldsymbol{j}\times\boldsymbol{j}+a_2b_3\boldsymbol{j}\times\boldsymbol{k}+\\&\quad a_3b_1\boldsymbol{k}\times\boldsymbol{i}+a_3b_2\boldsymbol{k}\times\boldsymbol{j}+a_3b_3\boldsymbol{k}\times\boldsymbol{k}\end{aligned}$$

又因为向量的定义

$$i\times i=0,j\times j=0,k\times k=0,i\times j=k,j\times k=i,$$
$$k\times i=j,j\times i=-k,k\times j=-i,\ k\times i=-j$$

于是得

$$\boldsymbol{a}\times\boldsymbol{b}=(a_2b_3-a_3b_2)\boldsymbol{i}-(a_1b_3-a_3b_1)\boldsymbol{j}+(a_1b_2-a_2b_1)\boldsymbol{k}$$

上式比较难记,可根据行列式的知识,将 $\boldsymbol{a}\times\boldsymbol{b}$ 表示成一个三阶行列式的形式. 计算时,只需将其按第一行展开即可,即

$$\begin{aligned}\boldsymbol{a}\times\boldsymbol{b}&=\begin{vmatrix}\boldsymbol{i}&\boldsymbol{j}&\boldsymbol{k}\\a_1&a_2&a_3\\b_1&b_2&b_3\end{vmatrix}=\begin{vmatrix}a_2&a_3\\b_2&b_3\end{vmatrix}\boldsymbol{i}-\begin{vmatrix}a_1&a_3\\b_1&b_3\end{vmatrix}\boldsymbol{j}+\begin{vmatrix}a_1&a_2\\b_1&b_2\end{vmatrix}\boldsymbol{k}\\&=(a_2b_3-a_3b_2)\boldsymbol{i}-(a_1b_3-a_3b_1)\boldsymbol{j}+(a_1b_2-a_2b_1)\boldsymbol{k}\end{aligned}$$

(3)3 个重要结论

设向量 $\boldsymbol{a}=(a_1,a_2,a_3),\boldsymbol{b}=(b_1,b_2,b_3)$,则有向量的数量积和向量积的定义得到以下结论:

①$\boldsymbol{a}=\boldsymbol{b}\Leftrightarrow a_1=b_1,a_2=b_2,a_3=b_3$.

②$\boldsymbol{a}\perp\boldsymbol{b}\Leftrightarrow a\cdot b=0\Leftrightarrow a_1b_1+a_2b_2+a_3b_3=0$.

③$\boldsymbol{a}/\!/\boldsymbol{b}\Leftrightarrow\boldsymbol{a}=\lambda\boldsymbol{b}\Leftrightarrow\dfrac{a_1}{b_1}=\dfrac{a_2}{b_2}=\dfrac{a_3}{b_3}\Leftrightarrow\boldsymbol{a}\times\boldsymbol{b}=\boldsymbol{0}$.

其中,"⇔"表示"充分必要条件".

习题 7.3

1. $\boldsymbol{a},\boldsymbol{b},\boldsymbol{c}$ 3 个向量,若 $\boldsymbol{a}\cdot\boldsymbol{b}=\boldsymbol{a}\cdot\boldsymbol{c}(\boldsymbol{c}\neq\boldsymbol{0})$,是否有 $\boldsymbol{a}=\boldsymbol{b}$,举例说明是否正确. 若 $\boldsymbol{a}\times\boldsymbol{b}=\boldsymbol{a}\times\boldsymbol{c}(\boldsymbol{c}\neq\boldsymbol{0})$ 时呢?

2. 已知 $\boldsymbol{a}=3\boldsymbol{i}+2\boldsymbol{j}-\boldsymbol{k},\boldsymbol{b}=\boldsymbol{i}-\boldsymbol{j}+2\boldsymbol{k}$, 求以下问题:

(1) $\boldsymbol{a}\cdot\boldsymbol{b}$　　(2) $5\boldsymbol{a}\cdot 3\boldsymbol{b}$　　(3) $\boldsymbol{a}\cdot\boldsymbol{j}$

(4) $\boldsymbol{b}\cdot\boldsymbol{j}$　　(5) $(\boldsymbol{a}+2\boldsymbol{b})\cdot\boldsymbol{b}$　　(6) $\boldsymbol{a}\cdot(-2\boldsymbol{a}+3\boldsymbol{b})$

3. 已知 $\boldsymbol{a}=\boldsymbol{i}+\boldsymbol{j}-4\boldsymbol{k}$, $\boldsymbol{b}=2\boldsymbol{i}-2\boldsymbol{j}+2\boldsymbol{k}$,试求 $\boldsymbol{a}\cdot\boldsymbol{b}$, $|\boldsymbol{a}|$, $|\boldsymbol{b}|$ 及两个向量间的夹角.

4. 已知 $|\boldsymbol{a}|=4$, $|\boldsymbol{b}|=5$, $(\boldsymbol{a},\boldsymbol{b})=\dfrac{3}{4}\pi$,试求以下问题:

(1) $\boldsymbol{a}\cdot\boldsymbol{b}$　　(2) $(\boldsymbol{a}-\boldsymbol{b})\cdot(\boldsymbol{a}+\boldsymbol{b})$

5. 设 $\boldsymbol{a}=2\boldsymbol{i}-\boldsymbol{j}+2\boldsymbol{k},\boldsymbol{b}=\boldsymbol{i}+2\boldsymbol{j}+\boldsymbol{k}$,求 $\boldsymbol{a}\cdot\boldsymbol{b}$,以及 $\boldsymbol{a}$ 在 $\boldsymbol{b}$ 上的投影和 $\boldsymbol{b}$ 在 $\boldsymbol{a}$ 上的投影.

6. 求顶点为 $A(2,1,4)$, $B(3,-1,2)$, $C(5,0,6)$ 的三角形各边长.

7. 已知两点 $A(4,\sqrt{2},1)$ 与 $B(3,0,2)$,求向量 $\overrightarrow{AB}$ 的模、方向余弦和方向角.

8. 已知 $\boldsymbol{a}=(3,2,-1)$, $\boldsymbol{b}=(1,-1,2)$,求以下问题:

(1) $\boldsymbol{a}\times\boldsymbol{b}$　　(2) $2\boldsymbol{a}\times 3\boldsymbol{b}$　　(3) $\boldsymbol{a}\times\boldsymbol{i}$

(4) $\boldsymbol{b}\times\boldsymbol{j}$　　(5) $(\boldsymbol{a}+2\boldsymbol{b})\times\boldsymbol{b}$　　(6) $\boldsymbol{a}\times(-2\boldsymbol{a}+3\boldsymbol{b})$

9. 已知 $\overrightarrow{AB}=2\boldsymbol{i}-3\boldsymbol{j}+\boldsymbol{k}$, $\overrightarrow{AC}=5\boldsymbol{i}+2\boldsymbol{j}+\boldsymbol{k}$ 求三角形 ABC 的面积.

7.4　平面与直线

7.4.1　点的轨迹方程的概念

在平面解析几何中,把平面曲线看作一个动点运动的轨迹,从而得到轨迹方程——曲线方程的概念. 则在空间解析几何中,也可将曲面或曲线看作是满足一定条件的动点的轨迹,动点的轨迹也用方程或方程组来表示,从而得到曲面方程或曲线方程的概念.

如果曲面 Σ 与三元方程 $f(x,y,z)=0$ 有以下关系:

①曲面 Σ 任意一点的坐标都满足方程 $f(x,y,z)=0$.

②不在曲面 Σ 上的点的坐标都不满足方程 $f(x,y,z)=0$.

则称方程 $f(x,y,z)=0$ 是曲面 Σ 的方程,曲面 Σ 就称为方程 $f(x,y,z)=0$ 的图形.

于是,空间曲线可以看作两个曲面的交线.

7.4.2　平面及其方程

(1) 平面的点法式方程

如果一非零向量 $\boldsymbol{n}$ 垂直于平面 π,则称此向量为该平面的法向量. 显然,平面的法向量有无数个. 它们均垂直于平面 π 内的任意向量. 由立体几何的知识可知,已知平面上的一点

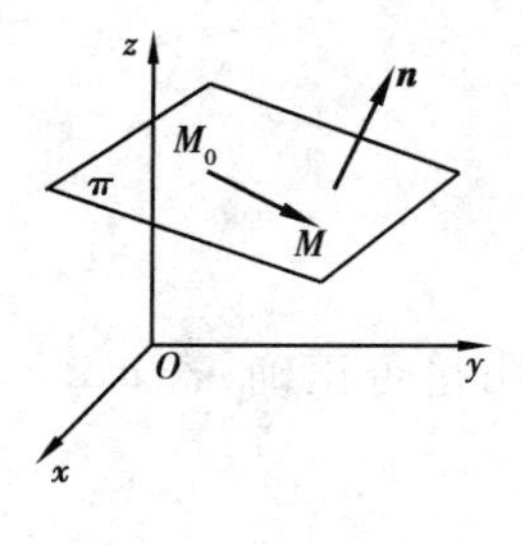

图 7.17

$M_0(x_0,y_0,z_0)$ 和其法向量 $\boldsymbol{n}=\{A,B,C\}$ 就可以唯一确定这个平面. 如图 7.17 所示,设平面 π 过点 $M_0(x_0,y_0,z_0)$,以 $\boldsymbol{n}=\{A,B,C\}$ 为法向量,现求平面 π 的点法式方程.

设 $M(x,y,z)$ 是平面上任意一点,则向量 $\overrightarrow{M_0M}$ 必位于平面上,故必与法向量 $\boldsymbol{n}$ 垂直,从而有 $n\cdot\overrightarrow{M_0M}=0$ 因为

$$\overrightarrow{M_0M}=\{x-x_0,y-y_0,z-z_0\},\boldsymbol{n}=\{A,B,C\}$$

于是有

$$A(x-x_0)+B(y-y_0)+C(z-z_0)=0\quad (A,B,C\text{ 至少有一个不为零})\tag{1}$$

此即为平面的点法式方程.

例 7.14 求过点 $(-3,2,1)$ 且与平面 $2x+3y-z=0$ 平行的平面方程.

解 由题意,所求平面的法向量为

$$\boldsymbol{n}=\{2,3,-1\}$$

有平面的点法式方程,将点 $(-3,2,1)$ 代入得

$$2(x+3)+3(y-2)-(z-1)=0$$

即

$$2x+3y-z+1=0$$

例 7.15 求经过 3 点 $A(1,-1,2)$,$B(3,1,2)$,$C(0,1,3)$ 的平面方程.

解 由于点 A,B,C 在平面上,则向量 $\overrightarrow{AB}$,$\overrightarrow{AC}$ 都在平面上,由向量积的定义可知,向量 $\overrightarrow{AB}\times\overrightarrow{AC}$ 与向量 $\overrightarrow{AB}$,$\overrightarrow{AC}$ 都垂直,从而垂直于所求的平面,所以它是所求平面的一个法向量.

因为

$$\overrightarrow{AB}=\{2,2,0\},\quad \overrightarrow{AC}=\{-1,2,1\}$$

所以

$$\overrightarrow{AB}\times\overrightarrow{AC}=\begin{vmatrix}\boldsymbol{i} & \boldsymbol{j} & \boldsymbol{k}\\ 2 & 2 & 0\\ -1 & 2 & 1\end{vmatrix}=2\boldsymbol{i}-2\boldsymbol{j}+6\boldsymbol{k}$$

故所求的平面为

$$2(x-1)-2(y+1)+6(z-2)=0$$

即

$$x-y+3z-10=0$$

(2)平面的一般式方程

由 $A(x-x_0)+B(y-y_0)+C(z-z_0)=0$ $(A,B,C$ 至少有一个不为零). 展开,得

$$Ax+By+Cz-Ax_0-By_0-Cz_0=0$$

设 $D=-Ax_0-By_0-Cz_0$,于是有

$$Ax+By+Cz+D=0\quad (A,B,C\text{ 至少有一个不为零})\tag{2}$$

此即为以 $\boldsymbol{n}=\{A,B,C\}$ 为法向量的平面的一般式方程.

(3)平面的截矩式方程

例 7.16 设一平面不过原点且与 3 个坐标轴相交于点 $M(a,0,0)$,$N(0,b,0)$,$P(0,0,c)$ 3 点,如图 7.18 所示. 求此平面方程.

解　由于 M,N,P 3 点在平面上，因此 3 点的坐标满足平面的方程. 设平面的方程为

$$Ax + By + Cz + D = 0$$

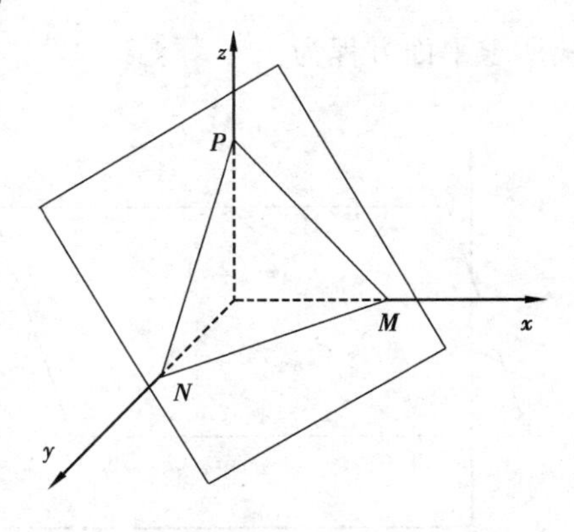

图 7.18

将 M,N,P 单点坐标分别代入，则有

$$Aa + D = 0, \quad Bb + D = 0, \quad Cc + D = 0$$

于是有

$$A = \frac{-D}{a}, \quad B = -\frac{D}{b}, \quad C = -\frac{D}{c}$$

所以

$$\frac{-D}{a}x - \frac{D}{b}y - \frac{D}{c}z + D = 0$$

即

$$\frac{x}{a} + \frac{y}{b} + \frac{z}{c} = 1$$

其中，a,b,c 称为平面在空间坐标系上的截距，所以上式被称为平面的截距式方程.

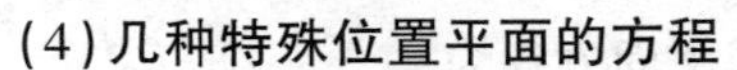

(4)几种特殊位置平面的方程

1)通过原点的平面方程

由于平面通过原点，点(0,0,0)满足方程，代入得

$$D = 0$$

因此，过原点的平面方程的一般形式为

$$Ax + By + Cz = 0$$

2)平行于坐标轴

平行于 x 轴的平面方程的一般形式为

$$By + Cz + D = 0$$

平行于 y 轴的平面方程的一般形式为

$$Ax + Cz + D = 0$$

平行于 z 轴的平面方程的一般形式为

$$Ax + By + D = 0$$

3)通过坐标轴

通过 x 轴的平面方程的一般形式为

$$By + Cz = 0$$

通过 y 轴和 z 轴的平面方程的一般形式为

$$Ax + Cz = 0, \quad Ax + By = 0$$

4)垂直于坐标轴

垂直于 x,y,z 轴的平面方程的一般形式为

$$Ax + D = 0, \quad By + D = 0, \quad Cz + D = 0$$

例 7.17　求过点(3，-2,3)且平行于 xOy 坐标面的平面方程.

解　此方程平行于 xOy 坐标面，即垂直于 z 轴，设方程为 $Cz + D = 0$，将点(3，-2,3)代入方程，得

$$3C + D = 0, D = -3C$$

代回所设方程

$$Cz-3C=0$$

故所求平面方程为

$$z-3=0$$

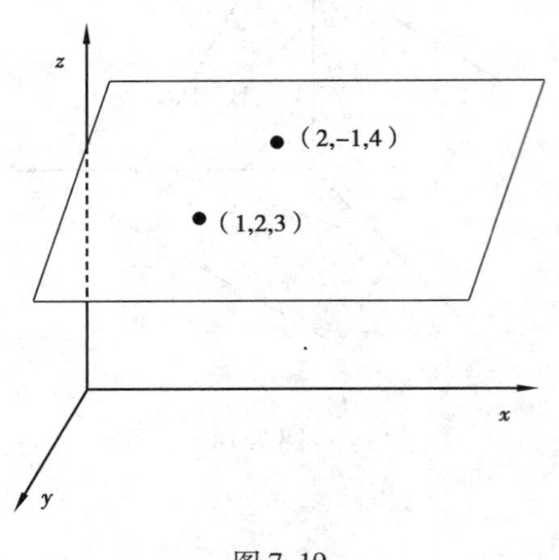

图 7.19

例 7.18 求平行于 x 轴且过两点 $(1,2,3)$ 和 $(2,-1,4)$ 的平面方程(见图 7.19).

解 因所求平面方程平行于 x 轴,设方程为 $By+Cz+D=0$,代入两点的坐标,得

$$2B+3C+D=0,\quad -B+4C+D=0$$

有

$$C=-\frac{3}{11}D,\quad B=\frac{1}{11}D$$

于是

$$\frac{1}{11}Dy-\frac{3}{11}Dz+D=0$$

因 $D\neq0$,即得平面方程为

$$y-3z+11=0$$

(5)两个平面的位置关系

由立体几何的知识可知,空间两平面的位置关系有相交、平行和重合 3 种情形,而且当且仅当两平面有一公共点时相交,当且仅当两平面没有公共点时平行,当且仅当一个平面上的所有点都是另一个平面的点时它们重合.

设两个平面 π_1 与 π_2 的方程分别为

$$\pi_1:A_1x+B_1y+C_1z+D_1=0$$
$$\pi_2:A_2x+B_2y+C_2z+D_2=0$$

其法向量分别为 $\boldsymbol{n}_1=\{A_1,B_1,C_1\}$,$\boldsymbol{n}_2=\{A_2,B_2,C_2\}$. 于是有以下结论:

①若平面 π_1 与 π_2 相交,则

$$\frac{A_1}{A_2}\neq\frac{B_1}{B_2}\neq\frac{C_1}{C_2}$$

特别的

$$\pi_1\perp\pi_2\Leftrightarrow\boldsymbol{n}_1\perp\boldsymbol{n}_2\Leftrightarrow A_1A_2+B_1B_2+C_1C_2=0$$

② $\pi_1/\!/\pi_2\Leftrightarrow\boldsymbol{n}_1/\!/\boldsymbol{n}_2\Leftrightarrow\frac{A_1}{A_2}=\frac{B_1}{B_2}=\frac{C_1}{C_2}\neq\frac{D_1}{D_2}$.

③ π_1 与 π_2 重合 $\Leftrightarrow\frac{A_1}{A_2}=\frac{B_1}{B_2}=\frac{C_1}{C_2}=\frac{D_1}{D_2}$.

例 7.19 分别判断下列各组的两个平面的位置关系.

1) $2x-3y+z=0$ 和 $2x+3y-5z+2=0$

2) $3x+2y-2z+6=0$ 和 $6x+4y-4z-6=0$

3) $x+y-z-2=0$ 和 $-2x-2y+2z+4=0$

4) $2x-3y+z=0$ 和 $2x+3y+5z+2=0$

解 1) $2x-3y+z=0$ 和 $2x+3y-5z+2=0$

因为

$$\frac{2}{2} \neq \frac{-3}{3} \neq \frac{1}{-5}$$

于是,这两个平面相交.

2)由于

$$\frac{3}{6} = \frac{2}{4} = \frac{-2}{-4} \neq \frac{6}{-6}$$

因此,这两个平面平行.

3)由于

$$\frac{1}{-2} = \frac{1}{-2} = \frac{-1}{2} = \frac{-2}{4}$$

因此,这两个平面重合.

4)由于

$$\frac{2}{2} \neq \frac{-3}{3} \neq \frac{1}{-5}$$

因此,这两个平面相交,又因为

$$2 \times 2 + (-3) \times 3 + 1 \times 5 = 0$$

于是,这两个平面垂直.

下面不加证明地给出空间两个平面之间的夹角和点到平面的距离公式.

平面 π_1 与 π_2 的夹角 θ,即为两个平面法向量夹角,由两个向量间的夹角公式得:

$$\cos\theta = \frac{|\boldsymbol{n}_1 \cdot \boldsymbol{n}_2|}{|\boldsymbol{n}_1||\boldsymbol{n}_2|} = \frac{|A_1A_2 + B_1B_2 + C_1C_2|}{\sqrt{A_1^2 + B_1^2 + C_1^2}\sqrt{A_2^2 + B_2^2 + C_2^2}} \quad \left(0 \leqslant \theta \leqslant \frac{\pi}{2}\right)$$

点 $P_1(x_1, y_1, z_1)$ 到平面 π $Ax + By + Cz + D = 0$ 的距离公式为

$$d = \frac{|Ax_1 + By_1 + Cz_1 + D|}{\sqrt{A^2 + B^2 + C^2}}$$

7.4.3　直线方程

(1)直线的一般式方程

空间中任何一条直线都可看作两个相交平面的交线. 如果直线 L 作为平面 $A_1x + B_1y + C_1z + D_1 = 0$ 和平面 $A_2x + B_2y + C_2z + D_2 = 0$ 的交线,则该直线 L 的一般式方程为

$$\begin{cases} A_1x + B_1y + C_1z + D_1 = 0 \\ A_2x + B_2y + C_2z + D_2 = 0 \end{cases} \tag{1}$$

其中,$\{A_1, B_1, C_1\}$ 与 $\{A_2, B_2, C_2\}$ 不成比例.

(2)直线的标准式方程

由立体几何可知,过空间一点作平行于已知直线的直线是唯一的. 因此,如果知道直线上一点及直线平行与某一向量,那么,该直线的位置就唯一确定. 下面利用此结论推导直线的方程.

如果一个非零向量 $\boldsymbol{s}$ 平行于直线 L,则称 $\boldsymbol{s}$ 为直线 L 的方向向量. 任意方向向量的坐标称为直线的一组方向数. 显然,一条直线的方向向量有无穷多个,它们之间互相平行.

设直线 L 过点 $M_0(x_0,y_0,z_0)$ 且以 $\boldsymbol{s}=\{m,n,p\}$ 为直线的一个方向向量，点 $M(x,y,z)$ 是直线 L 上任意一点，由于向量 $\overrightarrow{M_0M}=(x-x_0,y-y_0,z-z_0)$ 在直线上，也是直线的一个方向向量，故 $\overrightarrow{M_0M}/\!/s$，根据向量平行的充分必要条件，有

$$\frac{x-x_0}{m}=\frac{y-y_0}{n}=\frac{z-z_0}{p} \tag{2}$$

此即直线 L 的标准式方程（也称为点向式方程或对称式方程）.

注：在式(2)中，若有个别分母为零，应相应地理解为所对应的分子也为零.

例 7.20 求过点 $M_1(x_1,y_1,z_1)$，$M_2(x_2,y_2,z_2)$ 的直线方程.

解 由于

$$s=\overrightarrow{M_1M_2}=\{x_2-x_1,y_2-y_1,z_2-z_1\}$$

因此，有直线的点向式方程可得

$$\frac{x-x_1}{x_2-x_1}=\frac{y-y_1}{y_2-y_1}=\frac{z-z_1}{z_2-z_1}$$

即为所求直线方程.

(3)直线的参数方程

由直线的标准方程引入变量 t，令

$$\frac{x-x_0}{m}=\frac{y-y_0}{n}=\frac{z-z_0}{p}=t \tag{3}$$

则有

$$\begin{cases}x=x_0+mt\\y=y_0+nt\\z=z_0+pt\end{cases} \tag{4}$$

此即过点 $M_0(x_0,y_0,z_0)$ 且以 $\boldsymbol{s}=\{m,n,p\}$ 为方向向量的直线 L 的参数方程. 其中，t 为参数.

例 7.21 已知点 $M(1,-2,3)$ 和平面 $\pi:2x-3y+z+3=0$，求过点 M 且和平面 π 垂直的直线的参数方程.

解 可设所求直线的方程为

$$\frac{x-1}{m}=\frac{y+2}{n}=\frac{z-3}{p}$$

由题意可知，平面 π 的法向量 $n=(2,-3,1)$ 即为所求直线的方向向量 s，故

$$s=(m,n,p)=(2,-3,1)$$

因此，所求直线的方程为

$$\frac{x-1}{2}=\frac{y+2}{-3}=\frac{z-3}{1}$$

令 $\frac{x-1}{2}=\frac{y+2}{-3}=\frac{z-3}{1}=t$，得到所求直线的参数方程为

$$\begin{cases}x=2t+1\\y=-3t-2\\z=t+3\end{cases}$$

其中，t 为参数.

例 7.22　把直线 L 的一般方程 $\begin{cases}3x-2y+z+8=0\\5x+y-z+2=0\end{cases}$，化为标准式方程和参数方程.

解　解法 1：先在直线 L 上求一点 $M_0(x_0,y_0,z_0)$，为方便起见，令 $x_0=0$ 代入上式，得

$$\begin{cases}2y-z-8=0\\y-z+2=0\end{cases}$$

解方程组，得

$$y_0=10,\quad z_0=12$$

即点 $M_0(0,10,12)$ 在直线 L 上.

又因为直线 L 是两个平面的交线，故直线与两个平面的法向量 $\boldsymbol{n}_1=(3,-2,1)$，$\boldsymbol{n}_2=(5,1,-1)$ 均垂直，即与 $\boldsymbol{n}_1\times\boldsymbol{n}_2$ 平行. 而

$$\boldsymbol{n}_1\times\boldsymbol{n}_2=\begin{vmatrix}\boldsymbol{i}&\boldsymbol{j}&\boldsymbol{k}\\3&-2&1\\5&1&-1\end{vmatrix}=\boldsymbol{i}+8\boldsymbol{j}+13\boldsymbol{k}$$

因此，直线方程 L 的点向式方程为

$$\frac{x}{1}=\frac{y-10}{8}=\frac{z-12}{13}$$

相应的参数方程为

$$\begin{cases}x=t\\y=10+8t\\z=12+13t\end{cases}$$

解法 2：从所给方程组分别消去 z 和 y，得

$$8x-y+10=0\quad 和\quad 13x-z+12=0$$

变形为

$$\frac{x}{1}=\frac{y-10}{8}\quad 和\quad \frac{x}{1}=\frac{z-12}{13}$$

于是得

$$\frac{x}{1}=\frac{y-10}{8}=\frac{z-12}{13}$$

(4)两条直线的位置关系

由立体几何知识可知，空间中直线的位置关系有相交、平行、异面 3 种情况，下面分别考虑空间中两条直线的位置关系.

设直线 L_1 与 L_2 的标准方程分别为

$$L_1:\frac{x-x_1}{m_1}=\frac{y-y_1}{n_1}=\frac{z-z_1}{p_1}$$

$$L_2:\frac{x-x_2}{m_2}=\frac{y-y_2}{n_2}=\frac{z-z_2}{p_2}$$

其方向向量分别为 $\boldsymbol{s}_1=\{m_1,n_1,p_1\}$，$\boldsymbol{s}_2=\{m_1,n_1,p_1\}$，则有

①若直线 L_1 和 L_2 相互平行，则 $\boldsymbol{s}_1$ 和 $\boldsymbol{s}_2$ 平行，有

$$L_1/\!/L_2\Leftrightarrow\boldsymbol{s}_1/\!/\boldsymbol{s}_2\Leftrightarrow\frac{m_1}{m_2}=\frac{n_1}{n_2}=\frac{p_1}{p_2}$$

②若直线 L_1 和 L_2 相互垂直，则 $\boldsymbol{s}_1$ 和 $\boldsymbol{s}_2$ 垂直，有

$$L_1 \perp L_2 \Leftrightarrow \boldsymbol{s}_1 \perp \boldsymbol{s}_2 \Leftrightarrow m_1m_2+n_1n_2+p_1p_2=0$$

③若 L_1 和 L_2 相交，则两直线间夹角 θ 为 $\boldsymbol{s}_1$ 和 $\boldsymbol{s}_2$ 两向量的夹角，即

$$\cos\theta=\frac{m_1m_2+n_1n_2+p_1p_2}{\sqrt{m_1^2+n_1^2+p_1^2}\sqrt{m_2^2+n_2^2+p_2^2}}$$

例 7.23 已知直线 L_1,L_2，判断它们之间的位置关系：

1) $L_1:\frac{x+1}{3}=\frac{y-2}{-2}=\frac{z+2}{1}$, $L_2:\frac{x-2}{6}=\frac{y-1}{-4}=\frac{z+3}{2}$.

2) $L_1:\frac{x+1}{2}=\frac{y-3}{-1}=\frac{z-2}{-4}$, $L_2:\frac{x-2}{3}=\frac{y-4}{2}=\frac{z+1}{1}$.

解 1) 因为直线 L_1 和 L_2 的方向向量分别为

$$\boldsymbol{s}_1=(3,-2,1),\boldsymbol{s}_2=(6,-4,2),\boldsymbol{s}_1/\!/\boldsymbol{s}_2$$

故

$$L_1/\!/L_2$$

2) 因为直线 L_1 和 L_2 的方向向量分别为

$$\boldsymbol{s}_1=(2,-1,-4),\boldsymbol{s}_2=(3,2,1),\boldsymbol{s}_1\perp\boldsymbol{s}_2$$

故

$$L_1\perp L_2$$

(5) 直线与平面的位置关系

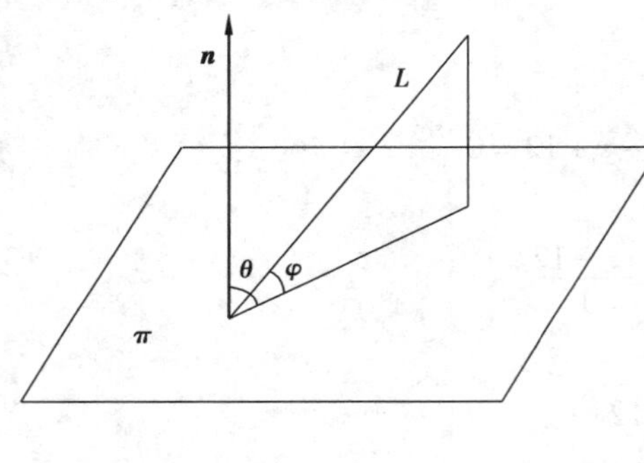

图 7.20

直线与它在平面上的投影线间的夹角 $\varphi\left(0\leqslant\varphi\leqslant\frac{\pi}{2}\right)$，称为直线与平面的夹角，如图 7.20 所示.

设直线 L 和平面 π 的方程分别为

$$L:\frac{x-x_0}{m}=\frac{y-y_0}{n}=\frac{z-z_0}{p}$$

$$\pi:Ax+By+Cz+D=0$$

则直线 L 的方向向量为 $\boldsymbol{s}=\{m,n,p\}$，平面 π 的法向量为 $\boldsymbol{n}=\{A,B,C\}$，向量 $\boldsymbol{s}$ 与向量 $\boldsymbol{n}$ 间的夹角为 θ，于是 $\varphi=\frac{\pi}{2}-\theta\left(或\ \varphi=\theta-\frac{\pi}{2}\right)$，故

$$\sin\varphi=|\cos\theta|=\frac{|\boldsymbol{s}\cdot\boldsymbol{n}|}{|\boldsymbol{s}||\boldsymbol{n}|}=\frac{|mA+nB+pC|}{\sqrt{m^2+n^2+p^2}\sqrt{A^2+B^2+C^2}}$$

由此，可知：

① L 在 π 内 $\Leftrightarrow\boldsymbol{s}\perp\boldsymbol{n}$（或 $mA+nB+pC=0$），且 $M_0(x_0,y_0,z_0)$ 既在 L 上，又在 π 内.

② $L/\!/\pi\Leftrightarrow\boldsymbol{s}\perp\boldsymbol{n}$（或 $mA+nB+pC=0$），且 $M_0(x_0,y_0,z_0)$ 在 L 上，而不在 π 内.

③ $L\perp\pi\Leftrightarrow\boldsymbol{s}/\!/\boldsymbol{n}\Leftrightarrow\frac{m}{A}=\frac{n}{B}=\frac{p}{C}$.

例 7.24 已知直线 L 和平面 π，判断它们之间的关系.

1) $L:\frac{x+1}{3}=\frac{y-1}{2}=\frac{z+1}{2}$, $\pi:2x-y-2z-1=0$.

2) $L:\frac{x-1}{1}=\frac{y+1}{3}=\frac{z+3}{2}$, $\pi:4x-2y+z-3=0$.

3) $L:\frac{x-1}{2}=\frac{y+2}{-4}=\frac{z-3}{3}$, $\pi:4x-8y+6z+1=0$.

解　1)因为直线 L 的方向向量 $\boldsymbol{s}=(3,2,2)$ 与平面 π 的法向量 $\boldsymbol{n}=(2,-1,-2)$ 互相垂直,所以

$$L /\!/ \pi$$

2)因为直线 L 方向向量 $\boldsymbol{s}=(1,2,3)$ 与平面 π 的法向量 $\boldsymbol{n}=(4,-2,1)$ 互相垂直,所以

$$L /\!/ \pi$$

又因为直线 L 上的点 $M(1,-2,-3)$ 满足平面 π 的方程,所以 M 在平面 π 上,所以直线 L 也在平面 π 上.

3)因为直线 L 的方向向量 $\boldsymbol{s}=(2,-4,3)$ 与平面 π 的法向量 $\boldsymbol{n}=(4,-8,6)$ 互相平行,所以

$$L \perp \pi$$

习题7.4

1. 求满足下列条件的平面方程:

(1)过点 $M(1,1,1)$,且与平面 $3x-y+2z-1=0$ 平行.

(2)与 x,y,z 轴的交点分别为 $(2,0,0)$, $(1,-3,0)$ 和 $(0,0,-1)$.

(3)过点 $M(1,2,1)$,且同时与平面 $x+y-2z+1=0$ 和 $2x-y+z=0$ 垂直.

(4)过点 $A(2,3,0)$, $B(-2,-3,4)$ 和 $C(0,6,0)$.

2. 求满足下列条件的平面方程:

(1)经过 z 轴,且过点 $(-3,1,-2)$.

(2)平行于 z 轴,且经过点 $(4,0,-2)$ 和 $(5,1,7)$.

(3)平行于 zOx 面,且过点 $(2,-5,3)$.

3. 一平面过点 $M(2,1,-1)$,而在 x 轴和 y 轴上的截距分别为2和1,求此平面方程.

4. 求经过两点 $M_1(1,0,-1)$, $M_2(2,1,-2)$ 的直线方程.

5. 已知某直线过点 $P(0,1,2)$,且平行于直线 $L:\begin{cases}x+2y+z=1\\x-2y+3z=2\end{cases}$,求该直线方程.

*7.5　曲面和曲线

在7.4节已介绍了曲面及曲面方程的概念.如果曲面 Σ 上每一点的坐标都满足方程 $F(x,y,z)=0$,而不在曲面 Σ 上的每一点坐标都不满足方程 $F(x,y,z)=0$,则称方程 $F(x,y,z)=0$ 为曲面方程,称曲面 Σ 为 $F(x,y,z)=0$ 的图形.

在空间直角坐标系中,如果 $F(x,y,z)=0$ 是二次方程,则它的图形称为二次曲面.下面给出几种常见的曲面方程.

7.5.1 球面方程

空间一动点到定点的距离为定值,该动点的轨迹称为球面,定点称为球心,定值称为半径.设动点 $M(x,y,z)$,以 $P_0(x_0,y_0,z_0)$ 为球心,R 为球半径,由两点间的距离公式,得

$$\sqrt{(x-x_0)^2+(y-y_0)^2+(z-z_0)^2}=R$$

即

$$(x-x_0)^2+(y-y_0)^2+(z-z_0)^2=R^2$$

特别的,当球心在原点 $O(0,0,0)$ 时,半径为 R 的球面方程为

$$x^2+y^2+z^2=R^2$$

例 7.25 $x^2+y^2+z^2-2x+4y=0$ 表示什么方程.

解 方程 $x^2+y^2+z^2-2x+4y=0$ 经过配方后可化为

$$(x-1)^2+(y+2)^2+z^2=5$$

它表示球心在 $M_0(1,-2,0)$,半径为 $\sqrt{5}$ 的球面方程.

7.5.2 柱面方程

直线 L 沿定曲线 C 平行移动所形成的曲面,称为**柱面**.定曲线 C 称为柱面的**准线**,动直线 L 称为柱面的**母线**.

如果柱面的准线 C 在 xOy 坐标面上的方程为 $f(x,y)=0$,那么以 C 为准线,母线平行于 z 轴的柱面方程就是

$$f(x,y)=0$$

同样的,方程 $g(y,z)=0$ 表示母线平行于 x 轴的柱面方程;方程 $h(x,z)=0$ 表示母线平行于 y 轴的柱面方程.一般在空间直角坐标系中,含有两个变量的方程就是柱面方程,且在其方程中缺哪个变量,此柱面的母线就平行于哪一个坐标轴.

例如,一个圆柱面的母线平行于 z 轴,准线 C 是在 xOy 坐标面上的以原点为圆心,R 为半径的圆,即准线 C 在 xOy 坐标面上的方程为 $x^2+y^2=R^2$,其圆柱面方程为

$$x^2+y^2=R^2$$

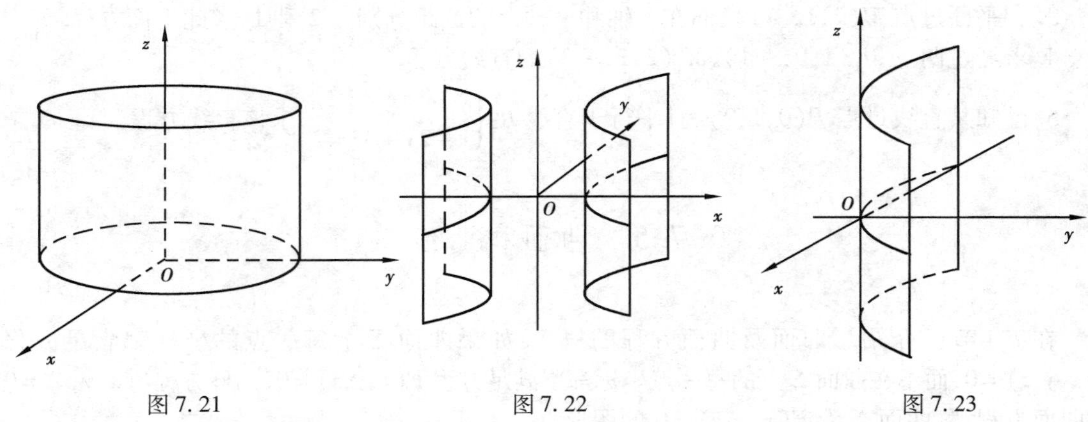

图 7.21　　图 7.22　　图 7.23

同样的，方程$\frac{x^2}{a^2}+\frac{y^2}{b^2}=1$，$\frac{x^2}{a^2}-\frac{y^2}{b^2}=1$，$x^2-2py=0$ 分别表示母线平行于 z 轴的椭圆柱面(见图7.21)、双曲柱面(见图7.22)和抛物柱面(见图7.23).

7.5.3　以坐标轴为旋转轴的旋转曲面

一条曲线 C 绕一定直线 L 旋转所生成的曲面，称为**旋转曲面**. 曲线 C 称为旋转曲面的**母线**，定直线 L 称为旋转曲面的**旋转轴**(或者称为轴).

以下只讨论母线上某个坐标平面上的平面曲线，而旋转轴是该坐标平面上的一条坐标轴的旋转曲面.

设在 yOz 平面上有一条曲线 C，它在平面直角坐标系中的方程为 $f(y,z)=0$. 现在来求曲线 C 绕 z 轴旋转所生成的旋转曲面方程(见图7.24).

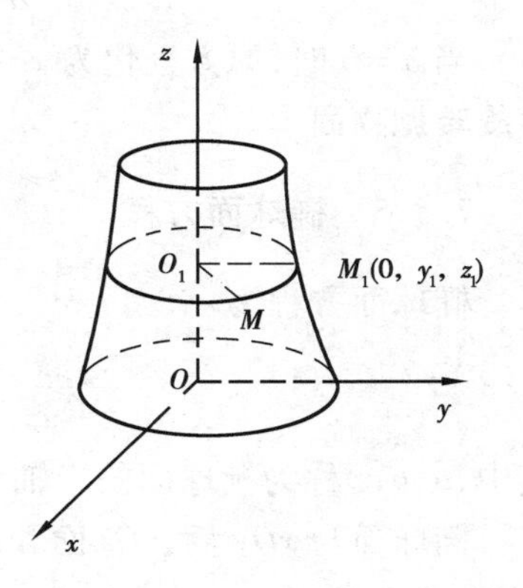

图7.24

设点 $M(x,y,z)$ 为旋转曲面上任意一点，它是由母线上点 $M_1(0,y_1,z_1)$ 绕 z 轴旋转而得来的. 显然，$z=z_1$，且点 M 到 z 轴的距离等于点 M_1 到 z 轴的距离，即 $\sqrt{x^2+y^2}=|y_1|$，而点 M_1 在母线 C 上，所以 $f(y_1,z_1)=0$，于是有

$$f(\pm\sqrt{x^2+y^2},z)=0$$

易知，旋转曲面上的点的坐标都满足方程 $f(\pm\sqrt{x^2+y^2},z)=0$，而不在旋转曲面上的点的坐标都不满足该方程，故此方程就是以曲线 C 为母线，z 轴为旋转轴的**旋转曲面方程**.

同理，曲线 C 绕 y 轴旋转所生成的旋转曲面方程为

$$f(y,\pm\sqrt{x^2+z^2})=0$$

对于其他坐标面上的曲线，绕它所在坐标面的一条坐标轴旋转所得的旋转曲面的方程可以类似求出，这样就得到以下规律：

当坐标平面上的曲线 C 绕此坐标平面里的一条坐标轴旋转时，为了求出这样的旋转曲面的方程，只要将曲线 C 在坐标面里的方程保留和旋转轴同名的坐标，而用其他两个坐标平方和的平方根来代替方程中的另一坐标即可.

例7.26　将 xOy 面上的双曲线

$$\frac{x^2}{a^2}-\frac{y^2}{b^2}=1$$

分别绕 x 轴和 y 轴旋转一周，求所生成的旋转曲面的方程.

解　绕 x 轴旋转一周，所生成的旋转曲面的方程为

$$\frac{x^2}{a^2}-\frac{y^2+z^2}{b^2}=1$$

绕 y 轴旋转一周，所生成的旋转曲面的方程为

$$\frac{x^2+z^2}{a^2}-\frac{y^2}{b^2}=1$$

这两种曲面分别称为双叶旋转双曲面和单叶旋转双曲面.

7.5.4 椭圆抛物面方程

椭圆抛物面方程为

$$\frac{x^2}{a^2}+\frac{y^2}{b^2}=2pz \quad (a>0,b>0,p>0)$$

当 $a=b$ 时,原方程化为 $x^2+y^2=2qz$($q>0$,其中 $q=a^2p$). 它由抛物线绕 z 轴旋转而成,称为**旋转抛物面**.

7.5.5 椭球面方程

椭球面方程为

$$\frac{x^2}{a^2}+\frac{y^2}{b^2}+\frac{z^2}{c^2}=1 \quad (a>0,b>0,c>0)$$

其中,a,b,c 称为椭球面的半轴,坐标原点 O 称为椭球面的中心.

椭球面与 xOy 面、yOz 面和 xOz 面的交线

$$\begin{cases}\dfrac{x^2}{a^2}+\dfrac{y^2}{b^2}=1\\ z=0\end{cases},\quad \begin{cases}\dfrac{x^2}{a^2}+\dfrac{z^2}{c^2}=1\\ y=0\end{cases},\quad \begin{cases}\dfrac{z^2}{c^2}+\dfrac{y^2}{b^2}=1\\ x=0\end{cases}$$

分别是 xOy 面、yOz 面和 xOz 面上的椭圆.

7.5.6 空间曲线在坐标面上的投影

设空间曲线 C 的方程为 $\begin{cases}F(x,y,z)=0\\ G(x,y,z)=0\end{cases}$ 过曲线 C 上的每一点作 xOy 坐标面的垂线,这些垂线形成了一个母线平行于 z 轴的柱面,称为曲线 C 关于 xOy 坐标面的投影柱面. 这个柱面与 xOy 坐标面的交线称为曲线 C 在 xOy 坐标面的投影曲线,简称为投影.

在方程组 $\begin{cases}F(x,y,z)=0\\ G(x,y,z)=0\end{cases}$ 中消去变量 z,得

$$H(x,y)=0$$

方程 $H(x,y)=0$ 就是曲线 C 关于 xOy 坐标面的投影柱面方程. 它与 xOy 坐标面的交线

$$\begin{cases}H(x,y)=0\\ z=0\end{cases}$$

就是曲线 C 在 xOy 坐标面的投影曲线方程.

例 7.27 设曲面 $2x^2+y^2+z^2=1$ 和曲面 $x^2-y^2+z^2=0$. 求:

1)在 xOy 坐标面上的投影曲线的方程.

2)在 xOz 坐标面上的投影曲线的方程.

解 1)由方程 $2x^2+y^2+z^2=1$ 和方程 $x^2-y^2+z^2=0$ 消去 z,得到

$$x^2+2y^2=1 \quad (\text{平行于 } z \text{ 轴的柱面方程})$$

因此,在 xOy 坐标面上的投影曲线的方程为

$$\begin{cases}x^2+2y^2=1\\ z=0\end{cases}$$

2）由方程 $2x^2+y^2+z^2=1$ 和方程 $x^2-y^2+z^2=0$ 消去 y，得到

$$3x^2+2z^2=1 \quad（平行于 y 轴的柱面方程）$$

因此，在 xOz 坐标面上的投影曲线的方程为

$$\begin{cases}3x^2+2z^2=1\\ y=0\end{cases}$$

习题 7.5

1. 方程 $x^2+y^2+z^2-2x+4y+2z=0$ 表示什么曲面？

2. 已知球面的一条直径的两个端点是$(2,-3,5)$和$(4,1,-3)$，写出球面的方程.

3. 指出下列方程表示什么曲面，并作出它们的草图：

（1）$y=2x^2$　　（2）$x^2-y^2=1$

（3）$x^2+2y^2=1$　　（4）$x-y=0$

4. 说明下列旋转曲面是怎样形成的：

（1）$\dfrac{x^2}{a^2}-\dfrac{z^2}{b^2}-\dfrac{y^2}{b^2}=1$　　（2）$y^2+z^2=2x$

（3）$x^2-y^2-z^2=1$　　（4）$z^2=x^2+y^2$

5. 把 zOx 面上的抛物线 $z=x^2+1$ 绕 z 轴旋转一周，求所形成的旋转曲面方程.

6. 求 xOy 面上的直线 $x+y=1$ 绕 y 轴旋转一周所形成的旋转曲面方程.

7. 设曲面 $2x^2+3y^2+z^2=16$ 和曲面 $x^2-y^2+2z^2=0$. 求在 xOy 坐标面上的投影曲线的方程.

【阅读材料】

向量（或矢量）最初被应用于物理学. 很多物理量如力、速度、位移以及电场强度、磁感应强度等都是向量. 大约公元前350年前，古希腊著名学者亚里士多德就知道了力可以表示成向量，两个力的组合作用可用著名的平行四边形法则来得到. “向量”一词来自力学、解析几何中的有向线段. 最先使用有向线段表示向量的是英国科学家牛顿.

历史上很长一段时间，在数学发展中，空间向量结构并未引起数学家们足够的重视，直到19世纪末20世纪初，人们才把空间的性质与向量运算联系起来，使向量成为具有一套优良运算通性的数学体系.

18世纪末期，挪威测量学家威塞尔首次利用坐标平面上的点来表示复数 $a+bi$，并利用具有几何意义的复数运算来定义向量的运算. 把坐标平面上的点用向量表示出来，并把向量的几何表示用于研究几何问题与三角问题.

但复数的利用是受限制的，因为它仅能用于表示平面，若有不在同一平面上的力作用于同一物体，则需要寻找所谓三维“复数”以及相应的运算体系. 19世纪中期，英国数学家哈密尔顿发明了四元数（包括数量部分和向量部分），以代表空间的向量. 他的工作为向量代数和向量分析的建立奠定了基础. 随后，电磁理论的发现者，英国的数学物理学家麦克思韦尔把四元数的数量部分和向量部分分开处理，从而创造了大量的向量分析.

三维向量分析的开创，以及同四元数的正式分裂，是英国的居伯斯和海维塞德于 19 世纪 80 年代各自独立完成的. 他们提出，一个向量不过是四元数的向量部分，但不独立于任何四元数. 他们引进了两种类型的乘法，即数量积和向量积. 并把向量代数推广到变向量的向量微积分. 从此，向量的方法被引进到分析和解析几何中来，并逐步完善，成为了一套优良的数学工具.

勒奈 · 笛卡尔是伟大的哲学家、物理学家、数学家、生理学家，解析几何的创始人. 在他的《几何学》卷一中，他用平面上的一点到两条固定直线的距离来确定点的距离，用坐标来描述空间上的点. 进而提出了解析几何的基本原理，表明了几何问题不仅可以归结成为代数形式，而且可以通过代数变换来实现发现几何性质，证明几何性质. 笛卡尔把几何问题化成代数问题，提出了几何问题的统一作图法. 为此，他引入了单位线段，以及线段的加、减、乘、除、开方等概念，从而把线段与数量联系起来，通过线段之间的关系，“找出两种方式表达同一个量，这将构成一个方程”，然后根据方程的解所表示的线段间的关系作图. 奠定解析几何的基础.

解析几何的出现，改变了自古希腊以来代数和几何分离的趋向，把相互对立着的“数”与“形”统一了起来，使几何曲线与代数方程相结合. 笛卡尔的这一天才创建，更为微积分的创立奠定了基础，从而开拓了变量数学的广阔领域. 正如恩格斯所说：“数学中的转折点是笛卡尔的变数. 有了变数，运动进入了数学；有了变数，辩证法进入了数学；有了变数，微分和积分也就立刻成为必要了. ”

复习题 7

一、单项选择题：

1. 在空间直角坐标系中：

(1) 在 Ox 轴上的点的坐标一定是 $(0,b,0)$.

(2) 在 yOz 平面上点的坐标一定可以写为 $(0,b,c)$.

(3) 在 Oz 轴上的点的坐标可记作 $(0,0,c)$.

(4) 在 xOz 平面上点的坐标可写为 $(a,0,c)$.

其中正确的叙述的个数是(　　).

A. 1　　B. 2　　C. 3　　D. 4

2. 与向量 $(1,3,1)$ 和 $(1,0,2)$ 同时垂直的向量是(　　).

A. $(3,-1,0)$　　B. $(6,-1,-3)$

C. $(4,0,-2)$　　D $(1,0,1)$.

3. 平面 $3y-2z+6=0$ 的位置是(　　).

A. 与 z 轴平行　　B. 与 y 轴平行

C. 与 x 轴平行　　D. 与 Oyz 面平行

二、填空题：

1. 在空间直角坐标系中，写出点 $P(x,y,z)$ 的对称点的坐标：

(1) 关于 x 轴的对称点是________________.

(2) 关于 y 轴的对称点是________________.

(3)关于 z 轴的对称点是________________.

(4)关于原点的对称点是________________.

(5)关于 xOy 坐标平面的对称点是________________.

(6)关于 yOz 坐标平面的对称点是________________.

(7)关于 xOz 坐标平面的对称点是________________.

2. 向量 $(5,1,-3)$ 的模是________.

3. 两向量 $\boldsymbol{a}$ 与 $\boldsymbol{b}$ 垂直的充分必要条件是________.

4. 点 $M(-2,5,3)$ 到平面 $4x-3y+z+7=0$ 的距离是________.

三、计算应用题：

1. 求下列平面的方程：

(1)经过原点且垂直于两平面 $x-y+5z+2=0$ 及 $3x+3y-z-2=0$.

(2)经过原点和另一点 $(4,3,2)$，且垂直于两平面 $5x+4y-3z-8=0$.

2. 求下列平面的方程：

(1)点 $(-2,-3,4)$ 且与平面 $2x-y+2z=7$ 垂直.

(2)点 $(0,1,2)$ 且与两平面 $x+2z=1$，$y-3z=3$ 平行.

3. 求平面 $3x+y-2z-6=0$ 在各坐标轴上的截距，并将平面化为截距式方程.

4. 求点 $M(1,2,1)$ 到平面 $x+2y+2z-10=0$ 的距离.

5. 求满足下列条件的直线方程：

(1)过点 $(2,-1,4)$ 且与直线 $\dfrac{x-1}{3}=\dfrac{y}{-1}=\dfrac{z+1}{2}$ 平行.

(2)过点 $(3,4,-4)$ 且与平面 $9x-4y+2z-1=0$ 垂直.

(3)经过点 $(3,-2,-1)$ 和点 $(5,4,5)$.

6. 试求下列直线的对称方程：

(1) $\begin{cases} x-y+z+5=0 \\ 5x-8y+4z+36=0 \end{cases}$　　(2) $\begin{cases} x=2z-5 \\ y=6z+7 \end{cases}$

7. 一直线经过点 $(2,-3,4)$，且垂直于平面 $3x-y+2z=4$，求此直线方程.

8. 求过直线 $\dfrac{x-1}{1}=\dfrac{y+1}{-1}=\dfrac{z-1}{2}$ 与平面 $x+y-3z+15=0$ 的交点，且垂直于此平面的垂线方程.

9. 求平面 $5x-14y+2z-8=0$ 和 xOy 面的夹角.

第 8 章
多元函数的微分学

前面各章所学习的函数都是一元函数. 但在自然科学和工程技术问题中,常会遇到含有两个或更多个自变量的函数问题,也就是关于多元函数问题. 一元函数微积分中学的许多概念、理论和方法都可以推广到多元函数,同时大家还会发现,从一元推广到二元时会产生一些基本的差别,但从二元到三元及 n 元函数时,则没有原则的不同. 因而在研究上述问题时以二元函数为主. 本章主要讨论二元函数及其导数、微分和应用,讨论的结果可以推广到三元及 n 元函数.

8.1 多元函数的极限和连续

8.1.1 多元函数概念

自然科学和工程技术问题中,常会遇到含有两个或更多个自变量的函数问题,例如圆柱体的体积 $V=\pi r^2 h$,其中 V 的变化依赖于底面半径 r 和高 h 的变化;长方体的体积 $V=xyz$,即 V 的变化依赖于长方体的长 x、宽 y、高 z 的变化. 这些都是一个变量依赖于两个及两个以上的变量的变化,产生了含有多个变量的函数,即多元函数.

将二元及二元以上的函数称为多元函数. 本章以二元函数作为讨论的重点.

(1)二元函数的定义

定义 1 设有两个独立的变量 x 与 y 在其给定的区域 D 中,任取一组数值时,第三个变量 z 就以某一确定的法则有唯一确定的值与其对应,那么变量 z 称为变量 x 与 y 的**二元函数**,记作 $z=f(x,y)$. 其中,x 与 y 称为自变量,函数 z 也称因变量;自变量 x 与 y 的变域 D,称为函数的定义域.

二元函数在点 (x_0,y_0) 所取得的函数值记作 $z\Big|_{\substack{x=x_0\\ y=y_0}}$ 或 $z|_{(x_0,y_0)}$ 或 $f(x_0,y_0)$.

类似地,可定义三元函数 $u=f(x,y,z)$ 及三元以上函数.

例 8.1 设 $f(x,y)=\dfrac{1}{x^2-y^2}$,求 $f(2,0)$ 和 $f\left(\dfrac{x}{y},1\right)$.

解
$$f(2,0)=\frac{1}{2^2-0^2}=\frac{1}{4}$$
$$f\left(\frac{x}{y},1\right)=\frac{1}{\left(\frac{x}{y}\right)^2-1^2}=\frac{y^2}{x^2-y^2}$$

(2) 多元函数定义域

已知一元函数的定义域,一般来说是一个或几个区间,而二元函数的定义域通常是由平面上一条或几段光滑曲线所围成的连通的部分平面.这样的部分在平面上称为**区域**,围成区域的曲线称为**区域的边界**,边界上的点称为**边界点**,包括边界在内的区域称为**闭区域**,不包括边界在内的区域称为**开区域**.

如果一个区域 D(开区域或闭区域)中任意两点之间的距离都不超过某一常数 M,则称 D 为**有界区域**;否则,称 D 为**无界区域**.常见的有界区域有矩形域(见图 8.1)和圆形域(见图 8.2).

图 8.1　　图 8.2

圆形域$\{(x,y)\mid\sqrt{(x-x_0)^2+(y-y_0)^2}<\delta,\delta>0\}$表示以 $P_0(x_0,y_0)$ 为中心,以 δ 为半径的圆内部的点 P 的全体,称为点 $P_0(x_0,y_0)$ 的 δ **邻域**,记作 $U(p_0,\delta)$;圆形域$\{(x,y)\mid 0<\sqrt{(x-x_0)^2+(y-y_0)^2}<\delta,\delta>0\}$表示以 $P_0(x_0,y_0)$ 为中心,以 δ 为半径的圆内部的点除去 P_0 的点全体,称为点 $P_0(x_0,y_0)$ 的 δ 空心**邻域**,记作 $U^0(p_0,\delta)$.

二元函数的定义域也必须使解析式有意义,其求法和一元函数相似,只是一元函数的定义域一般是区间,而二元函数的定义域一般是平面区域.

例 8.2　设 $f(x,y)=\frac{1}{x^2-y^2}$,求其定义域.

解　要使 $f(x,y)=\frac{1}{x^2-y^2}$ 有意义,因此分母不等于 0,即
$$x^2-y^2\neq 0$$
于是 $x^2\neq y^2$,也就是 $y\neq\pm x$.

所以 $f(x,y)=\frac{1}{x^2-y^2}$ 的定义域 D 为$\{(x,y)\mid y\neq\pm x\}$(也就是说,不能在平面上 $y=\pm x$ 两条直线上取点)

例 8.3　求 $z=\sqrt{x-\sqrt{y}}$ 的定义域.

解　要使函数有意义,则
$$x-\sqrt{y}\geqslant 0,y\geqslant 0$$
即
$$y\leqslant x^2 \text{ 且 } y\geqslant 0$$

因此,函数的定义域为$\{(x,y)|y\leqslant x^2$ 且 $y\geqslant 0\}$(即 Y 轴及 Y 轴右边除 $y>x^2$ 的部分).

例 8.4 求函数 $z=\ln(x+y)$ 的定义域.

解 函数 $z=\ln(x+y)$ 只在 $x+y>0$ 时有定义,即

$$\{(x,y)|x+y>0\}$$

该定义域位于直线 $y=-x$ 上方而不包括这直线在内的半平面(见图 8.3),这是一个无界开区域.

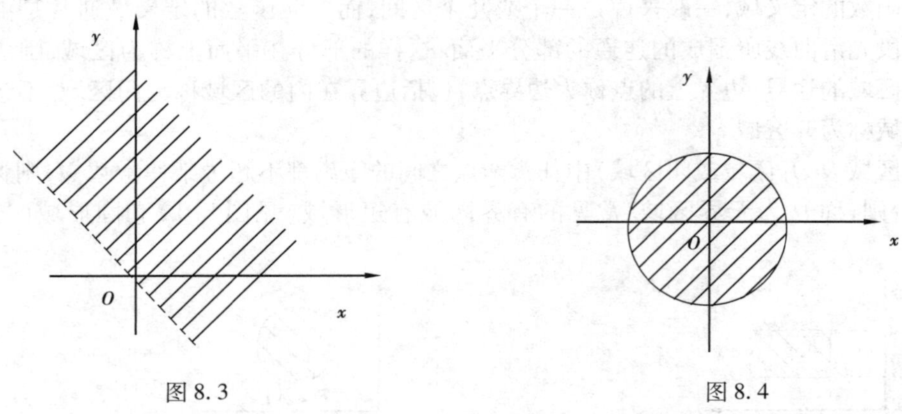

图 8.3　　图 8.4

例 8.5 求函数 $z=\sqrt{1-(x^2+y^2)}$ 的定义域.

解 函数 $z=\sqrt{1-(x^2+y^2)}$ 有意义,则 $1-(x^2+y^2)\geqslant 0$,即

$$(x^2+y^2)\leqslant 1$$

因此其定义域为

$$\{(x,y)|x^2+y^2\leqslant 1\}$$

是单位闭区域:$x^2+y^2\leqslant 1$(见图 8.4).

(3)二元函数的几何表示

把自变量 x,y 及因变量 z 当作空间点的直角坐标,先在 xOy 平面内作出函数 $z=f(x,y)$ 的定义域 D;再过 D 中的任意一点 $M(x,y)$ 作垂直于 xOy 平面的有向线段 MP,使其值为与 (x,y) 对应的函数值 z.

当 M 点在 D 中变动时,对应的 P 点的轨迹就是函数 $z=f(x,y)$ 的几何图形. 它通常是一张曲面,其定义域 D 就是此曲面在 xOy 平面上的投影(具体内容参考第 7 章).

8.1.2　二元函数的极限及其连续性

(1)二元函数的极限

在一元函数中,曾学习过当自变量趋向于有限值时函数的极限. 对于二元函数 $z=f(x,y)$ 同样可考虑当自变量 x 与 y 趋向于有限值 x_0 与 y_0 时,函数 z 的变化状态.

在平面 xOy 上,(x,y) 趋向 (x_0,y_0) 的方式可以是多种多样的,因此二元函数的情况要比一元函数复杂得多. 如果当点 (x,y) 以任意方式趋向点 (x_0,y_0) 时,$f(x,y)$ 总是趋向于一个确定的常数 A,那么就称 A 是二元函数 $f(x,y)$ 当 $(x,y)\to(x_0,y_0)$ 时的极限. 这种极限通常称为**二重极限**.

定义 2 设二元函数 $z=f(x,y)$ 在点 (x_0,y_0) 的某去心邻域内有定义,点 (x,y) 为去心邻域

内异于(x_0,y_0)的任意一点. 如果当点(x,y)以任意方式趋向于点(x_0,y_0)时，对应的函数值$f(x,y)$总趋向于一个确定的常数A，则称A是二元函数$z=f(x,y)$当$(x,y)\to(x_0,y_0)$时的极限，记作

$$\lim_{X(x,y)\to(x_0,y_0)} f(x,y)=A \text{ 或} \lim_{\substack{x\to x_0\\y\to y_0}} f(x,y)=A$$

对于一元函数，点$x\to x_0$的极限，只需考虑x_0点的左极限和右极限. 对于二元函数的极限，如果当点(x,y)以任意方式趋向于点(x_0,y_0)时，此处的任意方式指任何路径，只有当点(x,y)以任何路径趋向于(x_0,y_0)时，对应的函数值$f(x,y)$都趋向于同一个确定的常数A，才能判断它的极限是A.

例8.6　求下列极限：

1) $\lim\limits_{\substack{x\to0\\y\to0}}\dfrac{\sin(xy)}{y}$　　　　2) $\lim\limits_{\substack{x\to0\\y\to0}}\arcsin(x^2-y)$

解　1) $\lim\limits_{\substack{x\to0\\y\to0}}\dfrac{\sin(xy)}{y}=\lim\limits_{\substack{x\to0\\y\to0}}\dfrac{x\ \sin(xy)}{xy}=\lim\limits_{\substack{x\to0\\y\to0}}x\cdot\lim\limits_{\substack{x\to0\\y\to0}}\dfrac{\sin(xy)}{xy}=0\times1=0$

2) $\lim\limits_{\substack{x\to0\\y\to0}}\arcsin(x^2-y)=\arcsin 0=0$

例8.7　证明极限$\lim\limits_{\substack{x\to0\\y\to0}}\dfrac{x^2y}{x^4+y^2}$不存在.

证　$\lim\limits_{\substack{x\to0\\y\to0}}\dfrac{x^2y}{x^4+y^2}\xlongequal{\text{沿 } y=kx}\lim\limits_{x\to0}\dfrac{kx^3}{x^4+k^2x^2}=\lim\limits_{x\to0}\dfrac{kx}{x^2+k^2}=0$，可见沿所有直线趋近于$(0,0)$时极限相同.

但$\lim\limits_{\substack{x\to0\\y\to0}}\dfrac{x^2y}{x^4+y^2}\xlongequal{\text{沿 } y=x^2}\lim\limits_{x\to0}\dfrac{x^4}{x^4+x^4}=\dfrac{1}{2}$，依极限定义，极限$\lim\limits_{\substack{x\to0\\y\to0}}\dfrac{x^2y}{x^4+y^2}$不存在.

(2)二重极限的运算法则

像一元函数的极限一样，二重极限也有类似的运算法则：

如果当$\lim\limits_{(x,y)\to(x_0,y_0)}f(x,y)=A$，$\lim\limits_{(x,y)\to(x_0,y_0)}g(x,y)=B$

则有：

① $\lim\limits_{(x,y)\to(x_0,y_0)}[f(x,y)\pm g(x,y)]=\lim\limits_{(x,y)\to(x_0,y_0)}f(x,y)\pm\lim\limits_{(x,y)\to(x_0,y_0)}g(x,y)=A\pm B$

② $\lim\limits_{(x,y)\to(x_0,y_0)}f(x,y)g(x,y)=\lim\limits_{(x,y)\to(x_0,y_0)}f(x,y)\lim\limits_{(x,y)\to(x_0,y_0)}g(x,y)=AB$

③ $\lim\limits_{(x,y)\to(x_0,y_0)}\dfrac{f(x,y)}{g(x,y)}=\dfrac{\lim\limits_{(x,y)\to(x_0,y_0)}f(x,y)}{\lim\limits_{(x,y)\to(x_0,y_0)}g(x,y)}=\dfrac{A}{B}(B\neq0)$

像一元函数一样，可利用二重极限来给出二元函数连续的定义.

(3)二元函数的连续性

定义3　设函数$z=f(x,y)$在点(x_0,y_0)的某一邻域有定义，如果$\lim\limits_{(x,y)\to(x_0,y_0)}f(x,y)=f(x_0,y_0)$则称函数$f(x,y)$在点$(x_0,y_0)$处连续；否则，称函数$f(x,y)$在点$(x_0,y_0)$处不连续（或间断），称$(x_0,y_0)$是$f(x,y)$的一个间断点.

如果$f(x,y)$在区域D的每一点都连续，则称它在区域D上连续.

例 8.8　讨论函数

$$f(x,y)\begin{cases}\dfrac{\sin(xy)}{y} & (x,y)\neq(0,0)\\ 0 & (x,y)=(0,0)\end{cases}$$

在(0,0)处的连续性.

解　因为有例8.6中1)知$\lim\limits_{\substack{x\to0\\y\to0}}\dfrac{\sin(xy)}{y}=0$,而$f(0,0)=0$,因此函数在(0,0)处连续.

(4)有界闭区域上连续函数的性质

性质1(最大值和最小值定理)　在有界闭区间D上连续的二元函数,在D上一定有最大值和最小值.

性质2(介值定理)　在有界闭区间D上连续的二元函数,必取得介于最大值和最小值的任何值.

性质3　二元连续函数的和、差、积、商(分母不为零时)仍为连续函数.

设函数$z=f(u,v)$,且$u=\varphi(x,y)$,$v=\varphi(x,y)$.如果$z=f[\varphi(x,y),\phi(x,y)]$定义了一个关于$x,y$的二元函数,那么$z$称为$x,y$的复合函数,其中$u,v$称为中间变量.对于复合函数有下述性质:

性质4　二元连续函数的复合函数仍是连续函数.

显然,由多元初等函数的连续性可知,如果要求函数在点p_0处的极限,而该点又在此函数的定义域内,则函数的极限值等于该点的函数值,即

$$\lim_{p\to p_0}f(p)=f(p_0)$$

习题8.1

1.设$F(x,y)=\dfrac{x-2y}{2x-y}$,求$F(1,3)$,$F(5,1)$,$F(1,0)$.

2.求下列二元函数的定义域,并画出定义域的简图:

(1) $z=\ln(xy)$　　(2) $f(x,y)=\ln(1-x-y)$

(3) $z=\dfrac{1}{\sqrt{x+y}}-\dfrac{1}{\sqrt{x-y}}$　　(4) $Z=\dfrac{1}{\sqrt{1-x^2-y^2}}$

3.求下列函数的极限:

(1) $\lim\limits_{(x,y)\to(0,0)}\dfrac{x}{x+y}$　　(2) $\lim\limits_{\substack{x\to0\\y\to0}}\dfrac{2-\sqrt{x+y+4}}{x+y}$

(3) $\lim\limits_{\substack{x\to0\\y\to0}}\dfrac{x^3+y^3}{x^2+y^2}$

4.求函数$f(x,y)=\dfrac{xy}{x+y}$在(0,0)时的极限.

5.讨论函数$f(x,y)=\begin{cases}\dfrac{x^3+y^3}{xy} & (x,y)\neq(0,0)\\ 0 & (x,y)=(0,0)\end{cases}$在(0,0)处的连续性.

8.2　多元函数的偏导数

8.2.1　偏导数的概念

在一元函数中,已知导数就是函数的变化率.对于二元函数同样要研究它的"变化率".然而,由于自变量多了一个,情况就要复杂得多.在 xOy 平面内,当变点由 (x_0,y_0) 沿不同方向变化时,函数 $f(x,y)$ 的变化快慢一般来说是不同的,因此就需要研究 $f(x,y)$ 在 (x_0,y_0) 点处沿不同方向的变化率.

在这里只学习 (x,y) 沿着平行于 x 轴和平行于 y 轴两个特殊方位变动时 $f(x,y)$ 的变化率.

(1)偏导数的定义

定义4　设有二元函数 $z=f(x,y)$,点 $p_0(x_0,y_0)$ 是其定义域 D 内一点,令 $y=y_0$ 而让 x 在 x_0 有增量 Δx,相应的函数 $z=f(x,y)$ 有增量(称为对 x 的偏增量)为

$$\Delta z_x=f(x_0+\Delta x,y_0)-f(x_0,y_0)$$

如果 Δz_x 与 Δx 之比当 $\Delta x\to 0$ 时的极限

$$\lim_{\Delta x\to 0}\frac{\Delta z_x}{\Delta x}=\lim_{\Delta x\to 0}\frac{f(x_0+\Delta x,y_0)-f(x_0,y_0)}{\Delta x}$$

存在,则称此极限值为函数 $z=f(x,y)$ 在 (x_0,y_0) 处对 x 的偏导数.记作

$$\left.\frac{\partial z}{\partial x}\right|_{\substack{x=x_0\\y=y_0}},\ f'_x(x_0,y_0),\ \left.\frac{\partial f}{\partial x}\right|(x_0,y_0),\text{或}\ z'_x(x_0,y_0)$$

类似地,令 $x=x_0$ 不变,若极限

$$\lim_{\Delta y\to 0}\frac{f(x_0,y_0+\Delta y)-f(x_0,y_0)}{\Delta y}$$

存在,称此极限值为函数 $z=f(x,y)$ 在 (x_0,y_0) 处对 y 的偏导数.记作

$$\left.\frac{\partial z}{\partial y}\right|_{\substack{x=x_0\\y=y_0}},\ f'_y(x_0,y_0),\left.\frac{\partial f}{\partial y}\right|(x_0,y_0),\text{或}\ z'_y(x_0,y_0)$$

若函数 $z=f(x,y)$ 在定义域 D 内任意点 (x,y) 处对 x 的偏导数都存在,则这个偏导数仍是 x,y 的函数,称为 $z=f(x,y)$ 的**偏导函数**,记作

$$\frac{\partial z}{\partial x},\ f'_x(x,y),\left.\frac{\partial f}{\partial x}\right|(x,y),\text{或}\ z'_x(x,y)$$

同理,可定义函数对 y 的**偏导函数**,记作

$$\frac{\partial z}{\partial y},\ f'_y(x,y),\left.\frac{\partial f}{\partial y}\right|(x,y),\text{或}\ z'_y(x,y)$$

显然,由偏导数和偏导函数的定义可知,函数 $z=f(x,y)$ 在点 $p_0(x_0,y_0)$ 处的关于 x 的偏导数 $f'_x(x_0,y_0)$ 就是偏导函数 $f'_x(x,y)$ 在 $p_0(x_0,y_0)$ 处的函数值;函数 $z=f(x,y)$ 在点 $p_0(x_0,y_0)$ 处的关于 y 的偏导数 $f'_y(x_0,y_0)$ 就是偏导函数 $f'_y(x,y)$ 在 $p_0(x_0,y_0)$ 处的函数值.在不发生混淆的情况下,偏导函数也简称偏导数.

当函数$z=f(x,y)$在(x_0,y_0)的两个偏导数$f'_x(x_0,y_0)$与$f'_y(x_0,y_0)$都存在时,故称$f(x,y)$在(x_0,y_0)处可导. 如果函数$f(x,y)$在区域D的每一点均可导,那么称函数$f(x,y)$在区域D可导.

(2)偏导数的求法

由偏导数的定义可知,求二元函数对某个自变量的偏导数,只需将另外一个自变量看成常数,再使用一元函数求导方法即可. 因此,一元函数的求导法则及公式都可使用.

例8.9 求$z=x^3\cos y$的偏导数$\frac{\partial z}{\partial x},\frac{\partial z}{\partial y}$.

解 将y看作常量,对x求导数,得

$$\frac{\partial z}{\partial x}=3x^2\cos y$$

将x看作常量,对y求导数,得

$$\frac{\partial z}{\partial y}=-x^3\sin y$$

例8.10 求下列函数的偏导数.

1)$z=x^y(x>0)$ 2)$z=\sqrt{\ln xy}$

解 1)将y看作常量,对x求导,显然函数可看作幂函数,由幂函数求导公式得

$$\frac{\partial z}{\partial x}=yx^{y-1}$$

将x看作常量,对y求导,显然函数可看作指数函数,由指数函数求导公式得

$$\frac{\partial z}{\partial y}=x^y\ln x$$

2)将y看作常量,对x求导,得

$$\frac{\partial z}{\partial x}=\frac{1}{2\sqrt{\ln xy}}\frac{1}{xy}y=\frac{1}{2x\sqrt{\ln xy}}$$

同理,将x看作常量,对y的求导,得

$$\frac{\partial z}{\partial y}=\frac{1}{2\sqrt{\ln xy}}\frac{1}{xy}x=\frac{1}{2y\sqrt{\ln xy}}$$

一般,二元函数偏导数的定义和求法可推广到三元及三元以上函数.

例8.11 求$u=\sqrt{x^2+y^2}+\frac{xy}{z}$的偏导数.

解 这是一个三元函数,对其中一个自变量求导时,将另外两个自变量看成常数即可. 因此:

将y和z看成常量,对x求导,得

$$\frac{\partial u}{\partial x}=\frac{x}{\sqrt{x^2+y^2}}+\frac{y}{z}$$

将x和z看成常量,对y求导,得

$$\frac{\partial u}{\partial y}=\frac{y}{\sqrt{x^2+y^2}}+\frac{x}{z}$$

将x和y看成常量,对z求导,得

$$\frac{\partial u}{\partial z} = -\frac{xy}{z^2}$$

例 8.12　求函数 $f(x,y) = e^{\arcsin\frac{y}{x}}\ln(x^2+y^2)$，求 $f'_x(1,0)$.

解　如果先求偏导数 $f'_x(x,y)$，显然运算是比较繁杂的，但是因为对 x 求导时，是将 y 看作是常数的. 于是先把函数中的 y 固定在 $y=0$，则有

$$f(x,0) = \ln(x^2)$$

从而有

$$f'_x(x,0) = \frac{2}{x},\quad f'_x(1,0) = 2$$

例 8.13　求由方程 $e^z - xyz = 0$ 确定的隐函数 $z = z(x,y)$ 的偏导数 $\frac{\partial z}{\partial x}$ 和 $\frac{\partial z}{\partial y}$.

解　显然，该函数为隐函数，所给方程关于 x 求偏导，这里 $z = z(x,y)$，首先将 y 看作常数，使用隐函数求导法则，则有

$$e^z \frac{\partial z}{\partial x} - yz - xy\frac{\partial z}{\partial x} = 0$$

整理得

$$\frac{\partial z}{\partial x} = \frac{yz}{e^z - xy}$$

同理，将 x 看作常数，使用隐函数求导法则，有

$$e^z \frac{\partial z}{\partial y} - xz - xy\frac{\partial z}{\partial y} = 0$$

得

$$\frac{\partial z}{\partial y} = \frac{xz}{e^z - xy}$$

(3) 偏导数的几何意义

设 $M_0(x_0, y_0, f(x_0, y_0))$ 为曲线 $z = f(x,y)$ 上的一点，过 M_0 作平面 $y = y_0$ 与曲面 $z = f(x,y)$ 相交，其交线为一条曲线，此曲线在平面 $y = y_0$ 上的方程为 $z = f(x, y_0)$，则偏导数 $f'_x(x_0, y_0)$ 的几何意义是该曲线在点 M_0 处的切线 M_0T_x 对 x 轴的斜率（见图 8.5）. 同样，偏导数 $f'_y(x_0, y_0)$ 的几何意义是该曲面被平面 $x = x_0$ 所截的曲线在点 M_0 处的切线 M_0T_y 对 y 轴的斜率.

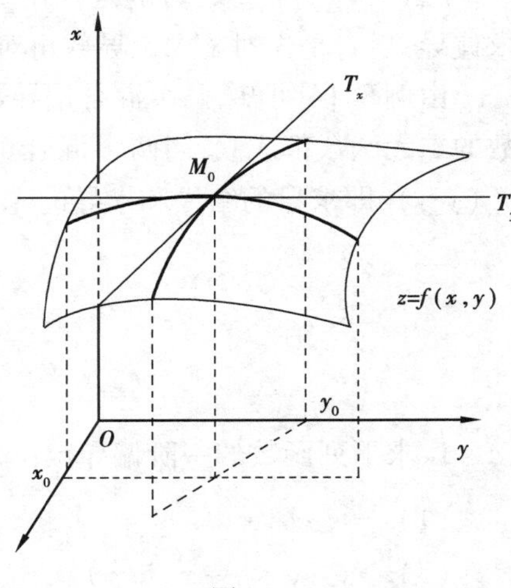

图 8.5

8.2.2　高阶偏导数

如果二元函数 $z = f(x,y)$ 的偏导数 $f'_x(x,y)$ 与 $f'_y(x,y)$ 仍然可导，则这两个偏导数的偏导数称为 $z = f(x,y)$ 的二阶偏导数.

二元函数的二阶偏导数有 4 个，即 $f''_{xx}(x,y)$，$f''_{yy}(x,y)$，$f''_{xy}(x,y)$，$f''_{yx}(x,y)$，则

$$f''_{xx}(x,y) = \frac{\partial}{\partial x}\left(\frac{\partial z}{\partial x}\right) = \frac{\partial^2 z}{\partial x^2}$$

$$f''_{yy}(x,y)=\frac{\partial}{\partial y}\left(\frac{\partial z}{\partial y}\right)=\frac{\partial^2 z}{\partial y^2}$$

$$f''_{xy}(x,y)=\frac{\partial}{\partial y}\left(\frac{\partial z}{\partial x}\right)=\frac{\partial^2 z}{\partial x\partial y}$$

$$f''_{yx}(x,y)=\frac{\partial}{\partial x}\left(\frac{\partial z}{\partial y}\right)=\frac{\partial^2 z}{\partial y\partial x}$$

其中，$f''_{xy}(x,y)$，$f''_{yx}(x,y)$称为混合偏导函数. 同样的，可定义更高阶的偏导数，只是偏导数的情况更为复杂. 二阶及二阶以上的偏导数统称为高阶导数.

例 8.14 求函数 $z=x^3y^2-3xy^2$ 的二阶偏导数.

解 $\dfrac{\partial^2 z}{\partial x^2}=\dfrac{\partial}{\partial x}\left(\dfrac{\partial z}{\partial x}\right)=\dfrac{\partial}{\partial x}(3x^2y^2-3y^2)=6xy^2$

$$\frac{\partial^2 z}{\partial y^2}=\frac{\partial}{\partial y}\left(\frac{\partial z}{\partial y}\right)=\frac{\partial}{\partial y}(2x^3y-6xy)=2x^3-6x$$

$$\frac{\partial^2 z}{\partial x\partial y}=\frac{\partial}{\partial y}\left(\frac{\partial z}{\partial x}\right)=\frac{\partial}{\partial y}(3x^2y^2-3y^2)=6x^2y-6y$$

$$\frac{\partial^2 z}{\partial y\partial x}=\frac{\partial}{\partial x}\left(\frac{\partial z}{\partial y}\right)=\frac{\partial}{\partial x}(2x^3y-6xy)=6x^2y-6y$$

$f''_{xy}(x,y)$与$f''_{yx}(x,y)$的区别在于：前者是先对 x 求偏导数，然后将所得的偏导函数再对 y 求偏导；后者是先对 y 求偏导数再对 x 求偏导数.

由例 8.14 可知，两个混合偏导数是相等的，但这个结论并不是对任意可求二阶混合偏导数的二元函数都成立. 当两个混合偏导数 $f''_{xy}(x,y)$ 与 $f''_{yx}(x,y)$ 都连续时，则有 $f''_{xy}(x,y)=f''_{yx}(x,y)$，即求导的结果和求导的先后次序无关.

习题 8.2

1. 求下列函数的一阶偏导数：

(1) $z=e^y\cos x$　　(2) $z=\ln(x+\sqrt{x^2+y^2})$

(3) $z=e^x(\cos y+x\sin y)$　　(4) $z=\ln(xy)$

(5) $z=x^2\sin^2 y$　　(6) $z=\arcsin\dfrac{x}{y}$

(7) $z=\dfrac{x^2y}{x^2+y^2}$　　(8) $u=\left(\dfrac{x}{y}\right)^z$

2. 证明 $z=\sqrt{x^2+y^2}$ 在点(0,0)连续但偏导数不存在.

3. 求下列函数的二阶偏导数：

(1) $z=2x^4+3y^4-4x^2y^3$　　(2) $z=\sin(2x+y^2)$

(3) $z=x^2\sin^2 y$　　(4) $u=\ln(x^2+y^2)$

4. 设$f(x,y)=\sqrt{|xy|}$，考察函数在(0,0)处是否连续？是否存在偏导数？

8.3　全微分

已经学习了一元函数的微分的概念,现在用类似的思想方法来学习多元函数的微分,从而把微分的概念推广到多元函数.现仍然以二元函数为例.

8.3.1　全微分的定义

定义5　如果函数 $z=f(x,y)$ 在点 (x_0,y_0) 处的全增量

$$\Delta z=f(x_0+\Delta x,y_0+\Delta y)-f(x_0,y_0)$$

可表示为

$$\Delta z=A\Delta x+B\Delta y+0(\rho)$$

其中,A,B 与 Δx,Δy 无关,仅与 x_0,y_0 有关,$0(\rho)$ 是当 $\rho=\sqrt{(\Delta x)^2+(\Delta y)^2}$ 时比 ρ 高阶的无穷小,则称函数 $z=f(x,y)$ 在点 (x_0,y_0) 处可微,$A\Delta x+B\Delta y$ 称为函数 $z=f(x,y)$ 在点 (x_0,y_0) 处的全微分,记作 $\mathrm{d}z$,即

$$\mathrm{d}z=A\Delta x+B\Delta y$$

如果函数 $z=f(x,y)$ 在区域 D 内处处都可微,则称如果函数 $z=f(x,y)$ 在区域 D 内可微.

定理1(可微的必要条件)　如果函数 $z=f(x,y)$ 在点 (x,y) 可微,则函数 $z=f(x,y)$ 在点 (x,y) 处必连续,偏导数 $\frac{\partial z}{\partial x}$,$\frac{\partial z}{\partial y}$ 必定存在,且

$$A=\frac{\partial z}{\partial x},B=\frac{\partial z}{\partial x}$$

于是函数 $z=f(x,y)$ 在点 (x,y) 的全微分为

$$\mathrm{d}z=\frac{\partial z}{\partial x}\Delta x+\frac{\partial z}{\partial y}\Delta y$$

像一元函数一样,规定 $\Delta x=\mathrm{d}x$,$\Delta y=\mathrm{d}y$ 则

$$\mathrm{d}z=\frac{\partial z}{\partial x}\mathrm{d}x+\frac{\partial z}{\partial y}\mathrm{d}y$$

定理2(可微的充分条件)　如果函数 $z=f(x,y)$ 的偏导数 $\frac{\partial z}{\partial x}$,$\frac{\partial z}{\partial y}$ 在点 (x,y) 存在且连续,则函数在该点可微.

全微分的概念也可推广到三元或更多元的函数.例如,三元函数 $u=f(x,y,z)$,在点 (x,y,z) 的全微分的表达式为

$$\mathrm{d}u=\frac{\partial u}{\partial x}\mathrm{d}x+\frac{\partial u}{\partial y}\mathrm{d}y+\frac{\partial u}{\partial z}\mathrm{d}z$$

例8.15　求 $z=\mathrm{e}^x\sin(x+y)$ 的全微分.

解　由于

$$\frac{\partial z}{\partial x}=\mathrm{e}^x\sin(x+y)+\mathrm{e}^x\cos(x+y),\frac{\partial z}{\partial y}=\mathrm{e}^x\cos(x+y)$$

所以

$$\begin{aligned} dz &= \frac{\partial z}{\partial x}dx + \frac{\partial u}{\partial z}dy \\ &= e^x[\sin(x+y)+\cos(x+y)]dx + e^x\cos(x+y)dy \end{aligned}$$

例 8.16 设 $f(x,y)=\begin{cases}\dfrac{xy}{x^2+y^2} & x^2+y^2\neq 0\\ 0 & x^2+y^2=0\end{cases}$，讨论 $f(x,y)$ 在(0,0)点是否可微.

解 函数 $f(x,y)$ 在(0,0)点可导,且

$$f'_x(0,0)=f'_y(0,0)=0$$

$$\Delta z=f(0+\Delta x,0+\Delta y)-f(0,0)=\frac{(0+\Delta x)(0+\Delta y)}{\sqrt{(0+\Delta x)^2+(0+\Delta y)^2}}-0=\frac{\Delta x\Delta y}{\sqrt{(\Delta x)^2+(\Delta y)^2}}$$

因此

$$\Delta z-f'_x(0,0)\Delta x-f'_y(0,0)\Delta y=\frac{\Delta x\Delta y}{\sqrt{(\Delta x)^2+(\Delta y)^2}}$$

而 $\lim\limits_{\substack{\Delta x\to 0\\ \Delta y\to 0}}\dfrac{\Delta x\Delta y}{\sqrt{(\Delta x)^2+(\Delta y)^2}}$ 不存在,所以当 $\rho\to 0$ 时,$\dfrac{\Delta x\Delta y}{\sqrt{(\Delta x)^2+(\Delta y)^2}}$ 不是关于 ρ 的高阶无穷小. 因此,函数在(0,0)点不可微.

例 8.17 计算函数 $z=x^2y^2$ 在点(3,-1)处当 $\Delta x=0.01,\Delta y=-0.02$,时的全微分和全增量.

解 由定义可知,全增量

$$\Delta z=f(x+\Delta x,y+\Delta y)-f(x,y)=(3+0.01)^2\times(-1-0.02)^2-3^2\times(-1)^2=0.426\ 1$$

又因为函数 $z=x^2y^2$ 的两个偏导数

$$\frac{\partial z}{\partial x}=2xy^2,\frac{\partial z}{\partial x}=2x^2y$$

在点(3,-1)处连续,所以全微分存在,且

$$\frac{\partial z}{\partial x}\bigg|_{\substack{x=3\\y=-1}}=2xy^2\bigg|_{\substack{x=3\\y=-1}}=6$$

$$\frac{\partial z}{\partial y}\bigg|_{\substack{x=3\\y=-1}}=2x^2y\bigg|_{\substack{x=3\\y=-1}}=-18$$

因此

$$\begin{aligned} dz &= \frac{\partial z}{\partial x}dx + \frac{\partial u}{\partial z}dy \\ &= 6\times 0.01+(-18)\times(-0.02)=0.42 \end{aligned}$$

例 8.18 求函数 $u=x^y+xyz$ 的全微分.

解 因为

$$\frac{\partial u}{\partial x}=yx^{y-1}+yz,\frac{\partial z}{\partial y}=x^y\ln x+xz,\frac{\partial u}{\partial z}=xy$$

所以函数的全微分为

$$\begin{aligned} du &= \frac{\partial u}{\partial x}dx+\frac{\partial u}{\partial x}dy+\frac{\partial u}{\partial z}dz \\ &= (yx^{y-1}+yx)dx+(x^y\ln x+xz)dy+xydz \end{aligned}$$

8.3.2　全微分的应用

由微分的定义可知,当函数 $z=f(x,y)$ 在点 (x_0,y_0) 的全微分存在时,全微分 $\mathrm{d}z$ 与全增量 Δz 的差是 ρ 的高阶无穷小,即

$$\Delta z=f(x+\Delta x,y+\Delta y)-f(x,y)$$
$$\mathrm{d}z=f'_x(x_0,y_0)\Delta x+f'_y(x_0,y_0)\Delta y$$
$$\Delta z\approx \mathrm{d}z$$

所以有

$$f(x+\Delta x,y+\Delta y)-f(x,y)\approx f'_x(x_0,y_0)\Delta x+f'_y(x_0,y_0)\Delta y$$

因此当 $|\Delta x|$ 与 $|\Delta y|$ 都相当小时,有近似等式

$$f(x_0+\Delta x,y_0+\Delta y)\approx f(x_0,y_0)+f'_x(x_0,y_0)\Delta x+f'_y(x_0,y_0)\Delta y$$

因此,可利用上面两式计算全增量 Δz 的近似值,计算函数在一点附近的近似值.

例8.19　计算 $(0.98)^{2.04}$ 的近似值.

解　设函数 $f(x,y)=x^y$,取 $x=1,y=2,\Delta x=-0.02,\Delta y=0.04$,则

$$f(1,2)=1,\ f'_x(1,2)=yx^{y-1}\Big|_{\substack{x=1\\y=2}}=2,\ f'_y(1,2)=x^y\ln x\Big|_{\substack{x=1\\y=2}}=0$$

所以由全微分近似公式有

$$(0.98)^{2.04}\approx 1+2\times(-0.02)+0\times 0.04=0.96$$

例8.20　有一无盖的圆柱形玻璃容器,壁厚为0.2 cm,内高为30 cm,内半径为2 cm,求此玻璃容器外壳体积的近似值.

解　圆柱形的体积 $V=\pi r^2h$(r 为半径,h 为高),问题转化为求圆柱形玻璃容器在高由30 cm变化到30.2 cm、半径由2 cm变化到2.2 cm时体积的变化.

因为

$$V'_r=2\pi rh,V'_h=\pi r^2,r_0=2,h_0=30,\Delta r=0.2,\Delta h=0.2$$
$$V'_r(r,h)=2\pi rh,V'_r(2,30)=2\pi\times 2\times 30=120\pi$$
$$V'_h(r,h)=\pi r^2=V'_h(2,30)=\pi 2^2=4\pi$$

于是有

$$\begin{aligned}\mathrm{d}V&=V'_r(r_0,h_0)\Delta r+V'_h(r_0,h_0)\Delta h\\&=120\pi\times 0.2+4\pi\times 0.2=24.8\pi\ \mathrm{cm}^3\end{aligned}$$

习题8.3

1. 求下列函数的全微分:

(1) $z=\mathrm{e}^{xy}(\sin x+\cos y)$　　(2) $z=(xy)^2$

(3) $z=\mathrm{e}^{xy}\ln x$　　(4) $z=\mathrm{e}^{\sin(xy)}$

(5) $z=x\sin(x^2+y^2)$　　(6) $u=x^2\cos^2 y$

2. 求函数 $z=\ln\sqrt{1+x^2+y^2}$ 在(1,1)全微分.

3. 利用全微分求的近似值:

(1) $(0.97)^{3.04}$ (2) $(2.04)^{0.98}$ (3) $\sqrt{1.98^2+2.03^2}$

4. 设函数 $f(x,y)=\begin{cases} xy\sin\dfrac{1}{x^2+y^2} & x^2+y^2\neq 0 \\ 0 & x^2+y^2=0 \end{cases}$，证明：

(1) $f'_x(x,y)$，$f'_y(x,y)$ 在点 $(0,0)$ 处连续；

(2) $f(x,y)$ 在点 $(0,0)$ 处可微.

5. 一铁制圆锥体构件由于环境温度变化，其底半径 R 由 30 cm 增加到 30.1 cm，高 H 由 60 cm 增大到 61 cm，试求该圆锥体构件体积变化的近似值.

8.4 多元复合函数的求导法

在一元函数中，已知复合函数的求导公式在求导法中所起的重要作用，对于多元函数来说也是如此. 下面学习多元函数的复合函数的求导公式.

8.4.1 全导数

定理 3 如果函数 $u=\phi(x)$，$v=\varphi(x)$ 均在点 x 处可导，二元函数 $z=f(u,v)$ 在对应点处 (u,v) 具有连续的偏导数，复合函数 $z=f[\phi(x),\varphi(x)]$ 在点 x 处可导. 且具有求导公式

$$\frac{\mathrm{d}z}{\mathrm{d}x}=\frac{\partial z}{\partial u}\frac{\mathrm{d}u}{\mathrm{d}x}+\frac{\partial z}{\partial v}\frac{\mathrm{d}v}{\mathrm{d}x}$$

这时，复合函数的导数就是一个一元函数的导数 $\dfrac{\mathrm{d}z}{\mathrm{d}x}$，称为全导数（上述公式也称全导数的链导公式）.

例 8.21 设 $z=u^2v$，$u=\cos x$，$v=\sin x$，求 $\dfrac{\mathrm{d}z}{\mathrm{d}x}$.

解 由全导数的链导公式得

$$\frac{\partial z}{\partial u}=2uv,\ \frac{\mathrm{d}u}{\mathrm{d}x}=-\sin x,\ \frac{\partial z}{\partial v}=u^2,\ \frac{\mathrm{d}v}{\mathrm{d}x}=\cos x$$

$$\frac{\mathrm{d}z}{\mathrm{d}x}=2uv(-\sin x)+u^2\cos x$$

将 $u=\cos x$，$v=\sin x$ 代入上式，整理得

$$\frac{\mathrm{d}z}{\mathrm{d}x}=\cos^3 x-2\sin^2 x\cos x$$

例 8.22 设 $z=\ln(x+y)$，$x=t^2$，$y=t^3$ 求全导数.

解 由全导数的链导公式得

$$\begin{aligned}\frac{\mathrm{d}z}{\mathrm{d}t}&=\frac{\partial z}{\partial x}\frac{\mathrm{d}x}{\mathrm{d}t}+\frac{\partial z}{\partial y}\frac{\mathrm{d}y}{\mathrm{d}t}\\&=\frac{1}{x+y}\cdot 2t+\frac{1}{x+y}\cdot 3t^2\\&=\frac{2}{t+t^2}+\frac{3}{1+t}=\frac{2+3t}{t+t^2}\end{aligned}$$

此公式可推广到三元及三元以上的函数，如果函数 $u=\phi(x), v=\varphi(x), \omega=\omega(x)$ 均在点 x 处可导，三元函数 $z=f(u,v,\omega)$ 在对应点处 (u,v,ω) 具有连续的偏导数，复合函数 $z=f[\phi(x),\varphi(x),\omega(x)]$ 在点 x 处可导. 且具有求导公式：

$$\frac{\mathrm{d}z}{\mathrm{d}x}=\frac{\partial z}{\partial u}\frac{\mathrm{d}u}{\mathrm{d}x}+\frac{\partial z}{\partial v}\frac{\mathrm{d}v}{\mathrm{d}x}+\frac{\partial z}{\partial \omega}\frac{\mathrm{d}\omega}{\mathrm{d}x}$$

8.4.2　多元复合函数的求导公式

定理 4　如果函数 $u=\phi(x,y), v=\varphi(x,y)$ 均在点 (x,y) 处可导，二元函数 $z=f(u,v)$ 在对应点处 (u,v) 具有连续的偏导数，复合函数 $z=f[\phi(x,y),\varphi(x,y)]$ 在点 (x,y) 处可导，且具有链导公式

$$\frac{\partial z}{\partial x}=\frac{\partial z}{\partial u}\frac{\partial u}{\partial x}+\frac{\partial z}{\partial v}\frac{\partial v}{\partial x}, \frac{\partial z}{\partial y}=\frac{\partial z}{\partial u}\frac{\partial u}{\partial y}+\frac{\partial z}{\partial v}\frac{\partial v}{\partial y}$$

例 8.23　设 $z=u\ln v, u=1+xy, v=\frac{x}{y}$，求 $\frac{\partial z}{\partial x}, \frac{\partial z}{\partial y}$.

解

$$\frac{\partial z}{\partial u}=\ln v, \frac{\partial z}{\partial v}=\frac{u}{v}, \frac{\partial u}{\partial x}=y, \frac{\partial v}{\partial x}=\frac{1}{y}, \frac{\partial u}{\partial y}=x, \frac{\partial v}{\partial y}=-\frac{x}{y^2}$$

由链导公式可得

$$\begin{aligned}\frac{\partial z}{\partial x}&=\frac{\partial z}{\partial u}\frac{\partial u}{\partial x}+\frac{\partial z}{\partial v}\frac{\partial v}{\partial x}=\ln v\cdot y+\frac{u}{v}\cdot\frac{1}{y}\\&=y\ln\left(\frac{x}{y}\right)+\frac{1+xy}{\frac{x}{y}}\frac{1}{y}=y\ln\left(\frac{x}{y}\right)+\frac{1+xy}{x}\end{aligned}$$

$$\begin{aligned}\frac{\partial z}{\partial y}&=\frac{\partial z}{\partial u}\frac{\partial u}{\partial y}+\frac{\partial z}{\partial v}\frac{\partial v}{\partial y}=\ln v\cdot x+\frac{u}{v}\left(-\frac{x}{y^2}\right)\\&=x\ln\left(\frac{x}{y}\right)+\frac{1+xy}{\frac{x}{y}}\left(-\frac{x}{y^2}\right)=x\ln\left(\frac{x}{y}\right)-\frac{1+xy}{y}\end{aligned}$$

例 8.24　求函数 $z=\ln[\mathrm{e}^{2(x+y^2)}+(x^2+y)]$ 的一阶偏导数.

解　令 $u=\mathrm{e}^{x+y^2}, v=x+y^2$，则

$$z=\ln(u^2+v)$$

由于

$$\frac{\partial z}{\partial u}=\frac{2u}{u^2+v}, \frac{\partial z}{\partial v}=\frac{1}{u^2+v}$$

$$\frac{\partial u}{\partial x}=\mathrm{e}^{x+y^2}, \frac{\partial u}{\partial y}=2y\mathrm{e}^{x+y^2}$$

$$\frac{\partial v}{\partial x}=2x, \frac{\partial v}{\partial y}=1$$

由链导公式可得

$$\frac{\partial z}{\partial x}=\frac{\partial z}{\partial u}\frac{\partial u}{\partial x}+\frac{\partial z}{\partial v}\frac{\partial v}{\partial x}=\frac{2u}{u^2+v}\mathrm{e}^{x+y^2}+\frac{1}{u^2+v}2x$$

$$=\frac{2e^{x+y^2}}{e^{2(x+y^2)}+(x^2+y)}2e^{x+y^2}+\frac{1}{e^{2(x+y^2)}+(x^2+y)}2x$$

$$=\frac{4e^{x+y^2}}{e^{2(x+y^2)}+(x^2+y)}+\frac{2x}{e^{2(x+y^2)}+(x^2+y)}$$

$$=\frac{4e^{x+y^2}+2x}{e^{2(x+y^2)}+(x^2+y)}$$

$$\frac{\partial z}{\partial y}=\frac{\partial z}{\partial u}\frac{\partial u}{\partial y}+\frac{\partial z}{\partial v}\frac{\partial v}{\partial y}=\frac{2u}{u^2+v}2ye^{x+y^2}+\frac{1}{u^2+v}$$

$$=\frac{2e^{x+y^2}}{e^{2(x+y^2)}+(x^2+y)}2ye^{x+y^2}+\frac{1}{e^{2(x+y^2)}+(x^2+y)}$$

$$=\frac{e^{x+y^2}(2+2y)+1}{e^{2(x+y^2)}+(x^2+y)}$$

如果函数$u=\phi(x,y),v=\varphi(x,y),w=\omega(x,y)$均在点$(x,y)$处可导,三元函数$z=f(u,v,w)$在对应点处$(u,v,w)$具有连续的偏导数,复合函数$z=f[\varphi(x,y),\phi(x,y),\omega(x,y)]$在点$(x,y)$处可导,且具有链导公式

$$\frac{\partial z}{\partial x}=\frac{\partial z}{\partial u}\frac{\partial u}{\partial x}+\frac{\partial z}{\partial v}\frac{\partial v}{\partial x}+\frac{\partial z}{\partial w}\frac{\partial w}{\partial x},\frac{\mathrm{d}z}{\mathrm{d}y}=\frac{\partial z}{\partial u}\frac{\mathrm{d}u}{\mathrm{d}y}+\frac{\partial z}{\partial v}\frac{\mathrm{d}v}{\mathrm{d}y}+\frac{\partial z}{\partial w}\frac{\partial w}{\partial y}$$

例 8.25 设$z=f\left(\frac{y}{x},x+2y,y\sin x\right)$,求$\frac{\partial u}{\partial x}$和$\frac{\partial z}{\partial y}$.

解 令$u=\frac{y}{x},v=x+2y,w=y\sin x$,于是

$$z=f(u,v,w)$$

因为

$$\frac{\partial u}{\partial x}=-\frac{y}{x^2},\frac{\partial v}{\partial x}=1,\frac{\partial w}{\partial x}=y\cos x;\frac{\partial u}{\partial y}=\frac{1}{x},\frac{\partial v}{\partial y}=2,\frac{\partial w}{\partial y}=\sin x$$

所以

$$\frac{\partial z}{\partial x}=f'_u\cdot\left(-\frac{y}{x^2}\right)+f'_v\times 1+f'_w y\cos x=-\frac{y}{x^2}f'_u+f'_v+y\cos xf'_w$$

上述公式可推广到多元,在此不详述.

一个多元复合函数,其一阶偏导数的个数取决于此复合函数自变量的个数.在一阶偏导数的链导公式中,项数的多少取决于与此自变量有关的中间变量的个数.

习题 8.4

1. $z=xy+x^3$,则$\frac{\partial z}{\partial x}+\frac{\partial z}{\partial y}=$__________.

2. 求下列复合函数的一阶偏导数:

(1)$z=u^2\ln v,u=\frac{x}{y},v=3x-2y$

(2)$z=u^v,u=2x+3y,v=2y$

(3) $u = e^{x^2+y^2+z^2}, z = x^2 \sin y$

(4) $z = uv, u = x^2 + y, v = x^2 - y$

3. 设 $z = y\varphi(x^2 - y^2)$，其中 φ 为可导函数，证明：$y\dfrac{\partial z}{\partial x} + x\dfrac{\partial z}{\partial y} = \dfrac{x}{y}z$.

4. 求下列复合函数的全导数：

(1) $u = e^{x-2y}, x = \sin t, y = t^3$.

(2) $u = e^x(y+z), x = 2t, y = \sin t, z = 2\cos t$.

5. 若 $z = f(ax+by)$，f 可微，求证：$b\dfrac{\partial z}{\partial x} - a\dfrac{\partial z}{\partial y} = 0$.

6. 设 $u = f(x^2+y^2+z^2)$，其中 f 有连续导数，证明：$y\dfrac{\partial u}{\partial x} - x\dfrac{\partial u}{\partial y} = 0$.

8.5　多元函数的极值

在一元函数中可知，利用函数的导数可求得函数的极值，从而可解决一些最大、最小值的应用问题. 多元函数也有类似的问题，下面以二元函数为主先介绍多元函数的极值，再讨论多元函数的最值问题.

8.5.1　多元函数极值

定义6　如果函数 $z = f(x,y)$ 在 (x_0,y_0) 的某一邻域内有定义，如果对于该邻域内任何异于 (x_0,y_0) 的一切点 (x,y) 恒有等式

$$f(x,y) < f(x_0,y_0)\ (\text{或}\ f(x,y) > f(x_0,y_0))$$

成立，则称点 (x_0,y_0) 为函数 $z = f(x,y)$ 的**极大值点（或极小值点）**，$f(x_0,y_0)$ 称为**极大值（或极小值）**；极大值与极小值统称函数的**极值**.

对于简单的函数的极值可利用定义域直接判断. 例如，$z = \sqrt{x^2+y^2}$ 在点 $(0,0)$ 处有极小值0；函数 $z = \sqrt{4-x^2-y^2}$ 在 $(0,0)$ 处有极大值2. 那么，对于一个函数任何判断其极值在什么点取得？找到的极值是极大值还是极小值？如何判断呢？下面的定理解决了这些问题.

8.5.2　二元函数极值判定

定理5（极值存在的必要条件）　如果函数 $z = f(x,y)$ 在点 (x_0,y_0) 处偏导数存在，且在点 (x_0,y_0) 处取得极值，则必有

$$f'_x(x_0,y_0) = 0,\ f'_y(x_0,y_0) = 0$$

使 $f'_x(x_0,y_0) = 0$，$f'_y(x_0,y_0) = 0$ 同时成立的点 (x_0,y_0) 称为函数的**驻点**. 与一元函数类似，在偏导数存在的条件下，在驻点处不一定取得极值，在偏导数不存在的点处也可能取得极值. 因此，极值可能在驻点或一阶偏导数不存在的点处取得，但如何判断在驻点处是否取得极值，给出下面的定理.

定理6（极值存在的充分条件）　如果函数 $z = f(x,y)$ 在点 (x_0,y_0) 的某个邻域内有连续的二阶偏导数，且 $f'_x(x_0,y_0) = 0$，$f'_y(x_0,y_0) = 0$. 记作

$$A = f''_{xx}(x_0,y_0), B = f''_{xy}(x_0,y_0), C = f''_{yy}(x_0,y_0)$$

则:

①当 $\Delta = B^2 - AC > 0$ 时, $f(x_0,y_0)$ 不是极值.

②当 $\Delta = B^2 - AC < 0$,且 $A < 0$ 时, $f(x_0,y_0)$ 是极大值.

当 $\Delta = B^2 - AC < 0$,且 $A > 0$ 时, $f(x_0,y_0)$ 是极小值.

③当 $\Delta = B^2 - AC = 0$ 时,不能判定 $f(x_0,y_0)$ 是否是极值. 此种情况下,需要用其他方法进行判定.

例 8.26 求 $z = x^3 + y^3 - 3xy + 5$ 的极值.

解 由 $z = x^3 + y^3 - 3xy + 5$ 则

$$f'_x(x,y) = 3x^2 - 3y, f'_y(x,y) = 3y^2 - 3x$$

$$A = f''_{xx}(x,y) = 6x, B = f''_{xy}(x,y) = -3, C = f''_{yy}(x,y) = 6y$$

解方程组 $\begin{cases} 3x^2 - 3y = 0 \\ 3y^2 - 3x = 0 \end{cases}$,得驻点 $(1,1)$, $(0,0)$.

对于驻点 $(1,1)$ 有 $A = f''_{xx}(1,1) = 6, B = f''_{xy}(1,1) = -3, C = f''_{yy}(1,1) = 6$ 故

$$\Delta = B^2 - AC = (-3)^2 - 6 \times 6 = -27 < 0, A = 6 > 0$$

因此, $f(x,y) = x^3 + y^3 - 3xy + 5$ 在点 $(1,1)$ 取得极小值 $f(1,1) = 4$.

对于驻点 $(0,0)$ 有 $A = f''_{xx}(0,0) = 0, B = f''_{xy}(0,0) = -3, C = f''_{yy}(0,0) = 0$,故

$$\Delta = B^2 - AC = (-3)^2 - 0 = 9 > 0$$

因此, $f(x,y) = x^3 + y^3 - 3xy + 5$ 在点 $(0,0)$ 不取得极值.

由该题可总结出求二元函数极值的一般步骤:

①求出一阶偏导数 $f'_x(x_0,y_0)$, $f'_y(x_0,y_0)$.

②解方程组 $\begin{cases} f'_x(x_0,y_0) = 0 \\ f'_y(x_0,y_0) = 0 \end{cases}$,求得全部驻点或一阶偏导数不存在的点.

③求出二阶偏导数 $A = f''_{xx}(x,y), B = f''_{xy}(x,y), C = f''_{yy}(x,y)$,并求出每一个驻点的二阶偏导数值 A, B 和 C.

④确定 $\Delta = B^2 - AC$ 的符号,由定理 6 判定 $f(x_0,y_0)$ 是否是极值,是极大值还是极小值.

8.5.3 多元函数的最大、最小值问题

在有界闭区域 D 上的连续函数 $f(x,y)$ 一定有最大值和最小值. 已知求一元函数最大值和最小值的步骤,对于多元函数的最大值和最小值的求解也可采用同样的步骤. 首先求出函数在区域内的全部驻点及偏导数不存在的点,将这些点的函数值域 D 的边界上的函数值进行比较,其中最大者即为区域上的最大值,最小者即为区域上的最小值.

例 8.27 求函数 $z = \sqrt{4 - x^2 - y^2}$ 的最大值和最小值.

解 因为函数 $z = \sqrt{4 - x^2 - y^2}$ 的定义域为

$$\{(x,y) \mid x^2 + y^2 \leqslant 4\}$$

$$z'_x = \frac{-x}{\sqrt{4 - x^2 - y^2}}, z'_y = \frac{-y}{\sqrt{4 - x^2 - y^2}}$$

令其为零,得驻点 $(0,0)$,于是

$$z|_{(0,0)}=2$$

又在区域边界 $x^2+y^2\leqslant 4$ 上 $z=0$. 因此,函数 $z=\sqrt{4-x^2-y^2}$ 的最大值和最小值分别是 2 和 0.

对于实际问题中多元函数的最大值和最小值求解问题,如果能够知道函数的最大值(或最小值)一定在 D 的内部取得,而忽视在 D 内只有唯一的驻点,则该点处的函数值就是函数在 D 上的最大值(或最小值). 其步骤如下:

①根据实际问题建立函数关系,确定其定义域.

②求出驻点.

③结合实际意义判定最大值、最小值.

例 8.28　在平面 $x+2y-z=6$ 上求一点,使它与坐标原点的距离最短.

解　1)先建立函数关系,确定定义域

设点 $p(x,y,z)$ 为满足条件的一点,求与原点的距离最短的问题等价于求 $p(x,y,z)$ 与原点距离的平方 $u=x^2+y^2+z^2$ 最小的问题,但是 P 点位于所给的平面上,故 $z=x+2y-6$,把它代入上式便得到所需的函数关系:

$$u=x^2+y^2+(x+2y-6)^2 \quad (-\infty<x<+\infty,-\infty<y<+\infty)$$

2)求函数的驻点

$$\frac{\partial u}{\partial x}=2x+2(x+2y-6)=4x+4y-12$$

$$\frac{\partial u}{\partial y}=2y+4(x+2y-6)=4x+10y-24$$

解 $\frac{\partial u}{\partial x}=0,\frac{\partial u}{\partial y}=0$ 得唯一驻点 $x=1,y=2$,由于点 P 在所给平面上,故可知 $z=-1$.

3)结合实际意义判定最大、最小值

由问题的实际意义可知,原点与平面距离的最小值是客观存在的,且这个最小值就是极小值,而函数仅有唯一的驻点. 因此,所给平面上与原点距离最短的点为 $P(1,2,-1)$.

例 8.29　用铁皮做一个体积为 V 的长方体形状的箱子,求箱子的长、宽、高各是多少时,才能使用料最少?

解　设箱子的长为 x,宽为 y,则高就是 $\frac{V}{xy}$. 箱子所用铁皮的面积为

$$A=2xy+2x\frac{V}{xy}+2y\frac{V}{xy}=2xy+\frac{2V}{y}+\frac{2V}{x},D=\{(x,y)\mid x>0,y>0\}$$

对 A 求偏导数

$$A'_x=2y-\frac{2V}{x^2},A'_y=2x-\frac{2V}{y^2}$$

令其为零,解方程组

$$\begin{cases}A'_x=2y-\dfrac{2V}{x^2}=0\\A'_y=2x-\dfrac{2V}{y^2}=0\end{cases}$$

得驻点$(\sqrt[3]{2V},\sqrt[3]{2V})$.

由题意可知,箱子所用铁皮面积的最小值一定存在,并在区域 D:$x>0$,$y>0$ 内取得,而在区域 D 内,该驻点又是唯一的,因此,当 $x=\sqrt[3]{2V}$,$y=\sqrt[3]{2V}$时,A 取得最小值. 也就是说,体积一定的长方体中,正方体用料最省.

8.5.4 条件极值与拉格朗日乘数法

前面讨论的极值问题,对于函数的自变量,除了要求在函数的定义域内以外,无其他条件限制,称为**无条件极值**. 但在实际问题中,有时会遇到对函数的自变量还有附加条件的极值问题,称为**条件极值**,附加的条件称为**约束条件**.

在有些实际问题中,可将条件极值转化为无条件极值,如例 8.29,利用条件 $z=\dfrac{V}{xy}$消去 A 中的 z 后,转化为求二元函数 $A=2xy+\dfrac{2V}{y}+\dfrac{2V}{x}$的无条件极值. 但在有些问题中要做这样的转换并不容易. 下面介绍直接求条件极值的方法——拉格朗日乘数法.

拉格朗日乘数法 要求出函数 $z=f(x,y)$ 在约束条件 $\varphi(x,y)=0$ 下的可能的极值点,首先构造辅助函数(称为拉格朗日函数)

$$F(x,y,\lambda)=f(x,y)+\lambda\varphi(x,y)$$

其中,λ 为待定常数,称为拉格朗日乘数. 然后求 $F(x,y,\lambda)$关于 x,y,λ 的偏导数,解方程组

$$\begin{cases}F'_x(x,y,\lambda)=0\\F'_y(x,y,\lambda)=0\\F'_\lambda(x,y,\lambda)=0\end{cases}$$

求得可能的极值点(x,y)和乘数 λ,最后根据问题的实际意义判定所求得的点(x,y)是否为极值点.

拉格朗日乘数法对三元及三元以上函数也适用.

例 8.30 设某公司生产两种大型设备,年生产量分别为 x 和 y(台套),总成本函数为

$$C(x,y)=4x^2-2xy+8y^2 \qquad \text{万元}$$

设备年产总的限额为 56(台套),仅考虑成本情况,试分配两种设备的年产量,使得总成本最小.

解 由拉格朗日乘数法,令 $\varphi(x,y)=x+y-56$,则约束条件为 $\varphi(x,y)=0$. 拉格朗日函数为

$$F(x,y,\lambda)=C(x,y)+\lambda\varphi(x,y)$$

即

$$F(x,y,\lambda)=4x^2-2xy+8y^2+\lambda(x+y-56)$$

分别对 x,y,λ 求偏导数,令其等于 0,得方程组

$$\begin{cases}F'_x(x,y,\lambda)=8x-2y+\lambda=0\\F'_y(x,y,\lambda)=-2x+16y+\lambda=0\\F'_\lambda(x,y,\lambda)=x+y-56=0\end{cases}$$

求解方程组,得唯一可能极值点(36,20),由委托本身的性质知道,生产的最小成本是存在的. 因此,当 $x=36$(台套)、$y=20$(台套)时,总成本最小.

习题 8.5

1. 求下列函数的极值：

(1) $f(x,y)=4x-4y-x^2-y^2$　　(2) $z=x^3-4x^2+2xy-y^2$

(3) $f(x,y)=e^{2x}(x+y^2+2y)$

2. 求下列函数在相应区域 D 上的最大值和最小值：

(1) $f(x,y)=1+xy-x-y, D=\{(x,y)\mid x^2\leqslant y\leqslant 4\}$.

(2) $z=f(x,y)=x^2y(4-x-y)$ 在由直线 $x+y=6$, x 轴和 y 轴所围成的闭区间 D 上.

(3) $f(x,y)=e^{-xy}, D=\{(x,y)\mid x^2+4y^2\leqslant 1\}$.

3. 计算一个长方体容器，其长、宽、高之和为定值，问怎样下料才能使所做容器最大？

4. 曲线 $L:xy=1(x>0)$ 上求一点，使函数 $f(x,y)=x^2+2y^2$ 达到最小值.

【阅读材料】

微积分的发展

自牛顿和莱布尼兹之后，微积分得到了突飞猛进的发展，人们将微积分应用到自然科学的各个方面，建立了不少以微积分方法为主的分支学科，如常微分方程、偏微分方程、积分方程、变分法等，形成了数学的三大分支之一的“分析”. 微积分应用于几何开拓了微分几何，有了几何分析；应用于理学上，就有了分析力学；应用于天文上就有了天体力学，等等. 但是微积分的基础是不牢固的，尤其在适用无穷小概念上的随意与混乱，一会儿说不是零，一会儿说是零，这引起了人们对他们的理论的怀疑与批评. 最有名的批评来自英国牧师伯克莱(Berkeley). 1734 年，他在《分析学家，或致以为不信神的数学家》中写道：“这些小时的增量究竟是什么呢？它们既不是有限量，也不是无穷小，又不是零，难道我们不能称它们为消逝量的鬼魂吗？”他对莱布尼兹的微积分也大加抨击，认为那些正确的结论，是从错误的原理出发通过“错误的抵消”而得到的.

经过达朗贝尔(D' Alembert)、欧拉(Euler)、拉格朗日(Lagrange)等人的百年努力，微积分严格化到 19 世纪初终于见到效果. 直到法国大数学家柯西(Cauchy)，他的三大著作:《工科大学分析教程》,1821;《无穷小计算教程概论》,1823;《微积分学讲义》,1929. 通过这些著作，他赋予微积分以今天大学教科书中的模型，他给出了“变量”“函数”的正确定义，且突破了函数必须有解析表达式的要求. 他给出了“极限”的合适定义：当同一变量逐次所取的值无限趋向于一个固定的值，最终使它的值与该定值的差要多小就多小，那么最后这个定值就称为所有其他值的极限. 他的“无穷小量”不再是一个无穷小的固定数，而定义为：当同一变量逐次所取的绝对值无限减小，以致比任意给定的数还要小，这个变量就是所谓的无穷小或无穷小量；并用无穷小量给出了连续函数的定义，并用极限正确定义了微商、微分与定积分. 柯西正确地表述并严格地证明了微积分基本定理、中值定理等微积分中一系列重要定理. 柯西的工作是微积分走向严格化的极为关键的一步，但是他的理论也仍然存在着要进一步弄清楚的地方，如他在定义“极限”时，用到了“无限趋近”“要多小就多小”等描述性的语言.

微积分是在实数域上进行讨论的，但是柯西时代，对于什么是实数，依然没有做过深入的探讨,仍然是用直观的方式来理解实数. 在柯西论证的微积分的种种定理中都任意适用了实数的完备性. 1861 年维尔斯特拉斯(Weierstrass)用式子具体写出一个连续函数却处处不可微的例子. 它告诉人们:连续函数与可微函数是两种不同的函数,要彻底来研究微积分以及分析的基础是十分必要的. 维尔斯特拉斯认为微积分中的一切概念,如极限、连续等都是建筑在实数的概念上,因此实数是分析之源,要使微积分严格化,必须从源头做起,首先要使实数严格化. 他对微积分严格化最突出的贡献是他创造的一整套 ε-δ 语言、ε-N 语言,用这套语言重新建立了微积分体系,并引入了"一致收敛"概念,消除了微积分中以前出现的错误与混乱.

复习题 8

一、选择题:

1. 如果在点(x_0,y_0)的某邻域内$\lim\limits_{\substack{x\to 0\\y\to 0}}f(x,y)$存在,则$f(x,y)$在点$(x_0,y_0)$处(　　).

A. 连续　　B. 可微　　C. 间断　　D. 不一定连续

2. 有且仅有一个间断点的函数是(　　).

A. $\dfrac{y}{x}$　　B. $e^{-x}\ln(x^2+y^2)$　　C. $\dfrac{x}{x+y}$　　D. $\arctan xy$

3. 已知$\dfrac{\partial f}{\partial x}>0$,则(　　).

A. $f(x,y)$关于x单调递减　　B. $f(x,y)>0$

C. $\dfrac{\partial^2 f}{\partial x^2}>0$　　D. $f(x,y)=x(y^2+1)$

4. 使 $df=\Delta f$ 的函数f为(　　).

A. $ax+by+C$　　B. $\sin xy$　　C. e^x+e^y　　D. x^2+y^2

5. $f(x,y)$在(x_0,y_0)处的两个偏导数$\dfrac{\partial f}{\partial x}$和$\dfrac{\partial f}{\partial y}$均存在是$f(x,y)$在$(x_0,y_0)$处连续的(　　)条件.

A. 充分　　B. 必要　　C. 充分必要　　D. 既不充分也不必要

6. 设$z=\arcsin\dfrac{y}{\sqrt{x^2+y^2}}$,则$\dfrac{\partial z}{\partial y}=$(　　).

A. $\dfrac{x}{x^2+y^2}$　　B. $-\dfrac{x}{x^2+y^2}$　　C. $\dfrac{1}{x^2+y^2}$　　D. $\dfrac{|x|}{x^2+y^2}$

7. 设$z=\sin(x^2y^2)$,则$\dfrac{1}{y}\dfrac{\partial z}{\partial x}+\dfrac{1}{2x}\dfrac{\partial z}{\partial x}$(　　).

A. $\cos(xy^2)$　　B. $2y\cos(xy^2)$　　C. $2x\cos(xy^2)$　　D. $y\cos(xy^2)$

8. 设$z=e^{-x}\cos(2x-3y)$,则$\dfrac{\partial z}{\partial x}\Big|_{(0,\frac{\pi}{2})}=$(　　).

A. 0　　B. -2　　C. 2　　D. -1

9. 函数$z=x^3-y^3+3x^2+3y^2-9x$的极值点有(　　).

A. $(1,0)$ 和$(1,2)$　　B$(1,0)$和$(1,4)$

C. $(1,0)$和$(-3,2)$　　　　D. $(-3,0)$和$(-3,2)$

10. 设函数$z=f(x,y)$，$\frac{\partial^2 f}{\partial y^2}=2$且$f(x,0)=1$，$f'_y(x,0)=x$，则$f(x,y)=($　　$)$.

A. x^2+xy-1　　B. y^2+xy+1　　C. y^2+xy+1　　D. x^2+xy+y^2+1

11. 如果(x_0,y_0)为$f(x,y)$的极值点，且$f(x,y)$在点(x_0,y_0)处的两个一阶偏导数存在，则点(x_0,y_0)必为$f(x,y)$的(　　).

A. 最大值点　　B. 最小值点　　C. 连续点　　D. 驻点

二、填空题：

1. 设$z=e^{x^2y}+xy$，则$\frac{\partial z}{\partial x}=$________________，$\frac{\partial z}{\partial y}=$________________.

2. 若$f(x,y)=\sqrt{x^2y+\frac{x}{y}}$，则$f_x(2,1)=$________________.

3. 已知$f(x+y,x-y)=xy+y^2$，则$f(x,y)=$________________.

4. $z=f\left(e^x\sin y,\frac{y}{x}\right)$，其中$f(x,y)$可微，则$\frac{\partial f}{\partial x}=$____________，$\frac{\partial f}{\partial y}=$____________.

5. 设函数$z=f(x,y)$是由方程$xyz+\sqrt{x^2+y^2+z^2}=\sqrt{2}$确定的，在点$(1,0,-1)$，求$dz=$________________.

6. $z=f(u,v)$，$u=\sin x$，$v=e^x$，则$\frac{dz}{dx}=$________________.

7. 设$z=x^2+\sin y$，$x=\cos t$，$y=t^3$，则$\frac{dz}{dt}=$________________.

8. $z=f(x,y)=x^4+y^4-x-2xy-y^2$，点$M_1(1,1)$，$M_2(-1,-1)$是$f(x,y)$的驻点，则点________________是$f(x,y)$的极小值点.

9. 设$z=e^{x\cos y}$，则$dz=$________________.

10. 二元函数$f(x,y)=x^3+y^3+2xy-5$的极值是________，且它是极________值.

三、解答题：

1. 设$f(x,y)=\begin{cases}0 & xy=0\\1 & xy\neq 0\end{cases}$，试求$f'_x(0,0)$，$f'_y(0,0)$，并讨论$f(x,y)$在$(0,0)$点处的连续性.

2. 若$f\left(\frac{y}{x}\right)=\frac{\sqrt{x^2+y^2}}{x}(x>0)$，求$f(x)$.

3. 设函数$f(x,y)$在点$(1,1)$处可微，且$f(1,1)=1$，$f'_x(1,1)=2$，$f_y(1,1)=3$，$\phi(x)=f(x,f(x,x))$，求$\varphi'(1)$.

4. 设$x=t+t^{-1}$，$y=t^2+t^{-2}$，$z=t^3+t^{-3}$确定了函数$y=y(x)$，$z=z(x)$，求$\frac{dy}{dx}$，$\frac{dz}{dx}$.

5. 验证$z=\ln\sqrt{x^2+y^2}$满足$\frac{\partial^2 z}{\partial x^2}+\frac{\partial^2 z}{\partial y^2}=0$.

6. 求下列各函数的二阶偏导数：

(1) $z=x^2y^2+e^{xy}$　　(2) $z=\sin^3(ax+by)$

(3) $z=2xy^2-x^2+4x^2y$　　(4) $z=e^x(\cos y+x\sin y)$

7. 设函数$z=z(x,y)$由方程$\sin^2 y+\sin^2 x+\sin^2 z=1$所确定，求$\frac{\partial z}{\partial x}$，$\frac{\partial z}{\partial y}$.

8. 求函数 $u=z^4-3xz+x^2+y^2$ 在点(1,1,1)处的全微分.

9. 求函数 $z=x^2\sin^2 y+2xy\sin x\sin y+y^2$ 的全微分.

10. 设 $u=\ln(x+\sqrt{x^2+y^2})$,求$\frac{\partial^2 u}{\partial x\partial y}$.

11. 求函数$f(x,y)=xy\sqrt{1-x^2-y^2}$在闭区间 $D=\{(x,y)\mid x^2+y^2\leqslant 1,x\geqslant 0,y\geqslant 0\}$ 上的最大值和最小值.

12. 设曲线 $x^2+y^2+z^2=6$.

(1)求出$\frac{dy}{dx}$和$\frac{dz}{dx}$;

(2)求出曲线在点(1,−2,1)处的切线与法平面方程.

13. 设$f(x,y)=\begin{cases}\frac{xy}{x^2+y^2} & x^2+y^2\neq 0\\ 0 & x^2+y^2=0\end{cases}$,求函数$f(x,y)$在(0,0)点的偏导数.

第 9 章
多元函数的积分学

在一元函数积分学中,已知定积分是某种确定形式和的极限,这种和的极限的概念推广到定义在区域、曲线及曲面上多元函数的情形,便得到重积分、曲线积分及曲面积分的概念.本章将在曲顶柱体体积的计算基础上引出二重积分概念,并介绍二重积分的计算及初步应用.

9.1 二重积分的概念及性质

前面已知,定积分与曲边梯形的面积有关.下面通过曲顶柱体的体积来引出二重积分的概念.

9.1.1 二重积分的概念

引例 9.1 曲顶柱体体积

设 $z=f(x,y)$ 在有界闭区域 D 上连续(见图9.1),且 $z=f(x,y)\geqslant 0$. 以曲面 $z=f(x,y)$ 表示它的曲顶,底是 xOy 平面上的有界闭区域 D,侧面是以 D 的边界为准线,母线平行于 z 轴的柱面,称为**曲顶柱体**.

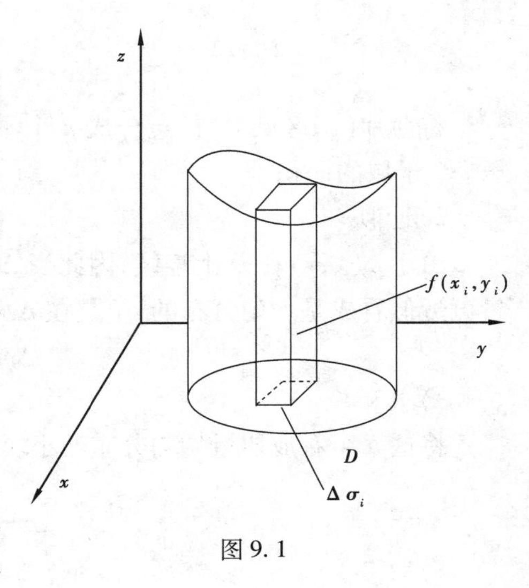

图 9.1

解 对于平顶柱体的体积可简单地用底面积乘以柱体高度来计算.求曲顶柱体体积时,类似于求曲边梯形的面积一样,可通过局部线性化将求曲顶柱体体积转化为求无限个平顶柱体体积的和.据此,有以下步骤:

1)分割

将区域 D 无限细分成 n 个区域:$\Delta\sigma_1,\Delta\sigma_2,\cdots,\Delta\sigma_i,\cdots$,记 $\lambda=\max\{d_1,d_2,\cdots,d_n\}$,$d_i$ 是 $\Delta\sigma_i$ 在微小区域 $\Delta\sigma_i$ 的直径.这时,曲顶柱体的体积也相应分成 n 个小的曲顶柱体,其体积记作 $\Delta V_1,\Delta V_2,\cdots,\Delta V_n$.

2）近似

用小平顶柱体的体积代替曲顶柱体的体积. 在每个小区间上取一点(x_i,y_i)，用$f(x_i,y_i)$为高，$\Delta\sigma_i$为底的平顶柱体体积近似代替$\Delta\sigma_i$上小曲顶柱体的体积，则

$$\Delta V_i \approx f(x_i,y_i)\Delta\sigma_i$$

3）求和

把n个小平定柱体的体积相加，就得到曲顶柱体体积的近似值，则

$$V=\sum_{i=1}^{n}\Delta V_i \approx \sum_{i=1}^{n}f(x_i,y_i)\Delta\sigma_i$$

4）取极限

对曲顶柱体的近似值求当$\lambda=\max\{d_1,d_2,\cdots,d_n\}\to 0$时的极限. 将$\Delta v_i$当$n$个区域面积$\lambda\to 0$时，上述和式的极限就是所求曲顶柱体的体积即

$$V=\lim_{\lambda\to 0}\sum_{i=1}^{n}f(x_i,y_i)\Delta\sigma_1$$

引例9.2　非均匀平面薄片的质量

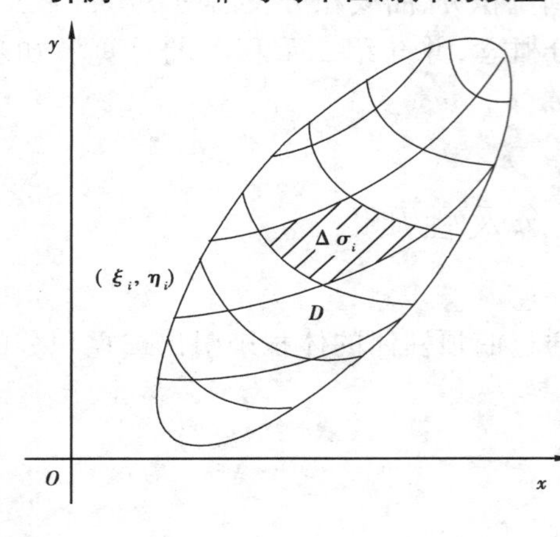

图9.2

设有一个平面薄片占有xOy平面上的区域D（见图9.2），它的面密度（单位面积的质量）为D上的连续函数$\mu(x,y)$，求该平面薄片的质量M.

解　对于质量分布均匀的薄片，即当

$$\mu(x,y)\equiv\mu_0 \quad (\mu_0\text{为常数},\mu_0>0)$$

该薄片的质量为

$$M=\text{面密度}\times\text{薄片面积}=\mu_0\sigma$$

现在薄片的面密度$\mu(x,y)$在D上是变量，因而它的质量就不能用上面的公式计算，但是仍可仿照求曲顶柱体体积的思想方法求得. 简单地说，非均匀分布的平面薄片的质量，可通过"分割、近似、求和、限极限"这4个步骤求得，具体做法如下：

1）分割

将薄片（即区域D）任意分成n个子域：$\Delta\sigma_1,\Delta\sigma_2,\cdots,\Delta\sigma_i$，并以$\Delta\sigma_i(i=1,2,\cdots,n)$表示第$i$个子域的面积.

2）近似

由于$\mu(x,y)$在D上连续，因此当$\Delta\sigma_i$很小时，这个子域上的密度的变化也很小，即其质量可近似看成是均匀分布的，于是在$\Delta\sigma_i$上任意取一点(ξ_i,η_i)，第i块薄片的质量近似值为

$$\Delta M_i \approx \mu(\xi_i,\eta_i)\Delta\sigma_i$$

3）求和

将这n个看成质量均匀分布的小块的质量相加得到整个平面薄片的近似值，即

$$M=\sum_{i=1}^{n}\Delta M_i \approx \sum_{i=1}^{n}\mu_i(\xi_i,\eta_i)\Delta\sigma_i$$

4）取极值

当n个子域的最大直径$\lambda\to 0$时，上述和式的极限就是所求薄片的质量，即

$$M = \lim_{\lambda \to 0} \sum_{i=1}^{n} \mu_i(\xi_i, \eta_i) \Delta\sigma_i$$

上述两个例子意义不同,但解决问题的方法都可归纳为求二元函数在平面区域上和式极限. 在几何、物理、力学、工程实践中,许多问题均可归纳为这种方式的极限,抽去其实际意义,给出二重积分的概念.

9.1.2　二重积分的定义

设二元函数 $z=f(x,y)$ 为有界闭区域 D 上的有界函数,把区域 D 任意划分成 n 个小区域 $\Delta\sigma_i(i=1,2,3,\cdots,n)$,其面积记作 $\Delta\sigma_i$ $(i=1,2,3,\cdots,n)$;在每一个子域 $\Delta\sigma_i$ 上任取一点 (ξ_i,η_i),作乘积 $f(\xi_i,\eta_i)\Delta\sigma_i$;把所有这些乘积相加,即作出和数 $\sum\limits_{i=1}^{n} f(\xi_i,\eta_i)\Delta\sigma_i$. 记子域的最大直径 d. 如果不论子域怎样划分以及 (ξ_i,η_i) 怎样选取,上述和数当 $n\to+\infty$ 且 $d\to 0$ 时的极限存在,则称此极限为函数 $f(x,y)$ 在区域 D 上的二重积分. 记作:

$$\iint\limits_{(D)} f(x,y)\,\mathrm{d}\sigma$$

即

$$\iint\limits_{(D)} f(x,y)\,\mathrm{d}\sigma = \lim_{d \to 0} \sum_{i=1}^{n} f(\xi_i,\eta_i)\Delta\sigma_\lambda$$

其中,x 与 y 称为**积分变量**,函数 $f(x,y)$ 称为**被积函数**,$f(x,y)\,\mathrm{d}\sigma$ 称为**被积表达式**,D 称为**积分区域**.

于是由二重积分的定义:

以连续曲面 $z=f(x,y)\ (f(x,y)\geqslant 0)$ 为顶,区域 D 为底的曲顶柱体的体积是函数 $z=f(x,y)$ 在 D 上的二重积分,即

$$V = \iint\limits_{(D)} f(x,y)\,\mathrm{d}\sigma$$

以 $z=\rho(x,y)\ (\rho(x,y)\geqslant 0)$ 为面密度,区域 D 为面积的薄片的质量是 $z=\rho(x,y)$ 在 D 上的二重积分,即

$$M = \iint\limits_{(D)} \rho(x,y)\,\mathrm{d}\sigma$$

定理 1　如果被积函数 $f(x,y)$ 在积分区域 D 上连续,那么二重积分 $\iint\limits_{(D)} f(x,y)\,\mathrm{d}\sigma$ 必定存在.

注:二重积分作为一个和式极限,与区域的分割方法和 (ξ_i,η_i) 点的取法无关,与用什么字母无关,只与被积函数和积分区域有关.

9.1.3　二重积分的几何意义

对于二重积分的定义,并没有 $f(x,y)\geqslant 0$ 的限制. 但就其几何意义,当 $f(x,y)\geqslant 0$ 时,二重积分 $\iint\limits_{(D)} f(x,y)\,\mathrm{d}\sigma$ 表示曲顶柱体的体积;$f(x,y)<0$ 时,二重积分 $\iint\limits_{(D)} f(x,y)\,\mathrm{d}\sigma$ 表示曲顶柱体的

体积的负值;$f(x,y)$有正有负时,$\iint\limits_{(D)} f(x,y)\mathrm{d}\sigma$ 表示各个区域上曲顶柱体的体积的代数和. 这就是二重积分的几何意义.

特别的,当$f(x,y)=1$时,则有$\iint\limits_{D} 1\mathrm{d}\sigma$ 等于高为1,底为D的平顶柱体的体积,其值为底面面积.

例 9.1 根据二重积分的几何意义,确定$\iint\limits_{D}\sqrt{4-x^2-y^2}\mathrm{d}x\mathrm{d}y$的值,其中$D$为$x^2+y^2\leqslant 4$.

解 因为$z=\sqrt{4-x^2-y^2}$表示球心在原点,半径为2的上半个球面,由二重积分的几何意义知,$\iint\limits_{D}\sqrt{4-x^2-y^2}\mathrm{d}x\mathrm{d}y$的值等于该球上半个球的体积,所以

$$\iint\limits_{D}\sqrt{4-x^2-y^2}\mathrm{d}x\mathrm{d}y=\frac{1}{2}\times\frac{4}{3}\times\pi\times 2^3=\frac{16}{3}\pi$$

9.1.4 二重积分的性质

可积函数的二重积分具有以下性质:

①被积函数中的常数因子可以提到二重积分符号外面去,即

$$\iint\limits_{D} kf(x,y)\mathrm{d}\sigma=k\iint\limits_{D} f(x,y)\mathrm{d}\sigma \quad (k\text{ 为常数})$$

②有限个函数代数和的二重积分等于各函数二重积分的代数和,即

$$\iint\limits_{D}[f_1(x,y)\pm f_2(x,y)]\mathrm{d}\sigma=\iint\limits_{D} f_1(x,y)\mathrm{d}\sigma\pm\iint\limits_{D} f_2(x,y)\mathrm{d}\sigma$$

③(区域可加性)如果把积分区域D分成两个子域σ_1与σ_2,即$D=\sigma_1+\sigma_2$,那么

$$\iint\limits_{D} f(x,y)\mathrm{d}\sigma=\iint\limits_{\sigma_1} f(x,y)\mathrm{d}\sigma+\iint\limits_{\sigma_2} f(x,y)\mathrm{d}\sigma$$

④如果在D上$f(x,y)=1$,且D的面积是σ,则

$$\iint\limits_{D}\mathrm{d}\sigma=\sigma$$

⑤如果在D上有$f(x,y)\leqslant g(x,y)$,那么

$$\iint\limits_{D} f(x,y)\mathrm{d}\sigma\leqslant\iint\limits_{D} g(x,y)\mathrm{d}\sigma$$

⑥(二重积分中值定理)设$f(x,y)$在闭域D上连续,则在D上至少存在一点(ξ,η),使得

$$\iint\limits_{D} f(x,y)\mathrm{d}\sigma=f(\xi,\eta)\cdot\sigma$$

其中,σ是区域D的面积.

⑦(估值性质)如果M,m分别是函数$f(x,y)$在D上的最大值和最小值,σ是区域D的面积,则

$$m\sigma\leqslant\iint\limits_{D} f(x,y)\mathrm{d}\sigma\leqslant M\sigma$$

例 9.2 比较二重积分$\iint\limits_{D} f(x+y)\mathrm{d}\sigma$和$\iint\limits_{D}(x+y)^2\mathrm{d}\sigma$的大小,如图9.3所示. 其中,$D$是三

角形闭区域,3 个顶点分别是(1,0),(1,1),(2,0).

解　如图,在 D 上,$1\leqslant x+y\leqslant 2$,则

$$x+y\leqslant (x+y)^2$$

由性质5得

$$\iint_D f(x+y)\,\mathrm{d}\sigma\leqslant\iint_D (x+y)^2\,\mathrm{d}\sigma$$

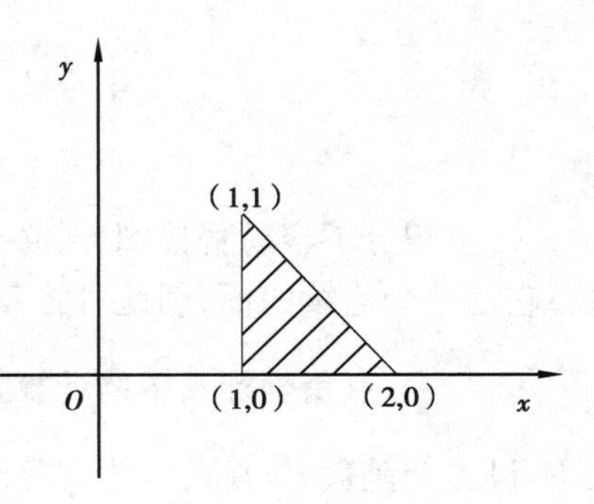

图9.3

例9.3　估计二重积分 $\iint_D (x+y+1)\,\mathrm{d}\sigma$ 的范围,其中 D 是矩形闭域 $0\leqslant x\leqslant 1,0\leqslant y\leqslant 2$.

解　因为在 D 上,$1\leqslant x+y+1\leqslant 4$,而 D 的面积为2,由性质7得

$$1\times 2\leqslant\iint_D (x+y+1)\,\mathrm{d}\sigma\leqslant 4\times 2$$

$$2\leqslant\iint_D (x+y+1)\,\mathrm{d}\sigma\leqslant 8$$

习题9.1

1. 用二重积分表示以下列曲面为顶,对应区域为底的曲顶柱体的体积:

(1) $z=x+y$,D 是 $x=0,x=1,y=0,y=2+x$ 围成的区域.

(2) $z=x^2+y^2$,D 是 $y=x^2,y=1$ 围成的区域.

2. 利用二重积分的几何意义填空:

(1) 设 D 为 $x\geqslant 0,y\geqslant 0,x^2+y^2\leqslant 9$ 围成的区域,则 $\iint_D \mathrm{d}\sigma$ ________.

(2) 设 D 为半圆域:$x^2+y^2\leqslant R^2,y\geqslant 0$,则 $\iint_D \sqrt{R^2-x^2-y^2}\,\mathrm{d}\sigma$ ________.

3. 估计下列二重积分的值:

(1) $I=\iint_D (x^2+y^2)\,\mathrm{d}\sigma$,其中 D 为区域:$1\leqslant x^2+y^2\leqslant 4$.

(2) $I=\iint_D \sin(x+y)\,\mathrm{d}\sigma$,其中 D 为区域:$\dfrac{\pi}{6}\leqslant x\leqslant\dfrac{\pi}{4},0\leqslant y\leqslant\dfrac{\pi}{4}$.

4. 比较大小:

(1) $\iint_D (x+y)\,\mathrm{d}x\mathrm{d}y$ 和 $\iint_D (x+y)^2\,\mathrm{d}x\mathrm{d}y$,$D$ 是:$1\leqslant (x+y)\leqslant 2,(x>0,y>0)$.

(2) $\iint_D \ln(x+y)\,\mathrm{d}x\mathrm{d}y$ 和 $\iint_D \ln^2(x+y)\,\mathrm{d}x\mathrm{d}y$,$D$ 是:$1\leqslant (x+y)\leqslant 2,(x>0,y>0)$.

(3) $\iint_D (x+y)\,\mathrm{d}\sigma$ 和 $\iint_D xy\,\mathrm{d}\sigma$,$D$ 是以 $A(0,1),B(1,0),C(1,1)$ 为顶点的三角形区域.

(4) $\iint_D (x^2+y^2)\,\mathrm{d}\sigma$ 和 $\iint_D xy\,\mathrm{d}\sigma$,$D$ 是以 $A(0,1),B(1,0),C(1,1)$ 为顶点的三角形区域.

9.2 二重积分的计算及应用

二重积分不容易直接积分,必须化为二次定积分来计算,设被积函数 $z=f(x,y)$ 在 D 上连续,它是一个连续曲面,因此可将其都看作以 D 为底,曲面 $z=f(x,y)$ 为顶的曲顶柱体的体积.

9.2.1 直角坐标系中的计算方法

设二元函数 $z=f(x,y)$ 为有界闭区域 D 上的有界函数,则在区域 D 上二重积分存在,它的值与区域 D 的分法和各个小区域 $\Delta\sigma_i(i=1,2,3,\cdots,n)$ 上点(ξ_i,η_i)点取法无关,因此采用一种比较方便的划分方式,即在直角坐标系下用两簇平行于坐标轴的直线将区域 D 划分成若干个小区域. 则除了靠 D 的边界的不规则的小区域外,其余的小区域都是规则的小矩形区域. 设小矩形区域 $\Delta\sigma$ 的边长分别为 $\Delta x,\Delta y$,则小矩形的面积为 $\Delta\sigma=\Delta x\Delta y$. 因此,在直角坐标系下小矩形的面积记作 $\Delta\sigma=\Delta x\Delta y=\mathrm{d}x\mathrm{d}y$. 于是,将二重积分化为二次积分. 下面根据积分区域 D 的情况进行讨论.

①若积分区域 D 可用不等式 $y_1(x)\leqslant y\leqslant y_2(x),a\leqslant x\leqslant b$ 表示,其中 $y_1(x),y_2(x)$ 均在$[a,b]$上连续,此区域称为 X-型区域图(见图 9.4),其特点是经过区域 D 内任意一点(即不是区域边界上的点)作平行于 y 轴的直线,且此直线交 D 的边界不超过两点,则曲顶柱体的体积为

$$\iint_D f(x,y)\mathrm{d}\sigma = \int_a^b\int_{y_1(x)}^{y_2(x)} f(x,y)\mathrm{d}y\mathrm{d}x = \int_a^b \mathrm{d}x\int_{y_1(x)}^{y_2(x)} f(x,y)\mathrm{d}y$$

即若 D 为 X-型区域,则二重积分可化为先对 y 再对 x 的累次积分. 其中,对 y 的积分下限是 D 的下部边界曲线所对应的函数 $y_1(x)$,积分上限是上部边界曲线所对应的函数 $y_2(x)$. 对 x 的积分下限与上限分别是 D 的最左与最右点的横坐标 a 与 b.

②若积分区域 D 可用不等式 $\varphi_1(y)\leqslant x\leqslant\varphi_2(y),c\leqslant y\leqslant d$ 表示,其中 $\varphi_1(y),\varphi_2(y)$ 均在$[c,d]$上连续,此区域称为 Y-型区域图(见图 9.5),其特点是经过区域 D 内任意一点(即不是区域边界上的点)作平行于 x 轴的直线,且此直线交 D 的边界不超过两点,则曲顶柱体的体积为

$$\iint_D f(x,y)\mathrm{d}\sigma = \int_c^d\int_{\varphi_1(y)}^{\varphi_2(y)} f(x,y)\mathrm{d}y\mathrm{d}x = \int_c^d \mathrm{d}y\int_{\varphi_1(y)}^{\varphi_2(y)} f(x,y)\mathrm{d}x$$

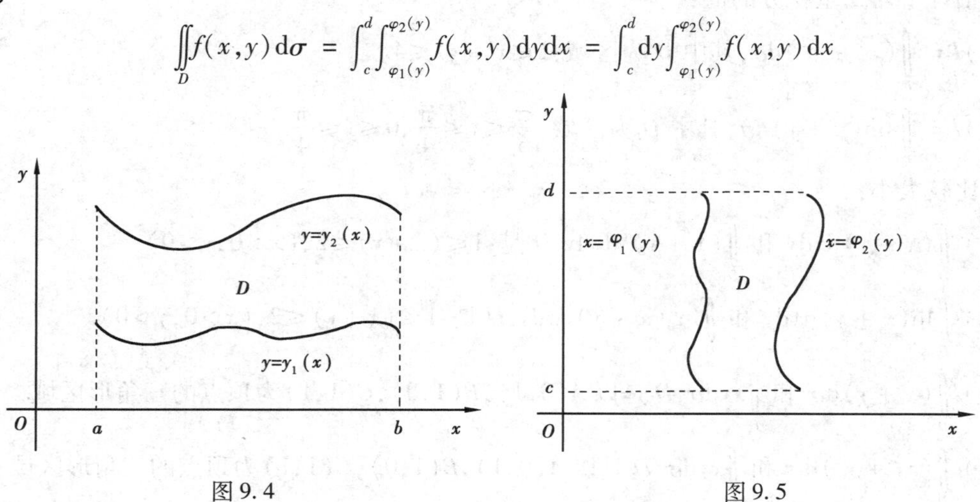

图 9.4　　图 9.5

如果 D 为 Y-型区域,那么二重积分可化为先对 x 再对 y 的累次积分. 其中,对 x 的积分下限是 D 的左部边界曲线所对应的函数 $\varphi_1(y)$,积分上限是右部边界曲线所对应的函数 $\varphi_2(y)$. 对 y 的积分下限与上限分别是 D 的最低与最高点的横坐标 c 与 d.

③如果 D 既是 X-型区域又是 Y-型区域,那么累次积分可以交换积分次序.

④如果 D 既不是 X-型区域又不是 Y-型区域,那么总可把它化分成几块 X-型区域或 Y-型区域,然后根据积分的性质即可求解积分.

例 9.4　求二重积分 $I=\iint\limits_D (x^2+y^2)\mathrm{d}\sigma$,其中 D 是由 $y=x^2, x=1, y=0$ 所围成的区域.

解　D 可看作 X-型区域,所以可先对 y 后对 x 积分,即

$$I=\int_0^1\int_0^{x^2}(x^2+y^2)\mathrm{d}y\mathrm{d}x=\int_0^1\left(x^2y+\frac{1}{3}y^2\right)\Big|_0^{x^2}\mathrm{d}x=\int_0^1\left(x^4+\frac{1}{3}x^6\right)\mathrm{d}x$$

$$=\left(\frac{1}{5}x^5+\frac{1}{21}x^7\right)\Big|_0^1=\frac{26}{105}$$

例 9.5　求二重积分 $\iint\limits_D f(x,y)\mathrm{d}\sigma$,其中 D 是 $x=a, x=b, y=c, y=d$ 围成的矩形.

解　画出积分区域 D,如图 9.6 所示.

如果先对 y 积分后对 x 积分,则有

$$\iint\limits_D f(x,y)\mathrm{d}\sigma=\int_a^b\mathrm{d}x\int_c^d f(x,y)\mathrm{d}y$$

如果对 x 积分后对 y 积分,则可得

$$\iint\limits_D f(x,y)\mathrm{d}\sigma=\int_c^d\mathrm{d}y\int_a^b f(x,y)\mathrm{d}x$$

这个例子说明,边界分别与 x 轴、y 轴平行的矩形域上的累次积分,其内外积分上下限都是常数.

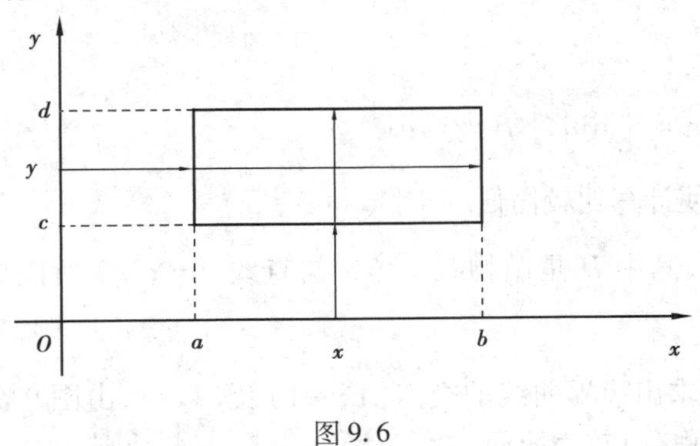

图 9.6

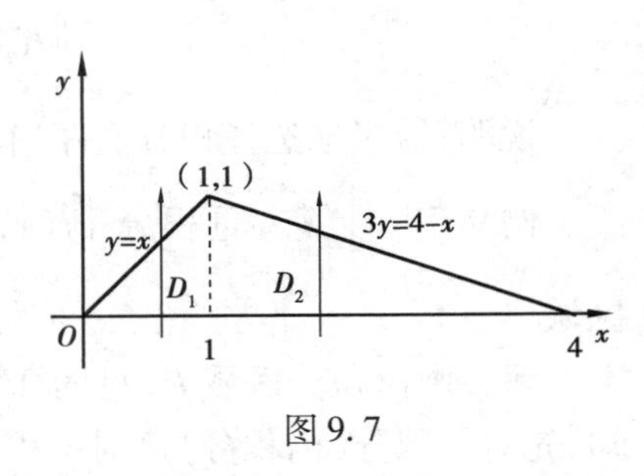

图 9.7

例 9.6　试将 $\iint\limits_D f(x,y)\mathrm{d}\sigma$ 化为两种不同次序的累次积分,其中 D 是有 $y=x, 3y=4-x$ 和 x 轴所围成的区域.

解　首先画出积分区域 D,如图 9.7 所示,并求出边界曲线的交点 $(1,1)$, $(0,0)$, $(4,0)$.

1) 如果先对 y 积分后对 x 积分,则将积分区域 D 投影到 x 轴上得到区间 $[0,4]$, 0 与 4 就是对 x 积分的下限与上限,在 $[0,4]$ 上任意取一点 x,过 x 作与 y 轴平行的直线. 可知,x 在不同的区间 $[0,1]$ 和 $[1,4]$ 上与积分区域 D 的边界的交点不同. 因此,需要将积分区域 D 分成两个

D_1 和 D_2(见图9.7),然后在 D_1 和 D_2 上分别化为累次积分,即

$$\iint\limits_{D_1} f(x,y)\,\mathrm{d}\sigma = \int_0^1 \mathrm{d}x \int_0^x f(x,y)\,\mathrm{d}y$$

$$\iint\limits_{D_2} f(x,y)\,\mathrm{d}\sigma = \int_1^4 \mathrm{d}x \int_0^{\frac{4-x}{3}} f(x,y)\,\mathrm{d}y$$

最后,根据二重积分对积分区域的可加性的性质,可得

$$\begin{aligned}\iint\limits_{D} f(x,y)\,\mathrm{d}\sigma &= \iint\limits_{D_1} f(x,y)\,\mathrm{d}\sigma + \iint\limits_{D_2} f(x,y)\,\mathrm{d}\sigma \\ &= \int_0^1 \mathrm{d}x \int_0^x f(x,y)\,\mathrm{d}y + \int_1^4 \mathrm{d}x \int_0^{\frac{4-x}{3}} f(x,y)\,\mathrm{d}y\end{aligned}$$

2)如果先对 x 积分后对 y 积分,则将积分区域 D 投影到 y 轴,得区间[0,1],0 与 1 就是对 y 积分的下限与上限,在[0,1]上任意取一点 y,过 y 作与 x 轴平行的直线与积分区域 D 的边界交两点 $x=y$ 与 $x=4-3y$, y 就是对 x 积分下的下限, $4-3y$ 就是对 x 积分的上限(见图9.8),故

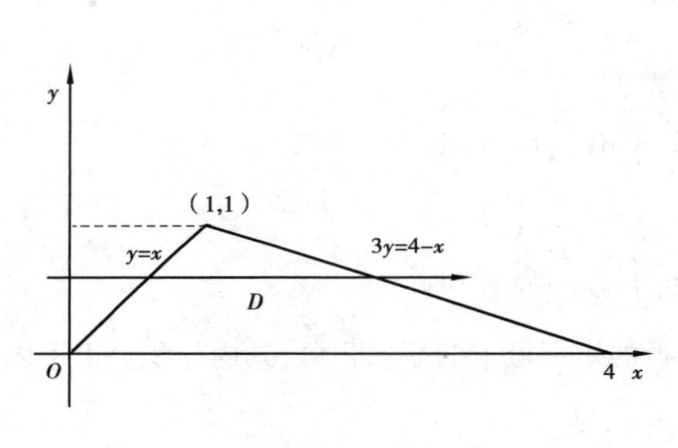

图 9.8

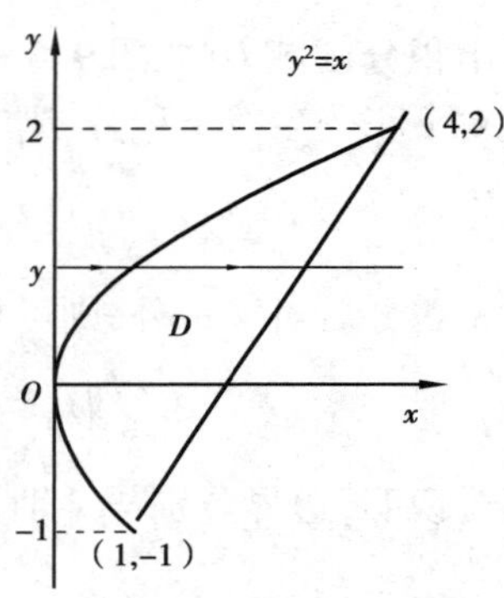

图 9.9

$$\iint\limits_{D} f(x,y)\,\mathrm{d}\sigma = \int_0^1 \mathrm{d}y \int_y^{4-3y} f(x,y)\,\mathrm{d}x$$

说明:恰当地选择积分次序,有时能使计算比较简便.

例 9.7 计算二重积分 $\iint\limits_{D} f(x,y)\,\mathrm{d}\sigma$,其中 D 是抛物线 $y^2=x$ 与直线 $y=x-2$ 所围成的区域.

解 画出积分区域 D(见图 9.9),并求出边界曲线的交点(1, −1)及(4,2),由图 9.9 可知,先对 x 积分(内积分)后对 y 积分(外积分)较为简便.

以定限示意图可知

$$\begin{aligned}\iint\limits_{d} f(x,y)\,\mathrm{d}\sigma &= \int_{-1}^2 \mathrm{d}y \int_{y^2}^{y+2} xy\,\mathrm{d}x \\ &= \int_{-1}^2 \left[\frac{x^2}{2}y\right]_{y^2}^{y+2} \mathrm{d}y \\ &= \frac{1}{2}\int_{-1}^2 [y(y+2)^2 - y^5]\,\mathrm{d}y\end{aligned}$$

$$= \frac{1}{2}\left[\frac{y^4}{4} + \frac{4}{3}y^3 + 2y^2 - \frac{y^6}{6}\right]_{-1}^{2}$$

$$= 5\ \frac{5}{8}$$

例 9.8　计算二重积分 $\iint\limits_D y\mathrm{d}\sigma$，其中 D 是由曲线 $x = y^2 + 1$，直线 $x = 0, y = 1$ 所围成的区域.

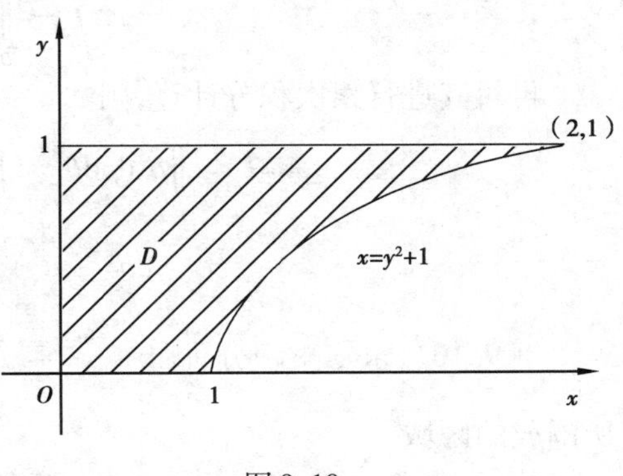

图 9.10

解　画出积分区域 D(见图 9.10)，并求出边界曲线的交点(2,1)，(1,0)及(0,1). 由图 9.10 可知，这个二重积分如果选择先对 y 积分，后对 x 积分的顺序，当作平行于 y 轴的直线与区域 D 相交时，上下界曲线不唯一，需要将区域 D 划分为几个子区域；如果先对 x 积分，后对 y 积分，则可直接进行. 作平行于 x 轴的直线与区域 D 相交，$x = y^2 + 1$ 为上界，$x = 0$ 为下界，因而 $0 \leqslant x \leqslant y^2 + 1$，在 D 中，$0 \leqslant y \leqslant 1$，于是

$$\iint\limits_D y\mathrm{d}\sigma = \int_0^1 \mathrm{d}y \int_0^{y^2+1} y\mathrm{d}x = \int_0^1 y[x]_0^{y^2+1}\mathrm{d}y = \int_0^1 y(y^2+1)\mathrm{d}y = \frac{3}{4}$$

9.2.2　极坐标系中的计算

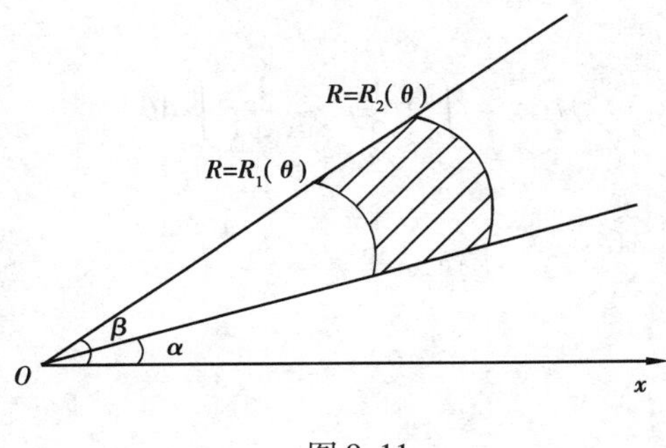

图 9.11

如果二重积分的被积函数和积分区域 D 的边界方程均由极坐标的形式给出，那么如何计算呢？下面给出极坐标系中二重积分的计算公式.

如图 9.11 所示，如果极点 O 在 D 的外部，区域 D 用不等式表示为 $R_1(\theta) \leqslant \rho \leqslant R_2(\theta)$，$\alpha \leqslant \theta \leqslant \beta$，则积分公式为

$$\iint\limits_{(D)} f(\rho,\theta)\rho\mathrm{d}\rho\mathrm{d}\theta = \int_\alpha^\beta \int_{R_1(\theta)}^{R_2(\theta)} f(\rho,\theta)\rho\mathrm{d}\rho\mathrm{d}\theta$$

如果极点 O 在 D 的内部，区域 D 的边界方程为 $\rho = R(\theta)$，$0 \leqslant \theta \leqslant 2\pi$，则积分公式为

$$\iint\limits_D f(\rho,\theta)\rho\mathrm{d}\rho\mathrm{d}\theta = \int_0^{2\pi}\int_0^{R(\theta)} f(\rho,\theta)\rho\mathrm{d}\rho\mathrm{d}\theta$$

如果极点 O 在 D 的边界上，边界方程为 $\rho = R(\theta)$，$\theta_1 \leqslant \theta \leqslant \theta_2$，则积分公式为

$$\iint\limits_D f(\rho,\theta)\rho\mathrm{d}\rho\mathrm{d}\theta = \int_{\theta_1}^{\theta_2}\int_0^{R(\theta)} f(\rho,\theta)\rho\mathrm{d}\rho\mathrm{d}\theta$$

有了上面这些公式，一些在直角坐标系中不易积出而在极坐标系中易积出的函数，就可把它转化为在极坐标系中的积分，反之亦然.

注：直角坐标与极坐标的转换公式为

$$x = \rho\cos\theta, y = \rho\sin\theta$$

例 9.9　求 $I = \iint\limits_D (x^2 + y^2)\mathrm{d}\sigma$，其中 D 是圆环 $a^2 \leqslant x^2 + y^2 \leqslant b^2$.

解 由于积分域由同心圆围成以及被积函数的形式,显然,这个二重积分化为极坐标计算比较方便.

把 $x=\rho\cos\theta, y=\rho\sin\theta, \mathrm{d}\sigma=\rho\mathrm{d}\rho\mathrm{d}\theta$ 代入,即可转化为极坐标系的积分形式,即

$$I=\iint_D \rho^2\rho\mathrm{d}\theta=\iint_D \rho^3\mathrm{d}\rho\mathrm{d}\theta$$

再对其进行累次积分计算,则

$$I=\iint_D \rho^3\mathrm{d}\rho\mathrm{d}\theta=\int_0^{2\pi}\int_0^b \rho^3\rho\mathrm{d}\rho\mathrm{d}\theta=\frac{1}{4}(b^4-a^4)\int_0^{2\pi}\mathrm{d}\theta$$

$$=\frac{\pi}{2}(b^4-a^4)$$

例 9.10 求二重积分 $\iint_D (1-x^2-y^2)\mathrm{d}\sigma$. 其中 D 是由 $y=x, y=0, x^2+y^2=1$ 在第一象限所围成的区域.

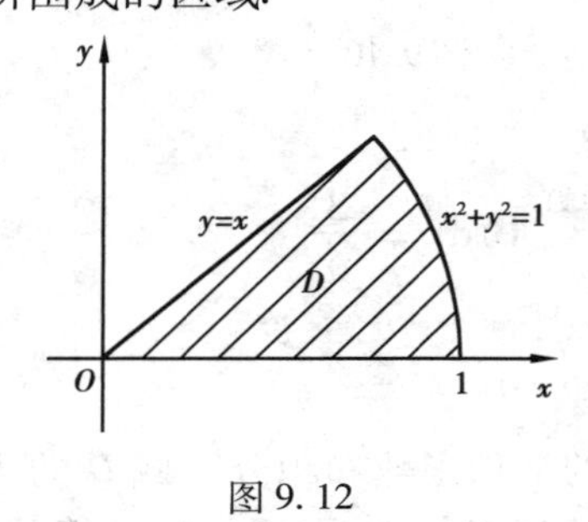

图 9.12

解 在极坐标系中画出积分区域 D(见图 9.12),并把 D 的边界曲线 $x^2+y^2=1$ 化为极坐标方程,即

$$r=1$$

区域 D 可表示为

$$0\leqslant\theta\leqslant\frac{\pi}{4}, 0\leqslant r\leqslant 1$$

因此

$$\text{原式}=\int_0^{\frac{\pi}{4}}\mathrm{d}\theta\int_0^1(1-r^2)r\mathrm{d}r=\int_0^{\frac{\pi}{4}}\left[\frac{1}{2}r^2-\frac{1}{4}r^4\right]_0^1\mathrm{d}\theta$$

$$=\frac{1}{4}\int_0^{\frac{\pi}{4}}\mathrm{d}\theta=\frac{\pi}{16}$$

9.2.3 二重积分的应用

(1)求立体体积

例 9.11 求由锥面 $z=\sqrt{x^2+y^2}$ 及旋转抛物面 $z=6-x^2-y^2$ 所围成的立体的体积.

解 画出该立体图形(见图 9.13),求出这两个面的交线 $\begin{cases}z=\sqrt{x^2+y^2}\\ z=6-x^2-y^2\end{cases}$ 在 xOy 坐标面上的投影曲线为

$$\begin{cases}x^2+y^2=4\\ z=0\end{cases}$$

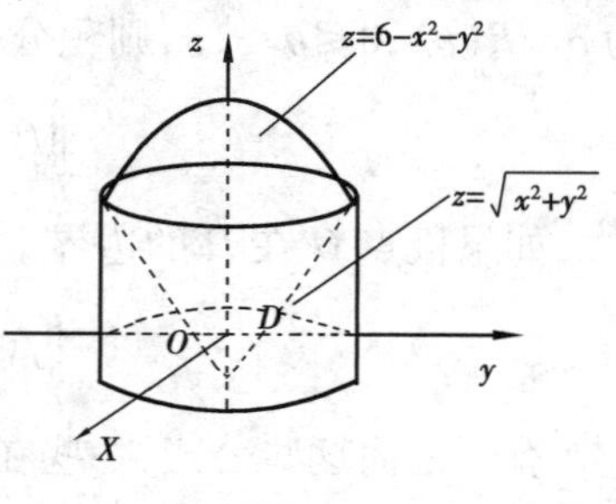

图 9.13

它是所求立体在 xOy 坐标面上的投影区域 D 的边界线,如图 9.13 所示. 所求立体的体积 V 可看作以 $z=6-x^2-y^2$ 为顶、以 D 为底的曲顶柱体的体积 V_2 减去以 $z=\sqrt{x^2+y^2}$ 为顶,在同一底上的曲顶柱体的体积 V_1 所得,即

$$V=V_2-V_1$$

$$= \iint_D (6 - x^2 - y^2)\mathrm{d}\sigma - \iint_D \sqrt{x^2 + y^2}\mathrm{d}\sigma$$

$$= \iint_D \left(6 - x^2 - y^2 - \sqrt{x^2 + y^2}\right)\mathrm{d}\sigma$$

显然,这个二重积分放在极坐标系中计算比较简单,即有

$$V = \iint_D (6 - r^2 - r) r\mathrm{d}r\mathrm{d}\sigma = \int_0^{2\pi}\mathrm{d}\theta\int_0^2 (6 - r^2 - r) r\mathrm{d}r$$

$$= 2\pi\int_0^2 (6 - r^3 - r^2)\mathrm{d}r = \frac{32}{3}\pi$$

(2)求平面区域的面积

例 9.12　利用二重积分求由曲线 $y = \cos x$, $y = \cos 2x$ 和 $y = 0$ 所围成的区域面积.

解　D 的图形如图 9.14 所示,则

$$D = \left\{(x,y)\,\middle|\, 0 \leqslant x \leqslant \frac{\pi}{4}, \cos 2x \leqslant y \leqslant \cos x\right\} \cup \left\{(x,y)\,\middle|\, \frac{\pi}{4} \leqslant x \leqslant \frac{\pi}{2}, 0 \leqslant y \leqslant \cos x\right\}$$

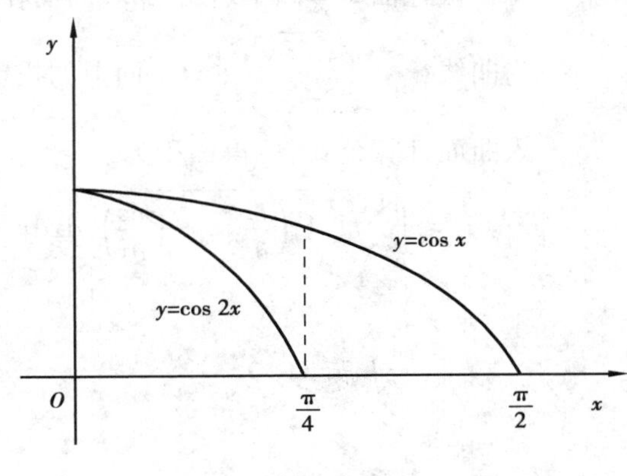

图 9.14

它的面积为

$$\sigma(D) = \int_0^{\frac{\pi}{4}}\mathrm{d}x\int_{\cos 2x}^{\cos x}\mathrm{d}y + \int_{\frac{\pi}{4}}^{\frac{\pi}{2}}\mathrm{d}x\int_0^{\cos x}\mathrm{d}y$$

$$= \int_0^{\frac{\pi}{2}}\cos x\mathrm{d}x - \int_0^{\frac{\pi}{4}}\cos 2x\mathrm{d}x$$

$$= [\sin x]_0^{\pi/2} - \frac{1}{2}[\sin 2x]_0^{\pi/4}$$

$$= \frac{1}{2}$$

(3)求曲面面积

求曲面的面积关键是找被积函数和投影区域,即要找出求哪个曲面块的面积,曲面方程以什么形式给出,以及这个曲面块在相应坐标面上的投影区域.

对于曲面 $\Sigma: z = z(x,y)$,曲面向 xOy 面,投影区域为 D_{xy},曲面面积为

$$A = \iint_{D_{xy}} \sqrt{1 + z_x^2 + z_y^2}\,\mathrm{d}x\mathrm{d}y$$

对于曲面 $\Sigma: y = y(x,z)$,曲面向 xOz 面,投影区域为 D_{xz},曲面面积为

$$A = \iint\limits_{D_{xz}} \sqrt{1 + y_x^2 + y_y^2}\ \mathrm{d}x\mathrm{d}z$$

对于曲面 $\Sigma: x = z(y,z)$，曲面向 yOz 面，投影区域为 D_{yz}，曲面面积为

$$A = \iint\limits_{D_{yz}} \sqrt{1 + x_y^2 + x_z^2}\ \mathrm{d}y\mathrm{d}z$$

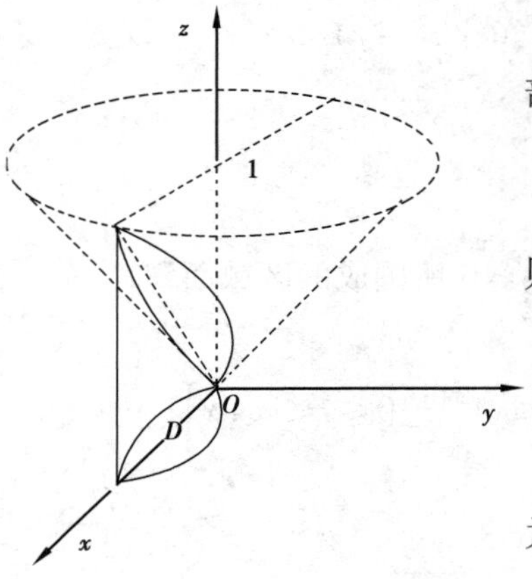

图 9.15

例 9.13 求由锥面 $z = \sqrt{x^2 + y^2}$ 被柱面 $z^2 = 2x$ 所割下的部分的曲面面积.

解 曲面如图 9.15 所示，曲面方程为

$$z = \sqrt{x^2 + y^2}$$

则

$$\frac{\partial z}{\partial x} = \frac{x}{\sqrt{x^2 + y^2}}, \frac{\partial z}{\partial y} = \frac{y}{\sqrt{x^2 + y^2}}$$

被柱面 $z^2 = 2x$ 割下的那块曲面在 xOy 面上的投影区域即为曲线 $\begin{cases} z = \sqrt{x^2 + y^2} \\ z^2 = 2x \end{cases}$ 在 xOy 面上的投影区域 $D: x^2 + y^2 \leqslant 2x$，代入曲面计算公式，可得面积为

$$A = \iint\limits_D \sqrt{1 + \left(\frac{\partial z}{\partial x}\right)^2 + \left(\frac{\partial z}{\partial y}\right)^2}\ \mathrm{d}x\mathrm{d}y = \iint\limits_D \sqrt{2}\,\mathrm{d}x\mathrm{d}y = \sqrt{2}\pi$$

习题 9.2

1. 计算下列二重积分：

(1) $\iint (x^2 + y^2)\,\mathrm{d}\sigma$，其中 $D = \{(x,y) \mid |x| \leqslant 1, |y| \leqslant 1\}$.

(2) $\iint\limits_D x\cos(x+y)\,\mathrm{d}\sigma$，其中 D 是顶点分别为 $(0,0)$，$(\pi,0)$ 和 (π,π) 的三角形闭区域.

(3) 利用极坐标计算 $\iint\limits_D \ln(1 + x^2 + y^2)\,\mathrm{d}\sigma$，其中 D 是由圆周 $x^2 + y^2 = 1$ 及坐标轴所围成的在第一象限的闭区域.

2. 改换下列二次积分的积分次序：

(1) $\int_0^1 \mathrm{d}y \int_0^y f(x,y)\,\mathrm{d}x$　　(2) $\int_0^2 \mathrm{d}y \int_{y^2}^{2y} f(x,y)\,\mathrm{d}x$

(3) $\int_1^2 \mathrm{d}x \int_{2-x}^{\sqrt{2x-x^2}} f(x,y)\,\mathrm{d}y$　　(4) $\int_1^e \mathrm{d}x \int_0^{\ln x} f(x,y)\,\mathrm{d}y$

3. 求出满足下列条件之二重积分 $\iint\limits_D f(x,y)\,\mathrm{d}A$：

(1) $f(x,y) = 3x - y + 1$，$D: x = 0, y = 0, x + 3y - 3 = 0$.

(2) $f(x,y) = x$，$D: y = 2, y = x$.

(3) $f(x,y)=2x^2y-x+3$, D: $3y=x$, $x+y-4=0$, $y=-1$.

【阅读材料】

中国现代数学的建立

这一时期是从 20 世纪初至今的一段时间,常以 1949 年新中国成立为标志划分为两个阶段.

中国近现代数学开始于清末民初的留学活动. 较早出国学习数学的有 1903 年留日的冯祖荀,1908 年留美的郑之蕃,1910 年留美的胡明复和赵元任,1911 年留美的姜立夫,1912 年留法的何鲁,1913 年留日的陈建功和留比利时的熊庆来(1915 年转留法),1919 年留日的苏步青等人. 他们中的多数回国后成为著名数学家和数学教育家,为中国近现代数学发展做出重要贡献. 其中,胡明复于 1917 年取得美国哈佛大学博士学位,成为第一位获得博士学位的中国数学家. 随着留学人员的回国,各地大学的数学教育有了起色. 最初只有北京大学 1912 年成立时建立的数学系,1920 年姜立夫在天津南开大学创建数学系,1921 年和 1926 年熊庆来分别在东南大学(今南京大学)和清华大学建立数学系,不久武汉大学、齐鲁大学、浙江大学、中山大学陆续设立了数学系,到 1932 年各地已有 32 所大学设立了数学系或数理系. 1930 年熊庆来在清华大学首创数学研究部,开始招收研究生,陈省身、吴大任成为国内最早的数学研究生. 20 世纪 30 年代出国学习数学的还有江泽涵(1927)、陈省身(1934)、华罗庚(1936)、许宝騄(1936)等人,他们都成为中国现代数学发展的骨干力量. 同时,外国数学家也有来华讲学的,如英国的罗素(1920),美国的伯克霍夫(1934)、奥斯古德(1934)、维纳(1935),法国的阿达马(1936)等人. 1935 年中国数学会成立大会在上海召开,共有 33 名代表出席. 1936 年《中国数学会学报》和《数学杂志》相继问世,这些标志着中国现代数学研究的进一步发展. 新中国成立以前的数学研究集中在纯数学领域,在国内外共发表论著 600 余种. 在分析学方面,陈建功的三角级数论、熊庆来的亚纯函数与整函数论研究是代表作,另外还有泛函分析、变分法、微分方程与积分方程的成果;在数论与代数方面,华罗庚等人的解析数论、几何数论和代数数论以及近世代数研究取得令世人瞩目的成果;在几何与拓扑学方面,苏步青的微分几何学,江泽涵的代数拓扑学,陈省身的纤维丛理论和示性类理论等研究做了开创性的工作:在概率论与数理统计方面,许宝騄在一元和多元分析方面得到许多基本定理及严密证明. 此外,李俨和钱宝琮开创了中国数学史的研究,他们在古算史料的注释整理和考证分析方面做了许多奠基性的工作,使我国的民族文化遗产重放光彩.

1949 年 11 月即成立中国科学院. 1951 年 3 月《中国数学学报》复刊(1952 年改为《数学学报》),1951 年 10 月《中国数学杂志》复刊(1953 年改为《数学通报》). 1951 年 8 月中国数学会召开新中国成立以后第一次国代表大会,讨论了数学发展方向和各类学校数学教学改革问题.

新中国成立以后的数学研究取得长足进步. 20 世纪 50 年代初期就出版了华罗庚的《堆栈素数论》(1953)、苏步青的《射影曲线概论》(1954)、陈建功的《直角函数级数的和》(1954)和李俨的《中算史论丛》5 集(1954—1955)等专著,到 1966 年,共发表各种数学论文约 2 万余篇. 除了在数论、代数、几何、拓扑、函数论、概率论与数理统计、数学史等学科继续取得新成果外,还在微分方程、计算技术、运筹学、数理逻辑与数学基础等分支有所突破,有许多论著达到世界先进水平,同时培养和成长起一大批优秀数学家.

20世纪60年代后期,中国的数学研究基本停止,教育瘫痪、人员丧失、对外交流中断,后经多方努力状况略有改变.1970年《数学学报》恢复出版,并创刊《数学的实践与认识》.1973年陈景润在《中国科学》上发表《大偶数表示为一个素数及一个不超过二个素数的乘积之和》的论文,在哥德巴赫猜想的研究中取得突出成就.此外,中国数学家在函数论、马尔可夫过程、概率应用、运筹学、优选法等方面也有一定创见.

1978年11月中国数学会召开第三次代表大会,标志着中国数学的复苏.1978年恢复全国数学竞赛,1985年中国开始参加国际数学奥林匹克数学竞赛.1981年陈景润等数学家获国家自然科学奖励.1983年国家首批授予18名中青年学者以博士学位,其中数学工作者占2/3.1986年中国第一次派代表参加国际数学家大会,加入国际数学联合会,吴文俊应邀作了关于中国古代数学史的45 min演讲.近十几年来数学研究硕果累累,发表论文专著的数量成倍增长,质量不断上升.

复习题9

一、判断题:

1. 设$f(x,y)$在D上可积,且$f(x,y)=-f(y,x)$,又D的形状关于直线$y=x$对称,则$\iint\limits_D f(x,y)\mathrm{d}x\mathrm{d}y=0$. ( )

2. 设$D:x^2+y^2\leqslant 1$,$D_1:x^2+y^2\leqslant 1,x\geqslant 0,y\geqslant 0$,$f(x,y)$在$D$连续,则$\iint\limits_D \cos(xy)f(x,y)\mathrm{d}x\,\mathrm{d}y=4\iint\limits_{D_1}\cos(xy)f(x,y)\mathrm{d}x\mathrm{d}y$. ( )

3. 设$D:\dfrac{x^2}{a^2}+\dfrac{y^2}{b^2}+\dfrac{z^2}{c^2}=1,z\geqslant 0$,则$\iint\limits_D zx^2y^2\sin(xyz)\mathrm{d}S=0$. ( )

二、选择题:

1. 若D由曲线$y=x^2$与$y=4-x^2$所围成,则$\iint\limits_D f(x,y)\mathrm{d}x\mathrm{d}y=$( ).

A. $\int_{-\sqrt{2}}^{\sqrt{2}}\mathrm{d}x\int_0^4 f(x,y)\mathrm{d}y$ B. $\int_{x^2}^{4-x^2}\mathrm{d}x\int_{-\sqrt{2}}^{\sqrt{2}} f(x,y)\mathrm{d}y$

C. $\int_{-\sqrt{2}}^{\sqrt{2}}\mathrm{d}x\int_{x^2}^{4-x^2} f(x,y)\mathrm{d}y$ D. $2\int_{-\sqrt{2}}^{\sqrt{2}}\mathrm{d}x\int_{x^2}^{4-x^2} f(x,y)\mathrm{d}y$

2. 设$D:x^2+y^2\leqslant 2x$,则$\iint\limits_D f\left(\dfrac{y}{x}\right)\mathrm{d}x\mathrm{d}y=$( ).

A. $\int_0^{\pi}\mathrm{d}\theta\int_0^{2\cos\theta} f(\tan\theta)\mathrm{d}r$ B. $\int_0^{\pi}\mathrm{d}\theta\int_0^{2\cos\theta} f(r\tan\theta)\mathrm{d}r$

C. $\int_{-\frac{\pi}{2}}^{\frac{\pi}{2}}\mathrm{d}\theta\int_0^{2\cos\theta} f(\tan\theta)\mathrm{d}r$ D. $\int_{-\frac{\pi}{2}}^{\frac{\pi}{2}}\mathrm{d}\theta\int_0^{2\cos\theta} f(r\tan\theta)\mathrm{d}r$

3. 设D是xy面上一点$(1,1)$,$(-1,1)$,$(-1,-1)$为顶点的三角形区域,D_1是D在第一象限的部分,则$\iint\limits_D(xy+\cos x\sin y)\mathrm{d}x\mathrm{d}y=$( ).

A. $2\iint\limits_{D_1}\cos x\sin y\mathrm{d}x\mathrm{d}y$　　　　B. $2\iint\limits_{D_1}xy\mathrm{d}x\mathrm{d}y$

C. $4\iint\limits_{D_1}(xy+\cos x\sin y)\mathrm{d}x\mathrm{d}y$　　　　D. 0

4. 累次积分 $\int_0^{\frac{\pi}{2}}\mathrm{d}\theta\int_0^{\cos\theta}f(r\cos\theta,r\sin\theta)r\mathrm{d}r=($　　$)$.

A. $\int_0^1\mathrm{d}y\int_0^{\sqrt{1-x^2}}f(x,y)\mathrm{d}x$　　　　B. $\int_0^1\mathrm{d}y\int_0^{\sqrt{1-y^2}}f(x,y)\mathrm{d}x$

C. $\int_0^1\mathrm{d}x\int_0^1 f(x,y)\mathrm{d}y$　　　　D. $\int_0^1\mathrm{d}x\int_0^{\sqrt{1-x^2}}f(x,y)\mathrm{d}y$

5. 计算 $\iint\limits_{D}\sqrt{|y-x^2|}\mathrm{d}x\mathrm{d}y$，其中 D：$-1\leqslant x\leqslant 1,0\leqslant y\leqslant 2$.

6. 计算 $I=\iint\limits_{D}(xy+y^2+1)\mathrm{d}x\mathrm{d}y$，其中 $D=\{(x,y)\mid x^2+y^2\leqslant 4\}$.

7. 计算二重积分 $I=\iint\limits_{D}\frac{1}{\sqrt{(x^2+y^2)^3}}\mathrm{d}x\mathrm{d}y$ 其中 D 是直线 $y=x,x=2$ 及上半圆周 $y=\sqrt{2x-x^2}$ 所围成的区域.

8. 交换下列二次积分的次序：

(1) $\int_0^{-1}\mathrm{d}y\int_0^{2y}f(x,y)\mathrm{d}x+\int_1^3\mathrm{d}y\int_0^{3-y}f(x,y)\mathrm{d}x$

(2) $\int_0^1\mathrm{d}x\int_{\sqrt{x}}^{1+\sqrt{1-x^2}}f(x,y)\mathrm{d}y$

9. 计算下列二次积分：

(1) $\int_0^{R/\sqrt{2}}\mathrm{e}^{-y^2}\mathrm{d}y\int_0^{y}\mathrm{e}^{-x^2}\mathrm{d}x+\int_{R/\sqrt{2}}^{R}\mathrm{e}^{-y^2}\mathrm{d}y\int_0^{\sqrt{R^2-y^2}}\mathrm{e}^{-x^2}\mathrm{d}x$

(2) $\int_1^5\frac{1}{y}\mathrm{d}y\int_y^5\frac{\mathrm{d}x}{\ln x}$

10. 求出满足下列条件的二重积分 $\iint\limits_{D}f(x,y)\mathrm{d}A$：

(1) $f(x,y)=x^2y,R=\{(x,y)\mid 0\leqslant x\leqslant 1,0\leqslant y\leqslant 2\}$.

(2) $f(x,y)=x\sqrt{x^2+y},D=\{(x,y)\mid 0\leqslant x\leqslant 1,0\leqslant y\leqslant 1\}$.

(3) $f(x,y)=\frac{1}{x\ln y},D=\{(x,y)\mid 0.1\leqslant x\leqslant 1,0.1\leqslant y\leqslant x\}$.

(4) $f(x,y)=\frac{y^2}{1+x},D=\{(x,y)\mid 1\leqslant x\leqslant 2,0\leqslant y\leqslant 2\}$.

第 10 章

无穷级数

无穷级数是高等数学重要的组成部分,是重要的数学方法,是研究函数性质,函数表达式、数值计算的重要工具.无穷级数的丰硕的理论,使它在其他学科如电工、力学中有着极为广泛的应用.

这一章首先在极限的理论基础上介绍数项级数、收敛、发散的一些基本概念和性质;在此基础上,讨论正项级数收敛判定的方法和任意项级数的收敛判定方法;然后研究讨论幂级数收敛区间的求法以及如何将函数展开成幂级数的方法.

10.1 数项级数及其敛散性

10.1.1 数项级数及其性质

以前遇到的和式都是有限项的和式,但在某些实际问题中,会遇到无穷多项相加的情况.

引例 10.1 已知数列$\left\{\frac{1}{3^n}\right\}$:$\frac{1}{3},\frac{1}{9},\frac{1}{27},\cdots,\frac{1}{3^n},\cdots$

将其所有项相加,$\frac{1}{3}+\frac{1}{9}+\frac{1}{27}+\cdots+\frac{1}{3^n}+\cdots$

现在的问题是这无穷多个数的相加是否有意义?其确切的含义是什么?

引例 10.2 对无限循环小数 0.454 545 45……,在数值计算中,可根据不同的精确度的要求,去小数点后的若干位作为其近似值.因为

$$0.45=\frac{45}{100},0.0045=\frac{45}{10\,000},0.000\,045=\frac{45}{1\,000\,000},\cdots$$

即 $$0.454\,545\,45\cdots=\frac{45}{100}+\frac{45}{10\,000}+\frac{45}{1\,000\,000}+\cdots+\frac{45}{100^n}+\cdots$$

根据极限的概念可知

$$0.454\,545\cdots=\lim_{n\to\infty}\left(\frac{45}{100}+\frac{45}{10\,000}+\frac{45}{1\,000\,000}+\cdots+\frac{45}{100^n}\right)$$

$$=\lim_{n\to\infty}\frac{\frac{45}{100}\left(1-\frac{1}{100^n}\right)}{1-\frac{1}{100}}=\frac{\frac{45}{100}}{\frac{99}{100}}=\frac{45}{99}$$

即　　$0.454\,545\cdots=\frac{45}{99}=\frac{45}{100}+\frac{45}{10\,000}+\frac{45}{1\,000\,000}+\cdots+\frac{45}{100^n}+\cdots$

因此,由上面两个引例可知,一个有限的数量可以被表示为无穷多个数相加的形式,于是有以下结论:

①无穷多个数相加在一定条件下是有意义的.

②在一定条件下,一个有限的量也可能可以用无限的形式表示出来.

为了讨论上述问题,引入级数的概念.

定义1　若给定一个数列 $u_1,u_2,\cdots,u_n,\cdots$,则由它构成的表达式

$$u_1+u_2+\cdots+u_n+\cdots \tag{1}$$

称为无穷级数,简称级数,也记作 $\sum_{n=1}^{\infty}u_n$,即

$$\sum_{n=1}^{\infty}u_n=u_1+u_2+\cdots+u_n+\cdots$$

其中,第 n 项 u_n 称为级数的一般项或通项. 式(1)中由于每一项都是常数,故又称数项级数.

上述级数定义仅仅只是一个形式化的定义,它未明确无限多个数量相加的意义. 无限多个数量的相加并不能简单地认为是一项一项地累加起来,因为这一累加过程是无法完成的.

为给出级数中无限多个数量相加的数学定义,引入部分和概念.

作级数(1)的前 n 项的和

$$s_n=u_1+u_2+\cdots+u_n \tag{2}$$

称 s_n 为级数(1)的部分和. 当 n 依次取 $1,2,3,\cdots$时,它们构成一个新数列

$$s_1=u_1$$

$$s_2=u_1+u_2$$

$$s_3=u_1+u_2+u_3$$

$$\vdots$$

$$s_n=u_1+u_2+u_3+\cdots+u_n$$

称此数列为级数(1)的部分和数列$\{s_n\}$.

根据部分和数列(2)是否有极限,给出级数(1)收敛与发散的概念.

定义2　当 n 无限增大时,如果级数(1)的部分和数列(2)有极限 s,即

$$\lim_{n\to\infty}s_n=s$$

则称级数(1)收敛,这时极限 s 称为级数(1)的和,并记作

$$s=u_1+u_2+u_3+\cdots+u_n+\cdots$$

如果部分和数列(2)无极限,则称级数(1)发散.

当级数(1)收敛时,其部分和 s_n 是级数和 s 的近似值,它们之间的差值

$$r_n=s-s_n=u_{n+1}+u_{n+2}+\cdots+u_{n+k}+\cdots$$

称为级数的余项.

因此,可判断一个级数的敛散性问题就转化为求这个级数部分和数列的前 N 项部分和的极限问题.

例 10.1 讨论无穷等比级数(或称几何级数)

$$\sum_{k=0}^{\infty} aq^k = a + aq + aq^2 + \cdots + aq^n + \cdots (a \neq 0)$$

的敛散性,其中 $a\neq0, q\neq0, q$ 为级数的公比.

解 若 $q\neq1$,则部分和为

$$s_n = \sum_{k=0}^{n-1} aq^k = a + aq + aq^2 + \cdots + aq^{n-1} = \frac{a(1-q^n)}{1-q}$$

1)当 $|q|<1$ 时,$\lim\limits_{n\to\infty} q^n = 0$,故

$$\lim_{n\to\infty} s_n = \frac{a}{1-q}$$

等比级数收敛,且和为

$$s = \frac{a}{1-q}$$

2)当 $|q|>1$ 时,$\lim\limits_{n\to\infty} q^n = \infty$,从而

$$\lim_{n\to\infty} s_n = \infty$$

等比级数发散.

3)当 $|q|=1$ 时:

若 $q=1$,则

$$s_n = \sum_{k=0}^{n-1} a\cdot 1^k = a + a + a + \cdots + a = n\cdot a \to \infty\ (n\to\infty)$$

若 $q=-1$, 则

$$s_n = \sum_{k=0}^{n-1} (-1)^k \cdot a = a - a + a - a + \cdots + (-1)^{n-2}a + (-1)^{n-1}a = \begin{cases} 0 & n\text{ 为偶数} \\ a & n\text{ 为奇数} \end{cases}$$

$\lim\limits_{n\to\infty} s_n$ 不存在.

即当 $|q|=1$ 时,等比级数发散.

因此,综合上述结论有

$$\sum_{k=0}^{\infty} aq^k = \begin{cases} \dfrac{a}{1-q} & |q|<1 \\ \text{发散} & |q|\geqslant 1 \end{cases}$$

下面不加证明地给出一个特殊级数:p-级数的收敛性结果:

$$\sum_{n=1}^{\infty} \frac{1}{n^p} = 1 + \frac{1}{2^p} + \frac{1}{3^p} + \cdots + \frac{1}{n^p} + \cdots \quad (p\text{ 为正数})$$

此级数在 $p\leqslant1$ 时发散,在 $p>1$ 时收敛.

例如,级数 $\sum\limits_{n=1}^{\infty} \dfrac{1}{n}$,是发散的,$\sum\limits_{n=1}^{\infty} \dfrac{1}{n^{-2}}$,即 $\sum\limits_{n=1}^{\infty} n^2$ 是发散的,而 $\sum\limits_{n=1}^{\infty} \dfrac{1}{n^2}$,$\sum\limits_{n=1}^{\infty} \dfrac{1}{n^{\frac{3}{2}}}$ 则是收敛的.

例 10.2 判断下列级数的敛散性:

1) $\sum\limits_{n=1}^{\infty} \dfrac{1}{\sqrt{n+1}+\sqrt{n}}$ 2) $\sum\limits_{n=1}^{\infty} \dfrac{1}{n(n+1)}$

解 1) $s_n = \sum\limits_{k=1}^{\infty} \dfrac{1}{\sqrt{k+1}+\sqrt{k}} = \sum\limits_{k=1}^{\infty}[\sqrt{k+1}-\sqrt{k}]$

$$= (\sqrt{2}-\sqrt{1})+(\sqrt{3}-\sqrt{2})+(\sqrt{4}-\sqrt{3})+\cdots+(\sqrt{n+1}-\sqrt{n})$$

$$= \sqrt{n+1}-\sqrt{1}$$

从而

$$\lim_{n\to\infty} s_n = \lim_{n\to\infty}(\sqrt{n+1}-\sqrt{1}) = +\infty$$

因此,级数 $\sum\limits_{n=1}^{\infty}\dfrac{1}{\sqrt{n+1}+\sqrt{n}}$ 是发散的.

2) $s_n = \sum\limits_{k=1}^{n}\dfrac{1}{k(k+1)} = \sum\limits_{k=1}^{n}\left(\dfrac{1}{k}-\dfrac{1}{k+1}\right)$

$$=\left(\frac{1}{1}-\frac{1}{2}\right)+\left(\frac{1}{2}-\frac{1}{3}\right)+\left(\frac{1}{3}-\frac{1}{4}\right)+\cdots+\left(\frac{1}{n}-\frac{1}{n+1}\right)$$

$$=1-\frac{1}{n+1}$$

从而

$$\lim_{n\to\infty} s_n = \lim_{n\to\infty}\left(1-\frac{1}{n+1}\right)=1$$

因此,级数 $\sum\limits_{n=1}^{\infty}\dfrac{1}{n(n+1)}$ 收敛于1.

定理 1(级数收敛的必要条件) 若级数 $\sum\limits_{n=1}^{\infty}u_n$ 收敛,则 $\lim\limits_{n\to\infty}u_n = 0$.

注:$\lim\limits_{n\to\infty}u_n=0$ 只是级数收敛的必要条件,而非充分条件. 即若 $\lim\limits_{n\to\infty}u_n=0$,级数未必收敛. 例如,级数 $\sum\limits_{n=1}^{\infty}\dfrac{1}{n}$ 满足 $\lim\limits_{n\to\infty}u_n = 0$,但可以证明此级数是发散的;反之,若 $\lim\limits_{n\to\infty}u_n\neq 0$,则级数必不收敛.

例 10.3 判定级数 $\sum\limits_{n=1}^{\infty}\dfrac{2n}{5n+3}$ 的敛散性.

解 由于 $\lim\limits_{n\to\infty}u_n=\lim\limits_{n\to\infty}\dfrac{2n}{5n+3}=\dfrac{2}{5}\neq 0$ 由级数收敛的必要条件可知,该级数发散.

10.1.2 级数的基本性质

根据级数的概念和极限的定义,可得到级数的几个基本性质:

性质 1 如果级数 $\sum\limits_{n=1}^{\infty}u_n = u_1+u_2+\cdots+u_n+\cdots$ 收敛于和 s,则它的各项同乘以一个常数 k 所得的级数

$$\sum_{n=1}^{\infty}ku_n = k\cdot u_1+k\cdot u_2+\cdots+k\cdot u_n+\cdots$$

也收敛,且和为 $k\cdot s$. 如果级数 $\sum\limits_{n=1}^{\infty}u_n$ 发散,且 $k\neq 0$,则级数 $\sum\limits_{n=1}^{\infty}u_n$ 也发散.

即:级数的每一项同乘一个不为零的常数后,它的敛散性不变.

性质2 设有级数 $\sum_{n=1}^{\infty} u_n$ 和 $\sum_{n=1}^{\infty} v_n$ 分别收敛于 s 与 σ，则级数 $\sum_{n=1}^{\infty}(u_n \pm v_n)$ 也收敛，且和为 $s \pm \sigma$.

推理1 若 $\sum_{n=1}^{\infty} u_n$ 与 $\sum_{n=1}^{\infty} v_n$ 收敛，则

$$\sum_{n=1}^{\infty}(u_n \pm v_n) = \sum_{n=1}^{\infty} u_n \pm \sum_{n=1}^{\infty} v_n \quad \text{（加法分配律）}$$

$$\sum_{n=1}^{\infty} u_n \pm \sum_{n=1}^{\infty} v_n = \sum_{n=1}^{\infty}(u_n \pm v_n) \quad \text{（一种结合律）}$$

推论2 若 $\sum_{n=1}^{\infty} u_n$ 收敛，而 $\sum_{n=1}^{\infty} v_n$ 发散，则 $\sum_{n=1}^{\infty}(u_n \pm v_n)$ 必发散.

推论3 若 $\sum_{n=1}^{\infty} u_n$，$\sum_{n=1}^{\infty} v_n$ 均发散，那么 $\sum_{n=1}^{\infty}(u_n \pm v_n)$ 可能收敛，也可能发散.

性质3 在级数的前面去掉或加上有限项，不会影响级数的敛散性，不过在收敛时，一般来说级数的和是要改变的.

性质4 将收敛级数的某些项加括号之后所成新级数仍收敛于原来的和.

注：级数加括号与去括号之后所得新级数的敛散性较复杂，下列事实在解题中会常用到.

①如果级数加括号之后所形成的级数发散，则级数本身也一定发散. 显然，这是性质4的逆否命题.

②收敛的级数去括号之后所成级数不一定收敛. 例如，级数 $(1-1)+(1-1)+\cdots$ 收敛于零，但去括号之后所得级数

$$1-1+1-1+\cdots+(-1)^{n-1}+(-1)^n+\cdots$$

却是发散的.

即：一个即使级数加括号之后收敛，则原级数也不一定就收敛.

习题 10.1

1. 收敛级数的和是什么？

2. 举例说明 $\lim\limits_{n=1} u_n = 0$ 是级数收敛的必要条件.

3. 写出下列级数的前5项：

(1) $\sum_{n=1}^{\infty} 2^n$　(2) $\sum_{n=1}^{\infty} \frac{1}{\sqrt{n}}$　(3) $\sum_{n=1}^{\infty} \frac{2n+1}{n!}$

(4) $\sum_{n=1}^{\infty} \frac{(n+2)!}{3^n}$　(5) $\sum_{n=1}^{\infty} \sin\frac{\pi}{2^2}$　(6) $\sum_{n=1}^{\infty} \frac{2\sqrt{n+1}}{n+2}$

4. 写出下列级数的通项：

(1) $\frac{1}{2}+\frac{2}{3}+\frac{3}{4}+\frac{4}{5}+\cdots$　(2) $1+2+4+8+16+\cdots$

(3) $\frac{3}{2\ln 2}+\frac{5}{3\ln 3}+\frac{7}{4\ln 4}+\frac{9}{5\ln 5}+\cdots$　(4) $\frac{1}{2}-\frac{2}{5}+\frac{3}{10}-\frac{4}{17}+\cdots$

5. 根据级数的敛散性的定义,判别下列级数的敛散性:

(1) $\sum\limits_{n=1}^{\infty} 2^n$　(2) $\sum\limits_{n=1}^{\infty} \frac{1}{(2n-1)(2n+1)}$　(3) $\sum\limits_{n=1}^{\infty} \frac{1}{2^n}$

(4) $\sum\limits_{n=1}^{\infty} \frac{2^n}{3^n}$　(5) $\sum\limits_{n=1}^{\infty} (\sqrt{n+1}-\sqrt{n})$

6. 判别下列级数的敛散性:

(1) $\sum\limits_{n=1}^{\infty} n\ln(n+1)$　(2) $\sum\limits_{n=1}^{\infty} \frac{3+(-1)^n}{3^n}$

(3) $\sum\limits_{n=1}^{\infty} \frac{\sqrt{n}}{\sqrt{n}+\sqrt{n+1}}$　(4) $\sum\limits_{n=1}^{\infty} \frac{3}{a^n}(a>0)$

10.2　正项级数及其敛散性

研究级数问题,首先是级数的敛散性的问题.而级数的敛散性取决于级数的部分和数列是否有极限.但实际上,多数级数的部分和表达式不太容易求得.因此,首先考虑较简单的级数——正项级数.

若级数 $\sum\limits_{n=1}^{\infty} u_n$ 中的各项都是非负的(即 $u_n \geqslant 0, n=1,2\cdots$),则称级数 $\sum\limits_{n=1}^{\infty} u_n$ 为正项级数.显然,正项级数的部分和是非负的且是单调递增的.由数列极限理论和级数收敛的概念,正项级数收敛或发散取决于该级数部分和数列是否有界.

由于级数的敛散性可归结为正项级数的敛散性问题,因此,正项级数的敛散性判定就显得十分地重要.

定理 2(正项级数收敛的基本定理)　正项级数 $\sum\limits_{n=1}^{\infty} u_n$ 收敛的充分必要条件是它的部分和数列有界.

下面给出几种正项级数的敛散性判别方法.

定理 3(比较审敛法)　给定两个正项级数 $\sum\limits_{n=1}^{\infty} u_n$ 和 $\sum\limits_{n=1}^{\infty} v_n$.

①若 $u_n \leqslant v_n (n=1,2,\cdots)$,而 $\sum\limits_{n=1}^{\infty} v_n$ 收敛,则 $\sum\limits_{n=1}^{\infty} u_n$ 也收敛.

②若 $u_n \geqslant v_n (n=1,2,\cdots)$,而 $\sum\limits_{n=1}^{\infty} v_n$ 发散,则 $\sum\limits_{n=1}^{\infty} u_n$ 也发散.

简单一点说,即两个级数相比较,若大的收敛,则小的必收敛;若小的发散,则大的必发散.因此,利用比较比较审敛法判断级数的敛散性时,需要找一个参照级数.判别已给级数收敛时,需要找一个收敛的且通项不小于已给级数通项的参照级数;判别已给级数发散时,需要找一个发散的且通项不大于已给级数通项的参照级数.

例 10.4 讨论 p-级数 $\sum\limits_{n=1}^{\infty} \frac{1}{n^p} = 1 + \frac{1}{2^p} + \frac{1}{3^p} + \cdots + \frac{1}{n^p} + \cdots$ 的敛散性,其中 $p > 0$.

解 1)若 $0 < p \leqslant 1$,则 $n^p \leqslant n, \frac{1}{n^p} \geqslant \frac{1}{n}$,而调和级数 $\sum\limits_{n=1}^{\infty} \frac{1}{n}$ 发散,

故 $\sum\limits_{n=1}^{\infty} \frac{1}{n^p}$ 也发散.

2)若 $p > 1$,对于 $n-1 \leqslant x \leqslant n(n \geqslant 2)$,有

$$(n-1)^p \leqslant x^p \leqslant n^p \Leftrightarrow \frac{1}{x^p} \geqslant \frac{1}{n^p},$$

$$\frac{1}{n^p} = \int_{n-1}^{n} \frac{\mathrm{d}x}{n^p} \leqslant \int_{n-1}^{n} \frac{\mathrm{d}x}{x^p} = \frac{1}{1-P} x^{1-p} \Bigg|_{n-1}^{n} = \frac{1}{p-1}\left[\frac{1}{(n-1)^{p-1}} - \frac{1}{n^{p-1}}\right]$$

考虑比较级数

$$\frac{1}{p-1} \sum_{n=2}^{\infty} \left[\frac{1}{(n-1)^{p-1}} - \frac{1}{n^{p-1}}\right]$$

它的部分和

$$\begin{aligned} s_n &= \frac{1}{p-1} \sum_{k=2}^{n+1} \left[\frac{1}{(k-1)^{p-1}} - \frac{1}{k^{p-1}}\right] \\ &= \frac{1}{p-1}\left[1 - \frac{1}{(n+1)^{p-1}}\right] \to \frac{1}{p-1} (n \to \infty) \end{aligned}$$

故 $\frac{1}{p-1} \sum\limits_{n=2}^{\infty} \left[\frac{1}{(n-1)^{p-1}} - \frac{1}{n^{p-1}}\right]$ 收敛,由比较审敛法,$\sum\limits_{n=2}^{\infty} \frac{1}{n^p}$ 收敛.

由级数的性质,$\sum\limits_{n=1}^{\infty} \frac{1}{n^p}$ 也收敛.

综上讨论,当 $0 < p \leqslant 1$ 时,p-级数为发散的;当 $p > 1$ 时,p-级数是收敛的. p-级数是一个重要的比较级数,在解题中会经常用到.

例 10.5 判定下列级数的敛散性:

1) $\sum\limits_{n=1}^{\infty} \frac{1}{\sqrt{n}\ \sqrt{n+1}}$ 2) $\sum\limits_{n=1}^{\infty} \frac{n+2}{2n^3 + n}$

解 1)因为 $\frac{1}{\sqrt{n}\ \sqrt{n+1}} \geqslant \frac{1}{\sqrt{n+1}\sqrt{n+1}} = \frac{1}{n+1}$ 而级数 $\sum\limits_{n=1}^{\infty} \frac{1}{(n+1)}$ 是发散的,由比较判别法知,该级数发散.

2)因为 $\frac{2n+2}{2n^3+n} \leqslant \frac{2n+2}{2n^3} \leqslant \frac{2n+n}{2n^3} \leqslant \frac{3}{2n^2} = \frac{3}{2}\frac{1}{n^2}$,而级数 $\sum\limits_{n=1}^{\infty} \frac{1}{n^2}$ 是收敛的,由比较判别法知,级数 $\sum\limits_{n=1}^{\infty} \frac{n+2}{2n^3+n}$ 收敛.

比较审敛法还可用其极限形式给出,而极限形式在运用中更显得方便.

定理 4 比较审敛法的极限形式 设 $\sum\limits_{n=1}^{\infty} u_n$ 及 $\sum\limits_{n=1}^{\infty} v_n$ 为两个正项级数,如果极限

$$\lim_{n \to \infty} \frac{u_n}{v_n} = l$$

则:

①若 $0<l<\infty$ 级数 $\sum\limits_{n=1}^{\infty} u_n$ 与 $\sum\limits_{n=1}^{\infty} v_n$ 同时收敛或同时发散.

②若 $l=0$ 且 $\sum\limits_{n=1}^{\infty} v_n$ 收敛,则级数 $\sum\limits_{n=1}^{\infty} u_n$ 收敛.

③若 $l=\infty$ 且级数 $\sum\limits_{n=1}^{\infty} v_n$ 发散,则级数 $\sum\limits_{n=1}^{\infty} u_n$ 发散.

例 10.6　判别下列级数的敛散性:

1) $\sum\limits_{n=1}^{\infty} \sin\frac{1}{n}$　　2) $\sum\limits_{n=1}^{\infty} \ln\left(1+\frac{1}{n^2}\right)$

解　1)显然,$u_n=\sin\frac{1}{n}>0$,是正项级数,又

$\lim\limits_{n\to\infty} n\cdot\sin\frac{1}{n} \xlongequal{\frac{1}{n}=t(t\to 0)} \lim\limits_{t\to 0}\frac{\sin t}{t}=1$,而级数 $\sum\limits_{n=1}^{\infty}\frac{1}{n}$ 是发散的,由极限判别法,级数 $\sum\limits_{n=1}^{\infty}\sin\frac{1}{n}$ 发散.

2)显然,$u_n=\ln\left(1+\frac{1}{n^2}\right)>0$,是正向级数,又因为

$\lim\limits_{n\to\infty} n^2\cdot\ln\left(1+\frac{1}{n^2}\right)\frac{1}{n^2}=t(t\to 0)\lim\limits_{t\to 0}\frac{\ln(1+t)}{t}=1$,而 $\sum\limits_{n=1}^{\infty}\frac{1}{n^2}$ 是收敛的,

于是级数 $\sum\limits_{n=1}^{\infty}\ln\left(1+\frac{1}{n^2}\right)$ 收敛.

定理 5　比值审敛法(达朗拜尔判别法)　若正项级数 $\sum\limits_{n=1}^{\infty} u_n$ 有

$$\lim_{n\to\infty}\frac{u_{n+1}}{u_n}=\rho$$

则:

①当 $\rho<1$ 时,级数收敛.

②当 $\rho>1$(也包括 $\rho=+\infty$)时,级数发散.

③当 $\rho=1$ 时,级数可能收敛,也可能发散,级数的敛散性不定.

例 10.7　用比值审敛法判定下列正向级数的敛散性:

1) $\sum\limits_{n=1}^{\infty}\frac{3n-1}{2^n}$　2) $\sum\limits_{n=1}^{\infty}\frac{2^{n+1}}{n3^n}$　3) $\sum\limits_{n=1}^{\infty}\frac{3^n}{n^3}$　4) $\sum\limits_{n=1}^{\infty}\frac{1}{(2n-1)\cdot 2n}$

5) $1+\frac{1}{1\cdot 1}+\frac{1}{1\cdot 2}+\frac{1}{1\cdot 2\cdot 3}+\cdots+\frac{1}{1\cdot 2\cdot 3\cdots(n-1)}+\cdots$

解　1)因为 $\lim\limits_{n\to\infty}\frac{u_{n+1}}{u_n}=\lim\limits_{n\to\infty}\frac{\frac{3(n+1)-1}{2^{n+1}}}{\frac{3n-1}{2^n}}=\lim\limits_{n\to\infty}\frac{(3n+2)}{2(3n-1)}=\frac{1}{2}<1$

由比值审敛法知,级数收敛.

2)因为$\lim\limits_{n\to\infty}\frac{u_{n+1}}{u_n}=\lim\limits_{n\to\infty}\frac{\frac{2^{n+2}}{(n+1)3^{n+1}}}{\frac{2^{n+1}}{n3^n}}\lim\limits_{n\to\infty}\frac{2n}{3(n+1)}=\frac{2}{3}<1$

于是,由比值审敛法知,级数收敛.

3)因为$\lim\limits_{n\to\infty}\frac{u_{n+1}}{u_n}=\lim\limits_{n\to\infty}\frac{\frac{3^{n+1}}{(n+1)^3}}{\frac{3^n}{n^3}}=\lim\limits_{n\to\infty}\frac{3n^3}{(n+1)^3}=3>1$

于是,由比值审敛法知,级数发散.

4)级数的通项为

$$u_n=\frac{1}{(2n-1)\cdot 2n}$$

$$\lim_{n\to\infty}\frac{u_{n+1}}{u_n}=\lim_{n\to\infty}\frac{(2n-1)\cdot 2n}{(2n+1)\cdot 2(n+1)}=1$$

这表明,用比值法无法确定该级数的敛散性. 注意到

$$2n>2n-1\geqslant n\Leftrightarrow(2n-1)\cdot 2n>n^2\Leftrightarrow\frac{1}{(2n-1)\cdot 2n}<\frac{1}{n^2}$$

而级数 $\sum\limits_{n=1}^{\infty}\frac{1}{n^2}$ 收敛,由比较审敛法,级数收敛.

5)级数一般项为

$$u_n=\frac{1}{(n-1)!}=\frac{1}{1\cdot 2\cdot 3\cdots(n-1)}$$

$$\lim_{n\to\infty}\frac{u_{n+1}}{u_n}=\lim_{n\to\infty}\frac{1\cdot 2\cdot 3\cdots(n-1)}{1\cdot 2\cdot 3\cdots(n-1)\cdot n}=\lim_{n\to\infty}\frac{1}{n}=0<1$$

由比值审敛法知,级数 1 是收敛的.

再如,对于 p-级数 $\sum\limits_{n=1}^{\infty}\frac{1}{n^p}$,不论 p 取何值,显然总是有

$$\lim_{n\to\infty}\frac{u_{n+1}}{u_n}=\lim_{n\to\infty}\frac{\frac{1}{(n+1)^p}}{\frac{1}{n^p}}=\lim_{n\to\infty}\left(\frac{n}{n+1}\right)^p=1$$

而 p-级数在 $p>1$ 时收敛,而当 $p\leqslant 1$ 时发散,显然用比值审敛法无法确定.

对于通项含有指数形式的级数,还可以用根值判别法.

定理 6(根值审敛法) 若正项级数 $\sum\limits_{n=1}^{\infty}u_n$ 有

$$\lim_{n\to\infty}\sqrt[n]{u_n}=\rho$$

则:

①当 $\rho<1$ 时,级数收敛.

②当 $\rho>1$(也包括 $\rho=+\infty$)时,级数发散.

③当 $\rho=1$ 时,级数的敛散性不定.

例 10.8　判定下列级数的敛散性:

1) $1+\frac{1}{2^2}+\frac{1}{3^3}+\frac{1}{4^4}+\cdots+\frac{1}{n^n}+\cdots$　　2) $\sum_{n=1}^{\infty}\frac{3^n}{n5^n}$

解　1)级数的通项为 $u_n=\frac{1}{n^n}$由根值审敛法:

$$\lim_{n\to\infty}\sqrt[n]{u_n}=\lim_{n\to\infty}\sqrt[n]{\frac{1}{n^n}}=\lim_{n\to\infty}\frac{1}{n}=0<1$$

于是该级数是收敛的.

2)因为

$$\lim_{n\to\infty}\sqrt[n]{u_n}=\frac{3}{5}\lim_{n\to\infty}\sqrt{\frac{1}{n}}=\frac{3}{5}<1$$

由根值判别法,级数是收敛的.

习题 10.2

1. 举例说明根值审敛法中 $\rho=1$ 时收敛和发散的例子.
2. 举例说明比值判别法中 $\rho=1$ 时收敛和发散的例子.
3. 判定下列级数的敛散性:

(1) $\sum_{n=1}^{\infty}\sqrt{\frac{n+1}{2n^2+1}}$　　(2) $\sum_{n=1}^{\infty}\left(1-\cos\frac{1}{n}\right)$

(3) $\sum_{n=1}^{\infty}\frac{1}{a+bn}(a,b>0)$　　(4) $\sum_{n=1}^{\infty}\frac{n+1}{2n^4-1}$

(5) $\sum_{n=1}^{\infty}\frac{3^n}{n2^n}$　　(6) $\sum_{n=1}^{\infty}\frac{n^n}{n!}$

(7) $\sum_{n=1}^{\infty}\frac{2n-1}{2^n}$　　(8) $\sum_{n=1}^{\infty}\frac{n^2-2}{n^2+n}$

4. 判定下列级数的敛散性:

(1) $\sum_{n=1}^{\infty}\frac{2n}{n!}$　　(2) $\sum_{n=1}^{\infty}\frac{3\cdot5\cdot7\cdot9\cdots(2n+1)}{4\cdot7\cdot10\cdot13\cdots(3n+1)}$

(3) $\sum_{n=1}^{\infty}n\sin\frac{1}{2^n}$　　(4) $\sum_{n=1}^{\infty}\frac{n^4}{4^n}$

(5) $\sum_{n=1}^{\infty}\frac{5^n}{n^2 2^n}$　　(6) $\sum_{n=1}^{\infty}\frac{(n!)^2}{4^n}$

10.3　任意项级数及其审敛法

正项级数只是级数中的一种情形,级数还有其他各种形式,即所谓任意项级数.

10.3.1 交错级数

所谓交错级数,它的各项是正、负交错的,其形式为

$$\sum_{n=1}^{\infty}(-1)^{n-1}u_n = u_1 - u_2 + u_3 - u_4 + \cdots + (-1)^{n-1}u_n + \cdots \tag{1}$$

或

$$\sum_{n=1}^{\infty}(-1)^{n}u_n = -u_1 + u_2 - u_3 + u_4 - \cdots + (-1)^{n}u_n + \cdots \tag{2}$$

其中,$u_n(n=1,2,3,\cdots)$均为正数.

定理 7 交错级数审敛法(莱布尼兹定理) 如果交错级数 $\sum\limits_{n=1}^{\infty}(-1)^{n-1}u_n$ 满足条件:

① $u_n \geqslant u_{n+1}(n=1,2,\cdots)$

② $\lim\limits_{n\to\infty}u_n = 0$

则交错级数 $\sum\limits_{n=1}^{\infty}(-1)^{n-1}u_n$ 收敛,且收敛和 $s \leqslant u_1$,余项 r_n 的绝对值 $|r_n| \leqslant u_{n+1}$.

例 10.9 试证明交错级数

$$\sum_{n=1}^{\infty}(-1)^{n-1}\frac{1}{n} = 1 - \frac{1}{2} + \frac{1}{3} - \frac{1}{4} + \cdots + (-1)^{n-1}\frac{1}{n} + \cdots$$

是收敛的.

证 因为

$$u_n = \frac{1}{n} > \frac{1}{n+1} = u_{n+1}$$

且

$$\lim_{n\to\infty}u_n = \lim_{n\to\infty}\frac{1}{n} = 0$$

于是,交错级数 $\sum\limits_{n=1}^{\infty}(-1)^{n-1}\frac{1}{n}$ 收敛,并且和 $s<1$.

例 10.10 试判定交错级数 $\sum\limits_{n=1}^{\infty}(-1)^{n-1}\frac{n}{2^n}$ 的收敛性.

解 由于

$$u_n - u_{n+1} = \frac{n}{2^n} - \frac{n+1}{2^{n+1}} = \frac{n-1}{2^{n+1}} \geqslant 0 \quad (n=1,2,3,\cdots)$$

因此有

$$u_n \geqslant u_{n+1}(n=1,2,\cdots)$$

又因为

$$\lim_{n\to\infty}u_n = \lim_{n\to\infty}\frac{n}{2^n} = 0$$

于是,由交错级数审敛法知,级数收敛.

10.3.2 绝对收敛与条件收敛

设有级数

$$\sum_{n=1}^{\infty} u_n = u_1 + u_2 + \cdots + u_n + \cdots \tag{3}$$

其中,$u_n(n=1,2,\cdots)$为任意实数,该级数称为任意项级数.

下面考虑级数 $\sum_{n=1}^{\infty} u_n$ 各项的绝对值所组成的正项级数

$$|u_1| + |u_2| + \cdots + |u_n| + \cdots \tag{4}$$

的敛散性问题.

定义3　如果级数 $\sum_{n=1}^{\infty} |u_n|$ 收敛,则称级数 $\sum_{n=1}^{\infty} u_n$ 绝对收敛.

如果级数 $\sum_{n=1}^{\infty} |u_n|$ 发散,而级数 $\sum_{n=1}^{\infty} u_n$ 收敛,则称级数 $\sum_{n=1}^{\infty} u_n$ 条件收敛.

因此,讨论级数的绝对收敛还是条件收敛,一般首先考虑其绝对值级数的敛散性. 若其绝对值级数收敛,则原级数绝对收敛. 不然,再考虑用其他的方法判定原级数的敛散性. 于是,有下面的定理.

定理8　如果级数 $\sum_{n=1}^{\infty} u_n$ 绝对收敛,则级数 $\sum_{n=1}^{\infty} u_n$ 必收敛.

该定理将任意项级数的敛散性判定转化成正项级数的收敛性判定.

例10.11　判别级数 $\sum_{n=1}^{\infty} (-1)^{n-1}\ln\left(1+\frac{1}{n}\right)$ 是绝对收敛、条件收敛,还是发散.

解　因为

$$\lim_{n\to\infty}\frac{\ln\left(1+\frac{1}{n}\right)}{\frac{1}{n}} = 1$$

由于调和级数 $\sum_{n=1}^{\infty} \frac{1}{n}$ 是发散的,故级数 $\sum_{n=1}^{\infty} \ln\left(1+\frac{1}{n}\right)$ 发散,即级数 $\sum_{n=1}^{\infty} |u_n|$ 发散.

又

$$\ln\left(1+\frac{1}{n}\right) > \ln\left(1+\frac{1}{n+1}\right)$$

即

$$u_n \geqslant u_{n+1}(n=1,2,\cdots)$$

且

$$\lim_{n\to\infty} u_n = 0$$

故由莱布尼茨定理值,级数 $\sum_{n=1}^{\infty} (-1)^{n-1}\ln\left(1+\frac{1}{n}\right)$ 收敛. 因此,级数

$$\sum_{n=1}^{\infty} (-1)^{n-1}\ln\left(1+\frac{1}{n}\right)$$

条件收敛.

例10.12　判定任意项级数 $\sum_{n=1}^{\infty} \frac{\sin(n\alpha)}{n^2}$($\alpha$ 为实数)的收敛性.

解　因为

$$\left|\frac{\sin(n\alpha)}{n^2}\right| \leqslant \frac{1}{n^2}$$

而 $\sum\limits_{n=1}^{\infty} \frac{1}{n^2}$ 收敛,故 $\sum\limits_{n=1}^{\infty}\left|\frac{\sin(n\alpha)}{n^2}\right|$ 也收敛.

由定理,级数 $\sum\limits_{n=1}^{\infty} \frac{\sin(n\alpha)}{n^2}$ 收敛.

例 10.13 讨论级数 $\sum\limits_{n=1}^{\infty}(-1)^{n-1}\frac{1}{n}$ 的收敛性.

解 因调和级数 $\sum\limits_{n=1}^{\infty}\frac{1}{n}$ 发散,而交错级数

$$\sum_{n=1}^{\infty}(-1)^{n-1}\frac{1}{n}$$

收敛.

故级数 $\sum\limits_{n=1}^{\infty}(-1)^{n-1}\frac{1}{n}$ 非绝对收敛,仅仅是条件收敛的.

有限项相加的重要性质之一是其和与相加的次序无关(即加法具有交换律、结合律). 这样的性质可否搬到无穷级数呢? 无穷级数一般不具备这样的性质,即使是条件收敛的级数也不具备有这样的性质. 但如果级数绝对收敛,则级数中的各项可任意地改变位置(即交换律成立),可任意地添加括号(即结合律成立).

定理 9* 如果级数

$$\sum_{n=1}^{\infty} u_n = u_1 + u_2 + \cdots + u_n + \cdots$$

绝对收敛,其和为 S,那么任意颠倒级数各项的顺序所得到的新级数

$$\sum_{n=1}^{\infty} u_n^* = u_1^* + u_2^* + \cdots + u_n^* + \cdots$$

仍绝对收敛,且其和仍为 S.

习题 10.3

1. 绝对收敛和条件收敛的关系怎样?

2. 判别下列各题的敛散性,若收敛,指出是绝对收敛还是条件收敛.

(1) $\sum\limits_{n=1}^{\infty}(-1)^{n-1}\frac{1}{(2n-1)^2}$ (2) $\sum\limits_{n=1}^{\infty}(-1)^{n-1}\frac{n+1}{3^{n-1}}$

(3) $\sum\limits_{n=1}^{\infty}(-1)^{n-1}\frac{\cos n\pi}{\sqrt{n^2+n}}$ (4) $\sum\limits_{n=1}^{\infty}(-1)^{n-1}\frac{1}{\sqrt{n}}$

(5) $\sum\limits_{n=1}^{\infty}(-1)^{n-1}\left(\frac{3}{4}\right)^n$ (6) $\sum\limits_{n=1}^{\infty}(-1)^{n-1}\frac{\sin\frac{n\pi}{2}}{\sqrt{n^3}}$

(7) $\sum\limits_{n=1}^{\infty}(-1)^{n-1}\frac{1}{\ln(n+1)}$ (8) $\sum\limits_{n=1}^{\infty}(-1)^{n-1}\frac{1}{2n-1}$

(9) $\sum_{n=1}^{\infty}\left(\frac{(-1)^{n-1}}{\sqrt{n}}+\frac{1}{n^2}\right)$

10.4　幂级数及其展开式

在本章开始时，曾考查过一种较简单的级数——等比级数

$$\sum_{k=0}^{\infty} aq^k = a + aq + aq^2 + \cdots + aq^n + \cdots \quad (a \neq 0)$$

的敛散性，其中，$a\neq 0, q\neq 0, q$ 为级数的公比. 当 $|q|<1$ 时，$\lim_{n\to\infty} q^n=0$，故 $\lim_{n\to\infty} s_n=\frac{a}{1-q}$

即等比级数收敛，且和为 $s=\frac{a}{1-q}$. 也即

$$\frac{a}{1-q} = \sum_{k=0}^{\infty} aq^k = a + aq + aq^2 + \cdots + aq^n + \cdots \quad (a \neq 0)$$

若令 $a=1, q=x\in(-1,1)$ 则上式变为

$$\frac{1}{1-x}=1+x+2^2+x^3+x^4+\cdots+x^{n-1}+\cdots \tag{1}$$

其每一项都是 x 的函数，由此，给出函数项级数的概念.

10.4.1　函数项级数的一般概念

设有定义在区间 I 上的函数列

$$u_1(x), u_2(x), \cdots, u_n(x), \cdots$$

由此函数列构成的表达式

$$\sum_{n=1}^{\infty} u_n(x) = u_1(x) + u_2(x) + \cdots + u_n(x) + \cdots \tag{2}$$

称为函数项级数.

对于确定的值 $x_0\in I$，函数项级数(2)即成为常数项级数，则

$$\sum_{n=1}^{\infty} u_n(x_0) = u_1(x_0) + u_2(x_0) + \cdots + u_n(x_0) + \cdots \tag{3}$$

若级数(3)收敛，则称点 x_0 是函数项级数(2)的收敛点.

若级数(3)发散，则称点 x_0 是函数项级数(2)的发散点.

函数项级数的所有收敛点的全体称为它的收敛域(收敛区间)；函数项级数的所有发散点的全体称为它的发散域(或发散区间).

对于函数项级数收敛域内任意一点 x，函数项级数(2)收敛，其收敛和自然应依赖于 x 的取值，故其收敛和应为 x 的函数，即为 $s(x)$. 通常称 $s(x)$ 为函数项级数的和函数. 它的定义域就是级数的收敛域，并记作

$$s(x)=u_1(x)+u_2(x)+\cdots+u_n(x)+\cdots$$

若将函数项级数(2)的前 n 项之和(即部分和)记作 $s_n(x)$，则在收敛域上有

$$\lim_{n\to\infty} s_n(x)=s(x)$$

若把 $r_n(x)=s(x)-s_n(x)$ 称为函数项级数的余项(这里 x 在收敛域上),则

$$\lim_{n\to\infty}r_n(x)=0$$

在函数项级数中,函数项级数中最常见的一类级数是所谓的幂级数.

10.4.2 幂级数及其收敛性

(1)定义

形如

$$a_0+a_1x+a_2x^2+\cdots+a_nx^n+\cdots \tag{1}$$

或

$$a_0+a_1(x-x_0)+a_2(x-x_0)^2+\cdots+a_n(x-x_)^n+\cdots \tag{2}$$

的级数称为**幂级数**,其中 $a_0,a_1,a_2,\cdots,a_n,\cdots$ 是常数,称为幂级数的系数.

表达式(2)是幂级数的一般形式,作变量代换 $t=x-x_0$ 可把它化为表达式(1)的形式. 因此,在下述讨论中,如不作特殊说明,用幂级数表达式(1)作为讨论的对象.

下面讨论幂级数的收敛域、发散域的构造.

例如,等比级数(显然也是幂级数)

$$1+x+x^2+\cdots+x^n+\cdots$$

的收敛性.

当 $|x|<1$ 时,该级数收敛于和 $\dfrac{1}{1-x}$.

当 $|x|\geqslant 1$ 时,该级数发散.

因此,该幂级数的收敛域是开区间 $(-1,1)$,发散域是 $(-\infty,-1]\cup[1,+\infty)$,如果在开区间 $(-1,1)$ 内取值,则

$$1+x+x^2+\cdots+x^n+\cdots=\frac{1}{1-x}$$

由此例观察到,这个幂级数的收敛域是一个区间. 事实上,这一结论对一般的幂级数也是成立的.

定理10(阿贝尔定理) ①若 $x=x_0(\neq 0)$ 时,幂级数 $\sum\limits_{n=0}^{\infty}a_nx^n$ 收敛,则适合不等式 $|x|<|x_0|$ 的一切 x 均使幂级数绝对收敛.

②若 $x=x_0(\neq 0)$ 时,幂级数 $\sum\limits_{n=0}^{\infty}a_nx^n$ 发散,则适合不等式 $|x|>|x_0|$ 的一切 x 均使幂级数发散.

若在 $x=x_0(\neq 0)$ 处收敛,则在开区间 $(-|x_0|,|x_0|)$ 之内,它也收敛.

若在 $x=x_0(\neq 0)$ 处发散,则在开区间 $(-|x_0|,|x_0|)$ 之外,它也发散.

这表明,幂级数的发散点不可能位于原点与收敛点之间.

设幂级数 $\sum\limits_{n=0}^{\infty}a_nx^n$ 在数轴上既有收敛点(不仅仅只是原点,原点肯定是一个收敛点),也有发散点.

①从原点出发,沿数轴向右方搜寻,最初只遇到收敛点,然后就只遇到发散点,设这两部分的界点为 P,点 P 可能是收敛点,也可能是发散点.

②从原点出发,沿数轴向左方搜寻,情形也是如此,也可找到一个界点 P',两个界点在原点的两侧,由定理10可知,它们到原点的距离是一样的.

③位于点 P' 与 P 之间的点,就是幂级数的收敛域;位于这两点之外的点,就是幂级数的发散域.

借助上述几何解释,就得到以下重要推论:

推论　如果幂级数 $\sum\limits_{n=0}^{\infty} a_n x^n$ 不是仅在一点收敛,也不是在整个数轴上都收敛,则必有一个确定的正数 R 存在,它具有下列性质:

①当 $|x| < R$ 时,幂级数绝对收敛.

②当 $|x| > R$ 时,幂级数发散.

③当 $x = \pm R$ 时,幂级数可能收敛,也可能发散.

正数 R 通常称作幂级数的收敛半径.

由幂级数在 $x = \pm R$ 处的敛散性就可决定它在区间 $(-R,R)$, $[-R,R)$, $(-R,R]$ 或 $[-R,R]$ 上收敛,这区间称为幂级数的收敛区间.

特别地,如果幂级数只在 $x=0$ 处收敛,则规定收敛半径 $R=0$;如果幂级数对一切 x 都收敛,则规定收敛半径 $R=+\infty$.

(2)幂级数的收敛半径的求法

定理11　设有幂级数 $\sum\limits_{n=0}^{\infty} a_n x^n$,且

$$\lim_{n\to\infty}\left|\frac{a_{n+1}}{a_n}\right| = \rho \quad (a_{n+1}, a_n \text{ 是幂级数的相邻两项的系数})$$

如果当:

①$\rho \neq 0$,则 $R = \dfrac{1}{\rho}$.

②$\rho = 0$,则 $R = +\infty$.

③$\rho = +\infty$,则 $R = 0$.

(证明略)

例10.14　求幂级数 $\sum\limits_{n=0}^{\infty} \dfrac{x^n}{n!}$ 的收敛半径.

解　$$\rho = \lim_{n\to\infty}\left|\frac{a_{n+1}}{a_n}\right| = \lim_{n\to\infty}\left|\frac{\frac{1}{(n+1)!}}{\frac{1}{n!}}\right| = \lim_{n\to\infty}\frac{1}{n+1} = 0$$

所以 $R=+\infty$,因此幂级数 $\sum\limits_{n=0}^{\infty} \dfrac{x^n}{n!}$ 的收敛半径为 $R=+\infty$.

例10.15　求幂级数 $\sum\limits_{n=0}^{\infty} (-1)^{n-1} \dfrac{x^n}{n}$ 的收敛半径与收敛区间.

解　因为 $\sum\limits_{n=0}^{\infty} (-1)^{n-1} \dfrac{x^n}{n} = x - \dfrac{x^2}{2} + \dfrac{x^3}{3} - \cdots + (-1)^{n-1}\dfrac{x^n}{n} + \cdots$

$$\rho = \lim_{n\to\infty}\left|\frac{a_{n+1}}{a_n}\right| = \lim_{n\to\infty}\left|\frac{(-1)^n\frac{1}{n+1}}{(-1)^{n-1}\frac{1}{n}}\right| = \lim_{n\to\infty}\frac{n}{n+1} = 1$$

于是

$$R=1$$

在左端点 $x=-1$,幂级数成为

$$-1-\frac{1}{2}-\frac{1}{3}-\frac{1}{4}-\cdots-\frac{1}{n}-\cdots$$

级数发散.

在右端点 $x=1$,幂级数成为

$$1-\frac{1}{2}+\frac{1}{3}-\frac{1}{4}+\cdots+(-1)^{n-1}\frac{1}{n}+\cdots$$

级数收敛.

因此,级数收敛区间为$(-1,1]$.

例 10.16 求幂级数 $\sum\limits_{n=1}^{\infty}\frac{2n-1}{2^n}x^{2n-2}$ 的收敛区间.

解 因为

$$\lim_{n\to\infty}\left|\frac{u_{n+1}(x)}{u_n(x)}\right| = \lim_{n\to\infty}\left|\frac{\frac{2n+1}{2^{n+1}}x^{2n}}{\frac{2n-1}{2^n}x^{2n-2}}\right| = \lim_{n\to\infty}\frac{2n+1}{4n-2}|x|^2 = \frac{1}{2}|x|^2$$

当$\frac{1}{2}|x|^2<1$,即$|x|<\sqrt{2}$时,幂级数收敛.

当$\frac{1}{2}|x|^2>1$,即$|x|>\sqrt{2}$时,幂级数发散.

对于左端点 $x=-\sqrt{2}$,幂级数成为

$$\sum_{n=1}^{\infty}\frac{2n-1}{2^n}(-\sqrt{2})^{2n-2} = \sum_{n=1}^{\infty}\frac{2n-1}{2^n}\cdot 2^{n-1} = \sum_{n=1}^{\infty}\frac{2n-1}{2}$$

级数发散.

对于右端点 $x=\sqrt{2}$,幂级数成为

$$\sum_{n=1}^{\infty}\frac{2n-1}{2^n}(\sqrt{2})^{2n-2} = \sum_{n=1}^{\infty}\frac{2n-1}{2^n}\cdot 2^{n-1} = \sum_{n=1}^{\infty}\frac{2n-1}{2}$$

级数是发散的.

故收敛区间为$(-\sqrt{2},\sqrt{2})$.

例 10.17 求函数项级数 $\sum\limits_{n=1}^{\infty}n2^{2n}(1-x)^n x^n$ 的收敛区间.

解 作变量替换 $h=(1-x)x$,则函数项级数变成幂级数

$$\sum_{n=1}^{\infty}n2^{2n}h^n$$

因

$$\rho = \lim_{n\to\infty}\left|\frac{(n+1)2^{2(n+1)}}{n\cdot 2^{2n}}\right| = \lim_{n\to\infty}\frac{4(n+1)}{n} = 4$$

故收敛半径为 $R=\frac{1}{4}$.

在左端点 $h=-\frac{1}{4}$,幂级数成为

$$\sum_{n=1}^{\infty} n2^{2n}\left(-\frac{1}{4}\right)^n = \sum_{n=1}^{\infty}(-1)^n n$$

级数发散.

在右端点 $h=\frac{1}{4}$,幂级数成为

$$\sum_{n=1}^{\infty} n2^{2n}\left(\frac{1}{4}\right)^n = \sum_{n=1}^{\infty} n$$

级数发散.

故收敛区间为 $-\frac{1}{4}<h<\frac{1}{4}$,即

$$-\frac{1}{4}<(1-x)x<\frac{1}{4}$$

解不等式得到原级数的数量区间,即

$$x\in\left(\frac{1-\sqrt{2}}{2},\frac{1+\sqrt{2}}{2}\right)\text{且 } x\neq\frac{1}{2}$$

10.4.3　幂级数的运算性质

下面不加证明地给出下述性质.

(1)幂级数的加、减及乘法运算

设幂级数 $\sum_{n=1}^{\infty}a_nx^n$ 及 $\sum_{n=1}^{\infty}b_nx^n$ 的收敛区间分别为 $(-R_1,R_1)$ 与 $(-R_2,R_2)$,其和函数分别记作 $S_1(x)$ 与 $S_2(x)$,记 $R=\min\{R_1,R_2\}$,当 $|x|<R$ 时,有

$$\sum_{n=1}^{\infty}a_nx^n \pm \sum_{n=1}^{\infty}b_nx^n = \sum_{n=1}^{\infty}(a_n\pm b_n)x^n = S_1(x)\pm S_2(x)$$

$$\begin{aligned}\sum_{n=1}^{\infty}a_nx^n\cdot\sum_{n=1}^{\infty}b_nx^n &= a_0b_0+(a_0b_1+a_1b_0)x+(a_0b_2+a_1b_1+a_2b_0)x^2+\\ &\quad \cdots+(a_0b_n+a_1b_{n-1}+\cdots+a_nb_0)x^n+\cdots\\ &= S_1(x)S_2(x)\end{aligned}$$

即两个幂级数的和或差的收敛区间是两个幂级数收敛区间的交集.

(2)幂级数和函数的性质

性质1(幂级数的连续性)　①幂级数 $\sum_{n=1}^{\infty}a_nx^n$ 的和函数 $s(x)$ 在收敛区间 $(-R,R)$ 内连续.

②若幂级数在收敛区的左端点 $x=-R$ 收敛,则其和函数 $s(x)$ 在 $x=-R$ 处右连续,即

$$\lim_{x \to -R+0} s(x) = \sum_{n=0}^{\infty} a_n(-R)^n$$

③若幂级数在收敛区的右端点 $x=R$ 处收敛,则其和函数 $s(x)$ 在 $x=R$ 处左连续,即

$$\lim_{x \to R-0} s(x) = \sum_{n=0}^{\infty} a_n(R)^n$$

注:这一性质在求某些特殊的数项级数之和时,非常有用.

性质 2(幂级数逐项求导) 幂级数 $\sum_{n=1}^{\infty} a_n x^n$ 的和函数 $s(x)$ 在收敛区间 $(-R,R)$ 内可导,且有

$$s'(x) = \left(\sum_{n=0}^{\infty} a_n x^n\right)' = \sum_{n=1}^{\infty} (a_n x^n)' = \sum_{n=1}^{\infty} n \cdot a_n x^{n-1}$$

且逐项求导后所得的新级数其收敛半径不变,但在收敛区间端点处的收敛性可能改变.

性质 3(幂级数逐项积分) 幂级数 $\sum_{n=1}^{\infty} a_n x^n$ 的和函数 $s(x)$ 在收敛区间 $(-R,R)$ 内可积,且有

$$\int_0^x s(x)\mathrm{d}x = \int_0^x \left(\sum_{n=0}^{\infty} a_n x^n\right)\mathrm{d}x = \sum_{n=0}^{\infty} \int_0^x a_n x^n \mathrm{d}x = \sum_{n=0}^{\infty} \frac{a_n}{n+1} x^{n+1}$$

且逐项积分后所得的新级数其收敛半径不变,但在收敛区间端点处的收敛性可能改变.

例 10.18 求数项级数 $1-\frac{1}{2}+\frac{1}{3}-\frac{1}{4}+\cdots+(-1)^{n-1}\frac{1}{n}+\cdots$的和函数.

解 由于

$$1+x+x^2+\cdots+x^{n-1}+\cdots=\frac{1}{1-x}\ (-1<x<1)$$

$$\int_0^x 1\mathrm{d}x + \int_0^x x\mathrm{d}x + \int_0^x x^2\mathrm{d}x + \cdots + \int_0^x x^{n-1}\mathrm{d}x + \cdots = \int_0^x \frac{1}{1-x}\mathrm{d}x$$

$$x+\frac{1}{2}x^2+\frac{1}{3}x^3+\cdots+\frac{1}{n}x^n+\cdots=-\ln(1-x)$$

当 $x=-1$ 时,幂级数成为

$$(-1)+\frac{1}{2}(-1)^2+\frac{1}{3}(-1)^3+\cdots+\frac{1}{n}(-1)^n+\cdots$$

$$=-\left[1-\frac{1}{2}+\frac{1}{3}-\cdots+(-1)^{n-1}\frac{1}{n}+\cdots\right]$$

是一收敛的交错级数.

当 $x=1$ 时,幂级数成为

$$1+\frac{1}{2}+\frac{1}{3}+\cdots+\frac{1}{n}+\cdots$$

是发散的调和级数.

故

$$x+\frac{1}{2}x^2+\frac{1}{3}x^3+\cdots+\frac{1}{n}x^n+\cdots=-\ln(1-x)\ (-1\leqslant x<1)$$

且有

$$-\left[1-\frac{1}{2}+\frac{1}{3}-\cdots+(-1)^{n-1}\frac{1}{n}+\cdots\right]=-\ln 2$$

$$1-\frac{1}{2}+\frac{1}{3}-\cdots+(-1)^{n-1}\frac{1}{n}+\cdots=\ln 2$$

例 10.19　求 $\sum\limits_{n=1}^{\infty}(-1)^{n+1}\dfrac{x^{n+1}}{n(n+1)}$ 的和函数.

解

$$\rho=\lim_{n\to\infty}\left|\frac{a_{n+1}}{a_n}\right|=\lim_{n\to\infty}\left|\frac{(-1)^{n+2}\dfrac{1}{(n+1)(n+2)}}{(-1)^{n+1}\dfrac{1}{n(n+1)}}\right|$$

$$=\lim_{n\to\infty}\frac{n}{n+2}=1$$

$$R=1$$

设

$$s(x)=\sum_{n=1}^{\infty}(-1)^{n+1}\frac{x^{n+1}}{n(n+1)}(-1<x<1)$$

$$s'(x)=\sum_{n=1}^{\infty}(-1)^{n+1}\frac{x^{n}}{n}$$

$$s''(x)=\sum_{n=1}^{\infty}(-1)^{n+1}x^{n-1}=1-x+x^2-x^3+\cdots=\frac{1}{1+x}$$

$$\int_0^x s''(x)\mathrm{d}x=\int_0^x\frac{1}{1+x}\mathrm{d}x$$

$$s'(x)-s'(0)=\ln(1+x)$$

$$s'(0)=\sum_{n=1}^{\infty}(-1)^{n+1}\frac{0^n}{n}=0$$

$$s'(x)=\ln(1+x)$$

$$\int_0^x s'(x)\mathrm{d}x=\int_0^x\ln(1+x)\mathrm{d}x$$

$$s(x)-s(0)=(1+x)\ln(1+x)\Big|_0^x-\int_0^x\mathrm{d}x$$

$$s(x)=(1+x)\ln(1+x)-x$$

当 $x=-1$ 时,幂级数成为

$$\sum_{n=1}^{\infty}(-1)^{n+1}\frac{(-1)^{n+1}}{n(n+1)}=\sum_{n=1}^{\infty}\frac{1}{n(n+1)}$$

它是收敛的.

当 $x=1$ 时,幂级数成为

$$\sum_{n=1}^{\infty}(-1)^{n+1}\frac{1^{n+1}}{n(n+1)}=\sum_{n=1}^{\infty}\frac{(-1)^{n+1}}{n(n+1)}$$

它是收敛的.

因此,当[$-1,1$]时,有

$$\sum_{n=1}^{\infty}(-1)^{n+1}\frac{x^{n+1}}{n(n+1)}=(1+x)\ln(1+x)-x$$

例 10.20 求 $1\cdot\frac{1}{2}+2\cdot\left(\frac{1}{2}\right)^2+3\cdot\left(\frac{1}{2}\right)^3+\cdots+n\cdot\left(\frac{1}{2}\right)^n+\cdots$的和.

解 考虑辅助幂级数

$$x+2x^2+3x^3+\cdots+nx^n+\cdots$$

$$\rho=\lim_{n\to\infty}\left|\frac{a_{n+1}}{a_n}\right|=\lim_{n\to\infty}\frac{n+1}{n}=1$$

$$R=1$$

设

$$s(x)=x+2x^2+3\cdot x^3+\cdots+nx^n+\cdots(-1<x<1)$$

$$\begin{aligned}s(x)&=x\cdot(1+2x+3\cdot x^2+\cdots+nx^{n-1}+\cdots)\\&=x\cdot(x+x^2+x^3+\cdots+x^n+\cdots)'\\&=x\cdot\left(\frac{x}{1-x}\right)'=x\cdot\frac{1}{(1-x)^2}\end{aligned}$$

故当 $-1<x<1$ 时,有

$$x+2x^2+3\cdot x^3+\cdots+nx^n+\cdots=\frac{x}{(1-x)^2}$$

令 $x=\frac{1}{2}$,得

$$\frac{1}{2}+\frac{2}{2^2}+\frac{3}{2^3}+\cdots+\frac{n}{2^n}+\cdots=\frac{\frac{1}{2}}{\left(1-\frac{1}{2}\right)^2}=2$$

习题 10.4

1. 在求幂级数的收敛区间时应注意什么问题?

2. 若$\lim\limits_{n\to\infty}\left|\frac{a_{n+1}}{a_n}\right|$不存在,则幂级数的收敛半径也不存在,是否正确?举例说明.

3. 求幂级数的收敛半径:

(1) $\sum\limits_{n=1}^{\infty}(-1)^{n+1}\frac{x^{n+1}}{n(n+1)}$

(2) $\sum\limits_{n=1}^{\infty}(-1)^{n+1}\frac{x^n}{n!}$

(3) $\sum\limits_{n=1}^{\infty}(n+1)!x^n$

(4) $\sum\limits_{n=1}^{\infty}\frac{x^n}{n3^n}$

4. 求下列幂级数的收敛区间:

(1) $\sum\limits_{n=1}^{\infty}(n+1)!x^n$

(2) $\sum\limits_{n=1}^{\infty}\frac{x^n}{n3^n}$

(3) $\sum\limits_{n=1}^{\infty}\frac{(n+1)!}{n^n}x^n$

(4) $\sum\limits_{n=1}^{\infty}(-1)^n\frac{x^{n+1}}{n+1}$

(5) $\sum\limits_{n=1}^{\infty}\frac{1}{2^n n^2}x^n$

(6) $\sum\limits_{n=1}^{\infty}\frac{2^n}{n}(x-1)^n$

5. 求幂级数在指定区间内的和函数：

$\sum_{n=1}^{\infty}\frac{(-1)^n}{n+1}x^n$ 的和函数，并求 $-1+\frac{1}{2}-\frac{1}{3}+\frac{1}{4}-\cdots$ 的值.

10.5　函数展开成幂级数

上节讨论了幂级数的收敛性，及在其收敛区间内幂级数收敛于一个和函数. 本节研究另一个问题即对于任意一个函数 $f(x)$ 而言，能否将其展开成幂级数.

10.5.1　泰勒级数

如果 $f(x)$ 在 $x=x_0$ 处具有任意阶的导数，把级数

$$f(x_0)+\frac{f'(x_0)}{1!}(x-x_0)+\frac{f''(x_0)}{2!}(x-x_0)^2+\cdots+\frac{f^{(n)}(x_0)}{n!}(x-x_0)^n+\cdots$$

称为函数 $f(x)$ 在 $x=x_0$ 处的泰勒级数.

它的前 $n+1$ 项部分和用 $s_{n+1}(x)$ 记之，且

$$s_{n+1}(x)=\sum_{k=0}^{\infty}\frac{f^{(k)}(x_0)}{k!}(x-x_0)^k$$

这里

$$0!=1,f^{(0)}(x_0)=f(x_0)$$

$$f(x)=s_{n+1}(x)+R_n(x)$$

当然，这里 $R_n(x)$ 是拉格朗日余项，且

$$R_n(x)=\frac{f^{n+1}(\xi)}{(n+1)!}(x-x_0)^{n+1}(\xi \text{ 在 } x \text{ 与 } x_0 \text{ 之间})$$

由 $R_n(x)=f(x)-s_{n+1}(x)$，则

$$\lim_{n\to\infty}R_n(x)=0\Leftrightarrow\lim_{n\to\infty}s_{n+1}(x)=f(x)$$

因此，当 $\lim\limits_{n\to\infty}R_n(x)=0$ 时，函数 $f(x)$ 的泰勒级数

$$f(x_0)+\frac{f'(x_0)}{1!}(x-x_0)+\frac{f''(x_0)}{2!}(x-x_0)^2+\cdots+\frac{f^{(n)}(x_0)}{n!}(x-x_0)^n+\cdots$$

就是它的另一种精确的表达式，即

$$f(x)=f(x_0)+\frac{f'(x_0)}{1!}(x-x_0)+\frac{f''(x_0)}{2!}(x-x_0)^2+\cdots+\frac{f^{(n)}(x_0)}{n!}(x-x_0)^n+\cdots$$

这时，称函数 $f(x)$ 在 $x=x_0$ 处可展开成泰勒级数.

特别当 $x_0=0$ 时

$$f(x)=f(0)+\frac{f'(0)}{1!}x+\frac{f''(0)}{2!}x^2+\cdots+\frac{f^{(n)}(0)}{n!}x^n+\cdots$$

这时，称函数 $f(x)$ 可展开成麦克劳林(Maclauin)级数.

将函数 $f(x)$ 在 $x=x_0$ 处展开成泰勒级数，可通过变量替换 $t=x-x_0$，化归为函数 $f(x)=f(t+x_0)$ 在 $t=0$ 处的麦克劳林展开. 因此，这里着重讨论函数的麦克劳林展开.

定理 12　函数的麦克劳林展开式是唯一的.

证　设$f(x)$在$x=0$的某邻域$(-R,R)$内可展开x成的幂级数

$$f(x)=a_0+a_1x+a_2x^2+\cdots+a_nx^n+\cdots$$

据幂级数在收敛区间内可逐项求导,有

$$f'(x)=1\cdot a_1+2\cdot a_2x+\cdots+n\cdot a_nx^{n-1}+\cdots$$
$$f''(x)=2\cdot 1\cdot a_2+\cdots+n\cdot(n-1)a_nx^{n-2}+\cdots$$
$$\vdots$$
$$f^{(n)}(x)=n\cdot(n-1)\cdots 1a_n+(n+1)\cdot n\cdots 2a_{n+1}x+\cdots$$
$$\vdots$$

把$x=0$代入上式,有

$$f(0)=a_0$$
$$f'(0)=1\cdot a_1$$
$$f''(0)=2\cdot 1\cdot a_2$$
$$\vdots$$
$$f^{(n)}(0)=n\cdot(n-1)\cdots 1\cdot a_n$$
$$\vdots$$

从而

$$a_0=f(0)$$
$$a_1=\frac{f'(0)}{1!}$$
$$a_2=\frac{f''(0)}{2!}$$
$$\vdots$$
$$a_n=\frac{f^{(n)}(0)}{n!}$$
$$\vdots$$

因此,函数$f(x)$在$x=0$处的幂级数展开式其形式为

$$f(x)=f(0)+\frac{f'(0)}{1!}x+\frac{f''(0)}{2!}x^2+\cdots+\frac{f^{(n)}(0)}{n!}x^n+\cdots$$

这就是函数的麦克劳林展开式.

这表明,函数在$x=0$处的幂级数展开形式只有麦克劳林展开式这一种形式.

10.5.2　函数展开成幂级数

(1)直接展开法

将函数展开成麦克劳林级数可按以下步骤进行:

1)求出函数的各阶导数及函数值

$$f(0),f'(0),f''(0),\cdots,f^{(n)}(0),\cdots$$

若函数的某阶导数不存在,则函数不能展开.

2)写出麦克劳林级数

$$f(0)+\frac{f'(0)}{1!}x+\frac{f''(0)}{2!}x^2+\cdots+\frac{f^{(n)}(0)}{n!}x^n+\cdots$$

并求其收敛半径 R.

3)考察当 $x\in(-R,R)$ 时,拉格朗日余项

$$R_n(x)=\frac{f^{(n+1)}(\theta\cdot x)}{(n+1)!}x^{n+1}\ (0<\theta<1)$$

在 $n\to\infty$ 时,是否趋向于零.

若 $\lim\limits_{n\to\infty}R_n(x)=0$,则第二步写出的级数就是函数的麦克劳林展开式.

若 $\lim\limits_{n\to\infty}R_n(x)\neq0$,则函数无法展开成麦克劳林级数.

例 10.21 将函数 $f(x)=e^x$ 展开成麦克劳林级数.

解 $f^{(n)}(x)=e^x,f^{(n)}(0)=1(n=0,1,2,\cdots)$

因此得到幂级数

$$1+\frac{x}{1!}+\frac{x^2}{2!}+\cdots+\frac{x^n}{n!}+\cdots$$

而

$$\rho=\lim_{n\to\infty}\left|\frac{a_{n+1}}{a_n}\right|=\lim_{n\to\infty}\left|\frac{\frac{1}{(n+1)!}}{\frac{1}{n!}}\right|=\lim_{n\to\infty}\frac{1}{n+1}=0$$

故

$$R=+\infty$$

对于任意 $x\in(-\infty,+\infty)$ 有

$$|R_n(x)|=\left|\frac{e^{\theta\cdot x}}{(n+1)!}\cdot x^{n+1}\right|\leqslant e^{|x|}\cdot\frac{|x|^{n+1}}{(n+1)!}\quad(0<\theta<1)$$

这里 $e^{|x|}$ 是与 n 无关的有限数, 考虑辅助幂级数

$$\sum_{n=1}^{\infty}\frac{|x|^{n+1}}{(n+1)!}$$

的敛散性. 由比值法有

$$\lim_{n\to\infty}\left|\frac{u_{n+1}(x)}{u_n(x)}\right|=\lim_{n\to\infty}\left|\frac{\frac{|x|^{n+2}}{(n+2)!}}{\frac{|x|^{n+1}}{(n+1)!}}\right|=\lim_{n\to\infty}\frac{|x|}{n+2}=0$$

故辅助级数收敛,从而一般项趋向于零,即

$$\lim_{n\to\infty}\frac{|x|^{n+1}}{(n+1)!}=0$$

因此

$$\lim_{n\to\infty}R_n(x)=0$$

故

$$e^x=1+\frac{x}{1!}+\frac{x^2}{2!}+\cdots+\frac{x^n}{n!}+\cdots\quad(-\infty<x<+\infty)$$

例 10.22 将函数 $f(x)=\sin x$ 在 $x=0$ 处展开成幂级数.

解 因为

$$f^{(n)}(x)=\sin(x+n\cdot\frac{\pi}{2})\quad(n=0,1,2,\cdots)$$

于是

$$f(0)=0,f'(0)=0,f''(0)=0,f'''(0)=-1,f^{(4)}(0)=0,f^{(5)}(0)=1,\cdots$$

于是,得幂级数

$$\frac{x}{1!}-\frac{x^3}{3!}+\frac{x^5}{5!}-\cdots+(-1)^{n-1}\frac{x^{2n-1}}{(2n-1)!}+\cdots$$

容易求出,它的收敛半径为 $R=+\infty$.

对任意的 $x\in(-\infty,+\infty)$,有

$$|R_n(x)|=\left|\frac{\sin(\theta\cdot x+n\cdot\frac{\pi}{2})}{(n+1)!}\cdot x^{n+!}\right|\leqslant\frac{|x|^{n+1}}{(n+1)!}\quad(0<\theta<1)$$

由例 10.21 可知,$\lim\limits_{n\to\infty}\frac{|x|^{n+1}}{(n+1)!}=0$,故

$$\lim_{n\to\infty}R_n(x)=0$$

因此,得到展开式

$$\sin x=\frac{x}{1!}-\frac{x^3}{3!}+\frac{x^5}{5!}-\cdots+(-1)^{n-1}\frac{x^{2n-1}}{(2n-1)!}+\cdots\quad(x\in(-\infty,+\infty))$$

(2)间接展开法

直接应用麦克劳林公式展开幂级数的方法,虽然程序明确,但运算过于烦琐. 因此,利用一些已知的函数展开式以及幂级数的运算性质(如加减、逐项求导、逐项求积)将所给函数展开不失为一种较好的办法.

例 10.23 试求 $f(x)=\frac{1}{1+x^2}$ 的幂级数展开式.

解 由于

$$\frac{1}{1-x}=1+x+x^2+\cdots+x^n+\cdots\qquad(-1<x<1)$$

将上式中的 x 换为 $-x$,则上式变为

$$\frac{1}{1+x}=1-x+x^2-\cdots+(-1)^n+\cdots\qquad(-1<x<1)$$

再将此展开式中的 x 换成 x^2,则有

$$\frac{1}{1+x^2}=1-x^2+x^4-\cdots+(-1)^{2n}+\cdots\qquad(-1<x<1)$$

例 10.24 将函数 $f(x)=\cos x$ 展开成 x 的幂级数.

解 由于

$$(\sin x)'=\cos x$$

对展开式

$$\sin x=\frac{x}{1!}-\frac{x^3}{3!}+\frac{x^5}{5!}-\cdots+(-1)^{n-1}\frac{x^{2n+1}}{(2n+1)!}+\cdots\quad(x\in(-\infty,+\infty))$$

两边关于 x 逐项求导，得

$$\cos x = 1 - \frac{x^2}{2!} + \frac{x^4}{4!} - \cdots + (-1)^{n-1}\frac{x^{2n}}{(2n)!} + \cdots \quad (x \in (-\infty, +\infty))$$

例 10.25　将函数 $f(x) = \ln(1+x)$ 展开成 x 的幂级数.

解　由于

$$f'(x) = [\ln(1+x)]' = \frac{1}{1+x}$$

而

$$\frac{1}{1+x} = 1 - x + x^2 - x^3 + \cdots + (-1)^n x^n + \cdots \quad (-1 < x < 1)$$

将上式两端从 0 到 x 逐项积分,得

$$\ln(1+x) = x - \frac{x^2}{2} + \frac{x^3}{3} - \cdots + (-1)^n \frac{x^{n+1}}{n+1} + \cdots$$

当 $x=1$ 时,级数为交错级数

$$1 - \frac{1}{2} + \frac{1}{3} - \cdots + (-1)^n \frac{1}{n+1} + \cdots$$

收敛.

因此

$$\ln(1+x) = x - \frac{x^2}{2} + \frac{x^3}{3} - \cdots + (-1)^n \frac{x^{n+1}}{n+1} + \cdots \quad (-1 < x \leqslant 1)$$

例 10.26　试求 $f(x) = \arctan x$ 的幂级数展开式.

解　因为

$$f(x) = \arctan x = \int_0^x \frac{1}{1+x^2}\mathrm{d}x$$

又因为例 10.23 可知

$$\frac{1}{1+x^2} = 1 - x^2 + x^4 - \cdots + (-1)^{2n} + \cdots \quad (-1 < x < 1)$$

将上式两端同时积分,即可得

$$f(x) = \arctan x = x - \frac{1}{3}x^3 + \frac{1}{5}x^5 - \cdots + (-1)^n \frac{1}{2n+1}x^{2n+1} + \cdots \quad (-1 < x < 1)$$

同时,可证明该级数在 $x = \pm 1$ 也是收敛的,因此,得

$$f(x) = \arctan x = x - \frac{1}{3}x^3 + \frac{1}{5}x^5 - \cdots + (-1)^n \frac{1}{2n+1}x^{2n+1} + \cdots \quad (-1 \leqslant x \leqslant 1)$$

例 10.27　试求 $f(x) = \dfrac{1}{2-x}$ 的幂级数展开式.

解　因为

$$\frac{1}{1-x} = 1 + x + x^2 + \cdots + x^n + \cdots \quad (-1 < x < 1)$$

于是

$$f(x) = \frac{1}{2-x} = \frac{1}{2}\frac{1}{1-\frac{x}{2}} = \frac{1}{2}\left[1 + \frac{x}{2} + \left(\frac{x}{2}\right)^2 + \cdots + \left(\frac{x}{2}\right)^n + \cdots\right] \quad (-2 < x < 2)$$

习题 10.5

1. 将下列函数展开成的 x 的幂级数,并求其收敛区间:

(1) $\ln(2-x)$ (2) $\sin\frac{x}{2}$

(3) $\frac{1}{\sqrt{1+x^2}}$ (4) $(1+x)\ln(1+x)$

2. 将函数 $f(x)=\frac{1}{x}$ 展开成 $(x-1)$ 的幂级数.

3. 将函数 $f(x)=\frac{1}{x^2-3x+2}$ 展开成 x 的幂级数.

【阅读材料】

历史上级数出现得很早. 亚里士多德(公元前 4 世纪)就知道公比小于 1(大于零)的几何级数具有和数,N. 奥尔斯姆(14 世纪)就通过见于现代教科书中的方法证明了调和级数级数发散到 $+\infty$. 但是,首先结合着几何量明确到一般级数的和这个概念,进一步脱离几何表示而达到级数和的纯算术概念,以及更进一步把级数运算视为一种独立的算术运算并正式使用收敛与发散两词,却是已接近于微积分发明的年代了. 事实上,从古希腊以来,积分的朴素思想用于求积(面积、体积)问题时,就一直在数量计算上以级数的形式出现. 收敛级数的结构,以其诸项的依次加下去的运算的无限进展展示着极限过程,而以其余项的无限变小揭示出无限小量的作用. 级数收敛概念的逐渐明确,有力地帮助了微积分基本概念的形成.

微积分在创立的初期就为级数理论的开展提供了基本的素材. 它通过自己的基本运算与级数运算的纯形式的结合,达到了一批初等函数的(幂)级数展开. 从此以后,级数便作为函数的分析等价物,用以计算函数的值,用以代表函数参加运算,并以所得结果阐释函数的性质. 在运算过程中,级数被视为多项式的直接的代数推广,并且也就当作通常的多项式来对待. 这些基本观点的运用一直持续到 19 世纪初年,导致了丰硕的成果(主要归功于欧拉、雅各布·伯努利、拉格朗日、傅里叶).

同时,悖论性等式的不时出现(如 $1/2=1-1+1-1+\cdots$, $-1=1+2+4+8+\cdots$ 之类)促使人们逐渐地自觉到级数的无限多项之和有别于有限多项之和这一基本事实,注意到函数的级数展开的有效性表现为级数的部分和无限趋近于函数值这一收敛现象,提出了收敛定义的确切陈述,从而开始了分析学的严密化运动.

微积分基本运算与级数运算结合的需要,引导人们加强或缩小收敛性而提出一致收敛的概念[K. (T. W.)外尔斯特拉斯(1841)、G. G. 斯托克斯(1847)、P. L. von 赛德尔(1848)]. 然而(在天文学、物理学中,甚至在柯西本人的研究工作中)函数的级数展开,作为一整个函数的分析等价物,在收敛范围以外不断的成功使用,则又迫使人们推广或扩大收敛概念而提出渐近性与可和性.

级数理论中的基本概念总是在其朴素意义获得有效使用的过程中形成和发展的.

1829 年,狄利克雷在克雷尔(Crell)杂志发表了他最著名的一篇文章"关于三角级数的收敛性". 该文是在傅里叶有关热传导理论的影响下写成的,讨论任意函数展成三角级数(现称傅里叶级数)及其收敛性. 早在 18 世纪,D. 伯努利(Bernoulli)和 L. 欧拉(Euler)就曾在研究弦振动问题时考察过这类级数. 傅里叶在 19 世纪初用它讨论热传导现象,但未虑及其收敛性. A. L. 柯西(Cauchy)在 1823 年开始考虑它的收敛问题. 狄利克雷在文中指出柯西的推理不严格,其结论也不能涵盖某些已知其收敛性的级数. 他进而考虑形式上对应于给定函数 $f(x)$ 的三角级数的前 n 项的和,检验它跟 $f(x)$ 的差是否趋于零,后成为判断级数收敛的经典方法. 狄利克雷证明:若 $f(x)$ 是周期为 2π 的周期函数,在 $-\pi < x < \pi$ 中,仅有有限个极大和极小值以及有限个不连续点;又若 $\int_{-\pi}^{x} f(x)\,\mathrm{d}x$ 有限,则在 $f(x)$ 所有的连续点处,其傅里叶级数收敛到 $f(x)$,在函数的跳跃点处,它收敛于函数左右极限值的算术平均. 这是第一个严格证明了的有关傅里叶级数收敛的充分条件,开始了三角级数理论的精密研究.

1837 年,狄利克雷再次回到上述课题,发表题为"用正弦和余弦级数表示完全任意的函数"的文章,其中扩展了当时普遍采用的函数概念,引入了现代的函数概念:若变量 y 以如下方式与变量 x 相关联,即只要给 x 指定一个值,按一个规则可确定唯一的 y 值,则称 y 是独立变量 x 的函数. 为说明该规则具有完全任意的性质,狄利克雷举出了"性状极怪"的函数实例:当 x 为有理数时,$y=c$;当 x 为无理数时,$y=d\neq c$,现称狄利克雷函数. 但狄利克雷的连续函数概念仍是直观的,并根据等距取函数值求和的方法定义其积分. 在此基础上,狄利克雷建立了傅里叶级数的理论.

复习题 10

一、填空题:

1. 若正项级数 $\sum_{n=1}^{\infty} a_n$ 收敛,则 $\lim_{n\to\infty} a_n =$ ________.

2. $\sum_{n=1}^{\infty}\left(\frac{1}{n^2}-\frac{1}{\sqrt{n}}\right)$ 是________级数(就敛散性回答).

3. 若级数 $\sum_{n=1}^{\infty} a_n$ 收敛,而级数 $\sum_{n=1}^{\infty} b_n$ 发散,则级数 $\sum_{n=1}^{\infty}(a_n+b_n)$ ________.

4. 若 x_0 是幂级数 $\sum_{n=1}^{\infty} a_n x^n$ 的一个发散点,则对任意满足________的 x,级数 $\sum_{n=1}^{\infty} a_n x^n$ 发散.

5. $\lim_{n\to\infty} a_n = 0$ 是级数 $\sum_{n=1}^{\infty} a_n$ 收敛的________条件(充分/必要).

6. $\sum_{n=1}^{\infty}(-1)^n \frac{1}{\sqrt{n}} x^n$ 的收敛半径是________.

7. 函数 $f(x)=x\mathrm{e}^x$ 的幂级数展开式是________.

8. 函数$f(x)=\frac{1}{1-2x}$的幂级数展开式是________.

二、选择题:

1. 若两个正项级数$\sum_{n=1}^{\infty}a_n,\sum_{n=1}^{\infty}b_n$满足$a_n\leqslant b_n(n=1,2,\cdots)$,则结论(　　)成立.

A. $\sum_{n=1}^{\infty}a_n$收敛,则$\sum_{n=1}^{\infty}b_n$发散　　B. $\sum_{n=1}^{\infty}a_n$收敛,则$\sum_{n=1}^{\infty}b_n$收敛

C. $\sum_{n=1}^{\infty}a_n$发散,则$\sum_{n=1}^{\infty}b_n$发散　　D. $\sum_{n=1}^{\infty}a_n$发散,则$\sum_{n=1}^{\infty}b_n$收敛

2. 若正项级数$\sum_{n=1}^{\infty}a_n$收敛,则级数(　　)收敛.

A. $\sum_{n=1}^{\infty}\sqrt{a_n}$　　B. $\sum_{n=1}^{\infty}ca_n$　　C. $\sum_{n=1}^{\infty}(a_n+c)^2$　　D. $\sum_{n=1}^{\infty}(a_n+c)$

3. 下列级数中条件收敛的是(　　).

A. $\sum_{n=1}^{+\infty}(-1)^n\left(\frac{2}{3}\right)^n$　　B. $\sum_{n=1}^{+\infty}\frac{(-1)^n}{\sqrt{n}}$

C. $\sum_{n=1}^{+\infty}(-1)^n\frac{2n+1}{\sqrt{2n^2+1}}$　　D. $\sum_{n=1}^{+\infty}(-1)^n\frac{1}{\sqrt{n^3+1}}$

4. 设$\{S_n\}$是级数$\sum_{n=1}^{\infty}a_n$的部分和,若条件(　　)成立,则$\sum_{n=1}^{\infty}a_n$收敛.

A. S_n有界　　B. S_n单调减少　　C. $\lim\limits_{n\to\infty}a_n=0$　　D. $\lim\limits_{n\to\infty}S_n=0$

5. 当(　　)时,级数$\sum_{n=1}^{\infty}\frac{1}{n^p}$收敛.

A. $p>1$　　B. $p<1$　　C. $p\geqslant 1$　　D. $p\leqslant 1$

6. 下列级数中,(　　)收敛.

A. $\sum_{n=1}^{+\infty}\frac{1}{2n}$　　B. $\sum_{n=1}^{+\infty}\frac{1}{\sqrt{n}}$　　C. $\sum_{n=1}^{+\infty}(-1)^n\sqrt{\frac{n}{n+2}}$　　D. $\sum_{n=1}^{+\infty}\frac{(-1)^n}{\sqrt{n}}$

7. 若级数$\sum_{n=1}^{+\infty}u_n$收敛,则必有(　　).

A. $\sum_{n=1}^{+\infty}\frac{1}{u_n}$发散　　B. $\sum_{n=1}^{+\infty}\left(u_n+\frac{1}{n}\right)$收敛

C. $\sum_{n=1}^{+\infty}|u_n|$收敛　　D. $\sum_{n=1}^{+\infty}(-1)^nu_n$收敛

8. 级数$\sum_{n=0}^{+\infty}\frac{2}{4^n}$的和是(　　).

A. $\frac{8}{3}$　　B. 2　　C. $\frac{2}{3}$　　D. 1

9. 若$f(x)=\sum_{n=0}^{\infty}a_nx^n$,则$a_n=$(　　).

A. $\frac{f^{(n)}(0)}{n!}$　　B. $\frac{f^{(n)}(x)}{n!}$　　C. $\frac{(f(0))^{(n)}}{n!}$　　D. $\frac{1}{n!}$

10. 幂级数 $\sum_{n=0}^{+\infty}(-1)^n\frac{x^{2n+1}}{(2n+1)!}$ 的和函数是(　　).

A. e - x　　B. $\ln(1+x)$　　C. $\sin x$　　D. $\cos x$

三、判定下列正项级数的敛散性:

(1) $\sum_{n=1}^{+\infty}\frac{1}{2n-1}$　　(2) $\sum_{n=1}^{+\infty}\sin\frac{\pi}{2^n}$

(3) $\sum_{n=1}^{+\infty}\frac{3^n}{5^n}$　　(4) $\sum_{n=1}^{+\infty}\frac{n^3}{3^n}$

四、判定下列级数的敛散性,如收敛,指出是绝对收敛,还是条件收敛.

(1) $\sum_{n=1}^{+\infty}(-1)\frac{1}{2n-1}$　　(2) $\sum_{n=1}^{+\infty}\frac{\sin(n^2-1)}{n^2}$

(3) $\sum_{n=1}^{+\infty}(-1)\frac{3^n+4^n}{5^n}$　　(4) $\sum_{n=1}^{+\infty}\frac{\cos n\pi}{n^2}$

五、将函数 $f(x)=\frac{1}{x}$ 展开成 $(x-3)$ 的幂级数.

六、函数 $f(x)=\frac{1}{(1-x)^2}$ 展开为 x 的幂级数.

七、求幂级数 $\sum_{n=1}^{+\infty}(-1)^n\frac{(2x-3)^n}{2n-1}$ 的收敛区域.

第 11 章

行列式、矩阵与线性方程组

在自然科学、工程技术以及社会经济管理中,遇到的许多问题均可以直接或近似地表示成一些变量之间的线性关系,因此,研究变量之间的线形关系是非常必要的. 线形代数在研究变量之间的线性关系上有着非常重要的应用,行列式和矩阵是研究线性代数的重要工具.

本章主要介绍行列式与矩阵的定义、性质、计算以及它们在代数中的应用.

11.1 二阶、三阶行列式

11.1.1 二元一次方程组和二阶行列式

对于二元一次方程组

$$\begin{cases} a_{11}x_1 + a_{12}x_2 = b_1 \\ a_{21}x_1 + a_{22}x_2 = b_2 \end{cases} \tag{1}$$

可用消元法求解,当 $a_{11}a_{22} - a_{12}a_{21} \neq 0$ 时,方程的解为

$$\begin{cases} x_1 = \dfrac{b_1 a_{22} - b_2 a_{12}}{a_{11}a_{22} - a_{12}a_{21}} \\ x_2 = \dfrac{b_2 a_{11} - b_1 a_{21}}{a_{11}a_{22} - a_{12}a_{21}} \end{cases} \tag{2}$$

显然,方程组的解可用其相关系数来表示. 为了方便表示这一结果,引进行列式的定义.

定义 1 记号

$$\begin{vmatrix} a_{11} & a_{12} \\ a_{21} & a_{22} \end{vmatrix}$$

表示代数和 $a_{11}a_{22} - a_{12}a_{21}$,将 $\begin{vmatrix} a_{11} & a_{12} \\ a_{21} & a_{22} \end{vmatrix}$ 称为**二阶行列式**,即

$$\begin{vmatrix} a_{11} & a_{12} \\ a_{21} & a_{22} \end{vmatrix} = a_{11}a_{22} - a_{12}a_{21}$$

其中，数 $a_{ij}(i,j=1,2)$ 称为行列式的**第 i 行第 j 列的元素**.

观察此行列式，其 4 个元素是二元一次方程组中显现方程的系数按原来的位置排列的，正好是二元一次方程组的解的分母. 于是，利用二阶行列式的定义，把由二元一次方程组的系数作为原始所确定的行列式，也就是系数行列式，记作

$$D=\begin{vmatrix} a_{11} & a_{12} \\ a_{21} & a_{22} \end{vmatrix}=a_{11}a_{22}-a_{12}a_{21}$$

将解中的分子分别记作

$$D_1=\begin{vmatrix} b_1 & a_{12} \\ b_2 & a_{22} \end{vmatrix}=b_1a_{22}-b_2a_{12} \qquad D_2=\begin{vmatrix} a_{11} & b_1 \\ a_{21} & b_2 \end{vmatrix}=a_{11}b_2-b_1a_{21}$$

则二元一次方程组的解 $D\neq 0$ 时，可方便地表示为

$$\begin{cases} x_1=\dfrac{D_1}{D} \\ x_2=\dfrac{D_2}{D} \end{cases}$$

其中，D 是二元一次方程组的系数行列式，D_1，D_2 是将系数行列式中的第一列、第二列分别换成二元一次方程组常数列 b_1，b_2 得到的二阶行列式.

例 11.1　计算下列行列式的值：

1) $\begin{vmatrix} 1 & 2 \\ 3 & 4 \end{vmatrix}$　　2) $\begin{vmatrix} \sin a & -\cos a \\ \cos a & \sin a \end{vmatrix}$　　3) $\begin{vmatrix} \lambda-1 & -1 \\ 2 & \lambda+1 \end{vmatrix}$

解　1) $\begin{vmatrix} 1 & 2 \\ 3 & 4 \end{vmatrix}=1\times 4-3\times 2=-2$

2) $\begin{vmatrix} \sin a & -\cos a \\ \cos a & \sin a \end{vmatrix}=\sin^2 a+\cos^2 a=1$

3) $\begin{vmatrix} \lambda-1 & -1 \\ 2 & \lambda+1 \end{vmatrix}=(\lambda-1)(\lambda+1)+2=\lambda^2+1$

例 11.2　用行列式解二元一次方程组 $\begin{cases} 2x-3y=5 \\ x+2y=3 \end{cases}$.

解　系数行列式

$$D=\begin{vmatrix} 2 & -3 \\ 1 & 2 \end{vmatrix}=7\neq 0$$

$$D_1=\begin{vmatrix} 5 & -3 \\ 3 & 2 \end{vmatrix}=19$$

$$D_2=\begin{vmatrix} 2 & 5 \\ 1 & 3 \end{vmatrix}=1$$

于是

$$\begin{cases} x=\dfrac{19}{7} \\ y=\dfrac{1}{7} \end{cases}$$

11.1.2 三阶行列式

类似的,为了方便表示三元一次方程组

$$\begin{cases} a_{11}x_1 + a_{12}x_2 + a_{13}x_3 = b_1 \\ a_{21}x_1 + a_{22}x_2 + a_{23}x_3 = b_2 \\ a_{31}x_1 + a_{32}x_2 + a_{33}x_3 = b_3 \end{cases}$$

的解,如下定义三阶行列式.

定义 2 记号

$$\begin{vmatrix} a_{11} & a_{12} & a_{13} \\ a_{21} & a_{22} & a_{23} \\ a_{31} & a_{32} & a_{33} \end{vmatrix}$$

表示代数和 $a_{11}a_{22}a_{33} + a_{21}a_{32}a_{13} + a_{31}a_{12}a_{23} - a_{31}a_{22}a_{13} - a_{32}a_{23}a_{11} - a_{33}a_{12}a_{21}$,称为**三阶行列式**. 其中,数 $a_{ij}(i,j=1,2,3)$ 称为行列式的第 i 行第 j 列的元素. 其中,从左上角到右下角的对角线称为**主对角线**;另一方向,从左下角到右上角的对角线称为**次对角线**. 行列式的值等于主对角线方向的 3 组元素乘积($a_{11}a_{22}a_{33}, a_{21}a_{32}a_{13}, a_{31}a_{12}a_{23}$)之和,减去次对角线方向的 3 组元素乘积($a_{31}a_{22}a_{13}, a_{32}a_{23}a_{11}, a_{33}a_{12}a_{21}$)之和,此法则称为行列式的**对角线展开法**.

可以证明,由三阶行列式的定义,当三元一次方程组的系数行列式 $D \neq 0$ 时,方程组的解可简洁地表示为

$$x_1 = \frac{D_1}{D}, x_2 = \frac{D_2}{D}, x_3 = \frac{D_3}{D}$$

其中,D 是三元一次方程组的系数行列式,D_1, D_2, D_3 是将系数行列式中的第一列、第二列、第三列分别换成三元一次方程组常数列 b_1, b_2, b_3 时得到的三阶行列式.

11.1.3 余子式和代数余子式

定义 3 在三阶行列式中,将元素 a_{ij} 所在的行与列上的元素划去,其余元素按照原来的相对位置构成的二阶行列式,称为元素 a_{ij} 的**余子式**,记作 M_{ij}.

代数余子式:元素 a_{ij} 的代数余子式

$$A_{ij} = (-1)^{i+j}M_{ij}$$

例如,三阶行列式 $\begin{vmatrix} 1 & 2 & 3 \\ 4 & 5 & 6 \\ 7 & 8 & 9 \end{vmatrix}$,元素 1 的余子式为

$$M_{11} = \begin{vmatrix} 5 & 6 \\ 8 & 9 \end{vmatrix},$$

其代数余子式为

$$A_{11} = (-1)^{1+1}\begin{vmatrix} 5 & 6 \\ 8 & 9 \end{vmatrix} = \begin{vmatrix} 5 & 6 \\ 8 & 9 \end{vmatrix}$$

元素 5 的余子式为

$$M_{22} = \begin{vmatrix} 1 & 3 \\ 7 & 9 \end{vmatrix}$$

其代数余子式为

$$A_{22}=(-1)^{2+2}\begin{vmatrix}1 & 3\\7 & 9\end{vmatrix}=\begin{vmatrix}1 & 3\\7 & 9\end{vmatrix}$$

根据余子式和代数余子式的定义,可以证明三阶行列式的值等于任意一行各元素与其代数余子式的乘积之和,即三阶行列式可以表示为

$$D=\begin{vmatrix}a_{11} & a_{12} & a_{13}\\a_{21} & a_{22} & a_{23}\\a_{31} & a_{32} & a_{33}\end{vmatrix}=\sum_{j=1}^{3}a_{ij}A_{ij}\quad(i=1,2,3)$$

于是它的值可通过这种方法转化为二阶行列式进行计算.

例 11.3 计算下列各行列式:

1) $D=\begin{vmatrix}1 & 4 & 0\\0 & 2 & 1\\3 & -1 & 2\end{vmatrix}$　　2) $A=\begin{vmatrix}1 & 2 & 3\\4 & 5 & 6\\7 & 8 & 9\end{vmatrix}$

解 1)按第一行展开

$$D=1\begin{vmatrix}2 & 1\\-1 & 2\end{vmatrix}-4\begin{vmatrix}0 & 1\\3 & 2\end{vmatrix}+0\begin{vmatrix}0 & 2\\3 & -1\end{vmatrix}=5+12=17$$

2)用对角线展开法

$$A=1\times5\times9+4\times8\times3+7\times6\times2-7\times5\times3-8\times6\times1-9\times2\times4=0$$

例 11.4 利用行列式求方程组的解 $\begin{cases}x_1+2x_2-x_3=3\\2x_1-x_2+3x_3=5.\\4x_1+x_2+x_3=6\end{cases}$

解 因为

$$D=\begin{vmatrix}1 & 2 & -1\\2 & -1 & 3\\4 & 1 & 1\end{vmatrix}=10\qquad D_1=\begin{vmatrix}3 & 2 & -1\\5 & -1 & 3\\6 & 1 & 1\end{vmatrix}=3$$

$$D_2=\begin{vmatrix}1 & 3 & -1\\2 & 5 & 3\\4 & 6 & 1\end{vmatrix}=25\qquad D_3=\begin{vmatrix}1 & 2 & 3\\2 & -1 & 5\\4 & 1 & 6\end{vmatrix}=23$$

于是

$$x_1=\frac{D_1}{D}=\frac{3}{10},x_2=\frac{D_2}{D}=\frac{25}{10},x_3=\frac{D_3}{D}=\frac{23}{10}$$

习题 11.1

1. 计算下列行列式:

(1) $\begin{vmatrix}1 & 2\\3 & 4\end{vmatrix}$　(2) $\begin{vmatrix}a & b\\c & d\end{vmatrix}$　(3) $\begin{vmatrix}\sin\alpha & \cos\alpha\\\sin\beta & \cos\beta\end{vmatrix}$　(4) $\begin{vmatrix}2 & 4 & -5\\1 & 5 & -1\\2 & 3 & 6\end{vmatrix}$

(5) $\begin{vmatrix} 3 & 2 & 1 \\ 2 & 3 & 2 \\ 1 & 2 & 3 \end{vmatrix}$ (6) $\begin{vmatrix} 1 & 2 & 3 \\ 2 & 3 & 0 \\ 3 & 0 & 0 \end{vmatrix}$ (7) $\begin{vmatrix} a & b & 0 \\ c & 0 & a \\ 0 & c & a \end{vmatrix}$ (8) $\begin{vmatrix} 2 & 0 & 2\sin\alpha \\ 0 & 2 & 0 \\ 2\sin\alpha & 0 & 2 \end{vmatrix}$

2. 证明 $\begin{vmatrix} a & b \\ c & d \end{vmatrix} = \begin{vmatrix} a & b \\ c+ka & d+kb \end{vmatrix}$.

3. 用行列式求解下列方程组.

(1) $\begin{cases} 2x+3y=5 \\ 3x+2y=6 \end{cases}$ (2) $\begin{cases} 6I_1-2I_2-12=0 \\ -2I_1+8I_2+6=0 \end{cases}$

(3) $\begin{cases} \dfrac{2}{3}x_1+\dfrac{1}{5}x_2=6 \\ \dfrac{1}{6}x_1-\dfrac{1}{2}x_2=-4 \end{cases}$ (4) $\begin{cases} x-3y=9k \\ 2x-y=8k \end{cases}$

4. 求下列各式中的 x 值:

(1) $\begin{vmatrix} x^3 & 4 & -9 \\ x & 2 & 3 \\ 1 & 1 & 1 \end{vmatrix}=0$ (2) $\begin{vmatrix} x-1 & -2 & -3 \\ -2 & x-1 & -3 \\ -3 & -3 & x-6 \end{vmatrix}=0$

11.2 n 阶行列式

11.2.1 n 阶行列式的定义

定义 4 设 $n-1$ 阶行列式已经定义,规定 n 阶行列式为

$$D=\begin{vmatrix} a_{11} & a_{12} & \cdots & a_{1n} \\ a_{21} & a_{22} & \cdots & a_{2n} \\ \vdots & \vdots & & \vdots \\ a_{n1} & a_{n2} & \cdots & a_{nn} \end{vmatrix}$$

其代数和等于

$$a_{11}\begin{vmatrix} a_{22} & a_{23}\cdots & a_{2n} \\ a_{32} & a_{33}\cdots & a_{3n} \\ \vdots & \vdots & \vdots \\ a_{n2} & a_{n3}\cdots & a_{nn} \end{vmatrix}-a_{12}\begin{vmatrix} a_{21} & a_{23}\cdots & a_{2n} \\ a_{31} & a_{33}\cdots & a_{3n} \\ \vdots & \vdots & \vdots \\ a_{n1} & a_{n3}\cdots & a_{nn} \end{vmatrix}+\cdots+(-1)^{1+n}a_{1n}\begin{vmatrix} a_{21} & a_{22}\cdots & a_{2,n-1} \\ a_{31} & a_{32}\cdots & a_{3,n-1} \\ \vdots & \vdots & \vdots \\ a_{n1} & a_{n2}\cdots & a_{n,n-1} \end{vmatrix}$$

其中,$a_{ij}(i,j=1,2,\cdots,n)$称为 n 阶行列式第 i 行第 j 列的**元素**,在行列式中从左上角到右下角的对角线称为**主对角线**,从右上角到左下角的对角线称为**次对角线**,位于主对角线上的元素称为**主对角元**.

11.2.2 行列式代数余子式及计算

在 n 阶行列式中,将元素 a_{ij}所在的行与列上的元素划去,其余元素按照原来的相对位置

构成的 $n-1$ 阶行列式，称为元素 a_{ij} 的**余子式**，记作 M_{ij}. 而将 $(-1)^{i+j}M_{ij}$ 称为元素 a_{ij} 的**代数余子式**，即

$$A_{ij}=(-1)^{i+j}M_{ij}$$

定理1　设 $n-1$ 阶行列式已定义，则 n 阶行列式 D 可按行列式的任意一行展开，即

$$D=a_{i1}A_{i1}+a_{i1}A_{i2}+\cdots+a_{in}A_{in}=\sum_{j=1}^{n}a_{ij}A_{ij}$$

其中，$A_{ij}=(-1)^{i+j}M_{ij}(i,j=1,2,\cdots,n)$ 为元素 a_{ij} 的代数余子式(证明略).

由此可知，在计算行列式时，若某一行的大部分元素均为零，则可极大地简化行列式的计算. 因此，下面介绍行列式的性质.

11.2.3　行列式的性质

对于三阶及三阶以上行列式的值计算，是比较复杂的，若用定义来计算，计算量非常大. 因此，先引入行列式的性质.

定义5　如果将行列式 D 的行与列按照原来的顺序互换，则得到的新的行列式称为 D 的转置行列式，记作 D^{T}，即

$$D=\begin{vmatrix}a_{11}&a_{12}&\cdots&a_{1n}\\a_{21}&a_{22}&\cdots&a_{2n}\\\vdots&\vdots&&\vdots\\a_{n1}&a_{n2}&\cdots&a_{nn}\end{vmatrix}$$

则

$$D^{T}=\begin{vmatrix}a_{11}&a_{21}&\cdots&a_{n1}\\a_{12}&a_{22}&\cdots&a_{n2}\\\vdots&\vdots&&\vdots\\a_{1n}&a_{2n}&\cdots&a_{nn}\end{vmatrix}$$

性质1　行列式的值 D 与其转置行列式的值 D^{T} 相等，即

$$\begin{vmatrix}a_{11}&a_{12}&\cdots&a_{1n}\\a_{21}&a_{22}&\cdots&a_{2n}\\\vdots&\vdots&&\vdots\\a_{n1}&a_{n2}&\cdots&a_{nn}\end{vmatrix}=\begin{vmatrix}a_{11}&a_{21}&\cdots&a_{n1}\\a_{12}&a_{22}&\cdots&a_{n2}\\\vdots&\vdots&&\vdots\\a_{1n}&a_{2n}&\cdots&a_{nn}\end{vmatrix}$$

注：此性质表明，对于行列式的行成立的性质，对列同样成立.

例11.5　证明行列式 $\begin{vmatrix}a_{11}&0&\cdots&0\\a_{21}&a_{22}&\cdots&0\\\vdots&\vdots&&\vdots\\a_{n1}&a_{n2}&\cdots&a_{nn}\end{vmatrix}=a_{11}a_{22}\cdots a_{nn}$

证　此行列式的主对角线以上均为零，称为下三角行列式. 由定理1，按第一列展开；再将得到的行列式按第一行展开，以此类推，即

$$\begin{vmatrix} a_{11} & 0 & \cdots & 0 \\ a_{21} & a_{22} & \cdots & 0 \\ \vdots & \vdots & & \vdots \\ a_{n1} & a_{n2} & \cdots & a_{nn} \end{vmatrix} = a_{11}\begin{vmatrix} a_{22} & 0 & \cdots & 0 \\ a_{32} & a_{33} & \cdots & 0 \\ \vdots & \vdots & & \vdots \\ a_{n2} & a_{n3} & \cdots & a_{nn} \end{vmatrix} = \cdots = a_{11}a_{22}\cdots a_{nn}$$

显然,由性质上三角行列式

$$\begin{vmatrix} a_{11} & a_{12} & \cdots & a_{1n} \\ 0 & a_{22} & \cdots & a_{2n} \\ \vdots & \vdots & & \vdots \\ 0 & 0 & \cdots & a_{nn} \end{vmatrix}$$

的值也等于 $a_{11}a_{22}\cdots a_{nn}$.

性质 2 行列式的任意两行(或列)互换,行列式改变符号,即

$$\begin{vmatrix} a_{11} & a_{12} & \cdots & a_{1n} \\ \vdots & \vdots & & \vdots \\ a_{i1} & a_{i2} & \cdots & a_{in} \\ \vdots & \vdots & & \vdots \\ a_{j1} & a_{j2} & \cdots & a_{jn} \\ \vdots & \vdots & & \vdots \\ a_{n1} & a_{n2} & \cdots & a_{nn} \end{vmatrix} = -\begin{vmatrix} a_{11} & a_{12} & \cdots & a_{1n} \\ \vdots & \vdots & & \vdots \\ a_{j1} & a_{j2} & \cdots & a_{jn} \\ \vdots & \vdots & & \vdots \\ a_{i1} & a_{i2} & \cdots & a_{in} \\ \vdots & \vdots & & \vdots \\ a_{n1} & a_{n2} & \cdots & a_{nn} \end{vmatrix} \text{(第 } i \text{ 行和第 } j \text{ 行互换)}$$

性质 3 行列式的任意两行(或列)对应元素相同,则行列式的值为零.

$$\begin{vmatrix} a_{11} & a_{12} & \cdots & a_{1n} \\ \vdots & \vdots & & \vdots \\ a_{11} & a_{12} & \cdots & a_{1n} \\ \vdots & \vdots & & \vdots \\ a_{j1} & a_{j2} & \cdots & a_{jn} \\ \vdots & \vdots & & \vdots \\ a_{n1} & a_{n2} & \cdots & a_{nn} \end{vmatrix} = 0$$

性质 4 行列式中的某行(或列)元素有公因子时,可把公因子提到行列式符号的外面,即

$$\begin{vmatrix} a_{11} & a_{12} & \cdots & a_{1n} \\ \vdots & \vdots & & \vdots \\ ka_{i1} & ka_{i2} & \cdots & ka_{in} \\ \vdots & \vdots & & \vdots \\ a_{j1} & a_{j2} & \cdots & a_{jn} \\ \vdots & \vdots & & \vdots \\ a_{n1} & a_{n2} & \cdots & a_{nn} \end{vmatrix} = k\begin{vmatrix} a_{11} & a_{12} & \cdots & a_{1n} \\ \vdots & \vdots & & \vdots \\ a_{i1} & a_{i2} & \cdots & a_{in} \\ \vdots & \vdots & & \vdots \\ a_{j1} & a_{j2} & \cdots & a_{jn} \\ \vdots & \vdots & & \vdots \\ a_{n1} & a_{n2} & \cdots & a_{nn} \end{vmatrix}$$

推论 1 若行列式有一行(或列)元素均为零,则此行列式的值为零.

推论 2 若行列式的任意两行(或两列)对应元素成比例,则此行列式的值为零.

性质 5 行列式的某一行是两组数的和,则此行列式等于两个行列式的和,而这两个行列

式的这一行分别是这两组数中的一组数,这一行之外的元素与原行列式的相应元素一样,即

$$\begin{vmatrix} a_{11} & a_{12} & \cdots & a_{1n} \\ \vdots & \vdots & & \vdots \\ a_{i1}+b_{i1} & a_{i2}+b_{i2} & \cdots & a_{in}+b_{in} \\ \vdots & \vdots & & \vdots \\ a_{n1} & a_{n2} & \cdots & a_{nn} \end{vmatrix} = \begin{vmatrix} a_{11} & a_{12} & \cdots & a_{1n} \\ \vdots & \vdots & & \vdots \\ a_{i1} & a_{i2} & \cdots & a_{in} \\ \vdots & \vdots & & \vdots \\ a_{n1} & a_{n2} & \cdots & a_{nn} \end{vmatrix} + \begin{vmatrix} a_{11} & a_{12} & \cdots & a_{1n} \\ \vdots & \vdots & & \vdots \\ b_{i1} & b_{i2} & \cdots & b_{in} \\ \vdots & \vdots & & \vdots \\ b_{n1} & b_{n2} & \cdots & b_{nn} \end{vmatrix}$$

例如

$$\begin{vmatrix} a & b \\ c+ka & d+kb \end{vmatrix} = \begin{vmatrix} a & b \\ c & d \end{vmatrix} + \begin{vmatrix} a & b \\ ka & kb \end{vmatrix}$$

性质 6　行列式的某一行的各元素加上另一行对应元素的 K 倍,行列式的值不变,即

$$\begin{vmatrix} a_{11} & a_{12} & \cdots & a_{1n} \\ \vdots & \vdots & & \vdots \\ a_{i1} & a_{i2} & \cdots & a_{in} \\ \vdots & \vdots & & \vdots \\ ka_{i1}+a_{j1} & ka_{i2}+a_{j2} & \cdots & ka_{in}+a_{jn} \\ \vdots & \vdots & & \vdots \\ a_{n1} & a_{n2} & \cdots & a_{nn} \end{vmatrix} = \begin{vmatrix} a_{11} & a_{12} & \cdots & a_{1n} \\ \vdots & \vdots & & \vdots \\ a_{i1} & a_{i2} & \cdots & a_{in} \\ \vdots & \vdots & & \vdots \\ a_{j1} & a_{j2} & \cdots & a_{jn} \\ \vdots & \vdots & & \vdots \\ a_{n1} & a_{n2} & \cdots & a_{nn} \end{vmatrix}$$

注:性质 6 在行列式的计算中起着重要的作用,逐项选择合适的 k,运用该性质,可使行列式中的某些项为零,以减少行列式计算过程中的计算次数. 若 $k=1$,就是指行列式的某一行的元素加上另一行的对应元素;若 $k=-1$,就是指行列式的某一行的元素减去另一行的对应元素.

例 11.6　计算

$$D = \begin{vmatrix} -1 & 2 & 3 & 4 \\ 1 & 3 & -2 & 3 \\ 2 & 1 & 1 & 3 \\ -2 & 2 & 1 & 3 \end{vmatrix}$$

解　显然,要计算此行列式,若按某一行展开进行计算,就有 4 个三阶行列式需要计算,计算量较大;若是某一行(或列)的元素大部分为 0,则可大大简化计算. 下面运用性质来进行化简,然后再进行计算.

①将第一行的元素加到第二行上,使第二行的第一个元素变为 0;再将第一行的元素乘以 2 加到第三行,使第三行的第一个元素变为 0;再将第一行的元素乘以 −2 加到第三行,使第四行的第一个元素变为 0. 即

$$\begin{vmatrix} -1 & 2 & 3 & 4 \\ 1 & -1 & -2 & 3 \\ 2 & 1 & 1 & 3 \\ -2 & 2 & 1 & 3 \end{vmatrix} \xlongequal[r_4-2r_1]{\substack{r_2+r_1 \\ r_3+2r_1}} \begin{vmatrix} -1 & 2 & 3 & 4 \\ 0 & 1 & 1 & 7 \\ 0 & 5 & 7 & 11 \\ 0 & -2 & -5 & -5 \end{vmatrix}$$

②将第二行的元素乘以 −5 加到第三行上,使第三行的第二个元素变为 0;再将第二行的元素乘以 2 加到第四行,使第四行的第二个元素变为 0. 再由性质,将第三行提出 2,将第四行

提出 -3. 即

$$\begin{vmatrix} -1 & 2 & 3 & 4 \\ 0 & 1 & 1 & 7 \\ 0 & 5 & 7 & 11 \\ 0 & -2 & -5 & -5 \end{vmatrix} = \begin{vmatrix} -1 & 2 & 3 & 4 \\ 0 & 1 & 1 & 7 \\ 0 & 0 & 2 & -24 \\ 0 & 0 & -3 & 9 \end{vmatrix} = 2(-3)\begin{vmatrix} -1 & 2 & 3 & 4 \\ 0 & 1 & 1 & 7 \\ 0 & 0 & 1 & -12 \\ 0 & 0 & 1 & -3 \end{vmatrix}$$

③将第三行乘以 -1 加到第四行，则行列式变成一个上三角行列式，由例 11.5 即得结果

$$2(-3)\begin{vmatrix} -1 & 2 & 3 & 4 \\ 0 & 1 & 1 & 7 \\ 0 & 0 & 1 & -12 \\ 0 & 0 & 1 & -3 \end{vmatrix} = -6\begin{vmatrix} -1 & 2 & 3 & 4 \\ 0 & 1 & 1 & 7 \\ 0 & 0 & 1 & -12 \\ 0 & 0 & 0 & 9 \end{vmatrix} = -6\times(-1)\times1\times1\times9 = 54$$

性质 7 行列式的某一行的各元素与另一行元素的代数余子式乘积之和为零，即

$$a_{j1}A_{i1} + a_{j2}A_{i2} + \cdots + a_{jn}A_{in} = 0 \quad (i, j = 1, 2, \cdots, n, i \neq j)$$

11.2.4 行列式的计算

对于行列式的计算，要充分使用行列式的性质，使行列式的某一些值为零或有规律，以方便计算.

例 11.7 计算

$$D = \begin{vmatrix} 1 & -5 & 3 & -3 \\ 2 & 0 & 1 & -1 \\ 3 & 1 & -1 & 2 \\ 4 & 1 & 3 & -1 \end{vmatrix}$$

解

$$D = \begin{vmatrix} 1 & -5 & 3 & -3 \\ 0 & 10 & -5 & 5 \\ 0 & 16 & -10 & 11 \\ 0 & 21 & -9 & 11 \end{vmatrix} = 5\begin{vmatrix} 1 & -5 & 3 & -3 \\ 0 & 2 & -1 & 1 \\ 0 & 0 & -2 & 3 \\ 0 & 1 & 1 & 1 \end{vmatrix}$$

$$= (-5)\begin{vmatrix} 1 & -5 & 3 & -3 \\ 0 & 1 & 1 & 1 \\ 0 & 0 & -2 & 3 \\ 0 & 2 & -1 & 1 \end{vmatrix}$$

$$= (-5)\begin{vmatrix} 1 & -5 & 3 & -3 \\ 0 & 1 & 1 & 1 \\ 0 & 0 & -2 & 3 \\ 0 & 0 & -3 & -1 \end{vmatrix}$$

$$= (-5)\begin{vmatrix} 1 & -5 & 3 & -3 \\ 0 & 1 & 1 & 1 \\ 0 & 0 & -2 & 3 \\ 0 & 0 & 0 & -\frac{11}{2} \end{vmatrix} = -55$$

11.2.5　Cramer 法则

定理2　若线性方程组

$$\begin{cases} a_{11}x_1 + a_{12}x_2 + \cdots + a_{1n}x_n = b_1 \\ a_{21}x_1 + a_{22}x_2 + \cdots + a_{2n}x_n = b_2 \\ \qquad\qquad\vdots \\ a_{n1}x_1 + a_{n2}x_2 + \cdots + a_{nn}x_n = b_n \end{cases} \tag{1}$$

的系数行列式 $D \neq 0$，则

$$D_1 = \begin{vmatrix} b_1 & a_{12} & \cdots & a_{1n} \\ b_2 & a_{22} & \cdots & a_{2n} \\ \vdots & \vdots & & \vdots \\ b_n & a_{n2} & \cdots & a_{nn} \end{vmatrix} \quad D_2 = \begin{vmatrix} a_{11} & b_1 & \cdots & a_{1n} \\ a_{21} & b_2 & \cdots & a_{2n} \\ \vdots & \vdots & & \vdots \\ a_{n1} & b_n & \cdots & a_{nn} \end{vmatrix}, \cdots, D_n = \begin{vmatrix} a_{11} & a_{12} & \cdots & b_1 \\ a_{21} & a_{22} & \cdots & b_2 \\ \vdots & \vdots & & \vdots \\ a_{n1} & a_{n2} & \cdots & b_n \end{vmatrix}$$

则方程组存在唯一解

$$x_i = \frac{D_i}{D} \quad (i = 1, 2, \cdots, n)$$

例 11.8　解线性方程组

$$\begin{cases} x_1 + x_2 - x_3 - x_4 = 1 \\ 2x_1 + x_2 - x_3 + x_4 = 0 \\ 3x_1 + 2x_2 + x_3 + x_4 = 5 \\ x_1 - x_2 + x_3 + 2x_4 = 0 \end{cases}$$

解　由定理可知

$$D = \begin{vmatrix} 1 & 1 & -1 & -1 \\ 2 & 1 & -1 & 1 \\ 3 & 2 & 1 & 5 \\ 1 & -1 & 1 & 2 \end{vmatrix} = 3, \quad D_1 = \begin{vmatrix} 1 & 1 & -1 & -1 \\ 0 & 1 & -1 & 1 \\ 5 & 2 & 1 & 5 \\ 0 & -1 & 1 & 2 \end{vmatrix} = 9$$

$$D_2 = \begin{vmatrix} 1 & 1 & -1 & -1 \\ 2 & 0 & -1 & 1 \\ 3 & 5 & 1 & 5 \\ 1 & 0 & 1 & 2 \end{vmatrix} = 18, \quad D_3 = \begin{vmatrix} 1 & 1 & 1 & -1 \\ 2 & 1 & 0 & 1 \\ 3 & 2 & 5 & 5 \\ 1 & -1 & 0 & 2 \end{vmatrix} = -27,$$

$$D_4 = \begin{vmatrix} 1 & 1 & -1 & 1 \\ 2 & 1 & -1 & 0 \\ 3 & 2 & 1 & 5 \\ 1 & -1 & 1 & 0 \end{vmatrix} = 9$$

由 Cramer 法则得到线性方程组的解，即

$$x_1 = 3, x_2 = 6, x_3 = -9, x_4 = 3$$

下面考虑 n 元线性方程组对应的齐次方程组的解.

齐次方程组

$$\begin{cases} a_{11}x_1 + a_{12}x_2 + \cdots + a_{1n}x_n = 0 \\ a_{21}x_1 + a_{22}x_2 + \cdots + a_{2n}x_n = 0 \\ \vdots \\ a_{n1}x_1 + a_{n2}x_2 + \cdots + a_{nn}x_n = 0 \end{cases} \quad (2)$$

由 Cramer 法则，若齐次方程组(2)中 $D \neq 0$，但 $D_i = 0(i=1,2,\cdots,n)$，则得到线性方程组的解，即

$$x_i = 0 \quad (i=1,2,\cdots,n)$$

因此，有下面的定理.

定理 3 若 $D \neq 0$，则齐次方程组只有零解.

推论 齐次方程组有非零解 $\Rightarrow D = 0$.

即如果齐次线性方程组有非零解，则它的系数行列式 D 必为零.

例 11.9 已知 $\begin{cases} \lambda x_1 + x_2 + x_3 = 0 \\ x_1 + \lambda x_2 + x_3 = 0 \\ x_1 + x_2 + \lambda x_3 = 0 \end{cases}$，试求 λ 为何值时方程组有非零解？

解 $D = \begin{vmatrix} \lambda & 1 & 1 \\ 1 & \lambda & 1 \\ 1 & 1 & \lambda \end{vmatrix} = (\lambda+2)(\lambda-1)^2 = 0$

故 $\lambda = 1$ 或 $\lambda = -2$.

习题 11.2

1. 计算下列行列式的值：

(1) $\begin{vmatrix} 1 & 3 & 0 \\ 4 & 2 & 4 \\ 0 & 3 & 3 \end{vmatrix}$ (2) $\begin{vmatrix} 1 & 2 & 3 & 4 \\ 2 & 3 & 4 & 1 \\ 3 & 4 & 1 & 2 \\ 4 & 1 & 2 & 3 \end{vmatrix}$ (3) $\begin{vmatrix} -1 & 5 & 1 \\ 2 & 3 & 3 \\ 201 & 295 & 97 \end{vmatrix}$

2. 求方程 $\begin{vmatrix} 1 & x & 1 & 0 \\ x & 1 & 0 & 1 \\ 0 & 1 & x & 1 \\ 1 & 0 & 1 & x \end{vmatrix} = 0$.

3. 用克莱姆法则解下列各方程组：

(1) $\begin{cases} x_1 + x_2 + x_3 = 1 \\ x_1 + 2x_2 + x_3 = 2 \\ x_1 + x_2 + 3x_3 = 4 \end{cases}$

(2) $\begin{cases} x_1 + x_2 + 2x_3 + 3x_4 = 21 \\ 3x_1 + x_2 - x_3 - 2x_4 = -6 \\ 2x_1 - 3x_2 - x_3 - x_4 = -11 \\ x_1 - 2x_2 + 3x_3 - x_4 = 10 \end{cases}$

(3) $\begin{cases} x_1 + 2x_2 + 3x_3 + 4x_4 = 2 \\ 4x_1 + x_2 + 2x_3 + 3x_4 = 2 \\ 3x_1 + 4x_2 + x_3 + 2x_4 = 2 \\ 2x_1 + 3x_2 + 4x_3 + x_4 = 2 \end{cases}$

11.3 矩阵的概念及运算

矩阵是数学的重要内容之一,是非常重要的数学工具.运用矩阵可使许多数量方法得以简化,解决过程中的实际问题.本节介绍有关矩阵的概念和运算.

11.3.1 矩阵的概念

引例 11.1 某城市有4个水厂向Ⅰ,Ⅱ,Ⅲ 3个区域供水,每个水厂每月向各区域的供水量(单位:万 t)见表11.1.

表 11.1

区域 水厂	Ⅰ	Ⅱ	Ⅲ
第一水厂	10	15	20
第二水厂	20	12	30
第三水厂	50	60	45
第四水厂	30	35	20

为了简便,可将表11.1写成一个四行三列的数表来表示,即

$$\begin{pmatrix} 10 & 15 & 20 \\ 20 & 12 & 30 \\ 50 & 60 & 45 \\ 30 & 35 & 20 \end{pmatrix}$$

这种按一定次序排列的矩形数表,就称为矩阵.

引例 11.2 n 元线性方程组

$$\begin{cases} a_{11}x_1 + a_{12}x_2 + \cdots + a_{1n}x_n = b_1 \\ a_{21}x_1 + a_{22}x_2 + \cdots + a_{2n}x_n = b_2 \\ \qquad \vdots \\ a_{m1}x_1 + a_{m2}x_2 + \cdots + a_{mn}x_n = b_m \end{cases}$$

的系数按照其在方程组中的顺序排成一个矩形数表

$$\begin{pmatrix} a_{11} & a_{12} & \cdots & a_{1m} \\ a_{21} & a_{22} & \cdots & a_{2m} \\ \vdots & \vdots & & \vdots \\ a_{n1} & a_{n2} & \cdots & a_{nm} \end{pmatrix}$$

这就是矩阵.

定义6　a_{ij}由 n 行 m 列元素构成的矩形数表,用大元括弧或方括弧括起来,称为 $n\times m$ **矩阵**,即

$$\boldsymbol{A}=\begin{pmatrix} a_{11} & a_{12} & \cdots & a_{1m} \\ a_{21} & a_{22} & \cdots & a_{2m} \\ \vdots & \vdots & & \vdots \\ a_{n1} & a_{n2} & \cdots & a_{nm} \end{pmatrix} \quad 或 \quad \begin{bmatrix} a_{11} & a_{12} & \cdots & a_{1m} \\ a_{21} & a_{22} & \cdots & a_{2m} \\ \vdots & \vdots & & \vdots \\ a_{n1} & a_{n2} & \cdots & a_{nm} \end{bmatrix}$$

其中,n 和 m 可以相同,也可不同. 它不同于行列式,行列式是一个数值或多项式,矩阵是一个矩形数表,一般用大写字母 A,B,C 来表示. 例如,简记为 $\boldsymbol{A}=(a_{ij})_{m\times n}$. $a_{ij}(i=1,2,\cdots,n;j=1,2,\cdots,m)$称为矩阵第 i 行第 j 列的元素. i,j 分别称为矩阵的行标和列标.

一些特殊的矩阵如下:

①当 $m=n$ 时称 A 为 **n 阶方阵**,或 n 阶矩阵$\begin{pmatrix} a_{11} & a_{12} & \cdots & a_{1n} \\ a_{21} & a_{22} & \cdots & a_{2n} \\ \vdots & \vdots & & \vdots \\ a_{n1} & a_{n2} & \cdots & a_{nn} \end{pmatrix}$.

在矩阵中从左上角到右下角的对角线称为**主对角线**,从右上角到左下角的对角线称为**次对角线**,位于主对角线上的元素称为**主对角元**.

②**零矩阵**:所有元素都是 0 的矩阵,即

$$\begin{pmatrix} 0 & \cdots & 0 \\ \vdots & & \vdots \\ 0 & \cdots & 0 \end{pmatrix}_{m\times n}$$

③主对角线上的元素均为 1,而其余位置的元素均为 0 的方阵称为**单位矩阵**,即

$$\begin{pmatrix} 1 & 0 & \cdots & 0 \\ 0 & 1 & \cdots & 0 \\ \vdots & \vdots & & \vdots \\ 0 & 0 & \cdots & 1 \end{pmatrix}=\boldsymbol{E}_n$$

例如,$\begin{pmatrix} 1 & 0 \\ 0 & 1 \end{pmatrix}$,$\begin{pmatrix} 1 & 0 & 0 \\ 0 & 1 & 0 \\ 0 & 0 & 1 \end{pmatrix}$就称为二阶、三阶单位矩阵.

④只有一列的矩阵称为**列矩阵**,即

$$\begin{pmatrix} a_{11} \\ \vdots \\ a_{n1} \end{pmatrix}$$

⑤只有一行的矩阵称为**行矩阵**,即

$$(a_{11} \quad \cdots \quad a_{1n})$$

⑥非零元素只出现在主对角线上的方阵称为**对角矩阵**,即

$$A = \begin{pmatrix} a_{11} & 0 & \cdots & 0 \\ 0 & a_{22} & \cdots & 0 \\ \vdots & \vdots & & \vdots \\ 0 & 0 & \cdots & a_{nn} \end{pmatrix}$$

⑦三角方阵:主对角线一侧的所有元素都为零的方阵.

当主对角线下的元素均为零时,矩阵称为**上三角矩阵 $\boldsymbol{A}$**;当主对角线下的元素均为零时,矩阵称为**下三角矩阵 $\boldsymbol{B}$**.

$$\boldsymbol{A} = \begin{pmatrix} a_{11} & a_{12} & \cdots & a_{1n} \\ 0 & a_{22} & \cdots & a_{2n} \\ \vdots & \vdots & & \vdots \\ 0 & 0 & \cdots & a_{nn} \end{pmatrix}, \quad \boldsymbol{B} = \begin{pmatrix} a_{11} & 0 & \cdots & 0 \\ a_{21} & a_{22} & \cdots & 0 \\ \vdots & \vdots & & \vdots \\ a_{n1} & a_{n2} & \cdots & a_{nn} \end{pmatrix}$$

定义7　如果两个矩阵 $\boldsymbol{A}=(a_{ij})_{m\times n}$,$\boldsymbol{B}=(b_{ij})_{m\times n}$的对应元素都相等,则称矩阵 $\boldsymbol{A}$ 与 $\boldsymbol{B}$ 相等,记作 $\boldsymbol{A}=\boldsymbol{B}$. 即如果有 $a_{ij}=b_{ij}(i=1,2,\cdots,m,j=1,2,\cdots,n)$,那么

$$\boldsymbol{A}=\boldsymbol{B}$$

例11.10　设矩阵 $\boldsymbol{A}=\begin{pmatrix} a-b & 1 \\ 2 & b \end{pmatrix}$,　$\boldsymbol{B}=\begin{pmatrix} b & 1 \\ 2 & 3 \end{pmatrix}$且 $\boldsymbol{A}=\boldsymbol{B}$,求 a,b 的值.

解　因为 $\boldsymbol{A}=\begin{pmatrix} a-b & 1 \\ 2 & b \end{pmatrix}$,　$\boldsymbol{B}=\begin{pmatrix} b & 1 \\ 2 & 3 \end{pmatrix}$,且 $\boldsymbol{A}=\boldsymbol{B}$,由矩阵相等定义

$$\begin{cases} a-b=b \\ b=3 \end{cases}$$

解得

$$a=6,b=3$$

11.3.2　矩阵的基本运算

(1)矩阵的基本运算

下面介绍矩阵的基本运算.

定义8　若两个矩阵的行数、列数分别相等,则称这两个矩阵是同阶矩阵.

定义9　设 $A=(a_{ij})_{m\times n}$,$B=(b_{ij})_{m\times n}$,则矩阵的代数和为

$$(a_{ij})_{m\times n} \pm (b_{ij})_{m\times n} = (a_{ij} \pm b_{ij})_{m\times n}$$

即两个矩阵相加,由两个矩阵对应位置上的元素的和构成的矩阵称为两个矩阵的和记作 $\boldsymbol{A}+\boldsymbol{B}$;同理,由两个矩阵对应位置上的元素的差构成的矩阵称为两个矩阵的差,记作 $\boldsymbol{A}-\boldsymbol{B}$.

设 $\boldsymbol{A},\boldsymbol{B},\boldsymbol{C},\boldsymbol{O}$ 都是 $m\times n$ 阶矩阵,k,l 为常数,由定义,容易验证矩阵的加法满足以下运算律:

①交换律

$$A+B=B+A$$

②结合律

$$(A+B)+C=A+(B+C)$$

例 11.11 设矩阵 $\boldsymbol{A}=\begin{pmatrix}3 & 5 & 7\\2 & -3 & 0\end{pmatrix}$,$\boldsymbol{B}=\begin{pmatrix}3 & 2 & -2\\5 & 6 & 7\end{pmatrix}$,求 $\boldsymbol{A}+\boldsymbol{B}$,$\boldsymbol{A}-\boldsymbol{B}$.

解 由加法的定义得

$$\boldsymbol{A}+\boldsymbol{B}=\begin{pmatrix}3 & 5 & 7\\2 & -3 & 0\end{pmatrix}+\begin{pmatrix}3 & 2 & -2\\5 & 6 & 7\end{pmatrix}=\begin{pmatrix}6 & 7 & 5\\7 & 3 & 7\end{pmatrix}$$

$$\boldsymbol{A}-\boldsymbol{B}=\begin{pmatrix}3 & 5 & 7\\2 & -3 & 0\end{pmatrix}-\begin{pmatrix}3 & 2 & -2\\5 & 6 & 7\end{pmatrix}=\begin{pmatrix}0 & 3 & 9\\-3 & -9 & -7\end{pmatrix}$$

(2)矩阵的数乘

定义 10 设 k 为任意实数,$\boldsymbol{A}=(a_{ij})_{m\times n}$,用 k 乘以矩阵的每一个元素,即

$$k\boldsymbol{A}=k(a_{ij})=(ka_{ij})$$

得到的矩阵(ka_{ij})称为 k 与矩阵的数乘.

特别的,当 $k=-1$ 时,$k\boldsymbol{A}=-\boldsymbol{A}$,即得到 $\boldsymbol{A}$ 的负矩阵.

容易验证,数与矩阵的乘法满足以下运算律:

①数与矩阵的结合律

$$(kl)\boldsymbol{A}=k(l\boldsymbol{A})$$

②矩阵对数的分配律

$$(k+l)\boldsymbol{A}=k\boldsymbol{A}+l\boldsymbol{A}$$

③数对矩阵的分配律

$$k(\boldsymbol{A}+\boldsymbol{B})=k\boldsymbol{A}+k\boldsymbol{B}$$

例 11.12 设矩阵 $\boldsymbol{A}=\begin{pmatrix}3 & 5 & 7\\2 & -3 & 0\end{pmatrix}$,$\boldsymbol{B}=\begin{pmatrix}3 & 2 & -2\\5 & 6 & 7\end{pmatrix}$,求 $2\boldsymbol{A}-\boldsymbol{B}$ 的值.

解
$$2\boldsymbol{A}-\boldsymbol{B}=2\begin{pmatrix}3 & 5 & 7\\2 & -3 & 0\end{pmatrix}-\begin{pmatrix}3 & 2 & -2\\5 & 6 & 7\end{pmatrix}$$

$$=\begin{pmatrix}6 & 10 & 14\\4 & -6 & 0\end{pmatrix}-\begin{pmatrix}3 & 2 & -2\\5 & 6 & 7\end{pmatrix}=\begin{pmatrix}3 & 8 & 16\\-1 & 0 & -7\end{pmatrix}$$

例 11.13 设矩阵 $\boldsymbol{A}=\begin{pmatrix}1 & -2 & 0\\8 & 6 & 5\end{pmatrix}$,$\boldsymbol{B}=\begin{pmatrix}11 & -1 & 6\\14 & 3 & 4\end{pmatrix}$,满足 $2\boldsymbol{A}+\boldsymbol{X}=\boldsymbol{B}-2\boldsymbol{X}$, 求 $\boldsymbol{X}$.

解 由于

$$2\boldsymbol{A}+\boldsymbol{X}=\boldsymbol{B}-2\boldsymbol{X}$$

于是有

$$\boldsymbol{X}=\frac{1}{3}(\boldsymbol{B}-2\boldsymbol{A})=\begin{pmatrix}3 & 1 & 2\\2 & 0 & -2\end{pmatrix}$$

(3)矩阵乘法

定义 11 设矩阵 $A=(a_{ij})_{m\times s}$,$B=(b_{ij})_{s\times n}$,则有元素

$$C_{ij}=a_{i1}b_{1j}+a_{i2}b_{2j}+\cdots+a_{is}b_{sj}=\sum_{k=1}^{s}a_{ik}b_{kj}\quad(i=1,2,\cdots,m;j=1,2,\cdots,n)$$

构成的矩阵称为矩阵 $\boldsymbol{A}$ 与矩阵 $\boldsymbol{B}$ 的乘积,记作

$$C = AB$$

由定义可知：

①只有当左矩阵的列数等于右矩阵的行数时，矩阵 A 和矩阵 B 才可以相乘.

②乘积矩阵 AB 的第 i 行第 j 列的元素等于矩阵 A 的第 i 行元素与矩阵 B 的第 j 列对应元素的乘积之和.

③两个矩阵的乘积仍是矩阵，AB 的行数等于 A 的行数；AB 的列数等于 B 的列数.

④A 与 B 的先后次序不能改变.

例 11.14　在引例 11.1 中，由于供水的距离不同，其价格也不同，向Ⅰ，Ⅱ，Ⅲ号区域供水的价格每吨分别为 0.9 元、1 元、1.2 元，求每个月水厂的供水费用是多少(单位：万元)？

解　依题意，记

$$A = \begin{pmatrix} 10 & 15 & 20 \\ 20 & 12 & 30 \\ 50 & 60 & 45 \\ 30 & 35 & 20 \end{pmatrix} \qquad B = \begin{pmatrix} 0.9 \\ 1 \\ 1.2 \end{pmatrix}$$

因此

$$AB = \begin{pmatrix} 10 & 15 & 20 \\ 20 & 12 & 30 \\ 50 & 60 & 45 \\ 30 & 35 & 20 \end{pmatrix} \begin{pmatrix} 0.9 \\ 1 \\ 1.2 \end{pmatrix} = \begin{pmatrix} 48 \\ 66 \\ 159 \\ 86 \end{pmatrix}$$

例 11.15　已知 $A = \begin{pmatrix} 1 & 1 \\ -1 & -1 \end{pmatrix}$，$B = \begin{pmatrix} 1 & -1 \\ -1 & 1 \end{pmatrix}$，$C = \begin{pmatrix} 2 & -2 \\ -2 & 2 \end{pmatrix}$求 AB 和 BA.

解　$AB = \begin{pmatrix} 1 & 1 \\ -1 & -1 \end{pmatrix} \begin{pmatrix} 1 & -1 \\ -1 & 1 \end{pmatrix} = \begin{pmatrix} 0 & 0 \\ 0 & 0 \end{pmatrix}$

$$BA = \begin{pmatrix} 1 & -1 \\ -1 & 1 \end{pmatrix} \begin{pmatrix} 1 & 1 \\ -1 & -1 \end{pmatrix} = \begin{pmatrix} 2 & 2 \\ -2 & -2 \end{pmatrix}$$

$$AC = \begin{pmatrix} 1 & 1 \\ -1 & -1 \end{pmatrix} \begin{pmatrix} 2 & -2 \\ -2 & 2 \end{pmatrix} = \begin{pmatrix} 0 & 0 \\ 0 & 0 \end{pmatrix}$$

显然，由此例可知：

①矩阵的乘法不满足交换律，即

$$AB \neq BA$$

②矩阵的乘法不满足消去律，即由 $AB = AC$ 不能得出 $B = C$.

③$A \neq 0$，$B \neq 0$，但是 $AB = 0$. 因此不能由 $AB = 0$ 推出 $A = 0$ 或 $B = 0$.

可以验证矩阵的乘法满足以下运算律：

①$(A_{m \times s} B_{s \times n}) C_{n \times l} = A(BC)$

②$A_{m \times s}(B_{s \times n} + C_{s \times n}) = AB + AC$　　　　$(A_{m \times s} + B_{m \times s}) C_{s \times n} = AC + BC$

③$k(A_{m \times s} B_{s \times n}) = (kA)B = A(kB)$

④$E_m A_{m \times n} = A$，$A_{m \times n} E_n = A$

例 11.16 设矩阵 $\boldsymbol{A}=\begin{pmatrix}2&0&0\\1&2&3\end{pmatrix}$，$\boldsymbol{B}=\begin{pmatrix}-1&1&0&2\\1&1&2&0\\3&2&0&1\end{pmatrix}$，$\boldsymbol{C}=\begin{pmatrix}1\\1\\0\\1\end{pmatrix}$，计算$(\boldsymbol{AB})\boldsymbol{C}$，$\boldsymbol{A}(\boldsymbol{BC})$.

解

$$\boldsymbol{AB}=\begin{pmatrix}2&0&0\\1&2&3\end{pmatrix}\begin{pmatrix}-1&1&0&2\\1&1&2&0\\3&2&0&1\end{pmatrix}=\begin{pmatrix}-2&2&0&4\\10&9&4&5\end{pmatrix}$$

$$(\boldsymbol{AB})\boldsymbol{C}=\begin{pmatrix}-2&2&0&4\\10&9&4&5\end{pmatrix}\begin{pmatrix}1\\1\\0\\1\end{pmatrix}=\begin{pmatrix}4\\24\end{pmatrix}$$

$$\boldsymbol{BC}=\begin{pmatrix}-1&1&0&2\\1&1&2&0\\3&2&0&1\end{pmatrix}\begin{pmatrix}1\\1\\0\\1\end{pmatrix}=\begin{pmatrix}2\\2\\6\end{pmatrix}$$

$$\boldsymbol{A}(\boldsymbol{BC})=\begin{pmatrix}2&0&0\\1&2&3\end{pmatrix}\begin{pmatrix}2\\2\\6\end{pmatrix}=\begin{pmatrix}4\\24\end{pmatrix}$$

显然有

$$(\boldsymbol{AB})\boldsymbol{C}=\boldsymbol{A}(\boldsymbol{BC})$$

定义了矩阵的乘法可知，两个 n 阶方阵总是可以相乘的. 于是可以规定方阵的幂.

(4)方阵的幂

设 $\boldsymbol{A}$ 为 n 阶方阵，定义 $\boldsymbol{A}^k=\underbrace{\boldsymbol{AA}\cdots A}_{k个}$，称 $\boldsymbol{A}^k$ 为方阵的 k 次幂. 其中 k 是正整数.

显然，设 $\boldsymbol{A}_{n\times n}$，$k$，$l$ 为正整数则有

$$\boldsymbol{A}^0=\boldsymbol{E}_n,\boldsymbol{A}^1=\boldsymbol{A},\boldsymbol{A}^{k+1}=\boldsymbol{A}^k\boldsymbol{A}\quad(k=1,2,\cdots)$$

方阵的幂满足运算律：

①$\boldsymbol{A}^k\boldsymbol{A}^l=\boldsymbol{A}^{k+l}$

②$(\boldsymbol{A}^k)^l=\boldsymbol{A}^{kl}$

(5)矩阵的转置

定义 12 设 $\boldsymbol{A}$ 为一 $n\times m$ 矩阵，将其行换成同序数的列所得到的 $m\times n$ 矩阵，称为矩阵 $\boldsymbol{A}$ 的转置矩阵，记作 A^T. 即

$$\boldsymbol{A}=\begin{pmatrix}a_{11}&a_{12}&\cdots&a_{1m}\\a_{21}&a_{22}&\cdots&a_{2m}\\\vdots&\vdots&&\vdots\\a_{n1}&a_{n2}&\cdots&a_{nm}\end{pmatrix}_{n\times m}$$

则其转置矩阵

$$A^{\mathrm{T}} = \begin{pmatrix} a_{11} & a_{21} & \cdots & a_{n1} \\ a_{12} & a_{22} & \cdots & a_{n2} \\ \vdots & \vdots & & \vdots \\ a_{1m} & a_{2m} & \cdots & a_{nm} \end{pmatrix}_{m\times n}$$

例如,$A = \begin{pmatrix} -2 & 2 & 0 & 4 \\ 10 & 9 & 4 & 5 \end{pmatrix}$,则其转置矩阵

$$A^{\mathrm{T}} = \begin{pmatrix} -2 & 10 \\ 2 & 9 \\ 0 & 4 \\ 4 & 5 \end{pmatrix}$$

矩阵的转置运算满足以下运算律:

①一个矩阵的转置矩阵的转置矩阵是其本身,即

$$(A^{\mathrm{T}})^{\mathrm{T}} = A$$

②两个矩阵和的转置矩阵等于这两个矩阵的转置矩阵的和,即

$$(A_{m\times n} + B_{m\times n})^{\mathrm{T}} = A^{\mathrm{T}} + B^{\mathrm{T}}$$

③$(kA)^{\mathrm{T}} = kA^{\mathrm{T}}$

④$(A_{m\times s}B_{s\times n})^{\mathrm{T}} = B^{\mathrm{T}}A^{T}$

例 11.17　设 $A = \begin{pmatrix} 1 & 3 \\ 2 & 0 \\ 2 & 0 \end{pmatrix}$,$B = \begin{pmatrix} 1 & 2 \\ 3 & 4 \end{pmatrix}$. 计算 $(AB)^{\mathrm{T}}$ 和 $B^{\mathrm{T}}A^{\mathrm{T}}$

解　因为

$$AB = \begin{pmatrix} 1 & 3 \\ 2 & 0 \\ 2 & 0 \end{pmatrix}\begin{pmatrix} 1 & 2 \\ 3 & 4 \end{pmatrix} = \begin{pmatrix} 10 & 14 \\ 2 & 4 \\ 2 & 4 \end{pmatrix}$$

所以

$$(AB)^{\mathrm{T}} = \begin{pmatrix} 10 & 2 & 2 \\ 14 & 4 & 4 \end{pmatrix}$$

又

$$A^{\mathrm{T}} = \begin{pmatrix} 1 & 2 & 2 \\ 3 & 0 & 0 \end{pmatrix}, \qquad B^{\mathrm{T}} = \begin{pmatrix} 1 & 3 \\ 2 & 4 \end{pmatrix}$$

所以

$$B^{\mathrm{T}}A^{\mathrm{T}} = \begin{pmatrix} 1 & 3 \\ 2 & 4 \end{pmatrix}\begin{pmatrix} 1 & 2 & 2 \\ 3 & 0 & 0 \end{pmatrix} = \begin{pmatrix} 10 & 2 & 2 \\ 14 & 4 & 4 \end{pmatrix}$$

对称矩阵:是指 $A_{n\times n}$ 满足 $A^{\mathrm{T}} = A$,即

$$a_{ij} = a_{ji} \quad (i,j = 1,2,\cdots,n)$$

反对称矩阵:是指 $A_{n\times n}$ 满足 $A^{\mathrm{T}} = -A$,即

$$a_{ij} = -a_{ji} \quad (i,j = 1,2,\cdots,n)$$

由于需要讨论矩阵的性质,首先介绍阶矩阵行列式的概念.

(6)方阵的行列式

定义 13 $\boldsymbol{A}=(a_{ij})_{n\times n}$的元素按照原来的相对位置构成的行列式，记作 $\det\boldsymbol{A}$，或者$|\boldsymbol{A}|$.

矩阵行列式满足：

①$\det\boldsymbol{A}^{\mathrm{T}}=\det\boldsymbol{A}$(由行列式的性质 1 即得)

②$\det(l\boldsymbol{A})=l^{n}\det\boldsymbol{A}$

③$\det(\boldsymbol{AB})=(\det\boldsymbol{A})(\det\boldsymbol{B})$

④$\det\boldsymbol{A}^{k}=(\det\boldsymbol{A})^{k}$

注: 矩阵是一个数表，而行列式是一个数值,即

$$\boldsymbol{A}_{n\times n}\boldsymbol{B}_{n\times n}\neq\boldsymbol{BA}$$

但

$$\det(\boldsymbol{AB})=\det(\boldsymbol{BA})$$

习题 11.3

1. 已知$\boldsymbol{A}=\begin{pmatrix}3&6&2\\2&4&7\\-1&2&5\end{pmatrix}$,求$\boldsymbol{A}+\boldsymbol{A}^{\mathrm{T}}$及$\boldsymbol{A}-\boldsymbol{A}^{\mathrm{T}}$.

2. 设矩阵$\boldsymbol{A}=\begin{pmatrix}1&0&3\\2&5&7\end{pmatrix}$,$\boldsymbol{B}=\begin{pmatrix}3&-4&3\\1&5&-2\end{pmatrix}$,$\boldsymbol{C}=\begin{pmatrix}0&-3&3\\4&0&-4\end{pmatrix}$.

(1)$\boldsymbol{A}-\boldsymbol{B}+\boldsymbol{C}$　　(2)$\dfrac{1}{2}(2\boldsymbol{A}-3\boldsymbol{C})$　　(3)$\boldsymbol{C}-2\boldsymbol{B}$　　(4)$3\boldsymbol{A}-2\boldsymbol{X}=\boldsymbol{B}$

求矩阵$\boldsymbol{X}$.

3. 求下列矩阵的乘积:

(1)$\begin{pmatrix}1&0&3\\2&5&7\end{pmatrix}\begin{pmatrix}1&3\\2&0\\2&0\end{pmatrix}$　　(2)$\begin{pmatrix}-2&10\\2&9\\0&4\\4&5\end{pmatrix}\begin{pmatrix}0&-3&3\\4&0&-4\end{pmatrix}$

(3)$\begin{pmatrix}1&2&3\end{pmatrix}\begin{pmatrix}1\\2\\3\end{pmatrix}$　　(4)$\begin{pmatrix}1\\2\\3\end{pmatrix}\begin{pmatrix}1&2&3\end{pmatrix}$

(5)$\begin{pmatrix}-1&1&0&2\\1&1&2&0\\3&2&0&1\end{pmatrix}\begin{pmatrix}1&0\\0&1\\1&0\\0&1\end{pmatrix}$　　(6)$\begin{pmatrix}1&0\end{pmatrix}\begin{pmatrix}1&2&3&4\\5&6&7&8\end{pmatrix}$

4. 计算$\begin{pmatrix}x&y&z\end{pmatrix}\begin{pmatrix}a_{11}&a_{12}&b_1\\a_{21}&a_{22}&b_2\\b_1&b_2&c\end{pmatrix}\begin{pmatrix}x\\y\\z\end{pmatrix}$.

11.4　逆矩阵及初等变换

逆矩阵是矩阵理论中的重要组成部分,在矩阵理论和解线性方程组的应用中占有重要的地位.

11.4.1　逆矩阵的概念

在初等代数中,定义了实数的加、减、乘、除运算,对于实数的乘法运算. 已知在 $a\neq0$ 的情况下,$a\times\frac{1}{a}=1$,则将$\frac{1}{a}$称为元 a 的逆元,对于矩阵来说,在一定的条件下,矩阵也可能存在逆元. 矩阵的逆元就是逆矩阵. 下面引入逆矩阵的概念.

定义 14　对于矩阵 $\boldsymbol{A}_{n\times n}$,若有矩阵 $\boldsymbol{B}_{n\times n}$满足 $\boldsymbol{AB}=\boldsymbol{BA}=\boldsymbol{E}$,则称 $\boldsymbol{A}$ 为可逆矩阵,且 $\boldsymbol{B}$ 为 $\boldsymbol{A}$ 的逆矩阵,记作

$$\boldsymbol{A}^{-1}=\boldsymbol{B}$$

例 11.18　设矩阵 $\boldsymbol{A}=\begin{pmatrix}1&3&1\\2&5&1\\0&0&1\end{pmatrix}$,$B=\begin{pmatrix}-5&3&2\\2&-1&-1\\0&0&1\end{pmatrix}$,求 $\boldsymbol{AB}$ 和 $\boldsymbol{BA}$.

解

$$\boldsymbol{AB}=\begin{pmatrix}1&3&1\\2&5&1\\0&0&1\end{pmatrix}\begin{pmatrix}-5&3&2\\2&-1&-1\\0&0&1\end{pmatrix}=\begin{pmatrix}1&0&0\\0&1&0\\0&0&1\end{pmatrix}$$

$$\boldsymbol{BA}=\begin{pmatrix}-5&3&2\\2&-1&-1\\0&0&1\end{pmatrix}\begin{pmatrix}1&3&1\\2&5&1\\0&0&1\end{pmatrix}=\begin{pmatrix}1&0&0\\0&1&0\\0&0&1\end{pmatrix}$$

由于 $\boldsymbol{AB}=\boldsymbol{BA}=\boldsymbol{E}$,故 $\boldsymbol{B}$ 是 $\boldsymbol{A}$ 的逆矩阵,即

$$\boldsymbol{A}^{-1}=\boldsymbol{B}$$

由上述定义,可逆矩阵是存在的. 显然,只有方阵才有逆矩阵. 然而,并非所有的方阵均可逆.

那么,一个方阵在什么情况下才有逆矩阵呢? 若有逆矩阵,逆矩阵是否是唯一的? 下面的定理回答了这个问题.

定义 15　若 n 阶矩阵 $\boldsymbol{A}$ 的行列式 $\det\boldsymbol{A}\neq0$,则称方阵 $\boldsymbol{A}$ 为非奇异矩阵,否则,称为奇异矩阵.

定义 16　对于 n 阶矩阵 $\boldsymbol{A}=\begin{pmatrix}a_{11}&a_{12}&\cdots&a_{1m}\\a_{21}&a_{22}&\cdots&a_{2m}\\\vdots&\vdots&&\vdots\\a_{n1}&a_{n2}&\cdots&a_{nm}\end{pmatrix}_{n\times m}$,由矩阵 $\boldsymbol{A}$ 的所有元素的代数余子式构成的 n 阶矩阵

$$\boldsymbol{A}^* = \begin{pmatrix} A_{11} & A_{21} & \cdots & A_{n1} \\ A_{12} & A_{22} & \cdots & A_{n2} \\ \vdots & \vdots & & \vdots \\ A_{1n} & A_{2n} & \cdots & A_{nn} \end{pmatrix}$$

称为 $\boldsymbol{A}$ 的伴随矩阵.

定理4 矩阵 $\boldsymbol{A}_{n\times n}$ 为可逆矩阵的充分必要条件是 $\boldsymbol{A}$ 为非奇异矩阵,且

$$\boldsymbol{A}^{-1} = \frac{1}{\det\boldsymbol{A}}\boldsymbol{A}^*$$

推论1 对于 $\boldsymbol{A}_{n\times n}$，若有 $\boldsymbol{B}_{n\times n}$ 满足 $\boldsymbol{AB}=\boldsymbol{E}$，则 $\boldsymbol{A}$ 可逆，且 $\boldsymbol{A}^{-1}=\boldsymbol{B}$.

推论2 对于 $\boldsymbol{A}_{n\times n}$，若有 $\boldsymbol{B}_{n\times n}$ 满足 $\boldsymbol{BA}=\boldsymbol{E}$，则 $\boldsymbol{A}$ 可逆，且 $\boldsymbol{A}^{-1}=\boldsymbol{B}$.

可以验证以下算律成立：

①$\boldsymbol{A}$ 可逆$\Rightarrow\boldsymbol{A}^{-1}$可逆，且

$$(\boldsymbol{A}^{-1})^{-1} = \boldsymbol{A}$$

②$\boldsymbol{A}$ 可逆,$k\neq0\Rightarrow k\boldsymbol{A}$ 可逆，且

$$(k\boldsymbol{A})^{-1} = \frac{1}{k}\boldsymbol{A}^{-1}$$

③$\boldsymbol{A}_{n\times n}$与 $\boldsymbol{B}_{n\times n}$都可逆$\Rightarrow\boldsymbol{AB}$ 可逆，且

$$(\boldsymbol{AB})^{-1} = \boldsymbol{B}^{-1}\boldsymbol{A}^{-1}$$

④$\boldsymbol{A}$ 可逆$\Rightarrow\boldsymbol{A}^{\mathrm{T}}$ 可逆，且

$$(\boldsymbol{A}^{\mathrm{T}})^{-1} = (\boldsymbol{A}^{-1})^{\mathrm{T}}$$

⑤$\boldsymbol{A}$ 可逆$\Rightarrow\det\boldsymbol{A}^{-1} = \dfrac{1}{\det\boldsymbol{A}}$

例如,单位矩阵 $\boldsymbol{E}$,因为 $\boldsymbol{EE}=\boldsymbol{E}$,因此单位矩阵的逆矩阵仍是单位矩阵.

例 11.19 已知 $\boldsymbol{A}=\begin{pmatrix} a & b \\ c & d \end{pmatrix}$,试求 $\boldsymbol{A}$ 在什么条件下可逆？当 $\boldsymbol{A}$ 可逆时,求 $\boldsymbol{A}^{-1}$.

解 $\boldsymbol{A}$ 可逆$\Leftrightarrow|\boldsymbol{A}| = \begin{vmatrix} a & b \\ c & d \end{vmatrix} = ad-bc\neq0$,且当 $ad-bc\neq0$ 时.

下面直接利用逆矩阵的定义求解.

因为

$$\boldsymbol{A}_{11}=d,\boldsymbol{A}_{12}=-c,\boldsymbol{A}_{21}=-b,\boldsymbol{A}_{22}=a$$

于是有

$$\boldsymbol{A}^* = \begin{pmatrix} A_{11} & A_{21} \\ A_{12} & A_{22} \end{pmatrix} = \begin{pmatrix} d & -b \\ -c & a \end{pmatrix}$$

因此

$$\boldsymbol{A}^{-1} = \frac{1}{|\boldsymbol{A}|}\boldsymbol{A}^* = \frac{1}{ad-bc}\begin{pmatrix} d & -b \\ -c & a \end{pmatrix}$$

注:此题的结果可以当作公式使用.

例 11.20　求$\begin{pmatrix} 1 & 1 & 1 & 1 \\ 1 & 1 & -1 & -1 \\ 1 & -1 & 1 & -1 \\ 1 & -1 & -1 & 1 \end{pmatrix}$逆矩阵.

解　因为矩阵行列式

$$|\boldsymbol{A}| = \begin{vmatrix} 1 & 1 & 1 & 1 \\ 1 & 1 & -1 & -1 \\ 1 & -1 & 1 & -1 \\ 1 & -1 & -1 & 1 \end{vmatrix} = \begin{vmatrix} 1 & 1 & 1 & 1 \\ 0 & 0 & -2 & -2 \\ 0 & -2 & 0 & -2 \\ 0 & -2 & -2 & 0 \end{vmatrix}$$

$$= \begin{vmatrix} 0 & -2 & -2 \\ -2 & 0 & -2 \\ -2 & -2 & 0 \end{vmatrix} = -16 \neq 0$$

所以 $\boldsymbol{A}^{-1}$ 存在,而各个元素的代数余子式为

$$\boldsymbol{A}_{11} = \begin{vmatrix} 1 & -1 & -1 \\ -1 & 1 & -1 \\ -1 & -1 & 1 \end{vmatrix} = -4, \boldsymbol{A}_{21} = -\begin{vmatrix} 1 & 1 & 1 \\ -1 & 1 & -1 \\ -1 & -1 & 1 \end{vmatrix} = -4,$$

$$\boldsymbol{A}_{31} = \begin{vmatrix} 1 & 1 & 1 \\ 1 & -1 & -1 \\ -1 & -1 & 1 \end{vmatrix} = -4, \boldsymbol{A}_{41} = -\begin{vmatrix} 1 & 1 & 1 \\ 1 & -1 & -1 \\ -1 & 1 & -1 \end{vmatrix} = -4;$$

$$\boldsymbol{A}_{12} = -\begin{vmatrix} 1 & -1 & -1 \\ 1 & 1 & -1 \\ 1 & -1 & 1 \end{vmatrix} = -4, \boldsymbol{A}_{22} = \begin{vmatrix} 1 & 1 & 1 \\ 1 & 1 & -1 \\ 1 & -1 & 1 \end{vmatrix} = -4,$$

$$\boldsymbol{A}_{32} = -\begin{vmatrix} 1 & 1 & 1 \\ 1 & -1 & -1 \\ 1 & -1 & 1 \end{vmatrix} = 4, \boldsymbol{A}_{42} = \begin{vmatrix} 1 & 1 & 1 \\ 1 & -1 & -1 \\ 1 & 1 & 1 \end{vmatrix} = 4;$$

$$\boldsymbol{A}_{13} = \begin{vmatrix} 1 & 1 & -1 \\ 1 & -1 & -1 \\ 1 & -1 & 1 \end{vmatrix} = -4, \boldsymbol{A}_{23} = -\begin{vmatrix} 1 & 1 & 1 \\ 1 & -1 & -1 \\ 1 & -1 & 1 \end{vmatrix} = 4,$$

$$\boldsymbol{A}_{33} = \begin{vmatrix} 1 & 1 & 1 \\ 1 & 1 & -1 \\ 1 & -1 & 1 \end{vmatrix} = -4, \boldsymbol{A}_{43} = -\begin{vmatrix} 1 & 1 & 1 \\ 1 & 1 & -1 \\ 1 & -1 & -1 \end{vmatrix} = 4;$$

$$\boldsymbol{A}_{14} = -\begin{vmatrix} 1 & 1 & -1 \\ 1 & -1 & 1 \\ 1 & -1 & -1 \end{vmatrix} = -4, \boldsymbol{A}_{24} = \begin{vmatrix} 1 & 1 & 1 \\ 1 & -1 & 1 \\ 1 & -1 & -1 \end{vmatrix} = 4,$$

$$\boldsymbol{A}_{34} = -\begin{vmatrix} 1 & 1 & 1 \\ 1 & 1 & -1 \\ 1 & -1 & -1 \end{vmatrix} = 4, \boldsymbol{A}_{44} = \begin{vmatrix} 1 & 1 & 1 \\ 1 & 1 & -1 \\ 1 & -1 & 1 \end{vmatrix} = -4$$

因此

$$A^{-1}=\frac{1}{|A|}A^*=-\frac{1}{16}\begin{pmatrix}-4&-4&-4&-4\\-4&-4&4&4\\-4&4&-4&4\\-4&4&4&-4\end{pmatrix}=\frac{1}{4}\begin{pmatrix}1&1&1&1\\1&1&-1&-1\\1&-1&1&-1\\1&-1&-1&1\end{pmatrix}$$

例 11.21 设矩阵 $\boldsymbol{A}_{n\times n}$满足 $\boldsymbol{A}^2-2\boldsymbol{A}-4\boldsymbol{E}=\boldsymbol{0}$，求$(\boldsymbol{A}+\boldsymbol{E})^{-1}$.

解 因为

$$\boldsymbol{A}^2-2\boldsymbol{A}-4\boldsymbol{E}=\boldsymbol{0}$$

所以

$$\boldsymbol{A}^2-2\boldsymbol{A}-3\boldsymbol{E}=\boldsymbol{E}$$

即

$$(\boldsymbol{A}+\boldsymbol{E})(\boldsymbol{A}-3\boldsymbol{E})=\boldsymbol{E}$$

所以

$$(\boldsymbol{A}+\boldsymbol{E})^{-1}=\boldsymbol{A}-3\boldsymbol{E}$$

定理 5 若矩阵 $\boldsymbol{A}_{n\times n}$为可逆矩阵，则 $\boldsymbol{A}$ 的逆矩阵唯一.

证 设 $\boldsymbol{B}$ 与 $\boldsymbol{C}$ 都是 $\boldsymbol{A}$ 的逆矩阵，则有

$$\boldsymbol{AB}=\boldsymbol{BA}=\boldsymbol{E},\boldsymbol{AC}=\boldsymbol{CA}=\boldsymbol{E}$$

$$\boldsymbol{B}=\boldsymbol{BE}=\boldsymbol{B}(\boldsymbol{AC})=(\boldsymbol{BA})\boldsymbol{C}=\boldsymbol{EC}=\boldsymbol{C}$$

利用伴随矩阵法求可逆矩阵的逆矩阵是一种很常见的方法,对于 n 较小(如 $n=2,3,4$)的矩阵,比较容易. 但对于 n 较大的矩阵,需要计算一个 n 阶行列式和 n^2 个 n 阶行列式,计算量很大. 为了方便计算,借助于矩阵的初等变换来求逆矩阵.

11.4.2 矩阵的初等变换

矩阵的初等变换在矩阵的理论中具有十分重要的作用,也是矩阵的一种基本运算,在实践中应用非常广泛.

(1)矩阵的初等变换

定义 17 对矩阵进行以下 3 种变换,称为矩阵的初等行(或列)变换:

①互换两行(或两列)(互换第 i 行和第 j 行,记作 $r_i\leftrightarrow r_j$;互换第 i 列和第 j 列 ,记作 $c_i\leftrightarrow c_j$).

②某一行(或列)的每个元素都乘以非零常数 k(第 i 行每个元素乘以数 k,记作 kr_i;第 i 列每个元素乘以数 k,记作 kc_i).

③某一行(或列)的每个元素都乘以数 k 后加到另一行(或列)上(第 j 行每个元素乘以数 k 后加到第 i 行,记作 r_i+kr_j;第 j 列每个元素乘以数 k 后加到第 i 列,记作 c_i+kc_j).

初等行变换和初等列变换统称为矩阵的初等变换(本书主要使用初等行变换).

矩阵 $\boldsymbol{A}$ 经过若干次初等变换变为矩阵 $\boldsymbol{B}$,用 $\boldsymbol{A}\to\boldsymbol{B}$ 表示,且矩阵经过初等变换以后,得到的矩阵和原矩阵等价,即 $\boldsymbol{B}$ 与 $\boldsymbol{A}$ 等价.

(2)用初等变换求逆矩阵

定理 6 对 $m\times n$ 阶矩阵 $\boldsymbol{A}$ 进行一次初等行变换,相当于在 $\boldsymbol{A}$ 的左边乘上一个相应的 m 阶初等矩阵.

定理 7 阶矩阵可逆的充分必要条件是它能表示成若干初等矩阵的乘积.

推论　可逆矩阵总可以经过一系列初等行变换化成单位矩阵.

设 $\boldsymbol{A}$ 为可逆矩阵，由推理可知，存在一系列初等矩阵 $\boldsymbol{P}_1,\boldsymbol{P}_2,\cdots,\boldsymbol{P}_m$ 使得

$$\boldsymbol{P}_m\cdots\boldsymbol{P}_2\boldsymbol{P}_1\boldsymbol{A}=\boldsymbol{E}$$

于是有

$$\boldsymbol{A}^{-1}=\boldsymbol{P}_m\cdots\boldsymbol{P}_2\boldsymbol{P}_1=\boldsymbol{P}_m\cdots\boldsymbol{P}_2\boldsymbol{P}_1\boldsymbol{E}$$

因此，这就提供了一个求逆矩阵的新方法：

①在矩阵 $\boldsymbol{A}$ 的右边写上一个同阶的单位矩阵 $\boldsymbol{E}$，构成一个 $n\times 2n$ 矩阵 $(\boldsymbol{A}:\boldsymbol{E})$.

②对此矩阵施行行初等变换，将左半部分 $\boldsymbol{A}$ 经若干次初等变换化为单位矩阵 $\boldsymbol{E}$，即 $\boldsymbol{A}\to\boldsymbol{E}$，则右半部分 $\boldsymbol{E}$ 就被化成 $\boldsymbol{A}^{-1}$，即

$$(\boldsymbol{A}:\boldsymbol{E})\xrightarrow{\text{若干次初等行变换}}(\boldsymbol{E}:\boldsymbol{A}^{-1})$$

例 11.22　用初等变换求 $\boldsymbol{A}=\begin{pmatrix}2&2&3\\1&-1&0\\-1&2&1\end{pmatrix}$ 的逆矩阵.

解　因为

$$(\boldsymbol{A}:\boldsymbol{E})=\begin{pmatrix}2&2&3&1&0&0\\1&-1&0&0&1&0\\-1&2&1&0&0&1\end{pmatrix}\xrightarrow{r_1\leftrightarrow r_2}\begin{pmatrix}1&-1&0&0&1&0\\2&2&3&1&0&0\\-1&2&1&0&0&1\end{pmatrix}$$

$$\xrightarrow[r_3+r_1]{r_2-2r_1}\begin{pmatrix}1&-1&0&0&1&0\\0&4&3&1&-2&0\\0&1&1&0&1&1\end{pmatrix}\xrightarrow{r_2-3r_3}\begin{pmatrix}1&-1&0&0&1&0\\0&1&0&1&-5&-3\\0&1&1&0&1&1\end{pmatrix}$$

$$\xrightarrow[r_3-r_2]{r_1+r_2}\begin{pmatrix}1&0&0&1&-4&-3\\0&1&0&1&-5&-3\\0&0&1&-1&6&4\end{pmatrix}$$

所以

$$\boldsymbol{A}^{-1}=\begin{pmatrix}1&-4&-3\\1&-5&-3\\-1&6&4\end{pmatrix}$$

11.4.3　用逆矩阵解线性方程组

对于 n 个未知量 n 个方程的线性方程组

$$\begin{cases}a_{11}x_1+a_{12}x_2+\cdots+a_{1n}x_n=b_1\\a_{21}x_1+a_{22}x_2+\cdots+a_{2n}x_n=b_2\\\qquad\qquad\vdots\\a_{n1}x_1+a_{n2}x_2+\cdots+a_{nn}x_n=b_n\end{cases}$$

除可利用克拉默法则求解之外，还可用逆矩阵求解.

将上述方程组的系数、自变量、常数项分别表示为下列矩阵：

系数矩阵

$$A=\begin{pmatrix} a_{11} & a_{12} & \cdots & a_{1n} \\ a_{21} & a_{22} & \cdots & a_{2n} \\ \vdots & \vdots & & \vdots \\ a_{n1} & a_{n2} & \cdots & a_{nn} \end{pmatrix}$$

自变量矩阵

$$X=\begin{pmatrix} x_1 \\ x_2 \\ \vdots \\ x_n \end{pmatrix}$$

常数项矩阵

$$B=\begin{pmatrix} b_1 \\ b_2 \\ \vdots \\ b_n \end{pmatrix}$$

则方程组可用矩阵表示为

$$AX=B$$

设 A 可逆,对以 X 为未知量矩阵的矩阵方程 $AX=B$,两边左乘 A^{-1},$A^{-1}AX=A^{-1}B$ 得该矩阵方程的解

$$EX=X=A^{-1}B$$

例 11.23 求线性方程组的解

$$\begin{cases} 2x_1+2x_2+3x_3=1 \\ x_1-x_2=3 \\ -x_1+2x_2+x_3=-1 \end{cases}$$

解 由于此线性方程组可以表示为 $AX=B$,其系数矩阵、未知量矩阵和常数项矩阵分别为

$$A=\begin{pmatrix} 2 & 2 & 3 \\ 1 & -1 & 0 \\ -1 & 2 & 1 \end{pmatrix}, X=\begin{pmatrix} x_1 \\ x_2 \\ x_3 \end{pmatrix}, b=\begin{pmatrix} 1 \\ 3 \\ -1 \end{pmatrix}$$

因此,方程组的解为

$$X=A^{-1}B$$

其中,A 的逆矩阵在例 11.22 中已求出,于是

$$X=A^{-1}B=\begin{pmatrix} 1 & -4 & -3 \\ 1 & -5 & -3 \\ -1 & 6 & 4 \end{pmatrix}\begin{pmatrix} 1 \\ 3 \\ -1 \end{pmatrix}=\begin{pmatrix} -8 \\ -11 \\ 14 \end{pmatrix}$$

即

$$x_1=-8, x_2=-11, x_3=14$$

11.4.4　矩阵的秩

矩阵的秩是矩阵的内在特征，是矩阵理论的重要组成部分.

(1)矩阵的秩

定义 18　在矩阵 $\boldsymbol{A}_{m\times n}$ 中，选取 k 行与 k 列，位于这些行列交叉处的 k^2 个数按照原来的相对位置构成 k 阶行列式，称为 $\boldsymbol{A}$ 的一个 **k 阶子式**，记作 $\boldsymbol{D}_k$. 对于给定的 k，不同的 k 阶子式总共有 $\boldsymbol{C}_m^k\boldsymbol{C}_n^k$ 个(显然 $k\leqslant\min(m,n)$)，如果一个子式的值不为 0，则称其为一个非零子式.

定义 19　在 $\boldsymbol{A}_{m\times n}$ 中，若：

①有某个 r 阶子式 $\boldsymbol{D}_r\neq\boldsymbol{0}$；

②所有的 $r+1$ 阶子式 $\boldsymbol{D}_{r+1}=\boldsymbol{0}$(如果有 r +1 阶子式的话).

则称 $\boldsymbol{A}$ 的秩为 $\boldsymbol{r}$，记作 $R(\boldsymbol{A})=\boldsymbol{r}$，或者 $\text{rank}\,\boldsymbol{A}=\boldsymbol{r}$. 特别规定：$\text{rank}\boldsymbol{O}=\boldsymbol{0}$ 也就是说，若 $R(\boldsymbol{A})=\boldsymbol{r}$，则 $\boldsymbol{A}$ 的所有子式中，r 阶子式中至少有一个是非零子式，而高于 r 阶的子式均为零.

例 11.24　求矩阵 $A=\begin{pmatrix}1&2&2&11\\1&-3&-3&-14\\3&1&1&8\end{pmatrix}$ 的秩.

解　计算其二阶子式，因为 $\begin{vmatrix}1&2\\3&1\end{vmatrix}=-5\neq0$，于是继续计算其三阶子式

$$\begin{vmatrix}1&2&2\\1&-3&-3\\3&1&1\end{vmatrix}=0,\ \begin{vmatrix}1&2&11\\1&-3&-14\\3&1&8\end{vmatrix}=0,$$

$$\begin{vmatrix}1&2&11\\1&-3&-14\\3&1&8\end{vmatrix}=0,\ \begin{vmatrix}2&2&11\\-3&-3&-14\\1&1&8\end{vmatrix}=0$$

其三阶子式均为零，因此矩阵 $\boldsymbol{A}$ 的秩为

$$R(\boldsymbol{A})=2$$

(2)利用初等变换求矩阵的秩

由例 11.24 可知，用矩阵秩的定义来求矩阵的秩，计算量比较大. 前面已经学习过矩阵的初等变换，下面介绍利用初等变换来求秩的简便方法.

定理 8　矩阵 $\boldsymbol{A}$ 经过一系列初等变换变为矩阵 $\boldsymbol{B}$，它们的秩不变，即

$$R(\boldsymbol{B})=R(\boldsymbol{A})$$

(证明略)

对于一个矩阵 $\boldsymbol{A}$，如果能够通过初等变换将 $\boldsymbol{A}$ 变换为一个较特别的矩阵 $\boldsymbol{B}$，由 $\boldsymbol{B}$ 可以直接得到其 r 阶子式不为零，而大于 r 阶的子式都为零，则可得到 $R(\boldsymbol{B})=R(\boldsymbol{A})=\boldsymbol{r}$

设矩阵

$$\boldsymbol{A}=\begin{pmatrix}a_{11}&a_{12}&\cdots&a_{1m}\\a_{21}&a_{22}&\cdots&a_{2m}\\\vdots&\vdots&&\vdots\\a_{n1}&a_{n2}&\cdots&a_{nm}\end{pmatrix}_{n\times m}$$

求 $\boldsymbol{A}$ 的秩时,可通过一系列的初等变换,将 $\boldsymbol{A}$ 变成具有下面形式的矩阵 $\boldsymbol{B}$,即

$$\boldsymbol{B}=\begin{pmatrix} b_{11} & b_{12} & \cdots & b_{1r} & b_{1\,r+1} & \cdots & b_{1n} \\ 0 & b_{22} & \cdots & b_{2r} & b_{2\,r+1} & \cdots & b_{2n} \\ 0 & 0 & \cdots & b_{3r} & b_{3\,r+1} & \cdots & b_{3n} \\ \vdots & \vdots & & \vdots & \vdots & & \vdots \\ 0 & 0 & \cdots & b_{rr} & b_{r\,r+1} & \cdots & b_{rn} \\ 0 & 0 & \cdots & 0 & 0 & 0 & 0 \\ \vdots & \vdots & & \vdots & \vdots & & \vdots \\ 0 & 0 & \cdots & 0 & 0 & 0 & 0 \end{pmatrix}$$

由前面的知识,$\boldsymbol{B}$ 中前 r 行和前 r 列的所有元素构成的 r 阶子式中主对角线上的元素均不为零,而主对角线下方位置上的所有元素均为零,因此必有一个 r 阶子式不为零;后面 $(n-r)$ 行上的所有元素均为零,因此,所有的 $r+1$ 阶子式全为零. 根据定理得

$$R(\boldsymbol{B})=R(\boldsymbol{A})=\boldsymbol{r}$$

定义 20 满足下列两个条件的矩阵称为阶梯形矩阵:

①若矩阵有零行(元素全为零的行),则零行在矩阵的最下方.

②各非零行的首非零元的列标随行标的递增而严格增大.

例 11.25 求矩阵

$$\begin{pmatrix} 1 & 0 & 0 & 3 & 2 \\ 2 & -1 & 1 & 0 & 3 \\ 3 & 2 & 0 & 2 & 3 \\ 5 & 1 & 4 & 16 & 10 \end{pmatrix}$$

的秩.

解 因为

$$\begin{pmatrix} 1 & 0 & 0 & 3 & 2 \\ 2 & -1 & 1 & 0 & 3 \\ 3 & 2 & 0 & 2 & 3 \\ 5 & 1 & 4 & 16 & 10 \end{pmatrix} \xrightarrow[r_4-5r_1]{\substack{r_2-2r_1 \\ r_3-3r_1}} \begin{pmatrix} 1 & 0 & 0 & 3 & 2 \\ 0 & -1 & 1 & -6 & -1 \\ 0 & 2 & 0 & -4 & -3 \\ 0 & 1 & 4 & 1 & 0 \end{pmatrix}$$

$$\xrightarrow{-r_2} \begin{pmatrix} 1 & 0 & 0 & 3 & 2 \\ 0 & 1 & -1 & 6 & 1 \\ 0 & 2 & 0 & -4 & -3 \\ 0 & 1 & 4 & 1 & 0 \end{pmatrix} \xrightarrow[r_4-r_2]{r_3-2r_2} \begin{pmatrix} 1 & 0 & 0 & 3 & 2 \\ 0 & 1 & -1 & 6 & 1 \\ 0 & 0 & 2 & -16 & -5 \\ 0 & 0 & 5 & -5 & -1 \end{pmatrix}$$

$$\xrightarrow{r_3\left(\frac{1}{2}\right)} \begin{pmatrix} 1 & 0 & 0 & 3 & 2 \\ 0 & 1 & -1 & 6 & 1 \\ 0 & 0 & 1 & -8 & -\frac{5}{2} \\ 0 & 0 & 5 & -5 & -1 \end{pmatrix} \xrightarrow{r_4-5r_3} \begin{pmatrix} 1 & 0 & 0 & 3 & 2 \\ 0 & 1 & -1 & 6 & 1 \\ 0 & 0 & 1 & -8 & -\frac{5}{2} \\ 0 & 0 & 0 & 35 & \frac{23}{2} \end{pmatrix}$$

于是

$$R(\boldsymbol{A})=4$$

(3)性质

①$R(\boldsymbol{A})\leqslant\min(m,n)$.

②$k\neq0$时,$R(k\boldsymbol{A})=R(\boldsymbol{A})$.

③$R(\boldsymbol{A}^{\mathrm{T}})=R(\boldsymbol{A})$.

④$\boldsymbol{A}$中的一个$D_r\neq0$,则有$R(\boldsymbol{A})\geqslant r$.

⑤$\boldsymbol{A}$中所有的$D_{r+1}=0$,$R(\boldsymbol{A})\leqslant r$.

注:对于$\boldsymbol{A}_{m\times n}$,若$R(\boldsymbol{A})=m$,称$\boldsymbol{A}$为行满秩矩阵;若$R(\boldsymbol{A})=n$,称$\boldsymbol{A}$为列满秩矩阵.

对于$\boldsymbol{A}_{n\times n}$,若$R(\boldsymbol{A})=n$,称$\boldsymbol{A}$为满秩矩阵(可逆矩阵,非奇异矩阵);若$R(\boldsymbol{A})<n$,称$\boldsymbol{A}$为降秩矩阵(不可逆矩阵,奇异矩阵).

习题11.4

1. 求下列矩阵的逆矩阵:

(1)$\begin{pmatrix}1&2\\3&4\end{pmatrix}$　(2)$\begin{pmatrix}1&2\\2&5\end{pmatrix}$　(3)$\begin{pmatrix}1&2&-1\\0&3&0\\-1&0&0\end{pmatrix}$

(4)$\begin{pmatrix}1&-1&1&1\\-1&0&-1&0\\1&-1&1&0\\1&0&0&3\end{pmatrix}$　(5)$\begin{pmatrix}1&a&a\\a&1&0\\a&0&1\end{pmatrix}$　(6)$\begin{pmatrix}1&0&0\\0&2&0\\0&0&3\end{pmatrix}$

(7)$\begin{pmatrix}1&2&-3\\0&1&2\\0&0&1\end{pmatrix}$　(8)$\begin{pmatrix}3&2&1\\6&4&2\\1&2&5\end{pmatrix}$

2. 解下列矩阵方程:

(1)$\begin{pmatrix}2&1\\3&2\end{pmatrix}\boldsymbol{X}=\begin{pmatrix}-2&4\\3&-1\end{pmatrix}$　(2)$\boldsymbol{X}\begin{pmatrix}-2&4\\3&-1\end{pmatrix}=\begin{pmatrix}2&1\\3&2\end{pmatrix}$

(3)$\begin{pmatrix}0&1&0\\0&0&1\\1&0&0\end{pmatrix}\boldsymbol{X}\begin{pmatrix}1&0&0\\0&0&1\\0&1&0\end{pmatrix}=\begin{pmatrix}1&-4&3\\2&0&1\\0&-1&3\end{pmatrix}$

3. 求下列矩阵的秩:

(1)$\begin{pmatrix}1&2&-3\\-1&-3&4\\1&1&-2\end{pmatrix}$　(2)$\begin{pmatrix}2&0&2&2\\0&1&0&0\\2&1&0&1\\0&1&0&0\end{pmatrix}$

(3)$\begin{pmatrix}1&0&1&0&0\\1&1&0&0&0\\0&1&1&0&0\\0&0&1&1&0\\0&1&0&1&1\end{pmatrix}$　(4)$\begin{pmatrix}1&0&0&1&4\\0&1&0&2&5\\0&0&1&3&6\\1&2&3&14&32\\4&5&6&32&77\end{pmatrix}$

11.5　一般线性方程组的求解

这一节利用矩阵的理论来讨论一般线性方程组的求解问题.下面给出一般线性方程组概念及利用矩阵表示方程组的基本方法.

对于 n 个未知量 m 个方程的线性方程组

$$\begin{cases} a_{11}x_1 + a_{12}x_2 + \cdots + a_{1n}x_n = b_1 \\ a_{21}x_1 + a_{22}x_2 + \cdots + a_{2n}x_n = b_2 \\ \quad\vdots \\ a_{m1}x_1 + a_{m2}x_2 + \cdots + a_{mn}x_n = b_m \end{cases} \tag{1}$$

由矩阵的概念,可将上述方程组(1)用矩阵表示,即

$$\boldsymbol{AX} = \boldsymbol{B}$$

其中,$\boldsymbol{A}$, $\boldsymbol{X}$, $\boldsymbol{B}$ 分别是方程组的系数矩阵、未知量矩阵、常数项矩阵,则:

系数矩阵

$$\boldsymbol{A} = \begin{pmatrix} a_{11} & a_{12} & \cdots & a_{1n} \\ a_{21} & a_{22} & \cdots & a_{2n} \\ \vdots & \vdots & & \vdots \\ a_{m1} & a_{m2} & \cdots & a_{mn} \end{pmatrix}$$

自变量矩阵

$$\boldsymbol{X} = \begin{pmatrix} x_1 \\ x_2 \\ \vdots \\ x_n \end{pmatrix}$$

常数项矩阵

$$\boldsymbol{B} = \begin{pmatrix} b_1 \\ b_2 \\ \vdots \\ b_m \end{pmatrix}$$

将 $\widetilde{\boldsymbol{A}} = (\boldsymbol{A} : \boldsymbol{B})$ 称为线性方程组(1)的**增广矩阵**,即

$$\widetilde{\boldsymbol{A}} = (\boldsymbol{A} : \boldsymbol{B}) = \begin{pmatrix} a_{11} & a_{12} & \cdots & a_{1n} & b_1 \\ a_{21} & a_{22} & \cdots & a_{2n} & b_2 \\ \vdots & \vdots & & \vdots & \vdots \\ a_{m1} & a_{m2} & \cdots & a_{mn} & b_m \end{pmatrix}$$

当线性方程组(1)的右端常数项 $b_i(i = 1,2,\cdots,m)$ 不全为零时,称其为**非齐次线性方程组**;当线性方程组(1)的右端常数项 $b_i(i = 1,2,\cdots,m)$ 全为零时,称其为**齐次线性方程组**.此时,方程组变为

$$\begin{cases} a_{11}x_1 + a_{12}x_2 + \cdots + a_{1n}x_n = 0 \\ a_{21}x_1 + a_{22}x_2 + \cdots + a_{2n}x_n = 0 \\ \quad\vdots \\ a_{m1}x_1 + a_{m2}x_2 + \cdots + a_{mn}x_n = 0 \end{cases} \tag{2}$$

用矩阵表示为

$$\boldsymbol{AX}=\mathbf{0}$$

11.5.1　用消元法解线性方程组

在初中代数中，已学过二元、三元一次线性方程组及其解法. 首先看下面的例子.

例 11.26　用消元法解线性方程组

$$\begin{cases} 3x_1 + 4x_2 + 2x_3 = 13 & ① \\ -x_1 + x_2 + 2x_3 = 3 & ② \\ x_1 + 2x_2 + 2x_3 = 7 & ③ \end{cases}$$

解　解法1：

$$\begin{cases} 3x_1 + 4x_2 + 2x_3 = 13 & ① \\ -x_1 + x_2 + 2x_3 = 3 & ② \\ x_1 + 2x_2 + 2x_3 = 7 & ③ \end{cases}$$

交换方程组的第一个和第三个方程，即

$$\begin{cases} x_1 + 2x_2 + 2x_3 = 7 & ① \\ -x_1 + x_2 + 2x_3 = 3 & ② \\ 3x_1 + 4x_2 + 2x_3 = 13 & ③ \end{cases}$$

将方程组的第一个方程加到第二个方程上.
第三个方程减去第一个方程乘以3，则

$$\begin{cases} x_1 + 2x_2 + 2x_3 = 7 & ① \\ 3x_2 + 4x_3 = 10 & ② \\ -2x_2 - 4x_3 = -8 & ③ \end{cases}$$

交换方程组的第二个和第三个方程.
方程组的第二个方程乘以 $-1/2$，则

$$\begin{cases} x_1 + 2x_2 + 2x_3 = 7 & ① \\ x_2 + 2x_3 = 4 & ② \\ 3x_2 + 4x_3 = 10 & ③ \end{cases}$$

将第三个方程减去第二个方程乘以3，则

$$\begin{cases} x_1 + 2x_2 + 2x_3 = 7 & ① \\ x_2 + 2x_3 = 4 & ② \\ -2x_3 = -2 & ③ \end{cases}$$

解法2（相应的矩阵变换）：

$$\begin{pmatrix} 3 & 4 & 2 & 13 \\ -1 & 1 & 2 & 3 \\ 1 & 2 & 2 & 7 \end{pmatrix}$$

$$\downarrow$$

$$\begin{pmatrix} 1 & 2 & 2 & 7 \\ -1 & 1 & 2 & 3 \\ 3 & 4 & 2 & 13 \end{pmatrix}$$

$$\downarrow$$

$$\begin{pmatrix} 1 & 2 & 2 & 7 \\ 0 & 3 & 4 & 10 \\ 0 & -2 & -4 & -8 \end{pmatrix}$$

$$\downarrow$$

$$\begin{pmatrix} 1 & 2 & 2 & 7 \\ 0 & 1 & 2 & 4 \\ 0 & 3 & 4 & 10 \end{pmatrix}$$

$$\downarrow$$

$$\rightarrow \begin{pmatrix} 1 & 2 & 2 & 7 \\ 0 & 1 & 2 & 4 \\ 0 & 0 & -2 & -2 \end{pmatrix}$$

$$\begin{cases} x_1 + 2x_2 + 2x_3 = 7 & ① \\ x_2 + 2x_3 = 4 & ② \\ x_3 = 1 & ③ \end{cases} \qquad \begin{pmatrix} 1 & 2 & 2 & 7 \\ 0 & 1 & 2 & 4 \\ 0 & 0 & 1 & 1 \end{pmatrix}$$

将第一个方程减去第二个方程乘以 2,则 $\downarrow$

$$\begin{cases} x_1 - 2x_3 = -1 & ① \\ x_2 + 2x_3 = 4 & ② \\ x_3 = 1 & ③ \end{cases} \qquad \begin{pmatrix} 1 & 0 & -2 & -1 \\ 0 & 1 & 2 & 4 \\ 0 & 0 & 1 & 1 \end{pmatrix}$$

将第一个方程减去第三个方程乘以 2.

将第二个方程减去第二个方程乘以 2,则 $\downarrow$

$$\begin{cases} x_1 = 1 & ① \\ x_2 = 2 & ② \\ x_3 = 1 & ③ \end{cases} \text{(阶梯形方程组)} \begin{pmatrix} 1 & 0 & 0 & 1 \\ 0 & 1 & 0 & 2 \\ 0 & 0 & 1 & 1 \end{pmatrix} \text{(简化型阶梯形矩阵)}$$

因此,方程组的解为

$$x_1 = 1, x_2 = 2, x_3 = 1 \qquad \boldsymbol{X} = (1 \quad 2 \quad 1)^{\mathrm{T}}$$

显然,用消元法解线性方程组是将方程组通过方程的初等变换使其变成阶梯形方程组.在消元过程中,反复使用了以下 3 种变换:

①互换两个方程.

②某一方程乘以非零常数 k.

③某一方程乘以常数 k 后加到另一方程上.

因此,对照例 11.26 可知,线性方程组的消元法和矩阵的初等变换具有相似的作用.线性方程组 3 种初等变换对应着矩阵的 3 种行初等变换.因此,可利用增广矩阵的初等变换求解线性方程组.

例 11.27 设 $\begin{cases} x_1 + 2x_2 + 2x_3 = 0 \\ x_1 + 3x_2 + 4x_3 = -2 \\ x_1 + x_2 + x_3 = 4 \end{cases}$,求方程组的解.

解

$$\widetilde{\boldsymbol{A}} = (\boldsymbol{A} : \boldsymbol{B}) = \begin{pmatrix} 1 & 2 & 2 & 0 \\ 1 & 3 & 4 & -2 \\ 1 & 1 & 1 & 4 \end{pmatrix} \xrightarrow[r_3 - r_1]{r_2 - r_1} \begin{pmatrix} 1 & 2 & 2 & 0 \\ 0 & 1 & 2 & -2 \\ 0 & -1 & -1 & 4 \end{pmatrix}$$

$$\xrightarrow{r_3 + r_2} \begin{pmatrix} 1 & 2 & 2 & 0 \\ 0 & 1 & 2 & -2 \\ 0 & 0 & 1 & 2 \end{pmatrix}$$

显然,线性方程组的 $R(\widetilde{\boldsymbol{A}}) = R(\boldsymbol{A}) = 3$,继续进行初等变换,将其化为简化型阶梯矩阵

$$\xrightarrow{r_1 - 2r_2} \begin{pmatrix} 1 & 2 & 2 & 0 \\ 0 & 1 & 2 & -2 \\ 0 & 0 & 1 & 2 \end{pmatrix} \xrightarrow{r_1 - 2r_2} \begin{pmatrix} 1 & 0 & -2 & 4 \\ 0 & 1 & 2 & -2 \\ 0 & 0 & 1 & 2 \end{pmatrix}$$

$$\xrightarrow[r_1 + 2r_3]{r_2 - r_3} \begin{pmatrix} 1 & 0 & 0 & 8 \\ 0 & 1 & 0 & -6 \\ 0 & 0 & 1 & 2 \end{pmatrix}$$

因此,方程组的解为

$$\begin{cases} x_1 = 8 \\ x_2 = -6 \\ x_3 = 2 \end{cases}$$

此为方程组唯一解.

例11.28　设$\begin{cases} x_1 + 2x_2 + 2x_3 = 0 \\ x_1 + 3x_2 + 4x_3 = -2 \\ x_1 + x_2 = 2 \end{cases}$,求方程组的解.

解

$$\widetilde{A} = (A \vdots B) = \begin{pmatrix} 1 & 2 & 2 & 0 \\ 1 & 3 & 4 & -2 \\ 1 & 1 & 0 & 2 \end{pmatrix} \xrightarrow[r_3 - r_1]{r_2 - r_1} \begin{pmatrix} 1 & 2 & 2 & 0 \\ 0 & 1 & 2 & -2 \\ 0 & -1 & -2 & 2 \end{pmatrix}$$

$$\xrightarrow{r_3 + r_2} \begin{pmatrix} 1 & 2 & 2 & 0 \\ 0 & 1 & 2 & -2 \\ 0 & 0 & 0 & 0 \end{pmatrix}$$

显然,线性方程组的$R(\widetilde{A}) = R(A) = 2 < 3$,继续进行初等变换

$$\xrightarrow{r_1 - 2r_2} \begin{pmatrix} 1 & 0 & -2 & 4 \\ 0 & 1 & 2 & -2 \\ 0 & 0 & 0 & 0 \end{pmatrix}$$

因此,方程组的解为

$$\begin{cases} x_1 = 2k_1 + 4 \\ x_2 = -2k_1 - 2 \\ x_3 = k_1 \end{cases}$$

其中,k_1为任意实数,有无穷多组解.

例11.29　设$\begin{cases} x_1 + 2x_2 + 2x_3 = 0 \\ x_1 + 3x_2 + 4x_3 = -2 \\ x_1 + x_2 = 3 \end{cases}$,求方程组的解.

解

$$\widetilde{A} = (A \vdots B) = \begin{pmatrix} 1 & 2 & 2 & 0 \\ 1 & 3 & 4 & -2 \\ 1 & 1 & 0 & 3 \end{pmatrix} \xrightarrow[r_3 - r_1]{r_2 - r_1} \begin{pmatrix} 1 & 2 & 2 & 0 \\ 0 & 1 & 2 & -2 \\ 0 & -1 & -2 & 3 \end{pmatrix}$$

$$\xrightarrow{r_3 + r_2} \begin{pmatrix} 1 & 2 & 2 & 0 \\ 0 & 1 & 2 & -2 \\ 0 & 0 & 0 & 1 \end{pmatrix}$$

显然,线性方程组的$R(\widetilde{A}) = 3$,$R(A) = 2$,由上述矩阵第三行所构成的方程$0 = 1$可知,方程组无解.由以上例题可知,线性方程组的增广矩阵经过一系列的行初等变换,总是可化为下面的阶梯形矩阵

$$\begin{pmatrix} 1 & 0 & \cdots & 0 & b_{1,r+1} & \cdots & b_{1n} & d_1 \\ 0 & 1 & \cdots & 0 & b_{2,r+1} & \cdots & b_{2n} & d_2 \\ 0 & 0 & \cdots & 0 & b_{3,r+1} & \cdots & b_{3n} & d_3 \\ \vdots & \vdots & & \vdots & \vdots & & \vdots & \vdots \\ 0 & 0 & \cdots & 1 & b_{r,r+1} & \cdots & b_{rn} & d_r \\ 0 & 0 & \cdots & 0 & 0 & \cdots & 0 & d_{r+1} \\ \vdots & \vdots & & \vdots & \vdots & & \vdots & \vdots \\ 0 & 0 & 0 & 0 & 0 & \cdots & 0 & 0 \end{pmatrix}$$

即原方程组增广矩阵和经过一系列初等变换得到的简化型矩阵所代表的方程组同解,将经过一系列初等变换得到的简化型矩阵还原为方程组,即

$$\begin{cases} x_1 + b_{1,r+1}x_r + \cdots + b_{1n}x_n = d_1 \\ x_2 + b_{2,r+1}x_r + \cdots + b_{2n}x_n = d_2 \\ \qquad \vdots \\ x_r + b_{r,r+1}x_r + \cdots + b_{rn}x_n = d_r \\ \qquad 0 = d_{r+1} \\ \qquad 0 \\ \qquad \vdots \\ \qquad 0 \end{cases} \tag{3}$$

若 $\boldsymbol{d}_{r+1} \neq 0, R(\widetilde{\boldsymbol{A}}) = r+1 > r = R(\boldsymbol{A})$,则方程组(3)显然无解.

若 $\boldsymbol{d}_{r+1} = 0, R(\widetilde{\boldsymbol{A}}) = r = R(\boldsymbol{A})$,此时方程组(3)有解.

①$r=n$ 时,方程组(3)变为

$$x_1 = d_1, x_2 = d_2, \cdots, x_n = d_n$$

是其唯一解.

②$r<n$ 时,方程组(3)成为

$$\begin{cases} x_1 = d_1 - b_{1,r+1}x_{r+1} - \cdots - b_{1n}x_n \\ x_2 = d_2 - b_{2,r+1}x_{r+1} - \cdots - b_{2n}x_n \\ \qquad \vdots \\ x_r = d_r - b_{r,r+1}x_{r+1} - \cdots - b_{rn}x_n \end{cases}$$

一般解为

$$\begin{cases} x_1 = d_1 - b_{1,r+1}k_1 - \cdots - b_{1n}k_{n-r} \\ x_2 = d_2 - b_{2,r+1}k_1 - \cdots - b_{2n}k_{n-r} \\ \quad \vdots \\ x_r = d_r - b_{r,r+1}k_1 - \cdots - b_{rn}k_{n-r} \\ x_{r+1} = k_1 \\ \quad \vdots \\ x_n = k_{n-r} \end{cases}$$

其中,$k_1, k_2, \cdots, k_{n-r}$ 为任意常数.

综上所述，线性方程组解的情况可能会有3种：有唯一解，有无穷多解，无解. 因此，下面就非齐次线性方程组和齐次线性方程组的解的情况分别解析.

11.5.2　非齐次线性方程组的解

(1)非齐次线性方程组解的判定

定理8　设有非齐次线性方程组 $\boldsymbol{AX}=\boldsymbol{B}$ 的系数矩阵为 $\boldsymbol{A}_{m\times n}$，增广矩阵 $\widetilde{\boldsymbol{A}}=(\boldsymbol{A}:\boldsymbol{B})$，则有：

①非齐次线性方程组有解的充分必要条件是系数矩阵的秩等于增广矩阵的秩，即

$$R(\widetilde{\boldsymbol{A}})=R(\boldsymbol{A})=r(r\leqslant n)$$

②非齐次线性方程组有解时，若 $R(\boldsymbol{A})=n$，则有唯一解；若 $R(\boldsymbol{A})<n$，则有无穷多组解.

③若 $R(\widetilde{\boldsymbol{A}})\neq R(\boldsymbol{A})=r(r<n)$ 则线性方程组 $\boldsymbol{AX}=\boldsymbol{B}$ 无解.

推论1　非齐次线性方程组 $\boldsymbol{AX}=\boldsymbol{B}$ 有唯一解的充分必要条件为

$$R(\widetilde{\boldsymbol{A}})=R(\boldsymbol{A})=n$$

推论2　非齐次线性方程组 $\boldsymbol{AX}=\boldsymbol{B}$ 有无穷多解的充分必要条件为

$$R(\widetilde{\boldsymbol{A}})=R(\boldsymbol{A})<n$$

(2)利用消元法解齐次线性方程组 $\boldsymbol{AX}=\boldsymbol{B}$ 的一般方法

①写出非齐次线性方程组 $\boldsymbol{AX}=\boldsymbol{B}$ 的增广矩阵 $\widetilde{\boldsymbol{A}}=(\boldsymbol{A}:\boldsymbol{B})$，反复使用行初等变换将其化为阶梯矩阵.

②用定理判定方程组解的情况，观察 $R(\widetilde{\boldsymbol{A}})$ 和 $R(\boldsymbol{A})$ 的值. 若 $R(\widetilde{\boldsymbol{A}})\neq \boldsymbol{R}(\boldsymbol{A})$，无解，则终止；若 $R(\widetilde{\boldsymbol{A}})=R(\boldsymbol{A})$，则继续进行初等变换，将其化为简化型阶梯矩阵.

③由简化型阶梯矩阵写出方程组的解.

例11.30　设线性方程组 $\begin{cases}x_1+2x_2+2x_3=5\\x_1+3x_2+4x_3-2x_4=6\\x_1+x_2+2x_4=4\end{cases}$，求方程组的解.

解　$$\widetilde{\boldsymbol{A}}=(\boldsymbol{A}:\boldsymbol{B})=\begin{pmatrix}1&2&2&0&5\\1&3&4&-2&6\\1&1&0&2&4\end{pmatrix}\xrightarrow[r_3-r_1]{r_2-r_1}\begin{pmatrix}1&2&2&0&5\\0&1&2&-2&1\\0&-1&-2&2&-1\end{pmatrix}$$

$$\xrightarrow{r_3+r_2}\begin{pmatrix}1&2&2&0&5\\0&1&2&-2&1\\0&0&0&0&0\end{pmatrix}$$

显然，线性方程组的 $R(\widetilde{\boldsymbol{A}})=R(\boldsymbol{A})=2<3$，继续进行初等变换

$$\begin{pmatrix}1&2&2&0&5\\0&1&2&-2&1\\0&0&0&0&0\end{pmatrix}\xrightarrow{r_1-r_2}\begin{pmatrix}1&0&-2&4&3\\0&1&2&-2&1\\0&0&0&0&0\end{pmatrix}$$

因此，方程组的解为

$$\begin{cases} x_1 = 2k_1 - 4k_2 + 3 \\ x_2 = -2k_1 + 2k_2 + 1 \\ x_3 = k_1 \\ x_4 = k_2 \end{cases}$$

其中,k_1,k_2 为任意实数.

11.5.3 齐次线性方程组的解

由定理 8 可知,对于齐次线性方程组 $\boldsymbol{AX}=\boldsymbol{0}$ 来说,由于其常数项矩阵为零,则系数矩阵的秩 $R(\boldsymbol{A})$ 始终等于增广矩阵的秩 $\widetilde{\boldsymbol{A}}=(\boldsymbol{A}:\boldsymbol{B})$,即

$$R(\widetilde{\boldsymbol{A}})=R(\boldsymbol{A})=r(r\leqslant n)$$

因此,齐次线性方程组 $\boldsymbol{AX}=\boldsymbol{0}$,肯定有解.下面讨论齐次线性方程组的解.

定理 9 齐次线性方程组:

①$\boldsymbol{A}_{m\times n}\boldsymbol{X}=\boldsymbol{0}$ 有非零解的充分必要条件为

$$R(\boldsymbol{A})=r<n$$

②$\boldsymbol{A}_{m\times n}\boldsymbol{X}=\boldsymbol{0}$ 有零解的充分必要条件是

$$R(\boldsymbol{A})=n$$

③$\boldsymbol{A}_{m\times n}\boldsymbol{X}=\boldsymbol{0}$ 中方程的个数 m 小于未知量的个数 n 时,该方程组一定有解.

注:

①写出齐次线性方程组 $\boldsymbol{AX}=\boldsymbol{0}$ 的系数矩阵,反复使用行初等变换将其化为阶梯矩阵.

②用定理判定方程组解的情况,若有零解则停止;否则继续进行初等变换,将其化为简化型阶梯矩阵.

③由简化型阶梯矩阵写出方程组的解.

例 11.31 设齐次线性方程组 $\begin{cases} x_1+2x_2+2x_3 =0 \\ x_1+3x_2+4x_3-2x_4=0 \\ x_1+x_2+2x_4=0 \end{cases}$,求方程组的解.

解 因为系数矩阵

$$\boldsymbol{A}=\begin{pmatrix} 1 & 2 & 2 & 0 \\ 1 & 3 & 4 & -2 \\ 1 & 1 & 0 & 2 \end{pmatrix} \xrightarrow[r_3-r_1]{r_2-r_1} \begin{pmatrix} 1 & 2 & 2 & 0 \\ 0 & 1 & 2 & -2 \\ 0 & -1 & -2 & 2 \end{pmatrix}$$

$$\xrightarrow{r_3+r_2} \begin{pmatrix} 1 & 2 & 2 & 0 \\ 0 & 1 & 2 & -2 \\ 0 & 0 & 0 & 0 \end{pmatrix}$$

显然,线性方程组的 $R(\boldsymbol{A})=2<3$,齐次方程有解,继续进行初等变换

$$\begin{pmatrix} 1 & 2 & 2 & 0 \\ 0 & 1 & 2 & -2 \\ 0 & 0 & 0 & 0 \end{pmatrix} \xrightarrow{r_1-r_2} \begin{pmatrix} 1 & 0 & -2 & 4 \\ 0 & 1 & 2 & -2 \\ 0 & 0 & 0 & 0 \end{pmatrix}$$

因此,齐次方程组的解为

$$\begin{cases} x_1 = 2k_1 - 4k_2 \\ x_2 = -2k_1 + 2k_2 \\ x_3 = k_1 \\ x_4 = k_2 \end{cases}$$

其中，k_1, k_2 为任意实数.

习题 11.5

1. 解下列线性方程组：

(1) $\begin{cases} x_1 + x_2 - 2x_3 = 5 \\ 2x_1 - x_2 + 2x_3 = -2 \\ 4x_1 + x_2 + 4x_3 = 2 \end{cases}$　　(2) $\begin{cases} 2x_1 + x_2 - x_3 = 3 \\ x_1 - 2x_2 + 2x_3 = -2 \\ 3x_1 + x_2 + 2x_3 = 2 \end{cases}$

2. 对下列线性方程组求系数矩阵和增广矩阵的秩，判断解的情况. 若有解，则求解.

(1) $\begin{cases} 3x_1 + 4x_2 - 4x_3 + 2x_4 = -3 \\ 6x_1 + 5x_2 - 2x_3 + 3x_4 = -1 \\ 9x_1 + 3x_2 + 8x_3 + 5x_4 = 9 \\ -3x_1 - 7x_2 - 10x_3 + x_4 = 2 \end{cases}$　　(2) $\begin{cases} 3x_1 + 4x_2 + x_3 + 2x_4 = 3 \\ 6x_1 + 8x_2 + 2x_3 + 5x_4 = 7 \\ 9x_1 + 12x_2 + 3x_3 + 10x_4 = 13 \end{cases}$

(3) $\begin{cases} 4x_1 + 2x_2 - x_3 = 2 \\ 3x_1 - x_2 + 2x_3 = 10 \\ 11x_1 + 3x_2 = 8 \end{cases}$　　(4) $\begin{cases} x_1 - 2x_2 + 3x_3 - 4x_4 = 4 \\ x_2 - x_3 + x_4 = -3 \\ x_1 + 3x_2 + x_4 = 1 \\ -7x_2 + 3x_3 + x_4 = -3 \end{cases}$

(5) $\begin{cases} x_1 + 2x_2 + 3x_3 + 4x_4 = 0 \\ x_1 + x_2 + 2x_3 + 3x_4 = 0 \\ x_1 + 5x_2 + x_3 + 2x_4 = 0 \\ x_1 + 5x_2 + 5x_3 + 2x_4 = 0 \end{cases}$

3. 已知线性方程组 $\begin{cases} x_1 + 2x_3 = \lambda \\ 2x_2 - x_3 = \lambda^2 \\ 2x_1 + \lambda^2 x_3 = 4 \end{cases}$，讨论当 λ 为何值时，它有唯一解，有无穷多个解，或无解.

复习题 11

一、填空题：

1. $\begin{vmatrix} b_1 + c_1 & c_1 + a_1 & a_1 + b_1 \\ b_2 + c_2 & c_2 + a_2 & a_2 + b_2 \\ b_3 + c_3 & c_3 + a_3 & a_3 + b_3 \end{vmatrix} =$ ________.

2. 设$\begin{pmatrix}2x & 3y\\ 1 & -2\end{pmatrix}-\begin{pmatrix}-y & x\\ 1 & 2\end{pmatrix}=\begin{pmatrix}1 & -1\\ 0 & -4\end{pmatrix}$,则 $x=$________,$y=$________.

3. 设$\boldsymbol{A}=(1\quad 2\quad -1)$,$\boldsymbol{B}=\begin{pmatrix}1 & 2 & 3\\ 3 & 0 & 1\\ 1 & -1 & 0\end{pmatrix}$,则$\boldsymbol{AB}=$________.

4. 已知$\boldsymbol{A}=\begin{pmatrix}0 & 2 & -1 & 3\\ 1 & 0 & 4 & 1\\ 0 & -2 & 1 & -1\end{pmatrix}$,则$R(\boldsymbol{A})=$________.

5. 设矩阵$\boldsymbol{X}$满足矩阵方程$\boldsymbol{X}=\begin{pmatrix}4 & 3\\ 2 & 1\end{pmatrix}=\begin{pmatrix}3 & 0\\ 4 & -1\end{pmatrix}$,则$\boldsymbol{X}=$________.

6. 若矩阵$\boldsymbol{A},\boldsymbol{C}$满足$\boldsymbol{AX}=\boldsymbol{C}+2\boldsymbol{X}$, 则$\boldsymbol{X}=$________.

7. 已知非齐次线性方程组$\boldsymbol{AX}=\boldsymbol{b}$有解,若系数矩阵$\boldsymbol{A}$的秩$R(\boldsymbol{A})=4$,则增广矩阵$\boldsymbol{A}$的秩$R(\widetilde{\boldsymbol{A}})=$________.

8. 已知齐次线性方程组$\boldsymbol{AX}=\boldsymbol{0}$,它的解有__________________和__________________两种情况.

9. 当$\lambda=$________时,方程组$\begin{cases}x_1+x_2=-1\\ x_1+\lambda x_2=1\end{cases}$无解.

10. 已知非齐次线性方程组$\boldsymbol{AX}=\boldsymbol{b}$的增广矩阵$\widetilde{\boldsymbol{A}}$经过初等变换化为$\begin{pmatrix}1 & 0 & -4 & 1 & -1\\ 0 & 1 & 2 & 2 & 1\\ 0 & 0 & -1 & 0 & 1\\ 0 & 0 & 0 & a+8 & 0\end{pmatrix}$,有无穷多解,则$a=$________.

二、单项选择题:

1. $\begin{pmatrix}1\\ 2\end{pmatrix}(3\quad 4)=$(　　).

A. (11)　　B. $(3\quad 8)$　　C. $\begin{pmatrix}2\\ 6\end{pmatrix}$　　D. $\begin{pmatrix}3 & 4\\ 6 & 8\end{pmatrix}$

2. 设$\boldsymbol{A},\boldsymbol{B}$均为$n$阶方阵,且$\boldsymbol{AXB}=\boldsymbol{E}$,则$\boldsymbol{X}=$(　　).

A. $\boldsymbol{B}^{-1}\boldsymbol{A}^{-1}$　　B. $\boldsymbol{A}^{-1}\boldsymbol{B}^{-1}$　　C. $\boldsymbol{A}^{-1}\boldsymbol{B}$　　D. $\boldsymbol{B}\boldsymbol{A}^{-1}$

3. 已知矩阵$\boldsymbol{A}_{3\times 2}$,$\boldsymbol{B}_{2\times 3}$,$\boldsymbol{C}_{3\times 4}$,下列运算可行的是(　　).

A. $\boldsymbol{ABC}$　　B. $\boldsymbol{AC}$　　C. $\boldsymbol{CB}$　　D. $\boldsymbol{AB}-\boldsymbol{BA}$

4. 已知二阶方阵$\boldsymbol{A}$的逆矩阵$\boldsymbol{A}^{-1}=\begin{pmatrix}2 & 3\\ 1 & 2\end{pmatrix}$,则$\boldsymbol{A}=$(　　).

A. $\begin{pmatrix}2 & -3\\ -1 & 2\end{pmatrix}$　　B. $\begin{pmatrix}-2 & 3\\ 1 & -2\end{pmatrix}$　　C. $\begin{pmatrix}2 & 1\\ 3 & 2\end{pmatrix}$　　D. $\begin{pmatrix}2 & 3\\ 1 & 2\end{pmatrix}$

5. 若非齐次线性方程组$\boldsymbol{A}_{m\times n}\boldsymbol{X}=\boldsymbol{b}$无解,则(　　).

A. $R(\boldsymbol{A})=n$　　B. $R(\boldsymbol{A})=n$

C. $R(\boldsymbol{A})=R(\widetilde{\boldsymbol{A}})$　　D. $R(\boldsymbol{A})\neq R(\widetilde{\boldsymbol{A}})$

6. 已知方程组$\begin{cases} x_1-2x_2+x_3=1 \\ x_2+3x_3=0 \\ 2x_1+x_2+2x_3=0 \end{cases}$，则方程组（　　）.

A. 无解　　B. 有唯一解

C. 有无穷多组解　　D. 不能确定

7. 已知齐次线性方程组$\begin{cases} kx_1-2x_2+x_3=0 \\ x_1-x_2+x_3=0 \\ 2x_1+kx_2=0 \end{cases}$，有非零解，则（　　）.

A. $k\neq -3$ 或 $k\neq 2$　　B. $k=-3$ 或 $k=2$

C. $k\neq 3$ 或 $k\neq -2$　　D. $k=3$ 或 $k=-2$

8. 已知非齐次线性方程组 $\boldsymbol{AX}=\boldsymbol{b}$ 的增广矩阵 $\widetilde{\boldsymbol{A}}$ 经过初等变换化为$\begin{pmatrix} 1 & 0 & 1 & 3 & 0 \\ 0 & 1 & 4 & -1 & 2 \\ 0 & 0 & 0 & 1 & 3 \end{pmatrix}$，

则方程组的一般解中自由未知量的个数是（　　）.

A. 1　　B. 2　　C. 3　　D. 4

三、计算题：

1. 利用行列式性质计算下列各行列式：

(1) $\begin{vmatrix} 1 & 0 & 2 \\ 2 & 1 & 1 \\ 0 & 2 & 0 \end{vmatrix}$　　(2) $\begin{vmatrix} 1 & 1 & 1 \\ a & b & c \\ b+c & c+a & a+b \end{vmatrix}$

(3) $\begin{vmatrix} 1+\cos x & 1+\sin x & 1 \\ 1-\sin x & 1+\cos x & 1 \\ 1 & 1 & 1 \end{vmatrix}$　　(4) $\begin{vmatrix} 1 & 1 & 0 & 1 \\ 1 & -1 & 1 & 0 \\ 0 & 1 & -1 & 1 \\ 1 & 0 & 1 & -1 \end{vmatrix}$

(5) $\begin{vmatrix} 0 & 1 & 1 & 1 \\ 1 & 0 & 1 & 1 \\ 1 & 1 & 0 & 1 \\ 1 & 1 & 1 & 0 \end{vmatrix}$　　(6) $\begin{vmatrix} -1 & 2 & -2 & 1 \\ 2 & 3 & 1 & -1 \\ 2 & 0 & 0 & 3 \\ 4 & 1 & 0 & 1 \end{vmatrix}$

2. 设 $\boldsymbol{A}=\begin{pmatrix} 3 & 5 & -1 \\ 0 & 1 & 3 \\ -2 & -4 & 1 \end{pmatrix}$，$\boldsymbol{B}=\begin{pmatrix} -1 & 0 & 3 \\ 2 & 2 & -2 \\ 3 & 1 & 2 \end{pmatrix}$求 $\boldsymbol{A}-3\boldsymbol{B}$；$\boldsymbol{AB}$.

3. 设 $\boldsymbol{A}=\begin{pmatrix} 1 & -1 & 3 \\ 3 & 2 & 3 \\ 1 & -1 & 3 \end{pmatrix}$，$\boldsymbol{B}=\begin{pmatrix} 2 & 1 \\ 1 & 0 \\ -1 & 3 \end{pmatrix}$，$\boldsymbol{C}=\begin{pmatrix} 3 & 1 \\ 1 & 2 \\ -1 & 2 \end{pmatrix}$，求 $\boldsymbol{AB}-3\boldsymbol{C}$.

4. 已知 $\boldsymbol{A}=\begin{pmatrix} 1 & 2 & -3 & 4 \\ -2 & -5 & 8 & -8 \\ 4 & 3 & -9 & 9 \\ 2 & 3 & -5 & 7 \end{pmatrix}$，求矩阵 $\boldsymbol{A}$ 的秩.

5. 设 $A=\begin{pmatrix}1 & 1\\0 & -2\\2 & 0\end{pmatrix}$，$B=\begin{pmatrix}1 & 2 & -3\\0 & -1 & 2\end{pmatrix}$，求 $(AB)^{-1}$.

6. 设 $A=\begin{pmatrix}2 & 1 & 0\\1 & 2 & 1\\0 & 1 & 2\end{pmatrix}$，求 A^{-1}.

7. 求下列各矩阵方程中的未知矩阵：

(1) $X\begin{pmatrix}1 & 1 & -1\\2 & 1 & 0\\1 & -1 & 1\end{pmatrix}=\begin{pmatrix}1 & -1 & 3\\4 & 3 & 2\\1 & -2 & 5\end{pmatrix}$　　(2) $\begin{pmatrix}1 & 2 & 3\\2 & 2 & 1\\3 & 4 & 3\end{pmatrix}X\begin{pmatrix}2 & 1\\5 & 3\end{pmatrix}=\begin{pmatrix}1 & 3\\2 & 0\\3 & 1\end{pmatrix}$

8. 设矩阵方程 $XA=B$，其中 $A=\begin{pmatrix}0 & 0 & 1\\-1 & 2 & 0\\3 & -4 & 0\end{pmatrix}$，$B=\begin{pmatrix}1 & 2 & 0\\-1 & 0 & 1\end{pmatrix}$，求 X.

四、下列方程组是否有解. 若有解，求出它的一般解.

1. $\begin{cases}-2x_1+x_2+x_3=-2\\x_1-2x_2+x_3=-2\\x_1+x_2-2x_3=4\end{cases}$　　2. $\begin{cases}2x_1-x_2+3x_3+x_4=1\\x_1+2x_2-x_3-2x_4=0\\3x_1+x_2-4x_3-x_4=2\end{cases}$

3. $\begin{cases}x_1-x_2+3x_3-4x_4=3\\x_2-2x_3+2x_4=0\\2x_1+x_2-3x_4=1\\-2x_2+3x_3+x_4=-3\end{cases}$　　4. $\begin{cases}x_1+4x_2-5x_3+7x_4=0\\2x_1-3x_2+3x_3-2x_4=0\\11x_2-13x_3+16x_4=0\\5x_1-2x_2+x_3+3x_4=0\end{cases}$

五、当 b 为何值时，线性方程组 $\begin{cases}x_1+x_2+x_3+x_4=1\\3x_1+2x_2-x_3-x_4=0\\x_2+4x_3+4x_4=b\end{cases}$ 有解，并求出一般解.

六、已知齐次线性方程组 $\begin{cases}x_1+x_2+x_3+x_4=0\\2x_1+3x_2+ax_3-4x_4=0\\x_2-x_3+2x_4=0\\3x_1+5x_2+x_3+(a+6)x_4=0\end{cases}$ 有非零解，求 a 的值，并求出方程组的一般解.

七、在建筑力学中，常常需要解平衡方程. 某三铰钢架结构，依受力平衡条件可得平衡方程为

$$\begin{cases}x_1-x_3=-1\\x_2+x_4=24\\4x_3+16x_4=54\\8x_1-8x_2=-146\end{cases}$$

设 x_1,x_2,x_3,x_4 是支座反力，求各支座反力.

第12章 概 率

概率论是研究现实世界中随机现象统计规律的一门学科，是近代数学的重要组成部分，在自然科学、工程技术、经济管理及现实生活中有着广泛的应用. 同时，概率论也是数理统计的基础.

本章在引入随机现象概念的基础上，简要介绍了概率论的相关概念和计算方法，随机变量的概念、离散型和连续性随机变量的分布列以及随机变量的数字特征.

12.1 概 率

本节主要介绍随机事件的相关概念，古典概型和概率的加法公式.

12.1.1 随机事件及其概率

(1)随机事件

在十进制计数中，1 +1 必定等于 2；太阳每天早晨从东方升起；在标准大气压下，水加热到 100 ℃必然会沸腾……我们把这种在一定条件下必然会发生某一种结果的现象称为**确定性现象**.

与确定性现象不同，“明天的天气情况”会有多种可能的结果出现，可能是晴天，可能是阴天，也可能下雨，事先无法确定；投掷一枚硬币的情况可能“正面向上”，也可能“正面向下”……这种现象在一次观察中具有多种可能发生的结果，而究竟发生哪个结果事先无法肯定，但在大量重复观察、试验时会呈现其规律性，故把这种现象称为**随机现象**.

考察一个随机现象，必须通过试验对它的各种可能出现的结果作出进一步剖析，这一类试验称为随机试验. 粗略地说，把随机试验的可能出现也可能不出现的结果称为随机事件，简称事件，用大写英文字母 $A,B,C,\cdots$ 来表示. 例如，“明天下雨”是一个事件. 又如，掷一枚硬币，出现“正面向上”也是一个**事件**.

有的事件很简单，有的事件比较复杂. 例如，考察掷一颗骰子的出现点数的试验，所有可能发生的结果为：“出现的点数是 1”，“出现的点数是 2”，……“出现的点数是 6”；一次随机试验的每一个可能的结果，称为**基本事件**，以上 6 个事件都是基本事件，而事件“出现的点数是偶数”，则由 3 个基本事件组成，即由基本事件“出现的点数是 2”，“出现的点数是 4”，“出现的点数是 6”组成，把这种可由多个基本事件组成的事件称为**复杂事件**.

例 12.1 下列随机试验中，各有几个基本事件：

1）投掷一枚硬币，观察哪面向上.

2）从 10 个同类产品（其中有 8 个正品，2 个次品）中任意抽取 3 个，观察出现的次品数.

解 1）“投掷一枚硬币的结果”这一随机试验共有两个基本事件：

$A=\{$国徽向上$\}$，$B=\{$币值向上$\}$

2）“从 8 个正品、2 个次品中任意抽取 3 个，出现的次品数”这一随机试验共有 3 个基本事件：$A=\{$没有次品$\}$，$B=\{$恰有一个次品$\}$，$C=\{$有 2 个次品$\}$.

随机试验所产生的基本事件具有下列性质：

①在任何一次试验中，任意两个基本事件不会同时出现.

②在任何一次试验中，所有基本事件中必定有一个出现.

③该随机试验的任一事件，都是由若干基本事件组成的.

在一定条件下必然会出现的事件称为必然事件，通常用大写希腊字母 Ω 表示. 在一定条件下一定不出现的事件称为不可能事件，通常用大写希腊字母 $\varnothing$ 表示. 例如，“在标准大气压下，水加热到 100 ℃沸腾”是必然事件；“没有水分，种子发芽”是不可能事件.

必然事件和不可能事件都是确定性现象的试验结果. 今后，我们把它们看作是随机事件的两种极端情况，这将会对随机事件的研究带来方便.

（2）事件间的关系和运算

1）包含关系

如果事件 A 发生必然导致事件 B 发生，即属于 A 的每一个基本事件也都属于 B，则称事件 B **包含**事件 A，记作 $B\supset A$. 显然，对于任一事件 A，有

$$\varnothing\subset A\subset\Omega$$

例如掷一枚骰子，设 $A_i=\{$掷出 i 点$\}(i=1,2,\cdots,6)$，$B=\{$掷出偶数点$\}$，显然，A_2,A_4,A_6 均包含于事件 B 中.

2）相等关系

如果事件 A 包含事件 B，事件 B 也包含事件 A，则称事件 A 与事件 B **相等**，即 A 与 B 中包含的基本事件基本相同，记作 $A=B$.

3）和事件

由“两个事件 A,B 中至少有一个发生”所构成的事件称为事件 A 与 B 的**和**. 和事件是由属于 A 或 B 的所有基本事件构成的集合，记作 $A+B$.

例如，设 A 是“甲考上大学”，B 是“乙考上大学”，则 $A+B$ 表示“甲和乙至少有一个考上大学”，即包括“甲考上乙没考上”“乙考上甲没考上”“甲、乙都考上”3 个事件.

4）积事件

由“两个事件 A,B 同时发生”所构成的事件称为事件 A 与 B 的**积**. 积事件是由既属于 A 又属于 B 的所有公共基本事件构成的集合，记作 AB.

例如，设 A 是“甲考上大学”，B 是“乙考上大学”，则 AB 表示“甲和乙都考上大学”.

5）互斥关系

如果事件 A 与 B 不能同时发生，则称事件 A 与 B **互斥**（或称**互不相容**），即 A 与 B 没有相

同的基本事件.

事件 A 与 B 互斥,意味着,在一次实验中事件 A 与 B 不能同时发生,从而积事件 AB 是不可能事件,即 $AB=\varnothing$. 今后经常用 $AB=\varnothing$ 表示 A 与 B 互斥.

例如,设 A 是"甲考上大学",B 是"乙考上大学",则 A 与 B 不是互斥关系. 又如,掷一粒骰子,设 C 是"掷出偶数点",D 是"掷出三点",则 C 与 D 不可能同时发生,是互斥关系.

6)互逆关系

如果事件 A 与 B 满足:$A+B=\Omega, AB=\varnothing$,则称事件 A 与 B **互逆**(或称事件 A 与 B **对立**),记作 $B=\overline{A}$. 事件 $\overline{A}$ 是样本空间中所有不属于 A 的基本事件构成的集合,称为 A 的逆(事件).

事件 A 与 $\overline{A}$ 互逆,意味着,在一次实验中事件 A 与 $\overline{A}$ 不能同时发生,但是它们中一定有一个事件发生.

例如,掷一粒骰子,设 C 是"掷出偶数点",E 是"掷出奇数点",则 C 与 E 不可能同时发生,且 $C+E=\Omega$ 是互逆关系,即 $E=\overline{C}$.

7)差事件

如果事件 A 发生而事件 B 不发生,则该事件称为事件 A 与 B 的**差**,记作 $A-B$. 差事件是由属于 A 但不属于 B 的基本事件构成的集合.

事件 A 与 B 的差意味着事件 A 发生而事件 B 不发生,由于事件 B 不发生,则事件 $\overline{B}$ 发生,于是

$$A-B=A\overline{B}$$

由此可知,事件间的运算完全类似于集合间的运算规律. 因此,事件间的运算也满足几何上的摩根律:设 A,B 为事件,则:

① $\overline{A+B}=\overline{A}\,\overline{B}$

② $\overline{AB}=\overline{A}+\overline{B}$

例 12.2　某人射击 3 次,设 $B_k=\{$第 k 次射击命中目标$\}(k=1,2,3)$,试说明下列记号的意义:

1) $B_1\cup B_2$　　2) $B_1B_2B_3$　　3) B_3-B_2

4) $B_1B_2B_3\cup B_1B_2\overline{B_3}\cup B_1\overline{B_2}B_3\cup\overline{B_1}B_2B_3$　　5) $\overline{B_1}\cup\overline{B_2}\cup\overline{B_3}$

解　1) $B_1\cup B_2=\{$前两次射击至少有一次命中目标$\}$.

2) $B_1B_2B_3=\{$第一、二、三次射击全都命中目标$\}$.

3) $B_3-B_2=\{$第三次射击命中目标,而第二次射击未命中目标$\}$.

4) $B_1B_2B_3\cup B_1B_2\overline{B_3}\cup B_1\overline{B_2}B_3\cup\overline{B_1}B_2B_3=\{$3 次射击至少两次命中目标$\}$.

5) $\overline{B_1}\cup\overline{B_2}\cup\overline{B_3}=\{$前 3 次射击至少有一次未命中目标$\}$.

12.1.2　概率及概率的基本性质

对于随机事件,在一次试验中是否发生虽然不能事先知道,但是它们在一次试验中发生的可能性大小是客观存在的. 例如,抛掷一枚均匀的硬币. 硬币有两个面:一面铸着国徽,另一面标明币值. 为了方便,规定铸有国徽的一面是正面,标明币值的一面是反面. 把一枚硬币向上抛起,让它自由落到地面,记下它哪一面向上. 多次重复这个试验,然后统计出出现正面向上的次数,并计算其频率.

历史上有不少人作过这种抛掷硬币的试验,表 12.1 列出他们的试验记录.

表 12.1

实验者	投掷次数 n	出现"正面向上"的次数 m	频率$\frac{m}{n}$
德摩根	2 048	1 061	0.518
蒲丰	4 040	2 048	0.506 9
皮尔逊	12 000	6 019	0.501 6
皮尔逊	24 000	12 012	0.500 5

容易看出，投掷次数越多，出现"正面向上"频率越接近 0.5.

值得指出的是，频率的稳定值不会因人而异，它是事件本身所固有的. 任何人做这个试验，只要试验次数足够多，都会得到同样的稳定值. 读者也可以尝试一下，看看是否能得到这个稳定值.

在掷一次硬币之前，无法预言将出现正面还是反面. 但是，如果你打算将一枚硬币掷 10 000次，就可预言"正面向上"大约会出现 5 000 次，也就是说，随机事件 $A=\{$正面向上$\}$ 和 $B=\{$正面向下$\}$ 发生的可能性都是 0.5. 经过更加仔细的分析可知，这种掷硬币的试验总是在一定的条件下重复进行的. 例如，规定：硬币是均匀的，没有风的影响，用一定的动作向上抛，让硬币自由落下，落到桌面时不会在它的边沿上立起来等. 在一次试验中，事件 A(正面向上)是否发生是不确定的. 但在相同条件下进行大量重复试验时，事件 A 发生的次数呈现出一定的规律性，约占试验次数的 1/2. 这可表示为

$$A\text{ 发生的频率}=\frac{A\text{ 出现的次数}}{\text{试验总次数}}$$

接近 0.5.

一般来说，在相同条件下重复进行 n 次试验，事件 A 在 n 次试验中发生 m 次，当试验次数 n 很大时，如果频率$\frac{m}{n}$"稳定"在数值 p 附近，则称数值 p 为事件 A 发生的**概率**，记作

$$P(A)=p$$

简单地说，频率的稳定值称为概率，这个定义通常称为概率的统计定义. 定义本身给出了概率的一种近似求法，即通过大量重复试验，用事件 A 发生的频率作为其概率的近似值.

由于概率是频率的稳定值，因此可根据频率推知概率有以下基本性质：

①每一随机事件 A 的概率 $P(A)$ 总是介于 0 与 1 之间，即

$$0\leqslant P(A)\leqslant 1$$

②因为事件 A 在 n 次试验中出现的次数 m 总是取 $0,1,2,\cdots,n$ 中某一个数，即 $0\leqslant m\leqslant n$，因此 $0\leqslant\frac{m}{n}\leqslant 1$，所以当 n 增大时，频率$\frac{m}{n}$的稳定值即概率 $P(A)$ 也必在 0 与 1 之间.

③必然事件 Ω 的概率等于 1，即 $P(\Omega)=1$；不可能事件$\varnothing$的概率等于 0，即 $P(\varnothing)=0$

由于不可能事件与必然事件是随机事件的两个极端情况，因此任何随机事件的概率当然介于不可能事件的概率和必然事件的概率之间.

如果事件 A 的概率 $P(A)$ 与 0 非常接近，则事件 A 在大量重复试验中出现的次数非常少，

故称这样的事件 A 为小概率事件. 小概率事件虽然不是不可能事件. 但是,通常认为这个事件在一次试验中几乎是不发生的. 这一原理称为实际推断原理,在后面的统计推断中要用到. 事件的概率究竟小到多少才可认为它是不可能事件呢? 这不能一概而论,得由事件的重要程度来决定. 例如,0.01 是一个不大的数,如果有一批炮弹,0.01 是这批炮弹发射后落下未爆炸的概率. 这意味着大约有 1% 的射击无效,这是可以允许的. 但是如果 0.01 是跳伞时伞不能张开的概率,这无论如何不能看作是不可能事件,因为它直接关系到跳伞者的性命.

习题 12.1

1. 判断题:

(1)概率是随机事件发生的可能性大小的一种度量. (　　)

(2)概率的统计定义表明,频率的本质就是概率. (　　)

(3)基本事件总数为有限个是一个试验为古典概型的充分条件. (　　)

(4)每个基本事件出现的可能性相同是一个试验为古典概型的必要条件. (　　)

(5)一批产品的次品率为 10%,那么从这批产品中随机抽取一件恰好是次品的概率就是 10%. (　　)

2. 指出下列事件中哪些是必然事件,哪些是不可能事件,哪些是随机事件?

①{一副扑克牌中任意抽出一张是黑桃}.

②{没有水分,水稻会发芽}.

③{一副扑克牌中随机抽取 14 张,至少有两种花色}.

④{某电话总机在一分钟内接到至少 15 次呼叫}.

3 . 事件 A 表示“5 件产品中至少有 1 件废品”,事件 B 表示“5 件产品都是合格品”,则 $A+B$,AB 各表示什么事件? A,B 之间有什么关系?

(1) $A\cap\varnothing=$ ________;　(2) $A\cup\Omega=$ ________;　(3) $A\cap\Omega=$ ________;

(4) $A\cup\overline{A}=$ ________;　(5) $A\cap\overline{A}=$ ________.

4. 对于任意两个事件 A,B,用图形验证下列等式:

(1) $A-B=A\overline{B}$, $B-A=\overline{A}B$.

(2) $B=AB+\overline{A}B$ (AB, $\overline{A}B$ 互斥),$A=AB+A\overline{B}$ (AB, $A\overline{B}$互斥).

(3) $A+B=A+\overline{A}B=B+A\overline{B}$ (A 与 $\overline{A}B$ 互斥; B 与 $A\overline{B}$互斥).

5. 随机抽检 3 件产品,设 A 表示 3 件中至少有一件是废品;B 表示 3 件中至少有两件是废品;C 表示 3 件都是正品,问$\overline{A}$,$\overline{B}$,$\overline{C}$,$A+B$,AC 各表示什么事件?

12.2　古典概型和几何概型

12.2.1　古典概型

随机事件的概率,一般可通过大量重复试验得出它的近似值. 但对某些随机事件,也可以不通过重复试验，只要对一次试验中可能出现的结果进行分析，便可求出它的概率.

例如，前面讨论的抛掷一枚均匀的硬币，只有两种结果，要么出现“正面向上”，要么出现“反面向上”，并且出现这两种结果的可能性是相等的. 因此，可认为出现“正面向上”的概率是$\frac{1}{2}$，这和表12.1中的大量重复试验的结果是一致的.

例如，200个同型号产品有6个废品，从中每次抽取3个进行检验，共有C_{200}^{3}种不同的可能抽取结果，并且任意3个产品被抽取到的机会相同.

又如，盒子里装有编号分别是1,2,3,4,5的5个形状大小相同的圆球，其中1,2,3号球是白球，4,5号球是黑球. 从这盒子里任取1个圆球，取得各个球是等可能的. 又由于其中有3个白球，从这5个球里取到白球的结果就有3种. 因此，可认为取到白球的概率是$\frac{3}{5}$. 同理，可认为取到黑球的概率是$\frac{2}{5}$.

一般，如果一次试验中只包含n(有限数)个基本事件，并且所有基本事件出现的可能性相等，而事件A包含的基本事件数有m个，那么事件A的概率$P(A)$为

$$P(A)=\frac{m}{n}$$

通常将利用上述公式来讨论事件的概率的模型称为古典概型.

古典概型提供了一种既简单又直观的计算概率的方法. 但是，应用这种计算方法要求随机试验具有下列特点：

①基本事件的总数是有限的.

②每一基本事件发生的可能性相等.

只要不具备其中一个特点就不能运用上述公式计算.

如何判断一个随机试验的基本事件$E_1,E_2,E_3,\cdots,E_n$出现的可能性相等呢？当然不是一件很容易的事情. 在具体应用时，可这样思考：如果从与问题有关的各个方面考虑$E_1,E_2,E_3,\cdots,E_n$，它们都完全处于平等地位，谁也不比谁更加特别，这时就可把它们看成是可能的.

例 12.3　下列随机试验是否属于古典概型？

1)将一只黑球、一只白球随机地放入4个不同的盒子里.

2)某个射手一次射击命中的环数.

3)在1 h内，某电话总机接到的呼叫次数.

解　1)对黑球来说，它可装入4个盒子中的任一个，有4种装法. 对于黑球的每一种装法，白球又可装入4个盒子中的任一个. 总的来说，各种可能的装法共有：$4\times4=16$种，是一个有限数. 又因为球的放置是随机的，每种情况出现的可能性都相等. 因此，这个随机事件属于古典概型.

2)“一次射击命中的环数”只可能是$0,1,2,\cdots,10$；基本事件数是有限的. 但一般来说，射手击中各环的可能性不会相同. 一位优秀射手击中9环、10环的可能性较大，一位初学者则击中0环、1环、2环的可能性较大. 因此，这一随机试验的各个基本事件出现的可能性不相等. 故它不属于古典概型.

3)为了讨论方便，可认为“在1 h内，某电话总机接到的呼叫次数”这一随机试验的基本事件有无限多个，即$0,1,2,\cdots$，故它不属于古典概型.

例12.4　将一枚硬币抛掷3次,设事件A为"恰有一次出现正面",求$P(A)$.

解　该实验是"将一枚硬币抛掷3次",可能出现的结果共有8种,且每个基本事件发生的可能性相同,此问题为古典概型,于是样本空间:

Ω={正正正,正正反,正反正,正反反,反正正,反正反,反反正,反反反}

即

$$n=2^3=8$$

而事件A={正反反,反正反,反反正}即$m=3$,故

$$P(A)=\frac{m}{n}=\frac{3}{8}$$

例12.5　一个口袋中装有形状大小相同的5个白球和4个黑球,从任意中取出3个,得到3个都是白球的概率是多少?

解　设A="取到3个白球".口袋中共装有9只球,从9个球中任意取3个球的方法有C_9^3种,即基本事件的总数为C_9^3.由于是"任意取",各个基本事件出现的可能性相等.而取出的3个球都是白球的结果有C_5^3种,即事件A包含C_5^3个基本事件.因此,取得3个白球的概率为

$$P(A)=\frac{C_5^3}{C_9^3}=\frac{5}{42}$$

例12.6　有100张分别写有编号的卡片(从1号到100号),从中任意抽取一个号码,求抽到的卡片号恰好是7的倍数的概率.

解　设A="取到的卡片号码是7的倍数".从编号1~100号的100张卡片中任取一个号码,共有100个基本事件;又由于抽取卡片是任意的,因此,这100个基本事件是等可能的;从而属于古典概型.

只有当下列基本事件出现时,取到的卡片号码才是7的倍数:

$$7(7\times1),14(=7\times2),\cdots,98(=7\times14)$$

可见A包含14个基本事件,故所求的概率为

$$P(A)=\frac{14}{100}=\frac{7}{50}$$

例12.7　一批产品共200个,有6个废品,从这批产品中任意取3个,求:

1)恰有一个是废品的概率.

2)3个全是正品的概率.

解　200个产品任意取3个,基本事件总数为

$$n=C_{200}^3$$

1)事件A包含的基本事件个数为

$$m_1=C_6^1C_{194}^2$$

所以

$$P(A)=\frac{C_6^1C_{194}^2}{C_{200}^3}=0.085\ 5$$

2)事件B包含的基本事件个数为

$$m_2=C_{194}^3$$

所以

$$P(B)=\frac{C_{194}^{3}}{C_{200}^{3}}=0.912\ 2$$

12.2.2 几何概型

运用古典概型可准确地计算出事件的概率,但是它只使用于基本事件是有限个且具有等可能性的情况,因而有局限性.可用集合方法解决另一类事件的概率的计算.

在一个平面区域 U 中随机投点,如图 12.1 所示.设 A 是区域 U 中的任意一个小区域,则点落入 A 中的可能性大小与区域 A 的面积成正比,而与区域 A 的位置及形状无关,即点落入区域 U 内任意面积相等的图形内的可能性相等.将"点落入小区域 A"这个随机事件仍然记作 A,于是事件 A 的概率为

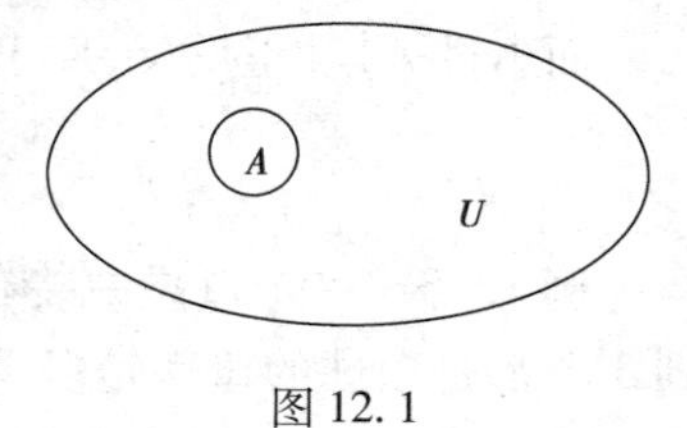

图 12.1

$$P(A)=\frac{A\text{的面积}}{U\text{的面积}}$$

这种概率模型通常称为几何概型.

例 12.8 在边长为 4 的正方形中有一个半径为 1 的圆.设向这个正方形中随机投一点 M,球点 M 落在圆内的概率是多少?

解 由于投点的随机性,可认为点 M 落在正方形内任意面积相等的图形内的可能性相等,并且这种可能性与图形的面积成正比,因此属于几何概率.

设 A ="点 M 落在圆内",于是有

$$P(A)=\frac{\text{圆面积}}{\text{正方形面积}}=\frac{\pi\cdot 1^2}{4^2}=\frac{\pi}{16}$$

例 12.9 甲、乙两人相约 8 时至 9 时在某地会面,先到的人应等候另一人 15 min,过时方可离去.假定两人到达约会地点的事件可在 8 时至 9 时内的任一时刻,且可能性相等,试求甲、乙两人能会面的概率.

解 设 x,y 分别表示甲、乙两人到达约会地点的事件(分),设 $0\leqslant x\leqslant 60$,$0\leqslant y\leqslant 60$,甲、乙两人能会面的充分必要条件为

$$|x-y|\leqslant 15$$

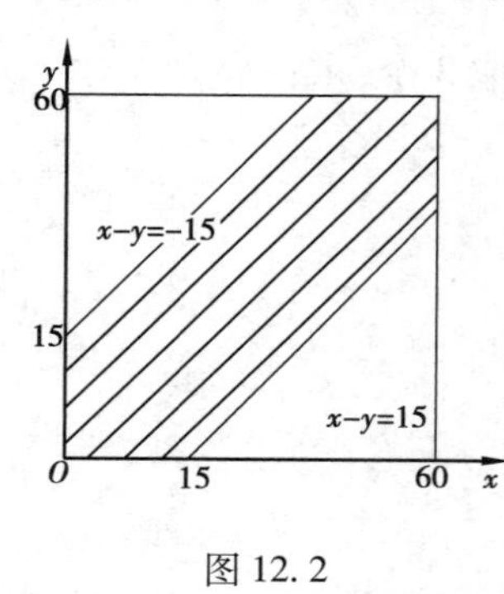

图 12.2

如果将 x 和 y 作为平面上一点的坐标 (x,y),则所有的基本事件可用边长为 60 的正方形内的点表示,"甲、乙两人能会面"之一事件所包含的基本事件可用正方形内介于两条直线 $x-y=15$ 及 $x-y=-15$ 之间的区域(图 12.2 中的阴影部分)内的点表示.

设 A ="甲、乙两人能会面",则所求概率为

$$P(A)=\frac{\text{阴影区域面积}}{\text{正方形面积}}=\frac{60^2-45^2}{60^2}=\frac{7}{16}$$

几何概型不仅适用于平面区域,也适用于直线或空间区域.如果随机现象具有无限多个等可能的结果,而且基本事件的总和可用线段 L 的长度表示,事件 A 所包含的基本事件数可用位于 L 上的线段 A 的长度表示,则几何概率计算公式可表示为

$$P(A)=\frac{A\text{的长度}}{L\text{的长度}}$$

例 12.10　电台报时每小时报一次,某人打开收音机,想听电台报时,问他等待的时间小于1刻钟的概率是多少?

解　由于电台报时每小时报一次,可认为此人打开收音机的时间(分)正处于两次报时之间,即处于区间[0,60]的任一点的可能性相等.如果用一条长度为60的线段MN表示区间[0,60],设A="等待时间小于1刻钟",则事件A可用位于MN上的一条长度为15的线段PN表示.于是所求的概率为

$$P(A)=\frac{15}{60}=\frac{1}{4}$$

习题12.2

1. 从1,2,3,4,5这5个数码中,任取3个不同数码排成三位数,求:

(1)所得三位数为偶数的概率.

(2)所得三位数为奇数的概率.

2. 掷一枚骰子,求:

(1)得到的是2点的概率.

(2)得到的是5点的概率.

(3)得到的是偶数点的概率.

(4)得到的是大于4点的概率.

3. 在一个边长为4的正方形上,挖去两个半径为1的圆,假设有一些点均匀地落在正方形上,求穿过正方形的点的概率.

4. 一批产品共100个,有2个废品,从这批产品中任意取3个,求:

(1)恰有一个是废品的概率.

(2)3个全是正品的概率.

5. 袋中有5个白球和3个黑球.从中任取2个球,求:

(1)取得的2个球同色的概率.

(2)取得的2个球至少有1个是白球的概率.

6. 一批产品共有100个,将这100个产品分别标记为1,2,3,…,100,任取一个,试求下列各事件的概率:

(1)取得的号码不超过16.

(2)取得偶数号.

(3)取得的号码为3的倍数.

(4)取得的号码小于5^3.

7. 从一副52张扑克牌中任意抽出两张,求:

(1)这两张扑克都是"A"的概率.

(2)这两张扑克中恰好有一张是A,而另一张是J,Q,K中某一张的概率.

12.3　概率法则

12.3.1　概率加法公式

书架上一共有3本英语书,2本法文书,5本中文书.从中任取一本,求:

①取得的是英文书的概率.

②取得的是法文书的概率.

③取得的是中文书的概率.

设A=“取得的是英文书”,B=“取得的是法文书”,C=“取得的是中文书”,在上面的问题里,一共有10本书,因为是“任取一本”,共有10种等可能的取法,其中得到英文书、法文书、中文书的取法分别有3种、2种、5种,故

$$P(A)=\frac{3}{10},\quad P(B)=\frac{2}{10},\quad P(C)=\frac{5}{10}=\frac{1}{2}$$

现在再来看取出一本外文书的概率是多少?因为英文书和法文书都是外文书,所以“取出一本外文书”这一事件就是或者取出一本英文书,或者取出一本法文书.换句话说,只要事件A或B中有一个发生,就认为“取出一本外文书”这一事件发生.把“取出一本外文书”这一事件称为A,B的和事件,记作$A+B$.因为取出一本英文书或者一本法文书的方法共有$3+2$种,所以取得一本外文书的概率为

$$P(A+B)=\frac{3+2}{10}=\frac{1}{2}$$

而

$$P(A)+P(B)=\frac{3}{10}+\frac{2}{10}=\frac{1}{2}$$

不难发现,在上述例子中事件$A+B$发生的概率恰好等于事件A发生的概率与事件B发生的概率之和,即

$$P(A+B)=P(A)+P(B)$$

已知,如果取出的书是英文书,那么就不可能是法文书,即如果事件A发生,那么事件B就不发生;同样,如果事件B发生,那么事件A就不发生.也就是说,事件A,B不可能同时发生.这种不可能同时发生的两个事件称为互斥事件.事件A,B是互斥事件.

一般,有下面的概率的加法公式:

如果事件A,B互斥,那么事件“$A+B$”发生(即A,B中有一个发生)的概率,等于事件A,B分别发生的概率的和,即

$$P(A+B)=P(A)+P(B)$$

这个公式习惯上也称为互斥事件的概率加法公式.

如果事件A,B,C中,任意两个事件都是互斥事件,即A与B,A与C,B与C都是互斥事件,则称事件A,B,C彼此互斥.

一般,如果n个事件$A_1,A_2,\cdots,A_n$彼此互斥,那么事件“$A_1+A_2+\cdots+A_n$”发生(即$A_1,A_2,\cdots,$

A_n 中有一个发生)的概率,等于这 n 个事件分别发生的概率的和,即

$$P(A_1 + A_2 + \cdots + A_n) = P(A_1) + P(A_2) + \cdots + P(A_n)$$

例 12.11　某射手一次射击,击中 10 环的概率是 0.2;击中 6 ~ 9 环的概率是 0.5;击中 1 ~ 5 环的概率是 0.2;不击中的概率是 0.1. 计算这个射手一次射击击中 6 环以上的概率和击中 9 环以下的概率.

解　设 A = {击中 10 环},B = {击中 6 ~ 9 环},C = {击中 1 ~ 5 环},D = {不击中}. 显然,这 4 个事件彼此互斥. 根据概率加法公式,一次击中 6 环以上的概率为

$$P(A + B) = P(A) + P(B) = 0.2 + 0.5 = 0.7$$

一次击中 9 环以下的概率为

$$P(B + C + D) = P(B) + P(C) + P(D) = 0.5 + 0.2 + 0.1 = 0.8$$

例 12.12　在 20 件产品中,有 15 件是一等品,5 件是二等品,从中任取 3 件,其中至少有 1 件二等品的概率是多少?

解　3 件产品中至少有 1 件是二等品包括以下 3 种情况:其中恰有 1 件二等品,记作事件 A_1;其中恰有 2 件二等品,记作事件 A_2;3 件都是二等品,记作事件 A_3. 应用古典概型公式,可求得事件 A_1, A_2, A_3 的概率分别为

$$P(A_1) = \frac{c_5^1 c_{15}^2}{c_{20}^3} = \frac{105}{228}$$

$$P(A_2) = \frac{c_5^2 c_{15}^1}{c_{20}^3} = \frac{30}{228}$$

$$P(A_3) = \frac{c_5^3}{c_{20}^3} = \frac{2}{228}$$

因为事件 A_1, A_2, A_3 互斥,根据概率加法公式,3 件产品中至少有 1 件二等品的概率为

$$P(A_1 + A_2 + A_3) = P(A_1) + P(A_2) + P(A_3) = \frac{105}{228} + \frac{30}{228} + \frac{2}{228} = \frac{137}{228}$$

从 20 件产品中任取 3 件,或者都是一等品,或者不都是一等品(即其中至少有 1 件是二等品),这是两个互斥事件,并且其中必有一个发生. 这种其中必有一个发生的两个互斥事件称为对立事件. 一个事件 A 的对立事件通常记作$\overline{A}$. 根据对立事件的意义,$A + \overline{A}$是一个必然事件,它的概率等于 1,又由于 A 与$\overline{A}$互斥,于是有

$$P(A) + P(\overline{A}) = P(A + \overline{A}) = 1$$

这就是说,两个对立事件的概率的和等于 1.

从上面的式子可以推得

$$P(\overline{A}) = 1 - P(A)$$

运用这个公式可使有些事件概率的计算变得简便. 如上面的例题也可这样来解:

设 A = "从 20 件产品中任取 3 件,3 件都是一等品",于是有

$$P(A) = \frac{c_{15}^3}{c_{20}^3} = \frac{91}{228}$$

因为事件"任取 3 件,至少有 1 件是二等品"是事件 A 的对立事件$\overline{A}$,所以根据公式,可得

$$P(\overline{A}) = 1 - P(A) = 1 - \frac{91}{228} = \frac{137}{228}$$

例 12.13 产品分一等品、二等品与废品 3 种. 若一等品率为 0.73,二等品率为 0.21,求产品的合格品率和废品率.

解 设 A_1,A_2,A 分别表示"一等品""二等品"和"合格品",则$\bar{A}$表示废品,且 $A=A_1+A_2$,由于 A_1,A_2 互斥,故

$$P(A)=P(A_1+A_2)=P(A_1)+P(A_2)=0.73+0.21=0.94$$

$$P(\bar{A})=1-P(A)=1-0.94=0.06$$

例 12.14 设 A ="读 A 报",B ="读 B 报",则 $A+B$ ="至少读一种报". 由图 12.3 可得

$$P(A)=20\%+8\%=28\%,P(B)=16\%+8\%=24\%$$

$$P(A+B)=20\%+8\%+16\%=44\%$$

因此,该地区的成年人至少读一种报的概率是 44%. 如果运用互斥事件的概率公式计算 $P(A+B)$,可得

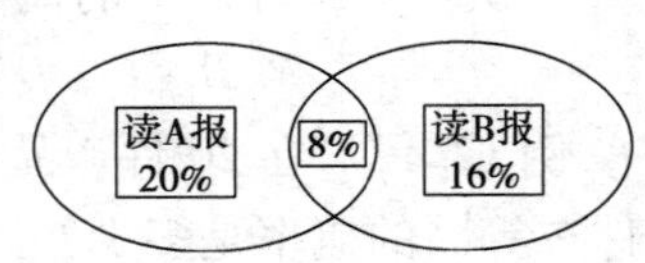

图 12.3

$$P(A)+P(B)=28\%+24\%=52\%$$

它比正确值要大 8%,这是由于将 A,B 同时发生即"AB"发生的概率 $P(AB)=8\%$ 重复计算所引起的,只要从 52% 中减去 8% 就可纠正这个错误. 于是得

$$P(A+B)=P(A)+P(B)-P(AB)=28\%+24\%-8\%=44\%$$

对于任意两个事件 A,B,不论 A,B 是否互斥,可有公式

$$P(A+B)=P(A)+P(B)-P(AB)$$

它称为一般的概率加法公式.

12.3.2 独立性

甲袋里装有 5 个白球,5 个黑球;乙袋里装有 3 个白球,7 个黑球. 从两个袋里分别摸出一个球,求它们都是白球的概率.

把"从甲袋里摸出一个球,得到白球"记作事件 A,把"从乙袋里摸出一个球,得到白球"记作事件 B. 显然,从一个袋里摸出的是白球还是黑球,对从另一个袋里摸出白球的概率没有影响. 这就是说,事件 A(或 B)是否发生对事件 B(或 A)发生的概率没有影响,把这样的两个事件称为相互独立事件,或称这两个事件相互独立.

如果事件 A,B 相互独立,即事件 B 的发生不影响事件 A 发生的概率,事件 A 的发生也不影响事件 B 发生的概率. 于是有

$$P(A/B)=P(A)$$

其中

$$P(B)>0;P(B/A)=P(B)$$

其中,$P(A)>0$.

对于相互独立的事件,概率的乘法公式变得特别简单.

如果事件 A,B 相互独立,那么事件"AB"发生(即 A,B 同时发生)的概率,等于事件 A,B 分别发生的概率的积,即

$$P(AB)=P(A)\cdot P(B)$$

以上公式也称为独立事件的概率乘法公式.

对于前面的例子,由于事件 A,B 相互独立,于是可求得"从两个袋里分别摸出一个球,两

球都是白球”的概率为

$$P(AB)=P(A)\cdot P(B)=\frac{5}{10}\times\frac{3}{10}=\frac{3}{20}$$

这个乘法公式可推广到更加一般的情况：

如果事件 A_1,A_2,A_3 中的任一事件对其他任一事件是独立的，并且对其他两个事件的积也是独立的，即

$$P(A_1)=P(A_1/A_2)=P(A_1/A_3)=P(A_1/A_2A_3)$$

$$P(A_2)=P(A_2/A_1)=P(A_2A_3)=P(A_2/A_3A_1)P(A_3)=P(A_3/A_1)=P(A_3/A_2)$$
$$=P(A_3/A_1A_2)$$

那么称事件 A_1,A_2,A_3 相互独立.

粗略地说，如果事件 $A_1,A_2,\cdots,A_n$ 中的各事件是否发生彼此没有影响，就称事件$A_1,A_2,\cdots,A_n$ 相互独立.

如果事件 $A_1,A_2,\cdots,A_n$ 相互独立，那么这 n 个事件同时发生的概率等于每个事件分别发生的概率的积，即

$$P(A_1A_2\cdots A_n)=P(A_1)\cdot P(A_2)\cdots P(A_n)$$

在应用这个公式时，首先必须确认事件 $A_1,A_2,\cdots,A_n$ 相互独立，忽视这一条件就会酿成错误.

例 12.15　甲、乙两个气象台同时独立作天气预报. 如果甲台预报准确的概率为 0.9，乙台预报准确的概率为 0.8. 那么在一次预报中，两个气象台同时预报准确的概率是多少？

解　设

$$A=\{\text{甲、乙两台同时预报准确}\}$$
$$B=\{\text{甲台预报准确}\}$$
$$C=\{\text{乙台预报准确}\}$$

则

$$A=BC$$

因为甲、乙两台独立作天气预报，即 B,C 两事件相互独立，于是所求的概率为

$$P(A)=P(BC)=P(B)\cdot P(C)=0.9\times 0.8=0.72$$

例 12.16　甲、乙两人向同一目标射击，甲命中率为 80%，乙命中率为 40%，求目标被击中的概率.

解　设 $A=\{\text{甲命中目标}\}$，则

$$P(A)=80\%=0.8$$

$B=\{\text{乙命中目标}\}$，则

$$P(B)=40\%=0.4$$

$C=\{\text{命中目标}\}$，则

$$C=A+B$$

由于甲、乙两人的射击是相互独立的，故 A 和 B 相互独立，即

$$P(AB)=P(A)\cdot P(B)$$

因此，目标被击中的概率为

$$P(C)=P(A+B)=P(A)+P(B)-P(AB)$$

$$=P(A)+P(B)-P(A)\cdot P(B)$$
$$=0.8+0.4-0.8\times0.4=0.88$$

值得注意的是，由于“甲命中目标”和“乙命中目标”可能同时发生，即事件 A,B 不互斥，因此不能用互斥事件的加法公式 $P(A+B)=P(A)+P(B)$ 进行计算.

例 12.17 甲、乙、丙 3 台自动机床独立工作，由一位工人照管，某段时间内这 3 台机床不需要工人照管的概率分别为 0.8，0.9 及 0.85，求在这段时间内 3 台机床不需要工人照管的概率.

解 设 A,B,C 分别表示在这段时间内甲、乙、丙 3 台机床不需要工人照管的事件，则

$$P(A)=0.8,P(B)=0.9,P(C)=0.85$$

又 A,B,C 是相互独立的，故

$$P(ABC)=P(A)P(B)P(C)=0.8\times0.9\times0.85=0.612$$

习题 12.3

1. 填空题：

(1)若甲、乙两人在半小时内能独立解出某道数学题的概率分别是 $\frac{1}{2}$ 和 $\frac{1}{3}$，则该题在半小时内能被解出的概率是________.

(2)甲、乙、丙 3 个同学独立练习射击，一次射击击中目标的概率甲为 $\frac{1}{5}$，乙为 $\frac{1}{3}$，丙为 $\frac{1}{4}$，那么他们各射击一次击中目标的概率等于________.

(3)已知 A,B 是相互独立事件，且 $P(A\cup B)=\frac{3}{5}$，$P(A)=\frac{2}{5}$，那么 $P(B)=$________.

(4)独立运转着的 3 台织布机，它们不发生故障的概率依次为 0.9，0.8，0.7，则 3 台织布机中至少有一台发生故障的概率为________.

(5)在相同条件下，连续 5 次重复同一次试验，如果每次试验成功的概率都是 $\frac{3}{4}$，则：

① 恰好有 3 次成功的概率是________.

② 至少有两次试验失败的概率是________.

(6)某产品有 20% 的次品，现取 5 件进行重复抽样检查，则恰有 3 件次品的概率为______.

2. 已知一批玉米种子的出苗率为 0.9，现每次播种子两粒，问：

(1)两粒都出苗的概率是多少？

(2)一粒出苗一粒不出苗的概率是多少？

(3)两粒都不出苗的概率是多少？

3. 盒中 4 只坏晶体管和 6 只好晶体管，从中任取一只，发现是好的，不放回，再取第二只，问第二只也是好的概率是多少？

4. 飞机投下一枚炸弹去轰炸敌人仓库. 已知投下一枚炸弹命中第一仓库的概率是 0.01，命中第二仓库的概率是 0.008，命中第三仓库的概率是 0.025. 试求投下一枚炸弹能命中仓库的概率和不能命中仓库的概率各是多少？

12.4 随机变量及其分布

为了更好地对随机现象进行研究,用数学的方法进行处理,我们将随机事件数量化. 为此,引入随机变量的概念.

12.4.1 随机变量

许多随机试验的基本事件都表现为数量. 例如,随机试验"一次射击命中的环数","一批产品中的次品数","电话总机在某一段时间内接到的呼叫次数","车床加工的零件尺寸的误差",等等.

引例 12.1 对于"一次射击命中的环数"这一随机试验 E,它的基本事件为"没有命中","命中第1环","命中第2环",……,"命中第10环". 现在引入一个变量 ξ(希腊字母,读作"克西"),用它来表示命中环数,即:

"$\xi=0$"表示"没有命中"

"$\xi=1$"表示"命中第1环"

"$\xi=2$"表示"命中第2环"

⋮

"$\xi=10$"表示"命中第10环"

如果令 A_i = "命中第 i 环", $i=0,1,2,\cdots,10$. 其中,"命中第0环"表示事件"没有命中",见表12.2.

表12.2

基本事件	ξ 的取值
A_0	0
A_1	1
A_2	2
⋮	⋮
A_{10}	10

而且该随机试验所产生的其他结果,也可用 ξ 取不同的值来表示. 例如,事件

$\{$命中环数小于2$\}=\{\xi<2\}=\{\xi=0,1\}=\{\xi=0\}+\{\xi=1\}$

有些随机试验的基本事件虽然不表现为数量,但可人为地使它们数量化.

引例 12.2 抛掷一枚均匀的硬币,有两个基本事件:"正面向上","反面向上". 现在引入一个变量 η,并且约定:

若试验结果"正面向上",令 $\eta=1$

若试验结果"反面向上",令 $\eta=0$

即

"正面向上"="$\eta=1$"

“反面向上”=“$\eta=0$”

在上面的讨论中,遇到了两个变量 ξ 和 η,这两个变量的一切可能取值在试验前是已知的,但是每次试验取什么值在试验之前是无法确定的,因为它们的取值依赖于试验的结果,也就是说,它们的取值是随机的.

定义 1 对于一个变量,若满足:

①取值的随机性. 即它所取的不同数值是由随机实验的结果而定的.

②概率的确定性. 即它所取的不同数值或在某一区间内取值的概率是确定的.

因此,将这种变量称为**随机变量**. 随机变量一般用大写字母 $X,Y,Z,\cdots$,或希腊字母 ξ,η 等表示.

按照随机变量的可能取值的情况,可分为两种主要的类型,即离散型随机变量和连续性随机变量.

如果随机变量的一切可能取值,可一一列举出来,则称为**离散型随机变量**. 离散型随机变量的取值可以是有限个,也可以是可数无限个. 例如,一次射击命中的环数,一批产品中的次品数,电话总机在某一段时间内接到的呼叫次数,等等(本书只讨论有限个随机变量的情况).

如果随机变量所有取的值不能一一列举,则称其为**非离散型随机变量**,非离散型随机变量范围很广,而其中最重要的,也是实际工作中经常遇到的是**连续型随机变量**. 例如,加工误差,物品的使用寿命,某地区的年降雨量,等等.

12.4.2 离散型随机变量的概率分布

一个射手进行实弹射击,一次射击命中的环数 ξ 是一个随机变量,ξ 的可能取值是 $0,1,2,\cdots,10$,ξ 取各个可能值的概率见表 12.3.

表 12.3

随机变量(环数)	0	1	2	3	4	5	6	7	8	9	10
概率	0	0	0	0.02	0.01	0.01	0.05	0.08	0.28	0.30	0.25

不同射手的射击结果可能取值都是 $0,1,2,\cdots,10$. 但因射击水平不同,则取这些值的概率可能不一样. 因此,这种列出随机变量 ξ 每个可能的取值及其所对应的概率的表,能够全面反映射击的水平. 这个例子启发我们,为了全面掌握一个离散型随机变量统计规律,必须知道:

①ξ 的所有可能取值 $X_1,X_2,\cdots,X_n,\cdots$是什么?

②ξ 取每一可能值的概率是多少? 即要知道

$$P(\xi=X_1),P(\xi=X_2),\cdots,P(\xi=X_n),\cdots$$

如果 ξ 的可能取值为有限个时,记

$$P(\xi=X_1)=P_1,P(\xi=X_2)=P_2,\cdots,P(\xi=X_n)=P_n$$

可列为

ξ	X_1	X_2	$\cdots$	X_n
P	P_1	P_2	$\cdots$	P_n

上面的表称为 ξ 的**概率分布列**. 当离散型随机变量的可能取值是可数无限个时,可以得到类似的概率分布表或概率分布列.

根据概率的意义可知,离散型随机变量的概率分布(分布表或分布列)具有以下两个性质,即:

设 $\xi \sim P(\xi = X_i) = P_i, i = 1, 2, \cdots$,则:

①ξ 取任何取值时所对应的概率大于零,即对任意 i,有

$$p_i \geqslant 0$$

②ξ 取遍所有可取的值时,对应的概率之和等于1,即

$$\sum_{i=0}^{n} p_i = 1$$

例 12.18　判别下表是否为某个随机变量的概率分布?

ξ	1	2	3	4
P	0.1	0.3	0.5	0.1

解　因为所有的概率值大于零,且

$$\sum_{i} p_i = 0.1 + 0.3 + 0.5 + 0.1 = 1$$

所以它是某个随机变量概率分布.

例 12.19　设离散型随机变量 X 的概率分布为

X	-1	2	3
P	C	$2C$	0.4

求:1)常数 C.　　　　　　2)$P(X \geqslant 2)$.

解　1) 根据离散型随机变量 X 的概率分布的性质有

$$C + 2C + 0.4 = 1$$

所以

$$C = 0.2$$

2)$X \geqslant 2$ 表示离散型随机变量 X 可取两个值,即 $X = 2$ 与 $X = 3$,所以

$$P(X \geqslant 2) = P(X = 2) + P(X = 3) = 0.8$$

例 12.20　现有乒乓球 $m + n$ 只,其中正品 m 只,次品 n 只,从中任取一只进行质量检验. 若规定取到正品为"0",次品为"1",那么,就可用一个随机变量 ξ 来描述这个随机试验. 求 ξ 的概率分布.

解　ξ 的取值为0,1

"$\xi = 0$"表示"取到一球为正品"

"$\xi = 1$"表示"取到一球为次品"

由古典概型可知

$$P(\xi=0)=\frac{m}{m+n},P(\xi=1)=\frac{n}{m+n}$$

写成分布表,即

ξ	0	1
P	$\frac{m}{m+n}$	$\frac{n}{m+n}$

容易验证它满足概率分布的两个性质,即:

①因为 m,n 都是正整数,所以

$$P(\xi=0)=\frac{m}{m+n}>0\ ,P(\xi=1)=\frac{n}{m+n}>0$$

② $$P(\xi=0)+P(\xi=1)=\frac{m}{m+n}+\frac{n}{m+n}=1$$

例 12.21 10 个灯泡中有两个坏的,从中任取 3 个,用随机变量描述这一试验结果,并就下面两种情况写出这个随机变量的概率分布.

1)设随机变量 X 表示取到的 3 个灯泡中好灯泡的个数.

2)设随机变量 X 表示取到的 3 个灯泡中坏灯泡的个数.

解 1)设随机变量 X 表示取到的 3 个灯泡中好灯泡的个数,则 X 所有可能取值为 1,2,3,则

$$X\text{ 的概率 }P(X=i)=\frac{C_8^iC_2^{3-i}}{C_{10}^3}\quad(i=1,2,3)$$

则 X 的概率分布为

ξ	1	2	3
P	$\frac{1}{15}$	$\frac{7}{15}$	$\frac{7}{15}$

2)设随机变量 X 表示取到的 3 个灯泡中坏灯泡的个数,则 X 所有可能取值为 0,1,2,则

$$X\text{ 的概率 }P(X=i)=\frac{C_2^iC_8^{3-i}}{C_{10}^3}\quad(i=1,2,3)$$

则 X 的概率分布为

ξ	0	1	2
P	$\frac{7}{15}$	$\frac{7}{15}$	$\frac{1}{15}$

由此题可知,当随机变量的意义不同时,其分布列是不一样的.

12.4.3 常见的离散型随机变量的概率分布

(1)两点分布

若随机变量 X 的概率分布为

$$p(X=k)=p^k(1-p)^{1-k} \quad (k=0,1)$$

其中,$0<p<1$,则称 X 服从两点分布,记为 $X \sim (0\text{-}1)$分布.

两点分布的特点是一次实验只有两种结果 A 和$\bar{A}$. 如产品检验中的“合格”“不合格”;掷一枚硬币时的“正面向上”“反面向上”;一个士兵射击时的“击中”“击不中”,等等.

(2)二项分布

在 n 次独立实验中,每次实验时事件 A 发生的概率为 p,若随机变量 X 为 n 次试验中事件 A 发生的次数,其概率分布为

$$p_n(k)=p(X=k)=C_n^k p^k(1-p)^{n-k} \quad (k=0,1,2,\cdots,n)$$

其中,$0<p<1$,则称 X 服从参数为 n,p 的二项分布,记为 $X \sim B(n,p)$分布. 显然,$n=1$ 时,二项分布即为两点分布.

12.4.4　连续型随机变量的概率分布

对于连续型随机变量,如果沿用描述离散型随机变量的方法,即利用分布列来进行描述,会产生很大的困难. 例如,电池的使用寿命、人的体重、灯泡的使用寿命等,其随机变量是在某一个区间取值,这是由于这类随机变量的取值不能一一列举,并且这些随机变量取某个特定值的概率等于零. 由于连续型随机变量取某个特定值的概率等于零,面对连续性随机变量,必须寻求一种新的方法来描述其统计规律.

定义2　对连续型随机变量 X,如果在实数集上存在非负的可积函数 $f(x)$,使对于任意实数 $a,b(a<b)$都有

$$p(a<x<b)=\int_a^b f(x)\,dx$$

则称 X 为连续型随机变量,函数 $f(x)$ 称为 X 的概率密度函数,简称概率密度.

于是由上述定义知道,概率密度 $f(x)$ 具有以下性质:

①$f(x)\geqslant 0, x\in(-\infty,+\infty)$.

②$\int_{-\infty}^{+\infty} f(x)\,dx=1$

注:①连续型随机变量 X 取区间内某一值时概率为零,即

$$p(x=k)=\int_k^k f(x)\,dx=0$$

②连续型随机变量 X 在任意区间上取值的概率与是否包含区间端点无关,即

$$p(a<x<b)=p(a\leqslant x\leqslant b)=p(a\leqslant x<b)=p(a<x\leqslant b)=\int_a^b f(x)\,dx$$

由以上性质②可知,介于曲线 $f(x)$ 与 x 轴之间的面积等于1,随机变量 X 落在 (a,b) 上的概率 $p(a<x<b)$ 等于密度曲线 $f(x)$ 在区间 (a,b) 上的曲边梯形的面积.

例12.22　设随机变量 X 的概率密度为

$$f(x)=\begin{cases} kx^2 & 0<x<2 \\ 0 & \text{其他} \end{cases}$$

求:

1)系数 k.

2)X 落在区间 $(0,1)$ 的概率.

3）X 落在区间（$-1,1$）的概率.

解 1）由概率密度的性质②知

$$\int_{-\infty}^{+\infty} f(x)\mathrm{d}x = \int_{-\infty}^{+\infty} kx^2\mathrm{d}x = \int_0^2 kx^2\mathrm{d}x = \left[\frac{k}{3}x^3\right]_0^2 = 1$$

得

$$k = \frac{3}{8}$$

2）$p(0 < x < 1) = \int_0^1 \frac{3}{8}x^2\mathrm{d}x = \left[\frac{1}{8}x^3\right]_0^1 = \frac{1}{8}$

3）$p(-1 < x < 1) = \int_{-1}^1 \frac{3}{8}x^2\mathrm{d}x = \int_0^1 \frac{3}{8}x^2\mathrm{d}x + \int_{-1}^0 0\mathrm{d}x = \left[\frac{1}{8}x^3\right]_0^1 = \frac{1}{8}$

例 12.23 已知函数

$$p(x) = \begin{cases} \frac{x}{2} & 当 0 \leqslant x \leqslant 2 时 \\ 0 & 当 x < 0 或 x > 2 时 \end{cases}$$

问 $p(x)$ 能否为某一随机变量的概率密度函数？

解 只要验证 $p(x)$ 是否满足密度函数的两个性质：

1）$p(x) \geqslant 0$ 显然成立.

2）$\int_{-\infty}^{+\infty} p(x)\mathrm{d}x = \int_0^2 \frac{x}{2}\mathrm{d}x = \frac{x}{4}^2 \Big|_0^2 = \frac{4}{4} - 0 = 1$

因此，$p(x)$ 可以是某一随机变量的概率密度函数.

随机变量的概率密度曲线 $y=p(x)$. 对于给出的任意实数 x，事件 $\{\xi < x\}$ 的概率为 $P(\xi < x)$，这个概率是 x 的函数，数值等于图 12.4 中阴影部分的面积.

设 x 是任意实数，若事件 $\{\xi < x\}$ 有确定的概率，且这个概率随着 x 的变化而变化，即是 x 的函数，记作

$$F(x) = P(\xi < x)$$

则称函数 $F(x)$ 为随机变量 ξ 的分布函数.

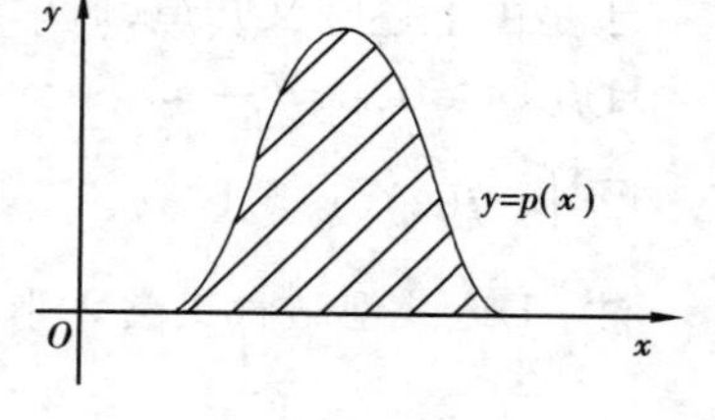

图 12.4

设 ξ 的分布函数为 $F(x)$，若存在一个非负的可积函数 $P(x)$，并且对于任意 x 都有

$$F(x) = P(\xi < x) = \int_{-\infty}^{x} p(x)\mathrm{d}x$$

则称 ξ 为连续型随机变量，$p(x)$ 为随机变量 ξ 的概率密度函数.

例 12.24 某型号电子管的寿命（单位:h）为随机变量 X，其概率密度为

$$f(x) = \begin{cases} \frac{100}{x^2} & x > 100 \\ 0 & x \leqslant 100 \end{cases}$$

现有一电子仪器上有 3 个这种电子管，求这种仪器在使用中前 200 h 内不需更换这种电子管的概率（假设各电子管在这段时间内更换的事件是相互独立的）.

解 A_i 表示第 i 个电子管在使用中的前 200 h 内不需更换（$i=1,2,3$），则

$$P(A_i) = P(X \geqslant 200) = \int_{200}^{+\infty} \frac{100}{x^2}\mathrm{d}x = -100\left(\frac{1}{x}\right)\Big|_{200}^{+\infty} = 0.5 \quad (i = 1,2,3)$$

所以

$$P(A_1A_2A_3) = P(A_1)P(A_2)P(A_3) = 0.5^3 = 0.125$$

12.4.5 几种常见的连续型随机变量的分布

(1)均匀分布

如果随机变量 X 的概率密度是 $f(x) = \begin{cases} \dfrac{1}{b-a} & a < x < b \\ 0 & 其他 \end{cases}$,则称 X 服从$[a,b]$区间上的均匀分布,记作

$$X \sim U[a,b]$$

例 12.25 设 $X \sim U[3,8]$,求:

1)概率密度 $f(x)$.

2) $P(X<4)$, $P(X\geqslant 6)$.

3) $P(5\leqslant X\leqslant 8)$.

解 1)因为 $X \sim U[3,8]$均匀分布,所以概率密度为

$$f(x) = \begin{cases} \dfrac{1}{5} & 3 < x < 8 \\ 0 & 其他 \end{cases}.$$

2)
$$P(X < 4) = \int_{-\infty}^{4} f(x)\,\mathrm{d}x = \int_{3}^{4} \frac{1}{5}\mathrm{d}x = \frac{1}{5}$$

$$P(X \geqslant 6) = \int_{6}^{+\infty} f(x)\,\mathrm{d}x = \int_{6}^{8} \frac{1}{5}\mathrm{d}x = \frac{2}{5}$$

3)
$$P(5 \leqslant X \leqslant 8) = \int_{-\infty}^{+\infty} f(x)\,\mathrm{d}x = \int_{5}^{8} \frac{1}{5}\mathrm{d}x = \frac{3}{5}$$

(2)指数分布

如果随机变量 X 的概率密度是 $f(x) = \begin{cases} \lambda \mathrm{e}^{-\lambda x} & x > 0 \\ 0 & x \leqslant 0 \end{cases}$ (其中 $\lambda > 0$),则称 X 服从参数为 λ 的指数分布.

例 12.26 某大型设备的使用寿命 X 服从参数为 0.005 的指数分布,求该设备能使用 200 h 以上的概率.

解 依据题意得

$$P(X > 200) = \int_{200}^{+\infty} 0.005\mathrm{e}^{-0.005x}\,\mathrm{d}x = 0.368$$

(3)正态分布

如果随机变量 X 的概率密度是 $f(x) = \dfrac{1}{\sigma\sqrt{2\pi}}\mathrm{e}^{-\frac{(x-\mu)^2}{2\sigma^2}}(-\infty, +\infty)$,其中,$\mu,\sigma$ 为常数,则称 X 服从参数 μ,σ 的**正态分布**,记作

$$X \sim N(\mu,\sigma^2)$$

正态分布有两个参数,即均数 μ 和标准差 σ,可记作 $X \sim N(\mu,\sigma^2)$. 均数 μ 决定正态曲线的中心位置;标准差 σ 决定正态曲线的陡峭或扁平程度. σ 越小,曲线越陡峭;σ 越大,曲线越

扁平.

正态曲线呈钟形,两头低,中间高,左右对称,曲线与横轴间的面积总等于1.

特别,当$\mu=0,\sigma=1$概率密度函数变为

$$\varphi(x)=\frac{1}{\sqrt{2\pi}}e^{-\frac{x^2}{2}}(-\infty,+\infty)$$

称为**标准正态分布**,记作

$$X\sim N(0,1)$$

于是

$$P(X\leqslant x)=\int_{-\infty}^{x}\frac{1}{\sqrt{2\pi}}e^{-\frac{x^2}{2}}dx$$

分布函数记为

$$\Phi(x)=P(X\leqslant x)$$

又$\Phi(x)$是偶函数,于是有

$$\Phi(-x)=1-\Phi(x)$$

显然,当$x=0$时,$\Phi(0)=0.5$.对于任意$a<b$,有

$$\begin{aligned}P(a<X<b)&=\int_{a}^{b}\frac{1}{\sqrt{2\pi}}e^{-\frac{t^2}{2}}dt\\&=\int_{-\infty}^{b}\frac{1}{\sqrt{2\pi}}e^{-\frac{t^2}{2}}dt-\int_{-\infty}^{a}\frac{1}{\sqrt{2\pi}}e^{-\frac{t^2}{2}}dt\\&=\Phi(b)-\Phi(a)\end{aligned}$$

因此,若随机变量$X\sim N(0,1)$,则求$P(X\leqslant x)$或$P(a<X<b)$就可化为求$\Phi(x)$的值,但求$\Phi(x)$的值比较困难.为此,人们编制了标准正态分布表,可供查用.

例12.27 查标准正态分布表求$\Phi(2.34)$,$\Phi(1.56)$,$\Phi(-1.96)$,$\Phi(0.5<X<1.96)$.

解

$$\Phi(2.34)=2.9904;\Phi(1.56)=0.9406$$

$$\Phi(-1.96)=1-\Phi(1.96)=1-0.9750=0.0250$$

$$\Phi(0.5<X<1.96)=\Phi(1.96)-\Phi(0.5)=0.9750-0.6915=0.2835$$

定理1 若$X\sim N(\mu,\sigma^2)$,则

$$Y=\frac{X-\mu}{\sigma}\sim N(0,1)$$

于是,若$X\sim N(\mu,\sigma^2)$,则

$$P(X\leqslant x)=P\left(\frac{X-\mu}{\sigma}\leqslant\frac{x-\mu}{\sigma}\right)=\Phi\left(\frac{x-\mu}{\sigma}\right)$$

对于任意区间$(a,b]$,有

$$P(a<X\leqslant b)=P\left(\frac{a-\mu}{\sigma}<\frac{X-\mu}{\sigma}\leqslant\frac{b-\mu}{\sigma}\right)=\Phi\left(\frac{a-\mu}{\sigma}\right)-\Phi\left(\frac{b-\mu}{\sigma}\right)$$

例12.28 设$X\sim N(1,0.2^2)$,求$P(X<1.2)$及$P(0.7\leqslant X<1.1)$.

解 设$Y=\frac{X-\mu}{\sigma}=\frac{X-1}{0.2}$,则$P\sim N(0,1)$,于是

$$P(X<1.2)=P\left(Y<\frac{1.2-1}{0.2}\right)$$

$$=P(Y<1)=\Phi(1)=0.841\ 3$$

$$\begin{aligned}P(0.7\leqslant X<1.1)&=P\left(\frac{0.7-1}{0.2}\leqslant\frac{X-1}{0.2}<\frac{1.1-1}{0.2}\right)\\&=P(-1.5\leqslant Y<0.5)=\Phi(0.5)-\Phi(-1.5)\\&=\Phi(0.5)+\Phi(1.5)-1\\&=0.691\ 5+0.933\ 2-1\\&=0.624\ 7\end{aligned}$$

习题 12.4

1. 填空题:

(1)如果 X 的分布列为

X	-2	-1	0	1	3
P	$\frac{1}{5}$	$\frac{1}{6}$	$\frac{1}{5}$	$\frac{1}{15}$	$\frac{11}{30}$

则 X^2 的布列为________________.

(2)随机变量 X 的密度函数为

$$f(x)=\begin{cases}\dfrac{1}{\pi\sqrt{1-x^2}} & |x|<1\\ 0 & \text{其他}\end{cases}$$

则 X 落在$\left(-\frac{1}{2},\frac{1}{2}\right)$内的概率为________.

(3)袋中有5个球,其中2个白球、3个黑球,从中任取3个球,取到白球数 X 的概率分布列为________.

(4)在10件产品中,有3件次品,连续抽取4次,每次抽一件(抽后不放回),则抽到次品数 X 的分布列为________________________________.

(5)某篮球运动员每次投篮命中率为0.8,设4次投篮命中的次数 X 为随机变量,则 X 服从________________分布;$P(X\geqslant1)=$__________.

(6)连续型随机变量 X 的密度函数为

$$f(x)=\frac{1}{\sqrt{2\pi}\sigma}e^{-\frac{(x-\mu)^2}{2\sigma^2}}\ (-\infty<x<+\infty)$$

其中,$\mu,\sigma(\sigma>0)$为参数,则称随机变量 X 服从____________分布,记作____________.当 $\mu=0,\sigma=1$ 时,密度函数 $f(x)=$____________,这种正态分布称为____________,记为____________.

(7)在某一大楼内,电梯的等候时间在[0,5] min之间均匀分布,则概率密度函数$f(x)=$____________,等候时间大于0.5 min的概率为____________,电梯在最初45 s到达的概率为____________,等候时间在 1 ~ 3 min 的概率为____________.

(8)若随机变量 X 的密度函数为

$$f(x)=\begin{cases}\frac{1}{2} & x\in[2,4]\\ 0 & 其他\end{cases}$$

则 $P(X<3)$ 的值为____________.

2. 袋中有 2 只红球,13 只白球,每次从中任取 1 只,如果:

(1)取后不放回.

(2)取后放回.

连续取 3 次,试写出 3 次中取出红球个数的分布列,并验证是否满足分布列的两个性质.

3. 设离散型随机变量 X 的概率分布为

X	0	1	2
P	$\frac{2}{C}$	$\frac{1}{C}$	$\frac{3}{C}$

求:(1)常数 C.

(2)$P(0<X<2)$.

4. 已知一本书中每页印刷错误的个数 X 服从泊松分布 $P(0.5)$,试求一页上印刷错误的个数不多于 1 个的概率.

5. 某射手射击一固定目标,每次命中率为 0.3,现射击 3 次,求命中次数 X 的分布列.

6. 设随机变量 X 的分布列为

X	-1	0	1	2
P	0.2	0.3	0.1	0.4

求 $Y_2=(X-1)^2$ 的分布列.

7. 某厂生产的螺栓长度 X 服从正态分布 $N(8.5,0.65^2)$,规定长度在范围 8.5 ± 0.1 内为合格,求生产的螺栓是合格品的概率.

8. 设 $X\sim N(3,2^2)$,试求:

(1)$P(|X|>2)$.

(2)$P(X>3)$.

(3)若 $P(X>C)=P(X\leqslant C)$,问 C 为何值?

9. 已知某车间工人完成某道工序的时间 X 服从正态分布 $N\sim(10,3^2)$,问:

(1)从该车间工人中任选一人,其完成该道工序的时间不到 7 min 的概率.

(2)为了保证生产连续进行,要求以 95% 的概率保证该道工序上工人完成工作时间不多于 15 min.

12.5 随机变量的数字特征

12.5.1 数学期望

(1)离散型随机变量的数学期望

设随机变量 ξ 的概率分布为

ξ	x_1	x_2	$\cdots$	x_n	$\cdots$
P	p_1	p_2	$\cdots$	p_n	$\cdots$

希望找到一个数值,它反映了 ξ 的取值的“平均“大小,类似于通常一批数字的平均数那样.

假定 ξ 的分布为

ξ	100	200
p	0.01	0.99

作为可能取值的平均数,是 $(100+200)/2=150$. 可是,从分布表可直观地看出,ξ 取200的机会要比取100的机会大得多,这个150并不真正反映 ξ 取值的平均水平. 也就是说,对随机变量 ξ 而言,“ξ 的可能取值 $x_1,x_2,\cdots,x_n$ 的和除以总个数 n”那种方式的“平均数”,并不真正起到平均的作用. 因此,为了真正反映 ξ 的取值的平均,仅仅考虑它所取的那些值是不够的,还应考虑它取那些值的相应的概率.

如何定义 ξ 的一个数字特征才能体现 ξ 取值的平均水平呢? 先看下面一个实际问题.

为了测定某批种子发芽所需的平均天数,从中任取100粒种子进行试验,其发芽情况为

发芽天数	1	2	3	4	5	6	7
发芽粒数	20	34	22	11	9	3	1

则这100粒种子发芽的平均天数为

$$(1\times20+2\times34+3\times22+4\times11+5\times9+6\times3+7\times1)\div100=2.68$$

这个平均数并不能代表整批种子的平均发芽天数,因为如果另外再取100粒,其发芽情况可能会不同,算得的结果就不一定是2.68天了.

若将上式改写为

$$1\times\frac{20}{100}+2\times\frac{34}{100}+3\times\frac{22}{100}+4\times\frac{11}{100}+5\times\frac{9}{100}+6\times\frac{3}{100}+7\times\frac{1}{100}=2.68$$

可知,所求的平均值是由每一可能的发芽天数乘上在这个天数种子发芽的频率而得到的,其结果所包含的随机性是由频率所引起的,如果将频率换成相应的概率,就可消除随机因

素的影响.这样得到的结果,就能代表整批种子的平均发芽天数了.

定义3 设离散型随机变量ξ的概率分布是

ξ	x_1	x_2	$\cdots$	x_k	$\cdots$
P	p_1	p_2	$\cdots$	p_k	$\cdots$

(即$P(\xi = X_k) = P_k, k = 1,2,\cdots$)

则称和数

$$\sum_k x_k p_k (\text{即 } x_1p_1 + x_2p_2 + \cdots + x_kp_x + \cdots)$$

为随机变量ξ的数学期望,简称期望,记作$E(\xi)$.

对这个定义再作两点说明:

①$E(\xi)$是一个实数.当ξ的概率分布已知时,$E(\xi) = X_1P_1 + X_2P_2 + \cdots + X_kP_k + \cdots$在形式上$\xi$的可能取值的加权平均,实质上它体现了随机变量$\xi$的取值的"平均",故也称为$\xi$的均值.

②"$\sum_k x_k p_k$"表示对所有的k进行求和.ξ的取值可以是有限个,也可以是可数无限个.当ξ的取值为可数限个时,各式为无限项相加,定义要求该无穷级数绝对收敛.

例12.29 设ξ的分布为

ξ	100	200
p	0.01	0.99

求ξ的数学期望.

解 根据数学期望的定义,有

$$E(\xi) = 100 \times 0.01 + 200 \times 0.99 = 199$$

它与200非常靠近,而远不是100与200的算术平均数150.

例12.30 甲、乙两名射手在一次射击中所得分数用随机变量X,Y表示,其概率分布为

X,Y	1	2	3
P_X	0.3	0.4	0.3
P_Y	0.1	0.5	0.4

试比较两射手的技术.

解 只需要计算射手的平均得分,就可比较出技术的好坏,则

$$E(X) = 1 \times 0.3 + 2 \times 0.4 + 3 \times 0.3 = 2$$

$$E(Y) = 1 \times 0.1 + 2 \times 0.5 + 3 \times 0.4 = 2.3$$

所以乙射手的技术较甲射手的好.

(2)连续型随机变量的数学期望

定义4 设连续型随机变量 x 的概率密度函数为 $f(x)$，如果积分 $\int_{-\infty}^{+\infty} xf(x)\,dx$ 绝对收敛，则称积分 $\int_{-\infty}^{+\infty} xf(x)\,dx$ 为连续型随机变量 X 的数学期望，记作 $E(X)$，即

$$E(x) = \int_{-\infty}^{+\infty} xf(x)\,dx$$

例12.31 设连续型随机变量 X 的概率密度函数为 $f(x) = \begin{cases} \frac{1}{5} & 3 < x < 8 \\ 0 & 其他 \end{cases}$，求 $E(x)$，$E(3x^2)$.

解

$$E(x) = \int_{-\infty}^{+\infty} xf(x)\,dx = \int_{3}^{8} x\frac{1}{5}dx = 5.5$$

$$E(3x^2) = \int_{-\infty}^{+\infty} 3x^2 f(x)\,dx = \int_{3}^{8} 3x^2\frac{1}{5}dx = 194$$

(3)数学期望的性质

设 k,b,c 为常数，ξ,η 是随机变量，并且它们的数学期望都存在. 下面是数学期望的一些性质.

①$E(c)=c$

这是因为，如果把常数 C 看作只取一个值的随机变量 ξ，则有 $P(\xi=C)=1$，于是根据期望的定义得

$$E(c) = c \cdot 1 = c$$

②$E(k\xi)=kE(\xi)$

设 ξ 的分布列是

$$P(\xi = x_i) = p_i \quad (i = 1,2,3,\cdots,n,\cdots)$$

随机变量 $\eta = k\xi$ 的分布列是

$$P(\eta = kx_i) = p_i \quad (i = 1,2,3,\cdots,n,\cdots)$$

则

$$\begin{aligned} E(k\xi) &= kx_1p_1 + kx_2p_2 + \cdots + kx_np_n + \cdots \\ &= k(x_1p_1 + kx_2p_2 + \cdots + kx_np_n + \cdots) \\ &= kE(\xi) \end{aligned}$$

③$E(\xi+b)=E(\xi)+b$

如果记 $\xi=\xi+b$，由 ξ 的分布列可得到随机变量 ζ（读作“采它”）的分布列：

$$P(\xi = x_i + b) = p_i \quad (i = 1,2,\cdots,n,\cdots)$$

于是

$$\begin{aligned} E(\xi+b) &= (x_1+b)p_1 + (x_2+b)p_2 + \cdots + (x_n+b)p_n + \cdots \\ &= x_1p_1 + x_2p_2 + \cdots + x_np_n + \cdots + b(p_1 + p_2 + \cdots + p_n + \cdots) \\ &= E(\xi) + b \end{aligned}$$

④$E(k\xi+b)=kE(\xi)+b$

这个性质可由性质②、③直接推出.

⑤$E(\xi+\eta)=E(\xi)+E(\eta)$

⑥设ξ的分布列是$P(\xi=x_k)=p_k(k=1,2,\cdots)$,则$\xi$的函数$\eta=f(\xi)$的期望为

$$E[f(\xi)] = \sum_k f(x_k)p_k$$

性质⑤、⑥证明起来比较困难,只要求读者能运用它们来进行计算.

例12.32 已知$E(\xi)=2,E(\eta)=1$,试求下列随机变量的期望:

1)$\xi_1=3\xi+2$

2)$\xi_2=2\xi-\eta$

解 1) $$E(\xi_1)=E(3\xi+2)=3E(\xi)+2=3\times2+2=8$$

2) $$E(\xi_2)=E(2\xi-\eta)=E(2\xi)+E(-\eta)=2E(\xi)-E(\eta)=2\times2-1=3$$

例12.33 设随机变量X的概率分布为

X	-1	0	2	3
P	$\frac{1}{8}$	$\frac{1}{4}$	$\frac{3}{8}$	$\frac{1}{4}$

求 $E(X),E(X^2),E(-2X+1)$.

解 $$E(X)=(-1)\times\frac{1}{8}+0\times\frac{1}{4}+2\times\frac{3}{8}+3\times\frac{1}{4}=\frac{11}{8}$$

$$E(X^2)=(-1)^2\times\frac{1}{8}+0^2\times\frac{1}{4}+2^2\times\frac{3}{8}+3^2\times\frac{1}{4}=\frac{31}{8}$$

$$E(-2X+1)=3\times\frac{1}{8}+1\times\frac{1}{4}+(-3)\times\frac{3}{8}+(-5)\times\frac{1}{4}=-\frac{7}{4}$$

12.5.2 随机变量的方差与标准差

(1)方差与标准差

已知数学期望反映了随机变量的平均值,但是在许多实际问题中,仅仅知道随机变量的平均值是不够的.例如,有甲、乙两种手表,它们的日走时误差分别为ξ和η,其分布为

ξ	-1	0	1
p	0.1	0.8	0.1

η	-2	-1	0	1	2
p	0.1	0.2	0.4	0.2	0.1

试比较甲、乙两种手表的质量.

容易验证,$E(\xi)=E(\eta)=0$,甲、乙两种手表的日走时误差的均值相等,因此,从数学期望看这两种手表是分不出优劣的.可是若仔细观察一下这两个分布列就会发现,与甲种手表相比,乙种手表只有较少部分的日走时误差为0,而其余部分都分布在0的两侧,并且分散的范围也比较大,因此甲种手表的日走时误差较小,所以甲种手表比乙种手表好.这就启发我们,需要引进一个量来刻画一个随机变量离开它的均值(期望)的偏离程度.

设ξ是离散型随机变量,$E(\xi)$是它的期望,这时$|\xi-E(\xi)|$就反映了ξ和它的期望$E(\xi)$的偏差大小,但是绝对值运算不方便,人们便用$[\xi-E(\xi)]^2$来度量这个偏差,可是$[\xi-E(\xi)]^2$是一个随机变量,所以就用它的均值,即$[\xi-E(\xi)]^2$来度量ξ离开其均值$E(\xi)$

的偏离程度.

定义5　设ξ是一个离散型随机变量,并且数学期望$E(\xi)$存在,如果$E\left[\xi-E(\xi)\right]^2$存在,则$E\left[\xi-E(\xi)\right]^2$为随机变量$\xi$的方差,记为$D(\xi)$.

方差正的平方根$\sqrt{D(\xi)}$称为ξ的标准差(或根方差).

容易看出,方差是一个数值,它是随机变量ξ与其均值偏差的平方$[\xi-E(\xi)]^2$的均值,它描述了ξ的分布列,就可按照定义求出ξ的方差值.但是,用定义计算方差比较麻烦,下面给出一个常用的计算方差的公式.

根据方差的定义和数学期望的性质,有

$$\begin{aligned}D(\xi)&=E[\xi-E(\xi)]^2\\&=E[\xi^2-2\xi E(\xi)+E^2(\xi)]\\&=E(\xi^2)-2E(\xi)\cdot E(\xi)+E^2(\xi)\end{aligned}$$

即

$$D(\xi)=E(\xi^2)-E^2(\xi)$$

现在利用这个公式来计算前述甲、乙两种手表的日走时误差的方差.

由于

$$E(\xi)=E(\eta)=0$$

于是有

$$\begin{aligned}D(\xi)&=E(\xi^2)-E^2(\xi)=E(\xi^2)\\&=(-1)^2\times0.1+0^2\times0.8+1^2\times0.1=0.2\end{aligned}$$

$$\begin{aligned}D(\eta)&=E(\eta^2)+E^2(\eta)=E(\eta^2)\\&=(-2)^2\times0.1+(-1)^2\times0.2+0^2\times0.4+1^2\times0.2+2^2\times0.1\\&=1.2\end{aligned}$$

因为$D(\xi)<D(\eta)$,所以甲种手表优于乙种手表.

(2)方差的性质

关于方差有以下一些性质:

①$D(C)=0$

②$D(k\xi)=k^2D(\xi)$

③$D(\xi+b)=D(\xi)$

④$D(k\xi+b)=k^2D(\xi)$

其中,k,b,C是常数,ξ是随机变量.

这里只给出②的证明,其余证明读者可自己完成,即

$$\begin{aligned}D(k\xi)&=E[k\xi-E(k\xi)]^2=E[k\xi-kE(\xi)]^2\\&=E\{k^2[\xi-E(\xi)]^2\}=k^2E[\xi-E(\xi)]^2\\&=k^2D(\xi)\end{aligned}$$

例12.34　设连续型随机变量X的概率密度函数为$f(x)=\begin{cases}\dfrac{1}{b-a} & a<x<b\\ 0 & 其他\end{cases}$,求$E(X)$,$D(X)$.

解

$$E(X)=\int_{-\infty}^{+\infty}xf(x)\,\mathrm{d}x=\int_a^b\frac{x}{b-a}\mathrm{d}x=\frac{a+b}{2}$$

$$E(X^2) = \int_{-\infty}^{+\infty} x^2 f(x)\,dx = \int_a^b \frac{x^2}{b-a}dx = \frac{a^2+ab+b^2}{3}$$

$$D(X) = E(X^2) - E^2(X) = \frac{a^2+ab+b^2}{3} - \left(\frac{a+b}{2}\right)^2 = \frac{(b-a)^2}{12}$$

为使用方便,常用的随机变量的概率分布及数字特征见表 12.4.

表 12.4

名 称	概率分布	数学期望	方 差
两点分布	$P(X=k)=p^k q^{1-k} \quad (k=0,1)$	p	pq
二项分布	$P(X=k)=C_n^k p^k q^{n-k}$ $(k=0,1,2,\cdots,n)$	np	npq
均匀分布	$f(x)=\begin{cases}\frac{1}{b-a} & a<x<b \\ 0 & 其他\end{cases}$	$\frac{a+b}{2}$	$\frac{(b-a)^2}{12}$
正态分布	$f(x)=\frac{1}{\sigma\sqrt{2\pi}}e^{-\frac{(x-\mu)^2}{2\sigma^2}}(-\infty,+\infty)$	μ	σ^2
标准正态分布	$\varphi(x)=\frac{1}{\sqrt{2\pi}}e^{-\frac{x^2}{2}}(-\infty,+\infty)$	0	1

习题 12.5

1. 已知 X 服从以下的分布列:

X	-1	0	$\frac{1}{2}$	1	2
p_k	$\frac{1}{3}$	$\frac{1}{6}$	$\frac{1}{6}$	$\frac{1}{12}$	$\frac{1}{4}$

求 $E(X),E(X^2),D(X)$.

2. A,B 两台机床同时加工某零件,每生产 1 000 件出次品的概率分布见表 12.5.

表 12.5

次品数	0	1	2	3
概率 A	0.7	0.2	0.06	0.04
概率 B	0.8	0.06	0.04	0.10

问哪一台机床加工质量较好?

3. 膨胀仪是测量金属膨胀系数的一种精密仪器，测量结果通过感光设备的照相底片显示出来. 现用两种底片（玻璃底板，照相底版）多次测量某种合金的膨胀系数.

用玻璃板测量结果 X 的分布列为

X	2.8	2.9	3.0	3.1	3.2
P_k	0.10	0.15	0.50	0.15	0.10

用照相底版测量结果 X 的分布列为

X	2.8	2.9	3.0	3.1	3.2
P_k	0.13	0.17	0.40	0.17	0.13

试比较两种测量方法，哪种精密程度较高.

4. 公共汽车门的高度是按照保证成年男子与车门顶部碰头的概率在1%以下设计的. 如果某地成年男子的身高（170,30)（单位:cm），则车门设计应为多高?

【阅读材料】

概率统计知识

人类目前所有的所谓科学结论，实质上都是统计规律，即概率结论. 也就是说，如万有引力定律中的常量和公式，重力加速度中的常量9.8，等等，都是概率结论，而不是绝对准确的公式和数值. 在彻底知道宇宙运行的本质之前，人类所有的所谓科学结论，实质上都是统计结论. 一切试验结论、一切理论也都是统计结论.

概率论起源于17世纪中叶，当时在误差、人口统计、人寿保险等范畴中，有重要应用. 概率现象，有两个主要特点，即结果的不确定性、统计规律性，既结果不确定，又具有统计规律. 概率结论，与样本范围有直接关系，如对人的体重规律统计等. 全国人口的数据存在一个概率规律，各个省的数据，又有各自的规律差异，而各个省的规律之合成，就成为全国数据规律. 对于概率来说，整体概率规律和部分概率规律，既有联系，又有差异.

在我们身边发生的很多事，仔细想想，都有概率现象存在，结果不确定，无法预见，但又有一定的规律性. 例如，某个人的性格，在什么时候高兴，什么时候发火，每次类似的事情发生，其表现不是一定要高兴或发火的，但总体来说有一定规律性，所以才能感受到这个人的性格. 又如，经济方面的各种统计数据，公共汽车到站时间的分布，每年的雨水情况，地震的发生概率，甚至量子的测不准现象，等等，都是具有概率规律的. 这些事件的结果，都具有无法完全准确预测，又有一定规律可循，即符合概率规律.

按照常理，一件事情要么发生，要么不发生，是确定的，可以完全预测的. 但是，为什么有些事情是无法完全预测的呢?

每件事的发生，都是需要条件的，一个或多个. 而事情是否发生，什么时候发生，往往因为几个条件变化不定，我们无法确切了解，从而无法确定事情的发生.

例如，事件 A 的发生，要受导致 A 事件发生的 A_1,A_2,A_3,A_4,A_5 这5个条件事件的影响，那么，我们对这5个条件的任意几个不了解，就无法预测事件 A 的发生. 如果能够知道这5个条件的所有情况,只要推导计算公式的正确,就可判断事件 A 的发生以及发生情况. 结果是,事件 A 无法判断什么时候发生. 事件 A 的发生是这 5 个条件的函数,即这 5 个条件共同作用的结果. 如果这 5 个条件分别都有其发生的规律,那么,这 5 个规律的叠加,就是事件 A 发生的规律. 也就是说,事件 A 的发生是有规律的.

但是,这 5 个条件事件的各自本身,其发生也和事件 A 一样,也有发生的前提条件. 假设每个条件的发生,分别有 3 个条件,即 $A_{11},A_{12},A_{13};A_{21},A_{22},A_{23};A_{31},A_{32},A_{33};A_{41},A_{42},A_{43};A_{51},A_{52},A_{53}$. 那么,$A_1$ 的发生,就被其 3 个条件所唯一确定;如果其 3 个条件不确定,又有一定发生规律,那么 A_1 的发生规律,就是其 3 个条件发生规律的叠加. 其他 4 个条件事件的发生,也是有同样的规律.

如果组成宇宙的最基本单元,其发生有着确定性,那么,其实所有的概率现象,都是确定的,只是我们无法去具体推算而已.

也就是说,之所以有所谓事件发生的不确定性,是因为我们无法彻底找出决定事件发生的所有的一系列条件. 而其实,事件的发生是确定的. 这些事件在事前就已经确定,在事后当然也是确定的. 这正好符合“宇宙中一切都是必然的”结论.

因为一切都是统计规律,而对于统计规律,每次具体事件的结果是不一样的,且所有结果都有出现的可能,因此,任何结论都是真理,只是真理的可能性大小的问题,但没有绝对的 0%,也没有绝对的 100%. 对于社会和宇宙,因为我们无法完全知道其被动的条件事件,所以什么情况都可能发生,万事皆有可能,而只是概率大小的问题.

复习题 12

一、判断题:

1. 甲、乙两射手同时射击一目标,甲的命中率为 0.65,乙的命中率为 0.60,那么,目标被击中的概率为 $0.65+0.60=1.25$. ( )

2. 若 A 与 B 互不相容,则 $P(A\cup\overline{B})=P(A)+P(\overline{B})$. ( )

3. 在一次试验中,对于事件 A,B,若 $AB=\varnothing$ 且 $P(A)=1-P(B)$,则事件 A,B 互逆. ( )

4. 某种动物从出生活到 20 岁的概率是 0.8,活到 25 岁的概率是 0.4,则现龄是 20 岁的这种动物活到 25 岁的概率是 0.6. ( )

二、填空题:

1. 设 $\xi\sim N(1.5,4)$,且 $\Phi(1.25)=0.8944$,$\Phi(1.75)=0.9599$,则 $P\{-2<\xi<4\}=$________.

2. 设 A,B 为互不相容的随机事件 $P(A)=0.2$,$P(B)=0.5$,则 $P(A\cup B)=($ $)$.

3. 掷一枚骰子,则掷得奇数点的概率是________.

4. 从 5 件正品,1 件次品中随机取出两件,则取出的两件产品中恰好是一件正品,1 件次品的概率是________.

5. 某小组有 3 名女生,两名男生,现从这个小组中任意选出 1 名组长,则其中 1 名女生小丽当选为组长的概率是________.

6. 已知 $P(B)=0.3$,$P(\overline{A}\cup B)=0.7$,且 A 与 B 相互独立,则 $P(A)=$________.

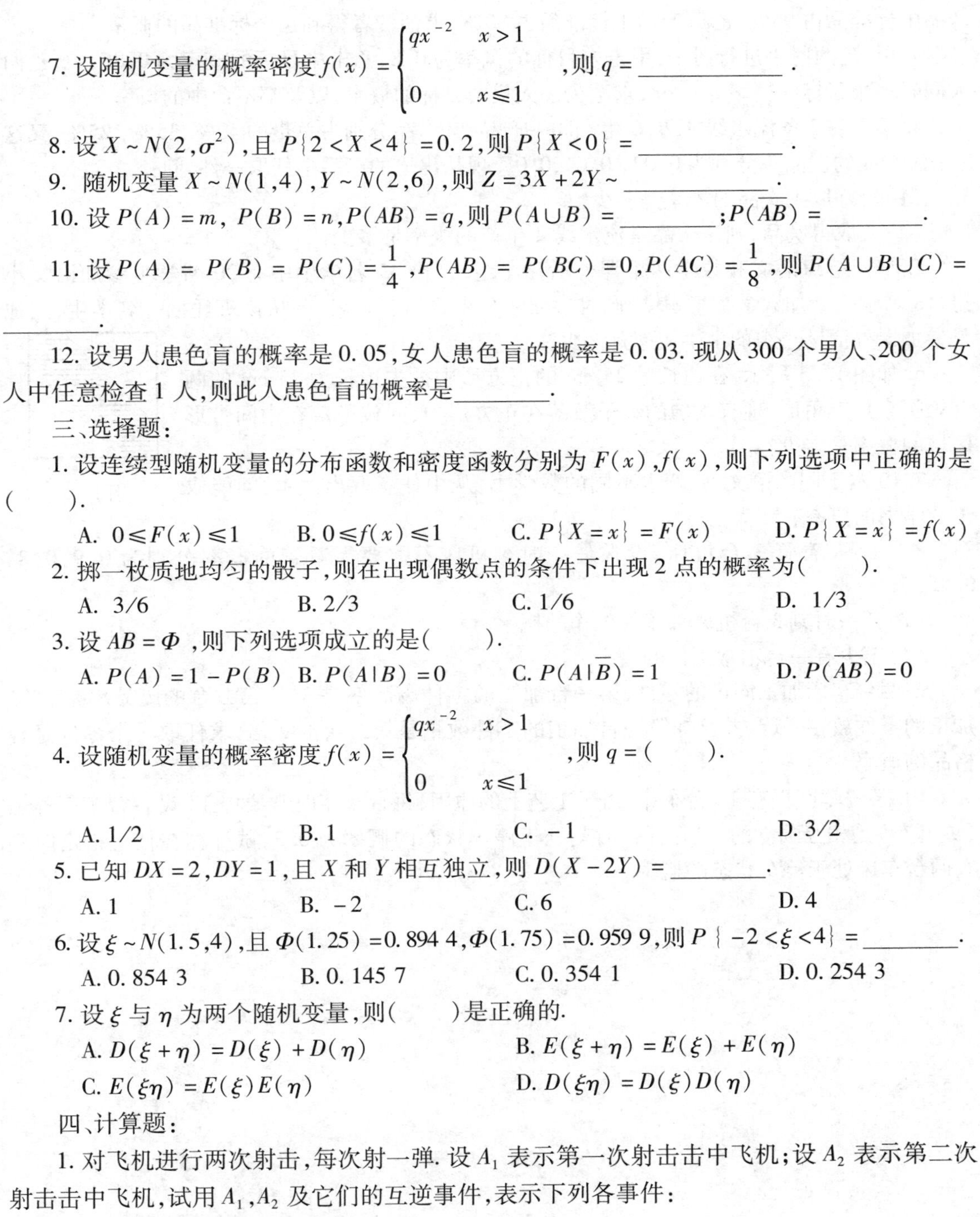

7. 设随机变量的概率密度$f(x)=\begin{cases}qx^{-2} & x>1\\0 & x\leqslant 1\end{cases}$，则$q=$______.

8. 设$X\sim N(2,\sigma^2)$，且$P\{2<X<4\}=0.2$，则$P\{X<0\}=$______.

9. 随机变量$X\sim N(1,4)$，$Y\sim N(2,6)$，则$Z=3X+2Y\sim$______.

10. 设$P(A)=m$，$P(B)=n$，$P(AB)=q$，则$P(A\cup B)=$______；$P(\overline{AB})=$______.

11. 设$P(A)=P(B)=P(C)=\frac{1}{4}$，$P(AB)=P(BC)=0$，$P(AC)=\frac{1}{8}$，则$P(A\cup B\cup C)=$______.

12. 设男人患色盲的概率是0.05，女人患色盲的概率是0.03. 现从300个男人、200个女人中任意检查1人，则此人患色盲的概率是______.

三、选择题：

1. 设连续型随机变量的分布函数和密度函数分别为$F(x)$，$f(x)$，则下列选项中正确的是(　　).

A. $0\leqslant F(x)\leqslant 1$　　B. $0\leqslant f(x)\leqslant 1$　　C. $P\{X=x\}=F(x)$　　D. $P\{X=x\}=f(x)$

2. 掷一枚质地均匀的骰子，则在出现偶数点的条件下出现2点的概率为(　　).

A. 3/6　　B. 2/3　　C. 1/6　　D. 1/3

3. 设$AB=\Phi$，则下列选项成立的是(　　).

A. $P(A)=1-P(B)$　　B. $P(A|B)=0$　　C. $P(A|\overline{B})=1$　　D. $P(\overline{AB})=0$

4. 设随机变量的概率密度$f(x)=\begin{cases}qx^{-2} & x>1\\0 & x\leqslant 1\end{cases}$，则$q=$(　　).

A. 1/2　　B. 1　　C. −1　　D. 3/2

5. 已知$DX=2$，$DY=1$，且X和Y相互独立，则$D(X-2Y)=$______.

A. 1　　B. −2　　C. 6　　D. 4

6. 设$\xi\sim N(1.5,4)$，且$\Phi(1.25)=0.894\,4$，$\Phi(1.75)=0.959\,9$，则$P\{-2<\xi<4\}=$______.

A. 0.854 3　　B. 0.145 7　　C. 0.354 1　　D. 0.254 3

7. 设ξ与η为两个随机变量，则(　　)是正确的.

A. $D(\xi+\eta)=D(\xi)+D(\eta)$　　B. $E(\xi+\eta)=E(\xi)+E(\eta)$

C. $E(\xi\eta)=E(\xi)E(\eta)$　　D. $D(\xi\eta)=D(\xi)D(\eta)$

四、计算题：

1. 对飞机进行两次射击，每次射一弹. 设A_1表示第一次射击击中飞机；设A_2表示第二次射击击中飞机，试用A_1，A_2及它们的互逆事件，表示下列各事件：

(1) B表示“两弹都击中飞机”.

(2) C表示“两弹都没击中飞机”.

(3) D表示恰有一弹击中飞机.

(4) E表示至少有一弹击中飞机.

2. 设有两个工厂生产的灯泡，甲厂供应产品占全部消费品的70%，而乙厂占30%，甲厂产品中标准品占95%,乙厂产品中标准品占80%,求消费者得到一个标准品的概率.

3. 甲、乙两射手进行射击,甲击中目标的概率为0.8,乙击中目标的概率为0.85,甲、乙两人同时击中目标的概率为0.68,求至少一人集中目标的概率,以及都不命中的概率.

4. 某厂有3条流水线A,B,C生产同一产品,其产品分别占总量的40%,35%, 25%,又这3条流水线的次品率分别为0.02, 0.04,0.05. 现从出厂的产品中任取一件,问:

(1)恰好取到次品的概率是多少?

(2)若取得次品,则该次品是流水线A生产的概率是多少?

5. 学校组织语文和数学两个课外活动小组. 某班45名学生中有20名学生参加语文小组,18名学生参加数学小组,其中同时参加两个小组的有8名. 现从该班任抽一名学生,问他是参加课外活动小组的学生概率是多少?

6. 如图12.5所示,在边长为25 cm的正方形中挖去边长为23 cm的两个等腰直角三角形,现有均匀的粒子散落在正方形中,问粒子落在中间带形区域的概率是多少?

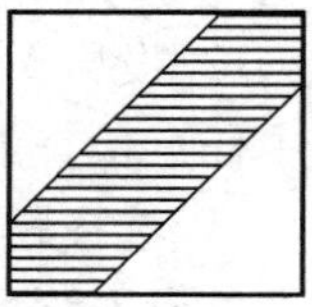

图12.5

7. 10本不同的语文书,两本不同的数学书,从中任意取出两本,问能取出数学书的概率有多大?

8. 一个人看管3台机床,设在任一时刻机床不需要人看管的概率分别为0.9,0.8,0.85,求:

(1)任一时刻3台机床都正常工作的概率.

(2)至少有一台正常工作的概率.

9. 两台车床加工同样的零件,第一台加工的零件废品率是3%,第二台的废品率是2%. 加工的零件放在一起,并已知第一台加工的零件数量是第二台的2倍,求任取一个零件是合格品的概率.

10. 某一车间里有12台车床,由于工艺上的原因,每台车床时常要停工. 设各台车床停工(或开车)是相互独立的,且在任一时刻处于停车状态的概率为0.3,试计算在任一指定时刻有两台车床处于停车状态的概率.

附　录

附录 1　基本初等函数

函数名称	函数的记号	函数的图形	函数的性质
常数函数	$y=C$		
指数函数	$y=a^x(a>0,a\neq 1)$	$y=a^{-x}$　y　$y=a^x$　1　$a>1$　O　x	①不论 x 为何值,y 总为正数 ②当 $x=0$ 时,$y=1$
对数函数	$y=\log_a x(a>0,a\neq 1)$	y　$a>1$　$y=\log_a x$　O　1　x　$y=\log_{\frac{1}{a}} x$	①其图形总位于 y 轴右侧,并过(1,0)点 ②当 $a>1$ 时,在区间(0,1)的值为负;在区间(-,+∞)的值为正;在定义域内单调增

续表

函数名称	函数的记号	函数的图形	函数的性质
幂函数	$y=x^{a}$（a为任意实数）	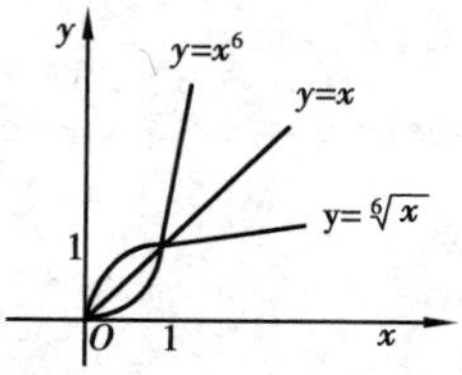 $y=x^6$　$y=x$　$y=\sqrt[6]{x}$ （这里只画出部分函数图形的一部分）	令 $a=m/n$ ①当m为偶数、n为奇数时，y是偶函数 ②当m,n都是奇数时，y是奇函数 ③当m为奇数、n为偶数时，y在$(-\infty,0)$无意义
三角函数	$y=\sin x$（正弦函数） 这里只写出了正弦函数	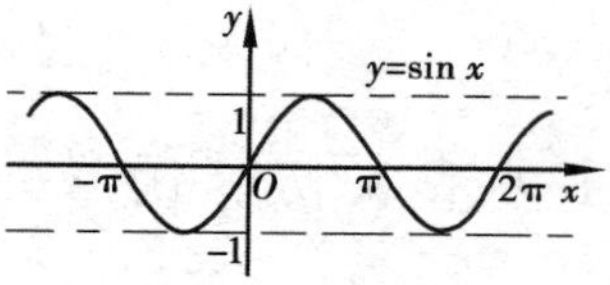 $y=\sin x$	①正弦函数是以2π为周期的周期函数 ②正弦函数是奇函数且$\lvert\sin x\rvert\leqslant 1$
反三角函数	$y=\arcsin x$（反正弦函数） 这里只写出了反正弦函数 $\arccos x,\arctan x,\operatorname{arccot} x$	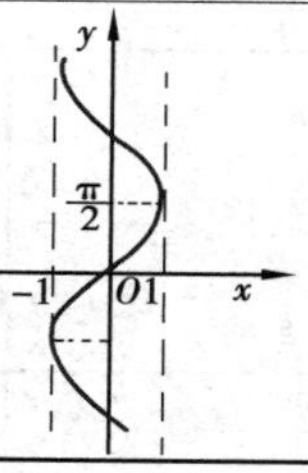	由于此函数为多值函数，因此，此函数值限制在$\left[-\frac{\pi}{2},\frac{\pi}{2}\right]$上，并称其为反正弦函数的主值

附录2 双曲函数

函数的名称	函数的表达式	函数的图形	函数的性质
双曲正弦	$\text{sh}\,x=\dfrac{e^x-e^{-x}}{2}$		①其定义域为$(-\infty,+\infty)$ ②是奇函数 ③在定义域内是单调增
双曲余弦	$\text{ch}\,x=\dfrac{e^x+e^{-x}}{2}$		①其定义域为$(-\infty,+\infty)$ ②是偶函数 ③其图像过点(0,1)
双曲正切	$\text{th}\,x=\dfrac{e^x-e^{-x}}{e^x+e^{-x}}$		①其定义域为$(-\infty,+\infty)$ ②是奇函数 ③其图形夹在水平直线 $y=1$ 及 $y=-1$ 之间;在定域内单调增

附录3　不定积分表

(1)含有 $a+bx$ 的积分

① $\int \frac{dx}{a+bx}=\frac{1}{b}\ln|a+bx|+C$

② $\int (a+bx)^n dx=\frac{(a+bx)^{n+1}}{b(n+1)}+C(n\neq -1)$

③ $\int \frac{x}{a+bx}dx=\frac{1}{b^2}[a+bx-a\ln|a+bx|]+C$

④ $\int \frac{x^2}{a+bx}dx=\frac{1}{b^3}\left[\frac{1}{2}(a+bx)^2-2a(a+bx)+a^2\ln|a+bx|\right]+C$

⑤ $\int \frac{dx}{x(a+bx)}=-\frac{1}{a}\ln\left|\frac{a+bx}{x}\right|+C$

⑥ $\int \frac{dx}{x^2(a+bx)}=-\frac{1}{ax}+\frac{b}{a^2}\ln\left|\frac{a+bx}{x}\right|+C$

⑦ $\int \frac{xdx}{(a+bx)^2}=\frac{1}{b^2}\left[\ln|a+bx|+\frac{a}{a+bx}\right]+C$

⑧ $\int \frac{x^2dx}{(a+bx)^2}=\frac{1}{b^3}\left[a+bx-2a\ln|a+bx|+\frac{a^2}{a+bx}\right]+C$

⑨ $\int \frac{dx}{x(a+bx)^2}=\frac{1}{a(a+bx)}-\frac{1}{a^2}\ln\left|\frac{a+bx}{x}\right|+C$

(2)含有 $a^2\pm x^2$ 的积分

⑩ $\int \frac{dx}{a^2+x^2}=\frac{1}{a}\arctan\frac{x}{a}+C$

⑪ $\int \frac{dx}{(x^2+a^2)^n}=\frac{x}{2(n-1)a^2(x^2+a^2)^{n-1}}+\frac{2n-3}{2(n-1)a^2}\int \frac{dx}{(x^2+a^2)^{n-1}}(n\neq 1)$

⑫ $\int \frac{dx}{a^2-x^2}=\frac{1}{2a}\ln\left|\frac{a+x}{a-x}\right|+C$

⑬ $\int \frac{dx}{x^2-a^2}=\frac{1}{2a}\ln\left|\frac{x-a}{x+a}\right|+C$

(3)含有 $a+bx^2$ 的积分

⑭ $\int \frac{dx}{a+bx}=\frac{1}{\sqrt{ab}}\arctan\sqrt{\frac{b}{a}}x+C(a>0,b>0)$

⑮ $\int \frac{dx}{a-bx^2}=\frac{1}{2\sqrt{ab}}\ln\left|\frac{\sqrt{a}+\sqrt{b}x}{\sqrt{a}-\sqrt{b}x}\right|+C$

⑯ $\int \frac{xdx}{a+bx^2}=\frac{1}{2b}\ln|a+bx^2|+C$

⑰ $\int \frac{x^2dx}{a+bx^2}=\frac{x}{b}-\frac{a}{b}\int \frac{dx}{a+bx^2}$

⑱ $\int \frac{dx}{x(a+bx^2)} = \frac{1}{2a}\ln\left|\frac{x^2}{a+bx^2}\right| + C$

⑲ $\int \frac{dx}{x^2(a+bx^2)} = -\frac{1}{ax} - \frac{b}{a}\int \frac{dx}{a+bx^2}$

⑳ $\int \frac{dx}{(a+bx^2)^2} = \frac{x}{2a(a+bx^2)} + \frac{1}{2a}\int \frac{dx}{a+bx^2}$

(4)含有 $a+bx\pm cx^2$ $(c>0)$ 的积分

㉑ $\int \frac{dx}{a+bx-cx^2} = \frac{1}{\sqrt{b^2+4ac}}\ln\left|\frac{\sqrt{b^2+4ac}+2cx-b}{\sqrt{b^2+4ac}-2cx+b}\right| + C$

㉒ $$\int \frac{dx}{a+bx+cx^2} = \begin{cases} \frac{2}{\sqrt{4ac-b^2}}\arctan\frac{2cx+b}{\sqrt{4ac-b^2}} + C(b^2<4ac) \\ \frac{1}{\sqrt{b^2-4ac}}\ln\left|\frac{2cx+b-\sqrt{b^2-4ac}}{2cx+b+\sqrt{b^2-4ac}}\right| + C(b^2>4ac) \end{cases}$$

(5)含有 $\sqrt{a+bx}$ 的积分

㉓ $\int \sqrt{a+bx}\,dx = \frac{2}{3b}\sqrt{(a+bx)^3} + C$

㉔ $\int x\sqrt{a+bx}\,dx = -\frac{2(2a-3bx)\sqrt{(a+bx)^3}}{15b^2} + C$

㉕ $\int x^2\sqrt{a+bx}\,dx = -\frac{2(8a^2-12abx+15b^2x^2)\sqrt{(a+bx)^3}}{105b^3} + C$

㉖ $\int \frac{x\,dx}{\sqrt{a+bx}} = \frac{2(2a-bx)}{3b^2}\sqrt{(a+bx)} + C$

㉗ $\int \frac{x^2\,dx}{\sqrt{a+bx}} = \frac{2(8a^2-4abx+3b^2x^2)}{15b^3}\sqrt{a+bx} + C$

㉘ $$\int \frac{dx}{x\sqrt{a+bx}} = \begin{cases} \frac{1}{\sqrt{a}}\ln\frac{\left|\sqrt{a+bx}-\sqrt{a}\right|}{\sqrt{a+bx}+\sqrt{a}} + C(a>0) \\ \frac{2}{\sqrt{-a}}\arctan\sqrt{\frac{a+bx}{-a}} + C(a<0) \end{cases}$$

㉙ $\int \frac{dx}{x^2\sqrt{a+bx}} = -\frac{\sqrt{a+bx}}{ax} - \frac{b}{2a}\int \frac{dx}{x\sqrt{a+bx}}$

㉚ $\int \frac{\sqrt{a+bx}\,dx}{x} = 2\sqrt{a+bx} + a\int \frac{dx}{x\sqrt{a+bx}}$

(6)含有 $\sqrt{x^2+a^2}$ 的积分

㉛ $\int \sqrt{x^2+a^2}\,dx = \frac{x}{2}\sqrt{x^2+a^2} + \frac{a^2}{2}\ln(x+\sqrt{x^2+a^2}) + C$

㉜ $\int \sqrt{(x^2+a^2)^3}\,dx = \frac{x}{8}(2x^2+5a^2)\sqrt{x^2+a^2} + \frac{3a^4}{8}\ln(x+\sqrt{x^2+a^2}) + C$

㉝ $\int x\sqrt{x^2+a^2}\,dx = \frac{\sqrt{(x^2+a^2)^3}}{3} + C$

㉞ $\int x^2\sqrt{x^2+a^2}\,dx = \frac{x}{8}(2x^2+a^2)\sqrt{x^2+a^2} - \frac{a^4}{8}\ln(x+\sqrt{x^2+a^2}) + C$

㉟ $\int \frac{dx}{\sqrt{x^2+a^2}} = \ln(x+\sqrt{x^2+a^2}) + C$

㊱ $\int \frac{dx}{\sqrt{(x^2+a^2)^3}} = \frac{x}{a^2\sqrt{x^2+a^2}} + C$

㊲ $\int \frac{x\,dx}{\sqrt{x^2+a^2}} = \sqrt{x^2+a^2} + C$

㊳ $\int \frac{x^2\,dx}{\sqrt{x^2+a^2}} = \frac{x}{2}\sqrt{x^2+a^2} - \frac{a^2}{2}\ln(x+\sqrt{x^2+a^2}) + C$

㊴ $\int \frac{x^2\,dx}{\sqrt{(x^2+a^2)^3}} = -\frac{x}{\sqrt{x^2+a^2}} + \ln(x+\sqrt{x^2+a^2}) + C$

㊵ $\int \frac{dx}{x\sqrt{x^2+a^2}} = \frac{1}{a}\ln\frac{|x|}{a+\sqrt{x^2+a^2}} + C$

㊶ $\int \frac{dx}{x^2\sqrt{x^2+a^2}} = \frac{\sqrt{x^2+a^2}}{a^2x} + C$

㊷ $\int \frac{\sqrt{x^2+a^2}\,dx}{x} = \sqrt{x^2+a^2} - a\ln\frac{a+\sqrt{x^2+a^2}}{|x|} + C$

㊸ $\int \frac{\sqrt{x^2+a^2}\,dx}{x^2} = -\frac{\sqrt{x^2+a^2}}{x} + \ln(x+\sqrt{x^2+a^2}) + C$

(7)含有$\sqrt{x^2-a^2}$的积分

㊹ $\int \frac{dx}{\sqrt{x^2-a^2}} = \ln\left|x+\sqrt{x^2-a^2}\right| + C$

㊺ $\int \frac{dx}{\sqrt{(x^2-a^2)^3}} = -\frac{x}{a^2\sqrt{x^2-a^2}} + C$

㊻ $\int \frac{x\,dx}{\sqrt{x^2-a^2}} = \sqrt{x^2-a^2} + C$

㊼ $\int \sqrt{x^2-a^2}\,dx = \frac{x}{2}\sqrt{x^2-a^2} - \frac{a^2}{2}\ln\left|x+\sqrt{x^2-a^2}\right| + C$

㊽ $\int \sqrt{(x^2-a^2)^3}\,dx = \frac{x}{8}(2x^2-5a^2)\sqrt{x^2-a^2} + \frac{3a^4}{8}\ln\left|x+\sqrt{x^2-a^2}\right| + C$

㊾ $\int x\sqrt{x^2-a^2}\,dx = \frac{\sqrt{(x^2-a^2)^3}}{3} + C$

㊿ $\int x\sqrt{(x^2-a^2)^3}\,dx = \frac{\sqrt{(x^2-a^2)^5}}{5} + C$

(51) $\int x^2\sqrt{x^2-a^2}\,dx = \frac{x}{8}(2x^2-a^2)\sqrt{x^2-a^2} - \frac{a^4}{8}\ln\left|x+\sqrt{x^2-a^2}\right| + C$

(52) $\int \frac{x^2\,dx}{\sqrt{x^2-a^2}} = \frac{x}{2}\sqrt{x^2-a^2} + \frac{a^2}{2}\ln\left|x+\sqrt{x^2-a^2}\right| + C$

53 $\int \frac{x^2 dx}{\sqrt{(x^2-a^2)^3}} = -\frac{x}{\sqrt{x^2-a^2}} + \ln\left|x+\sqrt{x^2-a^2}\right| + C$

54 $\int \frac{dx}{x\sqrt{x^2-a^2}} = \frac{1}{a}\arccos\frac{a}{x} + C$

55 $\int \frac{dx}{x^2\sqrt{x^2-a^2}} = \frac{\sqrt{x^2-a^2}}{a^2 x} + C$

56 $\int \frac{\sqrt{x^2-a^2}}{x} dx = \sqrt{x^2-a^2} - a\arccos\frac{a}{x} + C$

57 $\int \frac{\sqrt{x^2-a^2}}{x^2} dx = -\frac{\sqrt{x^2-a^2}}{x} + \ln\left|x+\sqrt{x^2-a^2}\right| + C$

(8)含有 $\sqrt{a^2-x^2}$ 的积分

58 $\int \frac{dx}{\sqrt{a^2-x^2}} = \arcsin\frac{x}{a} + C$

59 $\int \frac{dx}{\sqrt{(a^2-x^2)^3}} = \frac{x}{a^2\sqrt{a^2-x^2}} + C$

60 $\int \frac{x dx}{\sqrt{a^2-x^2}} = -\sqrt{a^2-x^2} + C$

61 $\int \frac{x dx}{\sqrt{(a^2-x^2)^3}} = -\frac{1}{\sqrt{a^2-x^2}} + C$

62 $\int \frac{x^2 dx}{\sqrt{a^2-x^2}} = -\frac{x}{2}\sqrt{a^2-x^2} + \frac{a^2}{2}\arcsin\frac{x}{a} + C$

63 $\int \sqrt{a^2-x^2} dx = \frac{x}{2}\sqrt{a^2-x^2} + \frac{a^2}{2}\arcsin\frac{x}{a} + C$

64 $\int \sqrt{(a^2-x^2)^3} dx = \frac{x}{8}(5a^2-2x^2)\sqrt{a^2-x^2} + \frac{3a^4}{8}\arcsin\frac{x}{a} + C$

65 $\int x\sqrt{a^2-x^2} dx = -\frac{\sqrt{(a^2-x^2)^3}}{3} + C$

66 $\int x\sqrt{(a^2-x^2)^3} dx = -\frac{\sqrt{(a^2-x^2)^5}}{3} + C$

67 $\int x^2\sqrt{a^2-x^2} dx = \frac{x}{8}(2x^2-a^2)\sqrt{a^2-x^2} + \frac{a^4}{8}\arcsin\frac{x}{a} + C$

68 $\int \frac{x^2 dx}{\sqrt{(a^2-x^2)^3}} = \frac{x}{\sqrt{a^2-x^2}} - \arcsin\frac{x}{a} + C$

69 $\int \frac{dx}{x\sqrt{a^2-x^2}} = \frac{1}{a}\ln\left|\frac{x}{a+\sqrt{a^2-x^2}}\right| + C$

70 $\int \frac{dx}{x^2\sqrt{a^2-x^2}} = -\frac{\sqrt{a^2-x^2}}{a^2 x} + C$

71 $\int \frac{\sqrt{a^2-x^2}}{x} dx = \sqrt{a^2-x^2} - a\ln\left|\frac{a+\sqrt{a^2-x^2}}{x}\right| + C$

(72) $\int \frac{\sqrt{a^2-x^2}}{x^2}dx = -\frac{\sqrt{a^2-x^2}}{x} - \arcsin\frac{x}{a} + C$

(9)含有 $\sqrt{a+bx\pm cx^2}\ (c>0)$ 的积分

(73) $\int \frac{dx}{\sqrt{a+bx+cx^2}} = \frac{1}{\sqrt{c}}\ln\left|2cx+b+2\sqrt{c}\sqrt{a+bx+cx^2}\right| + C$

(74) $\int \sqrt{a+bx+cx^2}dx = \frac{2cx+b}{4c}\sqrt{a+bx+cx^2} - \frac{b^2-4ac}{8\sqrt{c^3}}\ln\left|2cx+b+2\sqrt{c}\sqrt{a+bx+cx^2}\right| + C$

(75) $\int \frac{xdx}{\sqrt{a+bx+cx^2}} = \frac{\sqrt{a+bx+cx^2}}{c} - \frac{b}{2\sqrt{c^3}}\ln\left|2cx+b+2\sqrt{c}\sqrt{a+bx+cx^2}\right| + C$

(76) $\int \frac{dx}{\sqrt{a+bx-cx^2}} = \frac{1}{\sqrt{c}}\arcsin\frac{2cx-b}{\sqrt{b^2+4ac}} + C$

(77) $\int \sqrt{a+bx-cx^2}dx = \frac{2cx-b}{\sqrt{b^2+4ac}}\sqrt{a+bx-cx^2} + \frac{b^2+4ac}{8\sqrt{c^3}}\arcsin\frac{2cx-b}{\sqrt{b^2+4ac}} + C$

(78) $\int \frac{xdx}{\sqrt{a+bx-cx^2}} = -\frac{\sqrt{a+bx-cx^2}}{c} + \frac{b}{2\sqrt{c^3}}\arcsin\frac{2cx-b}{\sqrt{b^2+4ac}} + C$

(10)含有 $\sqrt{\frac{a\pm x}{b\pm x}}$ 的积分和含有 $\sqrt{(x-a)(b-x)}$ 的积分

(79) $\int \sqrt{\frac{a+x}{b+x}}dx = \sqrt{(a+x)(b+x)} + (a-b)\ln(\sqrt{a+x}+\sqrt{b+x}) + C$

(80) $\int \sqrt{\frac{a-x}{b+x}}dx = \sqrt{(a-x)(b+x)} + (a+b)\arcsin\sqrt{\frac{x+b}{a+b}} + C$

(81) $\int \sqrt{\frac{a+x}{b-x}}dx = -\sqrt{(a+x)(b-x)} - (a+b)\arcsin\sqrt{\frac{b-x}{a+b}} + C$

(82) $\int \frac{dx}{\sqrt{(a-x)(b-x)}} = 2\arcsin\sqrt{\frac{x-a}{b-a}} + C$

(11)含有三角函数的积分

(83) $\int \sin x dx = -\cos x + C$

(84) $\int \cos x dx = \sin x + C$

(85) $\int \tan x dx = -\ln|\cos x| + C$

(86) $\int \cot x dx = \ln|\sin x| + C$

(87) $\int \sec x dx = \ln|\sec x + \tan x| + C = \ln\left|\tan\left(\frac{\pi}{4}+\frac{x}{2}\right)\right| + C$

(88) $\int \cot x dx = \ln|\csc x - \cot x| + C = \ln\left|\tan\frac{x}{2}\right| + C$

⑧⑨ $\int \sec^2 x\mathrm{d}x = \tan x + C$

⑨⓪ $\int \csc^2 x\mathrm{d}x = -\cot x + C$

⑨① $\int \sec x \tan x\mathrm{d}x = \sec x + C$

⑨② $\int \csc x \cot x\mathrm{d}x = -\csc x + C$

⑨③ $\int \sin^2 x\mathrm{d}x = \frac{x}{2} - \frac{1}{4}\sin 2x + C$

⑨④ $\int \cos^2 x\mathrm{d}x = \frac{x}{2} + \frac{1}{4}\sin 2x + C$

⑨⑤ $\int \sin^n x\mathrm{d}x = -\frac{\sin^{n-1}x \cos x}{n} + \frac{n-1}{n}\int \sin^{n-2}x\mathrm{d}x$

⑨⑥ $\int \cos^n x\mathrm{d}x = \frac{\cos^{n-1}x \sin x}{n} + \frac{n-1}{n}\int \cos^{n-2}x\mathrm{d}x$

⑨⑦ $\int \frac{\mathrm{d}x}{\sin^n x} = -\frac{1}{n-1}\frac{\cos x}{\sin^{n-1}x} + \frac{n-2}{n-1}\int \frac{\mathrm{d}x}{\sin^{n-2}x}$

⑨⑧ $\int \frac{\mathrm{d}x}{\cos^n x} = -\frac{1}{n-1}\frac{\sin x}{\cos^{n-1}x} + \frac{n-2}{n-1}\int \frac{\mathrm{d}x}{\cos^{n-2}x}$

⑨⑨ $\int \cos^m x \sin^n x\mathrm{d}x = \frac{\cos^{m-1}x \sin^{n+1}x}{m+n} + \frac{m-1}{m+n}\int \cos^{m-2}x \sin^n x\mathrm{d}x$

$= -\frac{\sin^{n-1}x \cos^{m+1}x}{m+n} + \frac{n-1}{m+n}\int \cos^m x \sin^{n-2}x\mathrm{d}x$

⑩⓪ $\int \sin mx \cos nx\mathrm{d}x = -\frac{\cos(m+n)x}{2(m+n)} - \frac{\cos(m-n)x}{2(m-n)} + C(m \neq n)$

⑩① $\int \sin mx \sin nx\mathrm{d}x = -\frac{\sin(m+n)x}{2(m+n)} - \frac{\sin(m-n)x}{2(m-n)} + C(m \neq n)$

⑩② $\int \cos mx \cos nx\mathrm{d}x = -\frac{\sin(m+n)x}{2(m+n)} - \frac{\sin(m-n)x}{2(m-n)} + C(m \neq n)$

⑩③ $\int \frac{\mathrm{d}x}{a + b\sin x} = \frac{2}{\sqrt{a^2 - b^2}}\arctan \frac{a\tan\frac{x}{2} + b}{\sqrt{a^2 - b^2}} + C(a^2 > b^2)$

⑩④ $\int \frac{\mathrm{d}x}{a + b\sin x} = \frac{1}{\sqrt{b^2 - a^2}}\ln\left|\frac{a\tan\frac{x}{2} + b - \sqrt{b^2 - a^2}}{a\tan\frac{x}{2} + b + \sqrt{b^2 - a^2}}\right| + C(a^2 < b^2)$

⑩⑤ $\int \frac{\mathrm{d}x}{a + b\cos x} = \frac{2}{\sqrt{a^2 - b^2}}\arctan\left(\sqrt{\frac{a-b}{a+b}}\tan\frac{x}{2}\right) + C(a^2 > b^2)$

⑩⑥ $\int \frac{\mathrm{d}x}{a + b\cos x} = \frac{1}{\sqrt{b^2 - a^2}}\ln\left|\frac{\tan\frac{x}{2} + \sqrt{\frac{b+a}{b-a}}}{\tan\frac{x}{2} + b - \sqrt{\frac{b+a}{b-a}}}\right| + C(a^2 < b^2)$

⑩⑦ $\int \frac{dx}{a^2\cos^2 x + b^2\sin^2 x} = \frac{1}{ab}\arctan\left(\frac{b\tan x}{a}\right) + C$

⑩⑧ $\int \frac{dx}{a^2\cos^2 x - b^2\sin^2 x} = \frac{1}{2ab}\ln\left|\frac{b\tan x + a}{b\tan x - a}\right| + C$

⑩⑨ $\int x\sin ax dx = \frac{1}{a^2}\sin ax - \frac{1}{a}x\cos ax + C$

⑪⓪ $\int x^2\sin ax dx = -\frac{1}{a^2}x^2\cos ax + \frac{2}{a^2}x\sin ax + \frac{2}{a^3}\cos ax + C$

⑪① $\int x\cos ax dx = \frac{1}{a^2}\cos ax + \frac{1}{a}x\sin ax + C$

⑪② $\int x^2\cos ax dx = \frac{1}{a^2}x^2\sin ax + \frac{2}{a^2}x\cos ax - \frac{2}{a^3}\sin ax + C$

(12)含有反三角函数的积分

⑪③ $\int \arcsin\frac{x}{a}dx = x\arcsin\frac{x}{a} + \sqrt{a^2 - x^2} + C$

⑪④ $\int x\arcsin\frac{x}{a}dx = \left(\frac{x^2}{2} - \frac{a^2}{4}\right)\arcsin\frac{x}{a} + \frac{x}{4}\sqrt{a^2 - x^2} + C$

⑪⑤ $\int x^2\arcsin\frac{x}{a}dx = \frac{x^3}{3}\arcsin\frac{x}{a} + \frac{1}{9}(x^2 + 2a^2)\sqrt{a^2 - x^2} + C$

⑪⑥ $\int \arccos\frac{x}{a}dx = x\arccos\frac{x}{a} - \sqrt{a^2 - x^2} + C$

⑪⑦ $\int x\arccos\frac{x}{a}dx = \left(\frac{x^2}{2} - \frac{a^2}{4}\right)\arccos\frac{x}{a} - \frac{x}{4}\sqrt{a^2 - x^2} + C$

⑪⑧ $\int x^2\arccos\frac{x}{a}dx = \frac{x^3}{3}\arccos\frac{x}{a} - \frac{1}{9}(x^2 - 2a^2)\sqrt{a^2 - x^2} + C$

⑪⑨ $\int \arctan\frac{x}{a}dx = x\arctan\frac{x}{a} - \frac{a}{2}\ln(a^2 + x^2) + C$

⑫⓪ $\int x\arctan\frac{x}{a}dx = \frac{1}{2}(a^2 + x^2)\arctan\frac{x}{a} - \frac{ax}{2} + C$

⑫① $\int x^2\arctan\frac{x}{a}dx = \frac{x^3}{3}\arctan\frac{x}{a} - \frac{ax^2}{6} + \frac{a^3}{6}\ln(a^2 + x^2) + C$

(13)含有指数函数的积分

⑫② $\int a^x dx = \frac{a^x}{\ln a} + C$

⑫③ $\int e^{ax}dx = \frac{e^{ax}}{a} + C$

⑫④ $\int e^{ax}\sin bx dx = \frac{e^{ax}(a\sin bx - b\cos bx)}{a^2 + b^2} + C$

⑫⑤ $\int e^{ax}\cos bx dx = \frac{e^{ax}(a\sin bx + b\cos bx)}{a^2 + b^2} + C$

⑫⑥ $\int xe^{ax}dx = \frac{e^{ax}}{a^2}(ax - 1) + C$

⑫⑦ $\int x^n e^{ax} dx = \frac{x^n e^{ax}}{a} - \frac{n}{a}\int x^{n-1} e^{ax} dx$

⑫⑧ $\int x a^{mx} dx = \frac{x a^{mx}}{m \ln a} - \frac{a^{mx}}{(m \ln a)^2} + C$

⑫⑨ $\int x^n a^{mx} dx = \frac{x^n a^{mx}}{m \ln a} - \frac{n}{m \ln a}\int x^{n-1} a^{mx} dx$

⑬⓪ $\int e^{ax} \sin^n bx dx = \frac{e^{ax} \sin^{n-1} bx}{a^2 + b^2 n^2}(a \sin bx - nb \cos bx) + \frac{n(n-1)b^2}{a^2 + b^2 n^2}\int e^{ax} \sin^{n-2} bx dx$

⑬① $\int e^{ax} \cos^n bx dx = \frac{e^{ax} \cos^{n-1} bx}{a^2 + b^2 n^2}(a \cos bx - nb \sin bx) + \frac{n(n-1)b^2}{a^2 + b^2 n^2}\int e^{ax} \cos^{n-2} bx dx$

(14)含有对数函数的积分

⑬② $\int \ln x dx = x \ln x - x + C$

⑬③ $\int \frac{1}{x \ln x} dx = \ln \ln x + C$

⑬④ $\int x^n \ln x dx = x^{n+1}\left[\frac{\ln x}{n+1} - \frac{1}{(n+1)^2}\right] + C$

⑬⑤ $\int \ln^n x dx = x \ln^n x - n\int \ln^{n-1} x dx$

⑬⑥ $\int x^m \ln^n x dx = \frac{x^{m+1}}{m+1}\ln^n x - \frac{n}{m+1}\int x^m \ln^{n-1} x dx$

参考文献

[1] 刘树利,王家玉.计算机数学基础[M].北京:高等教育出版社, 2004.
[2] 周萍,翟滨,赵萍.应用数学基础[M].北京:人民交通出版社,2008.
[3] 冯翠莲,赵益坤.应用经济数学[M].北京:高等教育出版社,2008.
[4] 李天然.高等数学[M].北京:高等教育出版社,2002.
[5] 窦连江.高等数学[M].北京:高等教育出版社,2006.
[6] 杨文兰.经济应用数学基础[M].北京:高等教育出版社,2009.
[7] 姜启源,谢金星,叶俊.数学模型[M].北京:高等教育出版社,2003.
[8] 陈建民,曾明,刘国荣.离散的数学结构[M].西安:西安交通大学出版社 2004.
[9] 袁荫棠.概率论与数理统计[M].北京:中国人民大学出版社,1990.
[10] 李美贞,陈宝华.高等数学学习指导[M].北京:清华大学出版社,2007.
[11] 侯风波.应用数学[M].北京:科学出版社,2007.
[12] 侯风波.高等数学[M].北京:高等教育出版社,2003.
[13] 胡农.高等数学[M].北京:高等教育出版社,2006.
[14] 曹一鸣,程旷.数学[M].北京:北京师范大学出版社,2009.
[15] 盛祥耀.高等数学[M].北京:高等教育出版社,2008.
[16] 刘承平.数学建模方法[M].北京:高等教育出版社,2002.
[17] 严克明,张民悦,杜建军.高等数学[M].甘肃:甘肃文化出版社,1996.
[18] 顾静相.经济数学基础[M].北京:高等教育出版社,2000.
[19] 李佐峰.数学建模[M].北京:中央广播电视大学出版社,2003.
[20] 华东师范大学数学系.数学分析[M].北京:高等教育出版社,2001.